Übungsaufgaben zur Strömungsmechanik 2

Valentin Schröder

Übungsaufgaben zur Strömungsmechanik 2

112 Aufgaben mit vollständigen Musterlösungen

2. Auflage

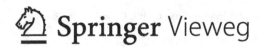

Valentin Schröder
Hochschule Augsburg – University of Applied
Sciences
Königsbrunn, Deutschland

ISBN 978-3-662-56055-6 ISBN 978-3-662-56056-3 (eBook)
https://doi.org/10.1007/978-3-662-56056-3

Die Deutsche Nationalbibliothek verzeichnet diese Publikation in der Deutschen Nationalbibliografie; detaillierte bibliografische Daten sind im Internet über http://dnb.d-nb.de abrufbar.

Springer Vieweg
Ursprünglich erschienen in einem Band unter dem Titel: Prüfungstrainer Strömungsmechanik
© Springer-Verlag GmbH Deutschland, ein Teil von Springer Nature 2019

Verantwortlich im Verlag: Margit Maly

Springer Vieweg ist ein Imprint der eingetragenen Gesellschaft Springer-Verlag GmbH, DE und ist ein Teil von Springer Nature.
Die Anschrift der Gesellschaft ist: Heidelberger Platz 3, 14197 Berlin, Germany

Vorwort

Die Idee zu diesem Buch beruht auf zwei Erfahrungen, die ich zum einen als Student und zum anderen später als Lehrender gemacht habe. Mir ist noch sehr gut in Erinnerung, dass in meiner eigenen Ausbildungszeit in den Sechzigerjahren die vorlesungsbegleitende Literatur fast ausnahmslos an den Bedürfnissen der Fachwelt orientiert war und weniger die studentischen Interessen und Erfordernisse ansprach. Der bisweilen abstrakte Hintergrund in der Strömungsmechanik wird jedoch von den meisten Lernenden dann besser oder überhaupt erst verstanden, wenn mittels geeigneter Anwendungsbeispiele die Theorie erprobt werden kann („Learning by doing"). Diesen „Hilfestellungen" wurde in der damaligen Literatur zu wenig Beachtung geschenkt. Die wenigen Beispiele, die zur Verfügung standen, zeichneten sich oft dadurch aus, dass die einzelnen Lösungsschritte gar nicht oder nur fragmentarisch vorlagen und somit die Erarbeitung der Aufgabenlösungen nur schwer möglich war und oft auch erfolglos blieb.

Um diese Mängel nicht in meinen eigenen Vorlesungen „Strömungsmechanik" und „Strömungsmaschinen", die ich während der Lehrtätigkeit von 1982 bis 2007 an der Fachhochschule Augsburg gehalten habe, zu wiederholen, habe ich die Vorlesungen auf zwei Schwerpunkten aufgebaut. Neben der Vermittlung des theoretischen Hintergrunds wichtiger Grundlagen kam der Erprobung des Erlernten durch die anschließende Bearbeitung zahlreicher Übungsbeispiele besondere Bedeutung zu. Das genannte Konzept fand bei den Studierenden eine hohe Akzeptanz, was u. a. in den positiven Aussagen im Rahmen der „Evaluationen" zum Ausdruck kam.

Diese positiven Erfahrungen gaben dann auch den Ausschlag, das vorliegende Buch zu konzipieren. Da die heute verfügbare Literatur zur Strömungsmechanik neben den Fachbüchern auch sehr gute Lehrbücher anbietet, die den oft abstrakten, nicht immer sofort verständlichen Stoff sowohl inhaltlich als auch pädagogisch gut aufbereitet vermitteln, bestand keine Notwendigkeit, ein weiteres Lehrbuch hinzuzufügen. Es sollte dagegen eine Lücke geschlossen werden, die im Bedarf nach einem vorlesungsergänzenden Übungsbuch bestand. Dessen besonderer Schwerpunkt liegt auf der detaillierten Vorgehensweise bei der Aufgabenlösung, um das Nachvollziehen auch von komplexeren Aufgaben zu ermöglichen.

Die diversen Gebiete der Strömungsmechanik werden von Hochschule zu Hochschule und von Fachgebiet zu Fachgebiet unterschiedlich akzentuiert. Dies hat folglich eine

Fülle verschiedenartiger Schwerpunkte der Themenbereiche zur Folge, die zum einen in diesem Buch nicht vollständig abgedeckt werden können und zum anderen auch den äußeren Umfang eines einzigen Buchs überfordern würden. Die Verteilung des ausgewählten gesamten Aufgabenumfangs auf zwei Bände bot sich folglich als Lösung an.

Vorliegendes Buch spricht vorzugsweise Hörerinnen und Hörer des Maschinenbaus, der Verfahrenstechnik und der Umwelttechnik an Hochschulen für angewandte Wissenschaften an. Voraussetzung bei der Benutzung des Buchs ist, dass die Grundlagen des Fachs Strömungsmechanik bekannt sind, was im Allgemeinen erst nach dem 3. oder auch höheren Semestern der Fall ist. Das erforderliche mathematische Rüstzeug wird mit den diesbezüglichen Vorlesungsinhalten an Hochschulen für angewandte Wissenschaften abgedeckt.

Ich wünsche allen, die sich eine Verbesserung ihres Verständnisses strömungsmechanischer Vorgänge durch die Erprobung der Theorie an konkreten Aufgaben erhoffen, dass das vorliegende Buch hierbei hilfreich ist und im Fall bevorstehender Prüfungen zum gewünschten Erfolg beiträgt.

Nicht zuletzt möchte ich mich bei meiner Frau für ihren bewundernswerten Einsatz beim Niederschreiben der zahllosen Gleichungen und für ihre kritischen Anmerkungen bei der Textgestaltung von ganzem Herzen bedanken.

Ebenfalls besten Dank sagen möchte ich dem Springer-Verlag und hier insbesondere Frau Margit Maly (Lektorat Physik und Astronomie), Frau Stella Schmoll und Frau Carola Lerch (beide Projektmanagement), die alle meine Fragen in sehr kompetenter und zuvorkommender Art beantworten konnten.

Königsbrunn   Valentin Schröder
Juni 2018

Hinweise zur Anwendung

Jedem der 8 Kapitel dieses Buchs ist eine kurze Einführung in die betreffende Thematik voran gestellt. Hier werden auch die wichtigsten diesbezüglichen Gleichungen, die bei der Lösung der nachfolgenden Beispiele benötigt werden, aufgelistet. Da man damit oft nicht allein zum Ziel kommt, werden weitere Gesetze anderer Kapitel benötigt. In den Aufgabenerläuterungen finden sich hierzu entsprechende Hinweise.

Die Übungsaufgaben selbst sind im Allgemeinen wie folgt strukturiert. Zunächst führt die Aufgabenstellung mit einer detaillierten Skizze in die Aufgabe ein. Die anschließende Aufgabenerläuterung mit Hinweisen auf die hier angesprochenen Themenbereiche soll den einzuschlagenden Lösungsweg erkennen lassen. Besonderheiten, Annahmen, z. T. nicht geläufige mathematische Zusammenhänge, usw. werden unter Anmerkungen (grau hinterlegt) genannt. Danach erfolgt unter Lösungsschritte der, oftmals vielleicht trivial anmutende, bis ins Detail aufgelöste Weg zum gesuchten Ergebnis. Hintergrund dieser engmaschigen Vorgehensweise ist der Wunsch, dem Studierenden Hürden bei der Aufgabenbearbeitung beiseite zu räumen, die eventuell durch ausgelassene Hinweise entstehen könnten.

Schwerpunktmäßig ist das Aufgabenkonzept so gewählt, dass vorrangig funktionale Zusammenhänge erarbeitet werden müssen. Erst in zweiter Linie folgt die Auswertung mit konkreten Zahlen. Hierbei ist dann auf eine konsequente Beachtung dimensionsgerechter Größen zu achten.

Die einzuschlagende Lösungsstrategie hat Turtur [19] in unten stehendem Ablaufplan übersichtlich zusammengestellt. Aufgrund der Ausführlichkeit und Vollständigkeit bedarf sie keiner weiteren Erläuterungen bzw. Ergänzungen. Sie sollte bei der Bearbeitung der einzelnen Aufgaben konsequent eingehalten werden, um den größtmöglichen Nutzen zu erzielen.

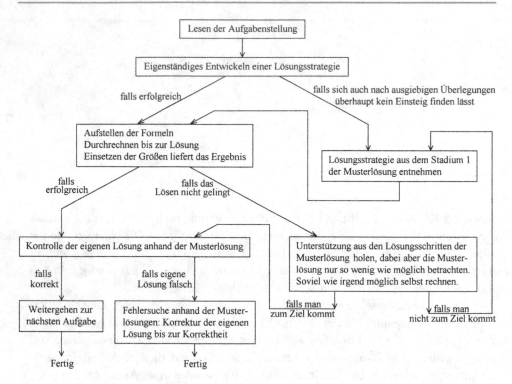

Abb. 1 Lösungsvorgehensweise nach Turtur [19]

Nomenklatur

Größe	Einheit	Name
A	[m²]	Fläche, Querschnittsfläche
A_{UR}	[m²]	tatsächlicher durchströmter Querschnitt
a	[m/s²]	Beschleunigung
a	[m/s]	Schallgeschwindigkeit
B, b	[m]	Breite
c	[m/s]	Absolutgeschwindigkeit
$\overline{c}$	[m/s]	mittlere Geschwindigkeit
c_A	[–]	Auftriebsbeiwert
c_L	[m/s]	Laval-Geschwindigkeit
c_M	[–]	Momentenbeiwert
c_m	[m/s]	Meridiankomponente von c
c_p	[J/(kg K)]	spezifische Wärmekapazität bei konstantem Druck
c_u	[m/s]	Umfangskomponente von c
c_W	[–]	Widerstandsbeiwert
c_∞	[m/s]	ungestörte Geschwindigkeit des Absolutsystems

D	[1/s]	Verformungsgeschwindigkeit
D, d	[m]	Durchmesser
d_{hydr}	[m]	hydraulischer Durchmesser, Gleichwertigkeitsdurchmesser
D		totales Differenzial
d		Differenzial
∂		partielles Differenzial
e	[m]	Exzentrizität
F	[N]	Kraft
f	[m/s^2]	auf die Masse bezogene Kraft (z. B. F_G/m)
g	[m/s^2]	Fallbeschleunigung
H, h	[m]	Höhe
I	[m^4]	Flächenmoment 2. Grades
$\dot{I} \equiv F_I$	[N]	Impulsstrom $\equiv$ Impulskraft
I_S	[m^4]	Flächenmoment 2. Grades um den Schwerpunkt
$\vec{i}\,;\,\vec{j}\,;\,\vec{k}$		Einheitsvektoren
k	[m]	Rauigkeit
k_S	[m]	äquivalente Sandrauigkeit
L, l	[m]	Länge
L_{Grenz}	[m]	Grenzlänge
Ma	[–]	Machzahl
m	[kg]	Masse
m	[–]	Exponent
$\dot{m}$	[kg/s]	Massenstrom
n	[1/s]	Drehzahl
P	[W]	Leistung
p	[Pa]	Druck
p_B	[Pa]	barometrischer Druck
p_{Da}	[Pa]	Dampfdruck
p_V	[Pa]	Druckverlust
p_∞	[Pa]	Druck in ungestörter Außenströmung
R, r	[m]	Radius
Re	[–]	Reynoldszahl
R_i	[J/(kg K)]	spezifische Gaskonstante
s	[m]	Spaltweite, Wandstärke, Weg
T	[K]	Absoluttemperatur
T, t	[s]	Zeit
T	[N m]	Moment
T^*	[K]	Totaltemperatur
T, t	[m]	Tiefe vom Flüssigkeitsspiegel aus gezählt
u	[m/s]	Umfangsgeschwindigkeit, Systemgeschwindigkeit
U_{UR}	[m]	gesamter fluidbenetzter Umfang

$\dot{V}$	$[m^3]$	Volumen
$\dot{V}$	$[m^3/s]$	Volumenstrom
v	$[m^3/kg]$	spezifisches Volumen
w	$[m/s]$	Relativgeschwindigkeit
x, y, z		kartesische Koordinaten
Y	$[(N\ m)/kg]$	spezifische Pumpenförderenergie
Y_{Anl}	$[(N\ m)/kg]$	spezifischer Energiebedarf einer Anlage
$Y_{Sch,\infty}$	$[(N\ m)/kg]$	spezifische Schaufelarbeit bei schaufelkongruenter, verlustfreier Strömung
$Y_{Sp,\infty}$	$[(N\ m)/kg]$	spezifische Spaltdruckarbeit bei schaufelkongruenter, verlustfreier Strömung
Y_V	$[(N\ m)/kg]$	Spezifische Verlustenergie
Z	$[m]$	Ortshöhe

Größe	Einheit	Name
α	$[°]$	Winkel
α	$[-]$	Durchflusszahl; Ausflusszahl
α_K	$[-]$	Kontraktionszahl
β	$[°]$	Winkel
γ	$[°]$	Gleitwinkel
Δ		Differenz
δ	$[°]$	Anstellwinkel
δ	$[m]$	Grenzschichtdicke
ε	$[-]$	Gleitzahl
ζ	$[-]$	Verlustziffer
η	$[Pa\ s]$	dynamische Viskosität
η	$[-]$	Wirkungsgrad
ϑ	$[°C]$	Temperatur
κ	$[-]$	Isentropenexponent
λ	$[-]$	Rohrreibungszahl
μ	$[-]$	Überfallbeiwert
μ_0	$[-]$	Haftreibungsbeiwert
ν	$[m^2/s]$	kinematische Viskosität
ρ	$[kg/m^3]$	Dichte
σ_Z	$[Pa]$	Zugspannung
τ	$[Pa]$	Schub-, Scherspannung
τ_0	$[Pa]$	Wandschubspannung
Φ	$[m^2/s]$	Potenzialfunktion
φ	$[°]$	Winkel
φ	$[-]$	Geschwindigkeitszahl
Ψ	$[m^2/s]$	Stromfunktion
ω	$[1/s]$	Winkelgeschwindigkeit

Inhaltsverzeichnis

Rohr- und Kanalströmungen

1

Im Unterschied zu Beispielen in Band 1, bei denen Strömungsverluste oft vernachlässigt werden bzw. eine untergeordnete Rolle spielen, stehen sie im vorliegenden Kapitel mit ihren Berechnungsmöglichkeiten im Vordergrund. Hierbei ist zwischen der laminaren und turbulenten Strömungsform zu unterscheiden. Welche der beiden möglichen Formen vorliegt ist eine Frage der Reynolds-Zahl

$$Re = \frac{\text{Trägheitskräfte}}{\text{Zähigkeitskräfte}},$$

die sich bei Rohrströmungen herleiten lässt zu

$$Re = \frac{\overline{c} \cdot D}{\nu}.$$

Unterschreitet die Reynolds-Zahl einen kritischen Wert Re_{krit}, so stellt sich im Rohr laminare Strömung ein. Bei größeren Re_{krit}-Werten liegt i. A. die turbulente Rohrströmung vor. Der betreffende Re_{krit}-Wert lautet

$$Re_{krit} = 2\,320.$$

Neben der **reinen laminaren und turbulenten Rohrströmung** mit ihren Reibungsverlusten werden im Folgenden auch die Verlustberechnungen aufgeführt, die im Fall von

© Springer-Verlag GmbH Deutschland, ein Teil von Springer Nature 2019
V. Schröder, *Übungsaufgaben zur Strömungsmechanik 2*,
https://doi.org/10.1007/978-3-662-56056-3_1

Rohrleitungsbauelementen benötigt werden. Hierbei wird der bei technischen Anwendungen häufigere Fall der turbulenten Strömung in den Vordergrund gestellt.

Laminare Rohrströmung

Bei voll ausgebildeter laminarer Rohrströmung bewegen sich die Fluidteilchen entlang achsparalleler Stromlinien, wobei die Geschwindigkeit entlang jeder Stromlinie konstant ist, von Stromlinie zu Stromlinie aber verschiedene Werte aufweist. An der Wand mit dem Wert null aufgrund der Haftbedingung steigt die Geschwindigkeit bis zum Maximalwert in Rohr-Mitte an. Die Fluidreibung zwischen den einzelnen Schichten unterschiedlicher Geschwindigkeiten beruht auf dem Newton'schen Reibungsgesetz. In Einzelfällen gelingt es, theoretische Lösungen (Kap. 8) dieser Strömungsart zu entwickeln. Es werden in den anschließenden Schritten die wichtigsten Gleichungen zur Berechnung laminarer Rohrströmungen aufgelistet.

$c(r) = \frac{(p_1 - p_2)}{4 \cdot \eta \cdot L} \cdot R^2 \cdot \left(1 - \frac{r^2}{R^2}\right)$ Geschwindigkeitsverteilung (Stokes)

$\bar{c} = \frac{(p_1 - p_2)}{32 \cdot \eta \cdot L} \cdot D^2$ mittlere Geschwindigkeit

$Y_V = \lambda \cdot \frac{L}{D} \cdot \frac{\bar{c}^2}{2}$ Verlustenergie (Hagen-Poiseuille)

$\lambda = \frac{64}{Re}$ Rohrreibungszahl; bei laminarer Strömung ist λ unabhängig von der Oberflächenrauigkeit.

$Re = \frac{\bar{c} \cdot D}{\nu}$ Reynolds-Zahl

$p_V = \rho \cdot Y_V$ Druckverlust

$\tau_0 = \frac{\lambda}{8} \cdot \rho \cdot \bar{c}^2$ Wandschubspannung

Turbulente Rohrströmung

Die turbulente Strömung ist dadurch gekennzeichnet, dass die Geschwindigkeit der einzelnen Fluidteilchen nicht mehr geradlinig und konstant wie im laminaren Fall ausgebildet ist, sondern sich unregelmäßige Schwankungsbewegungen überlagern. Damit ist die turbulente Strömung letztlich instationär. Bis heute existieren keine theoretischen Lösungsmöglichkeiten, die turbulente Strömung exakt zu formulieren. Die tatsächlichen Bewegungsabläufe der turbulenten Strömung sind aus technischer Sicht oft nicht von besonderem Interesse. Es interessiert dagegen meist nur der über eine ausreichend lange Zeit gemittelte Geschwindigkeitswert an verschiedenen Rohrradien. Hieraus lässt sich dann z. B. ein empirisches Geschwindigkeitsverteilungsgesetz formulieren. Die unregelmäßigen Schwankungsbewegungen bewirken, dass neben der Newton'schen Schubspannung eine weitere „scheinbare Schubspannung" entsteht, die als Resultat des Impulsaustausches (teilelastische Stöße der Fluidelemente) zu verstehen ist und bis auf einen eng begrenzten Wandbereich deutlich größer ist als die Newton'schen Schubspannung. Die Verluste der turbulenten Strömung fallen daher erheblich höher aus als die der laminaren Strömung. Da keine exakten theoretischen Lösungsmöglichkeiten bei der turbulenten Strömung vorliegen, hat man halbempirische (Prandtl'sche Mischungswegtheorie) Ansätze und rein empirische Ansätze (Potenzgesetze) zur Beschreibung der Geschwindigkeitsverteilung und hieraus abgeleiteter Größen, wie z. B. die Rohrreibungsziffer nach Prandtl-Colebrook, entwickelt.

$\frac{c(r)}{c_{max}} = \left(1 - \frac{r}{R}\right)^n = \left(\frac{R-r}{R}\right)^n = \left(\frac{z}{R}\right)^n$ Potenzgesetz der c-Verteilung

$z = R - r$ Wandabstand

n Exponent der c-Verteilung

$Y_V = \lambda \cdot \frac{L}{D} \cdot \frac{\bar{c}^2}{2}$ Verlustenergie (Darcy)

$\lambda = f\left(Re, \frac{k_S}{D}\right)$ Rohrreibungszahl; diese lässt sich nicht theoretisch herleiten, sondern kann nur im Versuch ermittelt werden. Die Rohrreibungszahl der turbulenten Rohrströmung hängt von der Reynolds-Zahl Re und der bezogenen Rohrrauigkeit k_S/D oder D/k_S ab.

$k_S \approx (1\text{--}1{,}6) \cdot k$ äquivalente Sandrauigkeit

k tatsächliche Rauigkeit

Folgende für verschiedene Re-Zahlenbereiche und Oberflächenbeschaffenheiten gültigen Gesetze der Rohrreibungszahlen sind bekannt.

Glattes Verhalten
Blasius

$$\lambda = \frac{0{,}3164}{\sqrt[4]{Re}} \qquad 2\,320 < Re < 10^5$$

Nikuradse

$$\lambda = 0{,}0032 + 0{,}221 \cdot Re^{-0{,}237} \qquad 10^5 < Re < 10^8$$

Prandtl-Colebrook

$$\frac{1}{\sqrt{\lambda}} = 2 \cdot \log\left(Re \cdot \sqrt{\lambda}\right) - 0{,}8 \qquad Re > 2\,320$$

Mischgebiet

$$\frac{1}{\sqrt{\lambda}} = -2 \cdot \log\left(\frac{2{,}51}{\sqrt{\lambda} \cdot Re} + 0{,}27 \cdot \frac{k_S}{D}\right)$$

Raues Verhalten

$$\lambda = \frac{1}{\left[1{,}14 + 2 \cdot \log\left(\frac{D}{k_S}\right)\right]^2}$$

Die Rohrreibungszahl λ ist in Abhängigkeit von der Re-Zahl und der bezogenen Sandrauigkeit D/k_S oder k_S/D als Ergänzung zu o. g. Gleichungen im Anhang (Abb. Z.1) in einem Diagramm dargestellt, dem Diagramm der Rohrreibungszahl nach Moody.

Hydraulischer Durchmesser

Um die Anwendung der Widerstandszahlen auch auf beliebige Querschnitte zu erweitern, wird der so genannte „hydraulischer Durchmesser" d_{hydr} eingeführt. Man benennt ihn in der Literatur auch öfters mit „Gleichwertigkeitsdurchmesser". Er leitet sich zu folgendem Ausdruck her.

$$d_{hydr} = \frac{4 \cdot A_{UR}}{U_{UR}}$$

A_{UR} durchströmter tatsächlicher Querschnitt
U_{UR} gesamter fluidbenetzter Umfang

Die Reibungsverluste bei unrunden (Index **UR**), d. h. nicht Vollkreisquerschnitten lassen sich wie folgt bestimmen:

$$Y_V = \lambda \cdot \frac{L}{d_{hydr}} \cdot \frac{\bar{c}^2}{2}$$

Dabei sind

d_{hydr}	hydraulischer Durchmesser (s. o.)
$\bar{c} = \frac{\dot{V}}{A_{UR}}$	mittlere Geschwindigkeit im tatsächlichen Querschnitt
$\lambda = f\left(Re_{UR}, \frac{k_S}{d_{hydr}}\right)$	Rohrreibungszahl des „Ersatzrohrs" mit d_{hydr}
$Re_{UR} = \frac{\bar{c} \cdot d_{hydr}}{\nu}$	Reynolds-Zahl des „Ersatzrohrs" mit d_{hydr}

Die Rohrreibungszahl λ berechnet sich bei unrunden Querschnitten mittels dieser Gesetze:

Glattes Verhalten

$$\lambda = \frac{0,2236}{\sqrt[4]{Re_{\mathrm{UR}}}}$$

Mischgebiet s. Kreisrohr

Raues Verhalten s. Kreisrohr

Rohrleitungsbauelemente
Außer geraden Rohrstrecken finden verschiedene Rohrleitungsbauteile in den unterschiedlichsten Anlagen Verwendung. Sehr häufig benötigt werden sie als

- Bauelemente für Richtungsänderungen,
- Bauelemente für Querschnittsänderungen,
- Bauelemente für Volumenstromregelung und Absperraufgaben.

Dies ist aber nur eine beschränkte Auswahl aus dem gesamten Spektrum. Die verschiedenen Verluste, die durch diese Bauelemente erzeugt werden, sind auf theoretischem Wege nicht bestimmbar. Man muss sich zu ihrer Ermittlung des Versuchswesens bedienen. Es konnte festgestellt werden, dass die Verlustenergien der betreffenden Rohreinbauten allgemein nachstehendem Gesetz folgen

$$Y_{\mathrm{V}} = \zeta \cdot \frac{\bar{c}^2}{2}.$$

ζ ist dabei die Verlustziffer des Bauelements.

In dieser Verlustziffer sind sämtliche Einflüsse durch geometrische Größen, Oberflächenrauigkeiten und der Re-Zahl eingebunden. ζ wird demnach bei den verschiedenen Bauelementen in unterschiedlicher Weise von den genannten Größen beeinflusst. Beim Rohr ist z. B.

$$\zeta = \lambda \cdot \underbrace{\frac{L}{D}}_{\text{Geometrie}}, \quad \text{wobei} \quad \lambda = f\left(Re; \underbrace{\frac{k_{\mathrm{S}}}{D}}_{\text{Rauigkeit}}\right).$$

Bauelemente für Richtungsänderungen Diese Bauelemente umfassen z. B. Krümmer oder Bögen, Kniestücke, usw. Die neben der Fluidreibung zusätzlich wirksamen Verluste sind auf Strömungsablösungen (Totraumbildung), Sekundärströmungen (Doppelwirbel)

sowie Rückbildungsprozesse zur ausgebildeten Geschwindigkeitsverteilung in der Nach-
laufstrecke zurückzuführen. Die Verluste werden nach o. g. Gleichung berechnet mit

$$Y_{V_{Kr}} = \zeta_{Kr} \cdot \frac{\overline{c}^2}{2}.$$

ζ_{Kr} ist die Krümmerverlustziffer (Abb. Z.2)

Bauelemente für Querschnittsänderungen Die Strömungsverluste in den nachstehenden Bauelementen beruhen auf reibungsbedingten Vorgängen und häufiger noch auf Verwirbelungen nach Strömungsablösungen, die je nach Bauelement in unterschiedlichster
Intensität zur Wirkung kommen. Die Stelle 1 ist jeweils im Zulauf und die Stelle 2 im
Nachlauf des Elements definiert.

Unstetige Erweiterung: Index „uE" Auf c_1 bezogen haben wir bei $A_1 < A_2$

$$Y_{V_{uE}} = \zeta_{uE_1} \cdot \frac{\overline{c}_1^2}{2} \quad \text{und} \quad \zeta_{uE_1} = \left(1 - \frac{A_1}{A_2}\right)^2.$$

Auf c_2 bezogen haben wir bei $A_2 > A_1$

$$Y_{V_{uE}} = \zeta_{uE_2} \cdot \frac{\overline{c}_2^2}{2} \quad \text{und} \quad \zeta_{uE_2} = \left(\frac{A_2}{A_1} - 1\right)^2.$$

Stetige Erweiterung oder Diffusor: Index „Diff" Auf c_1 bezogen haben wir bei $A_1 < A_2$

$$Y_{V_{Diff}} = \zeta_{Diff_1} \cdot \frac{\overline{c}_1^2}{2} \quad \text{und} \quad \zeta_{Diff_1} = (1 - \eta_{Diff}) \cdot \left(1 - \frac{A_1^2}{A_2^2}\right)$$

Auf c_2 bezogen haben wir bei $A_2 > A_1$

$$Y_{V_{\text{Diff}}} = \zeta_{\text{Diff}_2} \cdot \frac{\overline{c}_2^2}{2} \quad \text{und} \quad \zeta_{\text{Diff}_2} = (1 - \eta_{\text{Diff}}) \cdot \left(\frac{A_2^2}{A_1^2} - 1 \right)$$

$\eta_{\text{Diff}} \approx 0,8\text{--}0,9$ ist dabei der Diffusorwirkungsgrad.

Unstetige Verengung: Index „uV" Auf c_1 bezogen haben wir bei $A_1 > A_2$

$$Y_{V_{\text{uV}}} = \zeta_{\text{uV}_1} \cdot \frac{\overline{c}_1^2}{2} \quad \text{und} \quad \zeta_{\text{uV}_1} = \left(\frac{1}{\alpha_K} - 1 \right)^2 \cdot \frac{A_1^2}{A_2^2}$$

Auf c_2 bezogen haben wir bei $A_2 < A_1$

$$Y_{V_{\text{uV}}} = \zeta_{\text{uV}_2} \cdot \frac{\overline{c}_2^2}{2} \quad \text{und} \quad \zeta_{\text{uV}_2} = \left(\frac{1}{\alpha_K} - 1 \right)^2$$

α_K ist die Kontraktionszahl (Tab. Z.2)

Stetige Verengung oder Konfusor: Index „Kon" Auf c_1 bezogen haben wir bei $A_1 > A_2$

$$Y_{V_{\text{Kon}}} = \zeta_{\text{Kon}_1} \cdot \frac{\overline{c}_1^2}{2} \quad \text{und} \quad \zeta_{\text{Kon}_1} = \left(\frac{1}{\eta_{\text{Kon}}} - 1 \right) \cdot \left(\frac{A_1^2}{A_2^2} - 1 \right)$$

Auf c_2 bezogen haben wir bei $A_2 < A_1$

$$Y_{V_{Kon}} = \zeta_{\text{Kon}_2} \cdot \frac{\overline{c}_2^2}{2} \quad \text{und} \quad \zeta_{\text{Kon}_2} = \left(\frac{1}{\eta_{\text{Kon}}} - 1 \right) \cdot \left(1 - \frac{A_2^2}{A_1^2} \right)$$

$\eta_{\text{Kon}} \approx 0,93\text{--}0,98$ ist dabei der Konfusorwirkungsgrad.

Bauelemente für Volumenstromregelung und Absperraufgaben Armaturen haben die Aufgabe, durch Drosselung (Verlusterzeugung) in (und nach) diesen Elementen den Massen- bzw. Volumenstrom zu regeln. Es gibt im Wesentlichen folgende Gruppen:

- Schieber,
- Ventile,
- Hähne,
- Klappen

für diese Aufgabe. Die Regelfunktion ist auf die veränderliche Verlustziffer ζ_{Sch} der Armatur zurückzuführen. ζ_{Sch} steigt, ausgehend vom Kleinstwert bei völlig offener Armatur, mit zunehmendem Schließvorgang an. Die Verluste bestimmen sich nach o. g. Gesetz

$$Y_{V_{Sch}} = \zeta_{Sch} \cdot \frac{\overline{c}^2}{2}$$

$\overline{c}$ mittlere Geschwindigkeit im unversperrten Flanschquerschnitt
ζ_{Sch} Verlustziffer der Armatur abhängig vom Öffnungsverhältnis (Abb. Z.3)

Eintrittsverlust, Austrittsverlust
Neben den bisher genannten Verlusten in Rohrleitungen und den ausgewählten Bauelementen werden zusätzliche Verluste wirksam, wenn ein Fluid aus einem sehr großen Raum in eine Rohrleitung einströmt und der **Eintrittsverlust** entsteht oder aus einer Rohrleitung in einen sehr großen Raum ausströmt, wobei es dann zum so genannten **Austrittsverlust** kommt. Beim Eintrittsverlust sind Strahlkontraktion mit Verwirbelungen und Vermischungsvorgängen die Entstehungsursache, beim Austrittverlust wird die gesamte Geschwindigkeitsenergie durch Vermischung mit dem Fluid im ruhenden Raum aufgezehrt.

Eintrittsverlust

$$Y_{V_{Ein}} = \zeta_{Ein} \cdot \frac{\overline{c}^2}{2}$$

ζ_{Ein} ist die Eintrittsverlustziffer.
  Bei scharfkantiger Eintrittsgeometrie ist

$$\zeta_{Ein} = 0{,}50$$

Austrittsverlust

$$Y_{V_{Aus}} = \zeta_{Aus} \cdot \frac{\overline{c}^2}{2}$$

Wegen der vollständigen Vernichtung der Geschwindigkeitsenergie (Dissipation) wird die Austrittverlustziffer

$$\zeta_{Aus} = 1{,}0.$$

Aufgabe 1.1 Abflussleitungen

Durch zwei vertikale Rohrleitungen gleicher Länge L aber verschiedener Durchmesser D_x und D_y fließt Wasser ins Freie (Abb. 1.1). Die Höhe H des Wasserspiegels über den Rohreintrittsquerschnitten ist konstant. Die Rohreintritte sind scharfkantig ausgeführt. Welche Geschwindigkeiten und Volumenströme stellen sich bei den vorliegenden Gegebenheiten ein? Wie groß wird die Geschwindigkeit in beiden Rohren unter der Annahme „verlustfreier" Strömung?

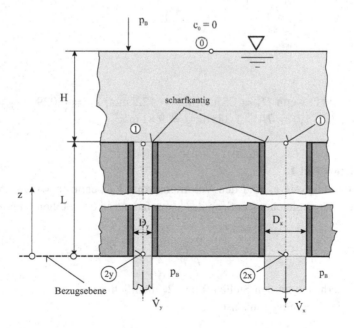

Abb. 1.1 Abflussleitungen

Lösung zu Aufgabe 1.1

Aufgabenerläuterung

Die Frage befasst sich zunächst mit der realen verlustbehafteten Rohrströmung. Den Ansatz zur Lösung liefert die Bernoulli'sche Energiegleichung dieser Strömungsart. Neben anderen Größen enthält sie auch die hier jeweils gesuchten Geschwindigkeiten c_x und c_y. Bei den vorliegenden Strömungsverlusten sind einmal die so genannten Eintrittsverluste beim Übergang eines Fluids aus einem sehr großen Raum in eine Leitung und zum anderen die Rohrreibungsverluste zu berücksichtigen. Kennzeichnend für alle Verluste sind die betreffenden Verlustziffern ζ, die durch Multiplikation mit der jeweiligen Geschwindigkeitsenergie $c^2/2$ die Größe der Verluste festlegen. Am Rohreintritt ist aufgrund der vorgegebenen scharfkantigen Geometrie die Eintrittsverlustziffer ζ_{Ein} bekannt. Die Rohrverlustziffer

$$\zeta_R = \lambda \cdot \frac{L}{D}$$

lässt sich dagegen nur iterativ bestimmen, da die Rohrreibungszahl λ wiederum über die Reynolds-Zahl mit der gesuchten Geschwindigkeit verknüpft ist. Zur Vereinfachung werden aus diesem Grund die beiden Rohrreibungszahlen λ_x und λ_y vorgegeben.

Gegeben:

- D_x; D_y; λ_x; λ_y; ζ_{Ein}; L; H; g

Gesucht:

1. c_x, $\dot{V}_x$
2. c_y, $\dot{V}_y$
3. Die Fälle 1 und 2, wenn $D_x = 25\,\text{mm}$; $D_y = 12{,}5\,\text{mm}$; $\lambda_x = 0{,}0295$; $\lambda_y = 0{,}0392$; $\zeta_{\text{Ein}} = 0{,}50$; $L = 1{,}0\,\text{m}$; $H = 1{,}385\,\text{m}$; $g = 9{,}81\,\text{m/s}^2$
4. c_{theor}

Lösungsschritte – Fall 1

Für die **Geschwindigkeit** c_x und den **Volumenstrom** $\dot{V}_x$ benutzen wir als Ansatz die Bernoulli'sche Energiegleichung entlang des Stromfadens an den Stellen 0 und 2_x:

$$\frac{p_0}{\rho} + \frac{c_0^2}{2} + g \cdot Z_0 = \frac{p_2}{\rho} + \frac{c_{2_x}^2}{2} + g \cdot Z_2 + Y_{V_{0;2x}}.$$

Mit den Besonderheiten an den Stellen 0 und 2_x, nämlich $p_0 = p_2 = p_B$, $c_0 = 0$ und $Z_2 = 0$ lautet die Gleichung zunächst

$$\frac{c_{2_x}^2}{2} = g \cdot Z_0 - Y_{V_{0;2x}}.$$

Hierin ist $Z_0 = H + L$. Mit $Y_{V_{0/2x}}$ auf der anderen Gleichungsseite wird daraus

$$\frac{c_{2_x}^2}{2} + Y_{V_{0;2x}} = g \cdot (H + L).$$

Als Verluste sind zu berücksichtigen $Y_{V_{0;2x}} = Y_{V_{Ein}} + Y_{V_{Rx}}$, wobei

$$Y_{V_{Ein}} = \zeta_{Ein} \cdot \frac{c_x^2}{2} \quad \text{sowie} \quad Y_{V_{Rx}} = \lambda_x \cdot \frac{L}{D_x} \cdot \frac{c_x^2}{2}$$

mit $c_x = c_{2_x} = c_{1_x}$. $Y_{V_{0;2x}}$ liefert, mit diesen Zusammenhängen oben eingesetzt,

$$\frac{c_x^2}{2} + \frac{c_x^2}{2} \cdot \left(\zeta_{Ein} + \lambda_x \cdot \frac{L}{D_x} \right) = g \cdot (L + H).$$

Klammert man jetzt noch $c_x^2/2$ aus, so folgt

$$\frac{c_x^2}{2} \cdot \left(1 + \zeta_{Ein} + \lambda_x \cdot \frac{L}{D_x} \right) = g \cdot (L + H).$$

Die Multiplikation mit

$$\frac{2}{\left(1 + \zeta_{Ein} + \lambda_x \cdot \frac{L}{D_x} \right)}$$

führt zu

$$c_x^2 = \frac{2 \cdot g \cdot (L + H)}{1 + \zeta_{Ein} + \lambda_x \cdot \frac{L}{D_x}}.$$

Als Ergebnis der gesuchten Geschwindigkeit erhält man nach dem Wurzelziehen

$$c_x = \sqrt{\frac{2 \cdot g \cdot (L + H)}{1 + \zeta_{Ein} + \lambda_x \cdot \frac{L}{D_x}}}.$$

Der Volumenstrom $\dot{V}_x$ gemäß der allgemeinen Durchflussgleichung $\dot{V} = c \cdot A$ unter Verwendung von c_x und $A_x = \frac{\pi}{4} \cdot D_x^2$ wird dann

$$\dot{V}_x = c_x \cdot \frac{\pi}{4} \cdot D_x^2 = \frac{\pi}{4} \cdot D_x^2 \cdot \sqrt{\frac{2 \cdot g \cdot (L + H)}{1 + \zeta_{Ein} + \lambda_x \cdot \frac{L}{D_x}}}$$

Lösungsschritte – Fall 2

Für die **Geschwindigkeit** c_y und den **Volumenstrom** $\dot{V}_y$ gehen wir analog zu Fall 1 vor. Wir können die beide Größen sofort formulieren, wenn wir in o. g. Gleichungen die Größen λ_x durch λ_y und D_x durch D_y ersetzen. L, H und ζ_{Ein} sind in beiden Fällen gleich groß.

$$c_y = \sqrt{\frac{2 \cdot g \cdot (L + H)}{1 + \zeta_{Ein} + \lambda_y \cdot \frac{L}{D_y}}}$$

$$\dot{V}_y = c_y \cdot \frac{\pi}{4} \cdot D_y^2 = \frac{\pi}{4} \cdot D_y^2 \cdot \sqrt{\frac{2 \cdot g \cdot (L + H)}{\left[1 + \zeta_{Ein} + \lambda_y \cdot \frac{L}{D_y}\right]}}$$

Lösungsschritte – Fall 3

Für die infrage stehenden Größen erhalten wir, wenn $D_x = 25\,\text{mm}$, $D_y = 12{,}5\,\text{mm}$, $\lambda_x = 0{,}0295$, $\lambda_y = 0{,}0392$, $\zeta_{Ein} = 0{,}50$, $L = 1{,}0\,\text{m}$, $H = 1{,}385\,\text{m}$ und $g = 9{,}81\,\text{m/s}^2$ gegeben sind und dimensionsgerecht gerechnet wird, die folgenden Ergebnisse:

$$c_x = \sqrt{\frac{2 \cdot 9{,}81 \cdot (1 + 1{,}385)}{1 + 0{,}5 + 0{,}0295 \cdot \frac{1{,}0}{0{,}025}}} = 4{,}719\,\text{m/s}$$

$$\dot{V}_x = \frac{\pi}{4} \cdot 0{,}025^2 \cdot 4{,}179 = 0{,}002051\,\frac{\text{m}^3}{\text{s}} = 2{,}051\,\frac{\text{L}}{\text{s}}$$

$$c_y = \sqrt{\frac{2 \cdot 9{,}81 \cdot (1 + 1{,}385)}{1 + 0{,}5 + 0{,}0392 \cdot \frac{1{,}0}{0{,}0125}}} = 3{,}177\,\text{m/s}$$

$$\dot{V}_y = \frac{\pi}{4} \cdot 0{,}0125^2 \cdot 3{,}177 = 0{,}0003899\,\frac{\text{m}^3}{\text{s}} = 0{,}3899\,\frac{\text{L}}{\text{s}}$$

Die **theoretische Geschwindigkeit** c_{theor} bei verlustfreier Strömung bekommen wir bei dem vorliegenden offenen System über die Torricelli'sche Ausflussgleichung:

$$c_{\text{theor}} = \sqrt{2 \cdot g \cdot \Delta Z}$$

Hierin ist $\Delta Z = H + L$. Die theoretische Strömungsgeschwindigkeit in beiden Rohren lautet folglich

$$c_{\text{theor}} = \sqrt{2 \cdot g \cdot (H + L)}$$

und mit den gegebenen Daten berechnet sich

$$c_{\text{theor}} = 6{,}847 \, \text{m/s}.$$

Dies ist ein deutlich größerer Wert (1,6-fach bzw. 2,2-fach) als im Fall der beiden realen Strömungen. Man erkennt, dass die Annahme der verlustfreien Strömung immer eine Überprüfung benötigt.

Aufgabe 1.2 Luftleitung

Durch eine in Abb. 1.2 dargestellte horizontale Rohrleitung strömt Luft (inkompressibel). An zwei im Abstand L entfernten Druckmessstellen 1 und 2 ist jeweils ein U-Rohr-Manometer angeschlossen. Die statischen Drücke p_1 bzw. p_2 bewirken eine Verschiebung der Sperrflüssigkeit (Wasser) um Δh_1 bzw. Δh_2 in den U-Rohr-Manometern. Bei bekannten geometrischen Rohrabmessungen D und L, Flüssigkeitshöhen Δh_1 und Δh_2 in den U-Rohr-Manometern, mittlerer Strömungsgeschwindigkeit $\overline{c}$ und fluidspezifischen Größen der Luft ρ_L und ν_L sowie der Sperrflüssigkeit ρ_W sollen die statischen Drücke p_1 und p_2 an den Messstellen sowie verschiedene Verlustgrößen $Y_{V_{1;2}}$, λ, Strömungsart und das Rohrrauhigkeitsverhalten ermittelt werden.

Lösung zu Aufgabe 1.2

Aufgabenerläuterung
Die geringe Luftdichte und die gerade Rohrleitung haben zur Folge, dass der statische Druck über dem Rohrquerschnitt nahezu konstant ist und somit auch in gleicher Größe an den Druckentnahmestellen wirkt. Aufgrund der vorliegenden Luftströmung in der horizontalen geraden Rohrleitung ist der Druckunterschied zwischen den beiden Druckentnahmestellen 1 und 2 ausschließlich auf die Reibungsverluste zwischen diesen Messstellen

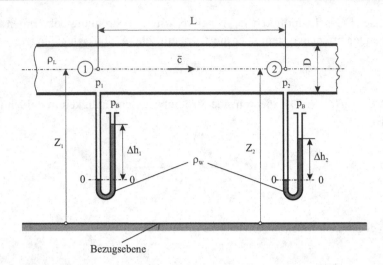

Abb. 1.2 Luftleitung

zurückzuführen. Zur Ermittlung der statischen Drücke ist es ratsam, jeweils eine Schnittebene 0–0 gemäß Abb. 1.2 durch die Manometer zu legen. Die am linken und rechten Schenkel bei 0–0 wirksamen Drücke sind im Gleichgewichtszustand zu vergleichen und nach dem gesuchten Druck aufzulösen. Die Fragen zu verschiedenen reibungsbedingten Verlustgrößen lassen sich mittels Bernoulli'scher und Darcy'scher Gleichung beantworten.

Gegeben:

- $D = 100\,\text{mm}$; $L = 100\,\text{m}$; $\bar{c} = 20\,\text{m/s}$; $\Delta h_1 = 1{,}205\,\text{m}$; $\Delta h_2 = 0{,}80\,\text{m}$; $\rho_L = 1{,}2\,\text{kg/m}^3$; $\nu_L = 15 \cdot 10^{-6}\,\text{m}^2/\text{s}$; $\rho_W = 1\,000\,\text{kg/m}^3$; $p_B = 10^5\,\text{Pa}$

Gesucht:

1. p_1
2. p_2
3. $Y_{V_{1;2}}$
4. λ
5. Strömungsart
6. Rohrrauhigkeitsverhalten

Anmerkungen

- Luftdichte ρ_L in U-Rohr-Manometer vernachlässigbar
- Inkompressible Luftströmung

Lösungsschritte – Fall 1

Für den **Druck** p_1 nutzen wir die Druckgleichheit im Schnitt 0–0 des linken U-Rohr-Manometers, die gemäß Abb. 1.2 lautet

$$p_1 + \rho_L \cdot g \cdot \Delta h_1 = p_B + \rho_W \cdot g \cdot \Delta h_1.$$

Unter Vernachlässigung von $\rho_L \cdot g \cdot \Delta h_1$ folgt

$$p_1 = p_B + \rho_W \cdot g \cdot \Delta h_1.$$

Bei dimensionsgerechter Verwendung der gegebenen Größen erhält man folglich

$$p_1 = 100\,000 + 1\,000 \cdot 9,81 \cdot 1,205 = 111\,821\,\text{Pa}.$$

Lösungsschritte – Fall 2

Für den **Druck** p_2 lautet die Druckgleichheit im Schnitt 0–0 des rechten U-Rohr-Manometers gemäß Abb. 1.2

$$p_2 + \rho_L \cdot g \cdot \Delta h_2 - p_D + \rho_W \cdot g \cdot \Delta h_2.$$

Unter Vernachlässigung von $\rho_L \cdot g \cdot \Delta h_2$ folgt entsprechend

$$p_2 = p_B + \rho_W \cdot g \cdot \Delta h_2.$$

Bei dimensionsgerechter Verwendung der gegebenen Größen erhält man folglich

$$p_2 = 100\,000 + 1\,000 \cdot 9,81 \cdot 0,80 = 107\,848\,\text{Pa}$$

Lösungsschritte – Fall 3

Bei der Ermittlung der **Verlustgröße** $Y_{V_{1;2}}$ wird die erweiterte Bernoulli'sche Gleichung benötigt. Hierin sind die gesuchten Verluste in Verbindung zu bringen mit den jetzt bekannten strömungsmechanischen Größen an den Stellen 1 und 2:

$$\frac{p_1}{\rho_L} + \frac{c_1^2}{2} + g \cdot Z_1 = \frac{p_2}{\rho_L} + \frac{c_2^2}{2} + g \cdot Z_2 + Y_{V_{1;2}}.$$

Mit den im vorliegenden Fall besonderen Gegebenheiten $Z_1 = Z_2$ und $c_1 = c_2$ erhält man

$$Y_{V_{1;2}} = \frac{p_1 - p_2}{\rho_L}.$$

Setzt man hierin dimensionsgerecht die ermittelten Drücke und die Luftdichte ein, so berechnen sich die Verluste zu

$$Y_{V_{1;2}} = \frac{111\,821 - 107\,848}{1,2} = 3\,310,8\,\text{Nm/kg}.$$

Lösungsschritte – Fall 4

Zur **Rohrreibungszahl** λ gelangt man durch Umformen der Darcy'schen Gleichung:

$$Y_{V_{1;2}} = \lambda \cdot \frac{L}{D} \cdot \frac{\bar{c}^2}{2}.$$

Wir bekommen

$$\lambda = Y_{V_{1;2}} \cdot \frac{D}{L} \cdot \frac{2}{\bar{c}^2}.$$

Mit den gegebenen bzw. berechneten Größen ermittelt man λ zu:

$$\lambda = 3\,310,8 \cdot \frac{0,10}{100} \cdot \frac{2}{20^2} = 0,0166.$$

Lösungsschritte – Fall 5

Die Frage nach der **Strömungsart**, also ob eine laminare oder turbulente Rohrströmung vorliegt, lässt sich mit der Reynold'schen Zahl beantworten. Als oberer Grenzwert des laminaren Falls ist $Re = 2\,320$ bekannt. Liegen größere Werte vor, so ist die Rohrströmung – wenn ein gewisser Übergangsbereich außer Acht gelassen wird –, turbulent. Die

Reynolds-Zahl lautet bekanntermaßen

$$Re = \frac{\overline{c} \cdot D}{\nu}.$$

Auch hier wieder liefert dimensionsgerechtes Einsetzen der bekannten Größen

$$Re = \frac{20 \cdot 0{,}10}{15} \cdot 10^6 = 133\,333.$$

Damit ist eine **turbulente Rohrströmung** nachgewiesen.

Lösungsschritte – Fall 6

Das **Rohrrauhigkeitsverhalten** der Rohrinnenwand wirkt sich dann auf die Verluste aus, wenn die Rauigkeitserhebungen nicht mehr von der laminaren Unterschicht überdeckt werden. In diesem Fall kommt neben dem Re-Einfluss auf λ noch die Sandrauigkeit (auf den Innendurchmesser bezogen) zur Wirkung. Beide Einflussgrößen auf λ finden sich in Abb. Z.1 wieder. Unter Benutzung von $Re = 133\,333$ und $\lambda = 0{,}0166$ lasst sich aus diesem Diagramm ablesen, dass im vorliegenden Fall **hydraulisch glattes Verhalten** vorliegt, also alle Rauhigkeitserhebungen in der laminaren Unterschicht eingebettet sind.

Aufgabe 1.3 Vertikale Rohrleitung

Eine vertikale Rohrleitung wird gemäß Abb. 1.3 von unten nach oben mit Wasser durchströmt. Der betrachtete Rohrleitungsabschnitt zwischen den Stellen 1 und 2 besteht aus drei geraden Rohrstücken und zwei Rohrkrümmern des Durchmessers D_1 sowie einer unstetigen Querschnittserweiterung von D_1 auf D_2. Die Stelle 2 ist dort angeordnet, wo das Verwirbelungsgebiet nach der unstetigen Querschnittserweiterung beendet ist, die Strömung also wieder an der Rohrwand anliegt. An den Stellen 1 und 2 hat man Messleitungen installiert, die mit einem U-Rohr-Manometer verbunden sind. Als Sperrflüssigkeit im Manometer dient Quecksilber, die Flüssigkeit in den Messleitungen ist Wasser. Wie groß wird bei verlustbehafteter Strömung und konstantem Volumenstrom der Druckunterschied $(p_2 - p_1)$ zwischen den Stellen 1 und 2 und welche Quecksilberhöhe h kann man am Manometer ablesen?

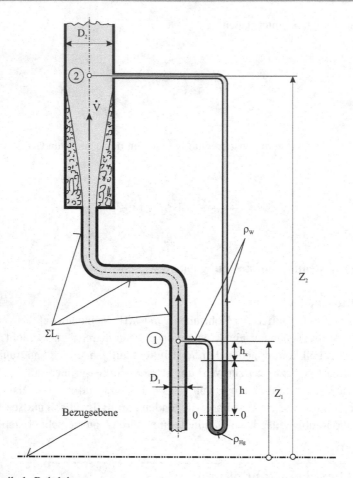

Abb. 1.3 Vertikale Rohrleitung

Lösung zu Aufgabe 1.3

Aufgabenerläuterung

Die hier zu lösende Frage nach dem Druckunterschied zwischen den Stellen 1 und 2 lässt sich mittels Bernoulli'scher Gleichung der verlustbehafteten Strömung inkompressibler Fluide beantworten. Daneben wird die Kontinuitätsgleichung Verwendung finden müssen, um die mittleren Geschwindigkeiten aufgrund des gegebenen Volumenstroms und bekannter Kreisrohrquerschnitte zu ersetzen. Die Verlustziffern der durchströmten Rohrleitungselemente lassen sich den einschlägigen Tabellen bzw. Diagrammen entnehmen. Der Einfachheit halber sind hier die Zahlenwerte der Verlustziffern für die Rohre (Index „R") und Krümmer (Index „Kr") vorgegeben; die Verlustziffer der unstetigen Erweiterung (Index „uE") errechnet sich leicht aus den Rohrabmessungen. Bei der Bestimmung des Manometerausschlags h ist es ratsam, eine Schnittebene 0–0 gemäß Abb. 1.3 durch das

Manometer zu legen. Die am linken und rechten Schenkel bei 0–0 wirksamen Drücke sind im Gleichgewichtszustand zu vergleichen und nach dem gesuchten Manometerausschlags h aufzulösen.

Gegeben:

- D_1; $\sum L_1$; Z_1; D_2; Z_2; ρ_W; ρ_{Hg}; $\dot{V}$; ζ_{Kr}; λ_1

Gesucht:

1. $(p_2 - p_1)$
2. h
3. $(p_2 - p_1)$ und h, wenn $D_1 = 100\,\text{mm}$; $\sum L_1 = 3,0\,\text{m}$; $Z_1 = 1,0\,\text{m}$; $D_2 = 200\,\text{mm}$; $Z_2 = 4,0\,\text{m}$; $\rho_W = 1\,000\,\text{kg/m}^3$; $\rho_{Hg} = 13\,560\,\text{kg/m}^3$; $\dot{V} = 0,0785\,\text{m}^3/\text{s}$; $\zeta_{Kr} = 0,20$; $\lambda_1 = 0,020$

Lösungsschritte – Fall 1

Für den **Druckunterschied** $(p_2 - p_1)$ stellen wir die Bernoulli'sche Gleichung an den Stellen 1 und 2 auf:

$$\frac{p_1}{\rho_W} + \frac{c_1^2}{2} + g \cdot Z_1 = \frac{p_2}{\rho_W} + \frac{c_2^2}{2} + g \cdot Z_2 + \sum Y_{V_{1:2}}.$$

Das Auflösen nach $\frac{p_2 - p_1}{\rho_W}$ liefert zunächst

$$\frac{p_2 - p_1}{\rho_W} = +\frac{\left(c_1^2 - c_2^2\right)}{2} - g \cdot (Z_2 - Z_1) - \sum Y_{V_{1:2}}.$$

Durch Multiplikation mit ρ_W erhält man dann den gesuchten Druckunterschied zunächst mit

$$p_2 - p_1 = \frac{\rho_W}{2} \cdot \left(c_1^2 - c_2^2\right) - \rho_W \cdot g \cdot (Z_2 - Z_1) - \rho_W \cdot \sum Y_{V_{1:2}}.$$

Im nächsten Schritt wird $\left(c_1^2 - c_2^2\right)/2$ mittels der Kontinuitätsgleichung $\dot{V} = c_1 \cdot A_1 = c_2 \cdot A_2$ und der Rohrleitungsdurchmesser D_1 und D_2 wie folgt ersetzt:

$$c_1 = \frac{\dot{V}}{A_1}; \quad c_2 = \frac{\dot{V}}{A_2}; \quad A_1 = \frac{\pi}{4} \cdot D_1^2; \quad A_2 = \frac{\pi}{4} \cdot D_2^2.$$

Diese Zusammenhänge setzen wir in $\left(c_1^2 - c_2^2\right)/2$ ein,

$$\frac{1}{2} \cdot \dot{V}^2 \cdot \left(\frac{1}{A_1^2} - \frac{1}{A_2^2}\right),$$

und verwenden A_1 und A_2:

$$\frac{c_1^2 - c_2^2}{2} = \frac{1}{2} \cdot \dot{V}^2 \cdot \left(\frac{1}{\frac{\pi^2}{16} \cdot D_1^4} - \frac{1}{\frac{\pi^2}{16} \cdot D_2^4}\right) = \frac{1}{2} \cdot \frac{16}{\pi^2} \cdot \dot{V}^2 \cdot \left(\frac{1}{D_1^4} - \frac{1}{D_2^4}\right).$$

Somit folgt

$$\frac{c_1^2 - c_2^2}{2} = \frac{8}{\pi^2} \cdot \dot{V}^2 \cdot \left(\frac{1}{D_1^4} - \frac{1}{D_2^4}\right).$$

Die **gesamten Verluste** $\sum Y_{V_{1;2}}$ lassen sich wie folgt zusammenfassen:

$$\sum Y_{V_{1:2}} = Y_{V_{R,1:2}} + 2 \cdot Y_{V_{Kr}} + Y_{V_{uE}}.$$

Dabei sind

$Y_{V_{R,1/2}} = \lambda_1 \cdot \frac{\sum L_1}{D_1} \cdot \frac{c_1^2}{2}$ Rohrreibungsverluste (alle Rohre des Durchmessers D_1)

$Y_{V_{Kr}} = \zeta_{Kr} \cdot \frac{c_1^2}{2}$ Krümmerverluste

$Y_{V_{uE}} = \zeta_{uE} \cdot \frac{c_1^2}{2}$ Verluste der unstetigen Erweiterung

Die Verlustziffer ζ_{uE} ermittelt man ausschließlich aus den beiden Durchmessern D_1 und D_2 gemäß

$$\zeta_{uE} = \left(1 - \frac{D_1^2}{D_2^2}\right)^2,$$

sofern als Bezugsgeschwindigkeit c_1 gewählt wird. Somit wird

$$Y_{V_{uE}} = \left(1 - \frac{D_1^2}{D_2^2}\right)^2 \cdot \frac{c_1^2}{2}.$$

Die gesamten Verluste $\sum Y_{V_{1;2}}$ werden nach Ausklammern von $\left(\frac{c_1^2}{2}\right)$ auch folgendermaßen dargestellt:

$$\sum Y_{V_{1;2}} = \frac{c_1^2}{2} \cdot \left[\lambda_1 \cdot \frac{\sum L_1}{D_1} + 2 \cdot \zeta_{Kr} + \left(1 - \frac{D_1^2}{D_2^2}\right)^2\right].$$

$\frac{c_1^2}{2}$ wird durch $c_1 = \frac{\dot{V}}{A_1} = \frac{4 \cdot \dot{V}}{\pi \cdot D_1^2}$ ersetzt,

$$\frac{c_1^2}{2} = \frac{16 \cdot \dot{V}^2}{2 \cdot \pi^2 \cdot D_1^4} = \frac{8}{\pi^2} \cdot \frac{1}{D_1^4} \cdot \dot{V}^2,$$

daraus folgt

$$\sum Y_{V_{1;2}} = \frac{8}{\pi^2} \cdot \frac{1}{D_1^4} \cdot \dot{V}^2 \cdot \left[\lambda_1 \cdot \frac{\sum L_1}{D_1} + 2 \cdot \zeta_{Kr} + \left(1 - \frac{D_1^2}{D_2^2} \right)^2 \right].$$

Alle so ermittelten Größen für $\left(c_1^2 - c_2^2 \right) / 2$ und $\sum Y_{V_{1;2}}$ in die Druckdifferenz $(p_2 - p_1)$ eingesetzt, erhalten wir nach Ausklammern

$$p_2 - p_1 = \rho_W \cdot \left\langle \frac{8}{\pi^2} \cdot \dot{V}^2 \cdot \left\{ \left(\frac{1}{D_1^4} - \frac{1}{D_2^4} \right) - \right.\right.$$
$$\left.\left. \frac{1}{D_1^4} \cdot \left[\lambda_1 \cdot \frac{\sum L_1}{D_1} + 2 \cdot \zeta_{Kr} + \left(1 - \frac{D_1^2}{D_2^2} \right)^2 \right] \right\} - g \cdot (Z_2 - Z_1) \right\rangle.$$

Lösungsschritte – Fall 2

Wir suchen nun die **Quecksilberhöhe** h. Die Schnittebene 0–0 im U-Rohr-Manometer angeordnet ergibt:

$$p_0 = \underbrace{p_2 + \rho_W \cdot g \cdot (Z_2 - Z_1) + \rho_W \cdot g \cdot h_x + \rho_{Hg} \cdot g \cdot h}_{\text{rechte Seite}}$$
$$= \underbrace{p_1 + \rho_W \cdot g \cdot h_x + \rho_W \cdot g \cdot h}_{\text{linke Seite}}.$$

Jetzt wird nach Gliedern mit h auf einer Gleichungsseite geordnet,

$$\rho_{Hg} \cdot g \cdot h - \rho_W \cdot g \cdot h = (p_1 - p_2) - \rho_W \cdot g \cdot (Z_2 - Z_1),$$

$(g \cdot h)$ ausgeklammert,

$$g \cdot h \left(\rho_{Hg} - \rho_W \right) = (p_1 - p_2) - \rho_W \cdot g \cdot (Z_2 - Z_1)$$

und die Gleichung mit $\frac{1}{g \cdot \rho_W}$ multipliziert:

$$h \cdot \left(\frac{\rho_{Hg}}{\rho_W} - 1 \right) = \frac{(p_1 - p_2)}{\rho_W \cdot g} - (Z_2 - Z_1).$$

Wir multiplizieren noch mit

$$\frac{1}{\left(\frac{\rho_{Hg}}{\rho_W} - 1 \right)},$$

dies ergibt das Resultat

$$h = \frac{\frac{(p_1 - p_2)}{\rho_W \cdot g} - (Z_2 - Z_1)}{\frac{\rho_{Hg}}{\rho_W} - 1}.$$

Lösungsschritte – Fall 3

Für die Größen $(p_2 - p_1)$ und h erhalten wir bei dimensionsgerechter Rechnung, wenn $D_1 = 100\,\text{mm}$, $\sum L_1 = 3{,}0\,\text{m}$, $Z_1 = 1{,}0\,\text{m}$, $D_2 = 200\,\text{mm}$, $Z_2 = 4{,}0\,\text{m}$, $\rho_W = 1\,000\,\text{kg/m}^3$, $\rho_{Hg} = 13\,560\,\text{kg/m}^3$, $\dot{V} = 0{,}0785\,\text{m}^3/\text{s}$, $\zeta_{Kr} = 0{,}20$ und $\lambda_1 = 0{,}020$ gegeben sind, folgende Werte:

$$p_2 - p_1 = 1\,000 \cdot \left\langle \frac{8}{\pi^2} \cdot 0{,}0785^2 \cdot \left\{ \left(\frac{1}{0{,}1^4} - \frac{1}{0{,}2^4} \right) - \frac{1}{0{,}1^4} \cdot \right. \right.$$

$$\left. \left. \left[0{,}02 \cdot \frac{3}{0{,}10} + 2 \cdot 0{,}20 + \left(1 - \frac{0{,}1^2}{0{,}2^2} \right)^2 \right] \right\} - 9{,}81 \cdot (4 - 1) \right\rangle$$

$$= -60\,648\,\text{Pa}$$

Die negative Druckdifferenz $(p_2 - p_1)$ besagt, dass $p_1 > p_2$. Folglich muss das Ergebnis lauten:

$$p_1 - p_2 = 60\,648\,\text{Pa}$$

$$h = \frac{\frac{60\,648}{9{,}81 \cdot 1\,000} - (4 - 1)}{\frac{13\,560}{1\,000} - 1} = 0{,}253\,\text{m} = 253\,\text{mm Hg-Säule}$$

Aufgabe 1.4 Graugussrohre

Ein Wasserbecken ist durch eine mit Gefälle verlegte Graugussrohrleitung mit einem zweiten, tiefer gelegenen Becken verbunden (Abb. 1.4). Aufgrund des Gefälles fließt ein Volumenstrom $\dot{V}$ durch das vollkommen ausgefüllte Rohr, wobei sich die Flüssigkeitsspiegel Z_1 und Z_2 zeitlich nicht ändern sollen. Es muss nun das ursprüngliche Rohr mit dem Durchmesser D_1 und dem Gefälle $\Delta Z_1/L_1$ durch ein neues Graugussrohr kleineren Durchmessers D_2 ersetzt werden. Wie groß ist das neue Gefälle $\Delta Z_2/L_2$ zu wählen, wenn derselbe Volumenstrom abfließen soll?

Lösung zu Aufgabe 1.4

Aufgabenerläuterung
Das Gefälle ist allgemein definiert als die Höhe (oder ein Höhenunterschied ΔZ) bezogen auf die Horizontalprojektion der zugeordneten Länge. Bei kleinen Winkeln, wie im vorliegenden Fall, kann die Länge L auch selbst verwendet werden. Zur Lösungsfindung dieser Aufgabe ist es demnach erforderlich, diejenigen Gleichungen der Strömungsmechanik sinnvoll einzusetzen, in denen die betreffenden Größen vorzufinden sind. Hier ist zunächst die Bernoulli'sche Gleichung zu nennen, aus welcher der Höhenunterschied ΔZ entnommen werden kann. Des Weiteren ist die Länge L Bestandteil der Darcy'schen Gleichung, mit der die Reibungsverluste turbulenter Rohrströmung ermittelt wird.

Gegeben:

- $D_1 = 500\,\text{mm}$; $\Delta Z_1/L_1 = 1/1\,000$; $\lambda_1 = 0{,}021$; $D_2 = 400\,\text{mm}$; $k = 0{,}40\,\text{mm}$; $\dot{V}_1 = \dot{V}_2 = \dot{V}$; $\nu = 1 \cdot 10^{-6}\,\text{m}^2/2$

Gesucht:
$\Delta Z_2/L_2$

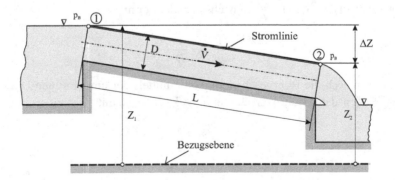

Abb. 1.4 Graugussrohre

- Die Eintrittsverluste in die Rohrleitung können vernachlässigt werden.
- Die Bernoulli'sche Gleichung sollte für die oberste Stromlinie gemäß Abb. 1.4 angewendet werden, auch wenn sich das Ergebnis für andere Stromlinien nicht ändert.

Lösungsschritte

Die Ermittlung des **Gefälles** $\Delta Z/L$ bzw. zunächst der Höhendifferenz ΔZ erfolgt mittels Bernoulli'scher Gleichung an den Stellen 1 und 2:

$$\frac{p_1}{\rho} + \frac{c_1^2}{2} + g \cdot Z_1 = \frac{p_2}{\rho} + \frac{c_2^2}{2} + g \cdot Z_2 + Y_{V_{1;2}}.$$

Mit den besonderen Gegebenheiten $p_1 = p_2 = p_B$ und $c_1 = c_2$ folgt $Y_{V_{1;2}} = g \cdot (Z_1 - Z_2)$, wobei $(Z_1 - Z_2) = \Delta Z$ als Höhenunterschied eingeführt wird. Somit entsteht ein Zusammenhang zwischen ΔZ und den Verlusten in der Form $Y_{V_{1;2}} = g \cdot \Delta Z$. Berücksichtigt man die Annahme, dass die Eintrittsverluste in die Rohrleitung von untergeordneter Bedeutung sein sollen, dann liegen ausschließlich reibungsbedingte Verluste vor, also $Y_{V_{1;2}} = Y_{V_R}$.

Nach Division durch die Fallbeschleunigung g erhält man ΔZ zu:

$$\Delta Z = \frac{1}{g} \cdot Y_{V_R}.$$

Die Bezugsgröße L im Gefälle ist Bestandteil der Darcy'schen Gleichung zur Ermittlung reibungsbedingter Verluste bei turbulenter Rohrströmung,

$$Y_{V_R} = \lambda \cdot \frac{L}{D} \cdot \frac{c^2}{2}.$$

Setzt man diese Verluste in die Gleichung für ΔZ ein und dividiert durch die Rohrlänge L,

$$\Delta Z = \frac{1}{g} \cdot \lambda \cdot \frac{L}{D} \cdot \frac{c^2}{2},$$

so entsteht zunächst das Gefälle $\frac{\Delta Z}{L}$ in nachstehender Form:

$$\frac{\Delta Z}{L} = \frac{1}{g} \cdot \lambda \cdot \frac{1}{D} \cdot \frac{c^2}{2}.$$

Hierin muss nun noch die Rohrgeschwindigkeit c mittels der umgeformten Durchflussgleichung $c = \frac{\dot{V}}{A}$ und des Rohrquerschnitts $A = \frac{\pi}{4} \cdot D^2$, also mit

$$c = \frac{4 \cdot \dot{V}}{\pi \cdot D^2}$$

ersetzt werden. Damit gelangt man zu

$$\frac{\Delta Z}{L} = \frac{1}{g} \cdot \lambda \cdot \frac{1}{D} \cdot \frac{1}{2} \cdot \frac{16 \cdot \dot{V}^2}{\pi^2 \cdot D^4}.$$

Dies führt zum allgemeinen Gefälle:

$$\frac{\Delta Z}{L} = \frac{8}{\pi^2} \cdot \frac{1}{g} \cdot \lambda \cdot \frac{1}{D^5} \cdot \dot{V}^2.$$

Für die beiden unterschiedlichen Rohrleitungen liefert dies nachstehende Gleichungen

$$\frac{\Delta Z_1}{L_1} = \frac{8}{\pi^2} \cdot \frac{1}{g} \cdot \dot{V}_1^2 \cdot \frac{\lambda_1}{D_1^5} \quad \text{sowie} \quad \frac{\Delta Z_2}{L_2} = \frac{8}{\pi^2} \cdot \frac{1}{g} \cdot \dot{V}_2^2 \cdot \frac{\lambda_2}{D_2^5}.$$

Da gleich bleibender Volumenstrom gefordert wird, $\dot{V}_1 = \dot{V}_2 = \dot{V}$, kann man jeweils mit

$$\frac{8}{\pi^2} \cdot \frac{1}{g} \cdot \dot{V}^2 = \frac{\Delta Z_1}{L_1} \cdot \frac{D_1^5}{\lambda_1} = \frac{\Delta Z_2}{L_2} \cdot \frac{D_2^5}{\lambda_2}$$

umformen und nach $\frac{\Delta Z_2}{L_2}$ auflösen:

$$\frac{\Delta Z_2}{L_2} = \frac{D_1^5}{D_2^5} \cdot \frac{\lambda_2}{\lambda_1} \cdot \frac{\Delta Z_1}{L_1}.$$

Unbekannt in dieser Gleichung ist jetzt nur noch λ_2. Allgemein kann bei turbulenter Rohrströmung die Rohrreibungszahl λ sowohl von Re als auch von der bezogenen Sandrauigkeit k_S/D bzw. D/k_S abhängen.

Für das **Sandrauigkeitsverhältnis k_S/D_2** finden wir für die Sandrauigkeit k_S, die den Berechnungsgleichungen für λ bzw. Abb. Z.1 zugrunde liegt, den folgenden empirischen Zusammenhang mit der tatsächlichen Rauigkeit: $k_S = (1,0 - 1,6) \cdot k$. Für das zweite Graugussrohr erhält man folglich mit dem Mittelwert 1,3 des Faktorenbereichs: $k_S = 1,3 \cdot 0,40 = 0,52\,\text{mm}$. Somit führt dies zum Ergebnis

$$\frac{D_2}{k_S} = \frac{400}{0,52} = 769.$$

Zur Ermittlung der **Reynolds-Zahl** $Re_2 = \frac{c_2 \cdot D_2}{\nu}$ wird die Strömungsgeschwindigkeit c_2 erforderlich. Diese ist dann bekannt, wenn der Volumenstrom $\dot{V}_1 = \dot{V}_2 = \dot{V}$ vorliegt. Mit o. g. Gleichung

$$\frac{\Delta Z_1}{L_1} = \frac{8}{\pi^2} \cdot \frac{1}{g} \cdot \dot{V}_1^2 \cdot \frac{\lambda_1}{D_1^5},$$

die man umformt zu

$$\dot{V}_1 = \frac{\pi}{4} \cdot D_1^2 \cdot \sqrt{\frac{\Delta Z_1}{L_1} \cdot 2 \cdot g \cdot \frac{D_1}{\lambda_1}},$$

lässt sich der Volumenstrom berechnen zu

$$\dot{V}_1 = \frac{\pi}{4} \cdot 0{,}5^2 \cdot \sqrt{0{,}001 \cdot 2 \cdot 9{,}81 \cdot \frac{0{,}500}{0{,}021}}$$

oder

$$\dot{V}_1 = \dot{V}_2 = 0{,}1342 \, \text{m}^3/\text{s}.$$

Die Geschwindigkeit c_2 erhält man dann wie folgt: $c_2 = \frac{\dot{V}_2}{A_2}$ und $A_2 = \frac{\pi}{4} \cdot D_2^2$ liefern

$$c_2 = \frac{4 \cdot \dot{V}_2}{\pi \cdot D_2^2} = \frac{4 \cdot 0{,}1342}{\pi \cdot 0{,}4^2} = 1{,}068 \, \text{m/s}.$$

Die Re_2-Zahl weist folgende Größe auf.

$$Re_2 = \frac{c_2 \cdot D_2}{\nu} = \frac{1{,}068 \cdot 0{,}40}{1} \cdot 10^6 = 4{,}27 \cdot 10^5.$$

Aus Re_2 und D_2/k_S lässt sich λ_2 aus Abb. Z.1 zu

$$\lambda_2 = 0{,}022$$

ablesen. Das gesuchte neue Gefälle wird nun bei bekannten λ_1 und λ_2 berechnet zu

$$\frac{\Delta Z_2}{L_2} = \frac{D_1^5}{D_2^5} \cdot \frac{\lambda_2}{\lambda_1} \cdot \frac{\Delta Z_1}{L_1} = \frac{0{,}5^5}{0{,}4^5} \cdot \frac{0{,}022}{0{,}021} \cdot \frac{1}{1\,000} = 0{,}0032$$

oder

$$\frac{\Delta Z_2}{L_2} = \frac{3,2\,\text{m}}{1\,000\,\text{m}}.$$

Aufgabe 1.5 Benzinleitung

Ein mit atmosphärischem Druck beaufschlagter Benzintank wird gemäß Abb. 1.5 über eine Rohrleitung mit einem Volumenstrom $\dot{V}$ befüllt. An der Stelle 1 der Rohrleitung wird der statische Druck p_1 gemessen; an der Stelle 2 im Tank ist er gleich p_B. Die beiden Höhen der Stellen 1 und 2, der Abstand L zwischen ihnen wie auch die Oberflächenrauigkeit k des Rohrs sind ebenfalls bekannt. Weiterhin liegen die erforderlichen Stoffdaten des Benzins vor. Wie groß muss der Rohrdurchmesser D bei den gegebenen Größen gewählt werden?

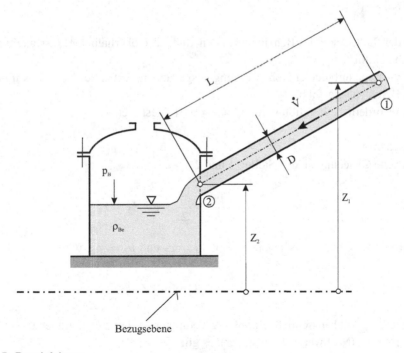

Abb. 1.5 Benzinleitung

Lösung zu Aufgabe 1.5

Aufgabenerläuterung

Wenn nach dem Durchmesser D einer von $\dot{V}$ durchströmten Rohrleitung gefragt wird und Größen wie Drücke, Höhenangaben, Fluiddaten etc. bekannt sind, liegt es nahe, von der Bernoulli'schen Gleichung Gebrauch zu machen. Die hier zu berücksichtigenden Geschwindigkeitsenergien $c^2/2$ und die Strömungsverluste Y_V, die proportional $c^2/2$ sind, schließen über die Durchflussgleichung und den Kreisrohrquerschnitt den gesuchten Durchmesser ein.

Gegeben:

- $p_1 = 1{,}245 \cdot 10^5$ Pa; $p_2 = 1 \cdot 10^5$ Pa; $\dot{V} = 0{,}10 \, \text{m}^3/\text{s}$; $Z_1 = 82{,}65$ m; $Z_2 = 66{,}66$ m; $L = 965{,}5$ m; $k = 0{,}5$ mm; $\rho_{\text{Be}} = 719 \, \text{kg/m}^3$; $\nu_{\text{Be}} = 0{,}406 \cdot 10^{-6} \, \text{m}^2/\text{s}$

Gesucht:
D

Anmerkungen

- An der Stelle 2 soll das Benzin frei in den Tank, also oberhalb der Flüssigkeitsoberfläche einfließen.
- Es wird von turbulenter Rohrströmung ausgegangen, wobei der Nachweis im Lauf der Berechnung erfolgt.
- Die erforderliche Iteration wird mit $\lambda_1 = 0{,}015$ gestartet.

Lösungsschritte

Bernoulli'sche Gleichung an den Stellen 1 und 2:

$$\frac{p_1}{\rho} + \frac{c_1{}^2}{2} + g \cdot Z_1 = \frac{p_2}{\rho} + \frac{c_2^2}{2} + g \cdot Z_2 + Y_{V_{1:2}}.$$

Mit den Besonderheiten im vorliegenden Fall, $c_1 = c_2$ und $p_2 = p_B$, wird

$$Y_{V_{1:2}} = \frac{p_1 - p_B}{\rho_{\text{Be}}} + g \cdot (Z_1 - Z_2).$$

Die Verluste $Y_{V_{1:2}}$ sind ausschließlich reibungsbedingter Art bei angenommener turbulenter Rohrströmung (Nachweis erfolgt später), es gilt

$$Y_{V_R} = \lambda \cdot \frac{L}{D} \cdot \frac{c^2}{2} \quad \text{(Rohrreibungsverluste)}.$$

Beide voneinander unabhängig gefundenen Gleichungen für Y_{V_R} werden miteinander verknüpft und es folgt somit

$$\lambda \cdot \frac{L}{D} \cdot \frac{c^2}{2} = \frac{p_1 - p_B}{\rho_{Be}} + g \cdot (Z_1 - Z_2).$$

Da der Durchmesser D gesucht wird, muss zunächst noch die mittlere Geschwindigkeit mittels Durchflussgleichung $\dot{V} = c \cdot A$ und $A = \frac{\pi}{4} \cdot D^2$ umgeformt werden zu

$$c = \frac{4 \cdot \dot{V}}{\pi \cdot D^2}.$$

Die Geschwindigkeit c wird in die oben stehende Gleichung eingesetzt, das ergibt

$$\lambda \cdot \frac{L}{D} \cdot \frac{16 \cdot \dot{V}^2}{2 \cdot \pi^2 \cdot D^4} = \frac{p_1 - p_B}{\rho_{Be}} + g \cdot (Z_1 - Z_2)$$

oder

$$\lambda \cdot \frac{8}{\pi^2} \cdot L \cdot \dot{V}^2 \cdot \frac{1}{D^5} = \frac{p_1 - p_B}{\rho_{Be}} + g \cdot (Z_1 - Z_2).$$

Nach D^5 aufgelöst führt dies auf

$$D^5 = \frac{8 \cdot L \cdot \dot{V}^2}{\pi^2 \cdot \left[\frac{p_1 - p_B}{\rho_{Be}} + g \cdot (Z_1 - Z_2) \right]} \cdot \lambda.$$

Wir ziehen die fünfte Wurzel und bekommen den Durchmesser

$$D = \sqrt[5]{\frac{8 \cdot L \cdot \dot{V}^2}{\pi^2 \cdot \left[\frac{p_1 - p_B}{\rho_{Be}} + g \cdot (Z_1 - Z_2) \right]}} \cdot \sqrt[5]{\lambda}.$$

Bei turbulenter Rohrströmung kann die Rohrreibungszahl λ von der Reynolds-Zahl $Re = \frac{c \cdot D}{\nu_{Be}}$ und der bezogenen Rauigkeit k_S/D (bzw. der reziproken bezogenen Rauigkeit D/k_S) abhängen. In beiden Fällen ist aber der gesuchte Durchmesser D erforderlich, der aber gerade gesucht wird. Ein Iterationsverfahren hilft, dennoch eine Lösung zu finden. Setzt man die gegebenen Zahlenwerte in oben stehende Gleichung des Durchmessers D dimensionsgerecht ein, so ergibt sich die Zahlengleichung:

$$D = \sqrt[5]{\frac{8 \cdot 965{,}5 \cdot 0{,}10^2}{\pi^2 \cdot \left[\frac{(1{,}245-1{,}0)\cdot 10^5}{719} + 9{,}81 \cdot (82{,}65 - 66{,}66)\right]}} \cdot \sqrt[5]{\lambda}$$

$$= 0{,}5279 \cdot \sqrt[5]{\lambda}$$

1. Iterationsschritt **Annahme:**

$$\lambda_1 = 0{,}015$$
$$D_1 = 0{,}5279 \cdot \sqrt[5]{0{,}015} = 0{,}228\,\text{m}.$$

Mit Re_1 und D_1/k_S kann man aus Abb. Z.1 erkennen, um welche Art Oberfläche es sich handelt und auch welche Rohrreibungszahl vorliegt. Die hierzu erforderliche Sandrauigkeit k_S ermittelt man aus dem empirischen Zusammenhang $k_S = (1/1{,}6) \cdot k$ und im vorliegenden Fall zu $k_S = 1{,}3 \cdot 0{,}5\,\text{mm} = 0{,}65\,\text{mm}$. Somit lautet dann das Verhältnis

$$\frac{D_1}{k_S} = \frac{228}{0{,}65} = 351.$$

Zur weiterhin benötigten Reynolds-Zahl gelangt man mit der Definition $Re = \frac{c \cdot D}{\nu}$, wobei die Geschwindigkeit mittels $c = \frac{4 \cdot \dot{V}}{\pi \cdot D^2}$ festgestellt wird, im aktuellen Fall also

$$c_1 = \frac{4 \cdot 0{,}10}{\pi \cdot 0{,}228^2} = 2{,}449\,\text{m/s}:$$
$$Re_1 = \frac{2{,}449 \cdot 0{,}228}{0{,}406} \cdot 10^6 = 1{,}375 \cdot 10^6.$$

Aus Abb. Z.1 ist zu erkennen, dass hier völlig raue Oberflächen vorliegen. Die betreffende neue Rohrreibungszahl entnimmt man entweder dem Diagramm oder berechnet sie nach

$$\lambda = \frac{1}{\left[2 \cdot \log\left(\frac{D}{k_S}\right) + 1{,}14\right]^2}:$$
$$\lambda_2 = \frac{1}{[2 \cdot \log(351) + 1{,}14]^2} = 0{,}0258$$

2. Iterationsschritt

$$\lambda_2 = 0{,}0258$$

$$D_2 = 0{,}5279 \cdot \sqrt[5]{0{,}0258} = 0{,}2539\,\text{m}$$

$$\frac{D_2}{k_S} = \frac{253{,}9}{0{,}65} = 391$$

$$c_2 = \frac{4 \cdot 0{,}10}{\pi \cdot 0{,}2539^2} = 1{,}975\,\text{m/s}$$

$$Re_2 = \frac{1{,}975 \cdot 0{,}2539}{0{,}406} \cdot 10^6 = 1{,}235 \cdot 10^6$$

Aus Abb. Z.1 ist zu erkennen, dass hier weiterhin völlig raue Oberflächen vorliegen.

$$\lambda_3 = \frac{1}{[2 \cdot \log(391) + 1{,}14]^2} = 0{,}0250$$

3. Iterationsschritt

$$\lambda_3 = 0{,}0250$$

$$D_3 = 0{,}5279 \cdot \sqrt[5]{0{,}0250} = 0{,}2524\,\text{m}$$

$$\frac{D_3}{k_S} = \frac{252{,}4}{0{,}65} = 388{,}4$$

$$c_3 = \frac{4 \cdot 0{,}10}{\pi \cdot 0{,}2524^2} = 1{,}999\,\text{m/s}$$

$$Re_3 = \frac{1{,}999 \cdot 0{,}2524}{0{,}406} \cdot 10^6 = 1{,}242 \cdot 10^6$$

Aus Abb. Z.1 ist zu erkennen, dass hier weiterhin völlig raue Oberflächen vorliegen.

$$\lambda_4 = \frac{1}{[2 \cdot \log(388{,}4) + 1{,}14]^2} = 0{,}02504$$

4. Iterationsschritt

$$\lambda_4 = 0{,}02504$$

$$D_4 = 0{,}5279 \cdot \sqrt[5]{0{,}02504} = 0{,}2525\,\text{m}$$

Da sich dieser Durchmesser D_4 vom vorangegangenen Durchmesser D_3 lediglich um 0,04 % unterscheidet, wird hier das Iterationsverfahren abgebrochen. Der gesuchte Durchmesser lautet

$$D = 0{,}2525 \,\text{m}.$$

Da $Re_3 \approx Re_4 \approx 12{,}4 \cdot 10^6 > 2\,320$, liegt auch die zunächst angenommene turbulente Rohrströmung vor.

Aufgabe 1.6 Abgestufte Rohrleitung

Aus einem sehr großen, gegen Atmosphäre offenen Becken fließt Wasser durch eine abgestufte Rohrleitung ins Freie (Abb. 1.6). Die Querschnittsübergänge vom Becken zum Rohr 1 und vom Rohr 1 zum Rohr 2 sind scharfkantig ausgeführt; die Rohrleitung ist horizontal verlegt. Bei dem Ausströmvorgang kann die Flüssigkeitshöhe H als konstant angenommen werden. Es soll der Volumenstrom sowohl für den theoretischen Fall verlustfreier Strömung als auch den Realfall verlustbehafteter Strömung ermittelt werden.

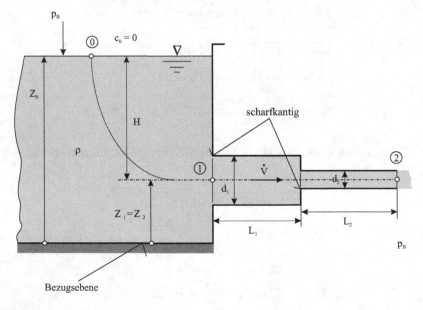

Abb. 1.6 Abgestufte Rohrleitung an offenem Becken

Lösung zu Aufgabe 1.6

Aufgabenerläuterung

Bei diesem klassischen Fall eines gegen Atmosphäre offenen Systems ist die Flüssigkeitshöhe H die treibende Größe des Ausströmvorgangs. Es muss eine Verbindung zwischen H und dem gesuchten Volumenstrom hergestellt werden. Dies gelingt sowohl bei der verlustfreien als auch der verlustbehafteten Strömung mittels Bernoulli-Gleichung und der Durchflussgleichung.

Gegeben:

- $H = 10\,\mathrm{m}$; $d_1 = 50\,\mathrm{mm}$, $L_1 = 2\,\mathrm{m}$; $\lambda_1 = 0{,}025$ (Rohrreibungszahl); $d_2 = 25\,\mathrm{mm}$; $L_2 = 4\,\mathrm{m}$; $\lambda_2 = 0{,}020$ (Rohrreibungszahl); $\zeta_{\mathrm{Ein}} = 0{,}5$ (Eintrittsverlustziffer); $\alpha_{\mathrm{K}} = 0{,}625$ (Kontraktionszahl)

Gesucht:

1. $\dot{V}_{\mathrm{th}}$ (ohne Verluste)
2. $\dot{V}$ (mit Verlusten)
3. $\dot{V}_{\mathrm{th}}$ und $\dot{V}$ mit den o. g. Zahlenwerten

Hinweis: Die Abmessungen in Abb. 1.6 sind nicht maßstabsgerecht!

Lösungsschritte – Fall 1

Für den **theoretischen Volumenstrom** $\dot{V}_{\mathrm{th}}$ betrachten wir die Bernoulli'sche Gleichung an den Stellen 0 und 2 (ohne Verluste):

$$\frac{p_0}{\rho} + \frac{c_0^2}{2} + g \cdot Z_0 = \frac{p_2}{\rho} + \frac{c_{2\mathrm{th}}^2}{2} + g \cdot Z_2.$$

Mit den hier vorliegenden besonderen Gegebenheiten $p_0 = p_2 = p_{\mathrm{B}}$, $c_0 = 0$ und $Z_0 - Z_2 = H$ erhält man zunächst

$$\frac{c_{2\mathrm{th}}^2}{2} = g \cdot (Z_0 - Z_2) = g \cdot H$$

und schließlich für die theoretische Ausflussgeschwindigkeit

$$c_{2\mathrm{th}} = \sqrt{2 \cdot g \cdot H}$$

(Torricelli'sche Ausflussgleichung ohne Verluste). Mittels der Durchflussgleichung $\dot{V} = c \cdot A$ liegt der gesuchte Volumenstrom $\dot{V}_{\mathrm{th}}$ mit

$$\dot{V}_{\mathrm{th}} = c_{2\mathrm{th}} \cdot A_2$$

fest. Bei gegebenem Austrittsquerschnitt $A_2 = \frac{\pi}{4} \cdot d_2^2$ lautet das Ergebnis

$$\dot{V}_{th} = \frac{\pi}{4} \cdot d_2^2 \cdot \sqrt{2 \cdot g \cdot H}.$$

Lösungsschritte – Fall 2

Für den **realen Volumenstrom** $\dot{V}$ haben wir die Bernoulli'sche Gleichung an den Stellen 0 und 2 (mit Verlusten):

$$\frac{p_0}{\rho} + \frac{c_0^2}{2} + g \cdot Z_0 = \frac{p_2}{\rho} + \frac{c_2^2}{2} + g \cdot Z_2 + Y_{V_{0;2}}.$$

Die Vorgehensweise im Fall der verlustbehafteten Strömung verläuft analog zu Fall 1, nur dass jetzt die Strömungsverluste entlang des Stromfadens an der Stelle 0 und Stelle 2 zu berücksichtigen sind. Aufgrund der in diesem Beispiel vorliegenden festen Größen $p_0 = p_2 = p_B$, $c_0 = 0$ und $Z_0 - Z_2 = H$ sind die Verluste $Y_{V_{0;2}}$ verantwortlich für die verkleinerte Austrittsgeschwindigkeit c_2 gegenüber derjenigen des verlustfreien Falls $c_{2_{th}}$:

$$\frac{c_2^2}{2} = g \cdot (Z_0 - Z_2) - Y_{V_{0;2}} = g \cdot H - Y_{V_{0;2}}.$$

Hieraus folgt nach Umformung,

$$c_2 = \sqrt{2 \cdot (g \cdot H - Y_{V_{0;2}})},$$

die Torricelli'sche Ausflussgleichung mit Verlusten.

Die Verluste, die hier zu berücksichtigen sind, setzen sich folgendermaßen zusammen:

$Y_{V_{Ein}} = \zeta_{Ein} \cdot \frac{c_1^2}{2}$ Eintrittsverluste beim Übergang aus einem sehr großen Behälter in eine Rohrleitung mit scharfkantiger Eintrittsgeometrie.

$Y_{V_{R,1}} = \lambda_1 \cdot \frac{L_1}{d_1} \cdot \frac{c_1^2}{2}$ Rohrreibungsverluste im Rohr 1

$Y_{V_{uV}} = \zeta_{uV_2} \cdot \frac{c_2^2}{2}$ Verluste bei unsteter Querschnittsverengung von d_1 auf d_2 bei Bezug auf c_2

$Y_{V_{R,2}} = \lambda_2 \cdot \frac{L_2}{d_2} \cdot \frac{c_2^2}{2}$ Rohrreibungsverluste im Rohr 2

Die Summe aller Verluste im vorliegenden Fall lautet also

$$Y_{V_{0;2}} = \zeta_{Ein} \cdot \frac{c_1^2}{2} + \lambda_1 \cdot \frac{L_1}{d_1} \cdot \frac{c_1^2}{2} + \zeta_{uV_2} \cdot \frac{c_2^2}{2} + \lambda_2 \cdot \frac{L_2}{d_2} \cdot \frac{c_2^2}{2},$$

was wir nach Gliedern gleicher Geschwindigkeitsenergien zusammenfassen:

$$Y_{V_{0;2}} = \frac{c_1^2}{2} \cdot \left(\zeta_{Ein} + \lambda_1 \cdot \frac{L_1}{d_1}\right) + \frac{c_2^2}{2} \cdot \left(\zeta_{uV_2} + \lambda_2 \cdot \frac{L_2}{d_2}\right).$$

Klammert man $c_2^2/2$ aus, so entsteht

$$Y_{V_{0;2}} = \frac{c_2^2}{2} \cdot \left[\frac{c_1^2}{c_2^2} \cdot \left(\zeta_{Ein} + \lambda_1 \cdot \frac{L_1}{d_1}\right) + \left(\zeta_{uV_2} + \lambda_2 \cdot \frac{L_2}{d_2}\right)\right].$$

c_1^2/c_2^2 muss nun ersetzt werden durch die gegebenen Durchmesser. Dies lässt sich mit dem Kontinuitätsgesetz der inkompressiblen Strömung $\dot{V} = c \cdot A = \text{konstant}$ und $A = \frac{\pi}{4} \cdot d^2$ wie folgt lösen:

$$\dot{V} = c_1 \cdot A_1 = c_2 \cdot A_2.$$

Umgestellt erhält man

$$\frac{c_1}{c_2} = \frac{A_2}{A_1} = \frac{\frac{\pi}{4} \cdot d_2^2}{\frac{\pi}{4} \cdot d_1^2} = \frac{d_2^2}{d_1^2} \quad \text{bzw.} \quad \left(\frac{c_1}{c_2}\right)^2 = \frac{d_2^4}{d_1^4}.$$

Oben eingesetzt gelangt man zu folgendem Ergebnis für die Verluste:

$$Y_{V_{0;2}} - \frac{c_2^2}{2} \cdot \left[\zeta_{uV_2} + \lambda_2 \cdot \frac{L_2}{d_2} + \left(\frac{d_2}{d_1}\right)^4 \cdot \left(\zeta_{Ein} + \lambda_1 \cdot \frac{L_1}{d_1}\right)\right].$$

Fügt man $Y_{V_{0;2}}$ in das Ergebnis der Bernoulli'schen Gleichung,

$$\frac{c_2^2}{2} + Y_{V_{0;2}} = g \cdot H,$$

ein, so ergibt sich

$$\frac{c_2^2}{2} + \frac{c_2^2}{2} \cdot \left[\zeta_{uV_2} + \lambda_2 \cdot \frac{L_2}{d_2} + \left(\frac{d_2}{d_1}\right)^4 \cdot \left(\zeta_{Ein} + \lambda_1 \cdot \frac{L_1}{d_1}\right)\right] = g \cdot H.$$

Ausklammern von $c_2^2/2$ (um Umstellen des Produkts unter der Wurzel) bewirkt

$$\frac{c_2^2}{2} \cdot \left[1 + \left(\zeta_{uV_2} + \lambda_2 \cdot \frac{L_2}{d_2}\right) + \left(\zeta_{Ein} + \lambda_1 \cdot \frac{L_1}{d_1}\right) \cdot \left(\frac{d_2}{d_1}\right)^4\right] = g \cdot H.$$

Durch weitere Umformungen,

$$c_2^2 = \frac{2 \cdot g \cdot H}{1 + \left(\zeta_{uV_2} + \lambda_2 \cdot \frac{L_2}{d_2}\right) + \left(\zeta_{Ein} + \lambda_1 \cdot \frac{L_1}{d_1}\right) \cdot \left(\frac{d_2}{d_1}\right)^4}$$

oder

$$c_2 = \frac{\dot{V}}{A_2} = \sqrt{\frac{2 \cdot g \cdot H}{\left[1 + \left(\zeta_{u.V_2} + \lambda_2 \cdot \frac{L_2}{d_2}\right) + \left(\zeta_{\text{Ein}} + \lambda_1 \cdot \frac{L_1}{d_1}\right) \cdot \left(\frac{d_2}{d_1}\right)^4\right]}}.$$

liegt das Ergebnis des gesuchten Volumenstroms bei verlustbehafteter Strömung vor:

$$\dot{V} = \frac{\pi}{4} \cdot d_2^2 \cdot \sqrt{\frac{2 \cdot g \cdot H}{1 + \left(\lambda_2 \cdot \frac{L_2}{d_2} + \zeta_{uV_2}\right) + \left(\lambda_1 \cdot \frac{L_1}{d_1} + \zeta_{\text{Ein}}\right) \cdot \left(\frac{d_2}{d_1}\right)^4}}.$$

Lösungsschritte – Fall 3

Mit den o. g. Zahlenwerten bekommen wir für den **theoretischen Volumenstrom** bei dimensionsgerechter Rechnung

$$\dot{V}_{\text{th}} = \frac{\pi}{4} \cdot 0{,}025^2 \cdot \sqrt{2 \cdot 9{,}81 \cdot 10} = 6{,}88\,\text{L/s}$$

Mit Ausnahme der Verlustziffer ζ_{uV_2} sind alle anderen Größen bei der Ermittlung des **realen Volumenstroms** $\dot{V}$ vorgegeben. ζ_{uV_2} ist aber bekanntermaßen mit der Kontraktionszahl α_K verknüpft (Tab. Z.2):

$$\zeta_{uV_2} = \left(\frac{1}{\alpha_K} - 1\right)^2.$$

Mit $\alpha_K = 0{,}625$ erhält man die gesuchte Verlustziffer ζ_{uV_2} zu

$$\zeta_{uV_2} = \left(\frac{1}{\alpha_K} - 1\right)^2 = \left(\frac{1}{0{,}625} - 1\right)^2 = 0{,}36.$$

Alle Größen dimensionsgerecht eingesetzt liefern den Volumenstrom im Realfall der verlustbehafteten Strömung zu:

$$\dot{V} = \frac{\pi}{4} \cdot 0{,}025^2 \cdot \sqrt{\frac{2 \cdot 9{,}81 \cdot 10}{\left[1 + (3{,}2 + 0{,}36) + (1 + 0{,}5) \cdot \left(\frac{25}{50}\right)^4\right]}} = 3{,}18\,\text{L/s}.$$

Die häufiger angewendete vereinfachende Annahme der verlustfreien Strömung wäre im vorliegenden Fall unangebracht, da ein Fehler im gesuchten Ergebnis von mehr als 100 % entstünde.

Aufgabe 1.7 Grundablassleitung

Am Fuße einer Staumauer ist gemäß Abb. 1.7 eine Rohrleitung (Grundablass) angebracht, mit der das Becken entleert werden oder aber auch bei zu großem Wasserzufluss
das Überlaufen der Mauer verhindert werden kann. Letztere Aufgabe soll hier betrachtet
werden. Ein in das Staubecken einfließender konstanter Wasserzustrom muss durch die
dargestellte Rohrleitung in ein tiefer gelegenes Ablaufbecken eingeleitet werden, um ein
Überschreiten der maximal zulässigen Stauhöhe zu vermeiden. Die Rohrleitung besteht
aus geraden Rohrleitungen, Rohrkrümmern und einer Armatur (z. B. Schieber), die aus
baulichen Gründen an der höchsten Stelle der Leitung installiert worden ist. Bei konstantem Volumenstrom und ebenfalls gleich bleibenden Wasserspiegeln im Staubecken und
Ablaufbecken soll diejenige Regeleinstellung der Armatur ermittelt werden, mit welcher
der Abfluss sichergestellt wird. Des Weiteren ist zu überprüfen, wie groß der Höhenunterschied zwischen Wasserspiegel im Staubecken und der Einbauhöhe der Armatur bei
dem genannten Abfluss mindestens sein muss, um Kavitation im engsten Querschnitt der
Armatur zu vermeiden.

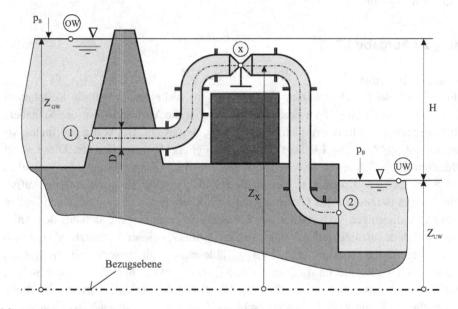

Abb. 1.7 Grundablassleitung

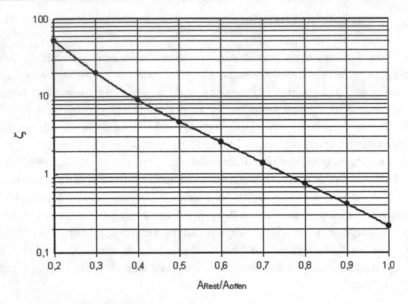

Abb. 1.8   Schieberverlustziffer

Lösung zu Aufgabe 1.7

Aufgabenerläuterung

Die Frage nach der Regeleinstellung der Armatur, im vorliegenden Fall ein Keilplattenschieber, ist mittels Abb. 1.7 zu beantworten. Hier ist die Verlustziffer ζ des Schiebers in Abhängigkeit vom Flächenverhältnis $A_{\text{Rest}}/A_{\text{offen}}$ dargestellt. Bei völlig geöffneter Armatur, also $A_{\text{Rest}}/A_{\text{offen}} = 1{,}0$ liegt die kleinstmögliche Verlustziffer vor. Diese steigt bei Betätigung des Schiebers, also Verringerung von $A_{\text{Rest}}/A_{\text{offen}}$, gemäß dem Verlauf in Abb. 1.8 an, dies umso stärker, je kleiner die Restfläche wird. Es muss nun die Aufgabe sein, mittels Bernoulli'scher Gleichung der verlustbehafteten Strömung an den Stellen OW und UW diejenigen Verlustziffer des Schiebers zu ermitteln, die sich aus den Anlagedaten und dem einzuregelnden Volumenstrom ergibt. Zu dieser Verlustziffer lässt sich dann in Abb. 1.8 die Regelgröße $A_{\text{Rest}}/A_{\text{offen}}$ ablesen. Ist auf diese Weise $A_{\text{Rest}}/A_{\text{offen}}$ und somit auch die Restfläche A_{Rest} im engsten Querschnitt des Schiebers an der Stelle x bekannt, so lässt sich mittels Bernoulli'scher Gleichung der verlustbehafteten Strömung an den Stellen OW und x der Höhenunterschied $(Z_{\text{OW}} - Z_x)$ zwischen Wasserspiegel im Staubecken und Einbauhöhe der Armatur bei genanntem Abfluss und kavitationsfreiem Betrieb berechnen.

Gegeben:

- $\dot{V}$; H; D; $L_{1;2}$; $L_{1;x}$; g; ρ; p_{B}; p_{Da}; ζ_{Kr}; λ; ζ_{Ein}; ζ_{Aus}
  mit folgenden Zahlenwerten:

$\dot{V} = 4,0\,\text{m}^3/\text{s}; \; H = 15,5\,\text{m}; \; D = 0,80\,\text{m}; \; L_{1;2} = 33\,\text{m}; \; L_{1;\text{x}} = 26\,\text{m}; \; g = 9,81\,\text{m/s}^2;$
$\rho = 1\,000\,\text{kg/m}^3;$
$p_\text{B} = 1{\cdot}10^5\,\text{Pa}; \; p_\text{Da} = 0,0234{\cdot}10^5\,\text{Pa}; \; \zeta_\text{Kr} = 0,30; \; \lambda = 0,025; \; \zeta_\text{Ein} = 0,50; \; \zeta_\text{Aus} = 1,0$

Gesucht:

1. ζ_Sch
2. $(Z_\text{OW} - Z_\text{x})$
3. ζ_Sch und $(Z_\text{OW} - Z_\text{x})$ mit den o. g. Zahlenwerten

Anmerkungen

- $A_\text{Rest} = A_\text{x}$, $A_\text{offen} \approx \frac{\pi}{4} \cdot D^2$
- $c_\text{OW} = c_\text{UW} = 0$

Lösungsschritte – Fall 1

Die gesuchte **Verlustziffer** ζ_Sch ist die Kennziffer der Verluste, die vom Schieber verursacht werden. Diese Verluste sind wiederum Bestandteil der Gesamtverluste, die entlang des Stromfadens zwischen den Stellen OW und UW entstehen. Die Bernoulli'sche Gleichung an den Stellen OW und UW angesetzt berücksichtigt diese Gesamtverluste $Y_{V_\text{OW;UW}}$ wie folgt:

$$\frac{p_\text{OW}}{\rho} + \frac{c_\text{OW}^2}{2} + g \cdot Z_\text{OW} = \frac{p_\text{UW}}{\rho} + \frac{c_\text{UW}^2}{2} + g \cdot Z_\text{UW} + Y_{V_\text{OW;UW}}$$

Mit den besonderen Gegebenheiten an den Stellen OW und UW, nämlich $c_\text{OW} = c_\text{UW} = 0$ und $p_\text{OW} = p_\text{UW} = p_\text{B}$ liefert dies für

$$Y_{V_\text{OW;UW}} = g \cdot (Z_\text{OW} - Z_\text{UW}) = g \cdot H.$$

Die Gesamtverluste $Y_{V_\text{OW;UW}}$ setzen sich wie folgt zusammen:

$$Y_{V_\text{OW;UW}} = Y_{V_\text{Ein}} + Y_{V_\text{R,1;2}} + 4 \cdot Y_{V_\text{Kr}} + Y_{V_\text{Sch}} + Y_{V_\text{Aus}}.$$

Dabei sind

$Y_{V_\text{Ein}} = \zeta_\text{Ein} \cdot \frac{c^2}{2}$ Verluste am Eintritt in die Rohrleitung durch Strahlkontraktion

$Y_{V_\text{Kr}} = \zeta_\text{Kr} \cdot \frac{c^2}{2}$ Verluste des Rohrkrümmers

$Y_{V_\text{R,1;2}} = \lambda \cdot \frac{L_{1;2}}{D} \cdot \frac{c^2}{2}$ Reibungsverluste in allen geraden Rohrleitungsteilen

$Y_{V_\text{Sch}} = \zeta_\text{Sch} \cdot \frac{c^2}{2}$ Verluste des Schiebers

$Y_{V_\text{Aus}} = \zeta_\text{Aus} \cdot \frac{c^2}{2}$ Verluste am Austritt der Rohrleitung durch vollständige Vernichtung von $c^2/2$ im Ablaufbecken.

Somit lassen sich die Gesamtverluste $Y_{V_{OW;UW}}$ auch angeben mit

$$Y_{V_{OW;UW}} = \frac{c^2}{2} \cdot \left(\zeta_{Ein} + \zeta_{Aus} + \lambda \cdot \frac{L_{1;2}}{D} + 4 \cdot \zeta_{Kr} + \zeta_{Sch} \right).$$

Der so gewonnene Ausdruck für $Y_{V_{OW;UW}}$ wird gleichgesetzt mit dem Ergebnis aus der Bernoulli'schen Gleichung (s. o.):

$$\frac{c^2}{2} \cdot \left(\zeta_{Ein} + \zeta_{Aus} + \lambda \cdot \frac{L_{1;2}}{D} + 4 \cdot \zeta_{Kr} + \zeta_{Sch} \right) = g \cdot H.$$

Multipliziert man nun die Gleichung mit $2/c^2$, so steht die Summe aller Verlustziffern auf der linken Gleichungsseite:

$$\zeta_{Ein} + \zeta_{Aus} + \lambda \cdot \frac{L_{1;2}}{D} + 4 \cdot \zeta_{Kr} + \zeta_{Sch} = \frac{2 \cdot g \cdot H}{c^2}.$$

Für die mittlere Geschwindigkeit $c = \frac{\dot{V}}{A}$ haben wir

$$A = \frac{\pi}{4} \cdot D^2 \quad \text{und daher} \quad c = \frac{4 \cdot \dot{V}}{\pi \cdot D^2}.$$

Einsetzen auf der rechten Seite und Kürzen liefert dann

$$\zeta_{Ein} + \zeta_{Aus} + \lambda \cdot \frac{L_{1;2}}{D} + 4 \cdot \zeta_{Kr} + \zeta_{Sch} = \frac{2 \cdot g \cdot H \cdot \pi^2 \cdot D^4}{16 \cdot \dot{V}^2},$$

und durch Umgruppieren nach der gesuchten Schieberverlustziffer kommen wir zum Ergebnis

$$\zeta_{Sch} = \frac{\pi^2}{8} \cdot g \cdot H \cdot D^4 \cdot \frac{1}{\dot{V}^2} - \left(\zeta_{Ein} + \zeta_{Aus} + \lambda \cdot \frac{L_{1;2}}{D} + 4 \cdot \zeta_{Kr} \right).$$

Aus Abb. 1.8 ($\zeta_{Sch} = f(A_{Rest}/A_{offen})$) erhält man bei bekanntem ζ_{Sch} das Öffnungsverhältnis A_{Rest}/A_{offen}. Hieraus lässt sich mit $A_{offen} = \frac{\pi}{4} \cdot D^2$ die Restfläche A_{Rest} berechnen und demzufolge auch die Geschwindigkeit c_x an der engsten Stelle x des Schiebers.

Lösungsschritte – Fall 2

Für den **Höhenunterschied** ($Z_{OW} - Z_x$) bemerken wir zunächst, dass bei x keine Kavitation entstehen soll, und deshalb $p_x \geq p_{Da}$ gelten muss!

p_x lässt sich aus der Bernoulli-Gleichung an den Stellen OW und x wie folgt herleiten:

$$\frac{p_{OW}}{\rho} + \frac{c_{OW}^2}{2} + g \cdot Z_{OW} = \frac{p_x}{\rho} + \frac{c_x^2}{2} + g \cdot Z_x + Y_{V_{OW:x}}.$$

Wenn man jetzt die Besonderheiten an der Stelle OW, $p_{OW} = p_B$ und $c_{OW} = 0$, berücksichtigt und die Gleichung mit ρ multipliziert, liefert dies den statischen Druck p_x an der engsten Stelle x des Schiebers. Der Druck p_x muss dort größer als der Dampfdruck des Wassers sein, um kavitationsfreie Strömung zu gewährleisten. Zunächst erhält man daraus

$$p_x = p_B + \rho \cdot g \cdot (Z_{OW} - Z_x) - \frac{\rho}{2} \cdot c_x^2 - \rho \cdot Y_{V_{OW:x}},$$

und aus der Bedingung $p_x \geq p_{Da}$ folgt dann

$$p_x = p_B + \rho \cdot g \cdot (Z_{OW} - Z_x) - \frac{\rho}{2} \cdot c_x^2 - \rho \cdot Y_{V_{OW:x}} > p_{Da}.$$

Wird nach $(Z_{OW} - Z_x)$ aufgelöst, d. h. die Gleichung durch $(\rho \cdot g)$ dividiert und $(Z_{OW} - Z_x)$ auf eine Seite gebracht, führt das zu

$$Z_{OW} - Z_x > \frac{c_x^2}{2 \cdot g} + \frac{1}{g} \cdot Y_{V_{OW:x}} - \frac{p_B - p_{Da}}{\rho \cdot g}.$$

In oben stehender Gleichung muss noch neben den Verlusten die örtliche Geschwindigkeit c_x mit bekannten Größen ersetzt werden. Man erhält c_x im engsten Querschnitt des Schiebers bei teilweise geschlossenem Zustand aus der Durchflussgleichung $\dot{V} = c_x \cdot A_x$ durch Umstellen zu

$$c_x = \frac{\dot{V}}{A_x}.$$

Unter Verwendung des Querschnitts $A_x \equiv A_{Rest}$ oder auch

$$A_x = \left(\frac{A_{Rest}}{A_{offen}} \right) \cdot A_{offen} \quad \text{mit} \quad A_{offen} \approx \frac{\pi}{4} \cdot D^2$$

wird dann c_x bestimmbar gemäß

$$c_x = \frac{\dot{V}}{\underbrace{\frac{\pi}{4} \cdot D^2}_{=c} \cdot \frac{A_{Rest}}{A_{offen}}} = \frac{c}{\frac{A_{Rest}}{A_{offen}}}.$$

Das Flächenverhältnis $A_{\text{Rest}}/A_{\text{offen}}$ kann man bei bekannter Schieberverlustziffer ζ_{Sch} der Abb. 1.8 entnehmen.

Die Verluste zwischen den Stellen OW und x lauten

$$Y_{V_{\text{OW};x}} = Y_{V_{\text{Ein}}} + Y_{V_{\text{R.1};x}} + 2 \cdot Y_{V_{\text{Kr}}}.$$

(Die Schieberverluste wirken sich größtenteils erst nach dem Schieber aus.)

$Y_{V_{\text{Ein}}} = \zeta_{\text{Ein}} \cdot \frac{c^2}{2}$ Verluste am Eintritt in die Rohrleitung durch Strahlkontraktion

$2 \cdot Y_{V_{\text{Kr}}} = 2 \cdot \zeta_{\text{Kr}} \cdot \frac{c^2}{2}$ Verluste der jetzt nur noch 2 Rohrkrümmer

$Y_{V_{\text{R.1};x}} = \lambda \cdot \frac{L_{1;x}}{D} \cdot \frac{c^2}{2}$ Reibungsverluste der geraden Rohrleitungsteilen von 1 bis x

Wir setzen die Einzelverluste in $Y_{V_{\text{OW};x}}$ ein und klammern $c^2/2$ aus:

$$Y_{V_{\text{OW};x}} = \frac{c^2}{2} \cdot \left(\zeta_{\text{Ein}} + 2 \cdot \zeta_{\text{Kr}} + \lambda \cdot \frac{L_{1;x}}{D} \right).$$

Die Ergebnissen für c_x und $Y_{V_{\text{OW};x}}$ werden in die Ungleichung für $(Z_{\text{OW}} - Z_x)$ eingesetzt und liefern zunächst

$$Z_{\text{OW}} - Z_x > \frac{c^2}{2 \cdot g} \cdot \frac{1}{\left(\frac{A_{\text{Rest}}}{A_{\text{offen}}} \right)^2} + \frac{c^2}{2 \cdot g} \cdot \left(\zeta_{\text{Ein}} + 2 \cdot \zeta_{Kr} + \lambda \cdot \frac{L_{1/x}}{D} \right) - \frac{(p_B - p_{Da})}{\rho \cdot g}$$

Oder

$$Z_{OW} - Z_x > \frac{c^2}{2 \cdot g} \cdot \left[\frac{1}{\left(\frac{A_{\text{Rest}}}{A_{\text{offen}}} \right)^2} + \zeta_{\text{Ein}} + 2 \cdot \zeta_{Kr} + \lambda \cdot \frac{L_{1/x}}{D} \right] - \frac{(p_B - p_{Da})}{\rho \cdot g}$$

Lösungsschritte – Fall 3

Für ζ_{Sch} finden wir mit den o. g. Zahlenwerten

$$\zeta_{\text{Sch}} = \frac{\pi^2}{8} \cdot 9,81 \cdot 15,5 \cdot 0,8^4 \cdot \frac{1}{4^2} - \left(0,5 + 1,0 + 0,025 \cdot \frac{33}{0,8} + 4 \cdot 0,3 \right)$$

$$\zeta_{\text{Sch}} = 1,07$$

Für diese Verlustziffer lässt sich aus Abb. 1.8 das Flächenverhältnis $A_{\text{Rest}}/A_{\text{offen}} = 0,75$ entnehmen und im folgenden Berechnungsschritt einsetzen.

Für $(Z_{OW} - Z_x)$ berechnen wir zunächst als mittlere Geschwindigkeit im Rohr

$$c = \frac{4 \cdot \dot{V}}{\pi \cdot D^2} = \frac{4 \cdot 4}{\pi \cdot 0,8^2} = 7,96\,\text{m/s}.$$

Hiermit sowie auch den anderen gegebenen bzw. ermittelten Größen gelangt man dann für die Höhendifferenz $(Z_{OW} - Z_x)$ bei dimensionsgerechter Verwendung zu folgendem Ergebnis:

$$Z_{OW} - Z_x > \frac{7,96^2}{2 \cdot 9,81} \cdot \left(\frac{1}{0,75^2} + 0,5 + 2 \cdot 0,3 + 0,025 \cdot \frac{26}{0,8} \right) - \frac{100\,000 - 2\,340}{1\,000 \cdot 9,81}$$

$$Z_{OW} - Z_x > 1,956\,\text{m}.$$

Aufgabe 1.8 Unstetige Querschnittserweiterung

Die in Abb. 1.9 dargestellte horizontale unstetige Querschnittserweiterung verbindet sprungartig eine Rohrleitung mit einer anderen, die einen größeren Strömungsquerschnitt aufweist. Diesen baulichen Vorteil muss man aber dem Nachteil höherer Strömungsverluste gegenüberstellen. Die Ermittlung dieser Verluste bzw. Verlustziffer ist das Thema dieser Aufgabe, wobei von bekannten Größen wie Querschnitten in beiden Rohren, Geschwindigkeit im kleineren Rohr sowie der Fluiddichte ausgegangen wird.

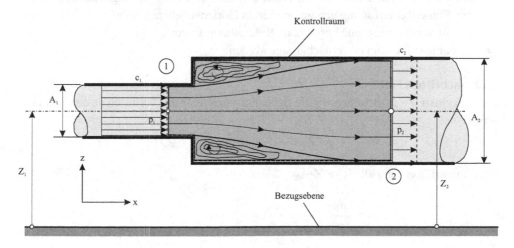

Abb. 1.9 Unstetige Querschnittserweiterung

Lösung zu Aufgabe 1.8

Aufgabenerläuterung
Beim Übergang vom kleineren in das größere Rohr kann das Fluid nicht der Wandkontur folgen, sondern strömt direkt an der Erweiterungsstelle zunächst mit nahezu gleicher Geschwindigkeit weiter. Dies hat zur Folge, dass unmittelbar dahinter der gleiche Druck vorliegt wie im engen Rohr. Weiter stromabwärts legt sich dann der Fluidstrahl durch reibungsbedingte Vermischungsvorgänge des „gesunden" Kernstroms mit dem Fluid im Verwirbelungsbereich an der Rohrwand an. Die gesuchten Verluste sollen nur die durch Verwirbelung verursachten Anteile berücksichtigen. Reibungseinflüsse – wenn auch wirksam –, können bei genügend großen *Re*-Zahlen vernachlässigt werden. Die erweiterte Bernoulli'sche Gleichung schließt die gesuchten Verluste mit ein und ist so als Lösungsansatz zu verwenden. Weiter benötigte Gleichungen sind der Impulssatz, das Kontinuitätsgesetz und die Durchflussgleichung.

Gegeben:

• c_1, A_1, A_2, ρ

Gesucht:

1. $Y_{V_{uE}}$
2. ζ_{uE}

Anmerkungen

• Der Einfachheit halber wird neben gleichmäßiger Geschwindigkeitsverteilungen an den Stellen 1 und 2 dies ebenfalls von den Druckverteilungen angenommen, was (bei Flüssigkeiten) streng genommen nur in Horizontalebenen zutrifft.
• Es soll des Weiteren eine horizontale Rohrleitungsanordnung vorliegen.
• Reibungskräfte können vernachlässigt werden.

Lösungsschritte – Fall 1
Für die **Verluste** $Y_{V_{uE}}$ betrachten wir die Bernoulli-Gleichung mit Verlusten an den Stellen 1 und 2:

$$\frac{p_1}{\rho} + \frac{c_1^2}{2} + g \cdot Z_1 = \frac{p_2}{\rho} + \frac{c_2^2}{2} + g \cdot Z_2 + Y_{V_{uE}},$$

wobei im vorliegenden Fall $Z_1 = Z_2$ ist:

$$\frac{p_1}{\rho} + \frac{c_1^2}{2} = \frac{p_2}{\rho} + \frac{c_2^2}{2} + Y_{V_{uE}}.$$

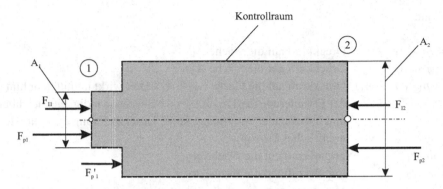

Abb. 1.10 Unstetige Querschnittserweiterung; Kräfte am Kontrollraum

Umgeformt nach dem spezifischen Druckunterschied liefert dies

$$\frac{(p_2 - p_1)}{\rho} = \frac{c_1^2 - c_2^2}{2} - Y_{V_{uE}}$$

und nach Multiplikation mit der Dichte ρ

$$p_2 - p_1 = \frac{\rho}{2} \cdot \left(c_1^2 - c_2^2\right) - \rho \cdot Y_{V_{uE}}.$$

Es muss nun gelingen, diesen Druckunterschied auf einem zweiten Weg, der unabhängig vom ersten Schritt ist, zu ermitteln. Dies gelingt mit dem **Impulssatz am Kontrollraum:**

Der Kontrollraum wird so in der Leitung angeordnet, dass er an den Rohrinnenwänden anliegt (Abb. 1.10). An der Stelle 1 wird er ein kurzes Stück in das engere Rohr hineingezogen und im größeren Rohr endet er an der Stelle 2, wo das Verwirbelungsgebiet gerade abschließt und die Strömung den Querschnitt wieder vollkommen ausfüllt.

Am Kontrollraum gilt in x-Richtung das Kräftegleichgewicht $\sum_1^n F_{i,x} = 0$, wobei die Druck- und Impulskräfte immer **auf** die Flächen gerichtet sind. Aufgrund der vernachlässigbaren Schubspannungen werden keine Reibungskräfte an der Oberfläche des Kontrollraums wirksam.

$$F_{p,1} + F'_{p,1} - F_{p,2} + F_{I,1,x} - F_{I,2,x} = 0$$

oder nach den Druckkräften umgeformt

$$F_{p,2} - F_{p,1} - F'_{p,1} = F_{I_1,x} - F_{I_2,x}.$$

Dabei sind

$F_{p,1} = p_1 \cdot A_1$ Druckkraft auf die Fläche A_1

$F_{p,2} = p_2 \cdot A_2$ Druckkraft auf die Fläche A_2

$F'_{p,1} = p_1 \cdot (A_2 - A_1)$ Druckkraft auf die Fläche $(A_2 - A_1)$. Hier wirkt unmittelbar hinter der Erweiterung der Druck p_1, da bei Geschwindigkeitsgleichheit und horizontaler Anordnung keine Druckänderung entsteht (Bernoulli'sches Prinzip).

$F_{I_1} = \dot{m} \cdot c_1$ Impulskraft auf die Fläche A_1

$F_{I_2} = \dot{m} \cdot c_2$ Impulskraft auf die Fläche A_2

$\dot{m} = \rho \cdot \dot{V}$ Massenstrom

Unter Verwendung dieser Zusammenhänge in o. g. Kräftebilanz erhält man zunächst

$$p_2 \cdot A_2 - p_1 \cdot A_1 - p_1 \cdot (A_2 - A_1) = \rho \cdot \dot{V} \cdot (c_1 - c_2)$$

oder

$$(p_2 - p_1) \cdot A_2 = \rho \cdot \left(c_1 \cdot \dot{V} - c_2 \cdot \dot{V} \right).$$

Ersetzt man nun noch den Volumenstrom mit der Kontinuitätsgleichung

$$\dot{V} = \dot{V}_1 = c_1 \cdot A_1 = \dot{V}_2 = c_2 \cdot A_2$$

in der rechten Klammer,

$$(p_2 - p_1) \cdot A_2 = \rho \cdot (c_1 \cdot c_1 \cdot A_1 - c_2 \cdot c_2 \cdot A_2) = \rho \cdot \left(c_1^2 \cdot A_1 - c_2^2 \cdot A_2 \right),$$

und dividiert dann durch A_2, so führt dies zu:

$$p_2 - p_1 = \rho \cdot \left(c_1^2 \cdot \frac{A_1}{A_2} - c_2^2 \right).$$

Mit diesem zweiten Ergebnis für $(p_2 - p_1)$ in Verbindung mit dem ersten erhält man durch Gleichsetzen:

$$\rho \cdot \left(c_1^2 \cdot \frac{A_1}{A_2} - c_2^2 \right) = \frac{\rho}{2} \cdot \left(c_1^2 - c_2^2 \right) - \rho \cdot Y_{V_{uE}}$$

oder

$$c_1^2 \cdot \frac{A_1}{A_2} - c_2^2 = \frac{1}{2} \cdot \left(c_1^2 - c_2^2 \right) - Y_{V_{uE}}.$$

Umgestellt nach den gesuchten Verlusten bedeutet dies

$$Y_{V_{uE}} = \frac{c_1^2}{2} - \frac{c_2^2}{2} - c_1^2 \cdot \frac{A_1}{A_2} + c_2^2 = \frac{c_1^2}{2} - c_1^2 \cdot \frac{A_1}{A_2} + \frac{c_2^2}{2}.$$

Klammert man auf der rechten Seite $c_1^2/2$ aus, liefert dies zunächst

$$Y_{V_{uE}} = \frac{c_1^2}{2}\left(1 - 2 \cdot \frac{A_1}{A_2} + \frac{c_2^2}{c_1^2}\right).$$

Da die Querschnitte bekannt sind, wird es erforderlich, das Geschwindigkeitsverhältnis in der Klammer mit dem Kontinuitätsgesetz zu ersetzen. Man erhält

$$\frac{c_2}{c_1} = \frac{A_1}{A_2}.$$

Oben eingesetzt führt dies zu

$$Y_{V_{uE}} = \frac{c_1^2}{2}\left(1 - 2 \cdot \frac{A_1}{A_2} + \frac{A_1^2}{A_2^2}\right)$$

oder mit der binomischen Formel $a^2 - 2 \cdot a \cdot b + b^2 = (a - b)^2$:

$$Y_{V_{uE}} = \frac{c_1^2}{2} \cdot \left[1 - \frac{A_1}{A_2}\right]^2 \quad \text{(allgemein)}$$

$$Y_{V_{uE}} = \frac{c_1^2}{2} \cdot \left[1 - \left(\frac{D_1}{D_2}\right)^2\right]^2 \quad \text{(Kreisrohre)}$$

Lösungsschritte – Fall 2

Die **Verlustziffer** ζ_{uE} ist wie folgt definiert:

$$\zeta_{uE} = \frac{Y_{V_{uE}}}{c_1^2/2}$$

(auf c_1 bezogen). Setzt man das oben gefundene Ergebnis für $Y_{V_{uE}}$ ein, so erhält man durch Kürzen von $c_1^2/2$:

$$\zeta_{uE} = \left[1 - \frac{A_1}{A_2}\right]^2 \quad \text{(allgemein)}$$

$$\zeta_{uE} = \left[1 - \left(\frac{D_1}{D_2} \right)^2 \right]^2 \quad \text{(Kreisrohre)}$$

Aufgabe 1.9 Wärmetauscher

Bei dem in Abb. 1.11 dargestellten Rohrbündelwärmeaustauscher strömt das **zu kühlen-de** Fluid durch die Kühlrohre während das Kühlfluid außen um die Rohre geleitet wird. Hierbei findet der gewünschte Wärmeaustausch zwischen beiden Fluiden statt. Im vorliegenden Beispiel soll nur das Kühlfluid, hier Luft, beim Umströmen der Rohre betrachtet werden. Mit bekanntem Volumenstrom und Stoffdaten der Kühlluft sowie erforderlichen Hauptabmessungen des Wärmetauschers ist der Druckverlust auf der Kühlluftseite zu ermitteln.

Lösung zu Aufgabe 1.9

Aufgabenerläuterung

Um die reibungsbedingten Druckverluste bei der Umströmung der Kühlrohre zu bestimmen, greift man auf die Grundlagen der Verlustberechnung von Kreisrohren zurück. Wegen der Abweichungen vom reinen Kreisrohrquerschnitt muss aber eine Umrechnung der tatsächlichen geometrischen Gegebenheiten auf einen virtuellen Kreisquerschnitt vorge-

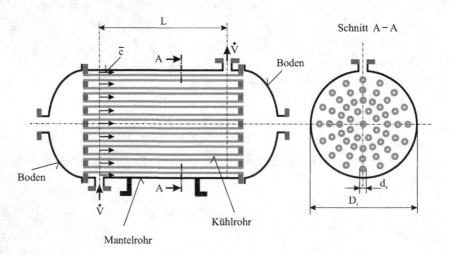

Abb. 1.11 Wärmetauscher

nommen werden. Dies erfolgt mit dem „hydraulischen Durchmesser" oder auch „Gleichwertigkeitsdurchmesser"

$$d_{\text{hydr}} = 4 \cdot \frac{A_{\text{UR}}}{U_{\text{UR}}}.$$

Genannter Durchmesser ist die Grundlage aller verlustrelevanten Größen wie Reynolds-Zahl Re_{UR}, Rohrreibungszahl $\lambda = f(Re_{\text{UR}}, k_{\text{S}}/d_{\text{hydr}})$ und die Verluste $Y_{\text{V}_{\text{R}}}$ selbst. Lediglich die mittlere Geschwindigkeit $\overline{c}$ wird mittels tatsächlich durchströmtem Querschnitt A_{UR} und dem bekannten Volumenstrom berechnet. Im Fall turbulenter Strömung und rauen Rohrwänden können die Rohrreibungszahlen Abb. Z.1 uneingeschränkt entnommen werden. Lediglich glatte Oberflächen sind bei turbulenter Strömung mit einem modifizierten Gesetz von Blasius zu behandeln:

$$\lambda = \frac{0{,}2236}{\sqrt[4]{Re_{\text{UR}}}} \quad (2\,320 < Re_{\text{UR}} < 100\,000).$$

Gegeben:

$D_{\text{i}} = 303\,\text{mm}$	Innendurchmesser des Mantelrohrs
$d_{\text{a}} = 30\,\text{mm}$	Außendurchmesser des Kühlrohrs
$z = 44$	Zahl der Kühlrohre
$\overline{\rho}_{\text{L}} = 1{,}165\,\text{kg/m}^3$	mittlere Luftdichte
$\overline{v}_{\text{L}} = 16 \cdot 10^{-6}\,\text{m}^2/\text{s}$	mittlere kinematische Zähigkeit
$\dot{V} = 0{,}8333\,\text{m}^3/\text{s}$	Luftvolumenstrom
$L = 4$	wirksame Rohrlänge

Gesucht:

Δp_{V} (reibungsbedingter Druckverlust bei glatten Oberflächen)

Anmerkungen

- Es wird angenommen, dass über der Länge L eine homogene Geschwindigkeit $\overline{c}$ vorliegt.
- Die Kühlrohre können als „hydraulisch glatt" betrachtet werden.
- Die Stoffdaten der Kühlluft sind als Mittelwerte zu verwenden; tatsächlich sind sie wegen veränderlicher Temperaturen nicht konstant.

Lösungsschritte

Der **Druckverlust Δp_{V}** ist als Produkt der spezifischen Verlustenergie $Y_{\text{V}_{\text{R}}}$ mit der Dichte ρ gegeben, im vorliegenden Fall also

$$\Delta p_{\text{V}} = \overline{\rho}_{\text{L}} \cdot Y_{\text{V}_{\text{R}}}.$$

Die reibungsbedingten Verluste folgen dem Gesetz

$$Y_{V_R} = \lambda \cdot \frac{L}{d_{hydr}} \cdot \frac{\overline{c}^2}{2}.$$

Zur Ermittlung von Y_{V_R} und somit von Δp_V sind $\overline{c}$, d_{hydr} und λ zunächst noch unbekannt und müssen schrittweise bestimmt werden.

Die gesuchte **mittlere Strömungsgeschwindigkeit** $\overline{c}$ erhält man aus der Durchfluss-gleichung $\dot{V} = \overline{c} \cdot A_{UR}$ und dem tatsächlichen Strömungsquerschnitt A_{UR}, der sich aus dem Kreisquerschnitt des Mantelrohrs $\frac{\pi}{4} \cdot D_i{}^2$ abzüglich der Zahl der Kreisquerschnitte der Kühlrohre $z \cdot \frac{\pi}{4} \cdot d_a^2$ ermitteln lässt.

Mit

$$A_{UR} = \frac{\pi}{4} \cdot D_i{}^2 - z \cdot \frac{\pi}{4} \cdot d_a^2$$

und dimensionsgerecht eingesetzten gegebenen Abmessungen,

$$A_{UR} = \frac{\pi}{4} \cdot 0{,}303^2 - 44 \cdot \frac{\pi}{4} \cdot {,}03^2,$$

führt dies zu

$$A_{UR} = 0{,}0410 \, \text{m}^2.$$

Die mittlere Geschwindigkeit $\overline{c} = \frac{\dot{V}}{A_{UR}}$ lautet folglich

$$\overline{c} = \frac{0{,}8333}{0{,}0410} = 20{,}33 \, \text{m/s}.$$

Die Definition des sogenannten **hydraulischen Durchmessers** d_{hydr} lautet

$$d_{hydr} = \frac{4 \cdot A_{UR}}{U_{UR}}.$$

Da A_{UR} schon bekannt ist, muss jetzt noch der gesamte von der Kühlluft benetzte Umfang U_{UR} festgestellt werden. Dieser setzt sich aus dem Innenumfang des Mantelrohrs, $\pi \cdot D_i$, und dem Außenumfang der z-Kühlrohre, $z \cdot \pi \cdot d_a$, additiv zusammen:

$$U_{UR} = \pi \cdot D_i + z \cdot \pi \cdot d_a = \pi \cdot (D_i + z \cdot d_a).$$

Einsetzen der bekannten Abmessungen liefert

$$U_{\mathrm{UR}} = \pi \cdot (0{,}303 + 44 \cdot 0{,}030) = 5{,}099\,\mathrm{m}.$$

Damit kennt man den hydraulischen „Ersatzdurchmesser" mit

$$d_{\mathrm{hydr}} = \frac{4 \cdot 0{,}0410}{5{,}099} = 0{,}0322\,\mathrm{m}.$$

Nun ist die **Rohrreibungszahl** λ an der Reihe. Da hydraulisch glatte Oberflächen vorausgesetzt werden, hängt die gesuchte Rohrreibungszahl nur von der Re-Zahl, hier Re_{UR} ab: $\lambda = f(Re_{\mathrm{UR}})$. Diese lässt sich gemäß $Re = \frac{\overline{c} \cdot d}{\nu}$, bzw. für die vorliegenden Gegebenheiten

$$Re_{\mathrm{UR}} = \frac{\overline{c} \cdot d_{\mathrm{hydr}}}{\overline{\nu}_{\mathrm{L}}},$$

wie folgt ermitteln:

$$Re_{\mathrm{UR}} = \frac{20{,}33 \cdot 0{,}0322}{16} \cdot 10^{6} = 40\,904.$$

Mit dem modifizierten Blasius-Gesetz

$$\lambda = \frac{0{,}2236}{\sqrt[4]{Re_{\mathrm{UR}}}}$$

bei glatten Oberflächen, nicht-kreisförmigen Strömungsquerschnitten im Bereich $2\,320 < Re_{\mathrm{UR}} < 100\,000$ steht die Rohrreibungszahl λ jetzt fest:

$$\lambda = \frac{0{,}2236}{\sqrt[4]{40\,904}} = 0{,}0157.$$

Die gesuchten Druckverluste errechnen sich mit

$$\Delta p_V = \overline{\rho}_L \cdot \lambda \cdot \frac{L}{d_{hydr}} \cdot \frac{\overline{c}^2}{2}$$

zu

$$\Delta p_V = 1,165 \cdot 0,0157 \cdot \frac{4}{0,0322} \cdot \frac{20,33^2}{2}$$

oder

$$\Delta p_V = 469,3\,\text{Pa}.$$

Aufgabe 1.10 Rohrverzweigung

Eine Rohrleitung, die vom Volumenstrom $\dot{V}$ durchflossen wird, spaltet sich an der Stelle A in zwei parallele Äste auf (Abb. 1.12). Diese beiden Äste werden an der Stelle B wieder zusammen geführt. Der Teilstrang 1 weist einen Durchmesser D_1 und eine Länge L_1, der Teilstrang 2 einen Durchmesser D_2 und eine Länge L_2 auf. Weiterhin sind der Volumenstrom $\dot{V}$, die Zähigkeit ν des Wassers und die Oberflächenrauigkeit k der verwendeten Betonrohre bekannt. Wie groß werden die Teilvolumenströme $\dot{V}_1$ und $\dot{V}_2$?

Abb. 1.12 Rohrverzweigung

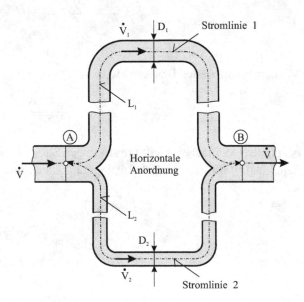

Lösung zu Aufgabe 1.10

Aufgabenerläuterung

Die Lösung zur hier gestellten Frage nach den beiden Teilvolumenströmen ermöglicht das Kontinuitätsgesetz, die Durchflussgleichung und die Bernoulli'sche Gleichung, die man für Stromlinie 1 und Stromlinie 2 jeweils am Anfangspunkt A und Endpunkt B ansetzen muss.

Gegeben:

- $\dot{V} = 0{,}850\,\mathrm{m}^3/\mathrm{s}$; $D_1 = 600\,\mathrm{mm}$; $L_1 = 2\,340\,\mathrm{m}$; $D_2 = 400\,\mathrm{mm}$; $L_2 = 3\,200\,\mathrm{m}$; $k = 1{,}5\,\mathrm{mm}$; Betonrohre, geglättet, mittelrau

Gesucht:
$\dot{V}_1$ und $\dot{V}_2$

Anmerkungen

- Horizontale Anordnung mit $Z =$ konstant
- Annahme vollständig rauer Oberflächen
- Verluste an der Verzweigung und Zusammenführung sowie Krümmerverluste werden vernachlässigt.
- Die Rohrquerschnitte A_A und A_B sind gleich groß.

Lösungsschritte

Bernoulli'sche Gleichung an den Stellen A und B der Stromlinie 1:

$$\frac{p_A}{\rho} + \frac{c_A^2}{2} + g \cdot Z_A = \frac{p_B}{\rho} + \frac{c_B^2}{2} + g \cdot Z_B + Y_{V_1}$$

Bei der horizontalen Anordnung der Leitungen und gleichen Rohrquerschnitten $A_A = A_B$ wird

$$Z_A = Z_B \quad \text{und} \quad c_A = c_B = \frac{\dot{V}}{A_{A;B}}.$$

Als Ergebnis resultiert

$$Y_{V_1} = \frac{p_A - p_B}{\rho}.$$

Bernoulli'sche Gleichung an den Stellen A und B der Stromlinie 2:

$$\frac{p_A}{\rho} + \frac{c_A^2}{2} + g \cdot Z_A = \frac{p_B}{\rho} + \frac{c_B^2}{2} + g \cdot Z_B + Y_{V_2}$$

(s. o.) und damit auch hier

$$Y_{V_2} = \frac{p_A - p_B}{\rho}.$$

Man erhält als Ergebnis

$$\frac{p_A - p_B}{\rho} = Y_{V_1} = Y_{V_2}.$$

Die Verluste in den beiden parallelen Leitungen sind somit gleich groß. Es handelt sich dabei aufgrund der getroffenen Annahmen ausschließlich um die reibungsbedingten Anteile. Diese folgen dem Darcy'schen Gesetz:

$$Y_{V_1} = \lambda_1 \cdot \frac{L_1}{D_1} \cdot \frac{c_1^2}{2} \quad \text{(Leitung 1)}$$

$$Y_{V_2} = \lambda_2 \cdot \frac{L_2}{D_2} \cdot \frac{c_2^2}{2} \quad \text{(Leitung 2)}.$$

Gleichsetzen führt zu

$$\lambda_1 \cdot \frac{L_1}{D_1} \cdot \frac{c_1^2}{2} = \lambda_2 \cdot \frac{L_2}{D_2} \cdot \frac{c_2^2}{2}$$

oder, da ja die Volumenströme gesucht werden:

$$\frac{c_1^2}{c_2^2} = \frac{\lambda_2}{\lambda_1} \cdot \frac{L_2}{L_1} \cdot \frac{D_1}{D_2}.$$

Ersetzen wir nun noch mit den Durchflussgleichungen und den betreffenden Rohrquerschnitten,

$$c_1 = \frac{\dot{V}_1}{A_1} = \frac{4 \cdot \dot{V}_1}{\pi \cdot D_1^2} \quad \text{sowie} \quad c_2 = \frac{\dot{V}_2}{A_2} = \frac{4 \cdot \dot{V}_2}{\pi \cdot D_2^2},$$

und fügen diese Ausdrücke oben ein, so resultiert nach Kürzen gleicher Größen und Multiplikation mit D_1^4 / D_2^4:

$$\frac{16 \cdot \dot{V}_1^2 \cdot \pi^2 \cdot D_2^4}{\pi^2 \cdot D_1^4 \cdot 16 \cdot \dot{V}_2^2} = \frac{\lambda_2}{\lambda_1} \cdot \frac{L_2}{L_1} \cdot \frac{D_1}{D_2}$$

und somit

$$\frac{\dot{V}_1^2}{\dot{V}_2^2} = \frac{\lambda_2}{\lambda_1} \cdot \frac{L_2}{L_1} \cdot \left(\frac{D_1}{D_2} \right)^5.$$

Nach Wurzelziehen folgt

$$\frac{\dot{V}_1}{\dot{V}_2} = \sqrt{\frac{L_2}{L_1} \cdot \left(\frac{D_1}{D_2}\right)^5} \cdot \sqrt{\frac{\lambda_2}{\lambda_1}}.$$

Die Verringerung der beiden Unbekannten $\dot{V}_1$ und $\dot{V}_2$ auf nur noch eine Unbekannte gelingt mit dem Kontinuitätsgesetz wie folgt. Aus $\dot{V} = \dot{V}_1 + \dot{V}_2$ erhält man $\dot{V}_1 = \dot{V} - \dot{V}_2$. Den Volumenstrom $\dot{V}_1$ im Zähler oben ersetzt führt zunächst zu

$$\frac{(\dot{V} - \dot{V}_2)}{\dot{V}_2} = \frac{\dot{V}}{\dot{V}_2} - 1 = \sqrt{\frac{L_2}{L_1} \cdot \left(\frac{D_1}{D_2}\right)^5} \cdot \sqrt{\frac{\lambda_2}{\lambda_1}}$$

oder, nach einer Umformung,

$$\frac{\dot{V}}{\dot{V}_2} = 1 + \sqrt{\frac{L_2}{L_1} \cdot \left(\frac{D_1}{D_2}\right)^5} \cdot \sqrt{\frac{\lambda_2}{\lambda_1}}.$$

Zum gesuchten Volumenstrom $\dot{V}_2$ gelangt man durch Umstellen der linken und rechten Gleichungsseite:

$$\dot{V}_2 = \frac{\dot{V}}{1 + \sqrt{\frac{L_2}{L_1} \cdot \left(\frac{D_1}{D_2}\right)^5} \cdot \sqrt{\frac{\lambda_2}{\lambda_1}}}.$$

Für den anderen Volumenstrom $\dot{V}_1$ gilt einfach

$$\dot{V}_1 = \dot{V} - \dot{V}_2.$$

Unter Verwendung des gegebenen Zahlenmaterials erhält man die Volumenströme wie folgt. Es müssen hierzu lediglich noch die beiden Rohrreibungszahlen λ_1 und λ_2 festgestellt werden.

Aufgrund der Annahme vollkommen rauer Oberflächen muss zur Ermittlung von λ_1 und λ_2 lediglich die jeweilige bezogene Sandrauigkeit bestimmt werden. Die Sandrauigkeit folgt $k_S = (1–1,6) \cdot k$, wobei k als tatsächliche Oberflächenrauigkeit mit $k = 1,5$ mm für beide Rohre vorgegeben wird. Im vorliegenden Fall erhält man als mittleren Wert der Sandrauigkeit:

$$k_S = 1,3 \, \text{mm} \cdot 1,5 \approx 2 \, \text{mm}$$

oder als Bezugsgrößen

$$\frac{D_1}{k_S} = \frac{600}{2} = 300 \quad \text{und} \quad \frac{D_2}{k_S} = \frac{400}{2} = 200.$$

Bei vollkommenen rauen Oberflächen lässt sich die Rohrreibungszahl nach dem Gesetz von Karman-Nikuradse berechnen:

$$\lambda = \frac{1}{\left(2 \cdot \log\left(\frac{D}{k_S}\right) + 1{,}14\right)^2}$$

$$\lambda_1 = \frac{1}{[2 \cdot \log(300) + 1{,}14]^2} = 0{,}0269 \quad (\text{Rohr 1})$$

$$\lambda_2 = \frac{1}{[2 \cdot \log(200) + 1{,}14]^2} = 0{,}0303 \quad (\text{Rohr 2})$$

Der Volumenstrom $\dot{V}_2$ ist nun bekannt und errechnet sich zu:

$$\dot{V}_2 = \frac{0{,}850}{1 + \sqrt{\frac{3\,200}{2\,340} \cdot \left(\frac{600}{400}\right)^5} \cdot \sqrt{\frac{0{,}0303}{0{,}0269}}}$$

Wir haben damit

$$\dot{V}_2 = 0{,}192\,\text{m}^3/\text{s} \quad \text{und} \quad \dot{V}_1 = 0{,}658\,\text{m}^3/\text{s}.$$

Aufgabe 1.11 Horizontales Kapillarviskosimeter

Zur Bestimmung der Zähigkeit (Viskosität) Newton'scher Flüssigkeiten kommen verschiedene Messgeräte zur Anwendung. Das Kapillarviskosimeter gemäß Abb. 1.13 ist eine im Aufbau einfache Variante, die im vorliegenden Beispiel zur Bestimmung der Viskosität von Wasser dienen soll. Bei gegebener Flüssigkeitshöhe im Vorratsbehälter, der Kapillarenhöhe über der Bezugsebene, dem Innendurchmesser und der Länge der Kapillare sowie der Flüssigkeitstemperatur ist die gesuchte Viskosität durch eine einfache Messung derjenigen Flüssigkeitsmasse, die in einer zugrunde liegenden Ausflusszeit ermittelt werden kann, bekannt. Neben der Viskosität sollen noch die Reynolds-Zahl, die Rohrreibungszahl und die Wandschubspannung für diesen Fall ermittelt werden.

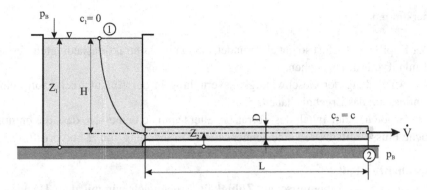

Abb. 1.13 Horizontales Kapillarviskosimeter

Lösung zu Aufgabe 1.11

Aufgabenerläuterung

Die zunächst gesuchte kinematische Zähigkeit ν liegt der Reynolds-Zahl Re zugrunde. Re wiederum bestimmt im Fall laminarer Strömung allein die Rohrreibungszahl λ. Diese wirkt sich in den Reibungsverlusten Y_{V_R} nach dem Hagen-Poiseuille'schen-Gesetz als maßgebliche Kenngröße aus. Findet man nun noch mithilfe der Bernoulli'schen Gleichung an den Stellen 1 und 2 eine Möglichkeit, die Reibungsverluste Y_{V_R} in der Kapillare mit bekannten Anlage- und Messgrößen auszudrücken, so gelangt man schließlich zu ν. Die anderen gesuchten Größen lassen sich danach aus den betreffenden Gleichungen berechnen.

Gegeben:

- $H = 72{,}50\,\text{cm}$; $D = 4{,}00\,\text{mm}$; $L = 5{,}00\,\text{m}$; $m = 0{,}3780\,\text{kg}$; $t = 60{,}0\,\text{s}$; $\rho = 1\,000\,\text{kg/m}^3$

Gesucht:

1. ν (kinematische Viskosität)
2. Re (Reynolds-Zahl)
3. λ (Rohrreibungszahl)
4. τ_0 (Wandschubspannung)

Anmerkungen

- Der Kapillareinlauf ist so gut abgerundet, dass keine kontraktionsbedingten Verluste (Einlaufverluste) entstehen.
- Die Ausbildung der Geschwindigkeitsverteilung in der Anlaufstrecke soll keinen Einfluss auf das Ergebnis haben.
- Die Größe und der Inhalt des Vorratsbehälters sind so bemessen, dass die entnommene Flüssigkeitsmasse keine nennenswerte Veränderung von H hervorruft.

Lösungsschritte – Fall 1

Die Bestimmung der **kinematischen Zähigkeit** ν beginnen wir mit dem Hagen-Poiseuille'schen Gesetz der laminaren Rohrströmung:

$$Y_{V_R} = \lambda \cdot \frac{L}{D} \cdot \frac{c^2}{2}.$$

Die Rohrreibungszahl der laminaren Rohrströmung folgt dem Gesetz

$$\lambda = \frac{64}{Re}.$$

Mit der Reynolds-Zahl $Re = \frac{c \cdot D}{\nu}$ lassen sich diese Zusammenhänge zur gesuchten kinematischen Viskosität wie folgt verknüpfen:

$$Y_{V_R} = \frac{64}{Re} \cdot \frac{L}{D} \cdot \frac{c^2}{2} = \frac{32}{\frac{c \cdot D}{\nu}} \cdot \frac{L}{D} \cdot c^2 = 32 \cdot L \cdot c \cdot \frac{1}{D^2} \cdot \nu.$$

Formen wir das Ergebnis nach der kinematischen Viskosität ν um, so führt dies zu

$$\nu = \frac{Y_{V_R}}{32 \cdot L \cdot c} \cdot D^2.$$

Neben den **Reibungsverlusten** Y_{V_R} muss in der Gleichung noch die mittlere Geschwindigkeit c im Rohr bestimmt werden. Zunächst jedoch zu den Verlusten: Die Bernoulli'sche Gleichung an den Stellen 1 und 2 lautet:

$$\frac{p_1}{\rho} + \frac{c_1^2}{2} + g \cdot Z_1 = \frac{p_2}{\rho} + \frac{c_2^2}{2} + g \cdot Z_2 + Y_{V_R}.$$

Mit den besonderen Gegebenheiten an diesen Stellen, nämlich $p_1 = p_B = p_2$ und $c_1 = 0$ sowie $c_2 = c$ und $Z_1 - Z_2 = H$ gesetzt folgt

$$Y_{V_R} = g \cdot H - \frac{c^2}{2}.$$

Setzen wir dieses Ergebnis in die oben entwickelte Gleichung für v ein, so schreiben wir

$$v = \frac{g \cdot H - \frac{c^2}{2}}{32 \cdot L \cdot c} \cdot D^2.$$

Zur noch ausstehenden **Geschwindigkeit** c lässt sich mittels der Durchflussgleichung $\dot{V} = c \cdot A$ und dem Kapillareninnenquerschnitt $A = \frac{\pi}{4} \cdot D^2$ folgende Gleichung angeben:

$$c = \frac{4 \cdot \dot{V}}{\pi \cdot D^2}.$$

Der Volumenstrom in Verbindung mit dem Massenstrom lautet

$$\dot{V} = \frac{\dot{m}}{\rho}.$$

Der Massenstrom $\dot{m}$ ist sodann als Ergebnis der jeweiligen Messungen von ausgeströmter Masse m und Messzeit t, nämlich $\dot{m} = m/t$ einzusetzen, also

$$\dot{V} = \frac{m}{\rho \cdot t}.$$

Dies führt dann zur Geschwindigkeit

$$c = \frac{4 \cdot m}{\pi \cdot \rho \cdot t \cdot D^2}.$$

Man könnte nun diese Gleichung in den Ausdruck für v einsetzen, was jedoch aus Gründen der besseren Übersicht hier nicht erfolgen soll. Es werden jetzt die gegebenen Zahlengrößen in dimensionsgerechter Form verwendet, um zunächst die Geschwindigkeit c

und danach v zu berechnen.

$$c = \frac{0{,}378 \cdot 4}{60 \cdot 1\,000 \cdot \pi \cdot 0{,}004^2} = 0{,}501\,\text{m/s}$$

$$v = \frac{9{,}81 \cdot 0{,}725 - \frac{0{,}501^2}{2}}{32 \cdot 0{,}501 \cdot 5{,}0} \cdot 0{,}0040^2 = 1{,}395 \cdot 10^{-6}\,\text{m}^2/\text{s}$$

Lösungsschritte – Fall 2
Mit der festgestellten Viskosität und Geschwindigkeit errechnet sich die **Reynolds-Zahl** *Re* zu

$$Re = \frac{0{,}501 \cdot 0{,}004}{1{,}395} \cdot 10^6 = 1\,437,$$

d. h., wir haben eine **laminare Rohrströmung**, da *Re* $< 2\,320$.

Lösungsschritte – Fall 3
Die **Rohrreibungszahl** λ laminarer Strömung folgt aus $\lambda = \frac{64}{Re}$:

$$\lambda = \frac{64}{1\,437} = 0{,}0445.$$

Lösungsschritte – Fall 4
Die **Wandschubspannung** τ_0 der laminaren Rohrströmung leitet sich her zu

$$\tau_0 = \frac{\lambda}{8} \cdot \rho \cdot c^2.$$

Mit den ermittelten Größen führt dies zu nachstehendem Ergebnis

$$\tau_0 = \frac{0{,}0445}{8} \cdot 1\,000 \cdot 0{,}501^2 = 1{,}4\,\text{N/m}^2.$$

Aufgabe 1.12 Injektionsspritze

Eine Injektionsspritze besteht gemäß Abb. 1.14 aus einem zylindrischen Vorratsbehälter, der Injektionsnadel und einem Kolben, mit dem die Flüssigkeit durch die Nadel gedrückt wird. Bei bekannten Größen der Spritze und der Flüssigkeit, hier Wasser, sowie der Kraft, die konstant über die Kolbenstange auf den Kolben wirkt, soll die Zeit bis zur Entleerung der Spritze ins Freie ermittelt werden.

Lösung zu Aufgabe 1.12

Aufgabenerläuterung
Die vorliegende Aufgabe stellt einen klassischen Fall der Anwendung laminarer Rohrströmung dar. Diese Strömungsform wird hier zunächst angenommen, da die Geschwindigkeit vorerst noch unbekannt ist. Eine Überprüfung der Annahme wird im Anschluss an die Entleerzeitberechnung erfolgen. Die gesuchte Zeit ist über die Definition des Volumenstroms als zeitliche Änderung eines Volumens, hier der im Zylinder eingeschlossenen Raum, zu verwenden. Die Durchflussgleichung verknüpft Volumenstrom mit der Geschwindigkeit und dem Kanülenquerschnitt. Mittels der Bernoulli'schen Gleichung sowie mit dem Hagen-Poiseuille'schen Gesetz der laminaren Rohrreibung wird die Geschwindigkeit bestimmt, was dann zur Entleerzeit führt.

Gegeben:

- L_0; L_1; d_0; d_1; η; ρ; F

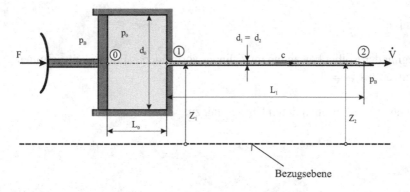

Abb. 1.14 Injektionsspritze

Gesucht:

1. t
2. t, wenn $L_0 = 2\,\text{cm}$; $L_1 = 4\,\text{cm}$; $d_0 = 1\,\text{cm}$; $d_1 = 0{,}04\,\text{cm}$; $\eta = 2 \cdot 10^{-3}\,(\text{N s})/\text{m}^2$; $\rho = 1\,000\,\text{kg/m}^3$; $F = 5\,\text{N}$

- Es wird von laminarer Strömung in der Kanüle ausgegangen.
- Die Geschwindigkeit c_0 ist vernachlässigbar.
- Der Einlauf der Kanüle ist gut abgerundet, sodass keine kontraktionsbedingten Verluste entstehen.
- Der Kolbenstangenquerschnitt ist vernachlässigbar.
- Das Volumen in der Kanüle ist vernachlässigbar.
- Es liegt stationäre Strömung vor.

Lösungsschritte – Fall 1

Für die **Entleerzeit** t notieren wir den Volumenstrom im vorliegenden Fall:

$$\dot{V} = -\frac{\Delta V}{\Delta t}.$$

Das negative Vorzeichen wird erforderlich, da sich das Volumen mit zunehmender Zeit verkleinert. Es folgt für $\dot{V}$:

$$\dot{V} = -\frac{V_0 - 0}{0 - t} = -\left(-\frac{V_0}{t}\right) = \frac{V_0}{t} \quad \text{(konstanter Volumenstrom)}.$$

Dabei sind

V_0 zu Beginn der Kolbenbewegung im Zylinder vorhandenes Flüssigkeitsvolumen
t Gesamtzeit bis $V = 0$

Die gesuchte Zeit erhält man durch Umstellung zu:

$$t = \frac{V_0}{\dot{V}}.$$

Weiterhin sind

$V_0 = \frac{\pi}{4} \cdot d_0^2 \cdot L_0$ Flüssigkeitsvolumen bei $t = 0$

$\dot{V} = c_1 \cdot A_1 = c_2 \cdot A_2$ Durchflussgleichung in der Kanüle

Mit $c_2 = c_1 = c$ und $A_1 = \frac{\pi}{4} \cdot d_1^2$ folgt

$$\dot{V} = c \cdot \frac{\pi}{4} \cdot d_1^2.$$

Diesen Zusammenhang und V_0 in die Ausgangsgleichung für t eingesetzt liefert

$$t = \frac{\frac{\pi}{4} \cdot d_0^2 \cdot L_0}{c \cdot \frac{\pi}{4} \cdot d_1^2}$$

oder

$$t = \frac{d_0^2}{d_1^2} \cdot \frac{L_0}{c}.$$

Zur vollständigen Bestimmung der Entleerzeit t muss nun noch die **Geschwindigkeit** c in der Kanüle ermittelt werden: Die Geschwindigkeit $c_2 = c_1 = c$ ist Bestandteil der Bernoulli'schen Gleichung, die im vorliegenden Fall an den Stellen 0 und 2 verwendet wird.

$$\frac{p_0}{\rho} + \frac{c_0^2}{2} + g \cdot Z_0 = \frac{p_2}{\rho} + \frac{c_2^2}{2} + g \cdot Z_2 + Y_{V_{0;2}}$$

Mit den hier zu beachtenden Besonderheiten $c_2 = c_1 = c$, $p_2 = p_B$ und $Z_0 = Z_1 = Z_2$ (horizontale Anordnung angenommen) sowie der Annahme $c_0 \ll c$ lauten die Verluste nach Umstellung

$$Y_{V_{0;2}} = \frac{p_0 - p_B}{\rho} - \frac{c^2}{2} = Y_{V_{R,1;2}}.$$

Als Verluste sind nur Reibungsverluste in der Kanüle zu berücksichtigen, also

$$Y_{V_{0;2}} = Y_{V_{R,1;2}}.$$

Es sind

$Y_{V_{R,1;2}} = \lambda \cdot \frac{L_1}{d_1} \cdot \frac{c^2}{2}$ Hagen-Poiseuille'sches Gesetz bei laminarer Rohrströmung

$\lambda = \frac{64}{Re}$ Rohrreibungszahl bei laminarer Rohrströmung

$Re = \frac{c \cdot d_1}{\nu}$ Reynolds-Zahl

Die Rohrreibungszahl lässt sich somit auch angeben mit

$$\lambda = \frac{64 \cdot \nu}{c \cdot d_1}.$$

Diesen Ausdruck fügen wir in das Hagen-Poiseuille'sche Gesetz ein und erhalten so eine zweite Gleichung für die Reibungsverluste $Y_{V_{R,1;2}}$:

$$Y_{V_{R,1;2}} = \frac{64 \cdot \nu}{c \cdot d_1} \cdot \frac{L_1}{d_1} \cdot \frac{c^2}{2} = 32 \cdot \nu \cdot \frac{L_1}{d_1^2} \cdot c.$$

Beide Zusammenhänge für $Y_{V_{R,1;2}}$ liefern, miteinander verknüpft,

$$32 \cdot \nu \cdot \frac{L_1}{d_1^2} \cdot c = \frac{p_0 - p_B}{\rho} - \frac{c^2}{2}.$$

Das Ziel ist, die Geschwindigkeit herauszuziehen. Hierzu muss zunächst wie folgt umgestellt werden:

$$\frac{c^2}{2} + 32 \cdot \nu \cdot \frac{L_1}{d_1^2} \cdot c = \frac{p_0 - p_B}{\rho}.$$

Mit dem Faktor 2 multipliziert erhält man

$$c^2 + 64 \cdot \nu \cdot \frac{L_1}{d_1^2} \cdot c = \frac{2 \cdot (p_0 - p_B)}{\rho}.$$

Durch quadratische Ergänzung, d. h. Addition von $\left(32 \cdot \nu \cdot \frac{L_1}{d_1^2}\right)^2$ zur Gleichung erhält man auf der linken Seite eine binomische Gleichung der Art $a^2 + 2 \cdot a \cdot b + b^2 = (a + b)^2$ und folglich

$$c^2 + 64 \cdot \nu \cdot \frac{L_1}{d_1^2} \cdot c + \left(32 \cdot \nu \cdot \frac{L_1}{d_1^2}\right)^2 = \frac{2 \cdot (p_0 - p_B)}{\rho} + \left(32 \cdot \nu \cdot \frac{L_1}{d_1^2}\right)^2$$

oder

$$\left(c + 32 \cdot \nu \cdot \frac{L_1}{d_1^2}\right)^2 = \frac{2 \cdot (p_0 - p_B)}{\rho} + \left(32 \cdot \nu \cdot \frac{L_1}{d_1^2}\right)^2.$$

Wurzelziehen führt jetzt zu

$$c = -32 \cdot v \cdot \frac{L_1}{d_1^2} \pm \sqrt{\frac{2 \cdot (p_0 - p_B)}{\rho} + \left(32 \cdot v \cdot \frac{L_1}{d_1^2}\right)^2}.$$

Der Druck p_0 lässt sich jetzt noch mit der Kraft F in Verbindung bringen, die auf den Kolben einwirkt. Hierzu benutzt man das Kräftegleichgewicht am Kolben:

$$\sum F = 0 = p_B \cdot A_0 + F - p_0 \cdot A_0.$$

Dividiert durch A_0 und nach p_0 aufgelöst, führt dies zu

$$p_0 = p_B + \frac{F}{A_0}.$$

Dieser Ausdruck liefert, in der Wurzel eingesetzt,

$$c = -32 \cdot v \cdot \frac{L_1}{d_1^2} \pm \sqrt{\frac{2 \cdot \left(p_B + \frac{4 \cdot F}{\pi \cdot d_0^2} - p_B\right)}{\rho} + \left(32 \cdot v \cdot \frac{L_1}{d_1^2}\right)^2}.$$

Jetzt die Glieder der Gleichung vertauscht, wobei nur das positive Vorzeichen vor der Wurzel sinnvoll ist, und noch die kinematische Zähigkeit ersetzt gemäß $v = \eta/\rho$ liefert die Geschwindigkeit

$$c = \sqrt{\frac{8 \cdot F}{\pi \cdot d_0^2 \cdot \rho} + \left(\frac{32 \cdot \eta \cdot L_1}{\rho \cdot d_1^2}\right)^2} - 32 \cdot \frac{\eta}{\rho} \cdot \frac{L_1}{d_1^2}.$$

Wird c in die Ausgangsgleichung der Entleerzeit eingefügt, gelangt man schließlich zu

$$t = \frac{d_0^2}{d_1^2} \cdot \frac{L_0}{\sqrt{\frac{8 \cdot F}{\pi \cdot d_0^2 \cdot \rho} + \left(\frac{32 \cdot \eta \cdot L_1}{\rho \cdot d_1^2}\right)^2} - 32 \cdot \frac{\eta}{\rho} \cdot \frac{L_1}{d_1^2}}.$$

Lösungsschritte – Fall 2

Für die Entleerzeit t finden wir, wenn $L_0 = 2\,\text{cm}$, $L_1 = 4\,\text{cm}$, $d_0 = 1\,\text{cm}$, $d_1 = 0{,}04\,\text{cm}$, $\eta = 2 \cdot 10^{-3}\,(\text{N s})/\text{m}^2$, $\rho = 1\,000\,\text{kg/m}^3$ und $F = 5\,\text{N}$ gegeben sind – wobei hier ganz besonders auf eine dimensionsgerechte Verwendung der Zahlenwerte geachtet werden muss –, den folgenden Wert

$$t = \frac{1^2}{0,04^2} \cdot \frac{0,02}{\sqrt{\frac{8 \cdot 5}{\pi \cdot 0,01^2 \cdot 1\,000} + \left(\frac{32 \cdot 2 \cdot 0,04}{1\,000 \cdot 1\,000 \cdot 0,0004^2}\right)^2} - 32 \cdot \frac{2}{1\,000 \cdot 1\,000} \cdot \frac{0,04}{0,0004^2}}$$

$$t = 3,49\,\text{s}$$

Kontrolle der Annahme laminarer Strömung: Hierzu muss die Bedingung $Re <$ $Re_{\text{krit}} = 2\,320$ erfüllt sein. Also wird Re mit der jetzt bekannten Geschwindigkeit c,

$$c = \sqrt{\frac{8 \cdot 5}{\pi \cdot 0,01^2 \cdot 1\,000} + \left(\frac{32 \cdot 2 \cdot 0,04}{1\,000 \cdot 1\,000 \cdot 0,0004^2}\right)^2} - 32 \cdot \frac{2}{1\,000 \cdot 1\,000} \cdot \frac{0,04}{0,0004^2}$$

$$c = 3,58\,\text{m/s},$$

wie folgt bestimmt:

$$Re = \frac{c \cdot d_1}{\nu} = \frac{3,58 \cdot 0,0004}{2} \cdot 1\,000 \cdot 1\,000 = 716.$$

Wir finden also

$$Re = 716 < Re_{\text{krit}} = 2\,320,$$

d. h. eine **laminare Strömung**.

Aufgabe 1.13 Wasserkanal

In Abb. 1.15 ist der trapezförmige Querschnitt durch einen künstlichen Wasserkanal zu erkennen. Die eingezeichneten Kanalgrößen, die Oberflächenrauigkeit, der Volumenstrom und erforderliche spezifische Wassergrößen sind bekannt. Es soll sich um eine stationäre, gleichförmige Gerinneströmung handeln. Wie groß muss der auf die Rohrlänge bezogene Höhenunterschied sein, um den Volumenstrom kontinuierlich fließen zu lassen?

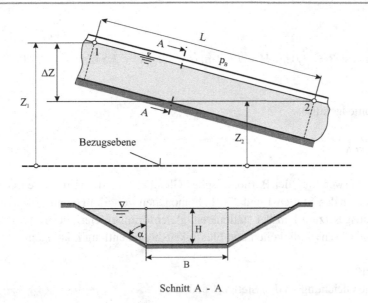

Schnitt A - A

Abb. 1.15 Wasserkanal

Lösung zu Aufgabe 1.13

Aufgabenerläuterung

Der Höhenunterschied ΔZ zwischen zwei Punkten 1 und 2 einer beliebigen Stromlinie des Kanals ist verantwortlich für den Strömungsvorgang im vorliegenden, gegen die Umgebung offenen Kanal. ΔZ deckt dabei die Verluste dieser Kanalströmung ab. Dies lässt sich mit der Bernoulli'schen Gleichung einfach belegen. Infolge der direkten Abhängigkeit dieser Verluste von der Kanallänge L ist es sinnvoll, ΔZ auf L zu beziehen. Da hier kein kreisförmiger, vollkommen ausgefüllter Rohrquerschnitt vorliegt, kann man nicht ohne weiteres von der klassischen Rohrreibungsberechnung Gebrauch machen. Eine Möglichkeit, dennoch diese Grundlagen zu verwenden, besteht in der Ermittlung eines „Ersatzrohrdurchmessers" d_{hydr}, der auch häufig als „Gleichwertigkeitsdurchmesser" bezeichnet wird. Dieses gedachte „Ersatzrohr" ist dann vom Fluid vollständig ausgefüllt. d_{hydr} lässt sich aus den Größen des jeweils durchströmten, z. B. auch nicht kreisförmigen Systems wie folgt ermitteln:

$$d_{\text{hydr}} = 4 \cdot \frac{A_{\text{UR}}}{U_{\text{UR}}}.$$

A_{UR} ist hierbei der tatsächlich durchströmte Querschnitt und U_{UR} der gesamte von der Flüssigkeit an der Wand benetzte Umfang. Die zentrale Aufgabe besteht nun im vorliegenden Fall darin, die Verluste mit den gegebenen Größen zu ermitteln und hiermit dann den bezogenen Höhenunterschied $\Delta Z / L$ zu bestimmen.

Gegeben:

- $\dot{V} = 5{,}0\,\mathrm{m^3/s}$; $B = 3{,}0\,\mathrm{m}$; $H = 0{,}80\,\mathrm{m}$; $\alpha = 60°$; $k = 3{,}5\,\mathrm{mm}$; $\nu = 1 \cdot 10^{-6}\,\mathrm{m^2/s}$

Gesucht:

$\frac{\Delta Z}{L} \equiv J_\mathrm{S}$ (Sohlengefälle)

- Bei der Verwendung der Bernoulli'schen Gleichung wird von mittleren Geschwindigkeiten an den Stellen 1 und 2, d. h. homogenen Verteilungen ausgegangen.
- Im vorausgesetzten Fall der stationären, gleichförmigen Gerinneströmung sind die mittleren Geschwindigkeiten und Flüssigkeitshöhen entlang L konstant.

Lösungsschritte

Bernoulli'sche Gleichung an den Stellen 1 und 2:

$$\frac{p_1}{\rho} + \frac{c_1^2}{2} + g \cdot Z_1 = \frac{p_2}{\rho} + \frac{c_2^2}{2} + g \cdot Z_2 + Y_{\mathrm{V}_{1;2}}.$$

Mit den hier vorliegenden Besonderheiten an den Stellen 1 und 2, nämlich $c_1 = c_2$ sowie $p_1 = p_2 = p_\mathrm{B}$, folgt somit

$$g \cdot Z_1 = g \cdot Z_2 + Y_{\mathrm{V}_{1;2}}$$

oder umgeformt

$$Y_{\mathrm{V}_{1;2}} = g \cdot (Z_1 - Z_2).$$

Mit $(Z_1 - Z_2) = \Delta Z$ eingeführt schreibt man dann

$$Y_{\mathrm{V}_{1;2}} = g \cdot \Delta Z.$$

Die reibungsbedingten Verluste in nicht-kreisförmigen Leitungen oder Kanälen werden mit

$$Y_{\mathrm{V}_{1;2}} = \lambda \cdot \frac{L}{d_\mathrm{hydr}} \cdot \frac{\overline{c}^2}{2}$$

bestimmt. Verknüpft man nun beide voneinander unabhängigen Gleichungen der Verluste $Y_{\mathrm{V}_{1;2}}$, so führt dies zu

$$g \cdot \Delta Z = \lambda \cdot \frac{L}{d_\mathrm{hydr}} \cdot \frac{\overline{c}^2}{2}.$$

Die Gleichung mit $1/(g \cdot L)$ multipliziert, liefert den auf die Kanallänge bezogenen Höhenunterschied (auch Sohlengefälle J_S genannt):

$$\frac{\Delta Z}{L} = \frac{1}{g} \cdot \lambda \cdot \frac{1}{d_{\text{hydr}}} \cdot \frac{\bar{c}^2}{2}.$$

Zur zahlenmäßigen Auswertung fehlen nun noch $\bar{c}$, d_{hydr} und λ. Wir beginnen mit der **mittleren Geschwindigkeit** $\bar{c}$. Mit der Durchflussgleichung $\dot{V} = \bar{c} \cdot A$, die nach der mittleren Geschwindigkeit umgeformt wird, sowie unter Verwendung des hier effektiv durchströmten Querschnitts A_{UR} erhält man

$$\bar{c} = \frac{\dot{V}}{A_{\text{UR}}}.$$

Der durchströmte Kanalquerschnitt A_{UR} setzt sich aktuell aus einem Rechteckanteil $B \cdot H$ und zwei Dreiecksanteilen $\frac{1}{2} \cdot H \cdot H \cdot \tan\alpha$ zusammen:

$$A_{\text{UR}} = B \cdot H + 2 \cdot \frac{1}{2} \cdot H \cdot H \cdot \tan\alpha.$$

Somit folgt
$$A_{\text{UR}} = B \cdot H + H^2 \cdot \tan\alpha.$$

Mit den gegebenen Größen lässt sich A_{UR} berechnen zu

$$A_{\text{UR}} = 3 \cdot 0,8 + 0,8^2 \cdot \tan 60° = 3,51 \, \text{m}^2.$$

Die mittlere Geschwindigkeit lautet dann

$$\bar{c} = \frac{5,0}{3,51} = 1,42 \, \text{m/s}.$$

Zur Berechnung des **hydraulischen Durchmessers** d_{hydr} gemäß

$$d_{\text{hydr}} = 4 \cdot \frac{A_{\text{UR}}}{U_{\text{UR}}}$$

muss jetzt noch der gesamte von der Flüssigkeit an der Wand benetzte Umfang U_{UR} bestimmt werden. Im vorliegenden Fall setzt sich U_{UR} aus der Sohlenbreite B und den beiden Seitenwandlängen S zusammen, also $U_{UR} = B + 2 \cdot S$. Unter Verwendung von $\cos \alpha = H/S$ und somit $S = H/\cos \alpha$ ergibt dies

$$U_{UR} = B + 2 \cdot \frac{H}{\cos \alpha}.$$

Die bekannten Zahlenwerte eingesetzt, bekommen wir

$$U_{UR} = \left(3 + 2 \cdot \frac{0,8}{\cos 60°} \right) = 6,2 \, \text{m}.$$

Der hydraulische Durchmesser berechnet sich somit zu

$$d_{hydr} = \frac{4 \cdot 3,51}{6,2} = 2,26 \, \text{m}.$$

Dies ist der Durchmesser des kreisförmigen „Ersatzrohrs" für vorliegenden Kanal. Die Verlustberechnung erfolgt mit den Grundlagen der Rohrströmung mittels d_{hydr}.

Die **Rohrreibungszahl** λ hängt je nach Fall von der Reynolds-Zahl Re allein (hydraulisch glatt) oder von der Reynolds-Zahl Re und dem Rauhigkeitsverhältnis D/k_S ab (Übergangsgebiet). Bei sehr rauen Oberflächen wird λ nur noch vom Rauhigkeitsverhältnis d/k_S allein bestimmt. Diese Zusammenhänge stehen in Abb. Z.1 zur Verfügung.

Es ist folglich notwendig, jeweils die Größen von Re und d/k_S festzustellen, um dann die betreffende Rohrreibungszahl λ dem Diagramm zu entnehmen bzw. mit geeigneten Gleichungen zu berechnen.

Für die Reynolds-Zahl erhalten wir

$$Re_{hydr} = \frac{\overline{c} \cdot d_{hydr}}{\nu} = \frac{1,42 \cdot 2,26}{1} \cdot 10^6 = 3,21 \cdot 10^6$$

d. h., es liegt **turbulente Rohrströmung** vor.

Für das **bezogene Rauhigkeitsverhältnis** d_{hydr}/k_S beachten wir, dass der Sandrauhigkeitswert k_S etwas größer ausfällt als die tatsächliche Rauigkeit k. Man hat einen empirischen Zusammenhang wie folgt festgestellt: $k_S = (1/1{,}6) \cdot k$. Benutzt man den mittleren Umrechnungsfaktor von 1,3 aus der Toleranzbreite, so folgt für k_S

$$k_S = 1{,}3 \cdot 3{,}5\,\text{mm} = 4{,}55\,\text{mm}.$$

d_{hydr}/k_S nimmt dann den Wert

$$\frac{d_{\text{hydr}}}{k_S} = \frac{2\,260}{4{,}55} = 497$$

an. Mithilfe von $Re_{\text{hydr}} = 3{,}21 \cdot 10^6$ und $d_{\text{hydr}}/k_S = 497$ stellt man in Abb. Z.1 fest, dass im aktuellen Beispiel vollkommen raue Verhältnisse vorliegen. Die Rohrreibungszahl hängt nur von d_{hydr} ab und lässt sich aus genannter Abbildung wie folgt entnehmen:

$$\lambda = 0{,}0235.$$

Unter Verwendung aller Werte für $\bar{c}$, d_{hydr} und λ lautet das Ergebnis für das **Sohlenverhältnis** $\Delta Z/L = J_S$:

$$\frac{\Delta Z}{L} = \frac{1}{9{,}81} \cdot 0{,}0235 \cdot \frac{1}{2{,}26} \cdot \frac{1{,}42^2}{2}$$

$$\frac{\Delta Z}{L} = 0{,}00107 \equiv \frac{1{,}07\,\text{m Höhenunterschied}}{1\,\text{km Kanallänge}}$$

Aufgabe 1.14 Abwasserrohr

Ein mittelmäßig verschlacktes Abwasserrohr (Abb. 1.16, 1.17) wird mit einem bezogenen Höhenunterschied $\Delta Z/L = 0{,}0002$ verlegt. Es soll ein Volumenstrom $\dot{V} = 2{,}365\,\text{m}^3/\text{s}$ durch das Rohr abfließen. Die Flüssigkeitshöhe im Rohr beträgt $z_0 = 0{,}9 \cdot D$, d. h., es ist beim Durchströmen nicht vollständig mit dem Abwasser ausgefüllt. Vorausgesetzt wird der Fall einer stationären, gleichförmigen „Gerinneströmung". Welcher Rohrinnendurchmesser D wird erforderlich, wenn nur Flüssigkeitsreibungsverluste im Rohr vorliegen sollen?

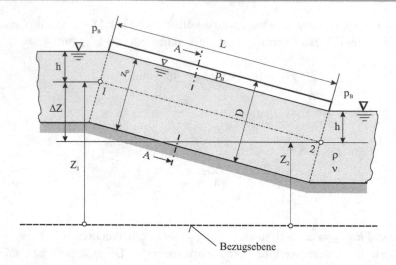

Abb. 1.16 Abwasserrohr; Längsschnitt

Abb. 1.17 Abwasserrohr;
Querschnitt

Schnitt A - A

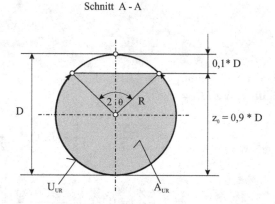

Lösung zu Aufgabe 1.14

Aufgabenerläuterung

Der Höhenunterschied ΔZ zwischen zwei Punkten 1 und 2 einer beliebigen Stromlinie ist gemäß Bernoulli'scher Gleichung verantwortlich für den Strömungsvorgang im vorliegenden nicht vollkommen gefüllten, gegen die Umgebung offenen Rohr. ΔZ deckt dabei die Verluste der Rohrströmung ab. Infolge der direkten Abhängigkeit dieser Verluste von der Kanallänge L ist es sinnvoll, ΔZ auf L zu beziehen. Da hier kein vollkommen ausgefüllter Rohrquerschnitt vorliegt, kann man nicht ohne weiteres von der klassischen Rohrreibungsberechnung Gebrauch machen. Eine Möglichkeit, dennoch diese Grundlagen zu verwenden, besteht in der Ermittlung eines „Ersatzrohrdurchmessers" d_{hydr}, der auch häufig als „Gleichwertigkeitsdurchmesser" bezeichnet wird. Dieses gedachte „Ersatzrohr" ist dann vom Fluid vollständig ausgefüllt. d_{hydr} lässt sich aus den Größen des jeweils durchströmten, z. B. auch nicht kreisförmigen Systems wie folgt ermitteln:

$$d_{\mathrm{hyd}} = 4 \cdot \frac{A_{\mathrm{UR}}}{U_{\mathrm{UR}}}.$$

A_{UR} ist hierbei der tatsächlich durchströmte Querschnitt und U_{UR} der gesamte von der Flüssigkeit an der Wand benetzte Umfang. Die zentrale Aufgabe besteht im vorliegenden Fall darin, d_{hydr} zu ermitteln und hiermit dann den gesuchten Innendurchmesser D festzulegen.

Gegeben:

- $\dot{V}$, $\Delta Z / L$, Z_0, g, ρ, ν

Gesucht:
D

Anmerkungen

- Bei der Verwendung der Bernoulli'schen Gleichung wird von mittleren Geschwindigkeiten an den Stellen 1 und 2, d. h. homogenen Verteilungen ausgegangen.
- Im vorausgesetzten Fall der stationären, gleichförmigen „Gerinneströmung" sind die mittleren Geschwindigkeiten und Flüssigkeitshöhen entlang L konstant.

Lösungsschritte
Zunächst werden A_{UR} und U_{UR} aus den Vorgaben des durchströmten Rohrs gemäß nachstehender Abb. 1.18 bestimmt.

Der **tatsächlich durchströmte Querschnitt A_{UR}** lässt sich gemäß Abb. 1.18 folgendermaßen schreiben:

$$A_{\mathrm{UR}} = A_{\mathrm{Kreis}} - A_{\mathrm{ABC}} \quad \text{und} \quad A_{\mathrm{ABC}} = A_{\mathrm{MABC}} - A_{\mathrm{MAC}}.$$

Abb. 1.18 Abwasserrohr; Abmessungen

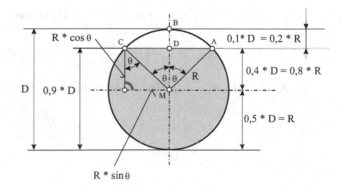

Dabei sind

A_{Kreis} Kreisfläche
A_{ABC} Kreissegmentfläche
A_{MABC} Kreissektorfläche
A_{MAC} Dreieckfläche.

Daraus folgt dann

$$A_{\text{MABC}} = \frac{2 \cdot \vartheta}{360°} \cdot A_{\text{Kreis}} = \frac{\vartheta}{180°} \cdot A_{\text{Kreis}} = \pi \cdot R^2 \cdot \frac{\vartheta}{180°}$$

Des Weiteren folgt gemäß Abb. 1.18 für A_{MAC}:

$$A_{\text{AMAC}} = 2 \cdot \left(\frac{1}{2} \cdot R \cdot \sin \vartheta \cdot R \cdot \cos \vartheta \right) = R^2 \cdot \sin \vartheta \cdot \cos \vartheta.$$

Für die Kreissegmentfläche erhält man dann

$$A_{\text{ABC}} = R^2 \cdot \left(\frac{\vartheta}{180°} \cdot \pi - \sin \vartheta \cdot \cos \vartheta \right)$$

Mit A_{ABC} und $A_{\text{Kreis}} = \pi \cdot R^2$ lautet der gesuchte Querschnitt A_{UR} somit

$$A_{\text{UR}} = R^2 \cdot \left(\pi - \frac{\vartheta}{180°} \cdot \pi + \sin \vartheta \cdot \cos \vartheta \right).$$

Den Winkel ϑ kann man gemäß Abb. 1.18 durch die vorgegebenen Größen wie folgt berechnen:

$$R \cdot \cos \vartheta = 0{,}8 \cdot R.$$

Hieraus erhält man

$$\cos \vartheta = 0{,}8 \Rightarrow \vartheta = 36{,}87°.$$

Dies liefert für $\sin \vartheta = \sin(36{,}87°) = 0{,}6$. Diese Ergebnisse führen, in A_{UR} eingesetzt, auf

$$A_{\text{UR}} = R^2 \cdot \left(\pi - \frac{36{,}87°}{180°} \cdot \pi + 0{,}8 \cdot 0{,}6 \right)$$

und nach Auswertung $A_{\text{UR}} = 2{,}978 \cdot R^2$ oder, mit $R = D/2$,

$$A_{\text{UR}} = 0{,}7445 \cdot D^2.$$

Den vom Fluid **benetzten Umfang** U_{UR} erhält man nach Abb. 1.18 folgendermaßen:

$$U_{UR} = U_{Kreis} - U_{ABC}.$$

Mit $U_{Kreis} = 2 \cdot \pi \cdot R$ und U_{ABC} als Kreisbogenlänge mit

$$\frac{U_{ABC}}{2 \cdot \vartheta} = \frac{2 \cdot \pi \cdot R}{360°} \Rightarrow U_{ABC} = \frac{\vartheta}{90°} \cdot \pi \cdot R$$

bekommen wir für den benetzten Umfang

$$U_{UR} = 2 \cdot \pi \cdot R - \frac{\vartheta}{90°} \cdot \pi \cdot R = R \cdot \pi \cdot \left(2 - \frac{\vartheta}{90°}\right) = R \cdot \pi \cdot \left(2 - \frac{36{,}87°}{90°}\right).$$

Hieraus folgt $U_{UR} = 4{,}996 \cdot R$ oder, mit $R = D/2$,

$$U_{UR} = 2{,}498 \cdot D.$$

Der „Ersatzrohrdurchmesser" d_{hydr} lautet somit

$$d_{hydr} = 4 \cdot \frac{A_{UR}}{U_{UR}} = 4 \cdot \frac{0{,}7445 \cdot D^2}{2{,}498 \cdot D} = 1{,}192 \cdot D.$$

In diesem ersten Schritt wurde d_{hydr} allein aus den geometrischen Gegebenheiten der vorliegenden, nicht vollständig gefüllten Rohrleitung ermittelt. Um nun den gesuchten **Rohrinnendurchmesser D** zu bestimmen, benötigt man eine weitere Gleichung für d_{hydr}. Hier bietet sich die Bernoulli'sche Energiegleichung entlang des Stromfadens von der Stelle 1 zur Stelle 2 an, wobei gemäß der getroffenen Annahme nur die Reibungsverluste mit zu berücksichtigen sind. Da diese Verluste mit dem „Ersatzrohr" ermittelt werden, lässt sich auf diese Weise die benötigte zweite Gleichung für d_{hydr} wie folgt aufstellen.
    Die Bernoulli-Gleichung an den Stellen 1 und 2 (Abb. 1.16) lautet

$$\frac{p_1}{\rho} + \frac{c_1^2}{2} + g \cdot Z_1 = \frac{p_2}{\rho} + \frac{c_2^2}{2} + g \cdot Z_2 + Y_{V_{1;2}}.$$

Mit $c_1 = c_2$ sowie $p_1 = p_B + \rho \cdot g \cdot h$ und $p_2 = p_B + \rho \cdot g \cdot h$ folgt daraus

$$\frac{p_B}{\rho} + g \cdot h + g \cdot Z_1 = \frac{p_B}{\rho} + g \cdot h + g \cdot Z_2 + Y_{V_{1;2}}$$

und schließlich

$$Y_{V_{1;2}} = g \cdot (Z_1 - Z_2) = g \cdot \Delta Z.$$

Für die angenommenen ausschließlich wirksamen Reibungsverluste $Y_{V_{1;2}} \equiv Y_{V_R}$ bei turbulenter Rohrströmung wird das Gesetz nach Darcy wirksam:

$$Y_{V_R} = \lambda \cdot \frac{L}{D} \cdot \frac{\bar{c}^2}{2}.$$

Im Fall des hier nicht vollständig gefüllten Rohrs muss an Stelle von D der Durchmesser des „Ersatzrohrs" d_{hydr} verwendet werden:

$$Y_{V_R} = \lambda \cdot \frac{L}{d_{hydr}} \cdot \frac{\bar{c}^2}{2} \quad \text{mit} \quad \bar{c} = \frac{\dot{V}}{A_{UR}}.$$

Die Rohrreibungszahl λ kann Abb. Z.1 entnommen werden, wenn die Reynolds-Zahl Re und das Rauhigkeitsverhältnis k_S/d_{hydr} des „Ersatzrohrs" bekannt sind. Es ist $\lambda = f(Re, k_S/d_{hydr})$ mit $Re = \frac{\bar{c} \cdot d_{hydr}}{\nu}$.

Mit

$$Y_{V_R} = \lambda \cdot \frac{L}{d_{hydr}} \cdot \frac{\bar{c}^2}{2} = g \cdot \Delta Z$$

lässt sich die gesuchte zweite Gleichung für d_{hydr} durch Umformen wie folgt bestimmen:

$$d_{hydr} = \frac{1}{2 \cdot g} \cdot \lambda \cdot \frac{1}{\frac{\Delta Z}{L}} \cdot \bar{c}^2 = \frac{1}{2 \cdot g} \cdot \lambda \cdot \frac{1}{\frac{\Delta Z}{L}} \cdot \frac{\dot{V}^2}{A_{UR}^2}.$$

Verwendet man nun die gegebenen Größen $g = 9{,}81 \,\text{m/s}^2$, $\Delta Z/L = 0{,}0002$ und den ermittelten Querschnitt $A_{UR} = 0{,}7445 \cdot D^2$, so wird

$$d_{hydr} = 459{,}9 \cdot \lambda \cdot \frac{\dot{V}^2}{D^4}.$$

Setzt man jetzt das erste Ergebnis für den „Ersatzdurchmesser" $d_{hydr} = 1{,}192 \cdot D$ ein, so entsteht

$$1{,}192 \cdot D = 459{,}9 \cdot \lambda \cdot \frac{\dot{V}^2}{D^4} \quad \text{oder} \quad D^5 = 385{,}8 \cdot \lambda \cdot \dot{V}^2.$$

Das vorläufige Ergebnis des gesuchten Rohrinnendurchmessers lautet

$$D = 3{,}296 \cdot \left(\lambda \cdot \dot{V}^2 \right)^{\frac{1}{5}}$$

Somit hängt der gesuchte Rohrinnendurchmesser D bei dem gegebenen Volumenstrom $\dot{V}$ nur noch von der Rohrreibungszahl λ ab. Diese wird im Normalfall durch die jeweilige Reynolds-Zahl $Re = \frac{\bar{c} \cdot D}{\nu}$ und das Rauhigkeitsverhältnis k_S/D bestimmt. Für den vorliegenden Fall des nicht vollständig ausgefüllten Rohrs müssen die Gegebenheiten des „Ersatzrohrs" mit d_{hydr} eingesetzt werden, also

$$Re = \frac{\bar{c} \cdot d_{hydr}}{\nu} \quad \text{und} \quad \frac{k_S}{d_{hydr}}.$$

Da d_{hydr} und somit D aber zunächst unbekannt sind und dem zu Folge auch λ, wird zur Bestimmung von D ein Iterationsverfahren wie folgt erforderlich. Den Sandrauhigkeitswert k_S des Abwasserrohrs entnimmt man den bekannten Tabellen mit $k_S = 2\,\text{mm}$, und die kinematische Zähigkeit des Wassers ν liegt bei 20 °C Wassertemperatur mit $\nu = 1 \cdot 10^{-6}\,\text{m}^2/\text{s}$ fest.

1. Iterationsschritt Wir gehen von einem willkürlich angenommenen Wert für D mit $D_1 = 1{,}0\,\text{m}$ aus.

Annahme:

$$D_1 = 1{,}0\,\text{m}$$
$$d_{hydr,1} - 1{,}192 \cdot D_1 - 1{,}192\,\text{m}$$
$$A_{UR,1} - 0{,}7445 \cdot D_1^2 = 0{,}7445 \cdot 1^2 = 0{,}7445\,\text{m}^2.$$
$$\bar{c}_1 = \frac{\dot{V}}{A_{UR,1}} = \frac{2{,}365}{0{,}7445} = 3{,}177\,\text{m/s}$$
$$Re_1 = \frac{\bar{c}_1 \cdot d_{hydr,1}}{\nu} = \frac{3{,}177 \cdot 1{,}192}{1 \cdot 10^{-6}} = 3{,}787 \cdot 10^6$$
$$\frac{d_{hydr,1}}{k_S} = \frac{1\,192}{2} = 596$$

Aus Abb. Z.1 lässt sich jetzt mit Re_1 und $d_{hydr,1}/k_S$ ein Rohrreibungswert

$$\lambda_1 = 0{,}023$$

entnehmen. Hiermit kann D_2 ermittelt werden zu:

$$D_2 = 3{,}2906 \cdot \sqrt[5]{\lambda_1 \cdot \dot{V}^2} = 3{,}2906 \cdot \sqrt[5]{0{,}023 \cdot 2{,}365^2} = 2{,}183\,\text{m}$$

2. Iterationsschritt

$$D_2 = 2,183\,\text{m}$$

$$d_{\text{hydr},2} = 1,192 \cdot D_2 = 1,192 \cdot 2,183\,\text{m} = 2,603\,\text{m}$$

$$A_{\text{UR},2} = 0,7445 \cdot D_2^2 = 0,7445 \cdot 2,183^2 = 3,548\,\text{m}^2.$$

$$\overline{c}_2 = \frac{\dot{V}}{A_{\text{UR},2}} = \frac{2,365}{3,548} = 0,666\,\text{m/s}$$

$$Re_2 = \frac{\overline{c}_2 \cdot d_{\text{hydr},2}}{\nu} = \frac{0,666 \cdot 2,603}{1 \cdot 10^{-6}} = 1,735 \cdot 10^6$$

$$\frac{d_{\text{hydr},2}}{k_{\text{S}}} = \frac{2\,603}{2} = 1\,301$$

Aus Abb. Z.1 lässt sich jetzt mit Re_2 und $d_{\text{hydr},2}/k_{\text{S}}$ ein Rohrreibungswert

$$\lambda_2 = 0,0189$$

entnehmen. Hiermit kann D_3 ermittelt werden zu:

$$D_3 = 3,2906 \cdot \sqrt[5]{\lambda_2 \cdot \dot{V}^2} = 3,2906 \cdot \sqrt[5]{0,0189 \cdot 2,365^2} = 2,101\,\text{m}$$

3. Iterationsschritt

$$D_3 = 2,101\,\text{m}$$

$$d_{\text{hydr},3} = 1,192 \cdot D_3 = 1,192 \cdot 2,101\,\text{m} = 2,504\,\text{m}$$

$$A_{\text{UR},3} = 0,7445 \cdot D_3^2 = 0,7445 \cdot 2,101^2 = 3,286\,\text{m}^2.$$

$$\overline{c}_3 = \frac{\dot{V}}{A_{\text{UR},3}} = \frac{2,365}{3,286} = 0,720\,\text{m/s}$$

$$Re_3 = \frac{\overline{c}_3 \cdot d_{\text{hydr},3}}{\nu} = \frac{0,720 \cdot 2,504}{1 \cdot 10^{-6}} = 1,80 \cdot 10^6$$

$$\frac{d_{\text{hydr},3}}{k_{\text{S}}} = \frac{2\,504}{2} = 1\,252$$

Aus Abb. Z.1 lässt sich jetzt mit Re_3 und $d_{\text{hydr},3}/k_{\text{S}}$ ein Rohrreibungswert

$$\lambda_3 = 0,0187$$

entnehmen. Hiermit kann D_4 ermittelt werden zu

$$D_4 = 3,2906 \cdot \sqrt[5]{\lambda_3 \cdot \dot{V}^2} = 3,2906 \cdot \sqrt[5]{0,0187 \cdot 2,365^2} = 2,095\,\text{m}.$$

Hier kann das Iterationsverfahren abgebrochen werden, da zwischen den beiden letzten Durchmesserwerten D_3 und D_4 lediglich ein Unterschied $\Delta D/D_4 = 0{,}28\,\%$ besteht. Der gesuchte Rohrinnendurchmesser lautet somit

$$D = 2{,}095\,\text{m}.$$

Aufgabe 11.15 Laminare Rohrströmung

In Abb. 1.19 ist der Längs- und Querschnitt einer Rohrleitung mit dem Innenradius R zu erkennen. In der Rohrleitung soll die Strömung laminar erfolgen. Eingezeichnet ist das laminare Geschwindigkeitsprofil mit einem am Radius r vorliegenden Ringelement der Dicke dr. Die Geschwindigkeit dort ist $c(r)$. Wie lauten die Gleichungen zur Bestimmung des Massenstroms $\dot{m}$ und des kinetischen Energiestroms $\dot{E}_{\text{kin}}$, wenn die Geschwindigkeitsverteilung in Verbindung mit einem Koeffizienten, der Innenradius und die Fluiddichte bekannt sind?

Lösung zu Aufgabe 1.15

Aufgabenerläuterung
Gegenstand dieser Aufgabe ist es, mittels elementarem Massenstrom $d\dot{m}$ durch das Ringelement und den gegebenen Größen sowie geeigneten Integrationen den Gesamtmassenstrom und den kinetischen Energiestrom zu bestimmen.

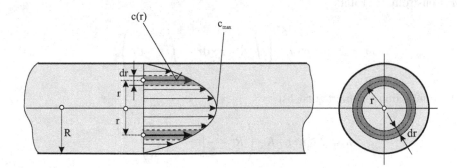

Abb. 1.19 Laminare Rohrströmung

Gegeben:

- $c(r) = K \cdot (R^2 - r^2); K; R; \rho$

Gesucht:

1. $\dot{m}$
2. $\dot{E}_{\text{kin}}$

Anmerkung

- laminare, stationäre, inkompressible Strömung

Lösungsschritte – Fall 1

Der **Massenstrom** $\dot{m}$ lautet allgemein in differenzieller Form

$$\mathrm{d}\dot{m} = \rho \cdot \mathrm{d}\dot{V} \quad \text{mit} \quad \mathrm{d}\dot{V} = c(r) \cdot \mathrm{d}A.$$

Im vorliegenden Fall des Ringelements kennt man $\mathrm{d}A = 2 \cdot \pi \cdot r \cdot r$. Setzt man noch $c(r) = K \cdot (R^2 - r^2)$ ein, so erhält man

$$\mathrm{d}\dot{m} = \rho \cdot K \cdot \left(R^2 - r^2\right) \cdot 2 \cdot \pi \cdot r \cdot \mathrm{d}r.$$

Wird r in die Klammer hineinmultipliziert, liefert dies

$$\mathrm{d}\dot{m} = 2 \cdot \pi \cdot \rho \cdot K \cdot \left(R^2 \cdot r - r^3\right) \cdot \mathrm{d}r.$$

Mit der Integration zwischen den Grenzen $r = 0$ und $r = R$ erhält man dann den gesuchten Massenstrom wie folgt:

$$\dot{m} = 2 \cdot \pi \cdot \rho \cdot K \cdot \left(\int_0^R R^2 \cdot r \cdot \mathrm{d}r - \int_0^R r^3 \cdot \mathrm{d}r\right).$$

Aus der Integration resultiert zunächst

$$\dot{m} = 2 \cdot \pi \cdot \rho \cdot K \cdot \left(R^2 \cdot \left.\frac{r^2}{2}\right|_0^R - \left.\frac{r^4}{4}\right|_0^R\right).$$

Mit Einsetzen der Integrationsgrenzen folgt

$$\dot{m} = 2 \cdot \pi \cdot \rho \cdot K \cdot \left(\frac{R^4}{2} - \frac{R^4}{4}\right) = 2 \cdot \pi \cdot \rho \cdot K \cdot \frac{R^4}{4}.$$

Das Ergebnis lautet

$$\dot{m} = \frac{\pi}{2} \cdot \rho \cdot K \cdot R^4$$

oder, mit $R = D/2$,

$$\dot{m} = \frac{\pi}{32} \cdot \rho \cdot K \cdot D^4.$$

Lösungsschritte – Fall 2
Der **kinetische Energiestrom** $\dot{E}_{kin}$ lautet allgemein in differenzieller Form

$$\mathrm{d}\dot{E}_{kin} = \mathrm{d}\dot{m} \cdot \frac{c(r)^2}{2}$$

mit $\mathrm{d}\dot{m} = \rho \cdot \dot{V}$, $\mathrm{d}\dot{V} = c(r) \cdot \mathrm{d}A$ und $\mathrm{d}A = 2 \cdot \pi \cdot r \cdot \mathrm{d}r$ im Fall der Ringfläche. Dies liefert

$$\mathrm{d}\dot{m} = \rho \cdot 2 \cdot \pi \cdot r \cdot c(r) \cdot \mathrm{d}r$$

und daraus, in $\mathrm{d}\dot{E}_{kin}$ eingesetzt,

$$\mathrm{d}\dot{E}_{kin} = \rho \cdot 2 \cdot \pi \cdot r \cdot c(r) \cdot \frac{c(r)^2}{2} \cdot \mathrm{d}r = \rho \cdot \pi \cdot r \cdot c(r)^3 \cdot \mathrm{d}r.$$

Mit $c(r) = K \cdot (R^2 - r^2)$ resultiert dann weiterhin

$$\mathrm{d}\dot{E}_{kin} = \rho \cdot \pi \cdot r \cdot K^3 \cdot \left(R^2 - r^2\right)^3 \cdot \mathrm{d}r.$$

Multipliziert man die Klammer aus gemäß $(a - b)^3 = a^3 - 3 \cdot a^2 \cdot b + 3 \cdot a \cdot b^2 - b^3$, wobei jetzt $a \equiv R^2$ und $b \equiv r^2$, so führt dies zu

$$\left(R^2 - r^2\right)^3 = \left(R^6 - 3 \cdot R^4 \cdot r^2 + 3 \cdot R^2 \cdot r^4 - r^6\right).$$

In o. g. Gleichung eingesetzt erhält man

$$\mathrm{d}\dot{E}_{kin} = \rho \cdot \pi \cdot r \cdot K^3 \cdot \left(R^6 - 3 \cdot R^4 \cdot r^2 + 3 \cdot R^2 \cdot r^4 - r^6\right) \cdot \mathrm{d}r.$$

Nun wird wiederum r in die Klammer multipliziert,

$$\mathrm{d}\dot{E}_{kin} = \rho \cdot \pi \cdot K^3 \cdot \left(R^6 \cdot r - 3 \cdot R^4 \cdot r^3 + 3 \cdot R^2 \cdot r^5 - r^7\right) \cdot \mathrm{d}r,$$

und dann zwischen den Grenzen $r = 0$ und $r = R$ integriert. Das führt zu nachstehendem Ausdruck:

$$\dot{E}_{\text{kin}} = \rho \cdot \pi \cdot K^3 \cdot \left(R^6 \cdot \int\limits_0^R r \cdot \mathrm{d}r - 3 \cdot R^4 \cdot \int\limits_0^R r^3 \cdot \mathrm{d}r + 3 \cdot R^2 \cdot \int\limits_0^R r^5 \cdot \mathrm{d}r - \int\limits_0^R r^7 \cdot \mathrm{d}r \right)$$

und dann als Integrationsergebnis

$$\dot{E}_{\text{kin}} = \rho \cdot \pi \cdot K^3 \cdot \left(R^6 \cdot \frac{r^2}{2}\bigg|_0^R - 3 \cdot R^4 \cdot \frac{r^4}{4}\bigg|_0^R + 3 \cdot R^2 \cdot \frac{r^6}{6}\bigg|_0^R - \frac{r^8}{8}\bigg|_0^R \right).$$

Unter Verwendung der Integrationsgrenzen erhält man

$$\dot{E}_{\text{kin}} = \rho \cdot \pi \cdot K^3 \cdot \left(\frac{R^8}{2} - \frac{3 \cdot R^8}{4} + \frac{R^8}{2} - \frac{R^8}{8} \right).$$

Zusammengefasst lautet dann das Resultat

$$\dot{E}_{\text{kin}} = \frac{\pi}{8} \cdot \rho \cdot K^3 \cdot R^8$$

oder, mit $R = D/2$,

$$\dot{E}_{\text{kin}} = \frac{\pi}{2\,048} \cdot \rho \cdot K^3 \cdot D^8.$$

Aufgabe 1.16 Turbulente Geschwindigkeitsverteilung

In Abb. 1.20 ist der Längs- und Querschnitt einer Rohrleitung mit dem Innenradius R zu erkennen. In der Rohrleitung soll die Strömung turbulent erfolgen, wobei die Wandoberfläche „hydraulisch glatt" sei. Eingezeichnet ist das turbulente Geschwindigkeitsprofil mit einem am Radius r vorliegenden Ringelement der Dicke $\mathrm{d}r$. Die Geschwindigkeit dort lautet $c(r)$. Die Maximalgeschwindigkeit in Rohr-Mitte ist mit c_{max} bekannt. Das Geschwindigkeitsprofil wird durch ein empirisches Potenzgesetz beschrieben. Zu ermitteln ist der Exponent n des Potenzgesetzes bei weiterhin bekanntem Radius R und Volumenstrom $\dot{V}$. Außerdem sollen die auf die Länge L bezogenen Reibungsverlusten bestimmt werden.

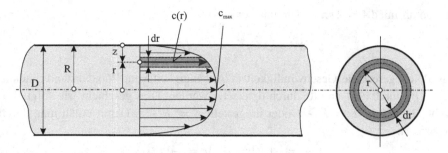

Abb. 1.20 Turbulente Geschwindigkeitsverteilung

Lösung zu Aufgabe 1.16

Aufgabenerläuterung

Gegenstand dieser Aufgabe ist es, mittels elementarem Volumenstrom $d\dot{V}$ durch das Ringelement, den gegebenen Größen $\dot{V}$; c_{max} und D sowie dem Potenzgesetz der turbulenten Geschwindigkeitsverteilung zunächst eine Gleichung des Exponenten n zu entwickeln. Die gesuchten Verluste werden dann mit dem Reibungsgesetz der turbulenten Rohrströmung bestimmt.

Gegeben:

- $\dot{V}$; c_{max}; D; turbulente Rohrströmung, hydraulisch glatt

Gesucht:

1. n (Exponent des Potenzgesetzes der turbulenten Geschwindigkeitsverteilung)
2. Y_V/L
3. Y_V/L, wenn $R = 0{,}050\,\text{m}$; $c_{max} = 5\,\text{m/s}$; $\dot{V} = 0{,}0321\,\text{m}^3/\text{s}$

Anmerkungen

- Das Potenzgesetz der turbulenten Geschwindigkeitsverteilung lautet
  $\frac{c(z)}{c_{max}} = \left(\frac{z}{R}\right)^n$.
- z ist der Wandabstand des Ringelements.
- hydraulisch glatte Rohrinnenwand
- Für die Reibungsverluste gilt
  $Y_V = \lambda \cdot \frac{L}{D} \cdot \frac{\bar{c}^2}{2}$.

Lösungsschritte – Fall 1

Für den **gesuchten Exponenten n** stellen wir zunächst fest, dass der Volumenstrom in differenzieller Form allgemein $d\dot{V} = c(r) \cdot dA$ lautet. Im vorliegenden Fall des Ringelements kennt man dA mit $dA = 2 \cdot \pi \cdot r \cdot dr$ und somit folgt

$$d\dot{V} = 2 \cdot \pi \cdot r \cdot dr \cdot c(r).$$

Da das Potenzgesetz die Geschwindigkeit in Abhängigkeit vom Wandabstand z nennt, müssen $c(r)$ durch $c(z)$ und dr durch dz ersetzt werden. Dies geschieht wie folgt: Gemäß Abb. 1.1. 20 ist $z = R - r$ oder umgestellt $r = R - z$. Damit erhält man durch Differenzieren

$$\frac{dr}{dz} = -1 \quad \text{bzw.} \quad dr = -dz.$$

In die Ausgangsgleichung oben eingesetzt liefert zunächst

$$d\dot{V} = -2 \cdot \pi \cdot (R - z) \cdot dz \cdot c_{\max} \cdot \left(\frac{z}{R}\right)^n$$

oder

$$d\dot{V} = 2 \cdot \pi \cdot (z - R) \cdot c_{\max} \cdot z^n \cdot \left(\frac{1}{R}\right)^n \cdot dz.$$

Die Integration

$$\dot{V} = \int d\dot{V} = \underbrace{\frac{2 \cdot \pi \cdot c_{\max}}{R^n}}_{\equiv K} \cdot \int_R^0 (z - R) \cdot z^n \cdot dz$$

mit den zwei Teilintegralen

$$\dot{V} = K \cdot \int_R^0 z \cdot z^n \cdot dz - \int_R^0 R \cdot z^n \cdot dz$$

lautet also

$$\dot{V} = K \cdot \int_R^0 z^{n+1} \cdot dz - R \cdot \int_R^0 z^n \cdot dz.$$

Das Ergebnis der Integration,

$$\dot{V} = K \cdot \int_R^0 z^{n+1} \cdot dz - R \cdot \int_R^0 z^n \cdot dz$$

$$\dot{V} = K \cdot \left(\frac{1}{n+2} \cdot z^{n+2} \Big|_R^0 - \frac{R}{n+1} \cdot z^{n+1} \Big|_R^0 \right),$$

ergibt nach Einsetzen der Grenzen

$$\dot{V} = K \cdot \left[0 - \frac{R^{n+2}}{n+2} - \left(0 - R \cdot \frac{R^{n+1}}{n+1} \right) \right].$$

Dies ergibt weiterhin

$$\dot{V} = K \cdot \left(-\frac{R^{n+2}}{n+2} + \frac{R^{n+2}}{n+1}\right)$$

oder, wenn R^{n+2} ausgeklammert und umgestellt wird,

$$\dot{V} = K \cdot R^{n+2} \cdot \left(\frac{1}{n+1} - \frac{1}{n+2}\right).$$

Der Klammerausdruck lässt sich wie folgt umformen:

$$\dot{V} = K \cdot R^{n+2} \cdot \frac{(n+2) - (n+1)}{(n+1) \cdot (n+2)}.$$

Dies führt zu

$$\dot{V} = K \cdot R^{n+2} \cdot \frac{1}{(n+1) \cdot (n+2)}.$$

Wird jetzt K rücksubstituiert, so erhält man

$$\dot{V} = \frac{2 \cdot \pi \cdot c_{\max}}{R^n} \cdot R^{n+2} \cdot \frac{1}{(n+1) \cdot (n+2)}$$

$$= 2 \cdot \pi \cdot c_{\max} \cdot R^{n+2-n} \cdot \frac{1}{(n+1) \cdot (n+2)}$$

und folglich

$$\dot{V} = 2 \cdot \pi \cdot c_{\max} \cdot R^2 \cdot \frac{1}{(n+1) \cdot (n+2)}.$$

Multipliziert man jetzt mit $\frac{(n+1)\cdot(n+2)}{\dot{V}}$ und bringt Glieder mit dem Exponenten n auf eine Seite, ergibt sich

$$(n+1) \cdot (n+2) = 2 \cdot \pi \cdot c_{\max} \cdot \frac{R^2}{\dot{V}}.$$

Ausmultipliziert heißt das

$$n^2 + 3 \cdot n + 2 = 2 \cdot \pi \cdot c_{\max} \cdot \frac{R^2}{\dot{V}}$$

und führt weiter auf

$$n^2 + 3 \cdot n = 2 \cdot \pi \cdot c_{\max} \cdot \frac{R^2}{\dot{V}} - 2.$$

Addiert man noch $1{,}5^2$ auf beiden Seiten hinzu (quadratische Ergänzung), so wird das

$$n^2 + 3 \cdot n + 1{,}5^2 = 2 \cdot \pi \cdot c_{\max} \cdot \frac{R^2}{\dot{V}} - 2 + 1{,}5^2$$

oder, gemäß $a^2 + 2 \cdot a \cdot b + b^2 = (a + b)^2$,

$$(n + 1{,}5)^2 = 2 \cdot \pi \cdot c_{\max} \cdot \frac{R^2}{\dot{V}} + 0{,}25.$$

Jetzt wird noch auf beiden Seiten die Wurzel gezogen:

$$n + 1{,}5 = \pm \sqrt{2 \cdot \pi \cdot c_{\max} \cdot \frac{R^2}{\dot{V}} + 0{,}25}.$$

Nur ein positiver Wert für n ist sinnvoll, woraus folgt

$$n = -1{,}5 + \sqrt{2 \cdot \pi \cdot c_{\max} \cdot \frac{R^2}{\dot{V}} + 0{,}25}.$$

Lösungsschritte – Fall 2
Die **auf die Länge bezogenen Reibungsverluste Y_V/L** sind nun gefragt. Die Reibungsverluste der turbulenten Rohrströmung werden nach dem Gesetz

$$Y_V = \lambda \cdot \frac{L}{D} \cdot \frac{\overline{c}^2}{2}$$

ermittelt. Dividiert man durch die Rohrlänge L, so erhält man

$$\frac{Y_V}{L} = \lambda \cdot \frac{1}{D} \cdot \frac{\overline{c}^2}{2}.$$

Mit $\overline{c} = \frac{\dot{V}}{A}$ und $A = \frac{\pi}{4} \cdot D^2$ entsteht

$$\frac{Y_V}{L} = \lambda \cdot \frac{1}{2} \cdot \frac{\dot{V}^2}{D} \cdot \frac{16}{\pi^2} \cdot \frac{1}{D^4}$$

oder als Resultat

$$\frac{Y_V}{L} = \frac{8}{\pi^2} \cdot \lambda \cdot \frac{\dot{V}^2}{D^5}.$$

Bei „hydraulisch glatten Rohren" liegt bei bekanntem Exponenten n des Potenzgesetzes der Geschwindigkeitsverteilung (s. o.) die Reynolds-Zahl Re fest und mit den Gesetzmäßigkeiten nach Blasius ($Re \leq 100\,000$) bzw. Nikuradse ($Re \geq 100\,000$) dann die Rohrreibungszahl λ.

Lösungsschritte – Fall 3

Jetzt suchen wir n und Y_V/L, wenn $R = 0,050\,\text{m}$, $c_{\max} = 5\,\text{m/s}$ und $\dot{V} = 0,0321\,\text{m}^3/\text{s}$ gegeben sind.

$$n = -1,5 + \sqrt{2 \cdot \pi \cdot 5 \cdot \frac{0,05^2}{0,0321} + 0,25} = 0,142,$$

der reziproke Wert ist

$$\frac{1}{n} = \frac{1}{0,142} = 7.$$

Diesem Wert liegt $Re = 10^5$ zugrunde.

Hierzu lautet die Rohrreibungszahl λ nach Blasius

$$\lambda = \frac{0,3164}{Re^{1/4}}.$$

Somit folgt

$$\lambda = \frac{0,3164}{100\,000^{1/4}} = 0,0178.$$

Und daraus schließen wir schließlich

$$\frac{Y_V}{L} = \frac{8}{\pi^2} \cdot 0,0178 \cdot \frac{0,0321^2}{0,1^5} = 1,487\,\frac{\text{Nm}}{\text{kg} \cdot \text{m}}.$$

Aufgabe 1.17 Überlaufkanal

In Abb. 1.21 ist die Geschwindigkeitsverteilung $c(z)$ einer Wasserströmung in der Schnittebene „A–A" eines Überlaufkanals zu erkennen. Die Wasserhöhe h senkrecht zum Kanal-
boden und die Kanalbreite B sind ebenso gegeben wie die Wassergeschwindigkeit c_∞ bei
h. Gesucht wird die Zeit t, die ein Wasservolumen V zum Durchströmen der Schnittebene
„A–A" benötigt.

Lösung zu Aufgabe 1.17

Aufgabenerläuterung

Zur Ermittlung der gesuchten Zeit bietet es sich an, vom Volumenstrom $\dot{V}$ auszugehen,
der als zeitliche Volumenänderung definiert ist. Da man $\dot{V}$ aus der Geschwindigkeitsverteilung ermitteln kann, führt eine Umformung nach dem Zeitdifferenzial dt und eine
Integration zum gesuchten Ergebnis.

Gegeben:

- c_∞; B; h; V; m

Gesucht:

1. Zeit t für das Durchlaufen von V durch den Querschnitt „A–A"
2. t, wenn $c_\infty = 1{,}4\,\text{m/s}$; $B = 17\,\text{m}$; $h = 3\,\text{m}$; $V = 100\,000\,\text{m}^3$; $m = 7$

Anmerkung

- Die Geschwindigkeitsverteilung lautet

$$c(z) = c_\infty \cdot \left(\frac{z}{h}\right)^{\frac{1}{m}}.$$

Abb. 1.21 Überlaufkanal

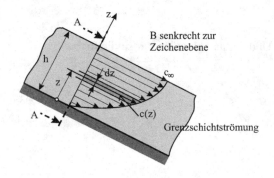

B senkrecht zur
Zeichenebene

Lösungsschritte – Fall 1

Um die gesuchte **Zeit** t zu bestimmen, beachten wir, dass der Volumenstrom wie folgt definiert ist: $\dot{V} = \frac{dV}{dt}$. Hieraus erhält man durch Umformung $dt = \frac{dV}{\dot{V}}$ oder integriert

$$t = \int\limits_0^t dt = \frac{1}{\dot{V}} \cdot \int\limits_0^V dV.$$

Den benötigten Volumenstrom $\dot{V}$ erhält man mit $d\dot{V} = c(z) \cdot dA$ und $dA = B \cdot dz$ zu

$$\dot{V} = \int d\dot{V} = \int c(z) \cdot B \cdot dz.$$

Setzt man die Geschwindigkeitsverteilung

$$c(z) = c_\infty \cdot \left(\frac{z}{h}\right)^{\frac{1}{m}}$$

ein, so führt dies zu

$$\dot{V} = \int c_\infty \cdot \left(\frac{z}{h}\right)^{\frac{1}{m}} \cdot B \cdot dz$$

$$= \frac{c_\infty \cdot B}{h^{\frac{1}{m}}} \cdot \int z^{\frac{1}{m}} \cdot dz.$$

Die Integration liefert

$$\dot{V} = \frac{c_\infty \cdot B}{h^{\frac{1}{m}}} \cdot \frac{1}{\left(1 + \frac{1}{m}\right)} \cdot z^{1 + \frac{1}{m}} \Big|_0^h$$

und mit den Grenzen dann

$$\dot{V} = \frac{c_\infty \cdot B}{h^{\frac{1}{m}}} \cdot \frac{m}{1 + m} \cdot h^{1 + \frac{1}{m}}$$

$$= \frac{m}{1 + m} \cdot c_\infty \cdot B \cdot h^{1 + \frac{1}{m} - \frac{1}{m}}$$

$$= \frac{m}{1 + m} \cdot B \cdot h \cdot c_\infty.$$

Oben eingesetzt ergibt dies

$$\int\limits_0^t dt = \frac{1}{\dot{V}} \cdot \int\limits_0^V dV = \frac{1 + m}{m} \cdot \frac{1}{B \cdot h \cdot c_\infty} \cdot \int\limits_0^V dV$$

und man erhält als Resultat

$$t = \frac{1+m}{m} \cdot \frac{1}{B \cdot h \cdot c_\infty} \cdot V.$$

Lösungsschritte – Fall 2
Bei den gegebenen Werten $c_\infty = 1{,}4$ m/s, $B = 17$ m, $h = 3$ m, $V = 100\,000$ m^3 und $m = 7$ berechnen wir dimensionsgerecht

$$t = \frac{1+7}{7} \cdot \frac{1}{17 \cdot 3 \cdot 1{,}4} \cdot 100\,000$$

$$t = 1\,600{,}6\,\text{s} = 26{,}67\,\text{min}.$$

Aufgabe 1.18 Konfusor

Ein Konfusor weist gemäß Abb. 1.22 einen Eintrittsdurchmesser D_1, einen Austrittsdurchmesser D_2 und die Länge L auf. Er wird vom Volumenstrom $\dot{V}$ durchflossen. Wie lautet die Abhängigkeit der mittleren Geschwindigkeit $c(x)$ vom Weg x im Konfusor?

Lösung zu Aufgabe 1.18

Aufgabenerläuterung
Die Frage nach der mittleren Geschwindigkeit $c(x)$ lässt sich mittels Durchflussgleichung an einer Stelle x im Konfusor und seinen geometrischen Abmessungen lösen.

Abb. 1.22 Konfusor

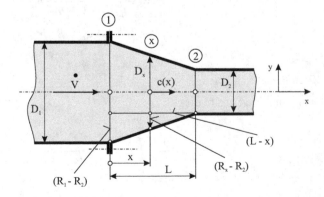

Gegeben:

- D_1; D_2; L; $\dot{V}$

Gesucht:

1. $c(x) = f(x)$
2. $c(x) = f(x)$, wenn $D_1 = 0{,}075\,\text{m}$; $D_2 = 0{,}035\,\text{m}$; $L = 0{,}090\,\text{m}$; $\dot{V} = 0{,}012\,\text{m}^3/\text{s}$

Lösungsschritte – Fall 1

Um auf die **Geschwindigkeitsfunktion** $c(x) = f(x)$ zu kommen, betrachten wir die Durchflussgleichung an einer Stelle x im Konfusor:

$$\dot{V} = c(x) \cdot A_x.$$

Nach der gesuchten Geschwindigkeit $c(x)$ umgeformt erhält man

$$c(x) = \frac{\dot{V}}{A_x}.$$

Mit $A_x = \frac{\pi}{4} \cdot D_x^2$ folgt

$$c(x) = \frac{4}{\pi} \cdot \frac{\dot{V}}{D_x^2}.$$

Hierin muss der **Durchmesser D_x an der Stelle x** mit gegebenen Größen des Konfusors ersetzt werden. Gemäß Abb. 1.22 ist

$$\frac{R_x - R_2}{L - x} = \frac{R_1 - R_2}{L}.$$

Es folgt

$$R_x - R_2 = (L - x) \cdot \frac{R_1 - R_2}{L}$$

und somit

$$R_x = R_2 + (L - x) \cdot \frac{R_1 - R_2}{L}$$

$$= R_2 + \frac{L - x}{L} \cdot (R_1 - R_2)$$

$$= R_2 + (R_1 - R_2) \cdot \left(1 - \frac{x}{L}\right).$$

Als Nächstes wird der Klammerausdruck mit (R_2/R_2) erweitert,

$$R_x = R_2 + \frac{R_2}{R_2} \cdot (R_1 - R_2) \cdot \left(1 - \frac{x}{L}\right),$$

und dann R_2 ausgeklammert, das führt zunächst zu

$$R_x = R_2 \cdot \left[1 + \left(\frac{R_1}{R_2} - 1\right) \cdot \left(1 - \frac{x}{L}\right)\right]$$

oder

$$D_x = D_2 \cdot \left[1 + \left(\frac{D_1}{D_2} - 1\right) \cdot \left(1 - \frac{x}{L}\right)\right].$$

Die inneren Klammern ausmultipliziert führen zu

$$D_x = D_2 \cdot \left[1 + \left(\frac{D_1}{D_2} - 1\right) - \frac{x}{L} \cdot \left(\frac{D_1}{D_2} - 1\right)\right].$$

Dann haben wir

$$D_x = D_2 \cdot \left[\frac{D_1}{D_2} - \frac{x}{L} \cdot \left(\frac{D_1}{D_2} - 1\right)\right].$$

Dieses Ergebnis für D_x setzen wir in den oben gefundenen Ausdruck von $c(x)$ ein:

$$c(x) = \frac{4}{\pi} \cdot \frac{\dot{V}}{D_2^2 \cdot \left[\frac{D_1}{D_2} - \frac{x}{L} \cdot \left(\frac{D_1}{D_2} - 1\right)\right]^2}.$$

Nun wird noch der Nenner wie folgt umgeformt:

$$c(x) = \frac{4}{\pi} \cdot \frac{\dot{V}}{D_2^2 \cdot \left\{\frac{1}{D_2} \cdot \left[D_1 - D_2 \cdot \left(\frac{D_1}{D_2} - 1\right) \cdot \frac{x}{L}\right]\right\}^2}$$

$$= \frac{4}{\pi} \cdot \frac{\dot{V}}{\frac{D_2^2}{D_2^2} \cdot \left[D_1 - D_2 \cdot \left(\frac{D_1}{D_2} - 1\right) \cdot \frac{x}{L}\right]^2}.$$

Das Ergebnis lautet wie folgt

$$c(x) = \frac{4}{\pi} \cdot \frac{\dot{V}}{\left[D_1 - (D_1 - D_2) \cdot \frac{x}{L}\right]^2}$$

Lösungsschritte – Fall 2

Wenn $D_1 = 0{,}075\,\text{m}$, $D_2 = 0{,}035\,\text{m}$, L = $0{,}090\,\text{m}$ und $\dot{V} = 0{,}012\,\text{m}^3/\text{s}$ gegeben sind, erhalten wir für die Geschwindigkeitsfunktion

$$c(x) = \frac{4}{\pi} \cdot \frac{0{,}012}{\left(0{,}075 - (0{,}075 - 0{,}035) \cdot \frac{x}{0{,}090}\right)^2}$$

$$c(x) = \frac{0{,}01528}{\left(0{,}075 - 0{,}4444 \cdot x\right)^2}.$$

Aufgabe 1.19 Gasströmung in einer erweiterten Leitung mit quadratischem Querschnitt

In einem Diffusor mit gegebenen quadratischen Ein- und Austrittquerschnitten A_1 und A_2 sind die Geschwindigkeiten in diesen Querschnitten c_1 und c_2 ebenso bekannt wie die Dichte des Fluids ρ_1 (Luft) am Eintritt. Zu ermitteln ist der Massenstrom $\dot{m}$ und die Dichte ρ_2 am Diffusoraustritt.

Lösung zu Aufgabe 1.19

Aufgabenerläuterung
Zur Anwendung kommt einmal die Durchflussgleichung am Eintritt des Diffusors und weiterhin das Kontinuitätsgesetz.

Gegeben:

- $A_1 = a_1^2$; c_1; ρ_1; $A_2 = a_2^2$; c_2

Gesucht:

1. $\dot{m}_1$
2. ρ_2
3. $\dot{m}_1$ und ρ_2, wenn $a_1 = 0{,}10\,\text{m}$; $c_1 = 7{,}55\,\text{m/s}$; $\rho_1 = 1{,}09\,\text{kg/m}^3$; $a_2 = 0{,}25\,\text{m}$; $c_2 = 2{,}02\,\text{m/s}$

Lösungsschritte – Fall 1

Für den **Massenstrom** $\dot{m}_1$ schreiben wir die Durchflussgleichung am Eintritt des Diffusors hin:

$$\dot{m}_1 = \rho_1 \cdot \dot{V}_1.$$

Mit $\dot{V}_1 = c_1 \cdot A_1$ und $A_1 = a_1^2$ erhält man

$$\dot{m}_1 = \rho_1 \cdot c_1 \cdot a_1^2.$$

Lösungsschritte – Fall 2

Um die **Dichte** ρ_2 zu bestimmen, betrachten wir das Kontinuitätsgesetz (stationär): $\sum \dot{m} = 0$, wobei einfließende Massenströme positiv und herausfließende Massenströme negativ gezählt werden. Im vorliegenden Fall ist also $\dot{m}_1 - \dot{m}_2 = 0$ oder

$$\dot{m}_1 = \dot{m}_2 = \dot{m}.$$

Mit $\dot{m}_2 = \rho_2 \cdot \dot{V}_2$ sowie $\dot{V}_2 = c_2 \cdot A_2$ und $A_2 = a_2^2$ erhält man

$$\rho_2 \cdot c_2 \cdot a_2^2 = \rho_1 \cdot c_1 \cdot a_1^2$$

oder, umgeformt nach der Dichte ρ_2,

$$\rho_2 = \rho_1 \cdot \frac{c_1}{c_2} \cdot \frac{a_1^2}{a_2^2}.$$

Lösungsschritte – Fall 3

Für $\dot{m}_1$ und ρ_2 bekommen wir, wenn $a_1 = 0{,}10\,\text{m}$, $c_1 = 7{,}55\,\text{m/s}$, $\rho_1 = 1{,}09\,\text{kg/m}^3$, $a_2 = 0{,}25\,\text{m}$ und $c_2 = 2{,}02\,\text{m/s}$ gegeben sind, bei dimensionsgerechtem Gerechne

$$\dot{m} = 1{,}09 \cdot 7{,}55 \cdot 0{,}10^2 = 0{,}0823\,\text{kg/s}$$

$$\rho_2 = 1{,}09 \cdot \frac{7{,}55}{2{,}02} \cdot \left(\frac{0{,}10}{0{,}25}\right)^2 = 0{,}652\,\text{kg/m}^3.$$

Aufgabe 11.20 Dreieckiger Lüftungskanal

Der Querschnitt eines Lüftungskanals gemäß Abb. 1.23 entspricht dem eines gleichseitigen Dreiecks. Die Seitenlänge a und die Kanallänge L sind bekannt ebenso wie die Sandrauigkeit k_S der Innenwand des Kanals. Ein Ventilator fördert die Luft zwischen zwei atmosphärischen Systemen (Luftdruck p_B) und benötigt hierzu die sog. hydraulische Leistung P_{hydr}. Von der Luft ist neben der Dichte ρ die kinematische Viskosität ν gegeben. Welcher Volumenstrom $\dot{V}$ wird transportiert?

Lösung zu Aufgabe 1.20

Aufgabenerläuterung

Mit der Definition der hydraulischen Leistung P_{hydr} und der Ventilatorförderarbeit Y lässt sich der gesuchte Volumenstrom ermitteln. Hierbei ist zu berücksichtigen, dass die Ventilatorförderarbeit ausschließlich zur Abdeckung der Strömungsverluste im Kanal dienen soll. Aufgrund des nicht kreisförmigen Kanalquerschnitts muss bei der Ermittlung der Verluste vom hydraulischen Durchmesser Gebrauch gemacht werden.

Gegeben:

- a; α; L; k_S; ρ; ν; P_{hydr} (hydraulische Ventilatorleistung)

Gesucht:

1. $\dot{V}$
2. $\dot{V}$, wenn $a = 0,40\,\text{m}$; $\alpha = 60°$; $L = 20\,\text{m}$; $k_S = 0,05\,\text{mm}$; $\rho = 1,2\,\text{kg/m}^3$; $\nu = 15,1 \cdot 10^{-6}\,\text{m}^2/\text{s}$; $P_{hydr} = 500\,\text{W}$

Anmerkungen

- Die Ventilatorförderarbeit Y ist gleich den Reibungsverlusten Y_V im Kanal.
- Annahme einer inkompressiblen Strömung
- $P_{hydr} = \rho \cdot \dot{V} \cdot Y$

Abb. 1.23 Dreieckiger Lüftungskanal

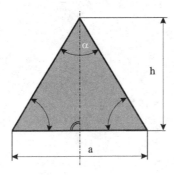

Gleichseitiges Dreieck mit $\alpha = 60°$

L senkrecht zur Zeichenebene

Lösungsschritte – Fall 1

Den **Volumenstrom** $\dot{V}$ bekommen wir über die hydraulische Leistung:

$$P_{\text{hydr}} = \rho \cdot \dot{V} \cdot Y.$$

Aufgelöst nach $\dot{V}$ erhält man

$$\dot{V} = \frac{P_{\text{hydr}}}{\rho \cdot Y}.$$

Somit muss noch die spezifische Förderarbeit Y ermittelt werden. Unter der Voraussetzung, dass $Y = Y_V$ ist, die Strömungsverluste im Kanal wie folgt lauten

$$Y_V = \lambda_D \cdot \frac{L}{d_{\text{hydr,D}}} \cdot \frac{c_D^2}{2}$$

(Index D $\equiv$ Dreieckskanal) und außerdem noch $c_D = \frac{\dot{V}}{A_D}$ ist, erhält man somit

$$Y = Y_V = \frac{1}{2} \cdot \lambda_D \cdot \frac{L}{d_{\text{hydr,D}}} \cdot \frac{\dot{V}^2}{A_D^2}.$$

Eingesetzt in

$$\dot{V} = \frac{P_{\text{hydr}}}{\rho \cdot Y}$$

(s. o.) führt das zu

$$\dot{V} = \frac{P_{\text{hydr}}}{\rho \cdot \left(\frac{1}{2} \cdot \lambda_D \cdot \frac{L}{d_{\text{hydr,D}}} \cdot \frac{\dot{V}^2}{A_D^2} \right)}.$$

Nach $\dot{V}$ umgeformt nimmt dies die Form

$$\dot{V}^3 = \frac{2 \cdot A_D^2 \cdot P_{\text{hydr}}}{\rho \cdot \lambda_D \cdot \frac{L}{d_{\text{hydr,D}}}}$$

an. Potenzieren mit (1/3) hat

$$\dot{V} = \sqrt[3]{\frac{2 \cdot A_D^2 \cdot P_{\text{hydr}}}{\rho \cdot \lambda_D \cdot \frac{L}{d_{\text{hydr,D}}}}}$$

zur Folge. Es fehlen nun noch A_D und d_{hydr_D}. Die **Dreiecksfläche** A_D lautet im vorliegenden Fall

$$A_D = \frac{a}{2} \cdot h.$$

Mit $\tan\alpha = \frac{h}{a/2}$ wird daraus

$$h = \frac{a}{2} \cdot \tan\alpha.$$

Hiermit erhalten wir

$$A_D = \frac{a}{2} \cdot \frac{a}{2} \cdot \tan\alpha = \frac{1}{4} \cdot a^2 \cdot \tan\alpha.$$

Der **hydraulische Durchmesser** $d_{\mathbf{hydr,D}}$ wird zu

$$d_{hydr,D} = 4 \cdot \frac{A_D}{U_D}$$

hergeleitet. Hierin sind A_D der durchströmte tatsächliche Querschnitt und U_D der vom Fluid benetzte Umfang. Im vorliegenden Beispiel haben wir

$$A_D = \frac{1}{4} \cdot a^2 \cdot \tan\alpha$$

(s. o.) und $U_D = 3 \cdot a$. Wir setzen in $d_{hydr,D} = 4 \cdot \frac{A_D}{U_D}$ ein:

$$d_{hydr,D} = 4 \cdot \frac{\frac{1}{4} \cdot a^2 \cdot \tan\alpha}{3 \cdot a}.$$

Kürzen gleicher Größen liefert dann das Resultat

$$d_{hydr,D} = \frac{1}{3} \cdot a \cdot \tan\alpha.$$

Die Ergebnisse für A_D und $d_{hydr,D}$ werden nun in $\dot{V}$ eingesetzt:

$$\dot{V} = \sqrt[3]{\frac{2 \cdot \left(\frac{1}{4} \cdot a^2 \cdot \tan\alpha\right)^2 \cdot P_{hydr}}{\rho \cdot \lambda_D \cdot \frac{L}{\frac{1}{3} \cdot a \cdot \tan\alpha}}}.$$

Durch weiteres Umformen und Kürzen bekommen wir

$$\dot{V} = \sqrt[3]{\frac{1}{24} \cdot \frac{a^5}{L} \cdot \frac{P_{\text{hydr}}}{\rho} \cdot \frac{(\tan \alpha)^3}{\lambda_{\text{D}}}}.$$

Dann lautet das Ergebnis letztendlich

$$\dot{V} = \sqrt[3]{\frac{1}{24} \cdot \frac{a^5}{L} \cdot \frac{P_{\text{hydr}}}{\rho} \cdot \frac{(\tan \alpha)^3}{\lambda_{\text{D}}}}$$

$$\dot{V} = \frac{1}{2} \cdot a \cdot \tan \alpha \cdot \sqrt[3]{\frac{1}{3} \cdot \frac{a^2}{L} \cdot \frac{P_{\text{hydr}}}{\rho}} \cdot \frac{1}{\sqrt[3]{\lambda_{\text{D}}}}.$$

Außer λ_{D} sind alle Größen gegeben. Da $\lambda_{\text{D}} = f(Re_{\text{D}}, k_{\text{S}}/d_{\text{hydr,D}})$ und $Re_{\text{D}} = c_{\text{D}} \cdot d_{\text{hydr,D}}/\nu$, muss ein Iterationsverfahren zur Bestimmung von $\dot{V}$ mit konkreten Zahlenwerten verwendet werden.

Lösungsschritte – Fall 2
Den Wert von $\dot{V}$ im Fall, dass $a = 0{,}40\,\text{m}$, $\alpha = 60°$, $L = 20\,\text{m}$, $k_{\text{S}} = 0{,}05\,\text{mm}$, $\rho = 1{,}2\,\text{kg/m}^3$, $\nu = 15{,}1 \cdot 10^{-6}\,\text{m}^2/\text{s}$ und $P_{\text{hydr}} = 500\,\text{W}$ gegeben sind, berechnet sich folgendermaßen.

$$d_{\text{hydr,D}} = \frac{1}{3} \cdot 0{,}40 \cdot \tan 60° = 0{,}231\,\text{m} \equiv 231\,\text{mm}$$

$$A_{\text{D}} = \frac{1}{4} \cdot 0{,}40^2 \cdot \tan 60° = 0{,}06928\,\text{m}^2$$

Wir setzen die gegebenen Zahlenwerte in

$$\dot{V} = \frac{1}{2} \cdot a \cdot \tan \alpha \cdot \sqrt[3]{\frac{1}{3} \cdot \frac{a^2}{L} \cdot \frac{P_{\text{hydr}}}{\rho}} \cdot \frac{1}{\sqrt[3]{\lambda_{\text{D}}}}$$

ein, das führt zu:

$$\dot{V} = \frac{1}{2} \cdot 0{,}40 \cdot \tan 60° \cdot \sqrt[3]{\frac{1}{3} \cdot \frac{0{,}40^2}{20} \cdot \frac{500}{1{,}2}} \cdot \frac{1}{\sqrt[3]{\lambda_{\text{D}}}}$$

$$\dot{V} = 0{,}3588 \cdot \frac{1}{\sqrt[3]{\lambda_D}} \frac{m^3}{s}$$

1. Iterationsschritt **Annahme:**

$$\lambda_{D_1} = 0{,}020$$

Somit

$$\dot{V}_1 = 0{,}3588 \cdot \frac{1}{\sqrt[3]{0{,}020}} = 1{,}322 \frac{m^3}{s}$$

$$c_{D_1} = \frac{\dot{V}_1}{A_D} = \frac{1{,}322}{0{,}06928} = 19{,}08 \frac{m}{s}$$

$$Re_{D_1} = \frac{c_{D_1} \cdot d_{hydr,D}}{\nu} = \frac{19{,}08 \cdot 0{,}231}{15{,}1} \cdot 10^6 = 291\,916$$

$$\frac{k_S}{d_{hydr,D}} = \frac{0{,}050}{231} = 0{,}000216$$

Mit Re_{D_1} und $k_S/d_{hydr,D}$ erhält man aus Abb. Z.1 im Übergangsgebiet

$$\lambda_{D_2} = 0{,}0165$$

2. Iterationsschritt

$$\lambda_{D_2} = 0{,}0165$$

Somit

$$\dot{V}_2 = 0{,}3588 \cdot \frac{1}{\sqrt[3]{0{,}0165}} = 1{,}409 \frac{m^3}{s}$$

$$c_{D_2} = \frac{\dot{V}_2}{A_D} = \frac{1{,}409}{0{,}06928} = 20{,}34 \frac{m}{s}$$

$$Re_{D_2} = \frac{c_{D_2} \cdot d_{hydr,D}}{\nu} = \frac{20{,}34 \cdot 0{,}231}{15{,}1} \cdot 10^6 = 311\,204$$

$$\frac{k_S}{d_{hydr,D}} = \frac{0{,}050}{231} = 0{,}000216$$

Aus Re_{D_2} und $k_S/d_{hydr,D}$ erhält man aus Abb. Z.1 im Übergangsgebiet

$$\lambda_{D_3} = 0{,}0163$$

Da mit $\lambda_{D_2} = 0{,}0165$ und $\lambda_{D_3} = 0{,}0163$ kein nennenswerter Unterschied mehr bei λ vorliegt, lässt sich die Iteration hier abbrechen. Es wird

$$\dot{V} \approx \dot{V}_3 = 0{,}3588 \cdot \frac{1}{\sqrt[3]{0{,}0163}} \frac{\text{m}^3}{\text{s}} = 1{,}415 \frac{\text{m}^3}{\text{s}}.$$

Aufgabe 1.21 Offener Betonkanal

Durch einen offenen Betonkanal soll Wasser abfließen. Der Querschnitt des Kanals ist bis auf eine Abschrägung rechteckig. Neben den geometrischen Abmessungen a, b, c und d gemäß Abb. 1.24 und der Sandrauigkeit k_S der Betonwände ist der Volumenstrom $\dot{V}$ sowie die kinematische Viskosität ν des Wassers bekannt. Mit welchem Gefälle $\Delta Z / L$ muss der Kanal ausgestattet sein, um den Abtransport zu gewährleisten?

Lösung zu Aufgabe 1.21

Aufgabenerläuterung
Bei dem gegen Atmosphäre offenen Kanal lässt sich der auf die Kanallänge L bezogene Höhenunterschied ΔZ mittels Bernoulli'scher Energiegleichung bestimmen. Hierbei müssen die Reibungsverluste im Kanal berücksichtigt werden. Wegen des nicht kreisförmigen Kanalquerschnitts ist vom hydraulischen Durchmesser d_{hydr} Gebrauch zu machen.

Gegeben:

- a; b; c; d; k_S; $\dot{V}$; ν

Abb. 1.24 Offener Betonkanal

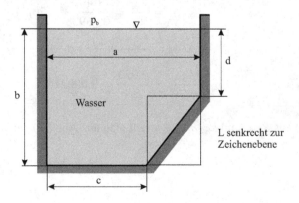

Gesucht:

1. $\Delta Z/L$
2. $\Delta Z/L$, wenn $a = 4\,\mathrm{m}$; $b = 3{,}6\,\mathrm{m}$; $c = 2\,\mathrm{m}$; $d = 1{,}6\,\mathrm{m}$; $\dot{V} = 30\,\mathrm{m^3/s}$; $k_S = 1{,}0\,\mathrm{mm}$; $\nu = 1 \cdot 10^{-6}\,\mathrm{m^2/s}$

Anmerkungen

- Die Stellen 1 und 2 auf der Wasseroberfläche weisen den Abstand L zueinander auf.
- c_B ist die mittlere Geschwindigkeit im Kanalquerschnitt.

Lösungsschritte – Fall 1

Für das **Gefälle $\Delta Z/L$** betrachten wir die Bernoulli-Gleichung bei 1 und 2:

$$\frac{p_1}{\rho} + \frac{c_1^2}{2} + g \cdot Z_1 = \frac{p_2}{\rho} + \frac{c_2^2}{2} + g \cdot Z_2 + Y_{V_{1;2}}.$$

Mit den Besonderheiten an diesen Stellen, $p_1 = p_2 = p_B$, $c_1 = c_2$ und $Z_1 - Z_2 = \Delta Z$, resultiert zunächst

$$Y_{V_{1;2}} = g \cdot \Delta Z.$$

Mit den Reibungsverlusten im Kanal,

$$Y_{V_{1;2}} = \lambda \cdot \frac{L}{d_{\mathrm{hydr}}} \cdot \frac{c_B^2}{2},$$

wird dann

$$g \cdot \Delta Z = \lambda \cdot \frac{L}{d_{\mathrm{hydr}}} \cdot \frac{c_B^2}{2}.$$

Dividiert man durch $(g \cdot L)$, so liefert dies das vorläufige Ergebnis

$$\frac{\Delta Z}{L} = \lambda \cdot \frac{1}{d_{\mathrm{hydr}}} \cdot \frac{c_B^2}{2 \cdot g}.$$

Zu ermitteln hierin sind nun noch d_{hydr}, c_B und λ. Dies lässt sich wie folgt bewerkstelligen:

Der **hydraulische Durchmesser d_{hydr}** wird hergeleitet zu

$$d_{\mathrm{hydr}} = 4 \cdot \frac{A_{\mathrm{UR}}}{U_{\mathrm{UR}}}.$$

Hierin sind A_{UR} der tatsächlich durchströmte Querschnitt und U_{UR} der vom Wasser benetzte Umfang. Gemäß Abb. 1.24 sind

$$A_{UR} = a \cdot b - \frac{1}{2} \cdot (a - c) \cdot (b - d)$$

und

$$U_{UR} = b + c + d + \sqrt{(a - c)^2 + (b - d)^2}.$$

Damit erhält man

$$d_{hydr} = 4 \cdot \frac{a \cdot b - \frac{1}{2} \cdot (a - c) \cdot (b - d)}{b + c + d + \sqrt{(a - c)^2 + (b - d)^2}}.$$

Die **mittlere Geschwindigkeit** c_B lässt sich bestimmen zu

$$c_B = \frac{\dot{V}}{A_{UR}} = \frac{\dot{V}}{a \cdot b - \frac{1}{2} \cdot (a - c) \cdot (b - d)}.$$

Die **Rohrreibungszahl** λ kann allgemein sowohl von der *Re*-Zahl als auch von der bezogenen Sandrauigkeit abhängen, also im Fall des nicht kreisförmigen Querschnitts $f(Re, k_S/d_{hydr})$ mit $Re = c_B \cdot d_{hydr}/\nu$.

Hinweis: Die gefundenen Gleichungen für d_{hydr} und c_B werden aus Gründen der Übersichtlichkeit nicht in die Gleichung für $\Delta Z/L$ eingebaut. Bei der Anwendung müssen sie einzeln ermittelt werden.

Lösungsschritte – Fall 2
Für $\Delta Z/L$ finden wir, wenn $a = 4\,\text{m}$, $b = 3,6\,\text{m}$, $c = 2\,\text{m}$, $d = 1,6\,\text{m}$, $\dot{V} = 30\,\text{m}^3/\text{s}$, $k_S = 1,0\,\text{mm}$ und $\nu = 1 \cdot 10^{-6}\,\text{m}^2/\text{s}$ vorgegeben sind, den folgenden Wert:

$$d_{hydr} = 4 \cdot \frac{\{4 \cdot 3,6 - \frac{1}{2} \cdot [(4 - 2) \cdot (3,6 - 1,6)]\}}{\left[3,6 + 2 + 1,6 + \sqrt{(4 - 2)^2 + (3,6 - 1,6)^2}\right]} = 4,946\,\text{m}$$

$$c_{\mathrm{B}} = \frac{30}{\left\{4 \cdot 3{,}6 - \frac{1}{2} \cdot [(4-2) \cdot (3{,}6-1{,}6)]\right\}} = 2{,}42 \,\mathrm{m/s}$$

$$Re = \frac{2{,}42 \cdot 4{,}946}{1} \cdot 10^6 = 1{,}2 \cdot 10^7$$

$$\frac{k_{\mathrm{S}}}{d_{\mathrm{hydr}}} = \frac{1}{4\,946} = 0{,}000202$$

Gemäß Abb. Z.1 folgt mit Re und $k_{\mathrm{S}}/d_{\mathrm{hydr}}$

$$\lambda = 0{,}0136.$$

Somit erhält man

$$\frac{\Delta Z}{L} = 0{,}0136 \cdot \frac{1}{4{,}946} \cdot \frac{2{,}42^2}{2 \cdot 9{,}81} = 0{,}00082$$

oder

$$\frac{\Delta Z}{L} = \frac{0{,}82 \,\mathrm{m}}{1 \,\mathrm{km}}.$$

Impulssatz für strömende Fluide

2

Im Fall von Aufgabestellungen, bei denen Kräfte auf einen Strömungsraum (Kontroll-raum) einwirken, kommt der Impulssatz der Strömungsmechanik zum Einsatz. Dessen Anwendung macht es erforderlich, einen sinnvollen, ortsfesten Kontrollraum zu verwen-den, an **dessen Grenzen** die Strömungsgrößen bekannt sind bzw. ermittelt werden sollen. Die Verhältnisse innerhalb des eingeschlossenen Volumens bleiben dabei völlig unberück-sichtigt. Des Weiteren muss bei der Bearbeitung der Aufgaben neben dem Impulssatz häufig noch vom Kontinuitätsgesetz und bisweilen auch von der Bernoulli'schen Glei-chung Gebrauch gemacht werden. Da die Wahl eines geeigneten Kontrollraums auf die jeweilige Aufgabe abgestimmt werden muss, wird er vereinfachend in den anschließen-den Beispielen bereits vorgegeben.

Im Fall **stationärer** Strömung lässt sich der Impulssatz an einem ortsfesten Kontroll-raum wie folgt angeben:

$$\sum \vec{F} = \sum \dot{m} \cdot \vec{c}.$$

Dabei sind

$\sum \vec{F}$ Summe aller äußeren Kräfte $\vec{F}$ an der Oberfläche des Kontrollraums

$\sum \dot{m} \cdot \vec{c}$ Summe aller Impulsströme $\vec{I} = \dot{m} \cdot \vec{c}$ an den durchflossenen Bereichen der Kontrollraumoberfläche

Da der Impulsstrom $\vec{I}$ die Dimension einer Kraft aufweist, wird er auch häufig durch den Begriff **Impulskraft** $\vec{F}_\text{I}$ ersetzt. Bei Verwendung dieser **Impulskräfte** als ebenfalls **äußere Kräfte** an der Kontrollraumoberfläche lautet der Ansatz dann entsprechend dem

© Springer-Verlag GmbH Deutschland, ein Teil von Springer Nature 2019
V. Schröder, *Übungsaufgaben zur Strömungsmechanik 2*,
https://doi.org/10.1007/978-3-662-56056-3_2

statischen Kräftegleichgewicht

$$\sum_{i=1}^{n} \vec{F}_i = 0.$$

Dies ist eine häufig benutzte Vorgehensweise, mithilfe des Impulssatzes Lösungen zu vielfältigen Fragen der Strömungsmechanik zu erarbeiten. Als äußere Kräfte kommen je nach
Fall zur Anwendung:

1. **Druckkräfte** wirken senkrecht **auf** die jeweilige belastete Fläche.
2. **Wandkräfte** wirken (als Reaktionskraft der Begrenzungswand) senkrecht **auf** den
   Kontrollraum, sofern von Reibungskräften an der Oberfläche abgesehen werden kann.
3. **Impulskräfte** wirken senkrecht **auf** die durchströmten Querschnitte des Kontrollraums.
4. **Gewichtskräfte, Fliehkräfte**
5. **Schnittkräfte** in vom Kontrollraum durchtrennten Bauteilen

Die bisher ausschließlich benutzte vektorielle Darstellung der Impulsgleichung wird in
ihrer praktischen Anwendung zugänglich, indem die Komponentendarstellung des z. B.
kartesischen Koordinatensystems benutzt wird, also

$$\sum_{i=1}^{n} \vec{F}_{i_x} = 0 \quad (x - \text{Richtung})$$

$$\sum_{i=1}^{n} \vec{F}_{i_y} = 0 \quad (y - \text{Richtung})$$

$$\sum_{i=1}^{n} \vec{F}_{i_z} = 0 \quad (z - \text{Richtung})\,.$$

Bei dieser Vorgehensweise werden, nachdem ein geeigneter Kontrollraum festgelegt wurde, die o. g. Kräfte in den angegebenen bzw. bekannten Wirkungsrichtungen an den Kraft-
angriffspunkten angetragen. Die Wahl der Richtung von Schnittkräften durchtrennter Bau-
teile ist beliebig. Sie ergibt sich zwangsläufig aus den anderen Kräften. Ist ein Körper im

Kontrollraum eingeschlossen, so muss dessen Reaktionskraft auf das Fluidvolumen ebenfalls berücksichtigt werden.

Aufgabe 2.1 Wandkraft im Krümmer

Der in Abb. 2.1 dargestellte horizontale Rohrkrümmer wird von einem Fluid der Dichte ρ durchströmt. Der Rohrquerschnitt A ist überall konstant und folglich auch bei angenommener stationärer Strömung die Geschwindigkeit c. Die aufgrund der Umlenkung des Fluids im Krümmer entstehenden Verluste verkleinern den statischen Drucks p_2 am Austritt gegenüber dem statischen Drucks p_1 am Eintritt. Gesucht wird die Wandkraft F_W bei den gegebenen Größen.

Lösung zu Aufgabe 2.1

Aufgabenerläuterung
Das Durchströmen eines Rohrkrümmers bewirkt an der Innenfläche eine Wandkraft F_W, die sowohl auf die Wand selbst als auch in umgekehrter Richtung auf den Kontrollraum gerichtet ist. Da alle erforderlichen Größen am Ein- und Austrittsquerschnitt als bekannt vorausgesetzt werden, lässt sich die Wandkraft allein mit dem Impulssatz bestimmen.

Gegeben:

• p_1; p_2; c; A; ρ

Gesucht:

• F_W

Abb. 2.1 Wandkraft im Krümmer

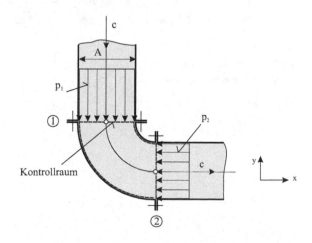

Anmerkungen

- Die Gewichtskraft des Fluids wirkt sich in der Grundrissebene nicht aus.
- Reibungskraft zwischen Fluid und Krümmerwand wird vernachlässigt.
- Kontrollraum innen im Krümmer in der Weise anordnen, dass Ein- und Austrittsquerschnitte A senkrecht zur Geschwindigkeit c verlaufen und die Mantelfläche an
  der Krümmerinnenwand anliegt.

Lösungsschritte

Die **Wandkraft** F_W besitzt bei dem zugrunde gelegten Koordinatensystem die Komponenten F_{W_x} und F_{W_y}. Sind diese beiden bekannt, führt dies zu F_W (Abb. 2.2).

Für die **x-Komponente der Wandkraft**, F_{W_x}, betrachten wir die Kräftebilanz in x-
Richtung:

$$\sum F_{i_x} = 0 = F_{W_x} - F_{p2} - F_{I_2}.$$

Umgeformt nach F_{W_x} erhält man

$$F_{W_x} = F_{p2} + F_{I_2}.$$

Hierbei haben wir

$F_{p2} = p_2 \cdot A$ Druckkraft auf A am Krümmeraustritt
$F_{I_2} = \dot{m} \cdot c_2$ Impulskraft auf A am Krümmeraustritt
$c_1 = c_2 = c$ Gleichheit der Geschwindigkeiten
$\dot{m} = \rho \cdot \dot{V}$ Massenstrom am Krümmereintritt und -austritt
$\dot{V} = c \cdot A$ Volumenstrom am Krümmereintritt und -austritt

Mit diesen Zusammenhängen erhält man die Komponente F_{W_x} zu

$$F_{W_x} = p_2 \cdot A + \rho \cdot A \cdot c^2.$$

Abb. 2.2 Wandkraft im Krümmer; Kräfte am Kontrollraum

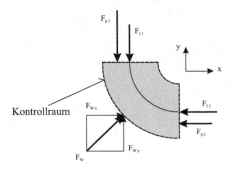

Für die **y-Komponente der Wandkraft**, F_{W_y}, betrachten wir die Kräftebilanz in y-Richtung:

$$\sum F_{i_y} = 0 = F_{W_y} - F_{p_1} - F_{I_1}.$$

Umgeformt nach F_{W_y} erhält man:

$$F_{W_y} = F_{p_1} + F_{I_1}.$$

$F_{p_1} = p_1 \cdot A$ Druckkraft auf A am Krümmereintritt

$F_{I_1} = \dot{m} \cdot c_1$ Impulskraft auf A am Krümmereintritt

$c_1 = c_2 = c$ Gleichheit der Geschwindigkeiten

$\dot{m} = \rho \cdot \dot{V}$ Massenstrom am Krümmereintritt und -austritt

$\dot{V} = c \cdot A$ Volumenstrom am Krümmereintritt und -austritt

Mit diesen Zusammenhängen erhält man

$$F_{W_y} = p_1 \cdot A + \rho \cdot A \cdot c^2.$$

Nach dem Satz von Pythagoras lässt sich nun im rechtwinkligen Dreieck F_W wie folgt angeben:

$$F_W = \sqrt{F_{W_x}^2 + F_{W_y}^2}.$$

Unter Verwendung o. g. Ergebnisse lautet dann die gesuchte Wandkraft.

$$F_W = A \cdot \sqrt{(p_1 + \rho \cdot c^2)^2 + (p_2 + \rho \cdot c^2)^2}.$$

Aufgabe 2.2 Frei ausblasender Krümmer

Der in Abb. 2.3 dargestellte horizontale Rohrkrümmer entlässt Wasser am Austritt in atmosphärische Umgebung. Der Krümmerquerschnitt A ist konstant und folglich auch bei angenommener stationärer Strömung die Geschwindigkeit c. Bei weiterhin bekannten Drücken p_1 und p_B soll eine Gleichung zur Bestimmung der Einspannkraft F_S an der Stelle 1 hergeleitet werden.

Abb. 2.3 Frei ausblasender
Krümmer

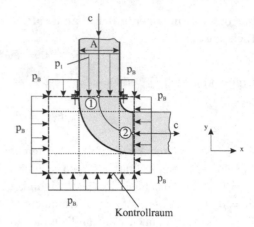

Lösung zu Aufgabe 2.2

Aufgabenerläuterung

Im Unterschied zu Aufgabe 2.1, wo nach der Wandkraft F_W eines zwei Rohrleitungen ver-
bindenden Krümmers gefragt wird, soll hier die Kraft an der Verbindungsstelle (Flansch)
eines Krümmers mit einem Rohr zur Lösung gebracht werden. Es wirkt auch im vorliegenden Fall an der Krümmerinnenfläche eine Wandkraft, die aber jetzt nicht gefragt ist. Zur
Herleitung wird wieder der Impulssatz zur Anwendung kommen, der alle äußeren Kräfte
am Kontrollraum bilanziert. Hierzu gehört auch die Schnittkraft in der Verbindungsstelle.

Gegeben:

- p_1; p_B; c; A; ρ

Gesucht:

- F_S

Anmerkungen

- Kontrollraum **außen** um den Krümmer in der Weise anordnen, dass Ein- und Austrittsquerschnitte A senkrecht zu den Geschwindigkeiten c verlaufen und die Verbindungsstelle (Index S) repräsentativ an einer beliebigen Stelle (hier Punkt g) geschnitten wird.
- Die Druckkräfte aus dem atmosphärischen Druck p_B auf den Flächen des Kontrollraums gemäß Abb. 2.4 heben sich gegenseitig auf mit folgenden Ausnahmen: Auf
  h–g wirkt der Druck p_1 und gegenüber, auf b–d, der Druck p_B.

Abb. 2.4 Frei ausblasender Krümmer; Kräfte am Kontrollraum

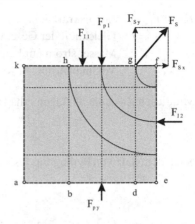

Lösungsschritte

Die in Abb. 2.4 willkürlich eingezeichnete **Schnittkraft** F_S besitzt bei dem zugrunde gelegten Koordinatensystem die Komponenten F_{S_x} und F_{S_y}. Sind beide bekannt, führt dies zu F_S.

Für die **x-Komponente der Schnittkraft**, F_{S_x}, betrachten wir die Kräftebilanz in x-Richtung:

$$\sum F_{i_x} = 0 = F_{S_x} - F_{I_2}.$$

Umgeformt nach F_{S_x} erhält man

$$F_{S_x} = F_{I_2}.$$

$F_{I_2} = \dot{m} \cdot c_2$ Impulskraft auf A am Krümmeraustritt
$c_1 = c_2 = c$ Gleichheit der Geschwindigkeiten
$\dot{m} = \rho \cdot \dot{V}$ Massenstrom am Krümmereintritt und -austritt
$\dot{V} = c \cdot A$ Volumenstrom am Krümmereintritt und -austritt

Mit diesen Zusammenhängen erhält man die Komponente F_{S_x} zu

$$F_{S_x} = \rho \cdot A \cdot c^2.$$

Für die **y-Komponente der Schnittkraft**, F_{S_y}, betrachten wir die Kräftebilanz in y-Richtung

$$\sum F_{i_y} = 0 = F_{S_y} + F_{p_y} - F_{p_1} - F_{I_1}.$$

Umgeformt nach F_{S_y} erhält man

$$F_{S_y} = F_{p_1} - F_{p_y} + F_{I_1}.$$

$F_{p_1} = p_1 \cdot A$ Druckkraft auf A zwischen h–g am Krümmereintritt
$F_{p_y} = p_B \cdot A$ Druckkraft auf A zwischen b–d

$F_{I_1} = \dot{m} \cdot c_1$ Impulskraft auf A am Krümmereintritt

$c_1 = c_2 = c$ Gleichheit der Geschwindigkeiten

$\dot{m} = \rho \cdot \dot{V}$ Massenstrom am Krümmereintritt und -austritt

$\dot{V} = c \cdot A$ Volumenstrom am Krümmereintritt und -austritt

Mit diesen Zusammenhängen erhält man die Komponente F_{S_x} zu

$$F_{S_y} = (p_1 - p_B) \cdot A + \rho \cdot A \cdot c^2.$$

Nach dem Satz von Pythagoras lässt sich im rechtwinkligen Dreieck F_S wie folgt angeben:

$$F_S = \sqrt{F_{S_x}^2 + F_{S_y}^2}.$$

Unter Verwendung o. g. Ergebnisse lautet dann die gesuchte Schnittkraft:

$$F_S = \sqrt{(\rho \cdot A \cdot c^2)^2 + [(p_1 - p_B) \cdot A + \rho \cdot A \cdot c^2]^2}$$

oder, wenn $(\rho \cdot A \cdot c^2)^2$ ausgeklammert wird,

$$F_S = \sqrt{(\rho \cdot A \cdot c^2)^2 \cdot \left[1 + \frac{(p_1 - p_B) \cdot A}{\rho \cdot A \cdot c^2} + 1\right]^2}$$

und nach Kürzen und mit $(\rho \cdot A \cdot c^2)$ vor der Wurzel:

$$F_S = \rho \cdot A \cdot c^2 \cdot \sqrt{1 + \left[\frac{p_1 - p_B}{\rho \cdot c^2} + 1\right]^2}.$$

Aufgabe 2.3 Wandkraft in einer Düse

Auf die Innenwand einer horizontal durchströmten Düse wirkt eine Wandkraft F_W (Abb. 2.5). Bei bekannter Fluiddichte ρ, Querschnittsflächen A_1 und A_2 sowie Eintrittsdruck p_1 und Eintrittsgeschwindigkeit c_1 soll diese Wandkraft bei angenommener verlustfreier Strömung ermittelt werden.

Lösung zu Aufgabe 2.3

Aufgabenerläuterung

Das Durchströmen einer Düse bewirkt an ihrer Innenfläche eine Wandkraft F_W, die sowohl auf die Wand selbst als auch in umgekehrter Richtung auf den Kontrollraum gerichtet

Abb. 2.5 Wandkraft in Düse

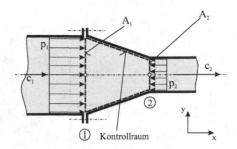

ist. Da nach einer strömungsbedingten Kraft gefragt wird, ist es ratsam, als Lösungsansatz die Impulsgleichung an einem sinnvoll anzuordnenden Kontrollraum zu verwenden. Wegen der nur unvollständig vorgegebenen Größen wird es zur Bestimmung des Drucks und der Geschwindigkeit im Düsenaustritt weiterhin erforderlich, von der Bernoulli'schen Gleichung und dem Kontinuitätsgesetz Gebrauch zu machen.

Gegeben:

- p_1; c_1; A_1; A_2; ρ

Gesucht:

- F_W

Anmerkungen

- Die Gewichtskraft des Fluids wirkt sich in der Grundrissebene nicht aus.
- Annahme einer verlustfreien Strömung in der Düse
- Kontrollraum in der Düse in der Weise anordnen, dass Ein- und Austrittsquerschnitte A_1 und A_2 senkrecht zur Geschwindigkeit c_1 bzw. c_2 verlaufen und die Mantelfläche an der Düseninnenwand anliegt.

Lösungsschritte

Impulssatz am Kontrollvolumen: Bei den in Abb. 2.6 am Kontrollraum wirkenden Kräften ist die gesuchte **Wandkraft F_W** an der Manteloberfläche in allgemeiner Anordnung eingetragen.

Man erkennt aber sofort, dass im vorliegenden Fall keine Kräfte in y-Richtung existieren. Somit wird

$$\sum F_{i_y} = 0 = -F_{W_y}.$$

Die Kräftebilanz in x-Richtung liefert

$$\sum F_{i_x} = 0 = F_{p_1} + F_{I_1} - F_{W_x} - F_{p_2} - F_{I_2}$$

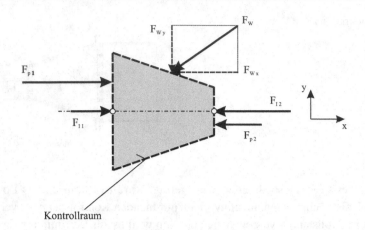

Kontrollraum

Abb. 2.6 Wandkraft in Düse; Kräfte am Kontrollraum

oder, nach F_{W_x} umgeformt,

$$F_{W_x} = F_{p_1} - F_{p_2} - F_{I_2} + F_{I_1}.$$

$F_{p_1} = p_1 \cdot A_1$	Druckkraft auf Eintrittsfläche
$F_{p_2} = p_2 \cdot A_2$	Druckkraft auf Austrittsfläche
$F_{I_1} = \dot{m} \cdot c_1$	Impulskraft auf Eintrittsfläche
$F_{I_2} = \dot{m} \cdot c_2$	Impulskraft auf Austrittsfläche
$\dot{m} = \rho \cdot \dot{V}$	Massenstrom durch Eintrittsfläche und Austrittsfläche
$\dot{V} = c_1 \cdot A_1 = c_2 \cdot A_2$	Kontinuitätsgesetz

Diese Zusammenhänge setzen wir in die o. g. Gleichung für F_{W_x} ein und bekommen zunächst

$$F_{W_x} = (p_1 \cdot A_1 - p_2 \cdot A_2) - \rho \cdot \left(A_2 \cdot c_2^2 - A_1 \cdot c_1^2 \right).$$

Im zweiten Term der rechten Gleichungsseite wird $\left(A_1 \cdot c_1^2 \right)$ ausgeklammert:

$$F_{W_x} = (p_1 \cdot A_1 - p_2 \cdot A_2) - \rho \cdot A_1 \cdot c_1^2 \cdot \left(\frac{A_2 \cdot c_2^2}{A_1 \cdot c_1^2} - 1 \right).$$

Mit dem Quadrat des umgeformten Kontinuitätsgesetzes,

$$\frac{c_2^2}{c_1^2} = \frac{A_1^2}{A_2^2},$$

folgt dann

$$F_{W_x} = (p_1 \cdot A_1 - p_2 \cdot A_2) - \rho \cdot A_1 \cdot c_1^2 \cdot \left(\frac{A_2}{A_1} \cdot \frac{A_1^2}{A_2^2} - 1 \right)$$

$$= (p_1 \cdot A_1 - p_2 \cdot A_2) - \rho \cdot A_1 \cdot c_1^2 \cdot \left(\frac{A_1}{A_2} - 1 \right).$$

Es fehlt jetzt letztlich nur noch der **statische Druck** p_2 im Düsenaustritt, den man mittels Bernoulli'scher Gleichung an den Stellen 1 und 2 (ohne Verluste) wie folgt darstellen kann:

$$\frac{p_1}{\rho} + \frac{c_1^2}{2} + g \cdot Z_1 = \frac{p_2}{\rho} + \frac{c_2^2}{2} + g \cdot Z_2.$$

Aufgrund der horizontalen Lage ist $Z_1 = Z_2$ und daher

$$\frac{p_2}{\rho} = \frac{p_1}{\rho} + \frac{1}{2} \cdot \left(c_1^2 - c_2^2 \right).$$

Mit der Dichte ρ multipliziert und c_1^2 vor den Klammerausdruck geschrieben liefert das

$$p_2 = p_1 + \frac{\rho}{2} \cdot c_1^2 \cdot \left(1 - \frac{c_2^2}{c_1^2} \right).$$

Bringt man wieder das umgeformte Kontinuitätsgesetz,

$$\frac{c_2^2}{c_1^2} = \frac{A_1^2}{A_2^2},$$

zur Anwendung, dann lautet der gesuchte Druck

$$p_2 = p_1 + \frac{\rho}{2} \cdot c_1^2 \cdot \left(1 - \frac{A_1^2}{A_2^2} \right).$$

Wenn wir diesen Druck nun in die Gleichung für F_{W_x} einsetzen, so lässt sich zunächst schreiben

$$F_{W_x} = \left\{ p_1 \cdot A_1 - A_2 \cdot \left[p_1 + \frac{\rho}{2} \cdot c_1^2 \cdot \left(1 - \frac{A_1^2}{A_2^2} \right) \right] \right\} - \rho \cdot A_1 \cdot c_1^2 \cdot \left(\frac{A_1}{A_2} - 1 \right).$$

Die Klammern dann ausmultipliziert, gleiche Größen gekürzt, und wir haben

$$F_{W_x} = p_1 \cdot A_1 - p_1 \cdot A_2 - A_2 \cdot \frac{\rho}{2} \cdot c_1^2 + A_2 \cdot \frac{\rho}{2} \cdot c_1^2 \cdot \frac{A_1^2}{A_2^2} - \rho \cdot A_1 \cdot c_1^2 \cdot \frac{A_1}{A_2} + \rho \cdot A_1 \cdot c_1^2$$

$$= p_1 \cdot (A_1 - A_2) - A_2 \cdot \frac{\rho}{2} \cdot c_1^2 + \frac{\rho}{2} \cdot c_1^2 \cdot \frac{A_1^2}{A_2} - 2 \cdot \frac{\rho}{2} \cdot c_1^2 \cdot \frac{A_1^2}{A_2} + 2 \cdot \frac{\rho}{2} \cdot A_1 \cdot c_1^2.$$

Nun wird, wo vorhanden, $\left(\frac{\rho}{2} \cdot c_1^2\right)$ ausgeklammert:

$$F_{W_x} = p_1 \cdot (A_1 - A_2) - \frac{\rho}{2} \cdot c_1^2 \cdot \left(A_2 - \frac{A_1^2}{A_2} + 2 \cdot \frac{A_1^2}{A_2} - 2 \cdot A_1\right).$$

Zieht man noch A_2 vor die Klammer,

$$F_{W_x} = p_1 \cdot (A_1 - A_2) - \frac{\rho}{2} \cdot c_1^2 \cdot A_2 \cdot \left(1 + \frac{A_1^2}{A_2^2} - 2 \cdot \frac{A_1}{A_2}\right)$$

und ersetzt den Klammerausdruck mit der binomischen Gleichung

$$\left(\frac{A_1^2}{A_2} - 2 \cdot \frac{A_1}{A_2} + 1\right) = \left(\frac{A_1}{A_2} - 1\right)^2,$$

so resultiert daraus

$$F_{W_x} = p_1 \cdot (A_1 - A_2) - \frac{\rho}{2} \cdot c_1^2 \cdot A_2 \cdot \left(\frac{A_1}{A_2} - 1\right)^2.$$

Eine weitere Vereinfachung lässt sich erreichen, indem man

$$\left(\frac{A_1}{A_2} - 1\right)^2 = \left(\frac{A_1 - A_2}{A_2}\right)^2 = \frac{1}{A_2^2} \cdot (A_1 - A_2)^2$$

ausnutzt:

$$F_{W_x} = p_1 \cdot (A_1 - A_2) - \frac{\rho}{2} \cdot c_1^2 \cdot A_2 \cdot \frac{1}{A_2^2} \cdot (A_1 - A_2)^2.$$

Durch Kürzen und Ausklammern von $(A_1 - A_2)$ erreichen wir das Ergebnis

$$F_{W_x} = (A_1 - A_2) \cdot \left[p_1 \cdot - \frac{\rho}{2} \cdot c_1^2 \cdot \left(\frac{A_1}{A_2} - 1\right)\right]$$

$$F_{W_y} = 0$$

$$F_W = F_{W_x}$$

Aufgabe 2.4 Kolben in Düse

Mittels eines Kolbens wird gemäß Abb. 2.7 Flüssigkeit durch eine horizontale Düse in atmosphärische Umgebung gepresst, wobei am Kolben eine Kraft F angreift. Bei bekannter Fluiddichte ρ, Querschnittsflächen A_1 und A_2 sowie Eintrittsgeschwindigkeit c_1 und Außendruck p_B sollen die Austrittsgeschwindigkeit c_2, der Druck p_1, die Kraft F und die Haltekraft F_A in den beiden Lagern bei angenommener verlustfreier Strömung ermittelt werden.

Lösung zu Aufgabe 2.4

Aufgabenerläuterung

Das Durchströmen der Düse unter Einwirkung der Kraft F am Kolben ruft die gesuchte Haltekraft F_A hervor, die jeweils an beiden Lagern entsteht. Bevor man an die Ermittlung dieser Kraft geht, müssen jedoch zuvor c_2, p_1 und F bekannt sein. Bei der Feststellung dieser Größen macht man von der Bernoulli'schen Gleichung und dem Kontinuitätsgesetz Gebrauch.

Da bei F_A nach einer Kraft gefragt wird, die aufgrund eines Strömungsvorgangs entsteht, ist es ratsam, als Lösungsansatz die Impulsgleichung an einem sinnvoll anzuordnenden Kontrollraum zu verwenden.

Gegeben:

- A_1; A_2; c_1; ρ; p_B

Gesucht:

1. c_2; p_1; F; F_A
2. c_2; p_1; F; F_A, wenn $A_1 = 0{,}10\,\mathrm{m}^2$; $A_2 = 0{,}010\,\mathrm{m}^2$; $c_1 = 4\,\mathrm{m/s}$; $\rho = 1\,000\,\mathrm{kg/m}^3$; $p_B = 100\,000\,\mathrm{Pa}$

Abb. 2.7 Kolben in Düse

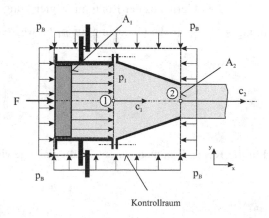

Kontrollraum

Anmerkungen

- Die Gewichtskraft sei von untergeordneter Bedeutung.
- Annahme einer verlustfreien Strömung in der Düse
- Der Kontrollraum ist in der Weise anordnen, dass Ein- und Austrittsquerschnitte A_1 und A_2 senkrecht zur Geschwindigkeit c_1 bzw. c_2 verlaufen und die Lager geschnitten werden.
- Annahme von Reibungsfreiheit des Kolbens in der Düse

Lösungsschritte – Fall 1

Für die **Geschwindigkeit** c_2 finden wir mit der Kontinuitätsgleichung $\dot{V}_1 = \dot{V}_2$ und $\dot{V} = c \cdot A$ den Ausdruck $c_1 \cdot A_1 = c_2 \cdot A_2$ und somit

$$c_2 = c_1 \cdot \frac{A_1}{A_2}.$$

Den **Druck** p_1 bekommen wir über die Bernoulli'sche Gleichung an den Stellen 1 und 2 (ohne Verluste):

$$\frac{p_1}{\rho} + \frac{c_1^2}{2} + g \cdot Z_1 = \frac{p_2}{\rho} + \frac{c_2^2}{2} + g \cdot Z_2.$$

Mit den besonderen Gegebenheiten im vorliegenden Fall $Z_1 = Z_2$ und $p_2 = p_B$ folgt zunächst

$$\frac{p_1}{\rho} = \frac{p_B}{\rho} + \frac{1}{2} \cdot \left(c_2^2 - c_1^2\right).$$

Multipliziert man mit ρ und klammert c_1^2 aus, so erhält man

$$p_1 = p_B + \frac{\rho}{2} \cdot c_1^2 \cdot \left(\frac{c_2^2}{c_1^2} - 1\right)$$

$\frac{c_2^2}{c_1^2}$ lässt sich hierin aus der Kontinuitätsgleichung $\dot{V} = c_1 \cdot A_1 = c_2 \cdot A_2$ und der Umformung $\frac{c_2}{c_1} = \frac{A_1}{A_2}$, in der Gleichung für p_1 verwendet führt dies zu

$$p_1 = p_B + \frac{\rho}{2} \cdot c_1^2 \cdot \left(\frac{A_1^2}{A_2^2} - 1\right).$$

Für die **Kraft** F nutzen wir das Kräftegleichgewicht am Kolben, es liefert

$$F + p_B \cdot A_1 = p_1 \cdot A_1$$

Abb. 2.8 Kolben in Düse; Kräfte am Kontrollraum

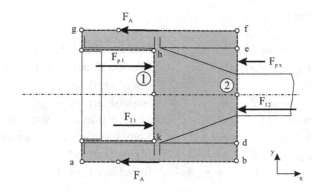

oder, umgeformt nach der Kraft F,

$$F = A_1 \cdot (p_1 - p_B).$$

Einsetzen von p_1 (s. o.) ergibt

$$F = A_1 \cdot \left[p_B + \frac{\rho}{2} \cdot c_1^2 \cdot \left(\frac{A_1^2}{A_2^2} - 1 \right) - p_B \right]$$

und damit

$$F - \frac{\rho}{2} \cdot c_1^2 \cdot A_1 \cdot \left(\frac{A_1^2}{A_2^2} - 1 \right).$$

Bei der Bestimmung der **Lagerkraft F_A** kommt man mit dem Impulssatz am Kontrollvolumen gemäß Abb. 2.8 wie folgt zum Ziel. Es sei zunächst angemerkt, dass die Druckkräfte auf den Flächen des Kontrollraums sich gegenseitig aufheben mit Ausnahme der Schnittflächen e–d und h–k. Auf h–k $\equiv A_1$ wirkt der Druck p_1 und gegenüber, auf e–d $\equiv A_1$, der Druck p_B.

Die Kräftebilanz in x-Richtung liefert

$$F_{p_1} + F_{I_1} - F_{I_2} - F_{p_x} - 2 \cdot F_A = 0.$$

Umgeformt nach F_A erhält man

$$2 \cdot F_A = \left(F_{p_1} - F_{p_x} \right) - \left(F_{I_2} - F_{I_1} \right)$$

oder

$$F_A = \frac{1}{2} \cdot \left[\left(F_{p_1} - F_{p_x} \right) - \left(F_{I_2} - F_{I_1} \right) \right].$$

Dabei sind

$$F_{p_1} = p_1 \cdot A_1$$ Druckkraft auf A_1 bei h / k am Düseneintritt
$$F_{p_x} = p_B \cdot A_1$$ Druckkraft auf A_1 bei e / d
$$F_{I_1} = \dot{m} \cdot c_1$$ Impulskraft auf A_1
$$F_{I_2} = \dot{m} \cdot c_2$$ Impulskraft auf A_2
$$\dot{m} = \rho \cdot \dot{V}$$ Massenstrom am Düseneintritt und -austritt
$$\dot{V} = c_1 \cdot A_1 = c_2 \cdot A_2$$ Volumenstrom am Düseneintritt und -austritt
$$F_{I_1} = \rho \cdot \dot{V} \cdot c_1 = \rho \cdot A_1 \cdot c_1^2$$ Impulskraft auf A_1
$$F_{I_2} = \rho \cdot \dot{V} \cdot c_2 = \rho \cdot A_2 \cdot c_2^2$$ Impulskraft auf A_2

Mit diesen Zusammenhängen erhält man F_A zu:

$$F_A = \frac{1}{2} \cdot \left[A_1 \cdot (p_1 - p_B) - \rho \cdot \left(A_2 \cdot c_2^2 - A_1 \cdot c_1^2 \right) \right] .$$

Mit $c_2 = c_1 \cdot \frac{A_1}{A_2}$ folgt

$$F_A = \frac{1}{2} \cdot \left[A_1 \cdot (p_1 - p_B) - \rho \cdot \left(A_2 \cdot c_1^2 \cdot \frac{A_1^2}{A_2^2} - A_1 \cdot c_1^2 \right) \right] .$$

$\left(A_1 \cdot c_1^2 \right)$ wird ausgeklammert:

$$F_A = \frac{1}{2} \cdot \left[A_1 \cdot (p_1 - p_B) - \rho \cdot A_1 \cdot c_1^2 \cdot \left(\frac{A_1}{A_2} - 1 \right) \right]$$

oder

$$F_A = \frac{1}{2} \cdot \left[A_1 \cdot (p_1 - p_B) - \rho \cdot A_1 \cdot \frac{c_1^2}{2} \cdot \left(2 \cdot \frac{A_1}{A_2} - 2 \right) \right] .$$

Nun wird p_1 (s. o.) eingesetzt,

$$F_A = \frac{1}{2} \cdot \left\{ A_1 \cdot \left[p_B + \frac{\rho}{2} \cdot c_1^2 \cdot \left(\frac{A_1^2}{A_2^2} - 1 \right) - p_B \right] - \rho \cdot A_1 \cdot \frac{c_1^2}{2} \cdot \left(2 \cdot \frac{A_1}{A_2} - 2 \right) \right\} ,$$

sowie $\left(\rho \cdot A_1 \cdot \frac{c_1^2}{2} \right)$ vor die komplette Klammer gesetzt:

$$F_A = \frac{1}{2} \cdot \rho \cdot A_1 \cdot \frac{c_1^2}{2} \cdot \left(\frac{A_1^2}{A_2^2} - 1 - 2 \cdot \frac{A_1}{A_2} + 2 \right)$$

oder

$$F_A = \frac{1}{2} \cdot \rho \cdot A_1 \cdot \frac{c_1^2}{2} \cdot \left(\frac{A_1^2}{A_2^2} - 2 \cdot \frac{A_1}{A_2} + 1 \right) .$$

Mit $a^2 - 2 \cdot a \cdot b + b^2 = (a - b)^2$ lautet auch hier wieder das Ergebnis

$$F_A = \frac{1}{2} \cdot \rho \cdot A_1 \cdot \frac{c_1^2}{2} \cdot \left(\frac{A_1}{A_2} - 1 \right)^2 .$$

Lösungsschritte – Fall 2

Die Größen c_2, p_1, F und F_A nehmen, wenn $A_1 = 0{,}10 \, \text{m}^2$, $A_2 = 0{,}010 \, \text{m}^2$, $c_1 = 4 \, \text{m/s}$, $\rho = 1\,000 \, \text{kg/m}^3$ und $p_B = 100\,000 \, \text{Pa}$ gegeben sind, die folgenden Werte an:

$$c_2 = 4 \cdot \frac{0{,}1}{0{,}01} = 40 \, \text{m/s}$$

$$p_1 = 100\,000 + \frac{1\,000}{2} \cdot 4^2 \cdot \left(\frac{0{,}1^2}{0{,}01^2} - 1 \right) = 892\,000 \, \text{Pa}$$

$$F = \frac{1\,000}{2} \cdot 0{,}1 \cdot 4^2 \cdot \left(\frac{0{,}10^2}{0{,}01^2} - 1 \right) = 79\,200 \, \text{N}$$

$$F_A = \frac{1\,000}{2} \cdot 0{,}1 \cdot \frac{4^2}{2} \cdot \left(\frac{0{,}10}{0{,}01} - 1 \right)^2 = 32\,400 \, \text{N}$$

Aufgabe 2.5 T-Stück

Gemäß Abb. 2.9 ist an der Stelle 1 einer Rohrleitung ein horizontales T-Stück ange-flanscht. Ein Fluid konstanter Dicht ρ strömt mit einem Massenstrom $\dot{m}_1$ durch den Quer-schnitt A_1 in das T-Stück. An den Stellen 2 und 3 verlassen die Massenströme $\dot{m}_2$ bzw. $\dot{m}_3$ das T-Stück **ins Freie**. Alle Querschnitte $A_1 = A_2 = A_3 = A$ sind gleich groß. Ebenso sollen dieselben Geschwindigkeiten $c_2 = c_3$ bei 2 und 3 vorliegen. Ermitteln Sie diese Geschwindigkeiten ebenso wie die im Flansch wirksame Kraft F_F.

Abb. 2.9 T-Stück

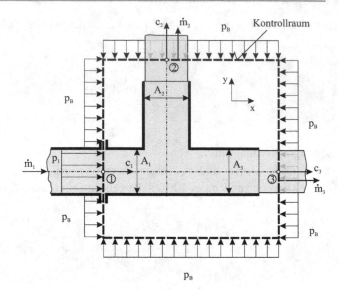

Lösung zu Aufgabe 2.5

Aufgabenerläuterung

Die Frage nach den gleich großen Geschwindigkeiten c_2 und c_3 steht in direktem Zusammenhang mit dem Kontinuitätsgesetz. Über die Massenstrombilanz, Dichtegleichheit und die Durchflussgleichung wird die Lösung ermöglicht. Die zu ermittelnde Flanschkraft F_F lässt sich mittels Impulssatz aus der Kräftebilanz an einem geeigneten Kontrollraum feststellen.

Gegeben:

• A; c_1; p_1; p_B; ρ

Gesucht:

1. c_2; c_3
2. F_F

Anmerkungen

- Die Gewichtskraft sei von untergeordneter Bedeutung.
- Kontrollraum **außen** um das T-Stück in der Weise angeordnet, dass Ein- und Austrittsquerschnitte A senkrecht zu den Geschwindigkeiten c verlaufen und der Angriffspunkt der Flanschkraft F_F repräsentativ an einer beliebigen Stelle (hier Pkt. b) geschnitten wird.

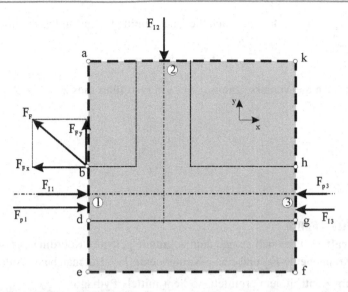

Abb. 2.10 T-Stück; Kräfte am Kontrollraum

- Die Druckkräfte aus dem atmosphärischen Druck p_B auf den Flächen des Kontrollraums gemäß Abb. 2.10 heben sich gegenseitig auf mit Ausnahme der Bereiche b / d und h / g. Auf b / d wirkt der Druck p_1 und gegenüber, auf h / g, der Druck p_B.

Lösungsschritte – Fall 1

Für die **Geschwindigkeiten c_2 und c_3** formulieren wir das Kontinuitätsgesetz,

$$\sum \dot{m} = 0 = \dot{m}_1 - \dot{m}_2 - \dot{m}_3 \quad \text{oder} \quad \dot{m}_1 = \dot{m}_2 + \dot{m}_3$$

wobei

$\dot{m}_1 = \rho \cdot \dot{V}_1$ Massenstrom durch $A_1 = A$
$\dot{m}_2 = \rho \cdot \dot{V}_2$ Massenstrom durch $A_2 = A$
$\dot{m}_3 = \rho \cdot \dot{V}_3$ Massenstrom durch $A_3 = A$
$\dot{V}_1 = c_1 \cdot A_1$ Volumenstrom durch $A_1 = A$
$\dot{V}_2 = c_2 \cdot A_2$ Volumenstrom durch $A_2 = A$
$\dot{V}_3 = c_3 \cdot A_3$ Volumenstrom durch $A_3 = A$

Aus o. g. Kontinuitätsgesetz folgt dann

$$\rho \cdot c_1 \cdot A_1 = \rho \cdot c_2 \cdot A_2 + \rho \cdot c_3 \cdot A_3.$$

Wegen $A_1 = A_2 = A_3 = A$ kürzen sich die Querschnitte heraus und es resultiert

$$c_1 = c_2 + c_3.$$

Setzt man nun noch die Voraussetzung $c_2 = c_3$ ein, so führt dies zu $c_1 = 2 \cdot c_2$ oder als Ergebnis

$$c_2 = c_3 = \frac{1}{2} \cdot c_1$$

Lösungsschritte – Fall 2

Die **Flanschkraft** F_F lässt sich gemäß dem zugrunde gelegten Koordinatensystem zerlegen in eine x-Komponente F_{F_x} und eine y-Komponente F_{F_y}. Hat man beide Anteile aus der Kräftebilanz am Kontrollraum ermittelt, so liegt mittels Pythagoras $F_F = \sqrt{F_{F_x}^2 + F_{F_y}^2}$ das gesuchte Ergebnis vor. Die Druck- und Impulskräfte wirken wie immer **auf** die Bezugsflächen.

Die **x-Komponente der Flanschkraft** F_{F_x} finden wir mit der Kräftebilanz in x-Richtung (Abb. 2.10):

$$\sum F_{i_x} = 0 = F_{p_1} + F_{I_1} - F_{p_3} - F_{I_3} - F_{F_x}$$

oder, nach F_{F_x} umgeformt,

$$F_{F_x} = F_{p_1} - F_{p_3} + F_{I_1} - F_{I_3}.$$

Hierin bedeuten

$F_{p_1} = p_1 \cdot A_1 = p_1 \cdot A$ Druckkraft auf $A_1 = A$ bei b / d
$F_{p_3} = p_B \cdot A_3 = p_B \cdot A$ Druckkraft auf $A_3 = A$ bei h / g
$F_{I_1} = \dot{m}_1 \cdot c_1$ Impulskraft auf $A_1 = A$
$F_{I_3} = \dot{m}_3 \cdot c_3$ Impulskraft auf $A_3 = A$
$\dot{m}_1 = \rho \cdot \dot{V}_1$ Massenstrom durch $A_1 = A$
$\dot{m}_3 = \rho \cdot \dot{V}_3$ Massenstrom durch $A_3 = A$
$\dot{V}_1 = c_1 \cdot A_1$ Volumenstrom durch $A_1 = A$
$\dot{V}_3 = c_3 \cdot A_3$ Volumenstrom durch $A_3 = A$

Alle Zusammenhänge in die o. g. Gleichung für F_{F_x} eingesetzt führen zunächst zu

$$\begin{aligned}
F_{F_x} &= p_1 \cdot A - p_B \cdot A + \rho \cdot A \cdot c_1^2 - \rho \cdot A \cdot c_3^2 \\
&= A \cdot \left(p_1 - p_B + \rho \cdot c_1^2 - \rho \cdot c_3^2 \right).
\end{aligned}$$

Verwendet man noch das Ergebnis $c_3 = \frac{1}{2} \cdot c_1$, so folgt für F_{F_x}:

$$F_{F_x} = A \cdot \left(p_1 - p_B + \rho \cdot c_1^2 - \rho \cdot c_3^2 \right)$$

$$= A \cdot \left[p_1 - p_B + \rho \cdot \left(c_1^2 - \frac{1}{4} \cdot c_1^2 \right) \right]$$

oder auch

$$F_{F_x} = A \cdot \left(p_1 - p_B + \frac{3}{4} \cdot \rho \cdot c_1^2 \right)$$

Die **y-Komponente der Flanschkraft F_{F_y}** finden wir mit der Kräftebilanz in y-Richtung (Abb. 2.10):

$$\sum F_{i_y} = 0 = F_{F_y} - F_{I_2}$$

oder, nach F_{F_y} umgeformt,

$$F_{F_y} = F_{I_2}.$$

Hierin bedeuten

$F_{I_2} = \dot{m}_2 \cdot c_2$ Impulskraft auf $A_2 = A$
$\dot{m}_2 = \rho \cdot \dot{V}_2$ Massenstrom durch $A_2 = A$
$\dot{V}_2 = c_2 \cdot A_2$ Volumenstrom durch $A_2 = A$

Mit $c_2 = \frac{1}{2} \cdot c_1$ lässt sich F_{F_y} ermitteln zu

$$F_{F_y} = \frac{1}{4} \cdot \rho \cdot A \cdot c_1^2.$$

Werden F_{F_x} und F_{F_y} eingesetzt in die Gleichung der Flanschkraft F_F, haben wir das Ergebnis

$$F_F = \sqrt{ \left[A \cdot \left(p_1 - p_B + \frac{3}{4} \cdot \rho \cdot c_1^2 \right) \right]^2 + \left(\frac{1}{4} \cdot \rho \cdot A \cdot c_1^2 \right)^2 }$$

oder letztlich

$$F_F = A \cdot \sqrt{ \left(p_1 - p_B + \frac{3}{4} \cdot \rho \cdot c_1^2 \right)^2 + \left(\frac{1}{4} \cdot \rho \cdot c_1^2 \right)^2 }.$$

Aufgabe 2.6 Offener Behälter mit Stützfeder

Ein Flüssigkeitsbehälter weist gemäß Abb. 2.11 zwei in verschiedenen Höhen h_1 und $h_2 = h_3$ angebrachte Öffnungen auf, die unterschiedliche Austrittsquerschnitte A_1 und A_3 besitzen. Der Behälter stützt sich über eine Feder an einer Wand ab, wobei die Impulskräfte mit der Feder kompensiert werden. Das Flüssigkeitsvolumen im Behälter wird so groß angenommen, dass in Folge des Ausströmens an den Stellen 1 und 3 keine nennenswerte Spiegelabsenkung entsteht. Neben den Teilvolumenströmen bei 1 und 3 sowie dem resultierenden Gesamtvolumenstrom sollen der statische Druck an der Stelle 2 und die in der Feder wirksame Kraft ermittelt werden.

Lösung zu Aufgabe 2.6

Aufgabenerläuterung

Das zentrale Thema dieser Aufgabe ist der freie Ausfluss aus offenen Behältern. Zur Ermittlung der Volumenströme benötigt man zunächst die Geschwindigkeiten in den betreffenden Querschnitten. Die Torricelli'sche Gleichung (Sonderfall der Bernoulli'schen Gleichung) liefert diese Geschwindigkeitsgrößen, die in Verbindung mit den jeweiligen Querschnitten zu den gesuchten Volumenströmen führen. Der statische Druck in der eingeengten Stelle 2 lässt sich mit der Bernoulli'schen Gleichung, hier am einfachsten an den Stellen 0 und 2 angewendet, bestimmen. Zur Ermittlung der Federkraft F_F ist es erforderlich, alle äußeren, horizontalen Kräfte, die am eingezeichneten Kontrollraum angreifen, zunächst in der Abb. 2.12 einzuzeichnen und in der Kräftegleichung zu berücksichti-

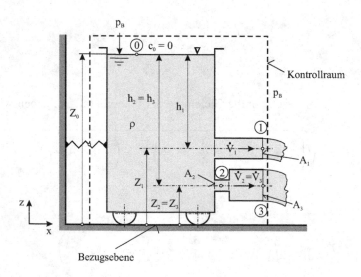

Abb. 2.11 Offener Behälter mit Stützfeder

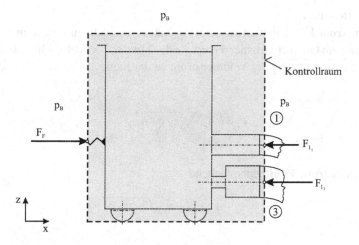

Abb. 2.12 Offener Behälter mit Stützfeder; Kräfte am Kontrollraum

gen. Die Richtungen der Impulskräfte werden in den durchströmten Querschnitten des Kontrollraums wie die von Druckkräften behandelt, nämlich auf die Flächen orientiert. Da der Kontrollraum so angeordnet wurde, dass er die Feder schneidet, ist folglich die Schnittkraft (Federkraft) ebenfalls als äußere Kraft zu behandeln. Die o. g. horizontale Einschränkung ist deswegen möglich, weil die Federkraft nur in dieser Richtung wirkt. Aufgrund des atmosphärischen Drucks am ganzen Kontrollraum heben sich Druckkräfte gegenseitig auf.

Gegeben:

- ρ; g; p_B; h_1; h_2; A_1; A_2; A_3

Gesucht:

1. $\dot{V}_1$; $\dot{V}_3$; $\dot{V}_{ges}$
2. p_2
3. F_F

Anmerkungen

- verlustfreie Strömung
- keine Reibungskräfte der Rollen und Lager
- $Z_0 = $ konstant

Lösungsschritte – Fall 1

Den **Volumenstrom** $\dot{V}_1$ erhält man aus dem Produkt von Geschwindigkeit und dem senkrecht zugeordnetem Querschnitt, hier $\dot{V}_1 = c_1 \cdot A_1$. Mit der Torricelli'schen Ausflussgleichung $c_1 = \sqrt{2 \cdot g \cdot h_1}$ lautet der Volumenstrom an der Stelle 1:

$$\dot{V}_1 = A_1 \cdot \sqrt{2 \cdot g \cdot h_1}.$$

Für den **Volumenstrom** $\dot{V}_3$ gilt entsprechend

$$\dot{V}_3 = c_3 \cdot A_3, \quad c_3 = \sqrt{2 \cdot g \cdot h_3}$$

also

$$\dot{V}_3 = A_3 \cdot \sqrt{2 \cdot g \cdot h_3}.$$

Die Addition der beiden Teilvolumenströme verschiedener Größe führt zum **Gesamtvolumenstrom** $\dot{V}_{\text{Ges}} = \dot{V}_1 + \dot{V}_3$

$$\dot{V}_{\text{ges}} = A_1 \cdot \sqrt{2 \cdot g \cdot h_1} + A_3 \cdot \sqrt{2 \cdot g \cdot h_3}.$$

Lösungsschritte – Fall 2

Zum **Druck** p_2 führt uns die Bernoulli'sche Gleichung an den Stellen 0 und 2:

$$\frac{p_0}{\rho} + \frac{c_0^2}{2} + g \cdot Z_0 = \frac{p_2}{\rho} + \frac{c_2^2}{2} + g \cdot Z_2$$

Mit den hier vorliegenden Gegebenheiten an den Stellen 0 und 2, $p_0 = p_B$, $c_0 = 0$ und $Z_0 - Z_2 = h_2 = h_3$, folgt

$$\frac{p_B}{\rho} + g \cdot h_3 = \frac{p_2}{\rho} + \frac{c_2^2}{2}$$

oder, nach p_2/ρ aufgelöst,

$$\frac{p_2}{\rho} = \frac{p_B}{\rho} + g \cdot h_3 - \frac{c_2^2}{2}.$$

Multipliziert mit der Dichte ρ entsteht

$$p_2 = p_B + g \cdot \rho \cdot h_3 - \frac{\rho}{2} \cdot c_2^2.$$

Hierin muss nun noch die Geschwindigkeit c_2 mit der schon bekannten Geschwindigkeit c_3 ersetzt werden. Dies gelingt mit dem Volumenstrom

$$\dot{V}_3 = c_3 \cdot A_3 = c_2 \cdot A_2$$

oder, nach c_2 umgeformt,

$$c_2 = c_3 \cdot \frac{A_3}{A_2} \quad \text{bzw.} \quad c_2^2 = c_3^2 \cdot \left(\frac{A_3}{A_2}\right)^2.$$

Wegen $c_3 = \sqrt{2 \cdot g \cdot h_3}$ oder $c_3^2 = 2 \cdot g \cdot h_3$, erhält man die gesuchte Größe c_2^2 zu

$$c_2^2 = 2 \cdot g \cdot h_3 \cdot \left(\frac{A_3}{A_2}\right)^2.$$

Oben eingesetzt

$$p_2 = p_\text{B} + g \cdot \rho \cdot h_3 - \frac{\rho}{2} \cdot 2 \cdot g \cdot h_3 \cdot \left(\frac{A_3}{A_2}\right)^2$$

lautet das Ergebnis letztendlich

$$p_2 = p_\text{B} + g \cdot \rho \cdot h_3 \cdot \left[1 - \left(\frac{A_3}{A_2}\right)^2\right].$$

Lösungsschritte – Fall 3

Für die **Federkraft** F_F stellen wir die Kräftebilanz am Kontrollraum gemäß Abb. 2.12 in x-Richtung auf. Wir erhalten

$$\sum F_{i_x} = 0 = F_\text{F} - F_{\text{I}_1} - F_{\text{I}_3}$$

oder, nach der Federkraft umgeformt,

$$F_\text{F} = F_{\text{I}_1} + F_{\text{I}_3}.$$

Die Impulskräfte lauten $F_{\text{I}_1} = \dot{m}_1 \cdot c_1$ bzw. $F_{\text{I}_3} = \dot{m}_3 \cdot c_3$. In Verbindung mit den Massenströmen $\dot{m}_1 = \rho \cdot \dot{V}_1$ und $\dot{m}_3 = \rho \cdot \dot{V}_3$ führt dies zunächst zu

$$F_{\text{I}_1} = \rho \cdot \dot{V}_1 \cdot c_1 \quad \text{und} \quad F_{\text{I}_3} = \rho \cdot \dot{V}_3 \cdot c_3,$$

und unter Verwendung von $\dot{V}_1 = c_1 \cdot A_1$ und $\dot{V}_3 = c_3 \cdot A_3$ entsteht daraus

$$F_{\text{I}_1} = \rho \cdot A_1 \cdot c_1^2 \quad \text{und} \quad F_{\text{I}_3} = \rho \cdot A_3 \cdot c_3^2.$$

Verwenden wir jetzt noch die o. g. Ergebnisse für $c_1^2 = 2 \cdot g \cdot h_1$ sowie $c_3^2 = 2 \cdot g \cdot h_3$, so folgt die gesuchte Federkraft nachstehender Gleichung:

$$F_\mathrm{F} = 2 \cdot g \cdot \rho \cdot (A_1 \cdot h_1 + A_3 \cdot h_3).$$

Aufgabe 2.7 Mischer

Zwei Luftströme $\dot{m}_1$ und $\dot{m}_2$ mit verschiedenen Geschwindigkeiten c_1 und c_2 in den Rechteckquerschnitten A_1 und A_2 werden in einen Kanal mit dem Querschnitt A_3 geleitet (Abb. 2.13). Dort stellt sich durch Vermischungsvorgänge der beiden Massenströme nach einer Mischungsstrecke (hier der Kontrollraum) eine Geschwindigkeit c_3 ein. Ermitteln Sie diese Geschwindigkeit c_3 und den Druckunterschied ($p_3 - p_1$), wenn die Querschnitte A_1 und A_3 sowie die Geschwindigkeiten c_1 und c_2 und die Luftdichte ρ bekannt sind.

Lösung zu Aufgabe 2.7

Aufgabenerläuterung
Die zunächst gestellte Frage nach der Geschwindigkeit c_3 lässt sich mittels Kontinuitätsgesetz und den Durchflussgleichungen am Kontrollraum ermitteln. Die gegebenen Geschwindigkeiten und Querschnitte erlauben bei der vorausgesetzten Dichtegleichheit eine einfache Lösung. Zur Bestimmung des Druckunterschieds ($p_3 - p_1$) werden mittels Impulssatz am Kontrollraum alle äußeren Kräfte bilanziert. Gemäß Abb. 2.14 sind dies am gewählten Kontrollraum die für ($p_3 - p_1$) benötigten Druckkräfte und die Impulskräfte. Reibungskräfte entfallen bei der vorausgesetzten Vernachlässigung von Wandschubspannungen.

Abb. 2.13 Mischer

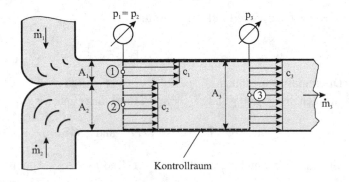

Kontrollraum

Abb. 2.14 Mischer; Kräfte am Kontrollraum

Gegeben:

- $A_1 = A_3/3$; c_1; c_2; ρ

Gesucht:

1. c_3
2. $(p_3 - p_1)$
3. c_3 und $(p_3 - p_1)$, wenn $c_1 = 20\,\text{m/s}$; $c_2 = 10\,\text{m/s}$; $\rho = 1{,}2\,\text{kg/m}^3$

Anmerkungen

- Die Wandschubspannungen werden vernachlässigt.
- Die Druckverteilungen $p_1 = p_2$ über A_1 bzw. A_2 sowie p_3 über A_3 sind homogen. Dies soll ebenfalls für die Geschwindigkeitsverteilungen zutreffen.
- Das Fluid (Luft) kann als inkompressibel ($\rho = $ konstant) betrachtet werden.
- Der Kontrollraum im Mischer ist in der Weise angeordnet, dass Ein- und Austrittsquerschnitte A_1, A_2 und A_3 senkrecht zu den Geschwindigkeiten c_1, c_2 und c_3 verlaufen, die Mantelfläche an der Mischerinnenwand anliegt und der Austrittsquerschnitt A_3 am Ende der Mischungsstrecke liegt.

Lösungsschritte – Fall 1

Für die **Geschwindigkeit** c_3 stellen wir das Kontinuitätsgesetz

$$\sum \dot{m} = 0 = \dot{m}_1 + \dot{m}_2 - \dot{m}_3 \quad \text{oder} \quad \dot{m}_3 = \dot{m}_1 + \dot{m}_2$$

auf, dabei sind

$\dot{m}_1 = \rho \cdot \dot{V}_1$ Massenstrom durch A_1
$\dot{m}_2 = \rho \cdot \dot{V}_2$ Massenstrom durch A_2
$\dot{m}_3 = \rho \cdot \dot{V}_3$ Massenstrom durch A_3
$\dot{V}_1 = c_1 \cdot A_1$ Volumenstrom durch A_1
$\dot{V}_2 = c_2 \cdot A_2$ Volumenstrom durch A_2
$\dot{V}_3 = c_3 \cdot A_3$ Volumenstrom durch A_3

In dem o. g. Kontinuitätsgesetz verwenden wir

$$\rho \cdot c_3 \cdot A_3 = \rho \cdot c_1 \cdot A_1 + \rho \cdot c_2 \cdot A_2,$$

dann folgt nach Kürzen der Dichte ρ und Division durch A_3

$$c_3 = c_1 \cdot \frac{A_1}{A_3} + c_2 \cdot \frac{A_2}{A_3}.$$

Mit $A_1 = \frac{1}{3} \cdot A_3$ bzw. $\frac{A_1}{A_3} = \frac{1}{3}$ und mit $A_2 = A_3 - A_1$ und folglich $A_2 = \frac{2}{3} \cdot A_3$ bzw. $\frac{A_2}{A_3} = \frac{2}{3}$ liefert dies als Ergebnis

$$c_3 = \frac{1}{3} \cdot c_1 + \frac{2}{3} \cdot c_2.$$

Lösungsschritte – Fall 2
Für die **Druckdifferenz ($p_3 - p_1$)** wenden wir den Impulssatz am Kontrollraum gemäß Abb. 2.14 an. Druck- und Impulskräfte wirken immer **auf** die Bezugsflächen.
   Die Kräftebilanz in x-Richtung lautet

$$\sum F_{i_x} = 0 = F_{p_1} + F_{p_2} + F_{I_1} + F_{I_2} - F_{p_3} - F_{I_3}.$$

Umgeformt – nach Druckkräften und Impulskräften sortiert –, folgt:

$$F_{p_3} - F_{p_1} - F_{p_2} = F_{I_1} + F_{I_2} - F_{I_3}.$$

$F_{p_1} = p_1 \cdot A_1$	Druckkraft auf A_1
$F_{p_2} = p_2 \cdot A_2 = p_1 \cdot A_2$	Druckkraft auf A_2, da $p_1 = p_2$
$F_{p_3} = p_3 \cdot A_3$	Druckkraft auf A_3
$F_{I_1} = \dot{m}_1 \cdot c_1$	Impulskraft auf A_1
$F_{I_2} = \dot{m}_2 \cdot c_2$	Impulskraft auf A_2
$F_{I_3} = \dot{m}_3 \cdot c_3$	Impulskraft auf A_3
$\dot{m}_1 = \rho \cdot \dot{V}_1$	Massenstrom durch A_1
$\dot{m}_2 = \rho \cdot \dot{V}_2$	Massenstrom durch A_2
$\dot{m}_3 = \rho \cdot \dot{V}_3$	Massenstrom durch A_3
$\dot{V}_1 = c_1 \cdot A_1$	Volumenstrom durch A_1
$\dot{V}_2 = c_2 \cdot A_2$	Volumenstrom durch A_2
$\dot{V}_3 = c_3 \cdot A_3$	Volumenstrom durch A_3

Diese Zusammenhänge in die o. g. Gleichung eingesetzt führen zunächst zu:

$$p_3 \cdot A_3 - p_1 \cdot A_1 - p_2 \cdot A_2 = \rho \cdot A_1 \cdot c_1^2 + \rho \cdot A_2 \cdot c_2^2 - \rho \cdot A_3 \cdot c_3^2$$

oder, da $p_1 = p_2$

$$p_3 \cdot A_3 - p_1 \cdot (A_1 + A_2) = \rho \cdot A_1 \cdot c_1^2 + \rho \cdot A_2 \cdot c_2^2 - \rho \cdot A_3 \cdot c_3^2.$$

Mit $A_1 + A_2 = A_3$ folgt

$$(p_3 - p_1) \cdot A_3 = \rho \cdot A_1 \cdot c_1^2 + \rho \cdot A_2 \cdot c_2^2 - \rho \cdot A_3 \cdot c_3^2.$$

Multipliziert mit $(1/A_3)$ ergibt das

$$p_3 - p_1 = \rho \cdot \frac{A_1}{A_3} \cdot c_1^2 + \rho \cdot \frac{A_2}{A_3} \cdot c_2^2 - \rho \cdot c_3^2.$$

Mit den bekannten Flächenverhältnissen $\frac{A_1}{A_3} = \frac{1}{3}$ sowie $\frac{A_2}{A_3} = \frac{2}{3}$ vereinfacht sich Gleichung zu

$$p_3 - p_1 = \rho \cdot \frac{1}{3} \cdot c_1^2 + \rho \cdot \frac{2}{3} \cdot c_2^2 - \rho \cdot c_3^2.$$

Die in Fall 1 gefundene Geschwindigkeit c_3 wird quadriert, dies führt zunächst zu

$$c_3^2 = \left(\frac{1}{3} \cdot c_1 + \frac{2}{3} \cdot c_2 \right)^2 = \frac{1}{9} \cdot c_1^2 + 2 \cdot \frac{1}{3} \cdot c_1 \cdot \frac{2}{3} \cdot c_2 + \frac{4}{9} \cdot c_2^2.$$

Für $(p_3 - p_1)$ eingesetzt liefert das nach Ausklammern von ρ

$$p_3 - p_1 = \rho \cdot \left(\frac{1}{3} \cdot c_1^2 + \frac{2}{3} \cdot c_2^2 - \frac{1}{9} \cdot c_1^2 - \frac{4}{9} \cdot c_1 \cdot c_2 - \frac{4}{9} \cdot c_2^2 \right).$$

Wir fassen weiter zusammen,

$$p_3 - p_1 = \rho \cdot \left(\frac{3}{9} \cdot c_1^2 - \frac{1}{9} \cdot c_1^2 + \frac{6}{9} \cdot c_2^2 - \frac{4}{9} \cdot c_2^2 - \frac{4}{9} \cdot c_1 \cdot c_2 \right),$$

subtrahieren gleiche Größen voneinander und ziehen $(2/9)$ vor die Klammer:

$$p_3 - p_1 = \rho \cdot \left(\frac{2}{9} \cdot c_1^2 + \frac{2}{9} \cdot c_2^2 - \frac{4}{9} \cdot c_1 \cdot c_2 \right)$$
$$= \frac{2}{9} \cdot \rho \cdot \left(c_1^2 - 2 \cdot c_1 \cdot c_2 + c_2^2 \right).$$

Wir erkennen im Klammerausdruck mal wieder eine binomische Formel,

$$c_1^2 - 2 \cdot c_1 \cdot c_2 + c_2^2 = (c_1 - c_2)^2,$$

und erhalten das Ergebnis

$$p_3 - p_1 = \frac{2}{9} \cdot \rho \cdot (c_1 - c_2)^2.$$

Lösungsschritte – Fall 3

Die Größen c_3 und $(p_3 - p_1)$ lassen sich, wenn $c_1 = 20\,\text{m/s}$; $c_2 = 10\,\text{m/s}$; $\rho = 1{,}2\,\text{kg/m}^3$ gegeben sind, unter Beachtung dimensionsgerechter Größen wie folgt berechnen:

$$c_3 = \frac{1}{3} \cdot 20 + \frac{2}{3} \cdot 10 = 13{,}33\,\text{m/s}$$

$$p_3 - p_1 = \frac{2}{9} \cdot 1{,}2 \cdot (20 - 10)^2 = 26{,}67\,\text{Pa}$$

Aufgabe 2.8 Wasserstrahlvolumen

In Abb. 2.15 ist der Austritt einer Düse zu erkennen, aus der Wasser senkrecht ins Freie nach oben schießt. Bei bekannter Düsenaustrittsfläche A_1, Austrittsgeschwindigkeit c_1 und Strahlabstand H vom Düsenaustritt soll das Volumen V des durch H begrenzten Wasserstrahls ermittelt werden.

Abb. 2.15 Wasserstrahlvolumen

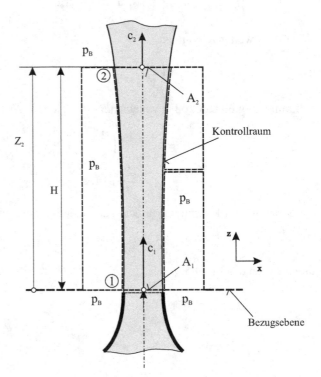

Lösung zu Aufgabe 2.8

Aufgabenerläuterung

Wenn im vorliegenden Beispiel nach dem im Strahl eingeschlossenen Volumen V gefragt wird, muss man sich folgendes klar machen. In diesem kontinuierlich durchströmten Volumen überschreiten zu jeder Zeit die gleiche Zahl von Fluidteilchen die Grenze am Eintritt (in das Volumen hinein) wie auch die Grenze am Austritt (aus dem Volumen heraus). Dies bedeutet, dass zu jeder beliebigen Zeit zwar nicht dieselben, so aber doch die gleiche Anzahl Fluidteilchen vorhanden sind. Sie weisen in dem abgegrenzten Raum eine resultierende Masse auf und verursachen dem zu Folge eine Gewichtskraft F_G. Es wird nun erforderlich, diese Gewichtskraft in Verbindung zu bringen mit den gegebenen Größen gemäß Aufgabenstellung. Hier hilft u. a. der Impulssatz weiter, der die Kräfte an einem sinnvoll zu wählenden Kontrollvolumen bilanziert. Die Anordnung des Kontrollvolumens sollte in der Weise erfolgen, dass einerseits seine durchströmten Querschnitte A_1 und A_2 senkrecht zu den dortigen Geschwindigkeiten stehen und des Weiteren der sog. körpergebundene Teil um den Strahl gelegt wird, wo die Gewichtskraft wirksam werden kann. Die Bernoulli'sche Gleichung und das Kontinuitätsgesetz kommen ebenfalls zur Anwendung.

Gegeben:

- A_1; c_1; H; g

Gesucht:

- V

Anmerkungen

- Reibungskräfte mit der umgebenden Luft werden nicht berücksichtigt.
- Die Druckkräfte an der Oberfläche des Kontrollraums heben sich bei überall gleichem atmosphärischen Umgebungsdruck vollständig auf (Abb. 2.16).

Lösungsschritte

Die Kräftebilanz in z-Richtung lautet

$$\sum_1^n F_i = 0 = F_{I_1} - F_{I_2} - F_G.$$

Da das **Volumen** V in der Gleichung der Gewichtskraft F_G enthalten ist, löst man nach F_G auf:

$$F_G = F_{I_1} - F_{I_2}.$$

Abb. 2.16 Wasserstrahlvolumen; Kräfte am Kontrollraum

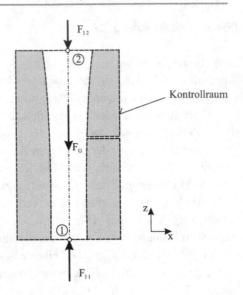

$F_{I_1} = \dot{m} \cdot c_1$ Impulskraft an der Stelle 1 auf A_1 wirkend

$F_{I_2} = \dot{m} \cdot c_2$ Impulskraft an der Stelle 2 auf A_2 wirkend

$F_G = g \cdot m$ Gewichtskraft des Fluids im eingeschlossenen Volumen

$m = \rho \cdot V$ Masse im eingeschlossenen Volumen

$\dot{m} = \rho \cdot \dot{V}$ Massenstrom durch A_1 und A_2

$\dot{V} = c \cdot A$ Volumenstrom

$\dot{V} = c_1 \cdot A_1 = c_2 \cdot A_2$ Kontinuitätsgleichung

Diese Zusammenhänge werden in die Gleichung der Gewichtskraft eingesetzt:

$$g \cdot \rho \cdot V = \rho \cdot c_1^2 \cdot A_1 - \rho \cdot c_2^2 \cdot A_2.$$

Die Dichte ρ herausgekürzt und durch die Fallbeschleunigung g dividiert liefert zunächst den Ausdruck

$$V = \frac{1}{g} \cdot \left(c_1^2 \cdot A_1 - c_2^2 \cdot A_2 \right)$$

oder, wenn $(c_1 \cdot A_1)$ ausgeklammert wird,

$$V = \frac{c_1 \cdot A_1}{g} \cdot \left(c_1 - \frac{A_2 \cdot c_2^2}{A_1 \cdot c_1} \right).$$

Hierin sind c_2 und A_2 noch mit bekannten Größen zu ersetzen. Hier hilft die Bernoulli-Gleichung an den Stellen 1 und 2 wie folgt weiter:

$$\frac{p_1}{\rho} + \frac{c_1^2}{2} + g \cdot Z_1 = \frac{p_2}{\rho} + \frac{c_2^2}{2} + g \cdot Z_2.$$

Mit den besonderen Gegebenheiten $p_1 = p_2 = p_B$ sowie $Z_1 = 0$ und $Z_2 = H$ erhält man

$$\frac{1}{2} \cdot (c_1^2 - c_2^2) = g \cdot (Z_2 - 0) = g \cdot H \quad \text{oder} \quad c_1^2 - c_2^2 = 2 \cdot g \cdot H.$$

Nach c_2^2 aufgelöst $c_2^2 = c_1^2 - 2 \cdot g \cdot H$ und die Wurzel gezogen $c_2 = \sqrt{c_1^2 - 2 \cdot g \cdot H}$ ersetzt somit c_2 mit c_1 und H. Führt man die umgeformte Kontinuitätsgleichung $\frac{A_2}{A_1} = \frac{c_1}{c_2}$ in die oben stehende Gleichung des gesuchten Volumens V ein, so liefert dies nach Kürzen gleicher Größen

$$V = \frac{c_1 \cdot A_1}{g} \cdot \left(c_1 - \frac{c_1}{c_2} \cdot \frac{c_2^2}{c_1} \right) = \frac{c_1 \cdot A_1}{g} \cdot (c_1 - c_2).$$

Unter Verwendung von $c_2 = \sqrt{c_1^2 - 2 \cdot g \cdot H}$ lautet somit das Ergebnis

$$V = \frac{c_1 \cdot A_1}{g} \cdot \left(c_1 - \sqrt{c_1^2 - 2 \cdot g \cdot H} \right).$$

Aufgabe 2.9 Zylinder auf Flüssigkeitsstrahl

In Abb. 2.17 ist ein zylindrischer Körper mit der Gewichtskraft F_G im Längsschnitt zu erkennen. Der untere Teil des Körpers ist mit einer halbkugelförmigen Aushöhlung versehen. Aus einer Düse heraus schießt ein Wasserstrahl vertikal nach oben in diesen Hohlraum hinein, wird umgelenkt und verlässt entgegen Zuströmrichtung den Zylinder wieder. Die Austrittsgeschwindigkeit aus der Düse (Stelle 1) und der Massenstrom bewirken bei korrekter Dimensionierung, dass der zylindrische Körper in Schwebe gehalten wird. Zur Erzeugung der genannten Geschwindigkeit wird im Raum vor dem Düsenaustritt (Stelle 0) der statische Druck p_0 erforderlich. Neben der Gewichtskraft des zylindrischen Körpers ist die Berechnungsgleichung des statischen Drucks p_0 aus nachstehenden gegebenen Größen zu ermitteln.

Lösung zu Aufgabe 2.9

Aufgabenerläuterung

Die Aufgabe befasst sich zentral mit Kräften, die von strömenden Fluiden hervorgerufen werden und mit anderen äußeren Kräften an einem sinnvoll zu wählenden Kontrollraum reagieren: Impulssatz der Strömungsmechanik. Je nach Aufgabenstellung und gegebenen Größen des Systems müssen i. A. noch weitere Grundlagen der Strömungsmechanik, wie z. B. Bernoulli-Gleichung, Kontinuitätsgleichung etc. heran gezogen werden.

Abb. 2.17 Zylinder auf Flüssigkeitsstrahl

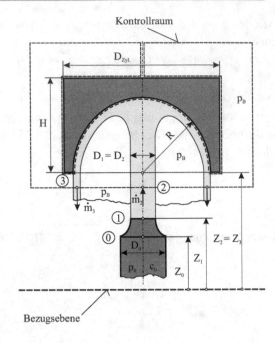

Gegeben:

- D_0; D_1; D_{Zyl}; H; R; g; p_B; ρ_{Zyl}; ρ_W

Gesucht:

1. F_G
2. p_0

Anmerkungen

- Die Wassergewichtskraft im Kontrollraum bleibt unberücksichtigt.
- verlustfreie Strömung im Kontrollraum
- keine Strahlaufweitung von 1 nach 2
- Die Höhenunterschiede von Z_0, Z_1 und $Z_2 = Z_3$ sind sehr klein.
- Das Kugelvolumen lautet
  $V_K = \frac{\pi}{6} \cdot D^3$.

Lösungsschritte – Fall 1
Die **Gewichtskraft** F_G finden wir mit den folgenden Gleichungen:

$F_G = g \cdot m = g \cdot \rho_{Zyl} \cdot V$ Gewichtskraft des Hohlzylinders
$V = V_{Zyl} - V_{HK}$ Hohlzylindervolumen

$$V_{Zyl} = \frac{\pi}{4} \cdot D_{Zyl}^2 \cdot H \qquad \text{Zylindervolumen}$$
$$V_{HK} = \frac{1}{2} \cdot V_K = \frac{\pi}{12} \cdot D^3 \quad \text{Halbkugelvolumen.}$$

Mit $D = 2 \cdot R$ wird

$$V = \frac{\pi}{4} \cdot D_{Zyl}^2 \cdot H - \frac{2}{3} \cdot \pi \cdot R^3.$$

Die gesuchte Gewichtskraft lautet folglich

$$F_G = g \cdot \rho_{Zyl} \cdot \frac{\pi}{4} \cdot \left(D_{Zyl}^2 \cdot H - \frac{8}{3} \cdot R^3 \right).$$

Lösungsschritte – Fall 2

Zunächst wird als Ansatz zur Ermittlung des **Drucks p_0** der Impulssatz mit dem Kräftegleichgewicht am Kontrollraum gemäß Abb. 2.18 herangezogen. Grund: In den Impulskräften sind die Geschwindigkeiten c_2 und c_3 enthalten. Diese lassen sich mit dem gesuchten Druck p_0 in Verbindung bringen:

$$\sum F_{I_z} = 0 = F_{I_2} + F_{I_3} - F_G \quad \text{oder} \quad F_G = F_{I_2} + F_{I_3}.$$

$F_{I_2} = \dot{m} \cdot c_2$ Impulskraft am Eintritt in den Kontrollraum

$F_{I_3} = \dot{m} \cdot c_3$ Impulskraft am Austritt aus dem Kontrollraum

$\dot{m}_2 = \rho_W \cdot \dot{V}_2$ Massenstrom in den Kontrollraum hinein

$\dot{m}_3 = \rho_W \cdot \dot{V}_3$ Massenstrom aus dem Kontrollraum heraus

$\dot{V}_2 = c_2 \cdot A_2$ Volumenstrom in den Kontrollraum hinein

$\dot{V}_3 = c_3 \cdot A_3$ Volumenstrom aus dem Kontrollraum heraus

Mit diesen Zusammenhängen entsteht

$$F_G = \rho_W \cdot A_2 \cdot c_2^2 + \rho_W \cdot A_3 \cdot c_3^2.$$

Die Bernoulli-Gleichung bei 1 und 2,

$$\frac{p_1}{\rho_W} + \frac{c_1^2}{2} + g \cdot Z_1 = \frac{p_2}{\rho_W} + \frac{c_2^2}{2} + g \cdot Z_2,$$

führt mit $Z_1 \approx Z_2$ und $p_1 = p_2 = p_B$ führt zu

$$\frac{c_1^2}{2} = \frac{c_2^2}{2} \Rightarrow c_1 = c_2.$$

Abb. 2.18 Zylinder auf Flüssigkeitsstrahl; Kräfte am Kontrollraum

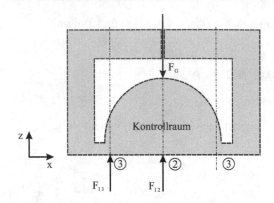

Analog hierzu, jetzt jedoch an den Stellen 2 und 3,

$$\frac{p_2}{\rho_W} + \frac{c_2^2}{2} + g \cdot Z_2 = \frac{p_3}{\rho_W} + \frac{c_3^2}{2} + g \cdot Z_3$$

folgt mit $Z_2 = Z_3$ und $p_2 = p_3 = p_B$

$$\frac{c_2^2}{2} = \frac{c_3^2}{2} \Rightarrow c_2 = c_3.$$

Die Geschwindigkeiten sind also im vorliegenden Fall an den Stellen 1, 2 und 3 gleich groß.

Mit der Kontinuitätsgleichung

$$\dot{V}_1 = \dot{V}_2 = \dot{V}_3 = c_1 \cdot A_1 = c_2 \cdot A_2 = c_3 \cdot A_3$$

stellt man dann auch fest, dass ebenfalls Flächengleichheit bestehen muss, also

$$A_1 = A_2 = A_3.$$

In die Kräftegleichung oben eingesetzt erhält man

$$\begin{aligned} F_G &= \rho_W \cdot A_2 \cdot c_2^2 + \rho_W \cdot A_3 \cdot c_3^2 \\ &= 2 \cdot \rho_W \cdot A_1 \cdot c_1^2. \end{aligned}$$

Die hierin unbekannte Geschwindigkeit c_1 muss nun mit gegebenen Größen im Querschnitt 0 in Verbindung gebracht werden. Dies gelingt wiederum mit der Bernoulli-Gleichung, jetzt jedoch an den Stellen 0 und 1:

$$\frac{p_0}{\rho_W} + \frac{c_0^2}{2} + g \cdot Z_0 = \frac{p_1}{\rho_W} + \frac{c_1^2}{2} + g \cdot Z_1.$$

Mit $p_1 = p_B$ und $Z_0 \approx Z_1$ folgt zunächst

$$\frac{p_0}{\rho_W} + \frac{c_0^2}{2} = \frac{p_B}{\rho_W} + \frac{c_1^2}{2}.$$

Nach Sortieren von $\frac{c^2}{2}$ und $\frac{p}{\rho}$ gemäß

$$\frac{c_1^2}{2} - \frac{c_0^2}{2} = \frac{p_0 - p_B}{\rho_W}$$

und dann $\frac{c_1^2}{2}$ ausgeklammert liefert

$$\frac{c_1^2}{2}\left(1 - \frac{c_0^2}{c_1^2}\right) = \frac{p_0 - p_B}{\rho_W}.$$

Mittels der Kontinuitätsgleichung,

$$\dot{V}_0 = \dot{V}_1 = c_0 \cdot A_0 = c_1 \cdot A_1,$$

lässt sich $\frac{c_0}{c_1}$ ersetzen gemäß $\frac{c_0}{c_1} = \frac{A_1}{A_0}$. Oben eingesetzt ist das dann

$$\frac{c_1^2}{2}\left(1 - \frac{A_1^2}{A_0^2}\right) = \frac{p_0 - p_B}{\rho_W},$$

und mit $A - \frac{\pi}{4} \cdot D^2$ gelangt man zu

$$\frac{c_1^2}{2}\left(1 - \frac{D_1^4}{D_0^4}\right) = \frac{p_0 - p_B}{\rho_W}$$

oder nach Division durch $\left(1 - \frac{D_1^4}{D_0^4}\right)$ zu

$$\frac{c_1^2}{2} = \frac{p_0 - p_B}{\rho_W} \cdot \frac{1}{1 - \frac{D_1^4}{D_0^4}}.$$

Die Multiplikation mit 2 führt zum benötigten Term c_1^2:

$$c_1^2 = 2 \cdot \frac{p_0 - p_B}{\rho_W} \cdot \frac{1}{1 - \frac{D_1^4}{D_0^4}}.$$

Eingesetzt in die Gleichung für F_G erhält man zunächst

$$F_G = 2 \cdot \rho_W \cdot A_1 \cdot 2 \cdot \frac{p_0 - p_B}{\rho_W} \cdot \frac{1}{1 - \frac{D_1^4}{D_0^4}}.$$

Jetzt können wir $A_1 = \frac{\pi}{4} \cdot D_1^2$ einsetzen und kürzen:

$$F_G = 4 \cdot \rho_W \cdot \frac{\pi}{4} \cdot D_1^2 \cdot \frac{p_0 - p_B}{\rho_W} \cdot \frac{1}{1 - \frac{D_1^4}{D_0^4}} \cdot$$

Das Umstellen nach $(p_0 - p_B)$ ergibt

$$p_0 - p_B = \frac{F_G}{\pi \cdot D_1^2} \cdot \left(1 - \frac{D_1^4}{D_0^4}\right)$$

und schließlich p_0 mit

$$p_0 = p_B + \frac{F_G}{\pi \cdot D_1^2} \cdot \left(1 - \frac{D_1^4}{D_0^4}\right).$$

F_G gemäß Fall 1 verknüpft liefert

$$p_0 = p_B + \frac{g \cdot \rho_{Zyl} \cdot \frac{\pi}{4} \cdot \left(D_{Zyl}^2 \cdot H - \frac{8}{3} \cdot R^3\right)}{\pi \cdot D_1^2} \cdot \left(1 - \frac{D_1^4}{D_0^4}\right)$$

oder weiter vereinfacht

$$p_0 = p_B + \cdot \frac{1}{4} g \cdot \rho_{Zyl} \cdot \frac{D_{Zyl}^2 \cdot H - \frac{8}{3} \cdot R^3}{D_1^2} \cdot \left(1 - \frac{D_1^4}{D_0^4}\right).$$

Aufgabe 2.10 Schwebender Kegel

In einer vertikalen Rohrleitung soll ein kegelförmiger Körper mit dem Volumen V_K und der Dichte ρ_K derart von unten nach oben angeströmt werden, dass er in einem Schwebezustand beharrt (Abb. 2.19). Die Strömung des Fluids der Dichte ρ wird als verlustfrei angesehen. Wie groß muss die Geschwindigkeit c_1 gewählt werden, um bei bekannten Abmessungen D und d den Schwebezustand zu gewährleisten?

Lösung zu Aufgabe 2.10

Aufgabenerläuterung
Das Schweben (d. h., die Kegelgeschwindigkeit ist gleich null) im senkrecht durchströmten Rohr ist dann sichergestellt, wenn die Kegelgewichtskraft im Zusammenwirken mit

Abb. 2.19 Schwebender Kegel

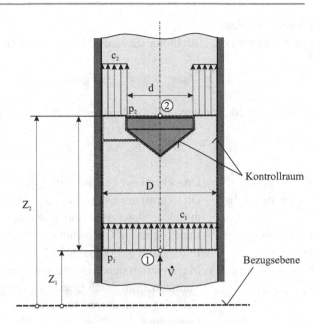

den anderen Kräften am eingezeichneten Kontrollraum gerade kompensiert wird. Aufgrund der Annahme verlustfreier Strömung im Rohr und am Körper entfallen Reibungskräfte an den betreffenden Oberflächen sowie die Kegelwiderstandskraft in Folge der tatsächlich vorhandenen Strömungsablösung hinter dem Kegel. Mit den gegebenen Größen ermöglichen der Impulssatz am Kontrollraum, die Bernoulli'sche Energiegleichung sowie die Kontinuitätsgleichung die Ermittlung der gesuchten Anströmgeschwindigkeit c_1.

Gegeben:

- d; D; V_K; ρ_K; ρ; g

Gesucht:

- c_1

- Annahme verlustfreier Strömung
- inkompressibles Fluid
- Die Kontrollraumlänge L kann beliebig groß gewählt werden.
- Geschwindigkeiten und Drücke sind homogen über den Querschnitten verteilt.

Lösungsschritte

Die Kräftebilanz in z-Richtung am Kontrollraum liefert zunächst

$$\sum F_{i_z} = 0 = F_{p_1} + F_{I_1} - F_{p_2} - F_{I_2} - F_{G_K} - F_{G_F},$$

siehe Abb. 2.20. Bringt man die beiden Druckkräfte auf die linke Gleichungsseite, so folgt:

$$F_{p_1} - F_{p_2} = F_{I_2} - F_{I_1} + F_{G_K} + F_{G_F}.$$

$F_{p_1} = p_1 \cdot A_1$ Druckkraft auf Querschnitt an der Stelle 1

$F_{p_2} = p_2 \cdot A_1\,!!$ Druckkraft auf Querschnitt an der Stelle 2. Der Druck p_2 wirkt unmittelbar hinter dem Körper auf A_1.

$F_{I_1} = \dot{m} \cdot c_1$ Impulskraft auf Querschnitt

$F_{I_2} = \dot{m} \cdot c_2$ Impulskraft auf Querschnitt 2

$\dot{m} = \rho \cdot \dot{V}_1 = \rho \cdot \dot{V}_2$ Massenstrom durch Querschnitt 1 und Querschnitt 2

$\dot{V}_1 = c_1 \cdot A_1$ Volumenstrom durch Querschnitt 1

$\dot{V}_2 = c_2 \cdot A_2$ Volumenstrom durch Querschnitt 2

$A_2 = A_1 - A$ Querschnitt 2

$F_{I_1} = \rho \cdot A_1 \cdot c_1^2$ Impulskraft auf Querschnitt 1

$F_{I_2} = \rho \cdot A_2 \cdot c_2^2$ Impulskraft auf Querschnitt 2

Abb. 2.20 Schwebender Kegel; Kräfte am Kontrollraum

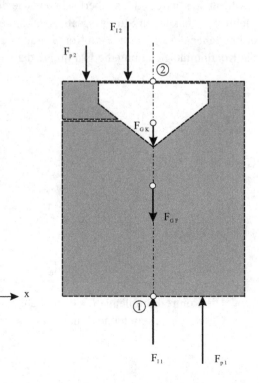

$F_{G_K} = g \cdot m_K$ Kegelgewichtskraft

$m_K = \rho_K \cdot V_K$ Kegelmasse

$F_{G_F} = g \cdot m_F$ Fluidgewichtskraft im Kontrollraum

$m_F = \rho \cdot V_F$ Fluidmasse im Kontrollraum

$V_F = A_1 \cdot L - V_K$ Fluidvolumen im Kontrollraum

Die Fluidgewichtskraft im Kontrollraum erhält man zu

$$F_{G_F} = g \cdot \rho \cdot (A_1 \cdot L - V_K).$$

Setzt man nun alle so ermittelten Ausdrücke der Kräfte in oben stehende Kräftebilanz ein,

$$A_1 \cdot (p_1 - p_2) = \rho \cdot A_2 \cdot c_2^2 - \rho \cdot A_1 \cdot c_1^2 + g \cdot [\rho_K \cdot V_K + \rho \cdot (A_1 \cdot L - V_K)],$$

und dividiert durch den Querschnitt A_1, so führt dies zum Druckunterschied $(p_1 - p_2)$:

$$p_1 - p_2 = \rho \cdot \frac{A_2}{A_1} \cdot c_2^2 - \rho \cdot c_1^2 + g \cdot \left[\rho_K \cdot \frac{V_K}{A_1} + \rho \cdot \left(L - \frac{V_K}{A_1}\right)\right]$$

oder

$$(p_1 - p_2) = \rho \cdot \left(\frac{A_2}{A_1} \cdot c_2^2 - c_1^2\right) + g \cdot \frac{V_K}{A_1} \cdot (\rho_K - \rho) + g \cdot \rho \cdot L.$$

Eine zweite Möglichkeit, diesen Druckunterschied $(p_1 - p_2)$ völlig unabhängig vom vorangehenden Weg zu ermitteln, gelingt mit der Bernoulli'schen Gleichung an den Stellen 1 und 2 bei der vorausgesetzten verlustfreien Strömung.

$$\frac{p_1}{\rho} + \frac{c_1^2}{2} + g \cdot Z_1 = \frac{p_2}{\rho} + \frac{c_2^2}{2} + g \cdot Z_2.$$

Wieder werden die Druckglieder auf die linke Gleichungsseite gestellt,

$$\frac{p_1 - p_2}{\rho} = \frac{c_2^2}{2} - \frac{c_1^2}{2} + g \cdot (Z_2 - Z_1),$$

und $Z_2 - Z_1 = L$ gesetzt und das Ganze dann mit der Dichte ρ multipliziert:

$$p_1 - p_2 = \frac{\rho}{2} \cdot c_2^2 - \frac{\rho}{2} \cdot c_1^2 + \rho \cdot g \cdot L.$$

Diese beiden Ergebnisse für $(p_1 - p_2)$ werden gleichgesetzt, das hat zur Folge

$$\frac{\rho}{2} \cdot c_2^2 - \frac{\rho}{2} \cdot c_1^2 + \rho \cdot g \cdot L = \rho \cdot \left(\frac{A_2}{A_1} \cdot c_2^2 - c_1^2\right) + g \cdot \frac{V_K}{A_1} \cdot (\rho_K - \rho) + g \cdot \rho \cdot L.$$

Wir kürzen ρ und bringen die Geschwindigkeitsglieder auf die linke Seite:

$$\frac{c_2^2}{2} - \frac{c_1^2}{2} - \frac{A_2}{A_1} \cdot c_2^2 - c_1^2 = g \cdot \frac{V_K}{A_1} \cdot \left(\frac{\rho_K}{\rho} - 1\right).$$

Wir verwenden

$$c_1^2 = \frac{2}{2} \cdot c_1^2 \quad \text{sowie} \quad \frac{A_2}{A_1} \cdot c_2^2 = \frac{2 \cdot A_2}{A_1} \cdot \frac{c_2^2}{2}$$

und sortieren dann noch um,

$$\frac{2 \cdot c_1^2}{2} - \frac{c_1^2}{2} + \frac{c_2^2}{2} - \frac{2 \cdot A_2}{A_1} \cdot \frac{c_2^2}{2} = g \cdot \frac{V_K}{A_1} \cdot \left(\frac{\rho_K}{\rho} - 1\right),$$

das liefert dann

$$\frac{c_1^2}{2} + \frac{c_2^2}{2}\left(1 - \frac{2 \cdot A_2}{A_1}\right) = g \cdot \frac{V_K}{A_1} \cdot \left(\frac{\rho_K}{\rho} - 1\right).$$

c_2 muss nun noch mit der Kontinuitätsgleichung $\dot{V} = c_1 \cdot A_1 = c_2 \cdot A_2$ und Umstellen zu $c_2 = c_1 \cdot \frac{A_1}{A_2}$ ersetzt werden. Somit folgt

$$\frac{c_1^2}{2} + \frac{c_1^2}{2} \cdot \frac{A_1^2}{A_2^2} \cdot \left(1 - 2 \cdot \frac{A_2}{A_1}\right) = g \cdot \frac{V_K}{A_1} \cdot \left(\frac{\rho_K}{\rho} - 1\right).$$

Stellt man links $\left(\frac{c_1^2}{2}\right)$ vor die Klammer,

$$\frac{c_1^2}{2}\left(1 + \frac{A_1^2}{A_2^2} - 2 \cdot \frac{A_2}{A_1} \cdot \frac{A_1^2}{A_2^2}\right) = g \cdot \frac{V_K}{A_1} \cdot \left(\frac{\rho_K}{\rho} - 1\right),$$

und ersetzt den nach Kürzen gleicher Größen in der Klammer verbleibenden Ausdruck als binomische Formel, so führt dies zu

$$\frac{c_1^2}{2} \cdot \left(\frac{A_1}{A_2} - 1\right)^2 = g \cdot \frac{V_K}{A_1} \cdot \left(\frac{\rho_K}{\rho} - 1\right).$$

Jetzt werden die kreisförmigen Querschnitte A_1, A_2 und A ersetzt gemäß

$$A_1 = \frac{\pi}{4} \cdot D^2, \quad A = \frac{\pi}{4} \cdot d^2 \quad \text{und} \quad A_2 = A_1 - \frac{\pi}{4} \cdot d^2 = \frac{\pi}{4} \cdot \left(D^2 - d^2\right),$$

das führt auf

$$\frac{c_1^2}{2} \cdot \left(\frac{\frac{\pi}{4} \cdot D^2}{\frac{\pi}{4} \cdot (D^2 - d^2)} - 1\right)^2 = g \cdot \frac{V_K \cdot 4}{\pi \cdot D^2} \cdot \left(\frac{\rho_K}{\rho} - 1\right),$$

weitere Umformungen ergeben sukzessive

$$\frac{c_1^2}{2} \cdot \left(\frac{D^2}{D^2 - d^2} - \frac{D^2 - d^2}{D^2 - d^2} \right)^2 = g \cdot \frac{V_K \cdot 4}{\pi \cdot D^2} \cdot \left(\frac{\rho_K}{\rho} - 1 \right)$$

$$\frac{c_1^2}{2} \cdot \left(\frac{D^2 - D^2 + d^2}{D^2 - d^2} \right)^2 = g \cdot \frac{V_K \cdot 4}{\pi \cdot D^2} \cdot \left(\frac{\rho_K}{\rho} - 1 \right)$$

$$\frac{c_1^2}{2} \cdot \left(\frac{d^2}{D^2 - d^2} \right)^2 = \frac{4}{\pi} \cdot g \cdot \frac{V_K}{D^2} \cdot \left(\frac{\rho_K}{\rho} - 1 \right).$$

Weiterhin erhält man

$$\frac{c_1^2}{2} = \frac{\left(D^2 - d^2 \right)^2}{d^4} \cdot \frac{1}{D^2} \cdot \frac{4}{\pi} \cdot g \cdot V_K \cdot \left(\frac{\rho_K}{\rho} - 1 \right)$$

und nach Multiplikation mit 2

$$c_1^2 = \frac{8}{\pi} \cdot g \cdot \frac{\left(D^2 - d^2 \right)^2}{D^2 \cdot d^4} \cdot V_K \cdot \left(\frac{\rho_K}{\rho} - 1 \right).$$

Nach dem Wurzelziehen liegt das Ergebnis für c_1 fest:

$$c_1 = 2 \cdot \frac{D^2 - d^2}{D \cdot d^2} \cdot \sqrt{\frac{2}{\pi} \cdot g \cdot V_K \cdot \left(\frac{\rho_K}{\rho} - 1 \right)}$$

oder auch

$$c_1 = 2 \cdot \frac{\frac{D^2}{d^2} - 1}{D} \cdot \sqrt{\frac{2}{\pi} \cdot g \cdot V_K \cdot \left(\frac{\rho_K}{\rho} - 1 \right)}$$

Aufgabe 2.11 Körper im Rechteckkanal

Gemäß Abb. 2.21 sei in dem geschlossenen, von einer Flüssigkeit durchströmten horizontalen Rechteckkanal ein profilierter Körper installiert, der die Kanalhöhe vollkommen ausfüllt. Im hier dargestellten Grundriss ist zu erkennen, dass an der Stelle 1 vor dem Körper eine homogene Geschwindigkeitsverteilung c_1 bei einem Druck p_1 vorliegen soll und aufgrund des versperrenden Körperquerschnitts A an der Stelle 2 die homogene Geschwindigkeitsverteilung c_2 bei einem Druck p_2. An der Hinterkante findet ein Strömungsabriss statt, der die anschließende, von Wirbeln durchsetzte „Totwasserzone" hervorruft. Diese

Abb. 2.21 Körper im Rechteckkanal

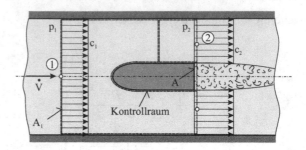

bildet sich stromabwärts aufgrund von Vermischungsvorgängen wieder zurück, sodass in genügend großem Abstand wieder eine homogene Geschwindigkeitsverteilung vorliegt. Unter der Annahme von **Reibungsfreiheit** an den Kanalwänden und am Körper soll bei bekannten Abmessungen A_1 und A sowie vorgegebener Zuströmgeschwindigkeit c_1 und Flüssigkeitsdichte ρ die wirksame Widerstandskraft F_W am Körper ermittelt werden. Des Weiteren wird der betreffende Widerstandsbeiwert c_W gesucht.

Lösung zu Aufgabe 2.11

Aufgabenerläuterung

Die Widerstandskraft an umströmten Körpern wird im Allgemeinen aus der Summe von Reibungswiderstand und Formwiderstand wirksam. Je nach Fall kann sie aber auch nur reibungsbedingter oder nur formbedingter Art sein. In diesem Beispiel soll allein der Formanteil ermittelt werden. Man bedient sich dabei des Impulssatzes, der an einem sinnvoll anzuordnenden Kontrollraum alle an dessen Flächen wirkenden Kräfte bilanziert. Die Impulskräfte werden an den durchströmten Querschnitten auf die Flächen wirkend angesetzt. Die Richtung der hier gesuchten Widerstandskraft ist zunächst unbekannt. Ihre tatsächliche Richtung ergibt sich aus dem Endergebnis, da die Richtungen der anderen Kräfte vorliegen. Weiterhin wird die Bernoulli'sche Gleichung, die Kontinuitäts- sowie Durchflussgleichung benötigt, um mit den gegebenen Größen zur Lösung zu kommen.

Gegeben:

- c_1; ρ; A_1; A

Gesucht:

1. F_W (Widerstandskraft des Körpers aufgrund von Ablösung und Verwirbelung)
2. c_W bei $F_W = c_W \cdot A \cdot \frac{\rho}{2} \cdot c^2$

Anmerkungen

- Das Kontrollvolumen wird so gewählt, dass der Körper in ihm eingeschlossen ist, die Kanalwände anliegen und die durchströmten Querschnitte senkrecht zu den Geschwindigkeiten angeordnet sind.
- Reibungseinflüsse werden, wie oben schon erwähnt, nicht berücksichtigt.

Lösungsschritte – Fall 1

Für die **Widerstandskraft** F_W liefert die Kräftebilanz in x-Richtung gemäß Abb. 2.22 für den Kontrollraum zunächst:

$$\sum F_{i_z} = 0 = F_{I_1} - F_{I_2} - F_W + F_{p_1} - F_{p_2}$$

oder, nach F_W aufgelöst,

$$F_W = F_{I_1} - F_{I_2} + F_{p_1} - F_{p_2}.$$

Hierbei ist F_W als Wirkung des strömenden Fluids auf den Körper und in Folge dessen seine Reaktionskraft auf den Kontrollraum zu verstehen.

$F_{I_1} = \dot{m} \cdot c_1$	Impulskraft auf Querschnitt 1
$\dot{m} = \rho \cdot \dot{V}_1 = \rho \cdot \dot{V}_2$	Massenstrom durch Querschnitt 1
$\dot{V}_1 = c_1 \cdot A_1$	Volumenstrom durch Querschnitt 1
$F_{I_2} = \dot{m} \cdot c_2$	Impulskraft auf Querschnitt 2
$\dot{m} = \rho \cdot \dot{V}_2 = \rho \cdot \dot{V}_1$	Massenstrom durch Querschnitt 2
$\dot{V}_2 = c_2 \cdot A_2$	Volumenstrom durch Querschnitt 2
$A_2 = A_1 - A$	Querschnitt 2
$F_{p_1} = p_1 \cdot A_1$	Druckkraft auf Querschnitt an der Stelle 1
$F_{p_2} = p_2 \cdot A_1$!!	Druckkraft auf Querschnitt an der Stelle 2. Der Druck p_2 wirkt unmittelbar hinter dem Körper über dem gesamten Querschnitt A_1 und nicht etwa allein auf A_2.

Abb. 2.22 Körper im Rechteckkanal; Kräfte am Kontrollraum

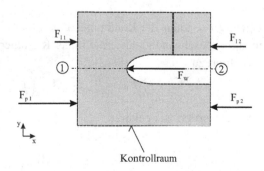

Kontrollraum

Eingesetzt in die Gleichung für F_W sowie die Impulskräfte und Druckkräfte sortiert,

$$F_\mathrm{W} = \dot{m} \cdot c_1 - \dot{m} \cdot c_2 + p_1 \cdot A_1 - p_2 \cdot A_1$$
$$= \rho \cdot A_1 \cdot c_1^2 - \rho \cdot A_2 \cdot c_2^2 + p_1 \cdot A_1 - p_2 \cdot A_1$$
$$= \rho \cdot A_1 \cdot c_1^2 - \rho \cdot A_2 \cdot c_2^2 + A_1 \cdot (p_1 - p_2) ,$$

führt zu einer Gleichung, in der noch der Druckunterschied $(p_1 - p_2)$ unbekannt ist.

Diesen Druckunterschied findet man in der Bernoulli'schen Gleichung wieder, die an den Stellen 1 und 2 zu formulieren ist. Die Verluste entfallen in diesem Fall, da die Reibung nicht berücksichtigt werden soll, und die Verluste aufgrund der Strömungsablösung und der anschließenden Verwirbelung hinter dem Körper erst ab der Stelle 2 beginnen.

$$\frac{p_1}{\rho} + \frac{c_1^2}{2} + g \cdot Z_1 = \frac{p_2}{\rho} + \frac{c_2^2}{2} + g \cdot Z_2 .$$

Die horizontale Lage des Kanals führt zu $Z_1 = Z_2$. Stellt man die Gleichung nach dem gesuchten Druckunterschied $(p_1 - p_2)$ um, so folgt

$$p_1 - p_2 = \frac{\rho}{2} \cdot c_2^2 - \frac{\rho}{2} \cdot c_1^2 .$$

In die Ausgangsgleichung für F_W eingesetzt und gleichartige Glieder vereinfacht

$$F_\mathrm{W} = \rho \cdot A_1 \cdot c_1^2 - \rho \cdot A_2 \cdot c_2^2 + A_1 \cdot \frac{\rho}{2} \cdot c_2^2 - A_1 \cdot \frac{\rho}{2} \cdot c_1^2$$

liefert

$$F_\mathrm{W} = \frac{\rho}{2} \cdot A_1 \cdot c_1^2 + \frac{\rho}{2} \cdot A_1 \cdot c_2^2 - \rho \cdot A_2 \cdot c_2^2 .$$

Klammert man auf der rechten Gleichungsseite $\left(\frac{\rho}{2} \cdot A_1 \cdot c_1^2 \right)$ aus, so entsteht ein Zusammenhang wie folgt:

$$F_\mathrm{W} = \frac{\rho}{2} \cdot c_1^2 \cdot A_1 \left(1 + \frac{c_2^2}{c_1^2} - \frac{A_2}{A_1} \cdot 2 \cdot \frac{c_2^2}{c_1^2} \right) .$$

Unter Verwendung der Kontinuität $\dot{V} = c_1 \cdot A_1 = c_2 \cdot A_2$, umgeformt zu $\frac{c_2}{c_1} = \frac{A_1}{A_2}$, kann man die Geschwindigkeitsterme in der Klammer durch die Flächenverhältnisse ersetzen. Dies führt zu

$$F_\mathrm{W} = \frac{\rho}{2} \cdot c_1^2 \cdot A_1 \cdot \left(1 + \frac{A_1^2}{A_2^2} - 2 \frac{A_2}{A_1} \cdot \frac{A_1^2}{A_2^2} \right)$$

oder, umsortiert und gekürzt,

$$F_\mathrm{W} = \frac{\rho}{2} \cdot c_1^2 \cdot A_1 \cdot \left(\frac{A_1^2}{A_2^2} - 2 \frac{A_1}{A_2} + 1 \right) .$$

Der Klammerausdruck ist als binomische Gleichung auch austauschbar mit $\left(\frac{A_1}{A_2} - 1\right)^2$ und es resultiert

$$F_W = A_1 \cdot \left(\frac{A_1}{A_2} - 1\right)^2 \cdot \frac{\rho}{2} \cdot c_1^2.$$

Benutzen wir nun noch $A_2 = A_1 - A$ in dieser Gleichung und formen wie folgt um,

$$F_W = A_1 \cdot \left(\frac{A_1}{A_1 - A} - 1\right)^2 \cdot \frac{\rho}{2} \cdot c_1^2$$

$$= A_1 \cdot \left(\frac{A_1}{A_1 - A} - \frac{A_1 - A}{A_1 - A}\right)^2 \cdot \frac{\rho}{2} \cdot c_1^2$$

$$= A_1 \cdot \left(\frac{A_1 - A_1 + A}{A_1 - A}\right)^2 \cdot \frac{\rho}{2} \cdot c_1^2 = A_1 \cdot \left(\frac{A}{A_1 - A}\right)^2 \cdot \frac{\rho}{2} \cdot c_1^2,$$

dann kommen wir über

$$F_W = A_1 \cdot \left(\frac{A}{A_1 \cdot \left(1 - \frac{A}{A_1}\right)}\right)^2 \cdot \frac{\rho}{2} \cdot c_1^2 = A_1 \cdot \frac{A^2}{A_1^2 \cdot \left(1 - \frac{A}{A_1}\right)^2} \cdot \frac{\rho}{2} \cdot c_1^2$$

zum Ergebnis:

$$F_W = A \cdot \frac{A/A_1}{\left(1 - \frac{A}{A_1}\right)^2} \cdot \frac{\rho}{2} \cdot c_1^2.$$

Lösungsschritte – Fall 2

Nun ist der **Widerstandsbeiwert** c_W gesucht. Die Definition der Widerstandskraft um- oder angeströmter Körper lautet allgemein

$$F_W = c_W \cdot A \cdot \frac{\rho}{2} \cdot c^2.$$

Hierin sind c_W der Widerstandsbeiwert und A die Bezugsfläche des Körpers, die häufig als Projektions- oder Schattenfläche eingesetzt wird. Dies ist auch im vorliegenden Beispiel mit A als projizierte Fläche des Körpers der Fall. Weiterhin ist $c = c_1$. Damit entsteht aus der ermittelten Widerstandskraft und der Definitionsgleichung

$$(F_W =) = c_W \cdot A \cdot \frac{\rho}{2} \cdot c_1^2 = A \cdot \frac{A/A_1}{\left(1 - \frac{A}{A_1}\right)^2} \cdot \frac{\rho}{2} \cdot c_1^2.$$

Der gesuchte Widerstandsbeiwert, der ausschließlich die Verwirbelungsverluste ein-
schließt, lautet somit:

$$c_W = \frac{A/A_1}{\left(1 - \frac{A}{A_1}\right)^2}.$$

Sonderfall: Wenn $A \ll A_1 \Rightarrow c_W = 0 \Rightarrow F_W = 0$.

Aufgabe 2.12. Behälter mit vertikalem sowie horizontalem Ausfluss

In Abb. 2.23 sind zwei gleiche Behälter zu erkennen, bei denen Flüssigkeit ins Freie
ausströmt. Die Höhe H zwischen Flüssigkeitsspiegel und Ausflussöffnung ist jeweils die-
selbe. Bei Behälter 1 erfolgt das Ausfließen vertikal und bei Behälter 2 horizontal. Beide
Flüssigkeitsstrahlen treffen nach einer zurückgelegten Höhe h auf den Teller einer Kraftmesseinrichtung und fließen von dort seitlich ab.

Wie groß werden die messbaren Kräfte F_1 in der Kraftmesseinrichtung bei Behälter 1
und F_2 in der Kraftmesseinrichtung bei Behälter 2?

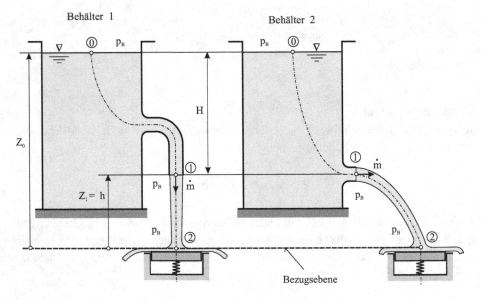

Abb. 2.23 Behälter mit vertikalem sowie horizontalem Ausfluss

Lösung zu Aufgabe 2.12

Aufgabenerläuterung

Auf den ersten Blick könnte man meinen, dass zwischen beiden zu messenden Kräften kein Unterschied besteht. Schließlich fließt derselbe Massenstrom mit derselben Geschwindigkeit auf die Kraftmesseinrichtungen und ruft dort dieselben Impulskräfte hervor. Dass dennoch verschiedene Kräfte angezeigt werden liegt daran, dass die Messgeräte (z. B. Kraftmessdosen, Federwaagen, o. Ä.) nur die vertikal gerichteten Komponenten erfassen. Im Fall des Behälters 1 ist dies die gesuchte Größe F_1 selbst, da der Flüssigkeitsstrahl vertikal auftrifft. Im Fall des Behälters 2 erfolgt der Ausfluss dagegen horizontal. Der weitere Strahlverlauf entspricht bekanntermaßen dem einer Parabel. Somit kann der Flüssigkeitsstrahl nicht vertikal auf den Teller treffen, sondern nur in einer zur Oberfläche der Messeinrichtung schrägen Richtung. Die hier wirksame Impulskraft belastet die Fläche in der vorliegenden schrägen Geschwindigkeitsrichtung. Folglich wird die vertikale Kraftkomponente F_2 kleiner ausfallen als F_1.

In vielen Fällen, wenn nach strömungsbedingten Kräften von Fluiden gefragt wird – wie auch im vorliegenden Fall –, ist die Anwendung des Impulssatzes der Strömungsmechanik von großem Nutzen. Hierbei ist die Wahl eines geeigneten „Kontrollraums" eine grundlegende Voraussetzung. Unter Verwendung sämtlicher „äußeren Kräfte" an den Flächen dieses Kontrollraums ist es möglich, mithilfe der Kräftebilanz die Basis des Lösungsweges zu formulieren.

Gegeben:

- H, h, ρ, g, A_1

Gesucht:

1. F_1
2. F_2
3. F_1 und F_2, wenn $H = 2\,\text{m}$; $h = 1\,\text{m}$; $A_1 = 0{,}002\,\text{m}^2$; $g = 9{,}81\,\text{m/s}^2$; $\rho = 1\,000\,\text{kg/m}^3$

Lösungsschritte – Fall 1

Um die in der Feder der Kraftmesseinrichtung (z. B. Federwaage) wirkende **Kraft F_1** zu ermitteln, legt man sinnvoller Weise einen Kontrollraum um den Teller derart, dass sowohl die Feder als auch der Flüssigkeitsstrahl (Stelle 2) geschnitten werden. Seitlich verläuft der Kontrollraum durch die berührungsfreien Spalte der Waage.

Die Kräftebilanz in z-Richtung lautet, wenn man die Tellergewichtskraft und die Gewichtskraft der auf dem Teller befindlichen Flüssigkeit vernachlässigt (Abb. 2.24):

$$\sum_1^n F_{i_z} = 0 = F_1 - F_{I_2}.$$

Hieraus folgt $F_1 = F_{I_2}$.

Abb. 2.24 Behälter mit ver-
tikalem sowie horizontalem
Ausfluss; Kräfte bei vertikalem
Ausfluss

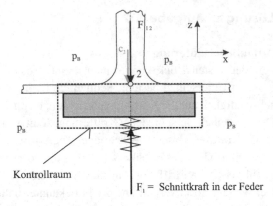

Kontrollraum

$F_1 = $ Schnittkraft in der Feder

Die Impulskraft lautet allgemein $\vec{F}_I = \dot{m} \cdot \vec{c}$ und ist wie die Geschwindigkeit eine vektorielle Größe. An der Stelle 2 erhält man somit

$$F_{I_2} = \dot{m} \cdot c_2.$$

Der **Massenstrom** $\dot{m}$ lässt sich mit den gegebenen Größen wie folgt ersetzen.

$$\dot{m} = \rho \cdot \dot{V} \quad \text{und} \quad \dot{V} = c_1 \cdot A_1$$

führt zu

$$\dot{m} = \rho \cdot c_1 \cdot A_1.$$

Mit $c_1 = \sqrt{2 \cdot g \cdot (Z_0 - Z_1)}$ oder $c_1 = \sqrt{2 \cdot g \cdot H}$ (Torricelli'sche Ausflussgleichung verlustfreier Strömung) erhält man

$$\dot{m} = \rho \cdot A_1 \cdot \sqrt{2 \cdot g \cdot H}.$$

Die **Geschwindigkeit** c_2 kann mittels Bernoulli'scher Gleichung zwischen den Stellen 1 und 2 bestimmt werden, da hier alle Größen bis auf c_2 bekannt sind. Aus

$$\frac{p_1}{\rho} + \frac{c_1^2}{2} + g \cdot Z_1 = \frac{p_2}{\rho} + \frac{c_2^2}{2} + g \cdot Z_2$$

erhält man mit $p_1 = p_2 = p_B$, $Z_2 = 0$ und $Z_1 = h$

$$\frac{c_2^2}{2} = \frac{c_1^2}{2} + g \cdot h$$

oder, nach Multiplikation mit 2,

$$c_2^2 = c_1^2 + 2 \cdot g \cdot h.$$

Dies führt zu

$$c_2 = \sqrt{c_1^2 + 2 \cdot g \cdot h}.$$

Die Impulskraft $F_{I_2} = \dot{m} \cdot c_2$ lautet dann

$$F_{I_2} = \rho \cdot A_1 \cdot \sqrt{2 \cdot g \cdot H} \cdot \sqrt{c_1^2 + 2 \cdot g \cdot h}.$$

Ersetzt man nun $c_1^2 = 2 \cdot g \cdot H$ (s. o.), dann wird

$$F_{I_2} = \rho \cdot A_1 \cdot \sqrt{2 \cdot g \cdot H} \cdot \sqrt{2 \cdot g \cdot H + 2 \cdot g \cdot h}$$
$$= \rho \cdot A_1 \cdot \sqrt{2 \cdot g \cdot H} \cdot \sqrt{2 \cdot g \cdot (H + h)}.$$

Als Ergebnis für den Behälter 1 erhält man die gesuchte Kraft F_1 zu

$$F_{I_2} = 2 \cdot g \cdot \rho \cdot A_1 \cdot \sqrt{H \cdot (H + h)}.$$

Lösungsschritte – Fall 2

Wie schon bei Behälter 1 wird auch für die **Kraft F_2** ein Kontrollraum um den Waagenteller angeordnet in der Weise, dass sowohl die Feder als auch der Flüssigkeitsstrahl (Stelle 2) geschnitten werden. Die Impulskraft F_{I_2} wirkt jetzt aber nicht mehr vertikal, sondern in Richtung des schräg auftreffenden Flüssigkeitsstrahls. Somit besitzt sie eine senkrechte und eine waagerechte Komponente. Beide müssen ihre Reaktionskraft in anderen am Teller angreifenden Kräften finden. Am Waagenteller steht der horizontalen Kraftkomponente $F_{I_2,x}$ die Abstützkraft am Gehäuse gegenüber, während die vertikale Kraftkomponente $F_{I_2,z}$ durch die Federkraft F_2 kompensiert wird (Abb. 2.25). Aufgrund der Aufgabenstellung interessiert nur die Federkraft F_2. Somit folgt aus:

$$\sum_1^n F_{i_z} = 0 = F_2 - F_{I_2,z} \Rightarrow F_2 = F_{I_2,z}.$$

Um $F_{I_2,z}$ aus den bekannten Größen zu ermitteln, benutzt man zunächst

$$F_{I_2}^2 = F_{I_2,x}^2 + F_{I_2,z}^2.$$

Abb. 2.25 Behälter mit vertikalem sowie horizontalem Ausfluss; Kräfte am Waagenteller bei horizontalem Ausfluss

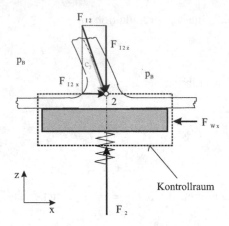

Dies führt zu

$$F_{\mathrm{I}_2,z} = \sqrt{F_{\mathrm{I}_2}^2 - F_{\mathrm{I}_2,x}^2}.$$

Hierin ist $F_{\mathrm{I}_2} = \dot{m} \cdot c_2$ mit $c_2 = \sqrt{2 \cdot g \cdot (H + h)}$ (s. o.) und somit

$$F_{\mathrm{I}_2} = \dot{m} \cdot \sqrt{2 \cdot g \cdot (H + h)}$$

gegeben.

Wenn es gelingt, auch noch $F_{\mathrm{I}_2,x}$ mit den bekannten Größen zu formulieren, liegt die Lösung für F_2 fest. Zur Ermittlung von $F_{\mathrm{I}_2,x}$ ist es erforderlich, einen weiteren Kontrollraum zu verwenden, dessen Anordnung so beschaffen sein muss, dass er den eintretenden Flüssigkeitsstrahl bei 1 und den austretenden Flüssigkeitsstrahl bei 2 schneidet (Abb. 2.26). Als äußere Kräfte am Kontrollraum wirken die beiden Impulskräfte F_{I_1} und F_{I_2} – jeweils in den Geschwindigkeitsrichtungen **auf** den Kontrollraum gerichtet –, sowie die Gewichtskraft des Flüssigkeitsstrahls F_{G}. Die Druckkräfte am Kontrollraum heben sich aufgrund gleichen Drucks gegenseitig auf. Die gesuchte Impulskraftkomponente $F_{\mathrm{I}_2,x}$ lässt sich aus dem Kräftegleichgewicht in x-Richtung wie folgt herleiten.

$$\sum F_{i_x} = 0 = F_{\mathrm{I}_1} - F_{\mathrm{I}_2,x} \Rightarrow F_{\mathrm{I}_2,x} = F_{\mathrm{I}_1}.$$

Mit $F_{\mathrm{I}_1} = \dot{m} \cdot c_1$ und $c_1 = \sqrt{2 \cdot g \cdot H}$ (s. o.) lässt sich schreiben

$$F_{\mathrm{I}_2,x} = F_{\mathrm{I}_1} = \dot{m} \cdot \sqrt{2 \cdot g \cdot H}$$

schreiben.

Daraus wird dann

$$F_2 = F_{\mathrm{I}_2,z} = \sqrt{F_{\mathrm{I}_2}^2 - F_{\mathrm{I}_2,x}^2}$$

$$= \sqrt{\left[\dot{m} \cdot \sqrt{2 \cdot g \cdot (H + h)} \right]^2 - \left(\dot{m} \cdot \sqrt{2 \cdot g \cdot H} \right)^2}$$

Abb. 2.26 Behälter mit vertikalem sowie horizontalem Ausfluss; Kräfte am Flüssigkeitsstrahl bei horizontalem Ausfluss

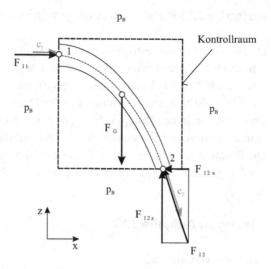

und daraus

$$F_2 = \dot{m} \cdot \sqrt{2 \cdot g \cdot (H + h) - 2 \cdot g \cdot H} = \dot{m} \cdot \sqrt{2 \cdot g \cdot h}.$$

Mit $\dot{m} = \rho \cdot A_1 \cdot \sqrt{2 \cdot g \cdot H}$ erhält man nun

$$F_2 = \rho \cdot A_1 \cdot \sqrt{2 \cdot g \cdot H} \cdot \sqrt{2 \cdot g \cdot h}$$

Das Ergebnis für die Kraft F_2 bei Behälter 2 lautet somit

$$F_2 = 2 \cdot g \cdot \rho \cdot A_1 \cdot \sqrt{H \cdot h}.$$

Lösungsschritte – Fall 3

Die Kräfte F_1 und F_2 haben, wenn $H = 2\,\text{m}$, $h = 1\,\text{m}$, $A_1 = 0{,}002\,\text{m}^2$, $g = 9{,}81\,\text{m/s}^2$ und $\rho = 1\,000\,\text{kg/m}^3$ vorgegeben sind, die folgenden Zahlenwerte:

$$F_1 = 2 \cdot 9{,}81 \cdot 1\,000 \cdot 0{,}002 \cdot \sqrt{2 \cdot (2 + 1)} = 96{,}09\,\text{N}$$

$$F_2 = 2 \cdot 9{,}81 \cdot 1\,000 \cdot 0{,}002 \cdot \sqrt{2 \cdot 1} = 55{,}48\,\text{N}$$

Aufgabe 2.13 Rotierendes abgewinkeltes Rohr

Das in Abb. 2.27 dargestellte doppelt abgewinkelte Rohr besteht aus einem vertikalen Abschnitt, der in einen horizontalen Teil der Länge L übergeht. Dieser weist an seinem Ende
einen um 90° in der Horizontalebene gekrümmten Abschnitt der Länge a auf. Am vertikalen Abschnitt versetzt ein Antrieb mit der Drehzahl n das Rohr in eine im Uhrzeigersinn
gerichtete stationäre Rotationsbewegung. Die rotierende Rohrleitung wird dabei von einem Fluid durchströmt, das an der Stelle 1 mit dem Massenstrom $\dot{m}$ ins Freie ausströmt.
Die Relativgeschwindigkeit des Fluids an der Stelle 1 ist ebenfalls bekannt. Ermitteln Sie
bei den genannten Gegebenheiten das erforderliche Antriebsmoment T.

Lösung zu Aufgabe 2.13

Aufgabenerläuterung

Die Frage nach dem aufzubringenden Moment lässt sich mittels Momentenbilanz an dem
ortsfesten, also nicht mitrotierenden Kontrollraum lösen. Hierbei sind alle an seiner Oberfläche wirksamen Momente, die bei der Aufgabenstellung Einfluss nehmen, zu berücksichtigen. An der Antriebsseite des Kontrollraums wirkt das gesuchte Moment T in Dreh-
richtung. An der äußeren Oberfläche verlässt das Fluid mit dem Massenstrom $\dot{m}$ und der
Absolutgeschwindigkeit c_1 den Kontrollraum. Dies ruft dort die Impulskraft F_{I_1} hervor,
die entgegen der c_1-Richtung auf die Oberfläche des Kontrollraums weist (Abb. 2.28).

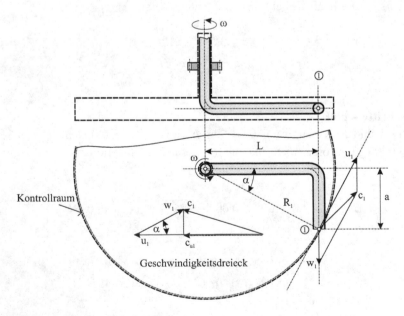

Abb. 2.27 Rotierendes abgewinkeltes Rohr

Abb. 2.28 Rotierendes abgewinkeltes Rohr; Kräfte am Kontrollraum

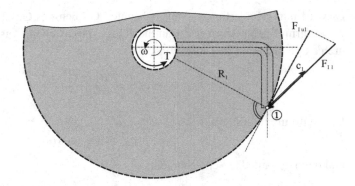

Das hiermit verursachte Moment entsteht aus dem Produkt der Umfangskomponente von F_{I_1} und dem betreffenden Hebelarm. Die benötigten Geschwindigkeitsverhältnisse an der Austrittsstelle 1 sind in Abb. 2.28 dargestellt.

Gegeben:

- L; a; ω; $\dot{m}$; w_1

Gesucht:

- T

Anmerkungen

- Reibungskräfte des Rohrs mit der Umgebungsluft werden vernachlässigt.
- Das Geschwindigkeitsdreieck an der Stelle 1 gemäß Abb. 2.28 entsteht aus der Vektoraddition $\vec{c}_1 = \vec{u}_1 + \vec{w}_1$. Bei der weiteren Verwendung sind die Geschwindigkeitsbeträge zu benutzen.

Lösungsschritte

Die Momentensumme um die Drehachse liefert:

$$\sum T = 0 = T - F_{I,u_1} \cdot R_1 \quad \text{oder} \quad T = F_{I,u_1} \cdot R_1.$$

Hierin ist F_{I,u_1} die Umfangskomponente der Impulskraft F_{I_1} und wirkt somit senkrecht am Radius R_1. Die Impulskraft F_{I_1} ermittelt man mit $F_{I_1} = \dot{m} \cdot c_1$ und folglich F_{I,u_1} mit

$$F_{I,u_1} = \dot{m} \cdot c_{u_1}.$$

Das Antriebsmoment lautet dann

$$T = \dot{m} \cdot c_{u_1} \cdot R_1.$$

Es wird nun erforderlich, c_{u_1} mit bekannten Größen des Geschwindigkeitsdreiecks und R_1 aufgrund geometrischer Zusammenhänge darzustellen. Aus dem Geschwindigkeitsdreieck gemäß Abb. 2.27 folgt zunächst

$$\cos \alpha = \frac{u_1 - c_{u_1}}{w_1}.$$

Dies wird umgeformt nach

$$u_1 - c_{u_1} = w_1 \cdot \cos \alpha$$

und dann c_{u_1} auf eine Seite gebracht:

$$c_{u_1} = u_1 - w_1 \cdot \cos \alpha.$$

Eingesetzt in das gesuchte Moment erhält man nun

$$T = \dot{m} \cdot R_1 \cdot (u_1 - w_1 \cdot \cos \alpha).$$

Weiterhin lässt sich $\cos \alpha$ geometrisch darstellen mit $\cos \alpha = L/R_1$. Nach dem Satz des Pythagoras folgt

$$R_1^2 = L^2 + a^2 \quad \text{bzw.} \quad R_1 = \sqrt{L^2 + a^2}.$$

Jetzt verwendet man die Umfangsgeschwindigkeit $u_1 = R_1 \cdot \omega$,

$$T = \dot{m} \cdot R_1 \cdot \left(R_1 \cdot \omega - w_1 \cdot \frac{L}{R_1} \right),$$

erweitert den zweiten Term in der Klammer mit $\left(\frac{R_1}{R_1} \right)$,

$$T = \dot{m} \cdot R_1 \cdot \left(R_1 \cdot \omega - w_1 \cdot \frac{L}{R_1} \cdot \frac{R_1}{R_1} \right),$$

klammert danach R_1 aus,

$$T = \dot{m} \cdot R_1^2 \cdot \left(\omega - w_1 \cdot \frac{L}{R_1^2} \right)$$

und ersetzt $R_1^2 = L^2 + a^2$, so führt dies zu

$$T = \dot{m} \cdot (L^2 + a^2) \cdot \left(\omega - w_1 \cdot \frac{L}{L^2 + a^2} \right).$$

Der erste Term in der Klammer wird nun mit $\left(\frac{L^2 + a^2}{L^2 + a^2} \right)$ erweitert,

$$T = \dot{m} \cdot (L^2 + a^2) \cdot \left(\omega \cdot \frac{L^2 + a^2}{L^2 + a^2} - w_1 \cdot \frac{L}{L^2 + a^2} \right),$$

und danach $\left(\frac{1}{L^2+a^2}\right)$ vor die Klammer gezogen:

$$T = \dot{m} \cdot \frac{L^2 + a^2}{L^2 + a^2} \cdot \left[\omega \cdot \left(L^2 + a^2\right) - w_1 \cdot L\right].$$

Somit lautet dann das Ergebnis des gesuchten Antriebsmoments

$$T = \dot{m} \cdot \left[\omega \cdot \left(L^2 + a^2\right) - w_1 \cdot L\right]$$

oder, da $R_1^2 = L^2 + a^2$ und $u_1 = R_1 \cdot \omega$,

$$T = \dot{m} \cdot \left(u_1 \cdot R_1 - w_1 \cdot L\right).$$

Aufgabe 2.14 Angeblasener Zylinder

In Abb. 2.29 ist ein senkrecht zur Bildebene angeordneter Zylinder bei atmosphärischem Umgebungsdruck p_B zu erkennen. Der Zylinder weist eine Gewichtskraft F_G auf. Er wird aus einer Düse heraus von einem Luftstrahl von links unten schräg angeblasen. Die Anströmung erfolgt mit einer Geschwindigkeit c_1 unter einem Winkel α_1 zur horizontalen

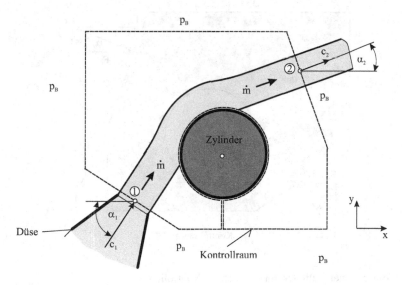

Abb. 2.29 Angeblasener Zylinder (ohne Kräfte)

Ebene. Hierbei fließt ein Luftmassenstrom $\dot{m}$ durch den Strahlquerschnitt. Der Strahl folgt ab dem Berührpunkt der Kreiskontur des Zylinders. Aufgrund der ab hier an den Fluidteilchen wirkenden Fliehkräfte erfolgt eine Druckreduzierung bei Radienverkleinerung. Diesem verkleinerten Druck auf der benetzten Oberseite des Zylinders steht der größere Umgebungsdruck p_B auf der unteren nicht benetzten Fläche gegenüber. Das Resultat ist ein Druckunterschied am Zylinder. Dieser Druckunterschied hat zur Folge, dass der Zylinder „in Schwebe" gehalten wird, d. h. Gleichgewicht zwischen Gewichtskraft und resultierender Druckkraft vorliegt. Der Luftstrom löst sich nach einer Teilumströmung wieder von der Oberfläche ab und besitzt dann eine Geschwindigkeit c_2 mit einer neuen Richtung α_2 zur Horizontalen. Gesucht wird die neue Abströmrichtung α_2.

Lösung zu Aufgabe 2.14

Aufgabenerläuterung

Überall, wo Kräfte bei strömenden Fluiden im Spiel sind, ist es hilfreich, den Impulssatz der Strömungsmechanik anzuwenden. Hierbei muss ein geeigneter Kontrollraum um das betreffende System angeordnet werden. Der in Abb. 2.29 und 2.30 erkennbare Kontrollraum schließt einerseits den Zylinder ein und schneidet andererseits den Luftstrahl an den Stellen 1 und 2 senkrecht. Unter Verwendung des Kräftegleichgewichts in x- und y-Richtung wird es möglich, die neue Strömungsrichtung α_2 zu ermitteln. Hierbei sind die an den Stellen 1 und 2 wirksamen Impulskräfte wie äußere Kräfte senkrecht auf den durchströmten Flächen stehend zu verwenden.

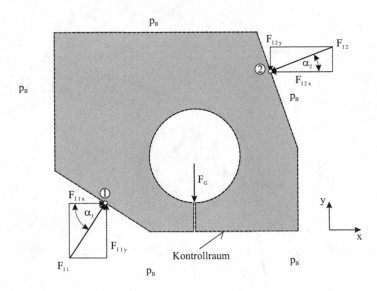

Abb. 2.30 Angeblasener Zylinder (mit Kräften am Kontrollraum)

Gegeben:

c_1; $\dot{m}$; F_G; α_1

Gesucht:

1. Kräfte am Kontrollraum
2. $\alpha_2 = f\left(c_1; \dot{m}; F_G; \alpha_1\right)$
3. α_2, wenn $c_1 = 37{,}5\,\text{m/s}$; $\dot{m} = 2\,\text{kg/s}$; $F_G = 40\,\text{N}$; $\alpha_1 = 45°$

> **Anmerkungen**

- Druckkräfte am Kontrollraum heben sich auf.

Lösungsschritte – Fall 1

Kräfte am Kontrollraum: siehe Abb. 2.30.

Lösungsschritte – Fall 2

Die Suche nach der Funktion des Winkels bzw. der **Abströmrichtung** $\boldsymbol{\alpha_2} = f\,(c_1; \dot{m}; F_G;$ $\alpha_1)$ beginnen wir mit dem Kräftegleichgewicht in Abb. 2.30 in y-Richtung:

$$\sum F_{i_y} = 0 = F_{I_1,y} - F_G - F_{I_2,y}.$$

Hieraus entsteht nach Umstellung

$$F_{I_2,y} = F_{I_1,y} - F_G.$$

Mit $F_{I_2,y} = F_{I_2} \cdot \sin\alpha_2$ und $F_{I_1,y} = F_{I_1} \cdot \sin\alpha_1$ sowie $F_{I_2} = \dot{m} \cdot c_2$ und $F_{I_1} = \dot{m} \cdot c_1$ erhält man

$$\dot{m} \cdot c_2 \cdot \sin\alpha_2 = \dot{m} \cdot c_1 \cdot \sin\alpha_1 - F_G$$

oder, nach Division durch den Massenstrom $\dot{m}$,

$$c_2 \cdot \sin\alpha_2 = c_1 \cdot \sin\alpha_1 - \frac{F_G}{\dot{m}}.$$

Das Kräftegleichgewicht in Abb. 2.30 lautet in x-Richtung wie folgt

$$\sum F_{i_x} = 0 = F_{I_1,x} - F_{I_2,x}.$$

Hieraus folgt

$$F_{I_1,x} = F_{I_2,x}.$$

Mit $F_{I_1,x} = F_{I_1} \cdot \cos\alpha_1$ und $F_{I_2,x} = F_{I_2} \cdot \cos\alpha_2$ sowie $F_{I_1} = \dot{m} \cdot c_1$ und $F_{I_2} = \dot{m} \cdot c_2$ erhält man

$$\dot{m} \cdot c_1 \cdot \cos\alpha_1 = \dot{m} \cdot c_2 \cdot \cos\alpha_2 \quad \text{oder} \quad c_1 \cdot \cos\alpha_1 = c_2 \cdot \cos\alpha_2.$$

Umgestellt nach c_2 liefert

$$c_2 = c_1 \cdot \frac{\cos\alpha_1}{\cos\alpha_2}.$$

In oben stehende Gleichung eingesetzt liefert zunächst

$$c_1 \cdot \frac{\cos\alpha_1}{\cos\alpha_2} \cdot \sin\alpha_2 = c_1 \cdot \sin\alpha_1 - \frac{F_G}{\dot{m}}$$

oder, mit $\tan\alpha = \frac{\sin\alpha}{\cos\alpha}$,

$$c_1 \cdot \cos\alpha_1 \cdot \tan\alpha_2 = c_1 \cdot \sin\alpha_1 - \frac{F_G}{\dot{m}}.$$

Dividiert durch $\cos\alpha_1$, folgt mit $\tan\alpha = \frac{\sin\alpha}{\cos\alpha}$

$$c_1 \cdot \tan\alpha_2 = c_1 \cdot \tan\alpha_1 - \frac{F_G}{\dot{m} \cdot \cos\alpha_1}.$$

Umstellen nach Gliedern mit c_1 führt zu

$$c_1 \cdot \tan\alpha_2 - c_1 \cdot \tan\alpha_1 = -\frac{F_G}{\dot{m} \cdot \cos\alpha_1}.$$

bzw.

$$c_1 \cdot (\tan\alpha_2 - \tan\alpha_1) = -\frac{F_G}{\dot{m} \cdot \cos\alpha_1}.$$

Dividiert durch c_1 wird daraus

$$\tan\alpha_2 - \tan\alpha_1 = -\frac{F_G}{\dot{m} \cdot c_1 \cdot \cos\alpha_1}$$

und schließlich

$$\tan\alpha_2 = \tan\alpha_1 - \frac{F_G}{\dot{m} \cdot c_1 \cdot \cos\alpha_1}$$

oder als gesuchtes Resultat

$$\alpha_2 = \arctan\left(\tan\alpha_1 - \frac{F_G}{\dot{m}\cdot c_1 \cdot \cos\alpha_1}\right).$$

Lösungsschritte – Fall 3

Wenn $c_1 = 37,5\,\text{m/s}$, $\dot{m} = 2\,\text{kg/s}$, $F_G = 40\,\text{N}$ und $\alpha_1 = 45°$ gegeben sind, finden wir für α_2 den Zahlenwert

$$\alpha_2 = \arctan\left(\tan 45° - \frac{40}{2\cdot 37,5\cdot\cos 45°}\right) = 13,8°$$

Aufgabe 2.15 Lokomotiven-Tender

In Abb. 2.31 ist das Prinzipbild einer Wasserschöpfeinrichtung für Dampflokomotiven dargestellt. Das Wasser wird im Fahrbetrieb mittels der Schöpfeinrichtung aus einer zwischen den Schienen angeordneten, wassergefüllten Rinne in den Tender gefördert. Die Eintrittsgeschwindigkeit bei 1 in die Schöpfeinrichtung lautet w_1. Sie entspricht der Fahrgeschwindigkeit u des Tenders. Durch den Querschnitt A_1 fließt der Volumenstrom $\dot{V}$. An der Stelle 2 erfolgt der Austritt des Wassers in den Tender. Die Austrittsebene liegt

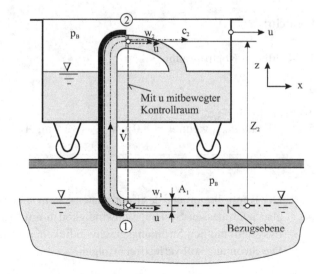

Abb. 2.31 Lokomotiven-Tender

Abb. 2.32 Lokomotiven-
Tender (Kräfte am Kontrollraum)

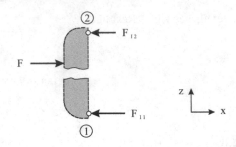

um Z_2 höher als die Eintrittsebene. Zu ermitteln ist zunächst die Austrittsgeschwindig-
keit w_2. Dann soll die horizontale Kraft F auf die Schöpfeinrichtung bestimmt werden.
Weiterhin wird die Mindestfahrgeschwindigkeit u_{min} gesucht, bei der gerade noch eine
Wasserförderung stattfindet.

Lösung zu Aufgabe 2.15

Aufgabenerläuterung
Bei der Lösung der Frage nach der Austrittsgeschwindigkeit w_2 bietet sich die Bernoul-
li'sche Energiegleichung an, die hier im mitbewegten Relativsystem anzuwenden ist. Die
Wandkraft F auf die Schöpfeinrichtung lässt sich am einfachsten mit dem Impulssatz am
Kontrollraum (Abb. 2.32) herleiten. u_{min} kann als Grenzwert des Ergebnisses von w_2 er-
mittelt werden.

Gegeben:
u; Z_2; A_1; ρ

Gesucht:

1. Kräfte am Kontrollraum
2. w_2
3. F
4. u_{min}, damit $w_2 \geq 0$
5. w_2, F und u_{min}, wenn $u = 8{,}0$ m/s; $Z_2 = 2{,}7$ m; $A_1 = 0{,}03$ m^2; $\rho = 1\,000$ kg/m^3

Anmerkungen

- Der Kontrollraum und das Koordinatensystem sind an den Tender gebunden, weisen
  also auch dessen Systemgeschwindigkeit u auf. Somit liegt ein stationäres Relativsystem mit den Strömungsgeschwindigkeiten w vor.
- Die Strömung soll verlustfrei erfolgen.

Lösungsschritte – Fall 1

Kräfte am Kontrollraum: Neben den beiden Impulskräften F_{I_1} und F_{I_2}, die an den Stellen 1 und 2 senkrecht auf den durchströmten Kontrollraumflächen stehen, wirkt noch als Reaktionskraft die horizontale Wandkraft F. Da allseitig atmosphärischer Druck um den Kontrollraum vorliegt, werden keine Druckkräfte wirksam. Die tatsächlich noch vorhandene Gewichtskraft des eingeschlossenen Wasservolumens nimmt keinen Einfluss auf die gesuchten Größen und ist in Abb. 2.32 nicht eingetragen.

Lösungsschritte – Fall 2

Für die **Austrittsgeschwindigkeit w_2** stellen wir die Bernoulli-Gleichung bei 1 und 2 auf:

$$\frac{p_1}{\rho} + \frac{w_1^2}{2} + g \cdot Z_1 = \frac{p_2}{\rho} + \frac{w_2^2}{2} + g \cdot Z_2.$$

Mit $p_1 = p_2 = p_B$, $Z_1 = 0$ und $w_1 = u$ im Fall des mitbewegtem Kontrollraums und somit stationärer Strömung folgt

$$\frac{w_2^2}{2} = \frac{u^2}{2} - g \cdot Z_2.$$

Mit 2 multipliziert wird daraus

$$w_2^2 = u^2 - 2 \cdot g \cdot Z_2,$$

wird dann die Wurzel gezogen, liefert dies das Ergebnis

$$w_2 = \sqrt{u^2 - 2 \cdot g \cdot Z_2}.$$

Lösungsschritte – Fall 3

Die **horizontale Kraft F** ergibt sich über das Kräftegleichgewicht am Kontrollraum in x-Richtung:

$$\sum F_x = 0 = F - F_{I_1} - F_{I_2}.$$

Umgestellt nach F erhält man

$$F = F_{I_1} + F_{I_2}.$$

Mit $F_{I_1} = \dot{m} \cdot u$ und $F_{I_2} = \dot{m} \cdot w_2$, wobei $\dot{m} = \rho \cdot \dot{V}$ und $\dot{V} = u \cdot A_1$ sind. Dies führt zu

$$\dot{m} = \rho \cdot A_1 \cdot u.$$

Man erhält jetzt

$$F = \rho \cdot A_1 \cdot u^2 + \rho \cdot A_1 \cdot u \cdot w_2$$

oder, nach Ausklammern von $(\rho \cdot A_1 \cdot u^2)$,

$$F = \rho \cdot A_1 \cdot u^2 \left(1 + \frac{w_2}{u}\right).$$

Mit w_2 wird dann daraus

$$F = \rho \cdot A_1 \cdot u^2 \left(1 + \frac{\sqrt{u^2 - 2 \cdot g \cdot Z_2}}{u}\right)$$

oder schließlich als Ergebnis

$$F = \rho \cdot A_1 \cdot u^2 \left(1 + \sqrt{1 - \frac{2 \cdot g \cdot Z_2}{u^2}}\right)$$

Lösungsschritte – Fall 4

Auf die **Mindestfahrgeschwindigkeit u_{min}** kommen wir mit dem Ergebnis

$$\frac{w_2^2}{2} = \frac{u^2}{2} - g \cdot Z_2 \quad \text{und} \quad w_2 = 0,$$

wir erhalten

$$u_{min}^2 = 2 \cdot g \cdot Z_2$$

oder

$$u_{min} = \sqrt{2 \cdot g \cdot Z_2}$$

Lösungsschritte – Fall 5

Für die Größen w_2, F und u_{min} finden wir, wenn $u = 8,0$ m/s, $Z_2 = 2,7$ m, $A_1 = 0,03$ m^2 und $\rho = 1\,000$ kg/m^3 vorgegeben sind, die Zahlenwerte

$$w_2 = \sqrt{8,0^2 - 2 \cdot 9,81 \cdot 2,7} = 3,32 \, \text{m/s}$$

$$F = 1\,000 \cdot 0{,}03 \cdot 8{,}0^2 \cdot \left[1 + \sqrt{1 - \frac{2 \cdot 9{,}81 \cdot 2{,}7}{8{,}0^2}}\right] = 2\,717\,\text{N}$$

$$u_{\min} = \sqrt{2 \cdot 9{,}81 \cdot 2{,}743} = 7{,}34\,\text{m/s}$$

Aufgabe 2.16 Schleusentor

In Schleusen dienen u. a. Tore zum Entleeren (Befüllen) von Schleusenkammern. Gemäß Abb. 2.33 ist ein solches Tor einer Schleusenkammer mit der Breite B zu einem Zeitpunkt T prinzipiell dargestellt. Die Wasserhöhe bei 1 vor dem Schleusentor lautet t_1 und nach dem Tor, bei 2, t_2. Die Zuströmgeschwindigkeit c_1 und die Abströmgeschwindigkeit c_2 seien über der jeweiligen Wassertiefe t konstant. Gesucht werden alle Kräfte am Kontrollraum gemäß Abb. 2.33 ebenso wie die Kraft F am Schleusentor.

Lösung zu Aufgabe 2.16

Aufgabenerläuterung

Bei der Ermittlung von Kräften an strömungsmechanischen Systemen ist der Impulssatz in der Regel der Lösungsansatz. So auch im vorliegenden Beispiel. An dem in Abb. 2.34 vorgegebenen Kontrollvolumen sind zunächst alle an ihm wirksamen Kräfte anzutragen. Bei der Ermittlung der Kraft F auf das Schleusentor wird die Kräftebilanz nach F aufgelöst.

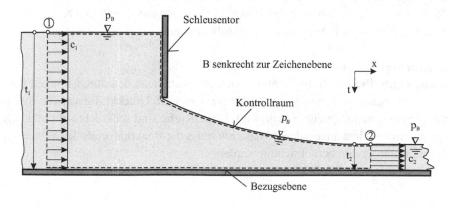

Abb. 2.33 Schleusentor

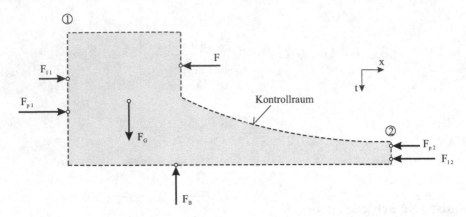

Abb. 2.34 Schleusentor (Kräfte am Kontrollraum)

Da die Geschwindigkeit c_2 noch unbekannt ist, kommt des Weiteren das Kontinuitätsgesetz zur Anwendung.

Gegeben:
ρ; g; t_1; t_2; c_1; B

Gesucht:

1. Kräfte am Kontrollraum
2. F als Kraft am Schleusentor

Anmerkungen

- Koordinate t wird nach unten positiv gezählt.
- Die Geschwindigkeiten c_1 und c_2 seien über t_0 konstant.
- Reibungsfreie Strömung, d. h. keine Schubspannungen an den Wänden.
- Druckkräfte aus p_B heben sich am Kontrollraum auf.

Lösungsschritte – Fall 1
Kräfte am Kontrollraum: In horizontaler Richtung werden an den durchströmten Kontrollflächen einerseits die Impulskräfte und andererseits die Druckkräfte aus den hydrostatischen Druckverteilungen über t wirksam. Diese Kräfte sind senkrecht auf die durchströmten Kontrollflächen anzuordnen. Weiterhin muss die Reaktionskraft des Schleusentors auf den Kontrollraum berücksichtigt werden.

Lösungsschritte – Fall 2

Um **F als Kraft am Schleusentor** darzustellen, erhalten wir aus den Kräften am Kontrollraum in x-Richtung

$$\sum F_x = 0 = F_{p_1} + F_{I_1} - F - F_{p_2} - F_{I_2}$$

und daraus umgeformt

$$F = \left(F_{I_1} - F_{I_2}\right) + \left(F_{p_1} - F_{p_2}\right).$$

Die Impulskraft lautet allgemein $F_I = \dot{m} \cdot c$.

Stelle 1: Mit $F_{I_1} = \dot{m} \cdot c_1$, $\dot{m} = \rho \cdot \dot{V}$, $\dot{V} = c_1 \cdot A_1$ und $A_1 = B \cdot t_1$ wird

$$F_{I_1} = \rho \cdot B \cdot t_1 \cdot c_1^2.$$

Stelle 2: Mit $F_{I_2} = \dot{m} \cdot c_2$, $\dot{m} = \rho \cdot \dot{V}$, $\dot{V} = c_2 \cdot A_2$ und $A_2 = B \cdot t_2$ wird

$$F_{I_2} = \rho \cdot B \cdot t_2 \cdot c_2^2.$$

Die Kraft aus dem hydrostatischen Druck auf eine vertikale Wand lautet allgemein

$$F_p = \rho \cdot g \cdot A \cdot t_S.$$

Stelle 1: Mit $F_{p_1} = \rho \cdot g \cdot A_1 \cdot t_{S_1}$, $A_1 = B \cdot t_1$ und $t_{S_1} = t_1/2$ wird

$$F_{p_1} = \frac{1}{2} \cdot \rho \cdot g \cdot B \cdot t_1^2.$$

Stelle 2: Mit $F_{p_2} = \rho \cdot g \cdot A_2 \cdot t_{S_2}$, $A_2 = B \cdot t_2$ und $t_{S_2} = t_2/2$ wird

$$F_{p_2} = \frac{1}{2} \cdot \rho \cdot g \cdot B \cdot t_2^2.$$

Oben eingesetzt führt nach Ausklammern geeigneter Größen zu

$$F = \rho \cdot B \cdot \left(t_1 \cdot c_1^2 - t_2 \cdot c_2^2\right) + \frac{1}{2} \cdot \rho \cdot g \cdot B \cdot \left(t_1^2 - t_2^2\right).$$

c_2 muss jetzt noch mit dem Kontinuitätsgesetz $\dot{V} = c_1 \cdot A_1 = c_2 \cdot A_2$ in Verbindung mit c_1 gebracht werden. Dies führt zu

$$c_2 = c_1 \cdot \frac{A_1}{A_2},$$

wobei bekanntlich $A_1 = B \cdot t_1$ und $A_2 = B \cdot t_2$ lauten. Somit erhält man

$$c_2 = c_1 \cdot \frac{t_1}{t_2}$$

Oben eingesetzt liefert das zunächst

$$F = \rho \cdot B \cdot \left(t_1 \cdot c_1^2 - t_2 \cdot c_1^2 \cdot \frac{t_1^2}{t_2^2}\right) + \frac{1}{2} \cdot \rho \cdot g \cdot B \cdot \left(t_1^2 - t_2^2\right)$$

oder umgestellt

$$F = \frac{1}{2} \cdot \rho \cdot g \cdot B \cdot \left(t_1^2 - t_2^2\right) + \rho \cdot B \cdot \left(t_1 \cdot c_1^2 - t_2 \cdot c_1^2 \cdot \frac{t_1^2}{t_2^2}\right).$$

Jetzt wird $\left(\frac{1}{2} \cdot \rho \cdot g \cdot B\right)$ ausgeklammert,

$$F = \frac{1}{2} \cdot \rho \cdot g \cdot B \cdot \left[\left(t_1^2 - t_2^2\right) + \frac{2}{g} \cdot \left(t_1 \cdot c_1^2 - t_2 \cdot c_1^2 \cdot \frac{t_1^2}{t_2^2}\right)\right],$$

und dann noch $\left(t_1 \cdot c_1^2\right)$ in der Klammer:

$$F = \frac{1}{2} \cdot \rho \cdot g \cdot B \cdot \left[\left(t_1^2 - t_2^2\right) + \frac{2 \cdot t_1 \cdot c_1^2}{g} \cdot \left(1 - \frac{t_2 \cdot c_1^2}{t_1 \cdot c_1^2} \cdot \frac{t_1^2}{t_2^2}\right)\right].$$

Das führt zum Resultat

$$F = \frac{1}{2} \cdot \rho \cdot g \cdot B \cdot \left[t_1^2 \cdot \left(1 - \frac{t_2^2}{t_1^2} \right) + \frac{2 \cdot t_1 \cdot c_1^2}{g} \cdot \left(1 - \frac{t_2}{t_1} \right) \right].$$

Aufgabe 2.17 Angeströmtes Profil

Eine Rinne, die man auch als angeströmtes Profil bezeichnen kann, wird von einem Wasserstrahl $\dot{V}$ an der Stelle 1 tangential mit der Geschwindigkeit c_1 unter dem Winkel α beaufschlagt (Abb. 2.35). In der horizontal angeordneten Rinne wird der Wasserstrahl umgelenkt. Er verlässt die Rinne an der Stelle 2 mit der Geschwindigkeit c_2 und unter dem Winkel β. Zu ermitteln ist die am Profil einwirkende Wandkraft F sowie die Richtung γ.

Lösung zu Aufgabe 2.17

Aufgabenerläuterung
Die hier gestellte Frage nach der Wandkraft bei der Umlenkung eines strömenden Fluids lässt sich mittels Impulssatz der Strömungsmechanik lösen. Gegebenenfalls kommen noch das Kontinuitätsgesetz und die Bernoulli'sche Energiegleichung zur Anwendung. Bei der

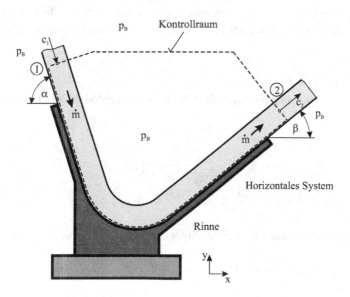

Abb. 2.35 Angeströmtes Profil

Verwendung des Impulssatzes ist die Anordnung des Kontrollraums von besonderer Bedeutung. Im vorliegenden Fall wird er senkrecht zu dem ein- und austretenden Wasserstrahl gelegt und umschließt weiterhin die Wandkontur.

Gegeben:

α; β; ρ; c_1; $\dot{V}$

Gesucht:

1. Kräfte am Kontrollraum
2. F
3. γ
4. F und γ, wenn $\alpha = 30°$; $\beta = 60°$; $\rho = 1\,000\,\text{kg/m}^3$; $c_1 = 10{,}0\,\text{m/s}$; $\dot{V} = 0{,}060\,\text{m}^3/\text{s}$

Anmerkungen

- verlustfreie Strömung
- horizontal angeordnetes Profil

Lösungsschritte – Fall 1

Kräfte am Kontrollraum: Am Kontrollraum dieses horizontalen Systems werden an den Stellen 1 und 2 die Impulskräfte F_{I_1} und F_{I_2} normal auf die durchströmten Flächen wirksam. Des Weiteren entsteht eine resultierende Wandkraft F am Profil, die dann als Reaktionskraft am Kontrollraum vorliegt. Kräfte aus dem atmosphärischen Druck p_B heben sich auf. Die Gewichtskraft des eingeschlossenen Wassers steht bei diesem horizontalen System normal zur Bildebene in Abb. 2.36 und hat somit keinen Einfluss auf die gesuchten Größen.

Lösungsschritte – Fall 2

Die **Wandkraft** F lässt sich gemäß Abb. 2.36 aus dem rechtwinkligen Dreieck ermitteln zu

$$F = \sqrt{F_x^2 + F_y^2}.$$

Die beiden Kraftkomponenten werden im Einzelnen wie folgt bestimmt, zuerst die **Komponente F_x**:

Die Kräftebilanz in x-Richtung lautet

$$\sum F_x = 0 = F_{I_1,x} - F_{I_2,x} - F_x.$$

Abb. 2.36 Angeströmtes Profil (Kräfte am Kontrollraum)

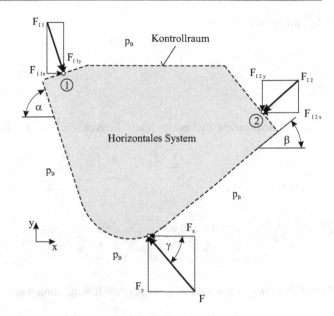

Hieraus folgt für F_x

$$F_x = F_{I_1,x} - F_{I_2,x}.$$

Mit $F_{I_1,x} = F_{I_1} \cdot \cos\alpha$ und $F_{I_2,x} = F_{I_2} \cdot \cos\beta$ wird daraus zunächst

$$F_x = F_{I_1} \cdot \cos\alpha - F_{I_2} \cdot \cos\beta.$$

Des Weiteren sind $F_{I_1} = \dot{m} \cdot c_1$ und $F_{I_2} = \dot{m} \cdot c_2$.

Die Frage nach c_2 löst sich wie folgt. Gemäß der Bernoulli-Gleichung an den Stellen 1 und 2,

$$\frac{p_1}{\rho} + \frac{c_1^2}{2} + g \cdot Z_1 = \frac{p_2}{\rho} + \frac{c_2^2}{2} + g \cdot Z_2,$$

erhält man mit $p_1 = p_2 = p_B$ und $Z_1 = Z_2$ (offenes, horizontales System)

$$c_1 = c_2.$$

Oben eingesetzt führt das zu

$$F_x = \dot{m} \cdot c_1 \cdot \cos\alpha - \dot{m} \cdot c_1 \cdot \cos\beta$$

oder mit $\dot{m} = \rho \cdot \dot{V}$ dann

$$F_x = \rho \cdot \dot{V} \cdot c_1 \cdot (\cos \alpha - \cos \beta).$$

Für die **Komponente F_y** beachten wir die Kräftebilanz in y-Richtung:

$$\sum F_y = 0 = F_y - F_{I_1,y} - F_{I_2,y}.$$

Hieraus folgt für F_y

$$F_y = F_{I_1,y} + F_{I_2,y}.$$

Mit $F_{I_1,y} = F_{I_1} \cdot \sin \alpha$ und $F_{I_2,y} = F_{I_2} \cdot \sin \beta$ wird zunächst

$$F_y = F_{I_1} \cdot \sin \alpha + F_{I_2} \cdot \sin \beta.$$

Des Weiteren ist $F_{I_1} = \dot{m} \cdot c_1$ und $F_{I_2} = \dot{m} \cdot c_2$ sowie $c_1 = c_2$ (s. o.). Oben eingesetzt erhält man

$$F_y = \dot{m} \cdot c_1 \cdot \sin \alpha + \dot{m} \cdot c_1 \cdot \sin \beta$$

oder, mit $\dot{m} = \rho \cdot \dot{V}$,

$$F_y = \rho \cdot \dot{V} \cdot c_1 \cdot (\sin \alpha + \sin \beta).$$

Dann wird mit $F = \sqrt{F_x^2 + F_y^2}$ unter Verwendung der Ergebnisse für F_x und F_y

$$F_y = \rho \cdot \dot{V} \cdot c_1 \cdot \sqrt{(\cos \alpha - \cos \beta)^2 + (\sin \alpha + \sin \beta)^2}.$$

Lösungsschritte – Fall 3

Für den Winkel bzw. die **Richtung γ** gilt mit $\tan \gamma = \frac{F_y}{F_x}$

$$\gamma = \arctan \left(\frac{F_y}{F_x} \right).$$

Lösungsschritte – Fall 4

Die Größen F und γ nehmen, wenn $\alpha = 30°$, $\beta = 60°$, $\rho = 1\,000\,\text{kg/m}^3$, $c_1 = 10,0\,\text{m/s}$ und $\dot{V} = 0,060\,\text{m}^3/\text{s}$ vorgegeben sind (und dimensionsgerecht gerechnet wird), die folgenden Werte an:

$$F_x = 1\,000 \cdot 0,060 \cdot 10 \cdot (\cos 30° - \cos 60°) = 219,6\,\text{N}$$

$$F_y = 1\,000 \cdot 0,060 \cdot 10 \cdot (\sin 30° + \sin 60°) = 819,6\,\text{N}$$

$$F = \sqrt{21,6^2 + 819,6^2} = 848,5\,\text{N}$$

$$\gamma = \arctan\left(\frac{819,6}{219,6}\right) = 75°$$

Aufgabe 2.18 Wagen mit Wasserstrahl

Ein in der horizontalen Ebene angeordneter Wagen stützt sich gemäß Abb. 2.37 über eine Feder an einer vertikalen Wand ab. Der Wagen wird an der Stelle 1 tangential von einem Wasserstrahl des Querschnitts A_1 und der Geschwindigkeit c_1 angeströmt. Aufgrund des unter dem Winkel α ansteigenden Wagenbodens findet eine Ablenkung des Strahls in der gleichen Richtung statt. An der Stelle 2 strömt das Wasser mit der Geschwindigkeit c_2 unter dem Winkel α durch den Querschnitt A_2 vom Wagen. Zu ermitteln ist der Federweg x_F, der unter Einwirkung aller betreffenden Kräfte entsteht. Von der Feder ist die Federsteifigkeit c_F ebenfalls bekannt.

Lösung zu Aufgabe 2.18

Aufgabenerläuterung

Zur Ermittlung des Federwegs x_F muss die auf die Feder einwirkende Horizontalkomponente der am Wagen vorliegenden Wandkraft F bekannt sein. Diese lässt sich mittels Impulssatz herleiten. Hierzu muss die Kräftebilanz am Kontrollraum angesetzt werden,

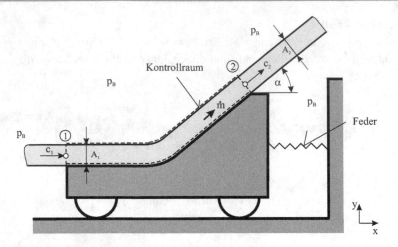

Abb. 2.37 Wagen mit Wasserstrahl

der in geeigneter Weise festzulegen ist. Bernoulli'sche Energiegleichung und Kontinuitätsgesetz kommen ebenfalls zur Anwendung.

Gegeben:

A_1; c_1; α; ρ; c_F

Gesucht:

1. Kräfte am Kontrollraum
2. x_F
3. x_F, wenn $A_1 = 0{,}001257\,\mathrm{m}^2$; $c_1 = 20{,}0\,\mathrm{m/s}$; $\alpha = 45°$; $\rho = 1\,000\,\mathrm{kg/m}^3$; $c_F = 1\,600\,\mathrm{N/m}$

Anmerkungen

- Die Strömung sei verlustfrei.
- Die Gewichtskraft des im Kontrollraum eingeschlossenen Wassers hat keinen Einfluss auf das Ergebnis.
- Der Höhenunterschied zwischen den Stellen 1 und 2 ist vernachlässigbar: $\Delta Z \ll$.

Lösungsschritte – Fall 1

Kräfte am Kontrollraum: Am Kontrollraum dieses Systems werden an den Stellen 1 und 2 die Impulskräfte F_{I_1} und F_{I_2} normal auf die durchströmten Flächen wirksam (Abb. 2.38). Des Weiteren entsteht eine resultierende Wandkraft F an der schrägen Wagenwand, die auch als Reaktionskraft am Kontrollraum vorliegt. Kräfte aus dem atmosphärischen Druck p_B heben sich auf. Die Gewichtskraft des eingeschlossenen Wassers hat keinen Einfluss auf den gesuchten Federweg.

Abb. 2.38 Wagen mit Wasserstrahl (Kräfte am Kontrollraum)

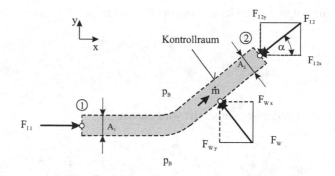

Lösungsschritte – Fall 2

Für den **Federweg** x_F wissen wir, dass die Federsteifigkeit definiert ist mit

$$c_F = \frac{F_F}{x_F}.$$

Umgeformt nach x_F ergibt dies

$$x_F = \frac{F_F}{c_F}.$$

Die benötigte horizontale Federkraft F_F kann man aus dem Kräftegleichgewicht am Wagen in x-Richtung gemäß Abb. 2.39 wie folgt ermitteln:

$$\sum F_{i_x} = 0 = F_{W_x} - F_F$$

oder

$$F_F = F_{W_x}.$$

Zur Bestimmung von F_{W_x} setzt man das Kräftegleichgewicht in x-Richtung am Kontrollraum gemäß Abb. 2.38 an:

$$\sum F_{i_x} = 0 = F_{I_1} - F_{I_{2,x}} - F_{W_x}.$$

Umgestellt hat dies

$$F_{W_x} = F_{I_1} - F_{I_{2,x}}.$$

zur Folge. In Verbindung mit der Gleichung für die Federkraft entsteht

$$F_F = F_{I_1} - F_{I_{2,x}}.$$

In den Federweg eingesetzt wird daraus

$$x_F = \frac{F_{I_1} - F_{I_{2,x}}}{c_F}.$$

Die benötigte **Impulskraft** $F_{I_1} = \dot{m} \cdot c_1$ erhalten wir mit $\dot{m} = \rho \cdot \dot{V}$ und $\dot{V} = c_1 \cdot A_1$ zu

$$F_{I_1} = \rho \cdot A_1 \cdot c_1^2.$$

Die **Impulskraft** $F_{I_2} = \dot{m} \cdot c_2$ bekommen wir mit $\dot{m} = \rho \cdot \dot{V}$ und $\dot{V} = c_2 \cdot A_2$ als

$$F_{I_2} = \rho \cdot A_2 \cdot c_2^2.$$

Hierin müssen zunächst c_2 und A_2 aus bekannten Größen ersetzt werden. Benutzt man dazu die Bernoulli'sche Gleichung an den Stellen 1 und 2,

$$\frac{p_1}{\rho} + \frac{c_1^2}{2} + g \cdot Z_1 = \frac{p_2}{\rho} + \frac{c_2^2}{2} + g \cdot Z_2,$$

wobei $p_1 = p_2 = p_B$ und $Z_1 = 0$ und $\Delta Z \equiv Z_2$ und vernachlässigt dabei den Höhenunterschied ΔZ, so führt das auf

$$c_1 \approx c_2.$$

Mittels der Kontinuitätsgleichung $\dot{V} = c_1 \cdot A_1 = c_2 \cdot A_2$ und mit $c_1 \approx c_2$ liefert das dann

$$A_2 \approx A_1.$$

Somit wird

$$F_{I_2} \approx \rho \cdot A_1 \cdot c_1^2.$$

Abb. 2.39 Wagen mit Wasserstrahl (Federkraft)

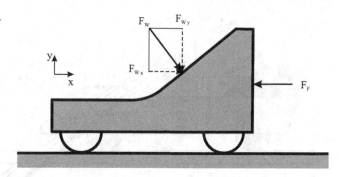

Wegen $F_{I_2,x} = F_{I_2} \cdot \cos \alpha$ erhält man

$$F_{I_2,x} \approx \rho \cdot A_1 \cdot c_1^2 \cdot \cos \alpha.$$

In den Federweg (s. o.) eingesetzt führt zum Ergebnis

$$x_F = \frac{\rho \cdot A_1 \cdot c_1^2 \cdot (1 - \cos \alpha)}{c_F}.$$

Lösungsschritte – Fall 3

Wir finden für x_F, wenn $A_1 = 0{,}001257\,\text{m}^2$, $c_1 = 20{,}0\,\text{m/s}$, $\alpha = 45°$, $\rho = 1\,000\,\text{kg/m}^3$ und $c_F = 1\,600\,\text{N/m}$ gegeben sind, den Wert

$$x_F = \frac{1\,000 \cdot 0{,}001257 \cdot 20^2 \cdot (1 - \cos 45°)}{1\,600}$$

$$x_F = 0{,}092\,\text{m} \equiv 92\,\text{mm}$$

Aufgabe 2.19 Hochgeschwindigkeitswagen mit Wasserbremse

Ein Hochgeschwindigkeitswagen muss aus der Geschwindigkeit u_A auf möglichst kurzem Bremsweg zum Stillstand kommen (Abb. 2.40). Eine Möglichkeit hierbei stellt eine Schöpfeinrichtung dar, die in einen zwischen den Rädern angeordneten Wassergraben eingetaucht wird. Mit der Eintauchtiefe h und der Breite B wird ein Massenstrom $\dot{m}$ durch

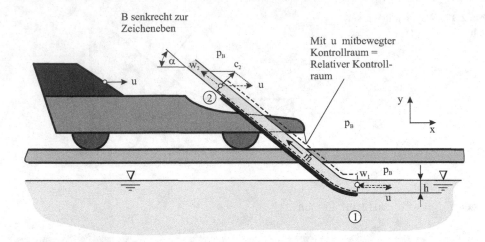

Abb. 2.40 Hochgeschwindigkeitswagen mit Wasserbremse

die Einrichtung gefördert. Aufgrund ihrer Anordnung unter dem Winkel α gegenüber der Horizontalen erfolgt eine Strömungsumlenkung um denselben Winkel. Diese Umlenkung bewirkt eine Wandkraft an der Einrichtung, die eine Verzögerung des Wagens hervorruft. Bei den bekannten geometrischen Abmessungen, der Masse m des Wagens und der Anfangsgeschwindigkeit u_A soll eine Gleichung ermittelt werden, mit der man die Verzögerung a_x feststellt. Ebenfalls soll die Frage nach der Zeit t gelöst werden, in der die Geschwindigkeit von u_A auf u verzögert wird.

Lösung zu Aufgabe 2.19

Aufgabenerläuterung

Ausgangspunkt bei der Lösung der Fragen ist das 2. Newton'sche Gesetz. Hierin werden alle äußeren Kräfte am Fahrzeug benötigt, um die Beschleunigung bzw. in diesem Fall die Verzögerung bei gegebener Masse zu ermitteln (Abb. 2.41). Als äußere Kraft soll nur die aufgrund der Strömungsumlenkung in der Schöpfeinrichtung wirkende Wandkraft berücksichtigt werden. Diese lässt sich am Kontrollraum feststellen. Er muss so angeordnet werden, dass seine Grenzen die Strömung am Ein- und Austritt senkrecht schneidet und des Weiteren an der Wand anliegt.

Gegeben:
$h; B; u_A; \alpha; \rho; m$

Gesucht:

1. a_x
2. t

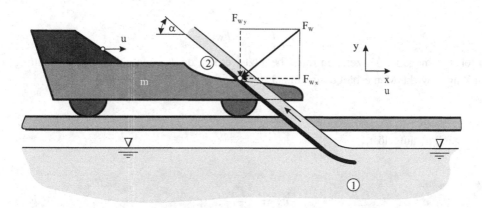

Abb. 2.41 Hochgeschwindigkeitswagen mit Wasserbremse (Kräfte am Wagen)

3. a_A, wenn $h = 0,080\,\mathrm{m}$; $B = 0,30\,\mathrm{m}$; $u_A = 600\,\mathrm{km/h} \equiv 166,7\,\mathrm{m/s}$; $\alpha = 30°$; $\rho = 1\,000\,\mathrm{kg/m^3}$; $m = 1\,000\,\mathrm{kg}$

4. t_E, wenn $u_E = 0$

5. $t_{1/100}$, wenn $u = u_A/100$

Anmerkungen

- Der Kontrollraum und das Koordinatensystem sind an den Wagen gebunden, weisen also auch dessen Systemgeschwindigkeit u auf. Somit liegt ein stationäres Relativsystem mit den Strömungsgeschwindigkeiten w vor.
- keine Flüssigkeitsreibung in der Schöpfeinrichtung
- keine Bremskräfte an den Rädern
- kein Luftwiderstand
- abgeschalteter Motor
- Die Gewichtskraft des Wassers im Kontrollraum sei sehr klein.
- Bei dem mit u mitbewegten Kontrollraum liegt stationäre Strömung mit $w_1 = u$ an der Stelle 1 vor.
- Index A: Anfang des Bremsvorgangs
- Index E: Ende des Bremsvorgangs

Lösungsschritte – Fall 1

Wir beginnen mit der **Verzögerung** a_x. Am Wagen wirkt als einzige äußere Kraft die vom Kontrollraum auf die Schöpfeinrichtung übertragene Wandkraft (Aktionskraft) F_W (Abb. 2.42). In x-Richtung gilt somit das 2. Newton'sche Gesetz

$$\sum F_{i_x} = m \cdot a_x,$$

wobei

$$\sum F_{i_x} = -F_{W_x}$$

lautet. Das negative Vorzeichen muss benutzt werden, da F_{W_x} entgegen der x-Richtung am Wagen wirkt. Man erhält dann zunächst

$$-F_{W_x} = m \cdot a_x$$

oder, nach a_x aufgelöst,

$$a_x = -\frac{F_{W_x}}{m}.$$

Für die Komponente F_{W_x} untersuchen wir das Kräftegleichgewicht am Kontrollraum in x-Richtung lautet

$$\sum F_{i_x} = 0 = F_{W_x} - F_{I_1} + F_{I_{2,x}}.$$

Hieraus folgt nach Umstellen

$$F_{W_x} = F_{I_1} - F_{I_{2,x}},$$

wobei $F_{I_{2,x}} = F_{I_2} \cdot \cos\alpha$ ist. Man erhält somit

$$F_{W_x} = F_{I_1} - F_{I_2} \cdot \cos\alpha.$$

Am Relativkontrollraum ist weiterhin

$$F_{I_1} = \dot{m} \cdot w_1 \quad \text{und} \quad F_{I_2} = \dot{m} \cdot w_2.$$

Folglich wird zunächst

$$F_{W_x} = \dot{m} \cdot w_1 - \dot{m} \cdot w_2 \cdot \cos\alpha.$$

Unter Beachtung der Bernoulli'schen Energiegleichung des Relativsystems,

$$\frac{p_1}{\rho} + \frac{w_1^2}{2} + g \cdot Z_1 = \frac{p_2}{\rho} + \frac{w_2^2}{2} + g \cdot Z_2,$$

wobei hier $p_1 = p_2 = p_B$, $Z_1 = 0$ und $\Delta Z \equiv Z_2$ sind, und bei Vernachlässigung des Höhenunterschieds ΔZ erhält man

$$w_1 \approx w_2.$$

Abb. 2.42 Hochgeschwindigkeitswagen mit Wasserbremse
(Kräfte am Kontrollraum)

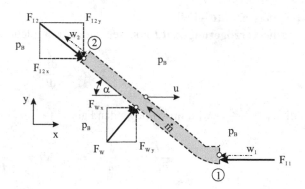

Damit folgt

$$F_{W_x} = \dot{m} \cdot w_1 \cdot (1 - \cos\alpha).$$

Mit $\dot{m} = \rho \cdot \dot{V}$ und $\dot{V} = w_1 \cdot A_1$ sowie $A_1 = h \cdot B$ führt zu

$$F_{W_x} = \rho \cdot h \cdot B \cdot w_1^2 \cdot (1 - \cos\alpha).$$

Oben eingesetzt liefert dies

$$a_x = -\frac{\rho \cdot h \cdot B \cdot (1 - \cos\alpha)}{m} \cdot w_1^2.$$

Da zu jeder Zeit $w_1 = u$ ist, lautet das Ergebnis

$$a_x = -\frac{\rho \cdot h \cdot B \cdot (1 - \cos\alpha)}{m} \cdot u^2.$$

So ist zur Zeit $t = 0$ die Geschwindigkeit $u = u_A$ und man erhält als Anfangsverzöge-
rung

$$a_A = -\frac{\rho \cdot h \cdot B \cdot (1 - \cos\alpha)}{m} \cdot u_A^2.$$

Lösungsschritte – Fall 2

Für die **Verzögerungszeit** t notieren wir die Beschleunigung am Wagen:

$$a_x = \frac{\mathrm{d}u}{\mathrm{d}t}.$$

Mit $a_x = -\frac{F_{W_x}}{m}$ wird im vorliegenden Fall

$$\frac{\mathrm{d}u}{\mathrm{d}t} = -\frac{F_{W_x}}{m} \quad \text{oder} \quad \mathrm{d}t = -\frac{m}{F_{W_x}} \cdot \mathrm{d}u.$$

Setzt man noch F_{W_x} ein, so entsteht

$$\mathrm{d}t = -\frac{m}{\rho \cdot h \cdot B \cdot (1 - \cos\alpha) \cdot u^2} \cdot \mathrm{d}u.$$

Nun wird zwischen Anfangszustand t_A und Zustand t integriert:

$$\int\limits_{t_A=0}^{t} \mathrm{d}t = -\frac{m}{\rho \cdot h \cdot B \cdot (1 - \cos\alpha)} \cdot \int\limits_{u_A}^{u} u^{-2} \cdot \mathrm{d}u.$$

Mit den Grenzen $t_A = 0$ und u_A sowie t und u folgt dann zunächst

$$t - 0 = -\frac{m}{\rho \cdot h \cdot B \cdot (1 - \cos\alpha)} \cdot \frac{1}{(-2+1)} \cdot u^{-1}\Big|_{u_A}^{u}$$

und schließlich

$$t = \frac{m}{\rho \cdot h \cdot B \cdot (1 - \cos\alpha)} \cdot \left(\frac{1}{u} - \frac{1}{u_A}\right).$$

Lösungsschritte – Fall 3

Der **Anfangswert** a_A hat, wenn $h = 0,080\,\mathrm{m}$, $B = 0,30\,\mathrm{m}$, $u_A = 600\,\mathrm{km/h} \equiv 166,7\,\mathrm{m/s}$, $\alpha = 30°$, $\rho = 1\,000\,\mathrm{kg/m^3}$ und $m = 1\,000\,\mathrm{kg}$ vorgegeben sind, den Zahlenwert

$$a_A = -\frac{1\,000 \cdot 0,080 \cdot 0,30 \cdot (1 - \cos 30°)}{m} \cdot 166,7^2$$

$$a_A = -89,35\,\mathrm{m/s^2} \equiv -9,1 \cdot g$$

Lösungsschritte – Fall 4

Die **Endzeit** t_E, bei der $u_E = 0$ hat mit den gegebenen Zahlen den Wert

$$t_E = \frac{1\,000}{1\,000 \cdot 0{,}080 \cdot 0{,}30 \cdot (1 - \cos 30°)} \cdot \left(\frac{1}{0} - \frac{1}{166{,}7}\right)$$

$$t_E = \infty$$

Lösungsschritte – Fall 5

Die **Zeit** $t_{1/100}$, zu der $u = u_A/100$ ist, beträgt

$$t_{1/100} = \frac{1\,000}{1\,000 \cdot 0{,}08 \cdot 0{,}30 \cdot (1 - \cos 30°) \cdot 166{,}7} \cdot (100 - 1)$$

$$t_{1/100} = 184{,}7\,\text{s} \equiv 3{,}08\,\text{min}$$

Aufgabe 2.20 Angeströmter bewegter Becher

Ein gemäß Abb. 2.43 in der Horizontalebene angeordneter Becher bewegt sich translatorisch mit der Systemgeschwindigkeit $u_1 = u_2 = u$ in x-Richtung. Der Becher wird an der Stelle 1 tangential von einem Wasserstrahl mit dem Durchmesser D und der Absolutgeschwindigkeit c_1 angeströmt. Maßgebliche Geschwindigkeit an der Stelle 1 im mitbewegten Kontrollraum ist die Relativgeschwindigkeit w_1. Aufgrund der unter dem Winkel

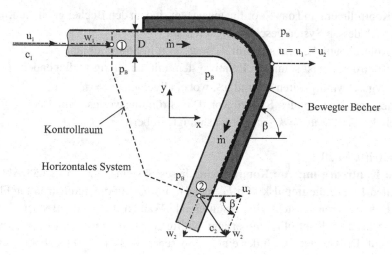

Abb. 2.43 Angeströmter bewegter Becher

β vorliegenden Becherumlenkung findet eine Ablenkung des Strahls in der gleichen Richtung statt. An der Stelle 2 der Kontrollraumgrenze liegt dann die Relativgeschwindigkeit w_2 unter dem Winkel β vor. Gesucht wird die am Becher wirksame Kraft F_B.

Lösung zu Aufgabe 2.20

Aufgabenerläuterung

Die hier gestellte Frage nach der Wandkraft bei der Umlenkung eines strömenden Fluids lässt sich mittels Impulssatz der Strömungsmechanik lösen. Gegebenenfalls kommen noch das Kontinuitätsgesetz und die Bernoulli'sche Energiegleichung des Relativsystems zur Anwendung. Bei der Verwendung des Impulssatzes ist die Anordnung des Kontrollraums von besonderer Bedeutung. Im vorliegenden Fall wird er senkrecht zu dem ein- und austretenden Wasserstrahl und entlang der benetzten Wandkontur gelegt.

Gegeben:
c_1; D; β; ρ; $u_1 = u_2 = u$; $w_2 = k \cdot w_1$

Gesucht:

1. Kräfte am Kontrollraum
2. F_B
3. F_B, wenn $c_1 = 30\,\text{m/s}$; $D = 0{,}050\,\text{m}$; $\beta = 30°$; $\rho = 1\,000\,\text{kg/m}^3$; $u_1 = u_2 = u = 18\,\text{m/s}$; $k = 0{,}9$

Anmerkungen

- Der Kontrollraum und das Koordinatensystem sind an den Becher gebunden, weisen also auch dessen Systemgeschwindigkeit u auf.
- Der Kontrollraum bewegt sich mit $u_1 = u_2 = u$ in Strahlrichtung c_1.
- Der Kontrollraum ist somit ein Relativsystem mit den hierin vorliegenden
- Relativgeschwindigkeiten w_1 und w_2, wobei allgemein $\vec{c} = \vec{u} + \vec{w}$.
- Es liegt ein horizontales System vor. Die Strömungsverluste im Becher werden durch den Ansatz $w_2 = k \cdot w_1$ berücksichtigt, wobei $k < 1$ ist.

Lösungsschritte – Fall 1

Kräfte am Kontrollraum: Am Kontrollraum dieses Systems werden gemäß Abb. 2.44 an den Stellen 1 und 2 die Impulskräfte F_{I_1} und F_{I_2} normal auf die durchströmten Flächen wirksam. Des Weiteren entsteht eine resultierende Wandkraft F_B am Becher, die auch als Reaktionskraft am Kontrollraum vorliegt. Kräfte aus dem atmosphärischen Druck p_B heben sich auf. Die Gewichtskraft des eingeschlossenen Wassers wirkt sich aufgrund des horizontalen Systems nicht auf die gesuchte Becherkraft aus.

Abb. 2.44 Angeströmter bewegter Becher (Kräfte am Kontrollraum)

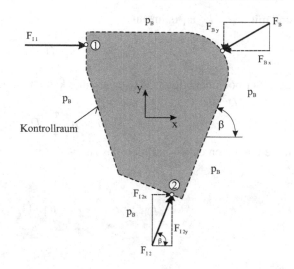

Lösungsschritte – Fall 2

Die **Becherwandkraft** F_B bzw. als Reaktionskraft am Kontrollraum lautet

$$F_B = \sqrt{F_{B_x}^2 + F_{B_y}^2}.$$

Somit müssen die beiden Komponenten F_{B_x} und F_{B_y} nacheinander bestimmt werden.

Für die **Komponente F_{B_x}** notieren wir die Kräftebilanz am Kontrollraum in x-Richtung:

$$\sum F_x = 0 = F_{I_1} + F_{I_{2,x}} - F_{B_x}.$$

Hieraus folgt

$$F_{B_x} = F_{I_1} + F_{I_{2,x}}.$$

Mit $F_{I_{2,x}} = F_{I_2} \cdot \cos \beta$ erhält man

$$F_{B_x} = F_{I_1} + F_{I_2} \cdot \cos \beta.$$

Hierin ist im Relativsystem $F_{I_1} = \dot{m} \cdot w_1$ und $F_{I_2} = \dot{m} \cdot w_2$. Dies führt zu

$$\begin{aligned} F_{B_x} &= \dot{m} \cdot w_1 + \dot{m} \cdot w_2 \cdot \cos \beta \\ &= \dot{m} \cdot (w_1 + w_2 \cdot \cos \beta) \end{aligned}$$

und mit $w_2 = k \cdot w_1$ dann auf

$$F_{B_x} = \dot{m} \cdot w_1 \cdot (1 + k \cdot \cos\beta) \,.$$

Den hier noch benötigten Massenstrom $\dot{m}$ kann man mittels $\dot{m} = \rho \cdot \dot{V}$, $\dot{V} = A_1 \cdot w_1$ und $A_1 = \frac{\pi}{4} \cdot D^2$ zu

$$\dot{m} = \rho \cdot \frac{\pi}{4} \cdot D^2 \cdot w_1$$

herleiten. Oben eingesetzt führt das zu

$$F_{B_x} = \rho \cdot \frac{\pi}{4} \cdot D^2 \cdot w_1^2 \cdot (1 + k \cdot \cos\beta) \,,$$

wobei

$$w_1 = c_1 - u_1$$

ist.

Für die **Komponente** F_{B_y} notieren wir die Kräftebilanz am Kontrollraum in y-Richtung:

$$\sum F_y = 0 = F_{I_2,y} - F_{B_y} \,.$$

Hieraus folgt

$$F_{B_y} = F_{I_2,y} \,.$$

Mit $F_{I_2,y} = F_{I_2} \cdot \sin\beta$ erhält man

$$F_{B_y} = F_{I_2} \cdot \sin\beta \,.$$

Weiterhin bekommen wir mit $F_{I_2} = \dot{m} \cdot w_2$ (s. o.)

$$F_{B_y} = \dot{m} \cdot w_2 \cdot \sin\beta \,.$$

Mit $w_2 = k \cdot w_1$ führt das zu

$$F_{B_y} = \dot{m} \cdot w_1 \cdot k \cdot \sin\beta \,.$$

Dann wird $\dot{m} = \rho \cdot \frac{\pi}{4} \cdot D^2 \cdot w_1$ eingesetzt, das ergibt

$$F_{B_y} = \rho \cdot \frac{\pi}{4} \cdot D^2 \cdot w_1^2 \cdot k \cdot \sin \beta,$$

wobei

$$w_1 = c_1 - u_1$$

ist.

Werden nun schließlich F_{B_x} und F_{B_y} in die Ausgangsgleichung

$$F_B = \sqrt{F_{B_x}^2 + F_{B_y}^2}$$

eingesetzt, führt zum Ergebnis

$$F_B = \rho \cdot \frac{\pi}{4} \cdot D^2 \cdot w_1^2 \cdot \sqrt{(1 + k \cdot \cos \beta)^2 + (k \cdot \sin \beta)^2}.$$

Eine Vereinfachung lässt sich wie folgt erreichen:

$$(1 + k \cdot \cos \beta)^2 + (k \cdot \sin \beta)^2 = 1 + 2 \cdot k \cdot \cos \beta + k^2 \cdot \cos^2 \beta + k^2 \cdot \sin^2 \beta$$
$$= 1 + 2 \cdot k \cdot \cos \beta + k^2 \cdot (\cos^2 \beta + \sin^2 \beta).$$

Da $\sin^2 \beta + \cos^2 \beta = 1$ ist, führt dies zu

$$(1 + k \cdot \cos \beta)^2 + (k \cdot \sin \beta)^2 = 1 + 2 \cdot k \cdot \cos \beta + k^2.$$

Das Ergebnis für F_B lautet somit

$$F_B = \rho \cdot \frac{\pi}{4} \cdot D^2 \cdot w_1^2 \cdot \sqrt{1 + 2 \cdot k \cdot \cos \beta + k^2}.$$

Lösungsschritte – Fall 3

F_{B} mit den Zahlenwerten $c_1 = 30\,\mathrm{m/s}$, $D = 0{,}050\,\mathrm{m}$, $\beta = 30°$, $\rho = 1\,000\,\mathrm{kg/m^3}$, $u_1 = u_2 = u = 18\,\mathrm{m/s}$ und $k = 0{,}9$ erhalten wir über w_1:

$$w_1 = 30 - 18 = 12\,\mathrm{m/s}$$

$$F_{\mathrm{B}} = 1\,000 \cdot \frac{\pi}{4} \cdot 0{,}050^2 \cdot 12^2 \cdot \sqrt{1 + 2 \cdot 0{,}9 \cdot \cos 30° + 0{,}9^2} = 519\,\mathrm{N}$$

Aufgabe 2.21 Abbremsen eines Raumschiffs im All

Ein in Abb. 2.45 dargestelltes Raumschiff soll aus seiner Systemgeschwindigkeit u_{A} auf eine kleinere Geschwindigkeit u_{E} abgebremst werden. Hierzu bedient man sich einer Schubumkehreinrichtung. Diese wird von einem Gasmassenstrom $\dot{m}$ in der Weise beaufschlagt, dass er am Austritt der Einrichtung diese in Richtung der Systemgeschwindigkeit verlässt. Wie lautet die Zeit t_{E} bis zum Erreichen der Endgeschwindigkeit u_{E}, wenn neben der Anfangsgeschwindigkeit u_{A}, der Endgeschwindigkeit u_{E}, dem Massenstrom $\dot{m}$ und der Gesamtraumschiffmasse m_0 zu Beginn des Abbremsens noch die Relativgeschwindigkeit w des Gasstroms bekannt sind. Weiterhin wird die in der Zeit t_{E} verbrannte Treibstoffmasse Δm_{T} gesucht.

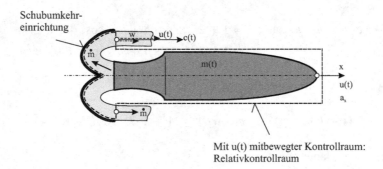

Mit u(t) mitbewegter Kontrollraum:
Relativkontrollraum

Abb. 2.45 Raumschiff bei Schubumkehr

Lösung zu Aufgabe 2.21

Aufgabenerläuterung

Ausgangspunkt bei der Lösung der Fragen ist das 2. Newton'sche Gesetz. Hierin werden alle äußeren Kräfte am Raumschiff benötigt, um die Beschleunigung bzw. in diesem Fall die Verzögerung zu ermitteln. Als äußere Kraft soll nur die aufgrund der Strömungsumlenkung in der Schubumkehreinrichtung wirkende Wandkraft berücksichtigt werden. Diese lässt sich am Kontrollraum feststellen. Er muss so angeordnet werden, dass seine Grenze die Austrittsströmung senkrecht schneidet und des Weiteren an der Wand der Umlenkungseinrichtung anliegt sowie das Raumschiff umschließt.

Gegeben:

m_0	Gesamtraumschiffmasse vor Abbremsbeginn
w	Gasaustrittsgeschwindigkeit als Relativgeschwindigkeit an der Umkehrschaufel
$\dot{m} = \frac{\mathrm{d}m_T(t)}{\mathrm{d}t}$	Massenstrom an Umkehrschaufel
U_A	Raumschiffgeschwindigkeit als Systemgeschwindigkeit zu Beginn des Abbremsens
u_E	Raumschiffgeschwindigkeit als Systemgeschwindigkeit nach dem Abbremsen

Gesucht:

1. $t \equiv t_E$ (Zeit, bis u_E erreicht ist)
2. Δm_T (In t_E verbrauchte Treibstoffmasse)
3. t_E und Δm_T, wenn $m_0 = 1\,550\,\mathrm{kg}$; $w = 1\,300\,\mathrm{m/s}$; $\dot{m} = 8\,\mathrm{kg/s}$; $u_A = 8\,500\,\mathrm{m/s}$; $u_E = 8\,400\,\mathrm{m/s}$

Anmerkungen

- Der Index „A" steht für Anfang, der Index „E" steht für Ende.
- Der Kontrollraum und das Koordinatensystem sind an das Raumschiff gebunden, weisen also auch dessen Systemgeschwindigkeit $u(t)$ auf.
- Der Kontrollraum ist somit ein Relativsystem mit der hierin vorliegenden Relativgeschwindigkeit w, wobei allgemein $\vec{c} = \vec{u} + \vec{w}$.
- $m_T(t)$: Treibstoffmasse zur Zeit t
- $m_T(0)$: Treibstoffmasse zur Zeit $t = t_A = 0$
- m_R: Raumschiffmasse ohne m_T
- $m(t) = m_T(t) + m_R$: Raumschiffmasse zur Zeit t
- $m_0 = m_T(0) + m_R$: Raumschiffmasse zur Zeit $t = t_A = 0$

Abb. 2.46 Raumschiff bei
Schubumkehr (Kräfte am Kontrollraum)

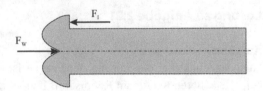

Lösungsschritte – Fall 1

Für die **Zeit** t_E ziehen wir das das 2. Newton'sche Gesetz hinzu, am Raumschiff lautet es
allgemein

$$\sum \vec{F}_i = m \cdot \vec{a},$$

in x-Richtung gilt

$$\sum F_{i_x} = m \cdot a_x.$$

Wegen nicht vorhandener Druck- und Luftreibungskräfte im All werden nur die von der
Schubumkehreinrichtung auf den Kontrollraum ausgeübte Wandkraft F_W (Reaktionskraft)
und die ebenfalls auf den Kontrollraum gerichtete Impulskraft F_I wirksam (Abb. 2.46),
also ist $F_W - F_I = 0$. Somit gilt

$$F_W = F_I.$$

Wegen $\sum F_{i_x} = m \cdot a_x$ (s. o.) und $\sum F_{i_x} = -F_W$ (weil F_W entgegen der x-Richtung am
Raumschiff angreift), folgt mit $F_I = \dot{m} \cdot w$ und $m \equiv m(t)$

$$m(t) \cdot a_x = -\dot{m} \cdot w.$$

Hierin sind $a_x = \frac{du(t)}{dt}$ und $m(t) = m_T(t) + m_R$.

Für die **Massenfunktion $m(t)$** bemerken wir, dass bei konstantem Treibstoffverbrauch
m_T von $m_T(0)$ ausgehend linear abnimmt. Nach Abb. 2.47 lässt sich angeben

$$\frac{dm_T(t)}{dt} = \dot{m} = \frac{m_T(0) - m_T(t)}{t}.$$

Abb. 2.47 Treibstoffmassen-
strom in Abhängigkeit von der
Zeit

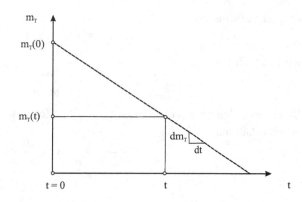

Umgeformt führt das zunächst zu

$$m_T(0) - m_T(t) = \dot{m} \cdot t$$

oder umgestellt

$$m_T(t) = m_T(0) - \dot{m} \cdot t.$$

Des Weiteren folgt mit $m(t) = m_T(t) + m_R$ folgt

$$m_T(t) = m_T(0) - \dot{m} \cdot t + m_R \quad \text{oder} \quad m_T(t) = m_T(0) + m_R - \dot{m} \cdot t.$$

Da auch $m_0 = m_T(0) + m_R$ ist (s. o.), erhält man

$$m(t) = m_0 - \dot{m} \cdot t.$$

Oben eingesetzt ergibt das

$$(m_0 - \dot{m} \cdot t) \cdot \frac{du(t)}{dt} = -\dot{m} \cdot w.$$

Umgeformt führt das dann zu

$$\frac{dt}{m_0 - \dot{m} \cdot t} = -\frac{du(t)}{\dot{m} \cdot w}.$$

Mit der Substitution

$$v = m_0 - \dot{m} \cdot t$$

wird zunächst

$$\frac{\mathrm{d}t}{v} = -\frac{\mathrm{d}u(t)}{\dot{m} \cdot w}.$$

Bildet man den Differenzialquotienten $\frac{\mathrm{d}v}{\mathrm{d}t}$, so folgt $\frac{\mathrm{d}v}{\mathrm{d}t} = -\dot{m}$ und hieraus $\mathrm{d}t = -\frac{\mathrm{d}v}{\dot{m}}$. Somit erhält man

$$-\frac{\mathrm{d}v}{v} \cdot \frac{1}{\dot{m}} = -\frac{\mathrm{d}u(t)}{\dot{m} \cdot w}$$

oder

$$\frac{\mathrm{d}v}{v} = \frac{\mathrm{d}u(t)}{w}.$$

Die Integration liefert zunächst

$$\int\limits_{v_A}^{v_E} \frac{\mathrm{d}v}{v} = \frac{1}{w} \cdot \int\limits_{u_A}^{u_E} \mathrm{d}u(t)$$

oder

$$\ln v_E - \ln v_A = \frac{1}{w} \cdot (u_E - u_A).$$

Jetzt wird v zurücksubstituiert, das ergibt

$$\ln (m_0 - \dot{m} \cdot t_E) - \ln (m_0 - \dot{m} \cdot t_A) = \frac{1}{w} \cdot (u_E - u_A).$$

Da $t_A = 0$, erhält man

$$\ln (m_0 - \dot{m} \cdot t_E) - \ln m_0 = \frac{1}{w} \cdot (u_E - u_A).$$

Multiplikation mit (-1) liefert, sofern $u_A > u_E$:

$$\ln \frac{m_0}{m_0 - \dot{m} \cdot t_E} = \frac{u_A - u_E}{w}.$$

Da allgemein $e^{\ln a} = a$ gilt, folgt

$$\frac{m_0}{m_0 - \dot{m} \cdot t_E} = e^{\frac{u_A - u_E}{w}}$$

oder umgestellt

$$\frac{m_0 - \dot{m} \cdot t_E}{m_0} = \frac{1}{e^{\frac{u_A - u_E}{w}}}.$$

Dies lässt sich auch verändern zu

$$1 - \frac{\dot{m}}{m_0} \cdot t_E = \frac{1}{e^{\frac{u_A - u_E}{w}}}.$$

Schließlich lösen wir nach t_E auf, das ergibt zunächst

$$\frac{\dot{m}}{m_0} \cdot t_E = 1 - \frac{1}{e^{\frac{u_A - u_E}{w}}}.$$

Das Resultat lautet schließlich

$$t_E = \frac{m_0}{\dot{m}} \cdot \left(1 - \frac{1}{e^{\frac{u_A - u_E}{w}}} \right).$$

Lösungsschritte – Fall 2

Die **verbrauchte Treibstoffmasse** Δm_T ergibt sich mit $\dot{m} = \frac{dm_T}{dt} = \frac{\Delta m_T}{\Delta t}$ bei linearem Verlauf zu

$$\Delta m_T = \dot{m} \cdot \Delta t$$

Lösungsschritte – Fall 3

Die Größen t_E und Δm_T nehmen, wenn $m_0 = 1\,550\,\text{kg}$, $w = 1\,300\,\text{m/s}$, $\dot{m} = 8\,\text{kg/s}$, $u_A = 8\,500\,\text{m/s}$ und $u_E = 8\,400\,\text{m/s}$ gegeben sind, die folgenden Werte an:

$$t_E = \frac{1\,550}{8} \cdot \left(1 - \frac{1}{e^{\frac{8\,500 - 8\,400}{1\,300}}} \right) = 14{,}35\,\text{s}$$

$$\Delta m_T = 8 \cdot (14{,}35 - 0) = 114{,}8\,\text{kg}$$

Aufgabe 2.22 Hosenrohr, ins Freie ausströmend

Das in Abb. 2.48 dargestellte „Hosenrohr" besteht aus einem Zulaufrohr 1 mit dem Durchmesser D_1 und zwei verschieden großen, ins Freie mündenden Abzweigungen des Durchmessers D_2 bzw. D_3. Das Rohr 2 weist einen Winkel α und das Rohr 3 einen Winkel β zur x-Achse auf. Das System ist horizontal angeordnet. Wie lauten die Gleichungen zur Ermittlung der am Hosenrohr wirkenden Wandkraft F_W sowie des Winkels γ zur x-Achse? Hierbei sind die geometrischen Größen D_1, D_2, D_3, α und β sowie $c_2 = c_3$ gegeben.

Lösung zu Aufgabe 2.22

Aufgabenerläuterung
Bei der vorliegenden Frage nach der Kraft, welche von einem strömenden Fluid auf die Wand des durchströmten Systems ausgeübt wird, bietet sich der Impulssatz als hilfreiches Mittel an. Der Anordnung des Kontrollraums kommt besondere Bedeutung zu. Im vorliegenden Fall wird er bündig an die benetzten Rohrwände und senkrecht zur Strömung durch die betreffenden Querschnitte gelegt. Die Bernoulli'sche Energiegleichung und das Kontinuitätsgesetz werden ebenfalls gebraucht.

Gegeben:

- α; β; ρ; D_1; D_2; D_3; $c_2 = c_3$; p_B

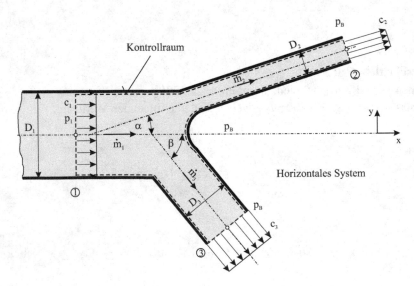

Abb. 2.48   Hosenrohr, ins Freie ausströmend

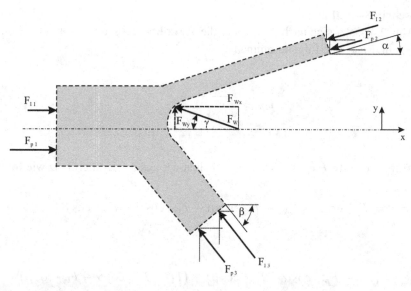

Abb. 2.49 Hosenrohr, ins Freie ausströmend (Kräfte am Kontrollraum)

Gesucht:

1. Kräfte am Kontrollraum
2. F_W (Wandkraft am Hosenrohr)
3. γ (Richtung der Kraft F_W)
4. F_W und γ, wenn $\alpha = 15°$; $\beta = 30°$; $\rho = 1\,000\,\text{kg/m}^3$; $D_1 = 0,15\,\text{m}$; $D_2 = 0,10\,\text{m}$; $D_3 = 0,075\,\text{m}$; $c_2 = c_3 = 12\,\text{m/s}$; $p_B = 100\,000\,\text{Pa}$

Anmerkungen

- verlustfreie Strömung
- horizontale Lage

Lösungsschritte – Fall 1

Kräfte am Kontrollraum: Bei den am Kontrollraum angreifenden Kräften handelt es sich an den durchströmten Querschnitten um senkrecht auf den Flächen stehende Impuls- und Druckkräfte (Abb. 2.49). Die Drücke werden hierbei als Absolutdrücke verstanden. Weiterhin wirkt am Kontrollraum die gesuchte Wandkraft, die als Reaktionskraft von der Hosenrohrwand auf den Kontrollraum zu verstehen ist.

Lösungsschritte – Fall 2

Gemäß Abb. 2.49 setzt sich nach Pythagoras die **Wandkraft** F_W aus den beiden Komponenten F_{W_x} und F_{W_y} wie folgt zusammen

$$F_W = \sqrt{F_{W_x}^2 + F_{W_y}^2}.$$

Die **Kraftkomponente** F_{W_x} in x-Richtung erhalten wir aus der Kräftebilanz wie folgt:

$$\sum \vec{F} = 0 = F_{p_1} + F_{I_1} - F_{W_x} - F_{p_2} \cdot \cos\alpha - F_{I_2} \cdot \cos\alpha - F_{p_3} \cdot \cos\beta - F_{I_3} \cdot \cos\beta$$

oder

$$F_{W_x} = \left(F_{p_1} - F_{p_2} \cdot \cos\alpha - F_{p_3} \cdot \cos\beta \right) + \left(F_{I_1} - F_{I_2} \cdot \cos\alpha - F_{I_3} \cdot \cos\beta \right).$$

Es sind

$$F_{p_1} = p_1 \cdot A_1; \quad F_{p_2} = p_B \cdot A_2; \quad F_{p_3} = p_B \cdot A_3$$
$$F_{I_1} = \dot{m}_1 \cdot c_1; \quad \dot{m}_1 = \rho \cdot \dot{V}_1; \quad \dot{V}_1 = c_1 \cdot A_1; \quad F_{I_1} = \rho \cdot A_1 \cdot c_1^2$$
$$F_{I_2} = \dot{m}_2 \cdot c_2; \quad \dot{m}_2 = \rho \cdot \dot{V}_2; \quad \dot{V}_2 = c_2 \cdot A_2; \quad F_{I_2} = \rho \cdot A_2 \cdot c_2^2$$
$$F_{I_3} = \dot{m}_3 \cdot c_3; \quad \dot{m}_3 = \rho \cdot \dot{V}_3; \quad \dot{V}_3 = c_3 \cdot A_3; \quad F_{I_3} = \rho \cdot A_3 \cdot c_3^2.$$

Damit erhält man

$$F_{W_x} = (p_1 \cdot A_1 - p_B \cdot A_2 \cdot \cos\alpha - p_B \cdot A_3 \cdot \cos\beta)$$
$$+ \left(\rho \cdot A_1 \cdot c_1^2 - \rho \cdot A_2 \cdot c_2^2 \cdot \cos\alpha - \rho \cdot A_3 \cdot c_3^2 \cdot \cos\beta \right)$$
$$= A_1 \cdot \left(p_1 + \rho \cdot c_1^2 \right) - A_2 \cdot \left(p_B \cdot \cos\alpha + \rho \cdot c_2^2 \cdot \cos\alpha \right)$$
$$- A_3 \cdot \left(p_B \cdot \cos\beta + \rho \cdot c_2^2 \cdot \cos\beta \right).$$

Mit $A = \frac{\pi}{4} \cdot D^2$ führt dies zur gesuchten Kraftkomponente F_{W_x} wie folgt:

$$F_{W_x} = \frac{\pi}{4} \cdot \left[D_1^2 \cdot \left(p_1 + \rho \cdot c_1^2 \right) - D_2^2 \cdot \left(p_B \cdot \cos\alpha + \rho \cdot c_2^2 \cdot \cos\alpha \right) \right.$$
$$\left. - D_3^2 \cdot \left(p_B \cdot \cos\beta + \rho \cdot c_2^2 \cdot \cos\beta \right) \right].$$

Hierin sind noch der Druck p_1 und die Geschwindigkeit c_1 zu bestimmen.

Für den **Druck** p_1 beachten wir die Bernoulli-Gleichung bei 1 und 2 (ohne Verluste):

$$\frac{p_1}{\rho} + \frac{c_1^2}{2} + g \cdot Z_1 = \frac{p_2}{\rho} + \frac{c_2^2}{2} + g \cdot Z_2.$$

wobei hier $p_2 = p_B$ und $Z_1 = Z_2$ sind. Dies führt zu

$$\frac{p_1}{\rho} = \frac{p_B}{\rho} + \frac{c_2^2}{2} - \frac{c_1^2}{2}$$

oder

$$p_1 = p_B + \frac{\rho}{2} \cdot c_2^2 \cdot \left(1 - \frac{c_1^2}{c_2^2}\right).$$

$(c_1/c_1)^2$ erhält man aus der Kontinuität gemäß $\dot{V}_1 = \dot{V}_2 + \dot{V}_3$ wobei $\dot{V}_1 = c_1 \cdot A_1$, $\dot{V}_2 = c_2 \cdot A_2$ und $\dot{V}_3 = c_2 \cdot A_3$ sowie $c_2 = c_3$ gelten. Dann ist nämlich

$$c_1 \cdot A_1 = c_2 \cdot A_2 + c_2 \cdot A_3$$

oder, wenn man durch A_1 dividiert und c_2 ausgeklammert,

$$c_1 = \frac{c_2 \cdot (A_2 + A_3)}{A_1}.$$

Durch c_2 dividiert und danach quadriert liefert wie gewünscht $(c_1/c_1)^2$:

$$\left(\frac{c_1}{c_2}\right)^2 = \frac{c_2^2 \cdot (A_2 + A_3)^2}{c_2^2 \cdot A_1^2}$$

Nach Kürzen von c_2^2 ist

$$\left(\frac{c_1}{c_2}\right)^2 = \frac{(A_2 + A_3)^2}{A_1^2}.$$

Oben eingesetzt liefert das dann

$$p_1 = p_B + \frac{\rho}{2} \cdot c_2^2 \cdot \left[1 - \frac{(A_2 + A_3)^2}{A_1^2}\right]$$

und mit $A = \frac{\pi}{4} \cdot D^2$

$$p_1 = p_B + \frac{\rho}{2} \cdot c_2^2 \cdot \left[1 - \frac{\left(D_2^2 + D_3^2\right)^2}{D_1^4}\right].$$

Für die **Geschwindigkeit** c_1 erhalten wir mit $c_1 = \frac{c_2 \cdot (A_2 + A_3)}{A_1}$ (s. o.)

$$c_1 = c_2 \cdot \frac{D_2^2 + D_3^2}{D_1^2}.$$

Die **Kraftkomponente** F_{W_y} in y-Richtung erhalten wir aus der Kräftebilanz wie folgt:

$$\sum F = 0 = F_{W_y} + F_{p_3} \cdot \sin \beta + F_{I_3} \cdot \sin \beta - F_{p_2} \cdot \sin \alpha - F_{I_2} \cdot \sin \alpha$$

oder umgestellt

$$F_{W_y} = F_{p_2} \cdot \sin \alpha + F_{I_2} \cdot \sin \alpha - F_{p_3} \cdot \sin \beta - F_{I_3} \cdot \sin \beta.$$

Es sind

$$F_{p_2} = p_B \cdot A_2; \quad F_{p_3} = p_B \cdot A_3$$

$$F_{I_2} = \dot{m}_2 \cdot c_2; \quad \dot{m}_2 = \rho \cdot \dot{V}_2; \quad \dot{V}_2 = c_2 \cdot A_2; \quad F_{I_2} = \rho \cdot A_2 \cdot c_2^2$$

$$F_{I_3} = \dot{m}_3 \cdot c_3; \quad \dot{m}_3 = \rho \cdot \dot{V}_3; \quad \dot{V}_3 = c_3 \cdot A_3; \quad F_{I_3} = \rho \cdot A_3 \cdot c_3^2.$$

Damit erhält man

$$\begin{aligned}
F_{W_y} &= p_B \cdot A_2 \cdot \sin \alpha + \rho \cdot A_2 \cdot c_2^2 \cdot \sin \alpha - p_B \cdot A_3 \cdot \sin \beta - \rho \cdot A_3 \cdot c_3^2 \cdot \sin \beta \\
&= p_B \cdot A_2 \cdot \sin \alpha - p_B \cdot A_3 \cdot \sin \beta + \rho \cdot A_2 \cdot c_2^2 \cdot \sin \alpha - \rho \cdot A_3 \cdot c_3^2 \cdot \sin \beta \\
&= p_B \cdot (A_2 \cdot \sin \alpha - A_3 \cdot \sin \beta) + \rho \cdot c_2^2 \cdot (A_2 \cdot \sin \alpha - A_3 \cdot \sin \beta).
\end{aligned}$$

Mit $A = \frac{\pi}{4} \cdot D^2$ wird

$$F_{W_y} = \frac{\pi}{4} \cdot \left[p_B \cdot \left(D_2^2 \cdot \sin \alpha - D_3^2 \cdot \sin \beta \right) + \rho \cdot c_2^2 \cdot \left(D_2^2 \cdot \sin \alpha - D_3^2 \cdot \sin \beta \right) \right].$$

und die resultierende Wandkraft ist

$$F_W = \sqrt{F_{W_x}^2 + F_{W_y}^2} \quad \text{unter Benutzung der beiden Ergebnisse für } F_{W_x} \text{ und } F_{W_y}.$$

Lösungsschritte – Fall 3

Der Winkel bzw. die **Richtung** γ ergibt sich direkt zu

$$\gamma = \arctan\left(\frac{F_{W_y}}{F_{W_x}}\right)$$

Lösungsschritte – Fall 4

Für F_W und γ finden wir, wenn $\alpha = 15°$, $\beta = 30°$, $\rho = 1\,000\,\text{kg/m}^3$, $D_1 = 0,15\,\text{m}$, $D_2 = 0,10\,\text{m}$, $D_3 = 0,075\,\text{m}$, $c_2 = c_3 = 12\,\text{m/s}$ und $p_B = 100\,000\,\text{Pa}$ gegeben sind, dimensionsgerecht gerechnet folgende Zahlenwerte:

$$p_1 = 100\,000 + \frac{1\,000}{2} \cdot 12^2 \cdot \left[1 - \frac{\left(0,10^2 + 0,075^2\right)^2}{0,15^4}\right] = 137\,278\,\text{Pa}$$

$$c_1 = 12 \cdot \frac{0,1^2 + 0,075^2}{0,15^2} = 8,333\,\text{m/s}$$

$$\begin{aligned}
F_x = \frac{\pi}{4} \cdot \big[&0,15^2 \cdot \left(137\,278 + 1\,000 \cdot 8,333^2\right) \\
&- 0,10^2 \cdot \left(100\,000 \cdot \cos 15° + 1\,000 \cdot 12^2 \cdot \cos 15°\right) \\
&-0,075^2 \cdot \left(100\,000 \cdot \cos 30° + 1\,000 \cdot 12^2 \cdot \cos 30°\right)\big]
\end{aligned}$$

$$F_x = 868\,\text{N}$$

$$\begin{aligned}
F_y = \frac{\pi}{4} \cdot \big[&100\,000 \cdot \left(0,10^2 \cdot \sin 15° - 0,075^2 \cdot \sin 30°\right) \\
&+1\,000 \cdot 12^2 \cdot \left(0,10^2 \cdot \sin 15° - 0,075^2 \cdot \sin 30°\right)\big]
\end{aligned}$$

$$F_y = -43\,\text{N}$$

(d. h. entgegengesetzt zur angenommenen Richtung wirkend)

$$F_{\mathrm{W}} = \sqrt{868^2 + (-43)^2} = 869\,\mathrm{N}$$

$$\gamma = \arctan\left(\frac{43}{868}\right) = 2{,}8°$$

Aufgabe 2.23 Hochwasserüberlauf

Ein Hochwasserüberlauf zählt zu den Hochwasserentlastungsanlagen mit der Aufgabe, Absperrbauwerke (Staumauern, Staudämme) vor zu hohen Wasserpegeln und damit verbunden zu hohen Belastungen zu schützen. Am Überlauf selbst können dabei beachtliche Kräfte entstehen, die für vorliegenden Fall (Abb. 2.50) ermittelt werden sollen. Aufgrund der Pegel Z_1 und Z_2 im Zulauf 1 und Ablauf 2 besteht nun die Aufgabe darin, die auf die Breite B bezogene horizontale Kraft am Überlauf zu bestimmen.

Lösung zu Aufgabe 2.23

Aufgabenerläuterung
Zur Ermittlung der an einem Hochwasserüberlauf gemäß Abb. 2.50 wirkenden horizontalen Gesamtkraft ΔF_{W} wird ein Kontrollraum (Abb. 2.51) derart in dem System anzu-

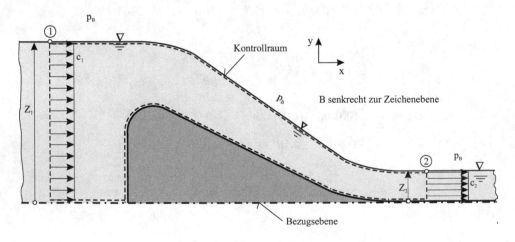

Abb. 2.50 Hochwasserüberlauf

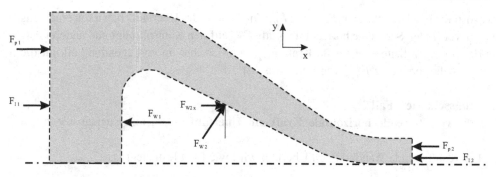

Abb. 2.51 Hochwasserüberlauf (Kräfte am Kontrollraum)

ordnen sein, dass er erstens die benetzte Oberfläche des Überlaufs umschließt. Zweitens muss er im Zulauf 1 sowie im Ablauf 2 senkrecht zu den homogenen Geschwindigkeitsverteilungen c_1 und c_2 gelegt werden. Bei gegebenen Pegeln Z_1 und Z_2 sowie der Breite B des Überlaufs werden zur Bestimmung der Impulskräfte die hierfür erforderlichen Geschwindigkeiten c_1 und c_2 benötigt. Diese lassen sich mittels Kontinuitätsgesetz und Bernoulli'scher Energiegleichung herleiten. Hydrostatische Druckkräfte sind an den Grenzen des Kontrollraums bei 1 und 2 ebenfalls zu berücksichtigen.

Gegeben:

- ρ; g; Z_1; Z_2

Gesucht:

1. Kräfte am Kontrollraum
2. $\frac{\Delta F_W}{B}$ (resultierende **horizontale Kraft** am Überlauf)
3. $\frac{\Delta F_W}{B}$, wenn $\rho = 1\,000\,\text{kg/m}^3$; $g = 9{,}81\,\text{m/s}^2$; $Z_1 = 4{,}0\,\text{m}$; $Z_2 = 5{,}0\,\text{m}$

Anmerkungen

- reibungsfreie Strömung und daher keine Schubspannungen an den Wänden
- Kräfte aus p_B heben sich am Kontrollraum auf.
- Die Geschwindigkeitsverteilungen bei 1 und 2 sind homogen.
- Kräfte in y-Richtung müssen nicht berücksichtigt werden, da nach der horizontalen Kraft am Überlauf gefragt ist.

Lösungsschritte – Fall 1

Kräfte am Kontrollraum: Aufgrund der Aufgabenstellung sind nur Kräfte in oder entgegen x-Richtung zu berücksichtigen. Diese bestehen an den durchströmten Querschnitten des Kontrollraums aus den auf die Flächen gerichteten Impulskräften F_{I_1} bzw. F_{I_2} und den hydrostatischen Druckkräften F_{p_1} bzw. F_{p_2}. Die Wände des Überlaufs bewirken einerseits an der vertikalen Seite eine horizontale Kraft F_{W_1} auf den Kontrollraum und andererseits an der schrägen Seite eine zweite Kraft F_{W_2}, von der aber im vorliegenden Fall nur die Horizontalkomponente $F_{W_{2,x}}$ von Bedeutung ist.

Lösungsschritte – Fall 2

Für die **resultierende horizontale Kraft am Überlauf**, $\frac{\Delta F_W}{B}$, untersuchen wir zuerst ΔF_W.

Die resultierende Wandkraft am Überlauf wird wie folgt festgelegt:

$$\Delta F_W = F_{W_1} - F_{W_{2,x}}.$$

Die Kräftebilanz am Kontrollraum in x-Richtung führt zu

$$\sum F_x = 0 = F_{p_1} + F_{I_1} - F_{W_1} + F_{W_{2,x}} - F_{p_2} - F_{I_2}.$$

Umgeformt nach $\Delta F_W = F_{W_1} - F_{W_{2,x}}$ ergibt dies

$$\Delta F_W = F_{W_1} - F_{W_{2,x}} = \left(F_{p_1} - F_{p_2} \right) + \left(F_{I_1} - F_{I_2} \right).$$

Im Einzelnen müssen nun F_{p_1}, F_{p_2}, F_{I_1} und F_{I_2} ermittelt werden.

Für die **Druckkräfte F_p** beachten wir, dass die Kraft aus dem hydrostatischen Druck allgemein

$$F_p = \rho \cdot g \cdot A \cdot t_S$$

lautet. Somit gilt bei 1

$$F_{p_1} = \rho \cdot g \cdot A_1 \cdot t_{S_1}$$

und bei 2

$$F_{p_2} = \rho \cdot g \cdot A_2 \cdot t_{S_2}.$$

Mit $A_1 = Z_1 \cdot B$ und $t_{S_1} = \frac{Z_1}{2}$ sowie analog $A_2 = Z_2 \cdot B$ und $t_{S_2} = \frac{Z_2}{2}$ wird daraus

$$F_{p_1} = \frac{1}{2} \cdot \rho \cdot g \cdot B \cdot Z_1^2 \quad \text{und} \quad F_{p_2} = \frac{1}{2} \cdot \rho \cdot g \cdot B \cdot Z_2^2.$$

Für die **Impulskräfte F_I** gilt allgemein $F_I = \dot{m} \cdot c$.

Bei 1 wird mit $F_{I_1} = \dot{m} \cdot c_1$, $\dot{m} = \rho \cdot \dot{V}$, $\dot{V} = c_1 \cdot A_1$ und $A_1 = B \cdot Z_1$ gilt dann

$$F_{I_1} = \rho \cdot B \cdot Z_1 \cdot c_1^2$$

und bei 2 entsprechend mit $F_{I_2} = \dot{m} \cdot c_2$, $\dot{m} = \rho \cdot \dot{V}$, $\dot{V} = c_2 \cdot A_2$ und $A_2 = B \cdot Z_2$

$$F_{I_2} = \rho \cdot B \cdot Z_2 \cdot c_2^2.$$

Die so ermittelten Kräfte führen, oben eingesetzt, auf

$$\Delta F_W = \frac{1}{2} \cdot \rho \cdot g \cdot B \cdot \left(Z_1^2 - Z_2^2\right) + \rho \cdot B \cdot \left(Z_1 \cdot c_1^2 - Z_2 \cdot c_2^2\right).$$

Dividiert durch B folgt

$$\frac{\Delta F_W}{B} = \frac{1}{2} \cdot \rho \cdot g \cdot \left(Z_1^2 - Z_2^2\right) + \rho \cdot \left(Z_1 \cdot c_1^2 - Z_2 \cdot c_2^2\right)$$

oder

$$\frac{\Delta F_W}{B} = \frac{1}{2} \cdot \rho \cdot g \cdot \left[\left(Z_1^2 - Z_2^2\right) + \frac{2}{g} \cdot \left(Z_1 \cdot c_1^2 - Z_2 \cdot c_2^2\right)\right].$$

Es fehlen noch die **Geschwindigkeitsquadrate** c_1^2 und c_2^2. Hierfür verwenden wir die Bernoulli'sche Gleichung (ohne Verluste) bei 1 und bei 2:

$$\frac{p_1}{\rho} + \frac{c_1^2}{2} + g \cdot Z_1 = \frac{p_2}{\rho} + \frac{c_2^2}{2} + g \cdot Z_2,$$

wobei $p_1 = p_2 = p_B$ ist und somit

$$\frac{c_1^2}{2} + g \cdot Z_1 = \frac{c_2^2}{2} + g \cdot Z_2$$

folgt. Nach $c_2^2/2$ umgeformt wird das zu

$$\frac{c_2^2}{2} = \frac{c_1^2}{2} + g \cdot (Z_1 - Z_2)$$

oder

$$c_2^2 = c_1^2 + 2 \cdot g \cdot (Z_1 - Z_2).$$

Mit der Kontinuität $\dot{V} = c_1 \cdot A_1 = c_2 \cdot A_2$ wird

$$c_1 = c_2 \cdot \frac{A_2}{A_1}$$

(mit $A_1 = B \cdot Z_1$ und $A_2 = B \cdot Z_2$). Dies führt zu

$$c_1 = c_2 \cdot \frac{Z_2}{Z_1} \quad \text{bzw.} \quad c_1^2 = c_2^2 \cdot \left(\frac{Z_2}{Z_1}\right)^2.$$

Oben eingesetzt ergibt das

$$c_2^2 = c_2^2 \cdot \left(\frac{Z_2}{Z_1}\right)^2 + 2 \cdot g \cdot (Z_1 - Z_2)$$

oder, umgestellt nach c_2^2,

$$c_2^2 - c_2 \cdot \left(\frac{Z_2}{Z_1}\right)^2 = 2 \cdot g \cdot (Z_1 - Z_2).$$

Wird c_2^2 ausgeklammert, liefert das

$$c_2^2 \left[1 - \left(\frac{Z_2}{Z_1}\right)^2\right] = 2 \cdot g \cdot (Z_1 - Z_2).$$

Durch $\left[1 - \left(\frac{Z_2}{Z_1}\right)^2\right]$ dividiert, ergibt das zunächst

$$c_2^2 = \frac{2 \cdot g \cdot (Z_1 - Z_2)}{\left[1 - \left(\frac{Z_2}{Z_1}\right)^2\right]}.$$

Dies wird dann in $c_1^2 = c_2^2 \cdot \left(\frac{Z_2}{Z_1}\right)^2$ eingesetzt:

$$c_1^2 = \frac{2 \cdot g \cdot (Z_1 - Z_2)}{\left[1 - \left(\frac{Z_2}{Z_1}\right)^2\right]} \cdot \left(\frac{Z_2}{Z_1}\right)^2.$$

Mit den Umformungen

$$c_1^2 = 2 \cdot g \cdot Z_1^2 \cdot \frac{Z_1 - Z_2}{Z_1^2 - Z_2^2} \cdot \left(\frac{Z_2}{Z_1}\right)^2$$

$$= 2 \cdot g \cdot Z_1^2 \cdot \frac{Z_1 - Z_2}{(Z_1 - Z_2) \cdot (Z_1 + Z_2)} \cdot \left(\frac{Z_2}{Z_1}\right)^2$$

gelangt man zu

$$c_1^2 = 2 \cdot g \cdot \frac{Z_2^2}{Z_1 + Z_2}.$$

Des Weiteren erhält man aus

$$c_2^2 = \frac{2 \cdot g \cdot (Z_1 - Z_2)}{\left[1 - \left(\frac{Z_2}{Z_1}\right)^2\right]}$$

auch

$$c_2^2 = 2 \cdot g \cdot Z_1^2 \cdot \frac{Z_1 - Z_2}{Z_1^2 - Z_2^2}$$

$$= 2 \cdot g \cdot Z_1^2 \cdot \frac{Z_1 - Z_2}{(Z_1 - Z_2) \cdot (Z_1 + Z_2)}.$$

Nach Kürzen lautet dann das Ergebnis

$$c_2^2 = 2 \cdot g \cdot \frac{Z_1^2}{Z_1 + Z_2}.$$

Die neuen Ausdrücke für c_1^2 und c_2^2 werden jetzt in die Ausgangsgleichung für $\frac{\Delta F_W}{B}$ eingesetzt:

$$\frac{\Delta F_W}{B} = \frac{1}{2} \cdot \rho \cdot g \cdot \left[(Z_1^2 - Z_2^2) + 4 \cdot \left(Z_1 \cdot \frac{Z_2^2}{Z_1 + Z_2} - Z_2 \cdot \frac{Z_1^2}{Z_1 + Z_2} \right) \right]$$

$$= \frac{1}{2} \cdot \rho \cdot g \cdot \left[(Z_1^2 - Z_2^2) + 4 \cdot Z_1 \cdot Z_2 \cdot \left(\frac{Z_2}{Z_1 + Z_2} - \frac{Z_1}{Z_1 + Z_2} \right) \right].$$

Das Resultat ist schließlich

$$\frac{\Delta F_W}{B} = \frac{1}{2} \cdot \rho \cdot g \cdot \left[(Z_1^2 - Z_2^2) - 4 \cdot Z_1 \cdot Z_2 \cdot \frac{Z_1 - Z_2}{Z_1 + Z_2} \right].$$

Lösungsschritte – Fall 3

Für $\frac{\Delta F_W}{B}$ ergibt sich mit den Zahlenwerten $\rho = 1\,000\,\mathrm{kg/m^3}$, $g = 9{,}81\,\mathrm{m/s^2}$, $Z_1 = 4{,}0\,\mathrm{m}$
und $Z_2 = 5{,}0\,\mathrm{m}$

$$\frac{\Delta F_W}{B} = \frac{1}{2} \cdot 1\,000 \cdot 9{,}81 \cdot \left[\left(4^2 - 0{,}5^2 \right) - 4 \cdot 4 \cdot 0{,}5 \cdot \frac{4 - 0{,}5}{4 + 0{,}5} \right]$$

$$\frac{\Delta F_W}{B} = 46\,734\,\mathrm{N/m} \equiv 46{,}734\,\mathrm{kN/m}$$

Aufgabe 2.24 Beschleunigter Wagen

Ein mit Wasser gefüllter Wagen weist gemäß Abb. 2.52 eine offene Düse am unteren Ende
der linken Wand auf. Auf der Wasseroberfläche schwimmt leckagefrei eine schwere Platte. Aufgrund des ausströmenden Wassers wird der Wagen in x-Richtung, also hier nach
rechts, aus der Ruhe heraus beschleunigt. Der austretende Massenstrom $\dot{m}$ und die Relativgeschwindigkeit w sollen konstant sein. Bei bekannter Gesamtmasse des Wagens beim
Start $m_0(0)$ soll eine Gesetzmäßigkeit ermittelt werden, welche die zeitlich veränderliche
Wagengeschwindigkeit $u(t)$ beschreibt.

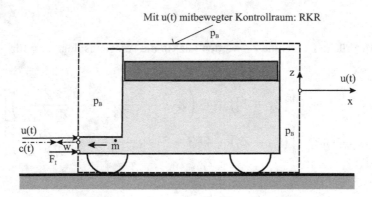

Abb. 2.52 Beschleunigter Wagen

Lösung zu Aufgabe 2.24

Aufgabenerläuterung

Bei der Lösung der Aufgabe steht zunächst das 2. Newton'sche Gesetz zur Verfügung, welches aussagt, dass zur Beschleunigung a eines Körpers der Masse m die Resultierende aller am Körper angreifenden äußeren Kräfte dient. Um diese zu erfassen, wird ein mitbewegter Kontrollraum (Relativkontrollraum) um den Wagen angeordnet und dabei den austretenden Wasserstrahl senkrecht schneidet. Die schwere Platte auf der Wasseroberfläche bewirkt, dass der Massenstrom $\dot{m}$ und die Geschwindigkeit w nahezu konstant sind.

Gegeben:

m_0	Gesamtmasse beim Start
m_W	Wagenmasse inklusive Plattenmasse
$m_F(0)$	Flüssigkeitsmasse beim Start
w	Austrittsgeschwindigkeit der Flüssigkeit als Relativgeschwindigkeit an der Düse
$\dot{m} = \frac{dm_F(t)}{dt}$	Massenstrom am Düsenaustritt

Gesucht:

- $u(t)$ (Wagengeschwindigkeit in Abhängigkeit von der Zeit t)

Anmerkungen

- reibungsfreie Räder
- kein Luftwiderstand
- w = konstant
- $\dot{m}$ = konstant
- Absinkgeschwindigkeit des Wassers im Wagen ist sehr klein
- Kontrollraum wird mit dem Wagen mitbewegt (Relativkontrollraum: RKR)

Lösungsschritte

Die nachstehenden Massen sind wie folgt definiert:

$m_F(t)$	Flüssigkeitsmasse zur Zeit t
$m_F(0)$	Flüssigkeitsmasse zur Zeit $t = 0$
m_W	Wagenmasse
$m(t) = m_F(t) + m_W$	Gesamtmasse zur Zeit t
$m_0 = m_F(0) + m_W$	Gesamtmasse zur Zeit $t = 0$

Für die **Geschwindigkeit** $u(t)$ verwenden wir als Lösungsansatz das 2. Newton'sche Gesetz am Wagen:

$$\sum \vec{F}_i = m \cdot \vec{a},$$

was für den vorliegenden Fall in x-Richtung

$$\sum F_{i_x} = m(t) \cdot a_x.$$

bedeutet. Bei den am Wagen wirkenden äußeren Kräften $\sum F_{i_x}$ kann lediglich die Impulskraft F_I am Düsenaustritt angegeben werden. Diese ist der Austrittsgeschwindigkeit w im mitbewegten Kontrollraum entgegen gerichtet und steht senkrecht auf der Düsenaustrittsfläche. Druckkräfte aus dem Atmosphärendruck heben sich am Kontrollraum gegenseitig auf; Gewichtskräfte sind in x-Richtung ohne Einfluss. Somit gilt

$$\sum F_{i_x} = F_I.$$

Mit $F_I = \dot{m} \cdot w$ am Relativkontrollraum folgt dann

$$m(t) \cdot a_x = \dot{m} \cdot w.$$

Hierin sind $a_x = \frac{\mathrm{d}u(t)}{\mathrm{d}t}$ und $m(t) = m_F(t) + m_W$. Man erhält zunächst

$$(m_F(t) + m_W) \cdot \frac{\mathrm{d}u(t)}{\mathrm{d}t} = \dot{m} \cdot w.$$

Bei konstantem Flüssigkeitsmassenstrom $\dot{m}$ nimmt die Funktion $m_F(t)$ gemäß Abb. 2.53 von $m_F(0)$ ausgehend linear ab. Hieraus lässt sich leicht erkennen

$$\frac{m_F(0) - m_F(t)}{t} = \frac{\mathrm{d}m_F(t)}{\mathrm{d}t} = \dot{m}.$$

Umgeformt führt das dann zu

$$m_F(0) - m_F(t) = \dot{m} \cdot t$$

Abb. 2.53 Flüssigkeitsmassenstrom in Abhängigkeit von der Zeit

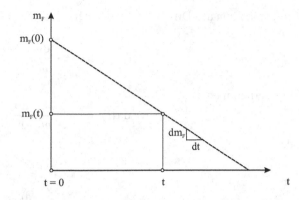

oder umgestellt

$$m_F(t) = m_F(0) - \dot{m} \cdot t.$$

Oben eingesetzt ergibt das

$$(m_F(0) + m_W - \dot{m} \cdot t) \cdot \frac{du(t)}{dt} = \dot{m} \cdot w.$$

Des Weiteren erhält man mit $m_0 = m_F(0) + m_W$ den Ausdruck

$$(m_0 - \dot{m} \cdot t) \cdot \frac{du(t)}{dt} = \dot{m} \cdot w.$$

Division durch $(m_0 - \dot{m} \cdot t)$ führt zunächst zu

$$\frac{du(t)}{dt} = \frac{\dot{m} \cdot w}{m_0 - \dot{m} \cdot t}.$$

Mit dt multipliziert wird daraus die integrierbare Funktion

$$du(t) = \frac{\dot{m} \cdot w}{m_0 - \dot{m} \cdot t} \cdot dt.$$

Mit der Substitution $v = m_0 - \dot{m} \cdot t$ wird zunächst

$$du(t) = \frac{\dot{m} \cdot w}{v} \cdot dt.$$

Bildet man nun den Differenzialquotienten $\frac{dv}{dt}$, so folgt $\frac{dv}{dt} = -\dot{m}$ und hieraus

$$dt = -\frac{dv}{\dot{m}}.$$

Somit erhält man

$$du(t) = -w \cdot \frac{1}{\dot{m}} \cdot \frac{dv}{v} \cdot \dot{m}$$

oder

$$du(t) = -w \cdot \frac{dv}{v}.$$

Die Integration liefert zunächst

$$\int\limits_{u(t=0)=0}^{u(t)} du(t) = -w \cdot \int\limits_{v_0}^{v(t)} \frac{dv}{v}$$

und dann, ausgeführt,

$$u(t) = -w \cdot \ln v|_{v_0}^{v(t)} = -w \cdot (\ln v(t) - \ln v_0).$$

v wird zurücksubstituiert, das ergibt

$$u(t) = -w \cdot [\ln(m_0 - \dot{m} \cdot t) - \ln(m_0 - \dot{m} \cdot 0)].$$

Damit erhält man

$$u(t) = -w \cdot [\ln(m_0 - \dot{m} \cdot t) - \ln m_0]$$
$$= w \cdot [\ln m_0 - \ln(m_0 - \dot{m} \cdot t)].$$

Dies entspricht auch

$$u(t) = w \cdot \ln\left(\frac{m_0}{m_0 - \dot{m} \cdot t}\right) \quad \text{mit} \quad m_0 = m_F(0) + m_W.$$

Grenzschichtströmungen

3

Prandtl hat erstmals Anfang des 20. Jahrhunderts das Vorhandensein von „Grenzschichten" an umströmten Körpern theoretisch und experimentell festgestellt. Hiermit konnten bislang viele offene Fragen der Strömungsmechanik gelöst sowie wichtige technische Anwendungen und Verbesserungen (z. B. Grenzschichtabsaugungen an Tragflächen zur Auftriebsverbesserung) geschaffen werden. So konnte ebenso eine deutliche Widerstandsreduzierung an Profilen (Kugeln, Zylinder, Tragflächen, etc.) mittels „Stolperdrähten" durch entsprechende Grenzschichtveränderungen erzielt werden. Mit „Potenzialströmungen", d. h. der angenommenen drehungs- und reibungsfreien Strömung, kann z. B. sehr gut die „Querkraftentstehung" (Auftrieb) an umströmten Tragflügeln erklärt werden. Die tatsächlich auch vorhandenen „Widerstandskräfte" lassen sich dagegen mit den reibungsfreien Potenzialströmungen nicht belegen. Aus Messungen weiß man, dass außerhalb der näheren Körperumgebung die tatsächliche Strömung der Potenzialströmung sehr nahe kommt. Nur in unmittelbarer Nähe und nach dem Körper sind Abweichungen feststellbar. Somit sind zur Ermittlung der Querkräfte die Gegebenheiten der Potenzialströmung um den Körper zu verwenden, zur Bestimmung der Widerstandskräfte sind die veränderten Verhältnisse in unmittelbarer Körpernähe bedeutsam. Von technischen Fluiden weiß man, dass sie neben Druckspannungen (Drücken) auch Schubspannungen übertragen. Diese Schubspannungen (Newton'sche Flüssigkeiten) hängen vom Geschwindigkeitsgradient $\frac{dc_x}{dz}$ und der dynamischen Viskosität η ab. Wenn auch die Schubspannungen i. A. gegenüber den Druckspannungen klein und oft unbedeutend sind, so kann erst mit ihrer Hilfe die Entwicklung der Widerstandskräfte in den wandnahen, reibungsbehafteten Schichten (Grenzschichten) des Körpers begründet werden. Es lassen sich zwei Bereiche an umströmten Körpern bei tatsächlichen, reibungsbehafteten Strömungen nennen:

1. **Außenströmungen;** d. h., hier liegt eine (Quasi-)Potenzialströmung vor, es sind hier keine Schubspannungen wirksam: $\frac{dc_x}{dz} = 0$.

V. Schröder, *Übungsaufgaben zur Strömungsmechanik 2*,
https://doi.org/10.1007/978-3-662-56056-3_3

2. **Grenzschichtbereich** und evtl. Verwirbelungsgebiet (bei abgelöster Grenzschicht). Aufgrund der Haftbedingung tatsächlicher Fluide steigt innerhalb der Grenzschicht die Geschwindigkeit vom Wert null an der Wand auf den Wert der Außenströmung an:

c_∞:   bei längsangeströmten Platten

$c_a(x)$: bei längsangeströmten Profilen

Aus Messungen und Theorie weiß man, dass diese Grenzschichten sehr dünn sind, d. h., die Grenzschichtdicke δ $\ll$ und somit der Geschwindigkeitsgradient $\frac{dc_x}{dz}$ $\gg$. Die gebräuchlichste Definition der Grenzschichtdicke δ ist so festgelegt, dass aufgrund des fließenden Übergangs von Grenzschicht zur Außenströmung die Grenzschichtdicke bei 99 % der Geschwindigkeit c_∞ bzw. c_a erreicht sein müssen; also ist δ bei $c = 0{,}99 \cdot c_\infty$ definiert. Grundsätzlich muss unterschieden werden, ob die Grenzschichtausbildung entlang einer ebenen Platte oder eines profilierten, umströmten Körpers stattfindet. Da beide Grenzschichtentwicklungen verschiedenartig ablaufen und die Ergebnisse nicht miteinander vergleichbar sind, soll hier nur die Strömung in **Plattengrenzschichten** mit ihre wichtigsten Ergebnissen vorgestellt werden.

Wie bei der Rohrströmung können sich **laminare** und **turbulente** Grenzschichten ausbilden. Im Fall der turbulenten Grenzschicht ist immer eine sehr dünne, laminare (viskose) Unterschicht (engl. viscous sublayer) an der Wand vorhanden, auf der sich dann die turbulente Grenzschicht aufbaut. Eine laminare Grenzschicht kann ab einer bestimmten Strecke x_{kr} (Lauflänge) in die turbulente Grenzschicht übergehen.

Umschlagspunkt von laminarer zur turbulenten Grenzschicht
Wird eine kritische Reynolds-Zahl unter- oder überschritten, so stellt sich laminare bzw. turbulente Grenzschichtströmung ein. Diese kritische Reynolds-Zahl lautet

$$Re_{kr} = \frac{c_\infty \cdot x_{kr}}{\nu} = 3 \cdot 10^5 \ldots 5 \cdot 10^5.$$

Geschwindigkeitsverteilungen in Plattengrenzschichten
Laminare Strömung In diesem Fall haben sich zwei Ansätze als Näherungslösungen bewährt:

Lineare Verteilung

$$\frac{c(z)}{c_\infty} = \frac{z}{\delta} \; (0 \le z \le \delta)$$

Parabelförmige Verteilung

$$\frac{c(z)}{c_\infty} = 1 - \left(\frac{\delta - z}{\delta}\right)^2 \quad (0 \le z \le \delta)$$

Turbulente Strömung

Die Geschwindigkeitsverteilung dieser Grenzschichtströmung wird empirisch mit einem rein experimentell ermittelten „Potenzgesetz" beschrieben. Des Weiteren ist ein halbempirisches Gesetz bekannt, das auf dem Prandtl'schen Mischungswegansatz beruht.

Potenzgesetz

$$\frac{c(z)}{c_\infty} = \left(\frac{z}{\delta}\right)^m \quad (0 \le z \le \delta)$$

z. B. hat man mit $m = 1/7$ das sog. 1/7-Gesetz der Geschwindigkeitsverteilung nach Blasius

Logarithmisches Gesetz

$$\frac{c(z)}{v^*} = 5{,}85 \cdot \log\left(\frac{z \cdot v^*}{v}\right) + 5{,}56$$

$v^* = \sqrt{\frac{\tau_0}{\rho}}$ Schubspannungsgeschwindigkeit

Grenzschichtdicken

laminare Grenzschicht

$$\delta_{la} = 5 \cdot \frac{x_{la}}{\left(\frac{c_\infty \cdot x_{la}}{v}\right)^{1/2}}$$

x_{la} Lauflänge ab Plattenbeginn

turbulente Grenzschicht

$$\delta_{\text{tu}} = 0{,}14 \cdot \frac{x_{\text{tu}}}{\left(\frac{c_\infty \cdot x_{\text{tu}}}{\nu}\right)^{1/7}}$$

x_{tu} Lauflänge ab Umschlagspunkt

Widerstandskraft F_{W}, Widerstandsbeiwert c_{W}

Zur Bestimmung der **Widerstandskraft F_{W}** an der Oberfläche **einer** Plattenseite benutzt man bei laminarer und turbulenter folgendes Gesetz:

$$F_{\text{W}} = c_{\text{W}} \cdot A \cdot \frac{\rho}{2} \cdot c_\infty^2$$

$A = B \cdot L$ Oberfläche einer Plattenseite
B Breite einer Plattenseite quer zu c_∞
L Länge einer Plattenseite in Richtung von c_∞

Im Einzelnen lautet der **Widerstandsbeiwert c_{W}** wie folgt:

Laminare Grenzschicht Wenn die laminare Grenzschicht über der gesamten Plattenlänge L ausgebildet ist, also

$$Re_L = \frac{c_\infty \cdot L}{\nu} \leq Re_{\text{kr}} = 3 \cdot 10^5 \ldots 5 \cdot 10^5$$

bestimmt man den Widerstandsbeiwert c_{W} aus

$$c_{\text{W}} = \frac{1{,}328}{(Re_{\text{L}})^{1/2}} \cdot$$

Turbulente Grenzschicht, glatte Oberfläche Unter der Voraussetzung, dass von **Beginn** an eine turbulente Grenzschicht über einer glatten Plattenoberfläche vorliegt, lässt sich der

Widerstandsbeiwert c_W wie folgt ermitteln

$$c_W = \frac{0{,}0303}{(Re_L)^{1/7}}.$$

Die o. g. Voraussetzung lässt sich z. B. durch einen „Stolperdraht" an der Plattenvorderkante herbeiführen. Ebenso zulässig ist es, von vollturbulenter Grenzschicht auszugehen, wenn die Abschätzung des auf die Gesamtlänge bezogenen Umschlagspunktes x_{kr}/L sehr kleine Werte ergibt, also der Anteil der laminaren Grenzschicht vernachlässigbar ist.

Turbulente Grenzschicht, vollkommen raue Oberfläche Unter der Voraussetzung, dass von **Beginn** an die turbulente Grenzschicht (s. o.) über einer rauen Plattenoberfläche vorliegt, wird kein Einfluss mehr der auf die Länge bezogenen Re_L-Zahl wirksam, sondern nur noch das Rauigkeitsverhältnis k_S/L. c_W berechnet sich mit folgendem Gesetz:

$$c_W = \left[1{,}89 - 1{,}62 \cdot \log\left(\frac{k_S}{L}\right) \right]^{-2{,}5}$$

für

$$10^{-6} \leq \left(\frac{k_S}{L}\right) \leq 10^{-2}.$$

Turbulente Grenzschicht bei glatter Platte mit laminarer Anlaufstrecke Für den Fall, dass der Anteil der Plattenlänge, auf der laminare Grenzschicht ausgebildet ist (also bis zum Umschlagpunkt x_{kr}), nicht vernachlässigt werden kann, hat Prandtl folgende Berechnungsmöglichkeit entwickelt:

$$c_W = c_{W_{\text{turbulent}}} - \frac{A}{Re_L},$$

wobei

$$c_W = \frac{0{,}0303}{(Re_L)^{1/7}} \quad \text{(s. o.)}$$

Re_{kr}	$3 \cdot 10^5$	$5 \cdot 10^5$
A	1 050	1 700

Aufgabe 3.1 Laminare Plattengrenzschicht

Eine Rechteckplatte der Länge L und der Breite B wird von Wasser umströmt. Die homogene Zuströmgeschwindigkeit c_∞ vor der Platte bleibt auch über der Platte (außerhalb des Grenzschichtbereichs) gleichmäßig verteilt. Weiterhin sind die Dichte ρ und Viskosität ν des Wassers bekannt.

Zunächst soll festgestellt werden, um welche Art Strömung es sich in der Grenzschicht über der Plattenlänge L handelt. Die Grenzschichtdicken δ sind danach an zwei Stellen der Plattenlänge zu ermitteln. Die Berechnung der Gesamtwiderstandskraft $F_{W,ges}$ ist des Weiteren Gegenstand der Aufgabe ebenso wie die Wandschubspannungen τ_W an den genannten zwei Stellen der Plattenlänge.

Lösung zu Aufgabe 3.1

Aufgabenerläuterung
Die Lösung der Fragen wird mit den Grundlagen der Plattengrenzschichtberechnung ermöglicht. Die zentrale Frage hierbei ist zunächst, die Beschaffenheit der Grenzschichtströmung festzustellen, d. h., ob sie laminar, turbulent oder auch laminar und turbulent ist. Erst dann lassen sich die übrigen Fragen nach Grenzschichtdicken, Widerstandskraft und Wandschubspannungen lösen.

Gegeben:

- $L = 0{,}5\,\text{m}$; $B = 0{,}2\,\text{m}$; $c_\infty = 0{,}5\,\text{m/s}$; $\rho = 998{,}2\,\text{kg/m}^3$; $\nu = 1 \cdot 10^{-6}\,\text{m}^2/\text{s}$

Gesucht:

1. Grenzschichtart über L
2. Grenzschichtdicke $\delta_{la}(x_{la})$ bei $x_{la} = 0{,}25\,\text{m}$ und $x_{la} = 0{,}50\,\text{m}$
3. Gesamtwiderstandskraft $F_{W,ges}$

Anmerkung

- Der Plattenbeginn ist gut zugeschärft.

Lösungsschritte – Fall 1

Zur Ermittlung der **Grenzschichtart** stellen wir fest, dass eine laminare Grenzschicht immer dann vorliegt, wenn $Re < Re_{kr} = 3 \cdot 10^5$ bis $5 \cdot 10^5$.
Mit $Re = \frac{c_\infty \cdot L}{\nu}$ und $Re = \frac{c_\infty \cdot x_{kr}}{\nu} = (3\text{–}5) \cdot 10^5$ folgt

$$\frac{c_\infty \cdot L}{\nu} < \frac{c_\infty \cdot x_{kr}}{\nu} = (3\text{–}5) \cdot 10^5.$$

Mit (ν/c_∞) multipliziert liefert dies

$$L = 0{,}5\,\text{m} < x_{kr} = 400\,000 \cdot \frac{\nu}{c_\infty} = 0{,}8\,\text{m}.$$

Die Bedingung vollkommen laminarer Grenzschicht über L ist somit gewährleistet, da $L < x_{kr}$, also ist die **Grenzschicht laminar.**

Lösungsschritte – Fall 2

Aufgrund der laminaren Grenzschicht im gesamten Plattenbereich lassen sich die **Grenz-schichtdicken** $\delta_{la}(x_{la})$ an den Stellen $x_{la} = 0{,}25\,\text{m}$ und $x_{la} = 0{,}5\,\text{m}$ mit den nachstehenden Gleichungen ermitteln:

$Re_{la} = \frac{c_\infty \cdot x_{la}}{\nu}$ Reynolds-Zahl

$\delta_{la} = 5 \cdot \frac{x_{la}}{\sqrt{Re_{la}}}$ laminare Grenzschichtdicke

Verwendet man diese beiden Zusammenhänge an den benannten Stellen $x_{la} = 0{,}25\,\text{m}$ sowie $x_{la} = 0{,}5\,\text{m}$ mit den dimensionsgerechten Zahlenwerten, so folgt

Stelle $x_{la} = 0{,}25\,\text{m}$

$$Re_{la} = \frac{0{,}50 \cdot 0{,}25}{1} \cdot 10^6 = 125\,000$$

$$\delta_{la} = 5 \cdot \frac{0{,}25}{\sqrt{125\,000}} = 3{,}54\,\text{mm}$$

Stelle $x_{la} = 0,5\,m$

$$Re_{la} = \frac{0,50 \cdot 0,50}{1} \cdot 10^6 = 250\,000$$

$$\delta_{la} = 5 \cdot \frac{0,5}{\sqrt{250\,000}} = 5,00\,mm$$

Lösungsschritte – Fall 3

Die **gesamte Widerstandskraft** $F_{W,ges}$ setzt sich aus den an beiden Oberflächen wirksamen Einzelkräften zusammen, also $F_{W,ges} = 2 \cdot F_W$. Die Widerstandskraft der überströmten Einzelfläche lautet

$$F_W = c_W \cdot A \cdot \frac{\rho}{2} \cdot c_\infty^2$$

mit $A = B \cdot L$ (Rechteckfläche). Dies liefert

$$F_{W,ges} = 2 \cdot c_W \cdot B \cdot L \cdot \frac{\rho}{2} \cdot c_\infty^2 = c_W \cdot B \cdot L \cdot \rho \cdot c_\infty^2.$$

Mit dem Widerstandsbeiwert für laminare Grenzschichten, $c_W = \frac{1,328}{\sqrt{Re_L}}$, und der auf die Plattenlänge L bezogenen Reynolds-Zahl $Re_L = \frac{c_\infty \cdot L}{\nu}$ ermittelt man folglich zunächst

$$Re_L = \frac{0,5 \cdot 0,5}{1} \cdot 10^6 = 250\,000$$

und somit den c_W-Wert zu

$$c_W = \frac{1,328}{\sqrt{250\,000}} = 0,00266.$$

Die Gesamtwiderstandskraft lautet dann, dimensionsgerecht berechnet,

$$F_{W,ges} = 0,00266 \cdot 0,2 \cdot 0,5 \cdot 998,2 \cdot 0,5^2 = 0,0664\,N$$

Aufgabe 3.2 Laminare und turbulente Plattengrenzschicht

Eine glatte Platte wird von Leichtöl umströmt, wobei vor der Platte und im Bereich der Außenströmung eine homogene Geschwindigkeitsverteilung c_∞ vorliegt (Abb. 3.1). Über der Längserstreckung L bildet sich zunächst bis zum Umschlagpunkt „U" eine laminare und von dort bis zum Plattenende eine turbulente Grenzschicht aus, die sich auf der viskosen Unterschicht (viscous sublayer) aufbaut. Bei bekannter Geschwindigkeit c_∞, Dichte ρ und Viskosität ν des Öls soll zunächst die Lage x_{kr} des Umschlagpunktes U und die

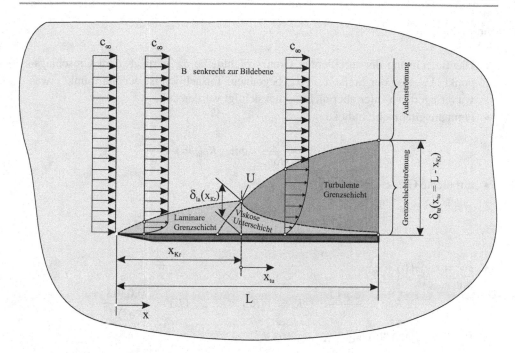

Abb. 3.1 Laminare und turbulente Plattengrenzschicht

Dicke der hier vorliegenden laminaren Grenzschicht ermittelt werden. Weiterhin wird die Grenzschichtdicke am Plattenende gesucht. Bei ebenfalls gegebenen Plattenabmessungen L und B ist abschließend die Widerstandskraft an **einer** Oberfläche zu bestimmen.

Lösung zu Aufgabe 3.2

Aufgabenerläuterung
Im Fall der hier zu lösenden Fragen sind die Gesetzmäßigkeiten sowohl der laminaren als auch der turbulenten Grenzschichten einzusetzen. Dies betrifft die Grenzschichtdicken und auch die Widerstandskräfte.

Gegeben:

- $L = 3{,}0\,\mathrm{m}$; $B = 1{,}0\,\mathrm{m}$; $c_\infty = 2{,}0\,\mathrm{m/s}$; $\nu = 6 \cdot 10^{-6}\,\mathrm{m^2/s}$; $\rho = 880\,\mathrm{kg/m^3}$

Gesucht:

1. x_{kr}, wenn $Re_{\mathrm{kr}} = 400\,000$
2. $\delta_{\mathrm{la}}(x_{\mathrm{kr}})$; $\delta_{\mathrm{tu}}(x_{\mathrm{tu}} = L - x_{\mathrm{kr}})$
3. F_{W}

- Die Berechnung der turbulenten Grenzschichtdicke δ_{tu} wird ab dem Umschlagspunkt „U", also der Stelle $x = x_{kr}$ begonnen. Tatsächlich ist der Startpunkt etwas
vorverlagert, was hier aber nicht berücksichtigt werden soll.
- laminare Grenzschichtdicke

$$\delta_{la}\,(x_{la}) = 5 \cdot \frac{x_{la}}{\sqrt{Re_{la}}} \quad \text{mit} \quad Re_{la} = \frac{c_\infty \cdot x_{la}}{\nu}$$

- turbulente Grenzschichtdicke

$$\delta_{tu}\,(x_{tu}) = \frac{0{,}14 \cdot x_{tu}}{(Re_{tu})^{1/7}} \quad \text{mit} \quad Re_{tu} = \frac{c_\infty \cdot x_{tu}}{\nu}$$

- $c_W = c_{W,tu}(L) - \frac{K}{Re_L}$
mit

$$Re_L = \frac{c_\infty \cdot L}{\nu}; \quad K = f(Re_L); \quad c_{W,tu}(L) = \frac{0{,}0303}{(Re_L)^{1/7}}$$

- Bei $Re_{kr} = 400\,000$ lautet $K = 1\,403$.

Lösungsschritte – Fall 1

Die **Stelle x_{kr}**, an der die laminare Grenzschichtströmung in die turbulente umschlägt,
lässt sich aufgrund des bekannten Reynolds-Zahl-Bereichs $Re_{kr} = 3 \cdot 10^5 / 5 \cdot 10^5$, der
diesen Übergang kennzeichnet, wie folgt ermitteln. Formt man $Re_{kr} = \frac{c_\infty \cdot x_{kr}}{\nu}$ nach

$$x_{kr} = \frac{Re_{kr} \cdot \nu}{c_\infty}$$

um und setzt aus o. g. Bereich einen mittleren Wert $Re_{kr} = 400\,000$ und die gegebenen
Größen c_∞ sowie ν ein, so führt dies zu

$$x_{kr} = \frac{400\,000 \cdot 6}{2 \cdot 10^6}$$

oder

$$x_{kr} = 1{,}20\,\text{m}.$$

Dies entspricht 40 % der gesamten Plattenlänge $L = 3\,\text{m}$ und verdeutlicht, dass bei den
betroffenen Größen diese Grenzschicht laminar und turbulent berechnet werden muss.

Lösungsschritte – Fall 2

Die **Dicke der laminaren Grenzschicht bei** x_{kr}, $\delta_{la}(x_{kr})$, ermittelt man mit

$$\delta_{la}(x_{la}) = 5 \cdot \frac{x_{la}}{\sqrt{Re_{la}}},$$

wobei die *Re*-Zahl mit der laufenden *x*-Koordinate vom Plattenursprung aus gebildet wird, also

$$Re_{la} = \frac{c_\infty \cdot x_{la}}{\nu}.$$

Am Ende des laminaren Bereichs an der Stelle $x_{la} = x_{kr}$ führt dies mit $Re_{kr} = 400\,000$ und $x_{kr} = 1{,}20\,\text{m}$ zu

$$\delta_{kr}(x_{kr}) = 5 \cdot \frac{x_{kr}}{\sqrt{\frac{c_\infty \cdot x_{kr}}{\nu}}}.$$

Die Auswertung von $\delta_{la}(x_{kr})$ liefert dann

$$\delta_{la}(x_{kr}) = 5 \cdot \frac{1{,}20}{\sqrt{400\,000}}$$

oder

$$\delta_{la}(x_{kr}) = 0{,}00949\,\text{m} \equiv 9{,}49\,\text{mm}.$$

Zur Berechnung der **Dicke turbulenter Grenzschichten**, $\delta_{tu}(x_{tu} = L - x_{kr})$, an längs angeströmten, glatten Platten soll von der Gleichung Gebrauch gemacht werden, bei der keine Einschränkung des Re-Gültigkeitsbereichs beachtet werden muss, also

$$\delta_{tu}(x_{tu}) = \frac{0{,}14 \cdot x_{tu}}{(Re_{tu})^{1/7}} \quad \text{mit} \quad Re_{tu} = \frac{c_\infty \cdot x_{tu}}{\nu}.$$

Die laufende Koordinate x_{tu} zählt man hier ab dem Umschlagspunkt, also der Stelle x_{kr}. Da im vorliegenden Fall δ_{tu} am Plattenende gesucht wird, muss $x_{tu} = (L - x_{kr})$ in den Gleichungen eingesetzt werden, also

$$\delta_{tu}(L - x_{kr}) = \frac{0{,}14 \cdot (L - x_{kr})}{(Re_{tu})^{1/7}} \quad \text{mit} \quad Re_{tu} = \frac{c_\infty \cdot (L - x_{kr})}{\nu}.$$

Daraus folgt

$$\delta_{tu}(L - x_{kr}) = \frac{0{,}14 \cdot (L - x_{kr})}{\left[\frac{c_\infty \cdot (L - x_{kr})}{\nu}\right]^{1/7}}$$

Die gegebenen bzw. berechneten Größen liefern eingesetzt

$$\delta_{\text{tu}}\,(L - x_{\text{kr}}) = \frac{0,14 \cdot (3,0 - 1,20)}{\left[\frac{2\cdot(3,0-1,20)}{6} \cdot 10^6\right]^{1/7}}$$

und damit

$$\delta_{\text{tu}}\,(L - x_{\text{kr}}) = 0,0377\,\text{m} \equiv 37,7\,\text{mm}.$$

Lösungsschritte – Fall 3

Wie oben festgestellt, ist im vorliegenden Fall sowohl der laminare als auch der turbulente Anteil der **Widerstandskraft** F_{W} zu berücksichtigen. Dies wird in folgender Vorgehensweise realisiert. Als Ansatz dient der allgemeine Zusammenhang

$$F_{\text{W}} = c_{\text{W}} \cdot A \cdot \frac{\rho}{2} \cdot c_{\infty}^2.$$

Hierin sind

$A = B \cdot L$	Fläche einer Plattenseite
$c_{\text{W}} = c_{\text{W,tu}} - \frac{K}{Re_L}$	Widerstandsbeiwert bei gemischter Grenzschicht
$c_{\text{W,tu}}$	Widerstandsbeiwert bei nur turbulenter Grenzschicht über L
$Re_L = \frac{c_\infty \cdot L}{\nu}$	Reynolds-Zahl auf die Plattenlänge L bezogen
$\frac{K}{Re_L}$	Korrekturglied
$K = f(Re_{\text{kr}})$	Korrekturfaktor (s. o.)

Zur Berechnung des Widerstandsbeiwertes $c_{\text{W,tu}}(L)$ im Fall ausschließlich turbulenter Grenzschicht über der Plattenlänge L wird eine Gleichung benutzt, bei der keine Einschränkung des Re-Gültigkeitsbereichs zu beachten ist. Diese lautet bei glatten Platten

$$c_{\text{W,tu}}(L) = \frac{0,0303}{(Re_L)^{1/7}}.$$

Mit dem vorliegenden Zahlenmaterial berechnet man

$$Re_L = \frac{2 \cdot 3}{6} \cdot 10^6 = 1 \cdot 10^6.$$

Dies liefert

$$c_{\text{W,tu}} = \frac{0,0303}{(10^6)^{1/7}} = 0,004210.$$

Den gesuchten Widerstandsbeiwert bei gemischter Grenzschicht ermittelt man zu

$$c_{\mathrm{W}} = 0{,}004210 - \frac{1\,403}{1 \cdot 10^6} = 0{,}002807.$$

Unter Beachtung dimensionsgerechter Zahlen lässt sich die Widerstandskraft nun angeben mit

$$F_{\mathrm{W}} = 0{,}002807 \cdot (3 \cdot 1) \cdot \frac{880}{2} \cdot 2^2 = 14{,}8\,\mathrm{N}.$$

Aufgabe 3.3 Laminare Geschwindigkeitsverteilung in der Grenzschicht

Eine ebene Wand wird von einem Newton'schen Fluid der dynamischen Viskosität η überströmt. Die Geschwindigkeit über der Wand ist homogen verteilt und weist eine Größe c_∞ auf (Abb. 3.2). Innerhalb der Grenzschicht mit der Dicke h, in der sich die Geschwindigkeit vom Wert an der Wand auf denjenigen der Außenströmung verändert, liegen laminare Strömungsbedingungen vor. Das diesbezügliche Geschwindigkeitsprofil lässt sich mit einem bekannten Potenzgesetz beschreiben. Leiten Sie das Gesetz zur Ermittlung der Schubspannungsverteilung $\tau(z)$ in der Grenzschicht her. Weiterhin sind die Schubspannungen an der Wand τ_{W} und am Übergang der Grenzschicht zur Außenströmung $\tau(z = h)$ anzugeben.

Lösung zu Aufgabe 3.3

Aufgabenerläuterung
Die vorliegende Thematik befasst sich mit dem Zusammenwirken der Newton'schen Schubspannung in Verbindung mit einer bekannten Geschwindigkeitsverteilung in der Grenzschicht.

Abb. 3.2 Geschwindigkeitsverteilung bei laminarer Grenzschichtströmung

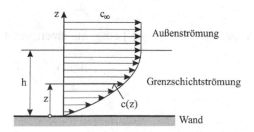

Gegeben:

- c_∞; h

Gesucht:

1. $\tau(z) = f(z)$
2. τ_W an der Stelle $z = 0$
3. τ an der Stelle $z = h$

Anmerkung

- Die laminare Geschwindigkeitsverteilung in der Grenzschicht gemäß Abb. 3.2 kann mit folgendem Potenzgesetz beschrieben werden:
  $\frac{c(z)}{c_\infty} = 1 - \frac{(h-z)^2}{h^2}$.

Lösungsschritte – Fall 1

Mit dem Newton'schen Gesetz

$$\tau(z) = \eta \cdot \frac{\mathrm{d}c(z)}{\mathrm{d}z}$$

gelangt man zum gesuchten **Schubspannungsverlauf** $\tau(z)$ dann, wenn der Differenzialquotient $\frac{\mathrm{d}c(z)}{\mathrm{d}z}$ konkret angegeben werden kann. Dies ist im Fall der bekannten Geschwindigkeitsverteilung durch Umstellen sowie Ausmultiplikation und Vereinfachung der inneren Klammer wie folgt möglich:

$$
\begin{aligned}
c(z) &= c_\infty \cdot \left[1 - \tfrac{1}{h^2}\left(h^2 - 2 \cdot h \cdot z + z^2 \right) \right] \\
&= c_\infty \cdot \left(1 - \tfrac{h^2}{h^2} + \tfrac{2 \cdot h \cdot z}{h^2} - \tfrac{z^2}{h^2} \right) = c_\infty \cdot \left(1 - 1 + 2 \cdot \tfrac{z}{h} - \tfrac{z^2}{h^2} \right).
\end{aligned}
$$

Daraus resultiert dann

$$c(z) = c_\infty \cdot \left(2 \cdot \frac{z}{h} - \frac{z^2}{h^2} \right) = 2 \cdot c_\infty \cdot \frac{z}{h} - c_\infty \cdot \frac{z^2}{h^2}.$$

Wird $c(z)$ nach z differenziert, liefert dies bekanntermaßen

$$\frac{\mathrm{d}c(z)}{\mathrm{d}z} = 2 \cdot \frac{c_\infty}{h} - 2 \cdot c_\infty \cdot \frac{z}{h^2}.$$

Wird dann noch $\left(2 \cdot \frac{c_\infty}{h} \right)$ ausgeklammert, führt dies auf

$$\frac{\mathrm{d}c(z)}{\mathrm{d}z} = 2 \cdot \frac{c_\infty}{h} \cdot \left(1 - \frac{z}{h} \right).$$

In das Newton'sche Gesetz eingefügt, führt uns dies zum Ergebnis

$$\tau(z) = 2 \cdot \eta \cdot \frac{c_\infty}{h} \cdot \left(1 - \frac{z}{h}\right).$$

Lösungsschritte – Fall 2

Die **Wandschubspannung** τ_W **bei** $z = 0$ resultiert aus o. g. Gleichung mit $z = 0$:

$$\tau_W = 2 \cdot \eta \cdot \frac{c_\infty}{h} \cdot \left(1 - \frac{0}{h}\right)$$

oder

$$\tau_W = 2 \cdot \eta \cdot \frac{c_\infty}{h}.$$

Lösungsschritte – Fall 3

Die **Schubspannung bei** $z = h$, also am Übergang der Grenzschicht zur Außenströmung, lautet

$$\tau = 2 \cdot \eta \cdot \frac{c_\infty}{h} \cdot \left(1 - \frac{h}{h}\right) = 2 \cdot \eta \cdot \frac{c_\infty}{h} \cdot \underbrace{(1 - 1)}_{=0} = 0$$

$$\tau = 0.$$

Aufgabe 3.4 Turbulente Plattengrenzschicht

Eine dünne, glatte Platte wird im eingetauchten Zustand horizontal durch Wasser gezogen (Abb. 3.3). An dieser Platte der Länge L und Breite B wirkt dabei eine Gesamtzugkraft F_{ges}. Neben den Plattenabmessungen sind die Dichte ρ und die Viskosität ν des Wassers bekannt. Wie groß ist die Plattengeschwindigkeit c_∞ sowie die Grenzschichtdicke δ_{tu} am Plattenende, wenn von turbulenten Grenzschichten ausgegangen wird? Überprüfen Sie des Weiteren, ob die Vernachlässigung des laminaren Grenzschichtbereichs gerechtfertigt ist.

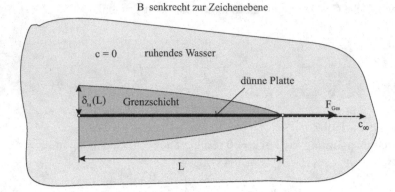

Abb. 3.3 Turbulente Plattengrenzschicht

Lösung zu Aufgabe 3.4

Aufgabenerläuterung

Die als bekannt vorausgesetzte Gesamtzugkraft dient zur Überwindung der an den beiden Oberflächen wirksamen Widerstandskräfte. Diese resultieren aus Schubspannungen in der turbulent vorausgesetzten Grenzschicht über der Plattenlänge. Folglich sind die diesbezüglichen Gesetze im Fall glatter Oberflächen anzuwenden.

Gegeben:

- $F_{ges} = 8\,000\,\text{N}$; $L = 24{,}4\,\text{m}$; $B = 1{,}2\,\text{m}$; $\rho = 998\,\text{kg/m}^3$; $\nu = 6 \cdot 10^{-6}\,\text{m}^2/\text{s}$

Gesucht:

1. c_∞
2. $\delta_{tu}(L)$
3. x_{kr} unter der Annahme $Re_{kr} = 400\,000$

Anmerkungen

- Der Anteil der Widerstandskraft in der laminaren Anlaufstrecke ist ohne Bedeutung.
- Widerstandsbeiwert bei glatten Platten und turbulenter Grenzschicht:

$$c_W = \frac{0{,}0303}{(Re_L)^{1/7}}$$

- Grenzschichtdicke bei glatten Platten und turbulenter Grenzschicht:

$$\delta_{tu}(L) = \frac{0{,}14 \cdot L}{(Re_L)^{1/7}}$$

Lösungsschritte – Fall 1

Für die **Geschwindigkeit** c_∞ bestimmen wir die Widerstandskraft an **einer** überströmten Platte mit

$$F_W = c_W \cdot A \cdot \frac{\rho}{2} \cdot c_\infty^2.$$

Den hierin benötigten c_W-Wert erhält man gemäß

$$c_W = \frac{0{,}0303}{(Re_L)^{1/7}}$$

bei turbulenter Grenzschicht an glatten Platten. $Re_L = \frac{c_\infty \cdot L}{\nu}$ ist dabei die auf die Plattenlänge L bezogene Reynolds-Zahl und $A = B \cdot L$ die Oberfläche **einer** Plattenseite. Aus dem Kräftegleichgewicht an der gleichförmig bewegten Platte folgt $F_{ges} = 2 \cdot F_W$ oder

$$F_{ges} = 2 \cdot c_W \cdot A \cdot \frac{\rho}{2} \cdot c_\infty^2.$$

Somit resultiert zunächst

$$F_{ges} = c_W \cdot A \cdot \rho \cdot c_\infty^2.$$

Da c_W über die Re_L-Zahl wiederum mit c_∞ verknüpft ist, sollte die Gleichung zunächst durch Multiplikation mit $(1/A \cdot \rho)$ umgestellt werden:

$$c_W \cdot c_\infty^2 = \frac{F_{ges}}{A} \cdot \frac{1}{\rho}.$$

Setzt man jetzt die Gleichungen für c_W und die Re_L-Zahl ein,

$$\frac{0{,}0303}{\left(\frac{c_\infty \cdot L}{\nu}\right)^{1/7}} \cdot c_\infty^2 = \frac{F_{ges}}{A} \cdot \frac{1}{\rho},$$

dividiert dann durch 0,0303 und löst danach den Nenner der linken Gleichungsseite auf, so liefert dies

$$\frac{c_\infty^2}{c_\infty^{1/7}} \cdot \left(\frac{\nu}{L}\right)^{1/7} = \frac{F_{ges}}{A \cdot \rho} \cdot \frac{1}{0{,}0303}$$

oder

$$\frac{c_\infty^{14/7}}{c_\infty^{1/7}} \cdot \left(\frac{\nu}{L}\right)^{1/7} = c_\infty^{13/7} \cdot \left(\frac{\nu}{L}\right)^{1/7} = \frac{F_{ges}}{A \cdot \rho} \cdot \frac{1}{0{,}0303}.$$

Da wir c_∞ suchen, wird nochmals umgestellt:

$$c_\infty^{13/7} = \frac{F_{ges}}{0{,}0303 \cdot A \cdot \rho} \cdot \left(\frac{L}{\nu}\right)^{1/7}.$$

Potenzieren mit (7/13) liefert das Ergebnis

$$c_\infty = \left(\frac{F_{\text{ges}}}{0{,}0303 \cdot A \cdot \rho}\right)^{7/13} \cdot \left(\frac{L}{\nu}\right)^{1/13}.$$

Benutzen wir jetzt noch dimensionsgerecht die vorgegebenen Zahlenwerte, so führt dies zu

$$c_\infty = \left(\frac{8\,000}{0{,}0303 \cdot 24{,}4 \cdot 1{,}2 \cdot 998}\right)^{\frac{7}{13}} \cdot \left(\frac{24{,}4}{1} \cdot 10^6\right)^{\frac{1}{13}}$$

oder als Endresultat

$$c_\infty = 12{,}1\,\text{m/s}.$$

Lösungsschritte – Fall 2

Aufgrund der nunmehr bekannten Geschwindigkeit c_∞ und folglich auch Re_L-Zahl lässt sich die **Grenzschichtdicke $\delta_\text{tu}(L)$** am Plattenende bei $x_\text{tu} = L$ aus

$$\delta_\text{tu}(x_\text{tu}) = \frac{0{,}14 \cdot x_\text{tu}}{\left(\frac{c_\infty \cdot x_\text{tu}}{\nu}\right)^{1/7}}$$

berechnen. Unter Verwendung von $x_\text{tu} = L$ erhält man

$$\delta_\text{tu}(L) = \frac{0{,}14 \cdot L}{\left(\frac{c_\infty \cdot L}{\nu}\right)^{1/7}}.$$

Mit den gegebenen Zahlenwerten liefert dies

$$\delta_\text{tu}(L) = \frac{0{,}14 \cdot 24{,}4}{\left(\frac{12{,}1 \cdot 24{,}4}{1} \cdot 10^6\right)^{1/7}}.$$

Ausgewertet folgt als Ergebnis

$$\delta_\text{tu}(L) = 0{,}2106\,\text{m} \equiv 210{,}6\,\text{mm}.$$

Lösungsschritte – Fall 3

Der Umschlag von laminarer in turbulente Plattengrenzschicht findet an der **Stelle** x_{kr} im Bereich $Re_{kr} = (3-5) \cdot 10^5$ statt. Hierin ist $Re_{kr} = \frac{c_\infty \cdot x_{kr}}{\nu}$ definiert, wobei x_{kr} den Abstand des Umschlagpunktes von der Plattenspitze mit laminarer Grenzschicht angibt. Wählt man $Re_{kr} = 400\,000$ und formt nach dem gesuchten Abstand x_{kr} um, so erhält man

$$x_{kr} = \frac{400\,000 \cdot \nu}{c_\infty}$$

oder mit den bekannten Größen eingesetzt

$$x_{kr} = \frac{400\,000 \cdot 1}{12{,}1 \cdot 10^6}.$$

Als Erstreckung der laminaren Grenzschicht vom Plattenbeginn aus bekommen wir so

$$x_{kr} = 0{,}0331\,\text{m} \equiv 33{,}1\,\text{mm}.$$

Aufgabe 3.5 Papierfahne

Eine versteifte Papierfahne der Länge L und Breite B mit einer am unteren Ende befestigten Masse m fällt nach Erreichen des Beharrungszustands mit der „konstanten" Geschwindigkeit c_∞ in atmosphärischer Umgebung abwärts (Abb. 3.4). Ermitteln Sie die Fallgeschwindigkeit c_∞, bei der über der Gesamterstreckung L der Fahne gerade noch eine laminare Grenzschicht vorliegt. Weiterhin soll die Masse m bestimmt werden, bei der diese Geschwindigkeit erreicht wird. Stellen Sie hierzu das Kräftegleichgewicht für den stationären Fallzustand auf, wenn die Gewichtskraft der Papierfahne und die Widerstandskraft der Masse vernachlässigbar sind und nur die Gewichtskraft der Masse sowie die Gesamtwiderstandskraft der Fahne wirken sollen. Welche Grenzschichtdicke δ_{la} stellt sich am Fahnenende ein?

Lösung zu Aufgabe 3.5

Aufgabenerläuterung

Hintergrund der Fragestellungen ist die Anwendung der Grundlagen laminarer Plattengrenzschichten.

Gegeben:

- $B = 0{,}10\,\text{m}$; $L = 0{,}30\,\text{m}$; $\rho_L = 1{,}2\,\text{kg/m}^3$; $\nu_L = 15 \cdot 10^{-6}\,\text{m}^2/\text{s}$; $g = 9{,}81\,\text{m/s}^2$

Abb. 3.4 Papierfahne

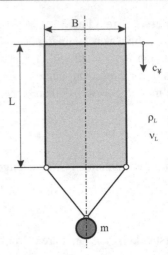

Gesucht:

1. c_∞
2. m
3. δ_{la}

- Die Masse m ist so weit vor der Fahne angebracht, dass sie keinen Einfluss auf die Grenzschichtentwicklung der Fahne hat.
- $Re_{\text{kr}} = 300\,000/500\,000$ beim Umschlag von laminarer zur turbulenten Plattengrenzschicht
- Die Versteifung der Fahne soll dafür sorgen, dass keine Flatterbewegungen entstehen und sich eine ausgebildete Grenzschicht einstellt.

Lösungsschritte – Fall 1

Mit der gewählten kritischen Reynolds-Zahl des Grenzschichtumschlags laminar-turbulent,

$$Re_{\text{kr}} = \frac{c_\infty \cdot x_{\text{kr}}}{v_L} = 400\,000$$

und mit $x_{\text{kr}} = L$ für die im vorliegenden Fall am Fahnenende gewünschte Stelle des Umschlagspunktes lässt sich die gesuchte **Geschwindigkeit c_∞** nach Umstellen der Gleichung

$$c_\infty = \frac{Re_{\text{kr}} \cdot v_L}{L}$$

und Einsetzen der gegebenen Größen ermitteln zu

$$c_\infty = \frac{400\,000 \cdot 15}{0,3 \cdot 10^6} = 20\,\text{m/s}.$$

Lösungsschritte – Fall 2

Für die **Masse** m betrachten wir das Kräftegleichgewicht bei gleich bleibender Fallgeschwindigkeit c_∞:

$$\sum F_i = 0 = F_{\text{W,ges}} - F_\text{G}.$$

Umgeformt gelangt man zu $F_\text{G} = F_{\text{W,ges}}$.

$F_\text{G} = m \cdot g$ Gewichtskraft der Masse

$F_{\text{W,ges}} = 2 \cdot F_\text{W}$ Gesamtwiderstandskraft an der Fahne (beide Seiten)

$F_\text{W} = c_\text{W} \cdot A \cdot \frac{\rho_L}{2} \cdot c_\infty^2$ Widerstandskraft an einer Fahnenfläche

$A = B \cdot L$ Fahnenfläche (eine Seite)

Diese Zusammenhänge in die Ausgangsgleichung eingesetzt führen zunächst zu

$$g \cdot m = 2 \cdot c_\text{W} \cdot B \cdot L \cdot \frac{\rho_L}{2} \cdot c_\infty^2$$

oder, nach Kürzen und Division durch g,

$$m = \frac{\rho_L}{g} \cdot c_\text{W} \cdot B \cdot L \cdot c_\infty^2.$$

Der Plattenwiderstandsbeiwert c_W bei laminarer Grenzschicht lautet

$$c_\text{W} = 1{,}328 \cdot \frac{1}{\sqrt{Re_L}} \quad \text{mit} \quad Re_L = \frac{c_\infty \cdot L}{\nu_L}.$$

Somit erhält man

$$c_\text{W} = 1{,}328 \cdot \frac{1}{\sqrt{\frac{c_\infty \cdot L}{\nu_L}}}.$$

Mit den vorliegenden Zahlenwerten gelangt man zu

$$c_\text{W} = \frac{1{,}328}{\sqrt{\frac{20 \cdot 0{,}3}{15} \cdot 10^6}} = 0{,}00210.$$

Die gesuchte Masse m lässt sich nun bei dimensionsgerechter Benutzung des Zahlenmaterials berechnen zu

$$m = \frac{1,2}{9,81} \cdot 0,00210 \cdot 0,10 \cdot 0,30 \cdot 20^2$$

oder

$$m = 0,00308 \, \text{kg} \equiv 3,08 \, \text{g}.$$

Lösungsschritte – Fall 3

Die **Dicke der laminaren Grenzschicht** δ_{la} am Fahnenende (bei $x_{\text{la}} = L$) ermittelt man allgemein mit

$$\delta_{\text{la}} = 5 \cdot \frac{x_{\text{la}}}{\left(\frac{c_\infty \cdot x_{\text{la}}}{\nu_L}\right)^{1/2}}$$

oder hier

$$\delta_{\text{la}} = 5 \cdot \frac{L}{\left(\frac{c_\infty \cdot L}{\nu_L}\right)^{1/2}}.$$

Folglich wird mit den bekannten Größen

$$\delta_{\text{la}} = 5 \cdot \frac{0,3}{\left(\frac{20 \cdot 0,3}{15} \cdot 10^6\right)^{1/2}}$$

und somit

$$\delta_{\text{la}} = 0,00237 \, \text{m} \equiv 2,37 \, \text{mm}.$$

Aufgabe 3.6 Flussschiff

Ein Schiff fährt gemäß Abb. 3.5 zunächst einen Fluss stromaufwärts und danach stromabwärts. Die Fließgeschwindigkeit u des Flusses ist konstant. Die Schiffsgeschwindigkeit relativ zur Fließgeschwindigkeit u lautet stromaufwärts w_1 und stromabwärts w_2. Die gesamte vom Wasser benetzte Fläche lautet A. In beiden Fällen soll die Fahrzeit des Schiffes zwischen Ab- und Anlegestelle gleich groß sein. Berechnen Sie mittels nachstehender Größen die jeweilige Widerstandskraft F_W und die hierfür erforderliche Leistung P.

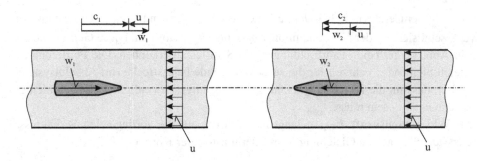

Abb. 3.5 Flussschiff

Lösung zu Aufgabe 3.6

Aufgabenerläuterung

Die Lösung der Fragen wird mit den Grundlagen der Plattengrenzschichtberechnung ermöglicht, da bei der nur geringen Krümmung des Schiffsrumpfes kein diesbezüglicher Einfluss zu erwarten ist. Die zentrale Frage ist zunächst, die Beschaffenheit der Grenzschichtströmung festzustellen, d. h., ob sie laminar, turbulent oder auch laminar und turbulent ist. Hierbei spielt die Geschwindigkeit w des Schiffs im bewegten „Relativsystem" des Flusses eine zentrale Rolle. Nach Klärung der Grenzschichtbeschaffenheit lassen sich dann die Fragen nach Widerstandskraft und Leistung beantworten.

Gegeben:

- $A = 480\,\text{m}^2$; $L = 80\,\text{m}$; $c_1 = c_2 = 20\,\text{km/h}$; $u = 3{,}6\,\text{km/h}$; $\rho_W = 998\,\text{kg/m}^3$; $\nu_W = 1 \cdot 10^{-6}\,\text{m}^2\text{/s}$

Gesucht:

1. $F_{W,1}$; P_1
2. $F_{W,2}$; P_2

Anmerkungen

- Aufgrund einer nur geringfügigen Krümmung des Schiffsrumpfes können die Gesetze der Plattenreibung angewendet werden.
- Die flüssigkeitsbenetzte Oberfläche sei „hydraulisch glatt", d. h. $k_S/L \to 0$.

Lösungsschritte – Fall 1

Allgemein gilt $\vec{c}_1 = \vec{u}_1 + \vec{w}_1$. Das bedeutet, dass die von einem ruhenden System (hier das Flussufer) aus zu beobachtende Geschwindigkeit $\vec{c}$ eines Körpers (hier das Schiff), der sich mit der Geschwindigkeit $\vec{w}$ relativ zur Systemgeschwindigkeit (hier der Fluss) $\vec{u}$ bewegt, setzt sich aus der Vektoraddition von $\vec{w}$ und $\vec{u}$ zusammen. Diese Gegebenheiten sind in Abb. 3.5 für beide Fahrtrichtungen des Schiffes zu erkennen. Die Forderung einer gleich bleibenden Fahrzeit für die zurückzulegende Fahrtstrecke (im Absolutsystem) beinhaltet, dass für die Hin- und Rückfahrt die Absolutgeschwindigkeit c gleich bleiben muss, also $c_1 = c_2$ sein muss.

Zur **Widerstandskraft** $F_{W,1}$ gelangt man mit der auf die vorliegenden Verhältnisse angepassten allgemeinen Gleichung über- oder umströmter Körper

$$F_W = c_W \cdot A \cdot \frac{\rho}{2} \cdot c_\infty^2$$

oder hier

$$F_{W,1} = c_{W,1} \cdot A \cdot \frac{\rho}{2} \cdot w_1^2.$$

Die für die Grenzschichtentwicklung und die Widerstandskraft verantwortliche Geschwindigkeit ist im vorliegenden Fall die Relativgeschwindigkeit $\vec{w}$ des Schiffs gegenüber der Fließgeschwindigkeit $\vec{u}$ des Flusses. Bei Verwendung der Beträge dieser Größen lassen sich die für die weiteren Berechnungen benötigten Werte ermitteln.

Im Fall der Fahrt stromaufwärts folgt $|w_1| = |c_1| + |u|$. Mit den gegebenen Größen führt dies zu

$$w_1 = 20 + 3{,}6 = 23{,}6\,\text{km/h} = \frac{23\,600}{3\,600}\,\text{m/s} = 6{,}55\,\text{m/s}.$$

Der noch unbekannte **Widerstandsbeiwert** $c_{W,1}$ kann erst dann berechnet werden, wenn Klarheit über die Grenzschichtart (laminar, turbulent oder z. T. laminar und z. T. turbulent) herrscht. Hier hilft die Lage des Umschlagpunktes x_{kr} weiter, wo der Wechsel von laminarer zur turbulenten Grenzschichtströmung stattfindet. x_{kr} erhält man mittels

$$Re_{kr} = \frac{c_\infty \cdot x_{kr}}{\nu} = (3/5) \cdot 10^5$$

nach Umstellung zu

$$x_{kr} = \frac{Re_{kr} \cdot \nu}{w_1}$$

wobei $c_\infty \equiv w_1$ gesetzt wird. Mit $Re_{kr} = 400\,000$ und unter Verwendung der gegebenen Zahlenwerte ist dann

$$x_{kr} = \frac{400\,000 \cdot 1}{6{,}55 \cdot 10^6} = 0{,}060\,\text{m}.$$

Dies bedeutet, dass die Grenzschicht nur über 60 mm Länge laminar ausgebildet ist. Bei insgesamt $L = 80\,\text{m}$ kann dieser Bereich vernachlässigt werden und die weiteren Berechnungen erfolgen für eine ausschließlich turbulente Grenzschicht über der gesamten Schiffslänge.

Im Fall „hydraulisch glatter" Oberflächen bei turbulenten Plattengrenzschichten lässt sich $c_{W,1}$ über

$$c_W = \frac{0{,}0303}{(Re_L)^{1/7}}$$

berechnen, wobei die Re_L-Zahl mit $c_\infty \equiv w_1$ und der Länge L definiert ist, also $Re_{L,1} = \frac{w_1 \cdot L}{\nu}$ lautet. Mit den vorliegenden Zahlenwerten führt dies zu

$$Re_{L,1} = \frac{6{,}55 \cdot 80}{1} \cdot 10^6 = 5{,}24 \cdot 10^8.$$

Wird dies in $c_W = \frac{0{,}0303}{(Re_L)^{1/7}}$ eingesetzt, erhält man

$$c_W = \frac{0{,}0303}{(5{,}24 \cdot 10^8)^{1/7}} = 0{,}001721.$$

Dies führt unter Beachtung dimensionsgerechter Zahlenwerte zu der gesuchten Widerstandskraft:

$$F_{W,1} = 0{,}001721 \cdot 480 \cdot \frac{998}{2} \cdot 6{,}55^2$$

oder schließlich

$$F_{W,1} = 17\,687\,\mathrm{N}.$$

Die Definition der mechanischen Leistung $P = F \cdot c$ im vorliegenden Fall angewendet führt zu $P_{W,1} = F_{W,1} \cdot w_1$. Dann berechnet man die **Leistung** $P_{W,1}$ zu

$$P_{W,1} = 17\,687 \cdot 6{,}55 = 115\,850\,\mathrm{W} = 115{,}9\,\mathrm{kW}.$$

Lösungsschritte – Fall 2

Analog zu $F_{W,1}$ und P_1 erfolgt nun die Berechnung der Größen $F_{W,2}$ und P_2. Der wesentliche Unterschied aller betroffenen Größen stellt sich durch die veränderte Geschwindigkeit w_2 ein. Bei der Fahrt stromabwärts folgt $|w_2| = |c_2| - |u|$. Mit den gegebenen Größen führt dies zu

$$w_2 = 20 - 3{,}6 = 16{,}4\,\mathrm{km/h} = \frac{16\,400}{3\,600}\,\mathrm{m/s} = 4{,}55\,\mathrm{m/s}.$$

Für die **Widerstandskraft** $F_{W,2}$ bemerken wir, dass der Umschlagpunkt am Schiff stromabwärts bei

$$x_{kr} = \frac{400\,000 \cdot \nu}{w_2}$$

liegt oder

$$x_{kr} = \frac{400\,000 \cdot 1}{4{,}55 \cdot 10^6} = 0{,}088\,\text{m}.$$

Dies bedeutet, dass die Grenzschicht nur über 88 mm Länge laminar ausgebildet ist. Bei insgesamt $L = 80$ m kann dieser Bereich vernachlässigt werden und die weiteren Berechnungen erfolgen für eine ausschließlich turbulente Grenzschicht über der gesamten Schiffslänge.

Die Reynolds-Zahl am Schiff stromabwärts lautet $Re_{L,2} = \frac{w_2 \cdot L}{\nu}$ und ausgewertet

$$Re_{L,2} = \frac{4{,}55 \cdot 80}{1} \cdot 10^6 = 3{,}64 \cdot 10^8.$$

In $c_W = \frac{0{,}0303}{(Re_L)^{1/7}}$ eingesetzt führt zu

$$c_{W,2} = \frac{0{,}0303}{(3{,}64 \cdot 10^8)^{1/7}} = 0{,}001813.$$

Die Widerstandskraft am Schiff stromabwärts,

$$F_{W,2} = c_{W,2} \cdot A \cdot \frac{\rho}{2} \cdot w_2^2,$$

erhält man zu

$$F_{W,2} = 0{,}00179 \cdot 480 \cdot \frac{998}{2} \cdot 4{,}55^2 = 8\,990\,\text{N}$$

Die mechanische **Leistung** $P_{W,2} = F_{W,2} \cdot w_2$ am Schiff stromabwärts lautet hier $P_{W,2} = 8\,990 \cdot 4{,}55$, also

$$P_{W,2} = 40\,905\,\text{W} \equiv 40{,}9\,\text{kW}.$$

Aufgabe 3.7 Luftschiff

Von einem Luftschiff sind die Länge L, die gesamte Oberfläche A und deren Sandrauigkeit k_S bekannt ebenso wie die Geschwindigkeit c_∞, die Luftdichte ρ und Luftviskosität ν. Zunächst ist zu klären, an welcher Stelle x_{kr} der Umschlag der laminaren in die turbulente Grenzschicht erfolgt. Hierauf aufbauend sollen die Widerstandskraft F_W an der Oberfläche A und die erforderliche Leistung P zur Bereitstellung von F_W ermittelt werden.

Lösung zu Aufgabe 3.7

Aufgabenerläuterung

Detaillierte Berechnungen zu den gesuchten Größen sind erst dann möglich, wenn von der Beschaffenheit der Grenzschicht über der gesamten Länge des Luftschiffs Klarheit besteht. Dies ist unter der Voraussetzung nur geringer Krümmung der Außenkontur mit der kritischen Reynolds-Zahl Re_{kr} der Plattengrenzschichtströmung möglich.

Gegeben:

- $L = 150\,\text{m}$; $A = 15\,000\,\text{m}^2$; $k_S = 1{,}5\,\text{mm}$; $c_\infty = 100\,\text{km/h}$; $\nu = 15 \cdot 10^{-6}\,\text{m}^2/\text{s}$; $\rho = 1{,}22\,\text{kg/m}^3$

Gesucht:

1. x_{kr}
2. F_W
3. P

Anmerkungen

- Die anschließenden Berechnungen erfolgen unter der o. g. Voraussetzung mit den betreffenden Plattengrenzschicht- und Plattenwiderstandsgesetzen.
- Einflüsse der Gondel auf die Grenzschichtausbildung seien von untergeordneter Bedeutung.
- $Re_{kr} = \frac{x_{kr} \cdot c_\infty}{\nu} = (3/5) \cdot 10^5$

Lösungsschritte – Fall 1

Der Umschlagpunkt von der laminaren in die turbulente Grenzschicht, d. h. die **Stelle x_{Kr}** vom vorderen Staupunkt der Platte ($\equiv$ Luftschiff) aus gezählt, lässt sich durch Umstellen von $Re_{kr} = \frac{x_{kr} \cdot c_\infty}{\nu}$ nach der gesuchten Stelle,

$$x_{kr} = \frac{Re_{kr} \cdot \nu}{c_\infty},$$

feststellen. Verwendet man aus dem o. g. Zahlenbereich $Re_{kr} = 400\,000$ und formt die Geschwindigkeit c_∞ dimensionsgerecht um zu

$$c_\infty = 100\,\text{km/h} = \frac{100\,000}{3\,600}\,\text{m/s} = 27{,}78\,\text{m/s},$$

so führt dies zu

$$x_{kr} = \frac{4 \cdot 10^5 \cdot 15}{27{,}78 \cdot 10^6} = 0{,}216\,\text{m} = 21{,}6\,\text{cm}.$$

Gemessen an der Gesamtlänge L ist folglich der Bereich laminarer Grenzschicht verschwindend klein. Die weiteren Berechnungen werden somit für ausschließlich turbulente Grenzschichten durchgeführt.

Lösungsschritte – Fall 2
Allgemein kann die **Widerstandskraft** F_W an umströmten Plattenoberflächen oder von Körpern unterschiedlichster geometrischer Formen mit der Widerstandsgleichung

$$F_W = c_W \cdot A \cdot \frac{\rho}{2} \cdot c_\infty^2$$

ermittelt werden. Hierin sind im vorliegenden Fall

A	abgewickelte, von c_∞ einseitig überströmte Luftschiffoberfläche
$c_W = f\,(Re_L;\,k_S/L)$	Widerstandsbeiwert der turbulenten Plattengrenzschicht
$Re_L = \frac{c_\infty \cdot L}{\nu}$	auf die Gesamtlänge L bezogene Reynolds-Zahl
$\frac{k_S}{L}$	auf die Gesamtlänge L bezogene Sandrauigkeit

Bei dimensionsgerechter Verwendung der gegebenen Größen erhält man zunächst:

$$Re_L = \frac{27{,}78 \cdot 150}{15} \cdot 10^6 = 2{,}78 \cdot 10^8 \quad \text{sowie} \quad \frac{k_S}{L} = \frac{1{,}5}{150\,000} = 1{,}0 \cdot 10^{-5}.$$

Im Plattenreibungsdiagramm (Abb. 1.4) stellt man aufgrund der vorliegenden Re-Zahl und des Rauigkeitsverhältnisses k_S/L fest, dass eine „vollkommen raue" Oberfläche vorliegt. Die diesbezüglichen Widerstandsbeiwerte berechnet man mittels

$$c_W = \left[1{,}89 - 1{,}62 \cdot \log\left(\frac{k_S}{L}\right)\right]^{-2{,}5}, \quad \text{wenn} \quad 10^{-6} < \frac{k_S}{L} < 10^{-2}.$$

Unter Verwendung von $k_S/L = 1{,}0 \cdot 10^{-5}$ folgt

$$c_W = \left[1{,}89 - 1{,}62 \cdot \log\left(1{,}0 \cdot 10^{-5}\right)\right]^{-2{,}5} = 0{,}00317.$$

Zum Ergebnis von F_W gelangt man schließlich mit den bekannten Größen:

$$F_W = 0{,}00317 \cdot 15\,000 \cdot \frac{1{,}22}{2} \cdot 27{,}78^2 = 22\,384\,\text{N}.$$

Lösungsschritte – Fall 3

Die bei der Geschwindigkeit c_∞ zur Bereitstellung von F_W benötigte (mechanische) **Leistung** P bestimmt man aus dem betreffenden Gesetz $P = F_W \cdot c_\infty$. Dies führt mit vorliegenden Daten zu

$$P = 22\,384 \cdot 27{,}78 = 622\,\text{kW}.$$

Aufgabe 3.8 Luftschiff bei Standardatmosphäre

Ein Luftschiff weist eine Länge L und einen mittleren Durchmesser $\overline{D}$ auf (Abb. 3.6). Die Oberfläche sei glatt. Seine Geschwindigkeit lautet c_∞. In der Flughöhe H soll Standardatmosphäre vorliegen. Wie groß wird die Widerstandskraft F_W und die hieraus resultierend Leistung P_W?

Lösung zu Aufgabe 3.8

Aufgabenerläuterung

Bei der Ermittlung der Widerstandskraft F_W kann in erster Näherung von einer einseitig überströmten Zylindermanteloberfläche ausgegangen werden. Wird diese in die Ebene abgewickelt, so handelt es sich um eine Plattenüberströmung mit einer wirksamen Seite. Hierbei sind die betreffenden Reibungsgesetze anzuwenden.

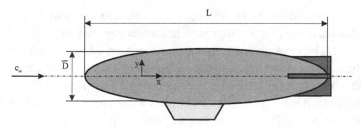

Abb. 3.6 Luftschiff

Gegeben:

- $L = 239\,\mathrm{m}$; $\overline{D} = 40{,}2\,\mathrm{m}$; $c_\infty = 38\,\mathrm{m/s}$; $H = 3\,048\,\mathrm{m}$; $Re_{\mathrm{kr}} = 500\,000$; Standardatmosphäre

Gesucht:

1. F_W
2. P_W

Anmerkungen

- Die Oberfläche wird als abgewickelte Zylindermantelfläche betrachtet, d. h., es wird eine einseitige Plattenüberströmung vorausgesetzt.
- **glatte** Oberfläche, d. h. $\frac{k_\mathrm{S}}{L} \ll$
- Standardatmosphäre: Bei $H = 3\,048\,\mathrm{m}$ wird
  $p = 70\,120\,\mathrm{Pa}$; $p = 268{,}7\,\mathrm{K}$; $\rho = 0{,}909\,\mathrm{kg/m^3}$; $\nu = 18{,}6 \cdot 10^{-6}\,\mathrm{m^2/s}$.

Lösungsschritte – Fall 1

Für die **Widerstandskraft** F_W bemerken wir, dass sich allgemein die Reibungskraft überströmter Platten aus

$$F_\mathrm{W} = c_\mathrm{W} \cdot A \cdot \frac{\rho}{2} \cdot c_\infty^2$$

ergibt. Hierin bedeuten A die vom Fluid benetzte Oberfläche **einer** Plattenseite, c_∞ die Anströmgeschwindigkeit des Fluids (oder Plattengeschwindigkeit durch ruhendes Fluid), ρ die Fluiddichte und c_W der Widerstandsbeiwert der Plattenseite. Im vorliegenden Fall sind die Dichte und die Fluggeschwindigkeit gegeben. Die Oberfläche ermittelt sich als abgewickelte Mantelfläche des Luftschiffs zu $A = \pi \cdot \overline{D} \cdot L$. Damit lautet dann

$$F_\mathrm{W} = c_\mathrm{W} \cdot \pi \cdot \overline{D} \cdot L \cdot \frac{\rho}{2} \cdot c_\infty^2.$$

Der noch unbekannte Widerstandsbeiwert c_W hängt von der Grenzschichtbeschaffenheit und der Rauigkeit ab, also $c_\mathrm{W} = f$ (Grenzschicht laminar bzw. turbulent oder laminar und turbulent, k_S/L). Da hier von glatten Verhältnissen ausgegangen wird, entfällt der diesbezügliche Einfluss auf c_W. Die Grenzschichtbeschaffenheit lässt sich mit der Feststellung des Umschlagpunktes x_{kr} vom laminaren zum turbulenten Fall erkennen. Ist $x_{\mathrm{kr}} > L$, so liegt eine ausschließlich laminare Grenzschicht vor. Ist dagegen $x_{\mathrm{kr}} \ll L$, so kann mit turbulenten Verhältnissen gerechnet werden. Bei der Ermittlung von x_{kr} hat sich eine Re-Zahl bewährt, die den Übergang der beiden Grenzschichtarten wie folgt festlegt:

$$Re_{kr} = \frac{x_{kr} \cdot c_\infty}{\nu} \approx 500\,000.$$

Durch Umformen wird daraus

$$x_{kr} = \frac{Re_{kr} \cdot \nu}{c_\infty}.$$

Mit den gegebenen Zahlenwerten folgt

$$x_{kr} \approx \frac{500\,000 \cdot 18,6}{38 \cdot 10^6} \approx 0,25\,\text{m}.$$

Da $x_{kr} \approx 0,25\,\text{m} \ll L = 239\,\text{m}$, kann von ausschließlich turbulenter Grenzschicht über der „gedachten" Zylinderoberfläche ausgegangen werden. Hier kennt man für c_W bei glatten Oberflächen

$$c_W = \frac{0,455}{[\log(Re_L)]^{2,58}}.$$

Dabei ist $Re_L = \frac{c_\infty \cdot L}{\nu}$ und mit den gegebenen Größen folgt

$$Re_L = \frac{38 \cdot 239}{18,6} \cdot 10^6 = 4,88 \cdot 10^8.$$

Oben eingesetzt führt das zu

$$c_W = \frac{0,455}{[\log(4,88 \cdot 10^8)]^{2,58}} = c_W = 0,00172.$$

Somit lautet das Ergebnis für die Widerstandskraft

$$F_W = 0,00172 \cdot (\pi \cdot 40,2 \cdot 239) \cdot \frac{0,909}{2} \cdot 38^2$$

und als Resultat

$$F_W = 34\,074\,\text{N}.$$

Lösungsschritte – Fall 2

Die gesuchte **Leistung** P_W aus der Widerstandskraft F_W lautet

$$P_W = F_W \cdot c_\infty.$$

Dies führt mit den bekannten Größen zu

$$P_W = 34\,074 \cdot 38 = 1\,295\,\text{kW}.$$

Aufgabe 3.9 Kiel eines Segelbootes

Der Kiel eines Segelbootes weist gemäß Abb. 3.7 eine Höhe H und eine mittlere Breite B auf. Die Fahrgeschwindigkeit lautet c_∞. Bei weiterhin gegebener Dichte ρ und kinematischer Viskosität ν des Wassers soll die gesamte Reibungskraft $F_{W,\text{ges}}$ am Kiel ermittelt werden.

Abb. 3.7 Kiel eines Segelbootes

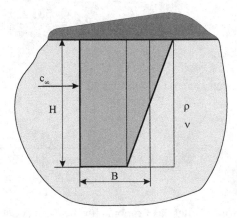

Lösung zu Aufgabe 3.9

Aufgabenerläuterung

Der Kiel kann in erster Näherung als umströmte Rechteckplatte gesehen werden. Zur Ermittlung der Reibungskraft sind die diesbezüglichen Gesetzmäßigkeiten anzuwenden.

Gegeben:

- $H = 1,0\,\text{m}$; $B = 0,50\,\text{m}$; $c_\infty = 1,0\,\text{m/s}$; $\vartheta = 10\,^\circ\text{C}$; $\rho = 999,6\,\text{kg/m}^3$; $\nu = 1,297 \cdot 10^{-6}\,\text{m}^2/\text{s}$

Gesucht:

- $F_{\text{W,ges}}$

Anmerkungen

- $F_{\text{W,ges}} = 2 \cdot F_{\text{W}}$
- $Re_{\text{kr}} \approx 500\,000$ (kritische Reynolds-Zahl)
- Die üblicherweise benutzte Plattenlänge L entspricht hier der Kielbreite B.

Lösungsschritte

Für die **Gesamtwiderstandskraft** $F_{\text{W,ges}}$ betrachten wir zunächst die Kraft F_{W} auf **einer** Kielseite, hier gilt der Reibungsansatz

$$F_{\text{W}} = c_{\text{W}} \cdot A \cdot \frac{\rho}{2} \cdot c_\infty^2$$

mit $A = B \cdot H$. Damit wird

$$F_{\text{W}} = c_{\text{W}} \cdot H \cdot B \cdot \frac{\rho}{2} \cdot c_\infty^2.$$

Unbekannt hierin ist noch der **Widerstandsbeiwert** c_{W}.

Dieser hängt von der Grenzschichtbeschaffenheit und der Rauigkeit ab, also $c_{\text{W}} = f$ (Grenzschicht laminar bzw. turbulent oder laminar und turbulent, k_{S}/B). Die Grenzschichtbeschaffenheit lässt sich mit der Feststellung des Umschlagpunktes x_{kr} vom laminaren zum turbulenten Fall erkennen. Ist $x_{\text{kr}} > B$, so liegt eine ausschließlich laminare Grenzschicht vor. Ist dagegen $x_{\text{kr}} \ll B$, so kann mit turbulenten Verhältnissen gerechnet werden. Der Bereich zwischen den beiden Grenzfällen wird mit geeigneten Gesetzen behandelt. Bei der Ermittlung von x_{kr} hat sich eine Re-Zahl bewährt, die den Übergang der beiden Grenzschichtarten wie folgt festlegt:

$$Re_{kr} = \frac{x_{kr} \cdot c_\infty}{\nu} \approx 500\,000.$$

Nach einer Umformung wird

$$x_{kr} = \frac{Re_{kr} \cdot \nu}{c_\infty}$$

und mit den gegebenen Größen haben wir dann

$$x_{kr} = \frac{500\,000 \cdot 1{,}297}{1{,}0 \cdot 10^6} \approx 0{,}65\,\text{m}.$$

Da $x_{kr} \approx 0{,}65\,\text{m} > B = 0{,}50\,\text{m}$, liegt über B nur laminare Grenzschicht vor. Hier hat auch k_S/B keinen Einfluss auf c_W. Im Fall laminarer Plattengrenzschicht erhält man c_W aus $c_W = \frac{1{,}328}{\sqrt{Re}}$, wobei für $Re = \frac{c_\infty \cdot B}{\nu}$ zu verwenden ist. Mit den gegebenen Größen folgt:

$$Re = \frac{1{,}0 \cdot 0{,}50}{1{,}297} \cdot 10^6 = 3{,}855 \cdot 10^5$$

und des Weiteren

$$c_W = \frac{1{,}328}{\sqrt{3{,}855 \cdot 10^5}} = 0{,}00214.$$

Dies liefert

$$F_W = 0{,}00214 \cdot (0{,}5 \cdot 1{,}0) \cdot \frac{999{,}6}{2} \cdot 1{,}0^2 = 0{,}535\,\text{N}.$$

Die Gesamtreibungskraft am Kiel lautet folglich

$$F_{W,\text{ges}} = 2 \cdot F_W = 1{,}07\,\text{N}.$$

Aufgabe 3.10 Lastenkahn

Ein Lastenkahn der Länge L und Breite B wird mit der Geschwindigkeit c_∞ über das Wasser gezogen (Abb. 3.8). Die Sandrauigkeit k_S der flüssigkeitsberührten Flächen ist wie die schon genannten Größen ebenfalls bekannt. Vom Wasser liegen die Dichte ρ und die kinematische Viskosität ν als gegebene Größen vor. Wie groß wird die Schleppkraft F am Lastenkahn?

Lösung zu Aufgabe 3.10

Aufgabenerläuterung
Unter der Voraussetzung, dass die Eintauchtiefe des Kahns von untergeordneter Bedeutung sei, erfolgt die Berechnung der Schleppkraft mit den Gesetzmäßigkeiten der Plattenreibung.

Gegeben:

- $L = 35\,\text{m}$; $B = 12\,\text{m}$; $c_\infty = 1{,}029\,\text{m/s}$; $k_S = 4{,}0\,\text{mm}$; $\rho = 998\,\text{kg/m}^3$; $\nu = 1 \cdot 10^{-6}\,\text{m}^2/\text{s}$

Gesucht:

- F

Anmerkung

- Die nur geringe Eintauchtiefe wirkt sich nicht auf den Widerstand aus. Hiermit erfolgt die Berechnung nur für die flüssigkeitsbenetzte Bodenfläche.

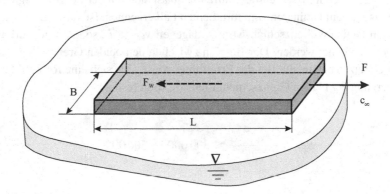

Abb. 3.8 Lastenkahn

Lösungsschritte

Ausgangspunkt bei der Ermittlung der **Schleppkraft** F ist das 2. Newton'sche Gesetz:

$$\sum F_i = m \cdot a.$$

Da die Geschwindigkeit c_∞ konstant ist, wird $a = 0$ und es folgt

$$\sum F_i = 0.$$

Als äußere Kräfte treten die Schleppkraft F und die Reibungskraft F_W an der Bodenfläche in Erscheinung, und zwar in entgegengesetzten Richtungen. Somit wird

$$F - F_W = 0 \quad \text{oder} \quad F = F_W.$$

Die Reibungskraft lässt sich aus dem Gesetz

$$F_W = c_W \cdot A \cdot \frac{\rho}{2} \cdot c_\infty^2$$

ermitteln, wobei $A = B \cdot L$ ist. Daraus erhält man

$$F_W = c_W \cdot B \cdot L \cdot \frac{\rho}{2} \cdot c_\infty^2.$$

Der noch unbekannte **Widerstandsbeiwert** c_W hängt von der Grenzschichtbeschaffenheit und der Rauigkeit ab, also $c_W = f$ (Grenzschicht laminar bzw. turbulent oder laminar und turbulent, k_S / L). Die Grenzschichtbeschaffenheit lässt sich mit der Feststellung des Umschlagpunktes x_{kr} vom laminaren zum turbulenten Fall erkennen. Ist $x_{kr} > L$, so liegt eine ausschließlich laminare Grenzschicht vor. Ist dagegen $x_{kr} \ll L$, so kann mit turbulenten Verhältnissen gerechnet werden. Der Bereich zwischen den beiden Grenzfällen wird mit geeigneten Gesetzen behandelt. Bei der Ermittlung von x_{kr} hat sich eine Re-Zahl bewährt, die den Übergang der beiden Grenzschichtarten wie folgt festlegt:

$$Re_{kr} = \frac{x_{kr} \cdot c_\infty}{v} \approx 300\,000 \ldots 500\,000.$$

Durch Umformen wird mit der gewählten Reynoldszahl $Re_{kr} \approx 400\,000$

$$x_{kr} \approx \frac{400\,000 \cdot \nu}{c_\infty}.$$

Mit den gegebenen Werten erhält man

$$x_{kr} \approx \frac{400\,000 \cdot 1}{1{,}029 \cdot 10^6} \approx 0{,}39\,\text{m}.$$

Dies führt zu $x_{kr} \approx 0{,}39\,\text{m} \ll L = 35\,\text{m}$ (1 ‰). Somit kann von einer **nur turbulenten Grenzschicht** über L ausgegangen werden. Unter diesem Gesichtspunkt muss bei der Ermittlung von c_W zum einen die aktuelle Re_L-Zahl und zum anderen das Rauigkeitsverhältnis k_S/L bekannt sein. Diese lassen sich wie folgt aus den gegebenen Größen bestimmen:

$$Re_L = \frac{c_\infty \cdot L}{\nu} = \frac{1{,}029 \cdot 35}{1} \cdot 10^6 = 3{,}6 \cdot 10^7, \quad \frac{k_S}{L} = \frac{4}{35\,000} = 1{,}14 \cdot 10^{-4}.$$

Mit Re_L und k_S/L folgt aus Abb. 1.4, die bekanntlich den Zusammenhang $c_W = f(Re_L; k_S/L)$ darstellt, dass hier der vollkommen raue Bereich vorliegt und das Gesetz

$$c_W = \left[1{,}89 - 1{,}62 \cdot \log\left(\frac{k_S}{L}\right)\right]^{-2{,}5}$$

zu verwenden ist. Mit den gegebenen Daten erhält man

$$c_W = \left[1{,}89 - 1{,}62 \cdot \log\left(\frac{4}{35\,000}\right)\right]^{-2{,}5}$$

und folglich

$$c_W = 0{,}00507.$$

Wird das in die o. g. Gleichung für F_W eingesetzt, erhalten wir

$$F_W = 0{,}00507 \cdot 12 \cdot 35 \cdot \frac{998}{2} \cdot 1{,}029^2$$

und als Ergebnis

$$F = F_W = 1\,125\,\text{N}.$$

Umströmung von Profilen und Körpern

4

Grenzschichtablösung

In Kap. 3 wurde die Plattenströmung ohne Ablösung betrachtet. Da hier $c_a(x) = c_\infty =$ konstant, ist somit auch in der „Außenströmung" der Druck $p_a(x) = p_\infty =$ konstant. Dieser Druck prägt sich auch der Grenzschicht auf. Über der Lauflänge (Koordinate x) bildet sich eine laminare, eine turbulente oder eine laminare und turbulente Grenzschicht auf, die mit x ansteigt. Liegt dagegen z. B. ein gekrümmtes Profil vor, so wird die Geschwindigkeit $c_a(x)$ der „Außenströmung" verändert. Dies hat gemäß Bernoulli'scher Energiegleichung für die Stromfäden einen entsprechend veränderten Druck zur Folge, der in gleicher Weise auch in der Grenzschicht vorliegt. Bei gekrümmten Körpern, wie zum Beispiel Zylinder, Kugel, Tragflügel, sonstige Körper wird durch die Stromlinienverdichtung (bzw. Stromlinienerweiterung) der Druck in der Außenströmung (gemäß Bernoulli) verkleinert bzw. vergrößert. Diese Druckreduzierung bzw. -erhöhung der Außenströmung ist in gleicher Weise, wie oben gesagt, auch in der Grenzschicht vorhanden. Im Fall des Druckanstiegs bei Geschwindigkeitsverzögerungen in der Außenströmung kann es in der Grenzschicht selbst zur Strömungsablösung kommen. Dies ist auf die dort kleinere Geschwindigkeit gegenüber der Außenströmung zurückzuführen. Die Geschwindigkeitsenergie in der Grenzschicht ist durch den Druckanstieg am Ablösungspunkt aufgezehrt, was dort dann zu ihrer Ablösung von der Wand und danach zu einem mit Wirbeln durchsetzten Bereich führt. In diesem „Totwassergebiet" erreicht der Druck nicht mehr die Werte vor dem Körper, und es stellt sich ein aufgrund der Grenzschichtablösung bedingter Druckunterschied ein. Hierbei sind turbulente Grenzschichten (völligeres, stärker gekrümmtes Profil) weniger anfällig als die laminaren. Die Einflüsse von Strömungsablösungen auf die Druckverteilungen von umströmten Körpern können am einfachsten aufgrund von Versuchen festgestellt werden. Man erhält durch die Schubspannung in der Grenzschicht und des Weiteren durch die Wirkung des Druckunterschieds in Folge der Strömungsablösung die gesamte Widerstandskraft des Körpers zu

$$F_W = F_{W_R} + F_{W_D}.$$

© Springer-Verlag GmbH Deutschland, ein Teil von Springer Nature 2019
V. Schröder, *Übungsaufgaben zur Strömungsmechanik 2*,
https://doi.org/10.1007/978-3-662-56056-3_4

F_{W_R} Schubspannungswiderstand (Reibung in der Grenzschicht)
F_{W_D} Druckspannungswiderstand (aufgrund von Grenzschichtablösung)

Einen Eindruck über die angenäherte prozentuale Verteilung dieser beiden Widerstandsanteile bei verschiedenen angeströmten Körpern vermittelt die Tabelle.

Körper	F_{W_R}	F_{W_D}
Tragfläche ($Re = 10^7$)	$\approx 80\text{--}95\,\%$	$\approx 5\text{--}20\,\%$
Flugzeug (gesamt)	$\approx 50\,\%$	$\approx 50\,\%$
Pkw	$\approx 10\,\%$	$\approx 90\,\%$
Längs angeströmte Platte	$\approx 100\,\%$	$\approx 0\,\%$
Quer angeströmte Platte	$\approx 0\,\%$	$\approx 100\,\%$
Kugel, Zylinder	$\approx 10\,\%$	$\approx 90\,\%$

Zylinderumströmung (quer angeströmt, hydraulisch glatt, inkompressibles Fluid)
Unter Zugrundelegung reibungsbehafteter Strömung bildet sich ab dem Staupunkt bis zum Ablösungspunkt eine Grenzschicht an der Zylinderoberfläche aus, die bei Unterschreitung einer Reynolds-Zahl

$$Re_\infty \leq 2 \cdot 10^5 \quad \text{mit} \quad Re_\infty = \frac{c_\infty \cdot D}{\nu}$$

mit

c_∞ Anströmgeschwindigkeit
D Zylinderdurchmesser
ν kinematische Viskosität des Fluids

immer laminar ist. Nachteilig erweist sich die laminare Grenzschicht durch ihre frühe Ablösung von der Zylinderoberfläche. Dies bewirkt aufgrund vergrößerter Totwasserzonen und Druckunterschiede am Zylinder einen hohen Druckspannungswiderstand F_{W_D} und somit auch eine große Gesamtwiderstandkraft und demzufolge auch Widerstandsbeiwert

$$F_W = c_W \cdot A \cdot \frac{\rho}{2} \cdot c_\infty^2 .$$

Dabei sind

c_W Widerstandsbeiwert des quer angeströmten Zylinders

$A = D \cdot L$ Bezugsfläche, hier Schattenfläche des quer angeströmten Zylinders

L Zylinderlänge

ρ Fluiddichte

Bei Vergrößerung der Reynolds-Zahl findet ein Umschlag der laminaren zur turbulenten Grenzschicht statt, d. h., die laminare Schicht kann sich nur in einem begrenzten Bereich um den Staupunkt herum halten. Diesen Grenzschichtwechsel hat man beim Zylinder in folgendem *Re*-Bereich experimentell festgestellt

$$2 \cdot 10^5 < Re_\infty < 5 \cdot 10^5.$$

Ab dem Umschlagspunkt von der laminaren zur turbulenten Grenzschicht bleibt diese wegen ihres höheren kinetischen Energieinhalts bedeutend länger an der Zylinderoberfläche bestehen, bis es zur Ablösung kommt. Der resultierende geringere Druckunterschied am Zylinder, einhergehend mit einer ebenfalls kleineren Totwasserzone reduzieren die Gesamtwiderstandskraft F_W, was entsprechend geringere Widerstandsbeiwerte nach sich zieht.

Das Widerstandsverhalten quer angeströmter Zylinder wurde in umfangreichen experimentellen Untersuchungen ermittelt. Die Ergebnisse sind als Diagramm

$$c_\mathrm{W} = f\left(Re_\infty\right)$$

dargestellt und können dem Anhang (Abb. 1.5) entnommen werden.

Kugelumströmung (hydraulisch glatt, inkompressibles Fluid)
Die Kugelumströmung (räumliches Problem) verläuft in den prinzipiellen Vorgängen ähnlich wie die der ebenen Zylinderumströmung. Im Fall sehr kleiner Durchmesser, Geschwindigkeiten und großer Viskositäten, also $Re \ll$, hat Stokes das Gesetz der „schleichenden Kugelumströmung" auf theoretischer Basis wie folgt hergeleitet:

$$c_\mathrm{W} = \frac{24}{Re_\infty}, \quad \text{wenn} \quad Re_\infty < 1$$

$$Re_\infty = \frac{c_\infty \cdot D}{\nu}.$$

Hier sind

c_∞ Anströmgeschwindigkeit
D Kugeldurchmesser
ν kinematische Viskosität des Fluids

Die laminare Grenzschicht (unterkritischer Bereich) besteht bis

$$Re_\infty < 2 \cdot 10^5.$$

Der Grenzschichtwechsel an der Kugeloberfläche liegt in folgendem Re-Bereich vor:

$$2 \cdot 10^5 < Re_\infty < 4 \cdot 10^5.$$

Aus den schon genannten Gründen stellt sich auch bei der umströmten Kugel beim Umschlag der laminaren in die turbulente Grenzschicht eine massive Verkleinerung der Gesamtwiderstandskraft ein, was sich in entsprechender Weise auf den c_W-Wert auswirkt. F_W ermittelt man aus

$$F_W = c_W \cdot A \cdot \frac{\rho}{2} \cdot c_\infty^2.$$

Dabei sind

c_W Widerstandsbeiwert der angeströmten Kugel
$A = \frac{\pi}{4} \cdot D^2$ Bezugsfläche, hier Schattenfläche der angeströmten Kugel
ρ Fluiddichte

Die aufgrund von Versuchen festgestellten c_W-Werte umströmter glatter Kugeln in Abhängigkeit von der Reynolds-Zahl,

$$c_W = f\,(Re_\infty),$$

sind ebenfalls im Anhang (Abb. Z.5) dargestellt.

Tragflügelumströmung
Tragflügel werden geometrisch aus Konturen unterschiedlicher Krümmungen an den Ober- und Unterseiten geformt. Auch nicht profilierte prismatische Platten oder symmetrische Profile mit Schrägstellung zur Strömungsrichtung wirken als Tragflügel. Die Umströmung oben genannter Tragflügel oder -flächen ruft sowohl

- Auftriebskräfte F_A

als auch

- Widerstandskräfte F_W

hervor.

Die Auftriebskräfte bei realer Fluidumströmung an den Tragflächen macht man sich in der technischen Anwendung auf verschiedene Weise zunutze (Flugzeugtechnik, Strömungsmaschinen). Allen Anwendungen gemeinsam ist, dass F_A möglichst groß, dagegen F_W möglichst klein sein sollen. Die Entstehung der Auftriebs- oder auch Querkräfte lässt sich aus dem Zusammenwirken zweier verschiedenartiger Potenzialströmungen

- Parallelströmung
- Zirkulationsströmung

beweisen. Der Nachweis der Widerstandskraft ist erst mit den Kenntnissen der Grenzschichten möglich geworden. Die theoretischen Berechnungsmöglichkeiten sollen hier nicht erörtert werden. Im Weiteren werden die Ergebnisse der experimentellen Untersuchungen zu den Auftriebs- und Widerstandskräften an umströmten Tragflächen zusammengestellt und ihre wichtigsten Abhängigkeiten aufgezeigt.

Auftriebskraft F_A senkrecht zu c_∞ wirkend:

$$F_A = c_A \cdot A_{Fl} \cdot \frac{\rho}{2} \cdot c_\infty^2$$

Widerstandskraft F_W parallel zu c_∞ wirkend:

$$F_W = c_W \cdot A_{Fl} \cdot \frac{\rho}{2} \cdot c_\infty^2$$

$$F_\text{R} = \sqrt{F_\text{A}^2 + F_\text{W}^2}.$$

In diesen Formeln bedeuten

$A_\text{Fl} = \int L(b) \cdot \mathrm{d}b$ Tragflügelfläche

$L(b)$ Flügellänge, Flügeltiefe

$A_\text{Fl} = L \cdot b$ Rechteckflügel

b Flügelbreite

ρ Fluiddichte im Zustrom

c_∞ Anströmgeschwindigkeit

Die Auftriebs- und Widerstandsbeiwerte c_A und c_W als dimensionslose Kennzahlen sind keine Konstanten. Sie hängen ab von:

$c_\text{A}, c_\text{W} = f(Profil)$ Form

$c_\text{A}, c_\text{W} = f(\delta)$ Anstellwinkel

$c_\text{A}, c_\text{W} = f(Re)$ Reynolds-Zahl

$c_\text{A}, c_\text{W} = f(Ma)$ Mach-Zahl

$c_\text{A}, c_\text{W} = f(k_\text{S}/L)$ auf die Flügellänge bezogene Rauigkeit

Die optimale Konstellation bei der Forderung nach möglichst großen Auftriebskräften und dabei gleichzeitig geringsten Widerstandskräften wird mit der günstigsten Gleitzahl ε erreicht.

$$\varepsilon = \tan\gamma = \frac{F_\text{W}}{F_\text{A}} = \frac{c_\text{W}}{c_\text{A}}$$

Bei der Darstellung der ausgewerteten Versuchsergebnisse haben sich zwei Varianten als sinnvoll erwiesen:

Variante 1: Aufgelöstes Polardiagramm Hier sind bei konstanten Größen Re_∞, Profil, Rauigkeit, Ma u. a. die Zusammenhänge

$$c_\text{A} = f(\delta), \quad c_\text{W} = f(\delta) \quad \text{und} \quad \varepsilon = f(\delta)$$

als prinzipielle Kurvenverläufe zu erkennen.

Variante 2: Polardiagramm In diesem Fall wird ebenfalls bei konstanten Größen Re_∞, Profil, Rauigkeit, Ma u. a. der prinzipielle Zusammenhang $c_a = f(c_W)$ mit den verschiedenen Anstellwinkeln δ als Kurvenpunkte gezeigt.

Wenn im „Aufgelösten Polardiagramm" die günstigste Gleitzahl im Berührpunkt der horizontalen Tangente an den Verlauf $\varepsilon = f(\delta)$ zu finden ist, so gewinnt man im „Polardiagramm" diesen Wert mittels Tangente vom Ursprung an die Polare. Die Einflüsse auf die Polaren durch Reynolds-Zahl, Rauigkeiten, endliche Flügelbreite, Vorturbulenzen und Mach-Zahl sollen hier nicht besprochen werden. Siehe hierzu die einschlägige Literatur.

Umströmung anderer Körper

Im Vordergrund stehen hier Betrachtungen zu Widerstandskräften F_W an beliebig geformten Körpern. F_W setzt sich im Allgemeinen aus einem **Oberflächenwiderstand** F_{W_R} durch Reibungseinflüsse in der Grenzschicht und aus einem **Formwiderstand** F_{W_D} aufgrund des Druckunterschieds durch Strömungsablösung (Totwassergebiet) zusammen.

$$F_W = F_{W_R} + F_{W_D}$$

Je nach Körperform sind die zwei Anteile verschieden groß ausgebildet. Bei schlanken Körpern überwiegt F_{W_R}, bei stumpfen dagegen F_{W_D}. Die praktische Anwendung bevorzugt das nachstehende Gesetz, in welchem beide Widerstandsanteile erfasst sind, wobei auf die korrekte Bezugsfläche A zu achten ist.

$$F_W = c_W \cdot A \cdot \frac{\rho}{2} \cdot c_\infty^2.$$

Hier sind

c_∞ Anströmgeschwindigkeit

ρ Fluiddichte im Zustrom

c_W Widerstandsbeiwert des angeströmten Körpers

A Bezugsfläche (siehe nachstehende Tabelle)

längs angeströmte Platte	$A = L \cdot B$	(benetzte Oberfläche)
Tragflügel	$A = A_{Fl} = \int L(b) \cdot \mathrm{d}b$	(projizierte Fläche)
Kugel	$A = \frac{\pi}{4} \cdot D^2$	(Schattenfläche)
quer angeströmter Zylinder	$A = D \cdot L$	(Schattenfläche)
beliebiger anderer Körper	A	(Schattenfläche)

Freier Fall mit Strömungswiderstand

Das Thema behandelt Bewegungsgesetze eines Körpers, der von einem angenommenen Ruhezustand aus aufgrund der Erdbeschleunigung in atmosphärischer Umgebung herabfällt. Am Körper wirken dabei die Gewichtskraft in und die Widerstandskraft entgegen Bewegungsrichtung, wobei von der Auftriebskraft infolge der verdrängten Luftmasse abgesehen wird. Die beiden genannten Kräfte sind in ihrem Zusammenwirken für die Beschleunigung des Körpers verantwortlich gemäß $\sum F_i = m \cdot a$. Die Beschleunigung setzt sich theoretisch unendlich lange fort. In diesem Sonderfall $t = \infty$ herrscht dann Gleichgewicht zwischen Gewichts- und Widerstandskraft, woraus sich wiederum c_∞ ermitteln lässt. Tatsächlich wird schon nach Erreichen einer definierten Geschwindigkeit $c_A = 0{,}99 \cdot c_\infty$ von stationären, also zeitunabhängigen Gegebenheiten ausgegangen. Bei der Herleitung nachfolgender Gesetze geht man von einem konstanten Widerstandsbeiwert c_W aus. Bei diesen Gesetzen handelt es sich um folgende Zusammenhänge:

- Endgeschwindigkeit c_∞
- Geschwindigkeit $c(t)$ in Abhängigkeit von der Fallzeit t
- Zurückgelegter Weg $x(t)$ in Abhängigkeit von der Fallzeit t

Endgeschwindigkeit c_∞:

$$c_\infty = \sqrt{\frac{2 \cdot m \cdot g}{\rho \cdot c_W \cdot A}}$$

mit

m Körpermasse
g Erd-, Fallbeschleunigung
ρ Fluiddichte
c_W Widerstandsbeiwert des Körpers
A Schattenfläche des Körpers senkrecht zur Fallrichtung

Geschwindigkeit $c(t)$ in Abhängigkeit von der Fallzeit t:

$$c(t) = c_\infty \cdot \tanh\left(\frac{g}{c_\infty} \cdot t\right)$$

Zurückgelegter Weg $x(t)$ in Abhängigkeit von der Fallzeit t:

$$x(t) = \frac{c_\infty^2}{g} \cdot \ln\left[\cosh\left(\frac{g}{c_\infty} \cdot t\right)\right]$$

Aufgabe 4.1 Sinkende Kugeln

Zwei Kugeln unterschiedlicher Dichte sollen mit quasi-konstanter, gleich großer Geschwindigkeit in einer Flüssigkeit nach unten sinken (Abb. 4.1). Gesucht wird zunächst das Durchmesserverhältnis der beiden Kugeln, um die Geschwindigkeitsgleichheit bei gegebenen Stoffdaten der Kugeln und der Flüssigkeit zu erreichen. Das Verhältnis der Widerstandsbeiwerte ist dabei bekannt. Weitere wichtige Größen des Sinkvorgangs der Kugeln sind ebenfalls Gegenstand der Aufgabe.

Lösung zu Aufgabe 4.1

Aufgabenerläuterung
Der Sinkvorgang eines Körpers ab der Oberfläche einer Flüssigkeit beginnt zunächst mit einer instationären Beschleunigungsphase, bis eine (nahezu) konstante Sinkgeschwindigkeit erreicht ist. Hiernach sind keine wesentlichen Beschleunigungskräfte mehr wirksam,

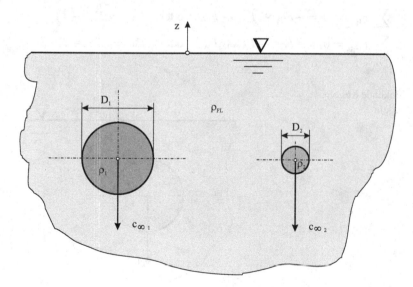

Abb. 4.1 Sinkende Kugeln

und es stehen nur noch Gewichts-, Auftriebs- und Widerstandskraft im Gleichgewicht. Für diese Phase der „quasi-stationären" Kugelbewegung durch eine ruhende Flüssigkeit ist die Aufgabenstellung zu verstehen.

Gegeben:

- D_1; ρ_1; ρ_2; ρ_{Fl}; c_{W_1}/c_{W_2}

Gesucht:

1. D_1/D_2
2. D_2; $c_{\infty_1} = c_{\infty_2}$; Re_1; Re_2; c_{W_1} und c_{W_2}, wenn $D_1 = 50\,\text{mm}$; $\rho_1 = 2\,560\,\text{kg/m}^3$; $\rho_2 = 7\,800\,\text{kg/m}^3$; $\rho_{Fl} = 1\,000\,\text{kg/m}^3$; $c_{W_1}/c_{W_2} = 1{,}22$

Anmerkung

- Bei einem erforderlichen Iterationsvorgang soll der Startwert $c_{W_{1;1}} = 1{,}0$ gewählt werden.

Lösungsschritte – Fall 1

Um das gesuchte **Durchmesserverhältnis D_1/D_2** und somit auch den Einzeldurchmesser D_2 zu ermitteln, müssen Ansätze für dieses System verwendet werden, in denen direkt oder indirekt die genannten Größen enthalten sind. Das Kräftegleichgewicht an den gleichmäßig sinkenden Kugeln liefert hier die erforderlichen Zusammenhänge (Abb. 4.2).

Das Kräftegleichgewicht in z-Richtung an den Kugeln liefert gemäß Abb. 4.2

$$\sum F_{i_{z;1}} = 0 = -F_{G_1} + F_{A_1} + F_{W_1} \quad \text{oder} \quad F_{W_1} = F_{G_1} - F_{A_1}$$

$$\sum F_{i_{z;2}} = 0 = -F_{G_2} + F_{A_2} + F_{W_2} \quad \text{oder} \quad F_{W_2} = F_{G_2} - F_{A_2}$$

Abb. 4.2 Sinkende Kugeln; Kräfte an Kugeln

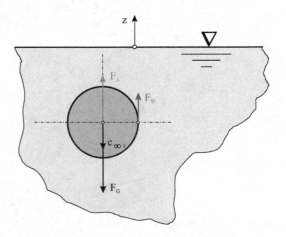

$F_{G_1} = g \cdot m_1$	Gewichtskraft der Kugel 1
$F_{G_2} = g \cdot m_2$	Gewichtskraft der Kugel 2
$m_1 = \rho_1 \cdot V_1$	Masse der Kugel 1
$m_2 = \rho_2 \cdot V_2$	Masse der Kugel 2
$F_{A_1} = \rho_{Fl} \cdot g \cdot V_1$	hydrostatische Auftriebskraft an der Kugel 1
$F_{A_2} = \rho_{Fl} \cdot g \cdot V_2$	hydrostatische Auftriebskraft an der Kugel 2
$V_1 = \frac{\pi}{6} \cdot D_1^3$	Volumen der Kugel 1
$V_2 = \frac{\pi}{6} \cdot D_2^3$	Volumen der Kugel 2
$F_{W_1} = c_{W_1} \cdot A_1 \cdot \frac{\rho_{Fl}}{2} \cdot c_{\infty_1}^2$	Widerstandskraft an der Kugel 1
$F_{W_2} = c_{W_2} \cdot A_2 \cdot \frac{\rho_{Fl}}{2} \cdot c_{\infty_2}^2$	Widerstandskraft an der Kugel 2
$A_1 = \frac{\pi}{4} \cdot D_1^2$	Bezugsfläche (Schattenfläche) der Kugel 1
$A_2 = \frac{\pi}{4} \cdot D_2^2$	Bezugsfläche (Schattenfläche) der Kugel 2

Diese Zusammenhänge zunächst für die Kugel 1 in das Kräftegleichgewicht eingesetzt ergibt

$$c_{W_1} \cdot \frac{\pi}{4} \cdot D_1^2 \cdot \frac{\rho_{Fl}}{2} \cdot c_{\infty_1}^2 = g \cdot \rho_1 \cdot \frac{\pi}{6} \cdot D_1^3 - g \cdot \rho_{Fl} \cdot \frac{\pi}{6} \cdot D_1^3 = g \cdot \frac{\pi}{6} \cdot D_1^3 \cdot (\rho_1 - \rho_{Fl}) .$$

Kürzen und Auflösen liefert

$$c_{\infty_1}^2 = \frac{4}{3} \cdot g \cdot \left(\frac{\rho_1}{\rho_{Fl}} - 1 \right) \cdot D_1 \cdot \frac{1}{c_{W_1}} .$$

Analog hierzu erhält man für Kugel 2

$$c_{\infty_2}^2 = \frac{4}{3} \cdot g \cdot \left(\frac{\rho_2}{\rho_{Fl}} - 1 \right) \cdot D_2 \cdot \frac{1}{c_{W_2}} .$$

Da $c_{\infty_1} = c_{\infty_2}$ und somit auch $c_{\infty_1}^2 = c_{\infty_2}^2$ sein soll, wird

$$\frac{4}{3} \cdot g \cdot \left(\frac{\rho_1}{\rho_{Fl}} - 1 \right) \cdot D_1 \cdot \frac{1}{c_{W_1}} = \frac{4}{3} \cdot g \cdot \left(\frac{\rho_2}{\rho_{Fl}} - 1 \right) \cdot D_2 \cdot \frac{1}{c_{W_2}} .$$

Nach Kürzen geeigneter Größen und Auflösen nach dem gesuchten Verhältnis D_1 / D_2 gelangt man zu

$$\frac{D_1}{D_2} = \frac{\left(\frac{\rho_2}{\rho_{Fl}} - 1 \right)}{\left(\frac{\rho_1}{\rho_{Fl}} - 1 \right)} \cdot \frac{c_{W_1}}{c_{W_2}} .$$

Unter Verwendung der gegebenen Zahlenwerte ermittelt man D_1/D_2 zu nachstehendem Wert

$$\frac{D_1}{D_2} = \frac{\left(\frac{7\,800}{1\,000} - 1\right)}{\left(\frac{2\,560}{1\,000} - 1\right)} \cdot 1{,}22$$

oder

$$\frac{D_1}{D_2} = 5{,}32.$$

Lösungsschritte – Fall 2

Die Größen D_2, $c_{\infty_1} = c_{\infty_2}$, Re_1, Re_2, c_{W_1} und erhalten wir mit den gegebenen Zahlenwerten wie folgt. Der **Durchmesser D_2** der kleineren Kugel berechnet sich (dimensionsgerecht) zu

$$D_2 = \frac{D_1}{D_1/D_2} = \frac{50}{5{,}32} = 9{,}40\,\text{mm}.$$

Zur Feststellung der **Sinkgeschwindigkeit $c_{\infty_1} = c_{\infty_2}$** wird o. g. Gleichung verwendet

$$c_{\infty_1}^2 = \frac{4}{3} \cdot g \cdot \left(\frac{\rho_1}{\rho_{Fl}} - 1\right) \cdot D_1 \cdot \frac{1}{c_{W_1}}$$

und die Wurzel gezogen. Dies liefert

$$c_{\infty_1} = \sqrt{\frac{4}{3} \cdot g \cdot \left(\frac{\rho_1}{\rho_{Fl}} - 1\right) \cdot D_1} \cdot \frac{1}{\sqrt{c_{W_1}}}.$$

Da die gesuchte Geschwindigkeit im vorliegenden Fall nur noch von c_W abhängt, c_W aber eine Funktion der Re-Zahl ist, in der wiederum die Geschwindigkeit enthalten ist, wird ein Iterationsverfahren erforderlich. Hierzu berechnet man sich mit den vorgegebenen Größen

$$c_{\infty_1} = \sqrt{\frac{4}{3} \cdot 9{,}81 \cdot 0{,}05 \cdot \left(\frac{2\,560}{1\,000} - 1\right)} \cdot \frac{1}{\sqrt{c_{W_1}}}$$

oder

$$c_{\infty_1} = 1{,}0101 \cdot \frac{1}{\sqrt{c_{W_1}}}\,\text{m/s}.$$

1. Iterationsschritt *Annahme*:

$$c_{W_{1;1}} = 1{,}0$$

$$c_{\infty_{1;1}} = 1{,}0101 \cdot \frac{1}{\sqrt{1{,}0}} = 1{,}0101 \,\mathrm{m/s}$$

$$Re_{1;1} = \frac{c_{\infty_{1;1}} \cdot D_1}{\nu} = \frac{1{,}0101 \cdot 0{,}05}{1} \cdot 10^6 = 50\,503$$

Aus $c_W = f(Re)$ gemäß Abb. 1.5 für umströmte Kugeln folgt

$$c_{W_{1;2}} = 0{,}5.$$

2. Iterationsschritt

$$c_{W_{1;2}} = 0{,}5$$

$$c_{\infty_{1;2}} = 1{,}0101 \cdot \frac{1}{\sqrt{0{,}5}} = 1{,}428 \,\mathrm{m/s}$$

$$Re_{1;2} = \frac{c_{\infty_{1;2}} \cdot D_1}{\nu} = \frac{1{,}428 \cdot 0{,}05}{1} \cdot 10^6 = 71\,418$$

Aus $c_W = f(Re)$ gemäß Abb. 1.5 für umströmte Kugeln folgt

$$c_{W_{1;3}} = 0{,}5.$$

Es besteht also kein Unterschied zum vorangegangenen Wert. Somit erhält man

$$c_{\infty_1} = c_{\infty_2} = 1{,}428 \,\mathrm{m/s}; \quad Re_1 = 71\,425; \quad c_{W_1} = 0{,}50.$$

Die restlichen noch unbekannten Größen lassen sich jetzt ebenfalls berechnen:

$$Re_2 = \frac{c_{\infty_2} \cdot D_2}{\nu} = \frac{1{,}428 \cdot 0{,}0094}{1} \cdot 10^6 = 13\,423$$

$$c_{W_2} = \frac{c_{W_1}}{c_{W_1}/c_{W_2}} = \frac{0{,}50}{1{,}22} \cdot c_{W_2} = 0{,}41$$

Aufgabe 4.2 Quecksilberbehälter

Ein mit Quecksilber (Hg) gefüllter zylindrischer Stahlbehälter fällt ins Wasser. Der Behälter ist seitlich mit Deckeln verschlossen (in Abb. 4.3 nicht erkennbar). Der Zylinder taucht in das Wasser ein und sinkt nach unten. Hierbei soll der Bewegungsvorgang ab der in Abb. 4.3 dargestellten Nulllage beginnen. Bei bekannten Behälterabmessungen sowie den Dichtewerten des Wassers, Quecksilbers und Stahls soll die stationäre Sinkgeschwindigkeit c_∞ ermittelt werden. Ebenfalls gesucht wird die Zeit t_A und Strecke x_A der so genannten Anlaufphase.

Lösung zu Aufgabe 4.2

Aufgabenerläuterung
In der in Abb. 4.3 benannten Nulllage beginnt vereinbarungsgemäß der Sinkvorgang. Am Behälter wirken drei Kräfte, deren Resultierende nach Newton die Beschleunigung des Behälters bewirkt. Bei den drei Kräften handelt es sich um die Gewichtskraft F_G, die hydrostatische Auftriebskraft F_A und die Widerstandskraft F_W aufgrund der Bewegung durch das ruhende Wasser. Mit zunehmender Sinkgeschwindigkeit wird die Trägheitskraft kleiner. Bei konstanter Masse verringert sich entsprechend die Beschleunigung. Eine konstante Endgeschwindigkeit c_∞ wird aber erst mit $t = \infty$ erreicht. Um eine quasistationäre Sinkbewegung zu definieren, wird eine Geschwindigkeit $c_A = 0{,}99 \cdot c_\infty$ festgelegt, die also nur noch um 1 % vom Endwert c_∞ variiert. Die Restbeschleunigung ist folglich von untergeordneter Bedeutung und wird vernachlässigt. Unter dieser Vorausset-

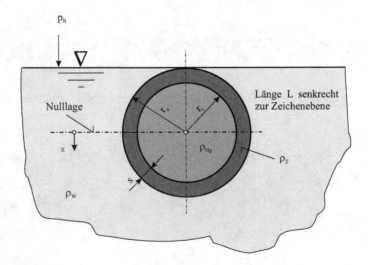

Abb. 4.3 Quecksilberbehälter

zung stehen dann nur noch die drei genannten Kräfte im Gleichgewicht. Die Phase vom Beginn der Sinkbewegung bis zum Erreichen der Geschwindigkeit c_A wird als Anlaufphase bezeichnet. Diese schließt mit der Zeit t_A, der zurück gelegten Strecke x_A und der Geschwindigkeit $c_A = 0{,}99 \cdot c_\infty$ ab.

Gegeben:

- $\rho_W = 1\,000\,\text{kg/m}^3$; $\rho_{Hg} = 13\,560\,\text{kg/m}^3$; $\rho_Z = 7\,800\,\text{kg/m}^3$; $r_a = 50\,\text{mm}$; $s = 10\,\text{mm}$; $c_W = 0{,}33$; $g = 9{,}81\,\text{m/s}^2$

Gesucht:

1. c_∞
2. c_∞ bei den gegebenen Daten
3. t_A: Anlaufzeit
4. x_A: Anlaufstrecke

Anmerkungen

- Annahme: c_W = konstant
- Die Bewegung beginnt gemäß Abb. 4.3 ab der Nulllage.
- Die x-Koordinate zählt entgegen der üblichen Praxis senkrecht nach unten.
- Das Gewicht der seitlichen Deckel wird vernachlässigt.
- Gleichungen:

$$t_A = \frac{c_\infty}{g} \cdot \text{artanh}\left(\frac{c_A}{c_\infty}\right) \quad \text{mit} \quad \text{artanh}\, z = \ln\sqrt{\frac{1+z}{1-z}}$$

$$x_A = \frac{c_\infty^2}{g} \cdot \ln\left[\cosh\left(\frac{g \cdot t_A}{c_\infty}\right)\right] \quad \text{mit} \quad \cosh z = \frac{1}{2} \cdot \left(e^z + \frac{1}{e^z}\right)$$

Lösungsschritte – Fall 1

Das Kräftegleichgewicht in der festgelegten x-Richtung am mit der **Geschwindigkeit c_∞** stationär sinkenden Behälter erkennt man in Abb. 4.4. Es lautet wie folgt:

$$\sum F_x = 0 = F_G - F_A - F_W.$$

Umgeformt nach der Widerstandskraft F_W, in der die gesuchte Geschwindigkeit c_∞ enthalten ist, folgt

$$F_W = F_G - F_A.$$

Die Gesamtgewichtskraft F_G ist die Summe des reinen Behälteranteils F_{G_Z} und des eingefüllten Quecksilbers $F_{G_{Hg}}$, also

$$F_G = F_{G_Z} + F_{G_{Hg}}.$$

Abb. 4.4 Quecksilberbehälter;
Kräfte am Behälter

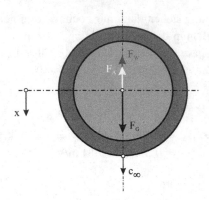

$$F_{Gz} = g \cdot m_Z \qquad \text{Gewichtskraft des Hohlzylinders}$$
$$m_Z = \rho_Z \cdot V_Z \qquad \text{Masse des Hohlzylinders}$$
$$V_Z = \pi \cdot \left(r_a^2 - r_i^2\right) \cdot L \quad \text{Volumen des Hohlzylinders}$$
$$F_{G_{Hg}} = g \cdot m_{Hg} \qquad \text{Quecksilbergewichtskraft}$$
$$m_{Hg} = \rho_{Hg} \cdot V_{Hg} \qquad \text{Quecksilbermasse}$$
$$V_{Hg} = \pi \cdot r_i^2 \cdot L \qquad \text{Quecksilbervolumen}$$

Werden diese Zusammenhänge in die Gesamtgewichtskraft eingesetzt, ergibt sich

$$F_G = g \cdot \pi \cdot L \cdot \left[\rho_Z \cdot \left(r_a^2 - r_i^2\right) + \rho_{Hg} \cdot r_i^2\right].$$

Die hydrostatische Auftriebskraft F_A ermittelt sich aus dem vom Behälter verdrängten Wasservolumen wie folgt:

$$F_A = g \cdot \rho_W \cdot V_W.$$

Hierin ist $V_W = \pi \cdot r_a^2 \cdot L$ das verdrängte Wasservolumen. Somit erhält man dann

$$F_A = g \cdot \rho_W \cdot \pi \cdot r_a^2 \cdot L.$$

Die Widerstandskraft des herab sinkenden Behälters folgt aus der Gleichung

$$F_W = c_W \cdot A \cdot \frac{\rho_W}{2} \cdot c_\infty^2$$

mit c_W = konstant, dem Widerstandsbeiwert eines mit c_∞ quer angeströmten Zylinders. Weiterhin ist $A = 2 \cdot r_a \cdot L$ die Bezugsfläche eines quer angeströmten Zylinders (Rechteck). Dies liefert die Widerstandskraft

$$F_W = c_W \cdot 2 \cdot r_a \cdot L \cdot \frac{\rho_W}{2} \cdot c_\infty^2$$

oder

$$F_W = c_W \cdot r_a \cdot L \cdot \rho_W \cdot c_\infty^2.$$

Werden nun alle mit den gegebenen Größen ausgedrückten Gleichungen im Kräftegleichgewicht installiert, so führt dies zunächst zu:

$$c_W \cdot r_a \cdot L \cdot \rho_W \cdot c_\infty^2 = g \cdot \pi \cdot L \cdot \left[\rho_Z \cdot \left(r_a^2 - r_i^2 \right) + \rho_{Hg} \cdot r_i^2 - \rho_W \cdot r_a^2 \right].$$

Jetzt wird c_∞^2 durch Division mit $(c_W \cdot r_a \cdot \rho_W)$ auf der linken Gleichungsseite isoliert:

$$c_\infty^2 = \frac{g \cdot \pi}{c_W \cdot r_a \cdot \rho_W} \cdot \left(\rho_Z \cdot r_a^2 - \rho_Z \cdot r_i^2 + \rho_{Hg} \cdot r_i^2 - \rho_W \cdot r_a^2 \right).$$

Sortiert man in der Klammer Glieder gleicher Radien,

$$c_\infty^2 = \frac{g \cdot \pi}{c_W \cdot r_a \cdot \rho_W} \cdot \left[r_a^2 \cdot \left(\rho_Z - \rho_W \right) + r_i^2 \cdot \left(\rho_{Hg} - \rho_Z \right) \right],$$

und multipliziert dann $\left(\frac{1}{r_a \cdot \rho_W} \right)$ in die Klammer hinein, so folgt

$$c_\infty^2 = \frac{g \cdot \pi}{c_W} \cdot \left[\frac{r_a^2}{r_a} \cdot \left(\frac{\rho_Z}{\rho_W} - 1 \right) + \frac{r_i^2}{r_a} \cdot \left(\frac{\rho_{Hg}}{\rho_W} - \frac{\rho_Z}{\rho_W} \right) \right].$$

Der Innenradius wird ersetzt gemäß $r_i = (r_a - s)$ und zuvor nach quadriert,

$$r_i^2 = (r_a - s)^2 = r_a^2 \cdot \left(1 - \frac{s}{r_a} \right)^2,$$

das ergibt

$$c_\infty^2 = \frac{g \cdot \pi}{c_W} \cdot \left[\frac{r_a^2}{r_a} \cdot \left(\frac{\rho_Z}{\rho_W} - 1 \right) + \frac{r_a^2 \cdot \left(1 - \frac{s}{r_a} \right)^2}{r_a} \cdot \left(\frac{\rho_{Hg}}{\rho_W} - \frac{\rho_Z}{\rho_W} \right) \right].$$

Durch Kürzen erhält man dann

$$c_\infty^2 = \frac{g \cdot \pi}{c_\mathrm{W}} \cdot \left[r_\mathrm{a} \cdot \left(\frac{\rho_\mathrm{Z}}{\rho_\mathrm{W}} - 1 \right) + r_\mathrm{a} \cdot \left(1 - \frac{s}{r_\mathrm{a}} \right)^2 \cdot \left(\frac{\rho_\mathrm{Hg}}{\rho_\mathrm{W}} - \frac{\rho_\mathrm{Z}}{\rho_\mathrm{W}} \right) \right].$$

Anschließendes Wurzelziehen führt zum gesuchten Ergebnis:

$$c_\infty = \sqrt{ \frac{g \cdot \pi}{c_\mathrm{W}} \cdot \left[r_\mathrm{a} \cdot \left(\frac{\rho_\mathrm{Z}}{\rho_\mathrm{W}} - 1 \right) + r_\mathrm{a} \cdot \left(1 - \frac{s}{r_\mathrm{a}} \right)^2 \cdot \left(\frac{\rho_\mathrm{Hg}}{\rho_\mathrm{W}} - \frac{\rho_\mathrm{Z}}{\rho_\mathrm{W}} \right) \right] }.$$

Lösungsschritte – Fall 2

Unter dimensionsgerechter Verwendung der gegebenen Größen kann man die **Geschwindigkeit** c_∞ berechnen zu:

$$c_\infty = \sqrt{ \frac{9{,}81 \cdot \pi \cdot 0{,}05}{0{,}33} \cdot \left[\left(\frac{7\,800}{1\,000} - 1 \right) + \left(1 - \frac{10}{50} \right)^2 \cdot \left(\frac{13\,560}{1\,000} - \frac{7\,800}{1\,000} \right) \right] }$$

$$c_\infty = 7{,}0\,\mathrm{m/s}$$

Lösungsschritte – Fall 3

Mit der Gleichung

$$t = \frac{c_\infty}{g} \cdot \operatorname{artanh}\left(\frac{c}{c_\infty} \right)$$

des instationären Bewegungsablaufs beim Fallen oder Sinken eines Körpers wird die Zeit der **Anlaufphase** t_A unter Verwendung der definierten Endgeschwindigkeit $c_\mathrm{A} = 0{,}99 \cdot c_\infty$ ermittelt aus

$$t_\mathrm{A} = \frac{c_\infty}{g} \cdot \operatorname{artanh}\left(\frac{c_\mathrm{A}}{c_\infty} \right).$$

Substituiert man der Einfachheit halber $z = \frac{c_\mathrm{A}}{c_\infty}$ und verwendet

$$\operatorname{artanh} z = \ln \sqrt{ \frac{1+z}{1-z} }, \quad \text{wobei } z = \frac{c_\mathrm{A}}{c_\infty} = 0{,}99,$$

so kann man allgemein die Zeit der Anlaufphase t_A bestimmen gemäß

$$t_\mathrm{A} = \frac{c_\infty}{g} \cdot \sqrt{ \frac{1+0{,}99}{1-0{,}99} } = \frac{c_\infty}{g} \cdot \ln \sqrt{199} = \frac{c_\infty}{g} \cdot \ln 14{,}107 = \frac{c_\infty}{g} \cdot 2{,}647$$

und somit

$$t_A = 2{,}647 \cdot \frac{c_\infty}{g}.$$

Mit der oben festgestellten Sinkgeschwindigkeit $c_\infty = 7{,}0$ m/s lautet dann die Zeit, bis zu welcher der Behälter 99 % der Endgeschwindigkeit c_∞ erreicht hat,

$$t_A = 2{,}647 \cdot \frac{7{,}00}{9{,}81} = 1{,}89\,\mathrm{s}.$$

Lösungsschritte – Fall 4

Für die **Anlaufstrecke** x_A beachten wir, dass die Strecke x, die ein fallender oder sinkender Körper in Abhängigkeit von der Zeit zurücklegt, dem Gesetz

$$x = \frac{c_\infty^2}{g} \cdot \ln\left[\cosh\left(\frac{g \cdot t}{c_\infty}\right)\right]$$

folgt. Mit den Größen der Anlaufphase x_A und t_A ergibt sich

$$x_A = \frac{c_\infty^2}{g} \cdot \ln\left[\cosh\left(\frac{g}{c_\infty} \cdot t_A\right)\right]$$

Setzen wir den oben gefundenen allgemeinen Ausdruck für t_A ein, so liefert dies zunächst

$$x_A = \frac{c_\infty^2}{g} \cdot \ln\left[\cosh\left(\frac{g}{c_\infty} \cdot 2{,}647 \cdot \frac{c_\infty}{g}\right)\right] = \frac{c_\infty^2}{g} \cdot \ln\left[\cosh\left(2{,}647\right)\right].$$

Mit

$$\cosh z = \frac{1}{2} \cdot \left(e^z + \frac{1}{e^z}\right) \quad \text{und} \quad z = 2{,}647$$

bekommen wir jetzt

$$\cosh\left(2{,}647\right) = \frac{1}{2} \cdot \left(e^{2{,}647} + \frac{1}{e^{2{,}647}}\right) = 7{,}0913$$

Als die Anlaufstrecke und somit den allgemeinen Ausdruck

$$x_A = \ln 7{,}0913 \cdot \frac{c_\infty^2}{g} = 1{,}9589 \cdot \frac{c_\infty^2}{g}$$

Auch jetzt wird wieder die bekannte Geschwindigkeit $c_\infty = 7{,}0\,\text{m/s}$ verwendet, das führt zum Ergebnis

$$x_\text{A} = 1{,}9589 \cdot \frac{7{,}0^2}{9{,}81} = 9{,}79\,\text{m}.$$

Aufgabe 4.3 Nebeltröpfchen

Beobachtet man bei Windstille Nebelformationen, so entsteht zunächst der Eindruck eines zeitlich unveränderlichen Zustands. Dass dem nicht so ist, erfährt man durch eine Langzeitbeobachtung. Hierbei stellt man fest, dass die Tröpfchen sehr, sehr langsam abwärts sinken. Kennt man nun die Sinkgeschwindigkeit sowie die Lufttemperatur und folglich luft- und wasserspezifischen Größen wie Dichte und Viskosität (Luft), so lässt sich die Größe der Nebeltröpfchen abschätzen. Dies soll in vorliegender Aufgabe geschehen.

Lösung zu Aufgabe 4.3

Aufgabenerläuterung

Im Unterschied zu fallenden Regentropfen oder Hagelkörnern liegt bei der hier vorliegenden Thematik ein gänzlich anderer Strömungszustand um die „Kugeln" vor. Diese sehr langsame Kugelumströmung wurde von Stokes mithilfe der Navier-Stokes'schen Gleichungen beschrieben. Sie ist in der Literatur als „schleichende Strömung" bekannt. Ein Ergebnis der Untersuchungen von Stokes ist der Widerstandsbeiwert c_W von Kugeln bei „schleichender Strömung", den er in analytischer Form herleiten konnte. Die Widerstandsbeiwerte schnell fallender kugeliger Körper werden dagegen experimentell ermittelt und in Diagrammform (Abb. 1.5) dargestellt.

Gegeben:

- Tröpfchendaten: $c_\infty = 4\,\text{m/h}$; $\rho_\text{Fl} = 999{,}75\,\text{kg/m}^3$ (bei $\vartheta = 6\,°\text{C}$)
- Luftdaten: $\vartheta_\text{L} = 6\,°\text{C}$; $\rho_\text{L} = 1{,}21\,\text{kg/m}^3$; $\nu_\text{L} = 16{,}5 \cdot 10^{-6}\,\text{m}^2/\text{s}$

Gesucht:

- D

- Es wird von einer „schleichenden Kugelumströmung", d. h. $Re < 1$ ausgegangen.
- In diesem Fall gilt das Stokes'sche Gesetz: $c_W = 24/Re$. Eine spätere Kontrolle der Annahme wird natürlich erforderlich.
- Die Nebeltröpfchen werden als kugelförmig vorausgesetzt.

Lösungsschritte

Bei dem stationären Sinkvorgang der Nebeltröpfchen in der Luft herrscht Gleichgewicht zwischen der Gewichtskraft des Tröpfchens und der an ihm wirksamen Widerstandskraft:

$F_G = F_W$ Kräftegleichgewicht

$F_G = g \cdot m$ Gewichtskraft

$m = \rho_F \cdot V$ Tröpfchenmasse

$V = \frac{\pi}{6} \cdot D^3$ Tröpfchenvolumen

$F_W = c_W \cdot A \cdot \frac{\rho_L}{2} \cdot c_\infty^2$ Widerstandskraft

$A = \frac{\pi}{4} \cdot D^2$ Bezugsfläche, hier Kreisfläche als Projektion der Kugel

Setzt man alle Gleichungen in das Kräftegleichgewicht ein, so gelangt man zu

$$g \cdot \frac{\pi}{6} \cdot D^3 \cdot \rho_F = c_W \cdot \frac{\pi}{4} \cdot D^2 \cdot \frac{\rho_L}{2} \cdot c_\infty^2$$

und nach Kürzen und Zusammenfassen der Zahlenwerte,

$$g \cdot \frac{1}{3} \cdot D \cdot \rho_F = c_W \cdot \frac{1}{2} \cdot \frac{\rho_L}{2} \cdot c_\infty^2,$$

zum Zwischenergebnis

$$D = \frac{3}{4} \cdot \frac{\rho_L}{\rho_F} \cdot \frac{1}{g} \cdot c_W \cdot c_\infty^2.$$

Da im Fall der schleichenden Kugelumströmung nach Stokes ein Zusammenhang zwischen Widerstandsbeiwert c_W und der Reynolds-Zahl Re in der Form $c_W = \frac{24}{Re}$ mit $Re = \frac{c_\infty \cdot D}{\nu_L}$ besteht, lässt sich c_W in oben stehender Gleichung durch

$$c_W = \frac{24 \cdot \nu_L}{c_\infty \cdot D}$$

ersetzen. Dies liefert

$$D = \frac{3}{4} \cdot \frac{\rho_L}{\rho_F} \cdot \frac{1}{g} \cdot \frac{24 \cdot \nu_L}{c_\infty \cdot D} \cdot c_\infty^2.$$

Durch Multiplikation mit D und Zusammenfassen der Zahlenwerte folgt

$$D^2 = 18 \cdot \frac{\rho_L}{\rho_F} \cdot \frac{1}{g} \cdot \nu_L \cdot c_\infty^2.$$

Die Wurzel aus dieser Gleichung gezogen führt zu dem gesuchten Ergebnis in allgemeiner Form

$$D = \sqrt{18 \cdot \frac{\rho_L}{\rho_F} \cdot \frac{1}{g} \cdot \nu_L \cdot c_\infty}.$$

Die gegebenen Zahlenwerte dimensionsgerecht eingesetzt liefern den Nebeltröpfchendurchmesser

$$D = \sqrt{18 \cdot \frac{1{,}21}{999{,}75} \cdot \frac{1}{9{,}81} \cdot \frac{16{,}5}{10^6} \cdot \frac{4}{3\,600}}$$

und folglich

$$D = 6{,}4 \cdot 10^{-6}\,\text{m} \equiv 0{,}0064\,\text{mm}.$$

Überprüfung der Annahme $Re < 1$:
   Mit dem gefundenen Tröpfchendurchmesser lässt sich die Re-Zahl überprüfen. Man erhält

$$Re = \frac{c_\infty \cdot D}{\nu_L} = \frac{\frac{4}{3\,600} \cdot 10^6 \cdot 6{,}4}{16{,}5 \cdot 10^6} = 0{,}00043 < 1$$

Hiermit ist die Bedingung der schleichenden Kugelumströmung nachgewiesen.

Aufgabe 4.4 Tragflügelboot

Ein Tragflügelboot ist gemäß Abb. 4.5 mit einem Bug- und einem Hauptflügel ausgestattet, deren Abmessungen sowie die jeweils gleichartigen Profilformen gegeben sind. Das Boot weist eine Gesamtgewichtskraft F_{ges} auf und bewegt sich mit der Geschwindigkeit c_∞ durch das Wasser. Die Auftriebs- und Widerstandsbeiwerte der Profile sind in Abb. 4.6

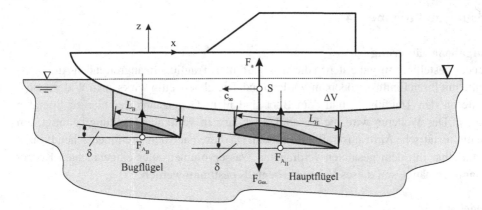

Abb. 4.5 Tragflügelboot

und 4.7 dargestellt. Nachdem zunächst die am Boot angreifenden vertikalen Kräfte an den markierten Punkten in ihrer Richtung einzutragen sind, ist dann die Frage nach dem Anstellwinkel der Tragflügel gegenüber der horizontalen Bewegungsrichtung des Bootes zu lösen. Es ist weiterhin festzustellen, wie groß die hydrostatische Auftriebskraft und das vom Boot und den Tragflügeln samt Halterungen verdrängte Wasservolumen werden.

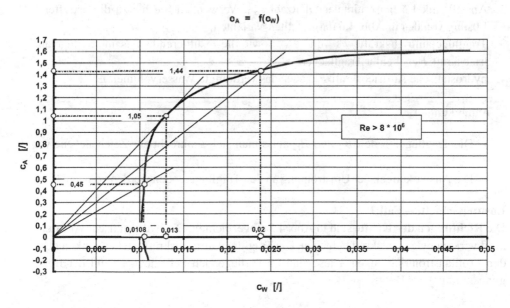

Abb. 4.6 Tragflügelboot; $c_A = f(c_W)$

Lösung zu Aufgabe 4.4

Aufgabenerläuterung

Bei der gestellten Aufgabe stehen die an umströmten Tragflügeln angreifenden Auftriebskräfte mit ihren Einflussgrößen im Vordergrund. Die gleichzeitig wirksamen Widerstandskräfte an den Tragflügeln und dem Boot sind nicht Gegenstand der hier zu lösenden Fragen. Des Weiteren wird die Gesamtkräftebilanz in vertikaler Richtung benötigt, um die hydrostatische Auftriebskraft zu ermitteln. Da diese nach dem archimedischen Prinzip unmittelbar mit dem gesamten verdrängten Wasservolumen aller eingetauchten Körper zusammen hängt, soll dieses Volumen ebenfalls bestimmt werden.

Gegeben:

- $c_\infty = 30{,}0\,\text{km/h}$; $F_{\text{ges}} = 2\,500\,000\,\text{N}$; $\rho = 1\,000\,\text{kg/m}^3$
- Bugflügel: $L_B = 1{,}80\,\text{m}$; $B_B = 8{,}60\,\text{m}$
- Hauptflügel: $L_H = 2{,}12\,\text{m}$; $B_H = 14{,}50\,\text{m}$

Gesucht:

1. Richtungen der Gesamtgewichtskraft F_{ges}, der Tragflügelauftriebskräfte F_{A_B} und F_{A_H} und der hydrostatischen Auftriebskraft F_a in Abb. 4.5
2. Anstellwinkel δ bei optimaler Gleitzahl ε_{opt}. Verwenden Sie hierzu die betreffende Lösung von den in Abb. 4.6 dargestellten Varianten.
3. Tragflügelauftriebskräfte F_{A_B} und F_{A_H} sowie die resultierende Gesamttragflügelauftriebskraft $F_{A_{\text{ges}}}$ beider Tragflächen
4. hydrostatische Auftriebskraft F_a sowie das verdrängte Wasservolumen ΔV

Anmerkungen

- Die Tragflügelbreiten B_B und B_H muss man sich senkrecht zur Zeichenebene vorstellen.
- Die Auswirkungen der Umströmung an den Tragflügelenden werden vernachlässigt.

Lösungsschritte – Fall 1

Die **Richtungen der Kräfte** sind in Abb. 4.5 eingezeichnet. Die hydrostatische Auftriebskraft wirkt der Gewichtskraft entgegen. Die Tragflügelauftriebskräfte stehen senkrecht auf den Profilanströmrichtungen. Diese sind im vorliegenden Fall identisch mit der Bewegungsrichtung des Boots.

Lösungsschritte – Fall 2

Für den **Anstellwinkel δ** betrachten wir die Gleitzahl ε, die wie folgt definiert ist:

$$\varepsilon = \frac{F_W}{F_A}.$$

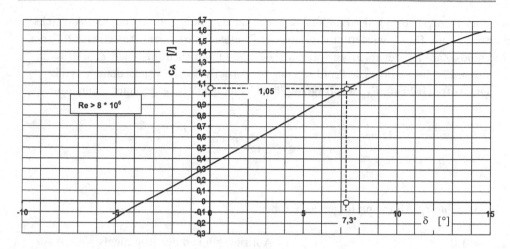

Abb. 4.7 Tragflügelboot; $c_A = f(\delta)$

Der Optimalwert ε_{opt} stellt das Verhältnis von kleinstmöglicher Widerstandskraft zu größtmöglicher Auftriebskraft dar. Man erhält diesen Optimalwert in dem experimentell ermittelten „Polardiagramm" $c_A = f(c_W)$ gemäß Abb. 4.6 eines jeweiligen Profils, indem man dort vom Nullpunkt aus die Tangente an die Kurve legt. Von den drei in Abb. 4.6 eingezeichneten Varianten liefert die Tangente

$$c_A = 1{,}05 \quad \text{und} \quad c_W = 0{,}013.$$

Der Anstellwinkel δ lässt sich bei nun bekanntem Auftriebsbeiwert $c_A = 1{,}05$ aus Abb. 4.7 zu

$$\delta = 7{,}3°$$

ablesen.

Lösungsschritte – Fall 3
Die Auftriebskraft F_A von umströmten Profilen wird experimentell ermittelt. Sie hängt gemäß

$$F_A = c_A \cdot A \cdot \frac{\rho}{2} \cdot c_\infty^2$$

von der Bezugsfläche A, der Fluiddichte ρ, der Geschwindigkeit c_∞ und dem Auftriebsbeiwert c_A ab. Dieser wiederum wird von der Profilgeometrie, dem Anstellwinkel δ, der Reynolds-Zahl Re, der relativen Rauigkeit k_S/L und der Zuström-Mach-Zahl Ma_∞ beeinflusst. Für das vorliegende Profil soll nur der Anstellwinkel δ von Bedeutung sein.

Die **Auftriebskraft F_{A_B} am Bugtragflügel** lautet gemäß o. g. genannter Funktion

$$F_{A_B} = c_{A_B} \cdot A_B \cdot \frac{\rho}{2} \cdot c_\infty^2.$$

Die Berechnung erfolgt mit folgenden Größen:

$c_{A_B} = 1{,}05$ Auftriebsbeiwert des Bugflügels
$A_B = L_B \cdot B_B = 1{,}8 \cdot 8{,}6 = 15{,}48\,\text{m}^2$ Bezugsfläche des Bugflügels
$c_\infty = 30\,\text{km/h} = \frac{30\,000}{3\,600}\,\text{m/s} = 8{,}333\,\text{m/s}$ Bootsgeschwindigkeit

Die Auftriebskraft am Bugflügel lautet somit

$$F_{A_B} = 1{,}05 \cdot 15{,}48 \cdot \frac{1\,000}{2} \cdot 8{,}333^2 = 564\,375\,\text{N}.$$

Die **Auftriebskraft F_{A_H} am Haupttragflügel** lautet gemäß o. g. genannter Funktion:

$$F_{A_H} = c_{A_H} \cdot A_H \cdot \frac{\rho}{2} \cdot c_\infty^2.$$

Die Berechnung erfolgt mit folgenden Größen

$c_{A_H} = 1{,}05$ Auftriebsbeiwert des Hauptflügels
$A_H = L_H \cdot B_H = 2{,}12 \cdot 14{,}5 = 30{,}74\,\text{m}^2$ Bezugsfläche des Hauptflügels
$c_\infty = 30\,\text{km/h} = \frac{30\,000}{3\,600}\,\text{m/s} = 8{,}333\,\text{m/s}$ Bootsgeschwindigkeit

Die Auftriebskraft am Haupttragflügel lautet

$$F_{A_H} = 1{,}05 \cdot 30{,}74 \cdot \frac{1\,000}{2} \cdot 8{,}333^2 = 1\,120\,729\,\text{N}.$$

Die **Gesamtauftriebskraft** $F_{A_{ges}}$ an beiden Tragflügeln addiert sich aus $F_{A_{ges}} = F_{A_H} + F_{A_B}$ zu

$$F_{A_{ges}} = 1\,685\,104\,\text{N}.$$

Lösungsschritte – Fall 4

Die **hydrostatische Auftriebskraft** F_a lässt sich gemäß Abb. 4.5 aus dem Kräftegleichgewicht in z-Richtung, $\sum F_{i_z} = 0$ wie folgt bestimmen:

$$F_{A_{ges}} + F_a - F_G = 0.$$

Umgestellt nach F_a und mit den gegebenen bzw. berechneten Größen

$$F_a = F_G - F_{A,\text{ges}} = 2\,500\,000 - 1\,685\,104 = 814\,896\,\text{N}$$

Das gesamte **verdrängte Wasservolumen** ΔV ermittelt man mit der Gleichung der hydrostatischen Auftriebskraft $F_a = g \cdot \rho \cdot \Delta V$ durch Umstellen nach ΔV zu:

$$\Delta V = \frac{F_a}{g \cdot \rho} = \frac{814\,896}{9{,}81 \cdot 1\,000} \left[\frac{\text{N} \cdot \text{s}^2 \cdot \text{m}^3}{\text{m} \cdot \text{kg}} = \text{m}^3 \right]$$

$$\Delta V = 83\,\text{m}^3$$

Aufgabe 4.5 Airbus A380

Vom neuen, weltweit größten Verkehrsflugzeug Airbus A380 sind nachstehend einige wichtige Größen genannt. Gesucht werden die jeweils erforderlichen Auftriebsbeiwerte für Start, Reiseflug und Landung sowie die Reisefluggeschwindigkeit.

Lösung zu Aufgabe 4.5

Aufgabenerläuterung

Bei der Lösung dieser Aufgabe steht die Anwendung der Auftriebskraft an umströmten Tragflächen im Fokus. Bei den drei Flugphasen soll sich das Flugzeug in horizontaler oder gerade noch horizontaler Lage befinden, sodass ein Kräftegleichgewicht in vertikaler Richtung zwischen Gewichtskraft nach unten und gleich groß, aber entgegengesetzt gerichtet der Auftriebskraft an den Tragflächen vorliegt.

Gegeben:

$A_F = 846\,\text{m}^2$	Flügelfläche
$m_{St} = 560\,000\,\text{kg}$	Gesamtmasse vor Start
$m_L = 386\,000\,\text{kg}$	Gesamtmasse vor Landung
$Ma_R = 0{,}85$	Mach-Zahl in Reisehöhe
$\rho_{St,L} = 1{,}225\,\text{kg/m}^3$	Luftdichte in Start-, Landebahnhöhe
$\rho_R = 0{,}365\,\text{kg/m}^3$	Luftdichte in Reisehöhe
$\vartheta_R = -50\,°\text{C}$	Temperatur in Reisehöhe
$R_i = 287\,\frac{\text{N·m}}{\text{kg·K}}$	Gaskonstante der Luft
$\kappa = 1{,}4$	Isentropenexponent
$c_{St} = 260\,\text{km/h}$	Startgeschwindigkeit
$c_L = 270\,\text{km/h}$	Landegeschwindigkeit

Gesucht:

1. $c_{A_{St}}$: Auftriebsbeiwert beim Start
2. c_R: Reisefluggeschwindigkeit
3. c_{A_R}: Auftriebsbeiwert beim Reiseflug
4. c_{A_L}: Auftriebsbeiwert bei der Landung

Anmerkungen

- Index St: Start
- Index R: Reiseflug
- Index L: Landung

Lösungsschritte – Fall 1

Der **Auftriebsbeiwert beim Start** $c_{A_{St}}$ ergibt sich aus folgender Überlegung: Gerade im Augenblick des Abhebens ist $F_{A_{St}} = F_{G_{St}}$, wobei

$$F_{A_{St}} = c_{A_{St}} \cdot A_F \cdot \frac{\rho_{St}}{2} \cdot c_{St}^2$$

die Auftriebskraft beim Start und $F_{G_{St}} = m_{St} \cdot g$ die Gesamtgewichtskraft beim Start bedeuten. Unter Verwendung dieser Gleichungen im o. g. Kräftegleichgewicht und nach $c_{A_{St}}$ umgeformt erhält man dann

$$c_{A_{St}} = \frac{2 \cdot F_{G_{St}}}{A_F \cdot \rho_{St} \cdot c_{St}^2} \cdot$$

Die Startgeschwindigkeit lautet, dimensionsgerecht umgeformt,

$$c_{St} = 260 \, km/h = 72{,}22 \, m/s.$$

Dann lässt sich der Auftriebsbeiwert beim Start bestimmen zu

$$c_{A_{St}} = \frac{2 \cdot 560\,000 \cdot 9{,}81}{846 \cdot 1{,}225 \cdot 72{,}22^2} = 2{,}03.$$

Lösungsschritte – Fall 2

Die **Reisegeschwindigkeit** c_R ermittelt sich aus der vorgegebenen Mach-Zahl. Diese ist definiert als Verhältnis der Geschwindigkeit c, hier c_R, bezogen auf die Schallgeschwindigkeit a, hier a_R. Da die Schallgeschwindigkeit in gasförmigen Fluiden von den Zustandsgrößen des jeweiligen Gases abhängt, muss dies auch im vorliegenden Fall berücksichtigt werden. Wird der allgemeine Ausdruck für ein ideales Gas $a = \sqrt{\frac{dp}{d\rho}}$ angewandt auf eine angenommene isentrope Zustandsänderung, wird

$$a = \sqrt{\kappa \cdot p \cdot v} = \sqrt{\kappa \cdot R_i \cdot T}.$$

Bei den bekannten Luftdaten κ und R_i sowie der Temperatur in Reiseflughöhe $T_R = (273 + \vartheta_R)$ erhält man für die Schallgeschwindigkeit in Reiseflughöhe

$$a_R = \sqrt{\kappa \cdot R_i \cdot T_R}$$

und mit den o. g. Daten

$$a_R = \sqrt{1{,}4 \cdot 287 \cdot (273 - 50)} \left[\sqrt{\frac{N \cdot m}{kg \cdot K} \cdot K} = \frac{N \cdot m}{kg} = \frac{kg \cdot m \cdot m}{s^2 \cdot kg} = \frac{m^2}{s^2} \right]$$

$$= 299{,}3 \, m/s.$$

Die Reisefluggeschwindigkeit lautet demnach

$$c_R = Ma_R \cdot a_R = 0{,}85 \cdot 299{,}3 \, m/s$$

oder

$$c_R = 254{,}4 \, m/s \equiv 916 \, km/h.$$

Lösungsschritte – Fall 3

Beim horizontalen Reiseflug berechnet sich der **Auftriebsbeiwert** c_{A_R} analog zu Fall 1, es sind jedoch die in Reiseflughöhe vorliegenden Gegebenheiten zu verwenden. Die Gesamtgewichtskraft soll sich in Folge des Kerosinverbrauchs nach Erreichen der Reiseflughöhe noch nicht nennenswert verkleinert haben. Mit

$$c_{A_R} = \frac{2 \cdot F_{G_R}}{A_F \cdot \rho_R \cdot c_R^2}$$

wird

$$c_{A_R} = \frac{2 \cdot 560\,000 \cdot 9{,}81}{846 \cdot 0{,}365 \cdot 254{,}4^2} = 0{,}55.$$

Lösungsschritte – Fall 4

Der Landevorgang, in angenommener Meereshöhe wie der Start, sei durch einen nahezu verbrauchten Kerosinvorrat gekennzeichnet, d. h., die Gesamtgewichtskraft $F_{G_L} = m_L \cdot g$ ist um den Treibstoffanteil kleiner als beim Start. Mit der bekannten Landegeschwindigkeit

$$c_L = 270\,\text{km/h} \equiv 75\,\text{m/s}$$

berechnet sich der jetzt erforderliche **Auftriebsbeiwert** c_{A_L} zu

$$c_{A_L} = \frac{2 \cdot F_{G_L}}{A_F \cdot \rho_L \cdot c_L^2}$$
$$= \frac{2 \cdot 386\,000 \cdot 9{,}81}{846 \cdot 1{,}225 \cdot 75^2} = 1{,}30.$$

Aufgabe 4.6 Spielzeugdrachen

Ein Spielzeugdrachen wird gemäß Abb. 4.8 mit der Luftgeschwindigkeit c_∞ angeblasen. Die Form des Drachens ist eine ebene Rechteckfläche der Größe A. Das Zugseil weist einen Winkel β gegenüber der horizontalen Geschwindigkeitsrichtung auf. Am Drachen wirken die Seilkraft F_S, die Auftriebskraft F_A senkrecht zur Geschwindigkeit nach oben, die Widerstandskraft F_W in Richtung der Geschwindigkeit und die Gewichtskraft F_G vertikal nach unten. Zu ermitteln sind die Auftriebs- und Widerstandsbeiwerte c_A und c_W des Drachens unter Verwendung der bekannten Größen.

Abb. 4.8 Spielzeugdrachen

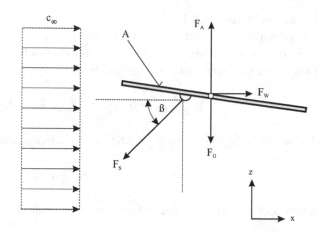

Lösung zu Aufgabe 4.6

Aufgabenerläuterung

Bei den hier zu bestimmenden c_A- und c_W-Werten des Spielzeugdrachens, den man als schräg angeströmte Rechteckfläche betrachten muss, ist das Zusammenwirken aller Kräfte bzw. Kraftkomponenten sowohl in x-Richtung als auch in z-Richtung als Ansatz zu verwenden. Die an umströmten Körpern wirksamen Auftriebs- und Widerstandskräfte sind mit den gesuchten Beiwerten verknüpft. Diese lassen sich durch geeignete Berechnungsschritte aus den Gleichungen auflösen.

Gegeben:

$\rho_L = 1{,}20\,\text{kg/m}^3$	Luftdichte
$F_G = 11\,\text{N}$	Gewichtskraft
$F_S = 29\,\text{N}$	Seilkraft
$A = 0{,}75\,\text{m}^2$	Bezugsfläche für c_A und c_W
$\beta = 45°$	Neigungswinkel des Seils
$c_\infty = 32\,\text{km/h}$	Windgeschwindigkeit

Gesucht:

1. c_A und c_W
2. c_A und c_W bei den o. g. Daten

Lösungsschritte – Fall 1

Zur Ermittlung des **Auftriebsbeiwertes** c_A benötigt man die Auftriebskraft F_A mit dem darin enthaltenen Beiwert. Die Auftriebskraft lässt sich aus dem Kräftegleichgewicht am Drachen in z-Richtung wie folgt feststellen:

$$\sum F_z = 0 \quad \text{oder} \quad F_A - F_G - F_{S_z} = 0.$$

F_{S_z} ist hierin die z-Komponente der Seilkraft F_S. Umgestellt nach der Auftriebskraft folgt

$$F_A = F_G + F_{S_z}.$$

Verwendet man jetzt die Gleichung

$$F_A = c_A \cdot A \cdot \frac{\rho_L}{2} \cdot c_\infty^2$$

und ersetzt gemäß Abb. 4.8 F_{S_z} gemäß $F_{S_z} = F_S \cdot \sin \beta$, so kann man zunächst

$$c_A \cdot A \cdot \frac{\rho_L}{2} \cdot c_\infty^2 = F_G + F_S \cdot \sin \beta$$

schreiben. Diese Gleichung wird durch $\left(A \cdot \frac{\rho_L}{2} \cdot c_\infty^2 \right)$ dividiert, was den gesuchten Auftriebsbeiwert liefert zu

$$c_A = \frac{2 \cdot (F_G + F_S \cdot \sin \beta)}{A \cdot \rho_L \cdot c_\infty^2}.$$

Der **Widerstandsbeiwert** c_W wird analog zum vorangegangenen Fall hergeleitet, nur wird jetzt das Kräftegleichgewicht am Drachen in x-Richtung benutzt. Hier wirken zwei Kräfte wie folgt:

$$\sum F_x = 0, \quad \text{also} \quad F_W - F_{S_x} = 0.$$

F_{S_x} ist hierin die x Komponente der Seilkraft F_S. Umgestellt nach der Widerstandskraft folgt

$$F_W = F_{S_x}.$$

Verwendet man jetzt die Gleichung

$$F_W = c_W \cdot A \cdot \frac{\rho_L}{2} \cdot c_\infty^2$$

und ersetzt gemäß Abb. 4.8 F_{S_x} gemäß $F_{S_x} = F_S \cdot \cos \beta$, so erhält man

$$c_W \cdot A \cdot \frac{\rho_L}{2} \cdot c_\infty^2 = F_S \cdot \cos \beta.$$

Wir dividieren diese Gleichung durch $\left(A \cdot \frac{\rho_L}{2} \cdot c_\infty^2\right)$ und haben den gesuchten Widerstandsbeiwert:

$$c_W = \frac{2 \cdot F_S \cdot \cos \beta}{A \cdot \rho_L \cdot c_\infty^2}.$$

Lösungsschritte – Fall 2

Wir suchen nun c_A und c_W bei den o. g. Daten. Um dimensionsgerechte Größen zu verwenden, muss die Geschwindigkeit c_∞ wie folgt umgerechnet werden:

$$c_\infty = 32 \,\text{km/h} \equiv 8{,}89 \,\text{m/s}.$$

Mit den gegebenen Größen erhält man

$$c_A = \frac{2 \cdot (11 + 29 \cdot \sin 45°)}{0{,}75 \cdot 1{,}20 \cdot 8{,}89^2} = 0{,}886$$

und

$$c_W = \frac{2 \cdot 29 \cdot \cos 45°}{0{,}75 \cdot 1{,}20 \cdot 8{,}89^2} = 0{,}577.$$

Aufgabe 4.7 Tragflächenschiff

Der Flügel eines Tragflächenschiffs bewegt sich mit der Geschwindigkeit c_∞ im Abstand t von der Oberfläche durch das Wasser (Abb. 4.9). Wie groß darf die Geschwindigkeit c_x an der kritischen Stelle x höchstens sein, damit eine Dampfblasenentstehung gerade noch vermieden wird?

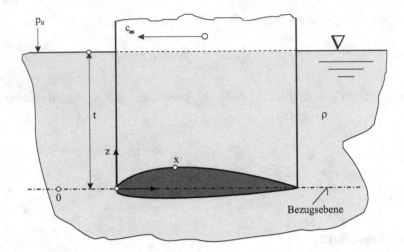

Abb. 4.9 Tragflächenschiff

Lösung zu Aufgabe 4.7

Aufgabenerläuterung

Die Frage nach dem Phasenwechsel einer Flüssigkeit in den Dampfzustand (oder auch umgekehrt) berührt ein sehr komplexes Thema, das unter dem Begriff der „Kavitation" behandelt wird. Der Phasenwechsel wird immer dann eingeleitet, wenn in einem Flüssigkeitssystem der örtliche statische Druck den Dampfdruck unterschreitet. Umgekehrt vermeidet man die Dampfblasenentstehung dadurch, dass durch geeignete Maßnahmen an jeder Stelle des Systems ein größerer Druck als der Dampfdruck vorliegt, also $p > p_{Da}$ ist. Die gefährdete Stelle x am Tragflügelprofil in Abb. 4.9 ist derjenige Ort an der Oberseite, wo durch die profilbedingte Stromlinienverdichtung die höchste örtliche Geschwindigkeit c_x auftritt und eine entsprechende Druckabsenkung erfolgt. Die Bemessung dieser Geschwindigkeit erfolgt mittels Bernoulli'scher Gleichung und den hier gegebenen Größen. Die berechnete Geschwindigkeit c_x dient dann zur Auslegung des erforderlichen Profils.

Gegeben:

- t; c_∞; p_B; p_{Da}; ρ; g

Gesucht:

1. c_x
2. c_x bei $t = 1,5$ m; $c_\infty = 14$ m/s; $p_B = 100\,000$ Pa; $p_{Da} = 2\,340$ Pa; $\rho = 1\,000$ kg/m^3 ; $g = 9,81$ m/s^2

Anmerkungen

- Der Höhenunterschied aufgrund des Tragflügelprofils zwischen den Stellen 0 und x sei von untergeordneter Bedeutung, also $Z_0 \approx Z_x$.
- Das Koordinatensystem wird mit dem Tragflügel mitbewegt, also ein Relativsystem hergestellt. Die Fahrgeschwindigkeit c_∞ erscheint dann einem mitfahrenden Beobachter als stationäre Zuströmgeschwindigkeit c_0 sowie in veränderter Größe auch c_x als stationäre Geschwindigkeit bei der Stelle x.
- Die Strömungsverluste zwischen den Stellen 0 und x werden vernachlässigt.

Lösungsschritte – Fall 1

Wie oben erwähnt wird Kavitation vermieden, wenn an der kritischen Stelle der statische Druck größer ist als der Flüssigkeitsdampfdruck. Im vorliegenden Fall muss also $p_x > p_{Da}$ hergestellt werden. Den Druck p_x ersetzt man nun über die Bernoulli'sche Gleichung zwischen den Stellen 0 und x, um eine sinnvolle Verbindung zur gesuchten **Geschwindigkeit c_x** herzustellen:

$$\frac{p_0}{\rho} + \frac{c_0^2}{2} + g \cdot Z_0 = \frac{p_x}{\rho} + \frac{c_x^2}{2} + g \cdot Z_x.$$

Mit den hier vorliegenden Gegebenheiten und Annahmen $Z_0 \approx Z_x$, $c_0 \equiv c_\infty$ und $Y_{V0;x} \approx 0$ sowie der Umstellung nach p_x / ρ,

$$\frac{p_x}{\rho} = \frac{p_0}{\rho} + \frac{c_\infty^2}{2} - \frac{c_x^2}{2},$$

und dann Multiplikation mit der Dichte ρ liefert

$$p_x = p_0 + \frac{\rho}{2} \cdot c_\infty^2 - \frac{\rho}{2} \cdot c_x^2.$$

Die rechte Gleichungsseite wird in $p_x > p_{Da}$ eingesetzt, das führt zur Ungleichung

$$p_0 + \frac{\rho}{2} \cdot c_\infty^2 - \frac{\rho}{2} \cdot c_x^2 > p_{Da}.$$

Trennt man logischerweise den Term $\left(\frac{\rho}{2} \cdot c_x^2\right)$ aus der Ungleichung heraus, so resultiert

$$\frac{\rho}{2} \cdot c_x^2 < p_0 + \frac{\rho}{2} \cdot c_\infty^2 - p_{Da}.$$

Der statische Druck an der Stelle 0 lässt sich als Summe aus Umgebungsdruck p_B und dem Druckanteil der Flüssigkeitshöhe t darstellen zu

$$p_0 = p_B + \rho \cdot g \cdot t.$$

Oben für p_0 eingesetzt ergibt das dann

$$\frac{\rho}{2} \cdot c_x^2 < (p_B + \rho \cdot g \cdot t) + \frac{\rho}{2} \cdot c_\infty^2 - p_{Da},$$

schließlich werden linke und rechte Seite mit $(2/\rho)$ multipliziert und die Wurzel gezogen:

$$c_x < \sqrt{c_\infty^2 + 2 \cdot \left(\frac{p_B - p_{Da}}{\rho} + \cdot g \cdot t \right)}.$$

Lösungsschritte – Fall 2

Bei $t = 1,5\,\text{m}$, $c_\infty = 14\,\text{m/s}$, $p_B = 100\,000\,\text{Pa}$, $p_{Da} = 2\,340\,\text{Pa}$ und $\rho = 1\,000\,\text{kg/m}^3$ finden wir für c_x, dass

$$c_x < \sqrt{14^2 + 2 \cdot \left(\frac{100\,000 - 2\,340}{1\,000} + 9,81 \cdot 1,5 \right)}$$

und folglich

$$c_x < 20,51\,\text{m/s}.$$

Aufgabe 4.8 Angeströmte Platte

Eine rechteckige Platte mit einer Seitenfläche A wird gemäß Fall 1 in Abb. 4.10 senkrecht zu A mit einer Windgeschwindigkeit c_{Wind} angeströmt, wobei die Platte selbst ruht. Im Fall 2 dagegen bewegt sich die Platte mit der Geschwindigkeit c_{Platte} in der Richtung des durchgezogen dargestellten Geschwindigkeitsvektors. Gleichzeitig ist die Windgeschwindigkeit c_{Wind} in Größe und Richtung unverändert wirksam. Gesucht werden in beiden Fällen die aufgrund des Seitenwindes an der Platte wirksamen Kräfte. Im Fall 2 sollen auch noch zwei charakteristische Winkel ermittelt werden.

Lösung zu Aufgabe 4.8

Aufgabenerläuterung

Fall 1: Die Widerstandskraft F_W ist hier die einzige wirksame Kraft und belastet die Seitenfläche in Windrichtung, steht also senkrecht auf A. Grundlage der Berechnung ist die Gleichung der Widerstandskraft einer quer angeströmten Rechteckplatte.

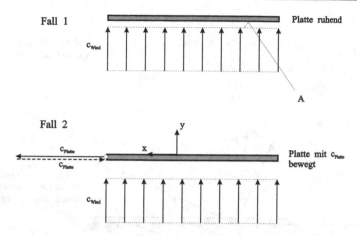

Abb. 4.10 Angeströmte Platte

Fall 2: In diesem Fall muss zunächst die Geschwindigkeit c_∞ in Größe und Richtung gefunden werden, die sich aus c_{Platte} und c_{Wind} resultierend einstellt. Die Plattengeschwindigkeit c_{Platte}, in Abb. 4.10 als durchgezogen dargestellter Vektor zu erkennen, kann in der Richtung nur von einem ruhenden System aus beobachtet werden (instationär). Setzt man das Koordinatensystem oder auch einen Beobachter auf die bewegte Platte (stationär), so erkennt man die Geschwindigkeit c_{Platte} auf die Platte zugewandt gerichtet (gestrichelt dargestellter Vektor in Abb. 4.10). Dieser Geschwindigkeit überlagert sich noch die Windgeschwindigkeit, sodass man aus der Vektoraddition von c_{Platte} und c_{Wind} die gesuchte Geschwindigkeit c_∞ erhält (Abb. 4.11). Die Geschwindigkeit c_∞ könnte man von der Platte aus auch als die Geschwindigkeit einer z. B. mit der Luft mittransportierten Feder erkennen. Mit c_∞ liegt jetzt der Fall einer schräg angeströmten Rechteckplatte A vor, an der zwei verschiedene Kräfte wirksam werden. Dies sind senkrecht zu c_∞ die Auftriebskraft F_A und in Richtung von c_∞ die Widerstandskraft F_W. Aus beiden wird dann die resultierende Kraft F_R ermittelt. Der Berechnung von F_A und F_W liegen die bekannten Gesetzmäßigkeiten umströmter Körper zugrunde. Anstellwinkel δ und Gleitwinkel γ lassen sich mit einfachen trigonometrischen Zusammenhängen bestimmen.

Gegeben:

- $A = 55{,}74\,\text{m}^2$; $\rho_L = 1{,}22\,\text{kg/m}^3$; $c_{Wind} = 4{,}472\,\text{m/s}$
- Fall 1: $c_{W_1} = 1{,}3$
- Fall 2: $c_{W_2} = 0{,}25$; $c_{A_2} = 0{,}60$; $c_{Platte} = 13{,}42\,\text{m/s}$

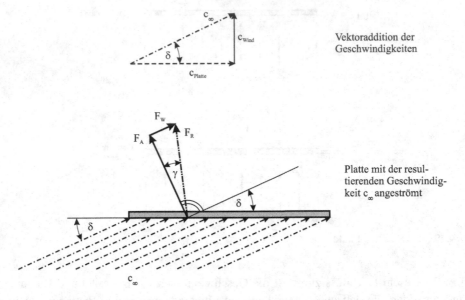

Abb. 4.11 Angeströmte Platte; resultierende Geschwindigkeit und Kräfte

Gesucht:

1. Fall 1: F_{W_1}
2. Fall 2: F_{W_2}; F_{A_2}; F_R
3. Fall 2: δ; γ

Lösungsschritte – Fall 1

Für den **Fall 1** ist die **Widerstandskraft** F_{W_1} gesucht. Die Widerstandskraft umströmter Körper lautet allgemein

$$F_W = c_W \cdot A \cdot \frac{\rho}{2} \cdot c^2.$$

Mit den Größen des Falls 1 bei ruhender Platte kann man schreiben

$$F_{W_1} = c_{W_1} \cdot A \cdot \frac{\rho_L}{2} \cdot c_{\text{Wind}}^2.$$

Setzt man die gegebenen Größen dimensionsgerecht ein,

$$F_{W_1} = 1{,}3 \cdot 55{,}74 \cdot \frac{1{,}22}{2} \cdot 4{,}472^2,$$

so erhält man als Ergebnis

$$F_{W_1} = 884\,\text{N}.$$

Lösungsschritte – Fall 2

Nun brauchen im **Fall 2** die **Kräfte** F_{W_2}, F_{A_2} und F_R. Widerstandskraft und Auftriebskraft an umströmten Körpern lauten, allgemein formuliert,

$$F_W = c_W \cdot A \cdot \frac{\rho}{2} \cdot c^2$$

(Widerstandskraft) und

$$F_A = c_A \cdot A \cdot \frac{\rho}{2} \cdot c^2$$

(Auftriebskraft).

In Verbindung mit den veränderten Gegebenheiten der bewegten Platte (Fall 2) schreibt man:

$$F_{W_2} = c_{W_2} \cdot A \cdot \frac{\rho_L}{2} \cdot c_\infty^2 \quad \text{sowie} \quad F_{A_2} = c_{A_2} \cdot A \cdot \frac{\rho_L}{2} \cdot c_\infty^2.$$

Bis auf die resultierende Zuströmgeschwindigkeit c_∞ sind alle anderen Größen bekannt. c_∞ als Hypotenuse des rechtwinkligen Geschwindigkeitsdreiecks gemäß Abb. 4.11 ausgewertet führt zu

$$c_\infty = \sqrt{c_{\text{Platte}}^2 + c_{\text{Wind}}^2} = \sqrt{13{,}42^2 + 4{,}472^2} = 14{,}15 \, \text{m/s}.$$

Somit sind die beiden Kräfte bekannt,

$$F_{W_2} = 0{,}25 \cdot 55{,}74 \cdot \frac{1{,}22}{2} \cdot 14{,}15^2 \quad \text{und} \quad F_{A_2} = 0{,}6 \cdot 55{,}74 \cdot \frac{1{,}22}{2} \cdot 14{,}15^2,$$

und wir finden

$$F_{W_2} = 1\,702 \, \text{N} \quad \text{und} \quad F_{A_2} = 4\,085 \, \text{N}.$$

Wertet man die resultierende Kraft F_R an der Platte als Hypotenuse des rechtwinkligen Kräftedreiecks gemäß Abb. 4.11 aus, so erhält man als Ergebnis

$$F_R = \sqrt{F_{W_2}^2 + F_{A_2}^2} = \sqrt{1\,702^2 + 4\,085^2} = 4\,425 \, \text{N}$$

Lösungsschritte – Fall 3

Den **Anstellwinkel** δ als Winkel zwischen Zuströmrichtung und jeweiliger Fläche oder Profil ermittelt man gemäß Abb. 4.11 im Fall der bewegten Platte zu

$$\delta = \arctan\left(\frac{c_{\text{Wind}}}{c_{\text{Platte}}}\right) = \arctan\left(\frac{4{,}472}{13{,}42}\right)$$

und folglich

$$\delta = 18{,}4°.$$

Der **Gleitwinkel** γ gemäß Definition in Abb. 4.11 lautet

$$\gamma = \arctan\left(\frac{F_W}{F_A}\right) = \arctan\left(\frac{1\,702}{4\,085}\right)$$

und folglich

$$\gamma = 22{,}6°.$$

Aufgabe 4.9 Sprungturm

Ein Springer lässt sich von einem 10-Meter-Sprungturm mit einem Fußsprung senkrecht nach unten fallen (Abb. 4.12). Eine Anfangsbewegung durch Wippen auf dem Sprungbrett liegt nicht vor. Wie lange dauert es, bis er die Wasseroberfläche erreicht, und mit welcher Geschwindigkeit kommt er dort an? Körpermasse m, Widerstandsbeiwert c_W, Bezugsfläche A und Luftdichte ρ_L können als bekannt vorausgesetzt werden.

Abb. 4.12 Sprungturm

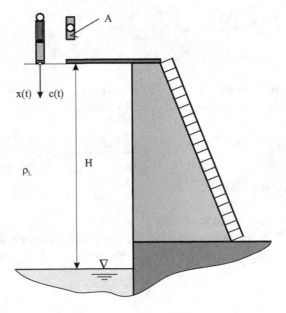

Lösung zu Aufgabe 4.9

Aufgabenerläuterung

Bei jedem freien Fall wirken an dem betreffenden Körper Gewichtskraft, Widerstandskraft und Trägheitskraft. Die Auftriebskraft aufgrund der vom Körper verdrängten Luftmasse kann i. A. vernachlässigt werden. Aus dem Kräftegleichgewicht lässt sich herleiten, dass eine dauernde Beschleunigung des Körpers vorliegt, die erst mit $t = \infty$ gleich null wird. Faktisch ist jedoch nach Erreichen einer definierten Fallgeschwindigkeit $c_A = 0,99 \cdot c_\infty$ kein nennenswerter Beschleunigungseinfluss mehr zu erkennen. Ab hier liegen dann „quasi-stationäre" Bedingungen am Körper vor, d. h., es besteht nur noch Gleichgewicht zwischen Gewichtskraft und Widerstandskraft. Bis zum Erreichen dieser definierten Fallgeschwindigkeit legt der Körper eine entsprechende Distanz zurück, für die er eine zugeordnete Zeit benötigt (Anlaufphase).

Ist die Fallhöhe wie im vorliegenden Beispiel relativ klein, so wird es erforderlich, die zeitabhängigen Gesetzmäßigkeiten für den zurück gelegten Weg $x(t)$ und die Geschwindigkeit $c(t)$ zu verwenden.

Gegeben:

- $m = 75\,\text{kg}$; $g = 9,81\,\text{m/s}^2$; c_W 1,0; $A = 0,125\,\text{m}^2$; $\rho_L = 1,22\,\text{kg/m}^3$
- $x(t) = \frac{c_\infty^2}{g} \cdot \ln\left[\cosh\left(\frac{g \cdot t}{c_\infty}\right)\right]$; $c(t) = c_\infty \cdot \tanh\left(\frac{g \cdot t}{c_\infty}\right)$

Gesucht:

1. $t = f(x)$
2. t bei den o. g. Daten
3. c bei den o. g. Daten

Anmerkungen

- $\cosh z = \frac{1}{2} \cdot (e^z + e^{-z})$, $\quad \tanh z = \frac{e^z - e^{-z}}{e^z + e^{-z}}$
- Die x-Koordinate wird entgegen der üblichen Anordnung in Fallrichtung gezählt.

Lösungsschritte – Fall 1

Da in o. g. Funktion die Weg-Zeitabhängigkeit $x(t)$ bekannt ist, hier aber nach der **Zeit-Wegabhängigkeit** $t(x)$ gefragt wird, muss eine geeignete Umformung vorgenommen werden. Der Einfachheit halber wird anstatt $x(t)$ nur noch x geschrieben.

$$x = \frac{c_\infty^2}{g} \cdot \ln\left[\cosh\left(\frac{g \cdot t}{c_\infty}\right)\right].$$

Multiplikation mit $\left(g/c_\infty^2\right)$ liefert

$$x \cdot \frac{g}{c_\infty^2} = \ln\left[\cosh\left(\frac{g \cdot t}{c_\infty}\right)\right].$$

Nun wird auf beide Gleichungsseiten die e-Funktion angewendet:

$$e^{x \cdot \frac{g}{c_\infty^2}} = e^{\ln\left[\cosh\left(\frac{g \cdot t}{c_\infty}\right)\right]}.$$

Da allgemein $e^{\ln a} = a$ ist, erhält man hier

$$e^{x \cdot \frac{g}{c_\infty^2}} = \cosh\left(\frac{g \cdot t}{c_\infty}\right).$$

Zur Vereinfachung wird substituiert:

$$z = \frac{g \cdot t}{c_\infty} \quad \text{und} \quad K = e^{g \cdot x/c_\infty^2}$$

Somit lautet die Gleichung

$$\cosh z = K.$$

Unter Verwendung der Definition

$$\cosh z = \frac{\left(e^z + \frac{1}{e^z}\right)}{2}$$

entsteht

$$\frac{\left(e^z + \frac{1}{e^z}\right)}{2} = K,$$

oder, mit 2 multipliziert,

$$e^z + \frac{1}{e^z} = 2 \cdot K.$$

Der erste Summand wird mit (e^z) erweitert,

$$\frac{e^z \cdot e^z}{e^z} + \frac{1}{e^z} = 2 \cdot K,$$

und danach $(1/e^z)$ ausgeklammert:

$$\frac{1}{e^z}\left(e^{2 \cdot z} + 1\right) = 2 \cdot K.$$

Mit (e^z) multipliziert sieht das dann so aus:

$$e^{2 \cdot z} + 1 = 2 \cdot K \cdot e^z.$$

Die Glieder mit e-Funktionen kommen auf die linke Gleichungsseite und wir haben

$$e^{2 \cdot z} - 2 \cdot K \cdot e^z = -1 \quad \text{oder} \quad (e^z)^2 - 2 \cdot K \cdot e^z = -1.$$

Verwenden wir noch die Substitution $y = e^z$, so stellt sich die Gleichung wie folgt dar:

$$y^2 - 2 \cdot K \cdot y = -1.$$

Jetzt wird K^2 auf beiden Seite addiert mit dem Ergebnis

$$y^2 - 2 \cdot K \cdot y + K^2 = K^2 - 1$$

$y^2 - 2 \cdot K \cdot y + K^2 = K^2 - 1$. Die linke Seite entspricht $(y - K)^2$ und somit ist

$$(y - K)^2 = K^2 - 1.$$

Nach dem Wurzelziehen erhalten wir zunächst

$$y = K \pm \sqrt{K^2 - 1}.$$

Werden nun y, z und K zurücksubstituiert, entsteht

$$e^{\left(\frac{g}{c_\infty} \cdot t\right)} = e^{\left(\frac{\frac{g}{2}}{c_\infty} \cdot x\right)} \pm \sqrt{e^{2 \cdot \left(\frac{g \cdot x}{\frac{2}{c_\infty}}\right)} - 1}.$$

Das Logarithmieren liefert unter Verwendung von $\ln e^a = a$ zunächst

$$\ln e^{\left(\frac{g}{c_\infty} \cdot t\right)} = \frac{g}{c_\infty} \cdot t = \ln\left[e^{\left(\frac{\frac{g}{2}}{c_\infty} \cdot x\right)} \pm \sqrt{e^{2 \cdot \left(\frac{g \cdot x}{\frac{2}{c_\infty}}\right)} - 1}\right].$$

Jetzt muss abschließend noch mit $\left(\frac{c_\infty}{g}\right)$ multipliziert werden, und man bekommt als Ergebnis

$$t = \frac{c_\infty}{g} \cdot \ln\left[e^{\left(\frac{\frac{g}{2}}{c_\infty} \cdot x\right)} \pm \sqrt{e^{2 \cdot \left(\frac{g \cdot x}{\frac{2}{c_\infty}}\right)} - 1}\right].$$

Lösungsschritte – Fall 2

Zunächst muss zur Berechnung der **Fallzeit** $t\,(x = 10\,\text{m})$ die stationäre Endgeschwindigkeit c_∞ festgestellt werden. Zu ihrer Ermittlung ist das Kräftegleichgewicht am stationär fallenden Körper anzusetzen. Da Gewichtskraft und Widerstandskraft entgegengesetzt gerichtet sind, und die Trägheitskraft für den stationären Fallzustand gleich null ist, lautet die Kräftegleichung

$$F_G = F_W \quad \text{mit} \quad F_G = g \cdot m \quad \text{und} \quad F_W = c_W \cdot A \cdot \frac{\rho_L}{2} \cdot c_\infty^2.$$

Es folgt somit

$$c_W \cdot A \cdot \frac{\rho_L}{2} \cdot c_\infty^2 = g \cdot m.$$

Mit $\left(\frac{2}{c_W \cdot A \cdot \rho_L}\right)$ multipliziert führt dies zunächst zu

$$c_\infty^2 = \frac{2 \cdot g \cdot m}{c_W \cdot A \cdot \rho_L}.$$

Nach dem Wurzelziehen erhält man als Ergebnis

$$c_\infty = \sqrt{\frac{2 \cdot g \cdot m}{c_W \cdot A \cdot \rho_L}}.$$

Setzt man noch die gegebenen Zahlenwerte der betreffenden Größen ein, so ermittelt sich c_∞ zu

$$c_\infty = \sqrt{\frac{2 \cdot 9{,}81 \cdot 75}{1{,}0 \cdot 0{,}125 \cdot 1{,}22}} = 98{,}2\,\text{m/s} \equiv 354\,\text{km/h}.$$

Mit $x = 10\,\text{m}$ und $c_\infty = 98{,}2\,\text{m/s}$ lässt sich die gefragte Fallzeit berechnen mittels

$$t = \frac{98{,}2}{9{,}81} \cdot \ln\left[\mathrm{e}^{\frac{(9{,}81 \cdot 10)}{98{,}2^2}} + \sqrt{\mathrm{e}^{\left(\frac{2 \cdot 9{,}81 \cdot 10}{98{,}2^2}\right)} - 1}\right]$$

und wir bekommen

$$t = 1{,}43\,\text{s}.$$

Das negative Vorzeichen vor der Wurzel liefert eine negative Zeit, was keinen Sinn macht.

Lösungsschritte – Fall 3

Mit der somit bekannten Fallzeit und den anderen berechneten bzw. gegebenen Größen ist die Geschwindigkeit nach $x = 10$ m Fallhöhe mit o. g. Gleichung wie folgt festgelegt:

$$c\,(t = 1,43\,\text{s}) = 98,2 \cdot \tanh\left(\frac{9,81 \cdot 1,43}{98,2}\right) = 98,2 \cdot \tanh\,(0,1429)$$

$$= 98,2 \cdot \frac{e^{0,1429} - e^{-0,1429}}{e^{0,1429} + e^{-0,1429}} = 13,94\,\text{m/s}.$$

Die **Geschwindigkeit** c lautet somit

$$c(t = 1,43\,\text{s}) = 13,94\,\frac{\text{m}}{\text{s}} \equiv 50,2\,\frac{\text{km}}{\text{h}}.$$

Aufgabe 4.10 Fallschirmspringer im freien Fall

Ein Fallschirmspringer springt aus dem Flugzeug und fliegt zunächst im freien Fall zur Erde (Abb. 4.13). Die umströmten Konturen des Springers werden mit Ausnahme des Helms (Kugel) als quer angeströmte Zylinder angenommen. Gesucht wird die quasi-stationäre Geschwindigkeit c_∞ vor Öffnen des Fallschirms.

Lösung zu Aufgabe 4.10

Aufgabenerläuterung

Nach Absprung (z. B. im oberen Totpunkt eines Loopings) aus dem Flugzeug wird die Geschwindigkeit des Springers mit der Gesamtmasse m zunächst stetig vergrößert. In dieser

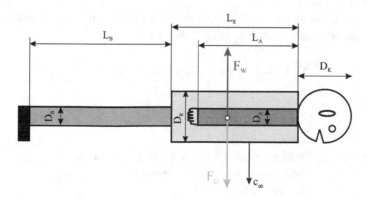

Abb. 4.13 Fallschirmspringer im freien Fall

Phase wirken drei Kräfte an ihm: Gewichtskraft, Luftwiderstandskraft und Trägheitskraft. Nach Abschluss dieser Beschleunigungsphase, also nach Erreichen der gesuchten, nahezu (quasi) konstanten Fallgeschwindigkeit c_∞ wird die Trägheitskraft verschwindend klein, sodass nur noch die Gewichts- und die Luftwiderstandskraft am fallenden Körper angreifen. Aus dem Gleichgewicht dieser beiden Kräfte lässt sich die gesuchte Geschwindigkeit ermitteln. Es wird Windstille und konstante Luftdichte angenommen.

Gegeben:

- $m = 75\,\text{kg}$; $\rho_L = 1{,}225\,\text{kg/m}$; sowie:

Rumpf	Index R	$L_R = 0{,}70\,\text{m}$	$D_R = 0{,}45\,\text{m}$	$c_{W_R} = 0{,}49$
Bein	Index B	$L_B = 0{,}80\,\text{m}$	$D_B = 0{,}25\,\text{m}$	$c_{W_B} = 0{,}39$
Arm	Index A	$L_A = 0{,}65\,\text{m}$	$D_A = 0{,}15\,\text{m}$	$c_{W_A} = 0{,}22$
Kopf	Index K		$D_K = 0{,}25\,\text{m}$	$c_{W_K} = 0{,}145$

Gesucht:

1. c_∞
2. c_∞ mit den o. g. Daten

Anmerkung

- Die angegebenen Widerstandsbeiwerte sind aus Versuchen bei homogenen Zuströmgeschwindigkeiten ermittelt worden. Diese können im vorliegenden Fall durch gegenseitige Beeinflussungen der Körpergliedmaße nur mit Einschränkungen angenommen werden. Aus diesem Grund ist das Ergebnis der Berechnungen nur als Näherungswert zu verstehen.

Lösungsschritte – Fall 1

Aus dem Kräftegleichgewicht im Fall des mit quasi-gleichbleibender **Geschwindigkeit** c_∞ zur Erde fallenden Springers folgt (siehe Abb. 4.13)

$$\sum F_i = 0 = F_W - F_G \quad \text{oder} \quad F_W = F_G.$$

Hierbei sind

$F_G = m \cdot g$ Gewichtskraft

$F_W = c_W \cdot A \cdot \frac{\rho_L}{2} \cdot c_\infty^2$ Widerstandskraft F_W an umströmten Körpern

c_W Widerstandsbeiwert des umströmten Körpers

A Bezugsfläche

ρ_L $\qquad$ Dichte des strömenden Fluids, hier Luft

c_∞ $\qquad$ Strömungsgeschwindigkeit, hier Fallgeschwindigkeit des Körpers gegenüber ruhender Luft

Im vorliegenden Fall setzt sich diese Widerstandskraft aus den Anteilen des gesamten umströmten Körpers zusammen, also:

$$F_W = F_{W_K} + F_{W_R} + 2 \cdot F_{W_B} + 2 \cdot F_{W_A}$$

mit

$F_{W_K} = c_{W_K} \cdot A_K \cdot \frac{\rho_L}{2} \cdot c_\infty^2$ $\qquad$ Widerstandskraft am Kopf

$A_K = \frac{\pi}{4} \cdot D_K^2$ $\qquad$ Bezugsfläche einer umströmten Kugel, hier Kopf

$F_{W_R} = c_{W_R} \cdot A_R \cdot \frac{\rho_L}{2} \cdot c_\infty^2$ $\qquad$ Widerstandskraft am Rumpf

$A_R = D_R \cdot L_R$ $\qquad$ Bezugsfläche eines umströmten Zylinders, hier Rumpf

$F_{W_B} = c_{W_B} \cdot A_B \cdot \frac{\rho_L}{2} \cdot c_\infty^2$ $\qquad$ Widerstandskraft an einem Bein

$A_B = D_B \cdot L_B$ $\qquad$ Bezugsfläche eines umströmten Zylinders, hier Bein

$F_{W_A} = c_{W_A} \cdot A_A \cdot \frac{\rho_L}{2} \cdot c_\infty^2$ $\qquad$ Widerstandskraft an einem Arm

$A_A = D_A \cdot L_A$ $\qquad$ Bezugsfläche eines umströmten Zylinders, hier Arm

Nach Ausklammern von $\left(\frac{\rho_L}{2} \cdot c_\infty^2\right)$ aus den einzelnen Widerstandskräften und unter Verwendung der betreffenden Bezugsflächen erhält man

$$m \cdot g = \frac{\rho_L}{2} \cdot c_\infty^2 \cdot \left(c_{W_K} \cdot \frac{\pi}{4} \cdot D_K^2 + c_{W_R} \cdot D_R \cdot L_R + 2 \cdot c_{W_B} \cdot D_B \cdot L_B + 2 \cdot c_{W_A} \cdot D_A \cdot L_A\right).$$

Aufgelöst nach c_∞ lautet das Ergebnis

$$c_\infty = \sqrt{\frac{2 \cdot m \cdot g}{\rho_L \cdot \left(c_{W_K} \cdot \frac{\pi}{4} \cdot D_K^2 + c_{W_R} \cdot D_R \cdot L_R + 2 \cdot c_{W_B} \cdot D_B \cdot L_B + 2 \cdot c_{W_A} \cdot D_A \cdot L_A\right)}}.$$

Lösungsschritte – Fall 2

Bei dimensionsgerechter Verwendung der genannten Zahlenwerte berechnet man die Fallgeschwindigkeit c_∞ wie folgt

$$c_\infty = \sqrt{\frac{2 \cdot 75 \cdot 9{,}81}{1{,}225 \cdot \left(0{,}145 \cdot \frac{\pi}{4} \cdot 0{,}25^2 + 0{,}49 \cdot 0{,}45 \cdot 0{,}7 + 2 \cdot 0{,}39 \cdot 0{,}25 \cdot 0{,}8 + 2 \cdot 0{,}22 \cdot 0{,}15 \cdot 0{,}65\right)}}$$

$$c_\infty = 57{,}7\,\text{m/s} \equiv 207{,}7\,\text{km/h}.$$

Aufgabe 4.11 Kugel im Windkanal

Gemäß Abb. 4.14 wird in einem Windkanal die an einem Seil aufgehängte glatte Kugel von einem Luftstrom bei homogener Geschwindigkeitsverteilung c_∞ angeblasen. Die Dichte ρ_L und die kinematische Zähigkeit ν_L der Luft sind bekannt, ebenso wie die Seillänge L und der Kugeldurchmesser d. Aufgrund der an der Kugel wirksamen Kräfte kommt es zu einer Auslenkung um den Winkel $\varphi_{1;2}$ bzw. um die horizontale Verschiebung $s_{1;2}$. Der Index 1 steht hierin für die unterkritische Kugelumströmung Re_{lam} und der Index 2 für den überkritischen Fall Re_{turb}. Bei jeweils gemessenen Auslenkungen s_1 und s_2 sollen die Widerstandsbeiwerte c_{W_1} bzw. c_{W_2} ermittelt werden.

Lösung zu Aufgabe 4.11

Aufgabenerläuterung
Zur Lösung der Aufgabe wird zunächst das Zusammenwirken der Gewichtskraft der Kugel und der an ihr angreifenden Widerstandskraft (Abb. 4.15) benötigt. Die Verknüpfung zwischen diesen beiden Kräften lässt sich mit den geometrischen Größen gemäß Abb. 4.14 herstellen. Unter Verwendung des allgemeinen Widerstandsgesetzes umströmter Körper im Fall der betrachteten Kugel und der hier zugrunde liegenden Re-Zahl lassen sich die gesuchten c_W-Zahlen bestimmen.

Abb. 4.14 Kugel im Windkanal

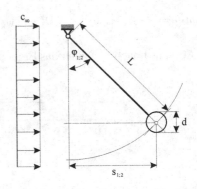

Abb. 4.15 Kugel im Windkanal; Kräfte an Kugel

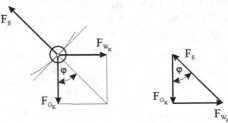

Gegeben:

- d; L; s_1; s_2; m_K; ρ_L; ν_L; Re_{la}; Re_{tu}

Gesucht:

1. $c_{W_{lam}}$
2. $c_{W_{turb}}$
3. Fall 1 und 2, wenn $d = 8\,\text{cm}$; $L = 1{,}5\,\text{m}$; $s_1 = 12{,}6\,\text{cm}$; $s_2 = 11{,}3\,\text{cm}$; $m_K = 2{,}1\,\text{kg}$; $\rho_L = 1{,}22\,\text{kg/m}^3$; $\nu_L = 15 \cdot 10^{-6}\,\text{m}^2/\text{s}$; $Re_{lam} = 2{,}0 \cdot 10^5$; $Re_{turb} = 4{,}0 \cdot 10^5$

Anmerkungen

- Die erste Vermutung, dass bei einer Vergrößerung der Re-Zahl von Re_{lam} auf Re_{turb} durch Steigerung der Zuströmgeschwindigkeit c_∞ auch ein Anwachsen der Auslenkung s_2 gegenüber s_1 zu erwarten ist, trifft nicht zu. Der Grund hierfür liegt in der bei turbulenten Grenzschichten an umströmten Kugeln weiter nach hinten verlagerten Ablösungszone. Dies hat kleinere Druckunterschiede und folglich geringere Widerstandskräfte an der Kugel zur Folge, was sich im vorliegenden Fall in einer geringen Verkleinerung von s_2 gegenüber s_1 auswirkt.
- Bei kleinen Winkeln φ kann $\tan \varphi \approx \sin \varphi$ gesetzt werden. Dies soll im vorliegenden Fall zutreffen.

Lösungsschritte – Fall 1 und 2

Zunächst soll der **allgemeine c_W-Wert**, also unabhängig, ob laminare oder turbulente Grenzschicht vorliegt, hergeleitet werden. Dazu betrachten wir den Kräfteplan in Abb. 4.15.

Aus der Abbildung lesen wir ab:

$$\tan \varphi = \frac{F_{W_K}}{F_{G_K}}.$$

Des Weiteren lässt sich in Abb. 4.14 feststellen, dass

$$\tan \varphi \approx \sin \varphi = \frac{s}{L}.$$

Durch Gleichsetzen von $\tan \varphi$ erhält man

$$\frac{s}{L} = \frac{F_{W_K}}{F_{G_K}}.$$

Den Widerstandsbeiwert c_W findet man in F_W, also wird wie folgt umgestellt:

$$F_{W_K} = F_{G_K} \cdot \frac{s}{L}.$$

Hierin sind

$F_{G_K} = g \cdot m_K$ Gewichtskraft der Kugel

$F_{W_K} = c_W \cdot A_K \cdot \frac{\rho_L}{2} \cdot c_\infty^2$ Widerstandskraft an der Kugel

In die o. g. Gleichung eingesetzt führt dies zu

$$c_W \cdot A_K \cdot \frac{\rho_L}{2} \cdot c_\infty^2 = g \cdot m_K \cdot \frac{s}{L}.$$

Nach Multiplikation mit $\left(\frac{2}{A_K \cdot \rho_L \cdot c_\infty^2} \right)$ folgt

$$c_W = 2 \cdot g \cdot m_K \cdot \frac{s}{L} \cdot \frac{1}{A_K \cdot \rho_L \cdot c_\infty^2}.$$

Da die Zuströmgeschwindigkeit c_∞ explizit nicht zur Verfügung steht, wohl aber die Re-Zahl und die luftspezifischen Größen ρ_L und ν_L, gelangt man über die Definition der Reynolds-Zahl $Re = \frac{c_\infty \cdot d}{\nu_L}$ und deren Umformung nach der benötigten Geschwindigkeit zu

$$c_\infty = \frac{Re \cdot \nu_L}{d}.$$

Die Bezugsfläche in der Kugelwiderstandskraft ist definiert als kreisförmige „Schattenfläche" $A_K = \frac{\pi}{4} \cdot d^2$. Unter Verwendung dieser Zusammenhänge in der Gleichung für c_W entsteht zunächst

$$c_W = 2 \cdot g \cdot m_K \cdot \frac{s}{L} \cdot \frac{4 \cdot d^2}{\pi \cdot d^2 \cdot \rho_L \cdot Re^2 \cdot \nu_L^2}$$

und nach Kürzen von d^2 und Zusammenfassen dann

$$c_W = \frac{8}{\pi} \cdot g \cdot m_K \cdot \frac{1}{\rho_L} \cdot \frac{s}{L} \cdot \frac{1}{Re^2 \cdot \nu_L^2}.$$

Setzen wir die Sonderfälle $c_{W_{lam}}$ bei Re_{lam} und s_1 bzw. $c_{W_{turb}}$ bei Re_{turb} und s_2 jetzt ein, so führt dies zu den gesuchten Ergebnissen:

Der **laminare cW-Wert** $c_{W_{lam}}$ bei Re_{lam} und s_1 ist

$$c_W = \frac{8}{\pi} \cdot g \cdot m_K \cdot \frac{1}{\rho_L} \cdot \frac{s_1}{L} \cdot \frac{1}{Re_{lam}^2 \cdot \nu_L^2}.$$

Der **turbulente cW-Wert** $c_{W_{turb}}$ bei Re_{turb} und s_2

$$c_W = \frac{8}{\pi} \cdot g \cdot m_K \cdot \frac{1}{\rho_L} \cdot \frac{s_2}{L} \cdot \frac{1}{Re_{turb}^2 \cdot \nu_L^2}.$$

Lösungsschritte – Fall 3

Wenn $d = 8\,\text{cm}$, $L = 1,5\,\text{m}$, $s_1 = 12,6\,\text{cm}$, $s_2 = 11,3\,\text{cm}$, $m_K = 2,1\,\text{kg}$, $\rho_L = 1,22\,\text{kg/m}^3$, $\nu_L = 15 \cdot 10^{-6}\,\text{m}^2/\text{s}$, $Re_{lam} = 2,0 \cdot 10^5$ und $Re_{turb} = 4,0 \cdot 10^5$ gegeben sind, finden wir (unter Beachtung dimensionsgerechter Zahlenwerte) die c_W-Werte wie folgt:

$$c_{W_{lam}} = \frac{8}{\pi} \cdot 9,81 \cdot 2,1 \cdot \frac{1}{1,22} \cdot \frac{0,126}{1,5} \cdot \frac{10^{12}}{2,0^2 \cdot 10^{10} \cdot 15^2}$$

$$c_{W_{lam}} = 0,40$$

$$c_{W_{turb}} = \frac{8}{\pi} \cdot 9,81 \cdot 2,1 \cdot \frac{1}{1,22} \cdot \frac{0,133}{1,5} \cdot \frac{10^{12}}{4,0^2 \cdot 10^{10} \cdot 15^2}$$

$$c_{W_{turb}} = 0,090$$

Aufgabe 4.12 Sandkörner im vertikalen Luftstrom

In Abb. 4.16 ist ein vertikaler, luftdurchströmter Diffusor zu erkennen. Im Luftstrom werden im Querschnitt A_1 und A_2 jeweils eine Kugel in Schwebe gehalten. Die Geschwindigkeit c_1 in A_1 ist ebenso bekannt wie das Flächenverhältnis A_2/A_1 des Diffusors sowie die Dichte der Luft und der Kugeln ρ_L bzw. ρ_K. Die Widerstandsbeiwerte c_W der umströmten Quarzkugeln können im betreffenden Re-Bereich gleich groß vorausgesetzt werden. Bestimmen Sie die Korndurchmesser d_K im Schwebezustand in den zwei Querschnitten A_1 und A_2. Weiterhin ist zu überprüfen, ob die Grenzschichten an den beiden Kugeln jeweils laminar oder turbulent ausgebildet sind.

Lösung zu Aufgabe 4.12

Aufgabenerläuterung

Die Frage nach den Kugeldurchmessern wird lösbar, wenn man das Kräftegleichgewicht an den Quarzkörnern im Schwebezustand zugrunde legt, wobei folglich keine Eigenbewe-

Abb. 4.16 Sandkörner im
Luftstrom

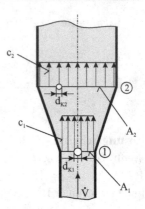

gung der Partikel existiert. Auftriebskräfte an den Körnern können vernachlässigt werden.
Die Grenzschichtbeschaffenheit bis zum Ablösungspunkt an den Oberflächen der Kugeln
lässt sich mit der Re-Zahl beantworten. Kleinere Re-Werte als 200 000 weisen auf eine
laminare sowie größere Re-Werte als 400 000 auf eine turbulente Grenzschicht hin.

Gegeben:

- c_1; A_2/A_1; $c_{W_1} = c_{W_2}$; ρ_L; ρ_K; ν_L

Gesucht:

1. d_{K_1}
2. d_{K_2}
3. d_{K_1} und d_{K_2}, wenn $c_1 = 20\,\text{m/s}$; $A_2/A_1 = 1{,}25$; $c_{W_1} = c_{W_2} = 0{,}4$; $\rho_L = 1{,}2\,\text{kg/m}^3$;
   $\rho_K = 2\,650\,\text{kg/m}^3$; $\nu_L = 15 \cdot 10^{-6}\,\text{m}^2/\text{s}$
4. Grenzschichtbeschaffenheit an Kugel 1 und Kugel 2

Anmerkungen

- inkompressible Strömung
- homogene Geschwindigkeitsverteilungen in A_1 und A_2
- kugelförmige Sandkörner mit gleichen c_W-Werten
- laminare Grenzschicht bei $Re_\infty < 2 \cdot 10^5$.

Lösungsschritte – Fall 1
Für den **Korndurchmesser d_{K_1}** betrachten wir das Kräftegleichgewicht am schwebenden
Quarzkorn:
$$\sum F_i = 0 = F_{W_1} - F_{G_1} \quad \text{oder} \quad F_{G_1} = F_{W_1}.$$

Hier sind

$F_{G_1} = g \cdot m_1$ Gewichtskraft des Quarzkorns

$m_1 = \rho_K \cdot V_1$ Masse des Quarzkorns

$V_1 = \frac{\pi}{6} \cdot d_{K_1}^3$ Volumen der kugelförmigen Quarzkorns

Man erhält die Gewichtskraft zu

$$F_{G_1} = g \cdot \rho_K \cdot \frac{\pi}{6} \cdot d_{K_1}^3.$$

Die Widerstandskraft am kugelförmigen Quarzkorn lautet

$$F_{W_1} = c_{W_1} \cdot A_1 \cdot \frac{\rho_L}{2} \cdot c_1^2,$$

wobei die Bezugsfläche der umströmten Kugel (Schattenfläche) $A_1 = \frac{\pi}{4} \cdot d_{K_1}^2$ definiert ist. Somit lautet die Widerstandskraft

$$F_{W_1} = c_{W_1} \cdot \frac{\pi}{4} \cdot d_{K_1}^2 \cdot \frac{\rho_L}{2} \cdot c_1^2.$$

Gleichsetzen von F_{G_1} und F_{W_1} entsprechend dem o. g. Kräftegleichgewicht führt zu

$$g \cdot \rho_K \cdot \frac{\pi}{6} \cdot d_{K_1}^3 = c_{W_1} \cdot \frac{\pi}{4} \cdot d_{K_1}^2 \cdot \frac{\rho_L}{2} \cdot c_1^2$$

oder

$$g \cdot \rho_K \cdot \frac{1}{6} \cdot d_{K_1} = c_{W_1} \cdot \frac{1}{8} \cdot \rho_L \cdot c_1^2.$$

Multiplizieren mit $\left(\frac{6}{g \cdot \rho_K}\right)$ liefert dann das Ergebnis

$$d_{K_1} = \frac{1}{g} \cdot \frac{3}{4} \cdot \frac{\rho_L}{\rho_K} \cdot c_{W_1} \cdot c_1^2.$$

Lösungsschritte – Fall 2

Für den **Korndurchmesser** d_{K_2} gehen wir analog zu Fall 1 vor, also

$$d_{K_2} = \frac{1}{g} \cdot \frac{3}{4} \cdot \frac{\rho_L}{\rho_K} \cdot c_{W_2} \cdot c_2^2.$$

Hierin muss noch die Geschwindigkeit c_2 aus bekannten Größen ersetzt werden. Mit dem Kontinuitätsgesetz bei inkompressibler Strömung $\dot{V} = $ konstant und folglich $\dot{V} = c_1 \cdot A_1 = c_2 \cdot A_2$ erhält man

$$c_2 = \frac{c_1}{A_2/A_1}.$$

Oben eingesetzt führt dies zum Ergebnis für d_{K_2}:

$$d_{K_2} = \frac{1}{g} \cdot \frac{3}{4} \cdot \frac{\rho_L}{\rho_K} \cdot c_{W_2} \cdot \frac{1}{(A_2/A_1)^2} \cdot c_1^2.$$

Lösungsschritte – Fall 3

Für d_{K_1} und d_{K_2} finden wir, wenn $c_1 = 20\,\text{m/s}$, $A_2/A_1 = 1{,}25$, $c_{W_1} = c_{W_2} = 0{,}4$, $\rho_L = 1{,}2\,\text{kg/m}^3$, $\rho_K = 2\,650\,\text{kg/m}^3$ und $\nu_L = 15 \cdot 10^{-6}\,\text{m}^2/\text{s}$ gegeben sind und dimensionsgerecht in die ermittelten Gleichungen eingesetzt werden, die nachstehenden Ergebnisse.

$$d_{K_1} = \frac{1}{9{,}81} \cdot \frac{3}{4} \cdot \frac{1{,}2}{2\,650} \cdot 0{,}40 \cdot 20^2$$

und somit

$$d_{K_1} = 0{,}00554\,\text{m} \equiv 5{,}54\,\text{mm}$$

$$d_{K_2} = \frac{1}{9{,}81} \cdot \frac{3}{4} \cdot \frac{1{,}2}{2\,650} \cdot 0{,}40 \cdot \frac{1}{1{,}25^2} \cdot 20^2$$

und somit:

$$d_{K_1} = 0{,}00355\,\text{m} \equiv 3{,}55\,\text{mm}$$

Lösungsschritte – Fall 4

Die **Grenzschichtbeschaffenheit** an Korn 1 und Korn 2 lässt sich mit der Definition der Re-Zahl $Re = \frac{c \cdot d}{\nu}$ im Fall der Kugelumströmung und mit den beiden betreffenden Größen

$$Re_{K_1} = \frac{c_1 \cdot d_{K_1}}{\nu_L} \quad \text{bzw.} \quad Re_{K_2} = \frac{c_2 \cdot d_{K_2}}{\nu_L}$$

wie folgt beurteilen.

Kugel 1:

$$Re_{K_1} = \frac{20 \cdot 0{,}00554}{15} \cdot 10^6 = 7\,387$$

$$Re_{K_1} = 7\,387 \ll 200\,000: \quad \text{laminare Grenzschicht}$$

Kugel 2:

$$c_2 = \frac{c_1}{A_2/A_1} = \frac{20}{1{,}25} = 16\,\text{m/s}$$

$$Re_{K_2} = \frac{20 \cdot 0{,}00355}{15} \cdot 10^6 = 3\,787$$

$$Re_{K_2} = 3\,787 \ll 200\,000: \quad \text{laminare Grenzschicht}$$

Aufgabe 4.13 Angeblasenes Autobahnhinweisschild

Ein rechteckiges Autobahnhinweisschild der Höhe H und der Breite B wird im ungünstigsten Fall senkrecht von einer Luftströmung mit der Geschwindigkeit c_∞ angeblasen (Abb. 4.17). Die Unterkante des Hinweisschilds weist einen Abstand h zum Boden auf. In der Verankerungsstelle des Schilds mit dem Fundament darf ein Moment T_0 nicht überschritten werden, um ein Umkippen zu verhindern. Welche Luftgeschwindigkeit ist für diesen Fall höchstens zulässig?

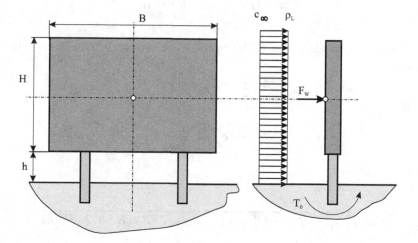

Abb. 4.17 Angeblasenes Autobahnhinweisschild

Lösung zu Aufgabe 4.13

Aufgabenerläuterung

Das maximale zulässige Moment T_{max} ermittelt man aus der Widerstandskraft F_W, die von der Luftströmung bei senkrechter Beaufschlagung des Schilds hervorgerufen wird. Mit dem Kraftangriffspunkt in Schildmitte lässt sich Moment T_{max} und damit letztlich die gesuchte Geschwindigkeit feststellen.

Gegeben:

- H; h; B; ρ_L; T_0

Gesucht:

1. c_∞ bei $T_{max} < T_0$
2. c_∞, wenn $B = 4{,}0\,\mathrm{m}$; $H = 2{,}4\,\mathrm{m}$; $h = 1{,}5\,\mathrm{m}$; $T_0 = 8\,000\,\mathrm{N\,m}$; $\rho_L\ 1{,}20\,\mathrm{kg/m^3}$

Anmerkung

- T_0 ist das Haltemoment im Boden.

Lösungsschritte – Fall 1

Das **maximale Moment T_{max}** ermittelt man mit

$$T_{max} = F_W \cdot \left(\frac{H}{2} + h \right) < T_0,$$

wobei $\left(\frac{H}{2} + h \right)$ den Hebelarm von F_W bezogen auf die Verankerungsstelle darstellt. Weiterhin sind

$$F_W = c_W \cdot A \cdot \frac{\rho_L}{2} \cdot c_\infty^2 \quad \text{und} \quad A = H \cdot B.$$

Es folgt

$$c_W \cdot H \cdot B \cdot \frac{\rho_L}{2} \cdot c_\infty^2 \cdot \left(\frac{H}{2} + h \right) < T_0$$

und, nach c_∞^2 aufgelöst,

$$c_\infty^2 < \frac{2 \cdot T_0}{c_W \cdot \rho_L \cdot H \cdot B \cdot \left(\frac{H}{2} + h \right)} = \frac{4 \cdot T_0}{c_W \cdot \rho_L \cdot B \cdot (H^2 + 2 \cdot H \cdot h)}$$

Durch Wurzelziehen erhält man das Ergebnis zu

$$c_\infty < 2 \cdot \sqrt{\frac{T_0}{c_W \cdot \rho_L \cdot B \cdot (H^2 + 2 \cdot H \cdot h)}}.$$

Hierin ist $c_W = f(H/B)$ bei senkrecht angeströmter Rechteckplatte (siehe [15]).

Lösungsschritte – Fall 2
Wir suchen nun c_∞, wenn $B = 4,0$ m, $H = 2,4$ m, $h = 1,5$ m, $T_0 = 8\,000$ N m und ρ_L 1,20 kg/m^3 gegeben sind. Mit $H/B = 0,6$ folgt zunächst $c_W = 1,13$ (siehe [15]) und daraus dann

$$c_\infty < 2 \cdot \sqrt{\frac{8\,000}{1,13 \cdot 1,20 \cdot 4,0 \cdot (2,4^2 + 2 \cdot 2,4 \cdot 1,5)}}$$

$$c_\infty < 21,33\,\text{m/s} \equiv 76,8\,\text{km/h}$$

Aufgabe 4.14 Stumpfnasiges Projektil bei Überschall

Ein zylinderförmiges Projektil mit dem Durchmesser D weist zur Zeit $t = 0$ eine Fluggeschwindigkeit c_∞ im Überschallbereich auf (Abb. 4.18). Die Gewichtskraft des Projektils lautet F_G. Die Daten der Umgebungsluft entsprechen denen der Normatmosphäre. Wie groß ist die Verzögerung des Projektils zur Zeit $t = 0$ infolge der einwirkenden Widerstandskraft?

Abb. 4.18 Stumpfnasiges
Projektil bei Überschall

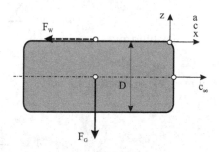

Lösung zu Aufgabe 4.14

Aufgabenerläuterung

Ausgangspunkt bei der Ermittlung der Verzögerung ist das 2. Newton'sche Gesetz. Als einzige äußere Kraft entgegen x-Richtung ist lediglich die Widerstandskraft F_W am Projektil wirksam. Diese in Verbindung gebracht mit dem o. g. Newton'schen Gesetz führt zur gesuchten Verzögerung a.

Gegeben:

- $p = 1{,}013\,25\,\text{bar}$; $\vartheta = 15\,°\text{C}$; $R_i = 287{,}2\,\text{N m}/(\text{kg K})$; $\rho = 1{,}225\,\text{kg/m}^3$; $\kappa = 1{,}4$; $D = 0{,}508\,\text{m}$; $c_\infty = 424{,}6\,\text{m/s}$; $F_G = 2\,446\,\text{N}$

Gesucht:

- $a(t = 0)$

Anmerkungen

- Das Koordinatensystem ist an das Projektil gebunden.
- Zur Zeit $t = 0$ ist $c(t = 0) = c_\infty$.

Lösungsschritte

Das 2. Newton'sche Gesetz lautet allgemein

$$\sum \vec{F}_{i_x} = m \cdot \vec{a}.$$

Entgegen der x-Richtung des mitbewegten Koordinatensystems wirkt lediglich die Widerstandskraft, sodass

$$\sum \vec{F}_{i_x} = -F_W$$

folgt. Dies führt zu

$$-F_W = m \cdot a.$$

Mit $m = F_G/g$ erhält man

$$a = -\frac{F_W}{m} = -\frac{F_W}{F_G} \cdot g.$$

Weiterhin ist

$$F_{\mathrm{W}} = c_{\mathrm{W}} \cdot A_{\mathrm{pr}} \cdot \frac{\rho}{2} \cdot c^2,$$

wobei die Projektionsfläche $A_{\mathrm{pr}} = \frac{\pi}{4} \cdot D^2$ einzusetzen ist. Dies liefert zunächst

$$a(t = 0) = -\frac{1}{2} \cdot \frac{c_{\mathrm{W}} \cdot \pi \cdot D^2 \cdot \rho \cdot c_\infty^2}{4 \cdot F_{\mathrm{G}}} \cdot g$$

oder dann das Resultat

$$a(t = 0) = -c_{\mathrm{W}} \cdot \frac{\pi}{8} \cdot g \cdot D^2 \cdot \frac{\rho}{F_{\mathrm{G}}} \cdot c_\infty^2.$$

Der Widerstandsbeiwert c_{W} längs angeblasener Zylinder ist im Überschallbereich stark von der Mach-Zahl abhängig, $c_{\mathrm{W}} = f(Ma)$, wobei $Ma = \frac{c_\infty}{a}$. Mit

$$a = \sqrt{\kappa \cdot R_{\mathrm{i}} \cdot (273{,}2 + \vartheta)}$$

haben wir dann

$$a = \sqrt{1{,}4 \cdot 287{,}2 \cdot (273{,}2 + 15)} = 340{,}3\,\mathrm{m/s}.$$

Dies führt zu

$$Ma = \frac{424{,}6}{340{,}3} = 1{,}25.$$

Für $Ma = 1{,}25$ ergibt sich gemäß [5]

$$c_{\mathrm{W}} = 1{,}22.$$

Somit erhält man als Verzögerung zur Zeit $t = 0$

$$a(t = 0) = -1{,}22 \cdot \frac{\pi}{8} \cdot 9{,}81 \cdot 0{,}508^2 \cdot \frac{1{,}225}{2\,446} \cdot 424{,}6^2$$

oder

$$a(t = 0) = -109{,}4\,\mathrm{m/s^2}.$$

Aufgabe 4.15 Hochgeschwindigkeitswagen mit Bremsfallschirm

Ein Hochgeschwindigkeitswagen mit der Masse m soll aus einer Anfangsgeschwindigkeit c_0 ohne Benutzung der Bremsen mithilfe eines Fallschirms abgebremst werden (Abb. 4.19). Neben der Projektionsfläche A_W des Wagens, dem Schirmdurchmesser D_{Sch} sind noch die Widerstandsbeiwerte von Wagen c_{W_W} und Schirm $c_{W_{Sch}}$ bekannt. Wie lauten die Gesetze zur Ermittlung der Geschwindigkeit während des Bremsvorgangs und des zurückgelegten Bremsweges?

Lösung zu Aufgabe 4.15

Aufgabenerläuterung
Bei der Suche nach der zeitlichen Abhängigkeit der Wagengeschwindigkeit steht die Verzögerung des Wagens als 2. Newton'sches Gesetz zur Verfügung, in Zusammenwirken mit den äußeren Kräften am Wagen und dem Bremsfallschirm.

Gegeben:

- m; c_{W_W}; $c_{W_{Sch}}$; A_W; D_{Sch}; ρ_L; c_0

Gesucht:

1. $c_B = f(t_B)$: Geschwindigkeit während des Bremsvorgangs, wobei t_B die Zeit während des Bremsvorgangs und c_0 die Geschwindigkeit zu Beginn $t = 0$ des Bremsvorgangs sind
2. $x_B = f(t_B)$: Zurückgelegter Weg während des Bremsvorgangs
3. $c_B = f(t_B)$ und $x_B = f(t_B)$, wenn $m = 2\,000\,\mathrm{kg}$; $c_{W_W} = 0{,}30$; $c_{W_{Sch}} = 1{,}33$; $A_W = 1{,}0\,\mathrm{m^2}$; $D_{Sch} = 2{,}0\,\mathrm{m}$; $\rho_L = 1{,}20\,\mathrm{kg/m^3}$; $c_0 = 100\,\mathrm{m/s} \equiv 360\,\mathrm{km/h}$

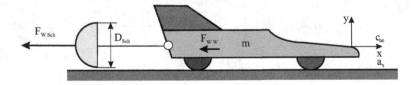

Abb. 4.19 Hochgeschwindigkeitswagen mit Bremsfallschirm

Anmerkungen

- c_{W_W} und $c_{W_{Sch}}$ sind konstant
- keine Bremskräfte an den Rädern
- kein Rollwiderstand an den Rädern
- abgeschalteter Motor
- kein Einfluss des Wagens auf den Schirm
- Das Koordinatensystem ist an den Wagen gebunden

Lösungsschritte – Fall 1

Für die **Geschwindigkeitsfunktion** $c_B = f(t_B)$ betrachten wir das 2. Newton'sche Gesetz am **Wagen**:

$$\sum \vec{F}_i = m \cdot \vec{a}.$$

In x-Richtung bedeutet das

$$\sum \vec{F}_i = -F_{W_W} - F_{W_{Sch}}.$$

Das negative Vorzeichen haben wir deswegen, da beide Kräfte entgegen x-Richtung wirken. Man kann auch schreiben

$$\sum \vec{F}_i = -\left(F_{W_W} + F_{W_{Sch}}\right).$$

Hieraus folgt

$$F_{W_W} + F_{W_{Sch}} = -m \cdot a_x.$$

Mit $a_x = \frac{dc_B}{dt_B}$ erhält man

$$F_{W_W} + F_{W_{Sch}} = -m \cdot \frac{dc_B}{dt_B}.$$

Weiterhin sind

$$F_{W_W} = c_{W_W} \cdot A_W \cdot \frac{\rho}{2} \cdot c_B^2 \quad \text{und} \quad F_{W_{Sch}} = c_{W_{Sch}} \cdot A_{Sch} \cdot \frac{\rho}{2} \cdot c_B^2$$

bekannt. Mit der Projektionsfläche des Schirms $A_{Sch} = \frac{\pi}{4} \cdot D_{Sch}^2$ und o. g. Zusammenhängen folgt

$$\frac{\rho}{2} \cdot c_B^2 \cdot \left(c_{W_W} \cdot A_W + c_{W_{Sch}} \cdot \frac{\pi}{4} \cdot D_{Sch}^2\right) = -m \cdot \frac{dc_B}{dt_B}.$$

Nach $\left(-\frac{dc_B}{c_B^2}\right)$ umgeformt erhält man zunächst

$$-\frac{dc_B}{c_B^2} = \frac{\rho}{2} \cdot \frac{1}{m} \cdot \left(c_{W_W} \cdot A_W + c_{W_{Sch}} \cdot \frac{\pi}{4} \cdot D_{Sch}^2\right) \cdot dt_B.$$

Die Substitution

$$K = \frac{\rho}{2} \cdot \frac{1}{m} \cdot \left(c_{W_W} \cdot A_W + c_{W_{Sch}} \cdot \frac{\pi}{4} \cdot D_{Sch}^2 \right)$$

führt zu

$$-\frac{\mathrm{d}c_B}{c_B^2} = K \cdot \mathrm{d}t_B.$$

Die Integration zwischen $t = 0$ und $t = t_B$ liefert

$$-\int_{c_0}^{c_B} c_B^{-2} \cdot \mathrm{d}c_B = K \cdot \int_{t=0}^{t_B} \mathrm{d}t_B$$

oder

$$-\frac{1}{(-2+1)} \cdot c_B^{(-2+1)} \Big|_{c_0}^{c_B} = K \cdot (t_B - 0) = K \cdot t_B.$$

Folglich wird

$$\left(\frac{1}{c_B} - \frac{1}{c_0} \right) = K \cdot t_B \quad \text{bzw.} \quad \frac{1}{c_B} = \frac{1}{c_0} + K \cdot t_B.$$

Dies liefert

$$c_B = \frac{1}{\frac{1}{c_0} + K \cdot t_B}.$$

Mit der o. g. Substitution folgt als Resultat

$$c_B = \frac{1}{\frac{1}{c_0} + \frac{\rho}{2} \cdot \frac{1}{m} \cdot \left(c_{W_W} \cdot A_W + c_{W_{Sch}} \cdot \frac{\pi}{4} \cdot D_{Sch}^2 \right) \cdot t_B}.$$

Lösungsschritte – Fall 2

Für die **Ortsfunktion** $x_B = f(t_B)$ gehen wir folgendermaßen vor: Mit $c_B = \frac{\mathrm{d}x_B}{\mathrm{d}t_B}$ lässt sich o. g. Gleichung auch wie folgt schreiben:

$$\frac{\mathrm{d}x_B}{\mathrm{d}t_B} = \frac{1}{\frac{1}{c_0} + K \cdot t_B},$$

wobei K wieder o. g. Substitution entspricht. Die Multiplikation mit $\mathrm{d}t_B$ führt zunächst zu

$$\mathrm{d}x_B = \frac{1}{\frac{1}{c_0} + K \cdot t_B} \cdot \mathrm{d}t_B$$

und mit einer weiteren Substitution

$$u = \frac{1}{c_0} + K \cdot t_\text{B}$$

zu

$$\mathrm{d}x_\text{B} = \frac{1}{u} \cdot \mathrm{d}t_\text{B}.$$

$\mathrm{d}t_\text{B}$ muss nun noch mit $\mathrm{d}u$ wie folgt ersetzt werden:

$$\frac{\mathrm{d}u}{\mathrm{d}t_\text{B}} = K \quad \text{und} \quad \mathrm{d}t_\text{B} = \frac{1}{K} \cdot \mathrm{d}u.$$

Hiermit erhält man

$$\mathrm{d}x_\text{B} = \frac{1}{K} \cdot \frac{\mathrm{d}u}{u}.$$

Die Integration zwischen $x = 0$ und $x = x_\text{B}$ liefert

$$\int\limits_0^{x_\text{B}} \mathrm{d}x_\text{B} = \frac{1}{K} \cdot \int\limits_{u_0}^{u_\text{B}} \frac{\mathrm{d}u}{u}$$

oder

$$x_\text{B} = \frac{1}{K} \cdot \ln u \Big|_{u_0}^{u_\text{B}} - \frac{1}{K} \cdot |\ln u_\text{B} - \ln u_0| = \frac{1}{K} \cdot \ln\left[\frac{u_\text{B}}{u_0}\right].$$

Mit

$$u_\text{B} = \frac{1}{c_0} + K \cdot t_\text{B} \quad \text{und} \quad u_0 = \frac{1}{c_0}$$

erhält man

$$x_\text{B} = \frac{1}{K} \cdot \ln\left(\frac{\frac{1}{c_0} + K \cdot t_\text{B}}{\frac{1}{c_0}}\right) = \frac{1}{K} \cdot \ln\left(1 + c_0 \cdot K \cdot t_\text{B}\right).$$

Nun wird

$$K = \frac{\rho}{2} \cdot \frac{1}{m} \cdot \left(c_{\text{W}_\text{W}} \cdot A_\text{W} + c_{\text{W}_\text{Sch}} \cdot \frac{\pi}{4} \cdot D_\text{Sch}^2\right)$$

zurücksubstituiert, das führt zum Ergebnis

$$x_\text{B} = \frac{1}{\frac{\rho}{2} \cdot \frac{1}{m} \cdot \left(c_{\text{W}_\text{W}} \cdot A_\text{W} + c_{\text{W}_\text{Sch}} \cdot \frac{\pi}{4} \cdot D_\text{Sch}^2\right)}$$
$$\cdot \ln\left[1 + c_0 \cdot \frac{\rho}{2} \cdot \frac{1}{m} \cdot \left(c_{\text{W}_\text{W}} \cdot A_\text{W} + c_{\text{W}_\text{Sch}} \cdot \frac{\pi}{4} \cdot D_\text{Sch}^2\right) \cdot t_\text{B}\right].$$

Lösungsschritte – Fall 3

Jetzt formulieren wir die Funktionen $c_B = f(t_B)$ und $x_B = f(t_B)$, wenn $m = 2\,000\,\text{kg}$, $c_{W_W} = 0,30$, $c_{W_{Sch}} = 1,33$, $A_W = 1,0\,\text{m}^2$, $D_{Sch} = 2,0\,\text{m}$, $\rho_L = 1,20\,\text{kg/m}^3$ und $c_0 = 100\,\text{m/s} \equiv 360\,\text{km/h}$ gegeben sind:

$$c_B = \frac{1}{\frac{1}{100} + \frac{1,2}{2} \cdot \frac{1}{2\,000} \cdot \left(0,3 \cdot 1 + 0,33 \cdot \frac{\pi}{4} \cdot 2\right) \cdot t_B}$$

$$c_B = \frac{1}{\frac{1}{100} + 0,001343 \cdot t_B} \; [\text{m/s}]$$

$$x_B = \frac{2 \cdot 2\,000}{1,2} \cdot \frac{1}{\left(0,3 \cdot 1 + 1,33 \cdot \frac{\pi}{4} \cdot 2^2\right)}$$

$$\cdot \ln\left[1 + 100 \cdot \frac{1,2}{2} \cdot \frac{1}{2\,000} \cdot \left(0,3 \cdot 1 + 1,33 \cdot \frac{\pi}{4} \cdot 2^2\right) \cdot t_B\right].$$

$$x_B = 744,6 \cdot \ln\left(1 + 0,1343 \cdot t_B\right) \; [\text{m}]$$

Die Auswertung mit o. g. Zahlenwerten liefert folgende Ergebnisse:

t_B [s]	c_B [m/s]	x_B [m]
0	100	0
1	88,16	93,83
10	42,68	634
100	6,93	988
1 000	0,74	3 654

Aufgabe 4.16 Durchströmtes Netz

Ein aus Draht bestehendes Netz weist eine Länge L und eine Breite B auf (Abb. 4.20). Der Draht hat einen Durchmesser d. Es liegen quadratische Maschen mit einer Seitenlänge L_Z vor. Das Netz wird bei einer Geschwindigkeit c_∞ senkrecht von Wasser durchströmt. Wie groß wird die Gesamtwiderstandskraft $F_{W_{ges}}$ am Netz?

Abb. 4.20 Durchströmtes Netz

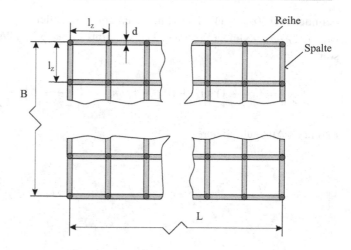

Lösung zu Aufgabe 4.16

Aufgabenerläuterung

Bei der Lösung dieser Aufgabe steht die Widerstandskraft an einem quer angeströmten Zylinder im Vordergrund. Im Einzelnen muss zunächst die Zahl der Zylinderelemente bestimmt werden. Weiterhin wird der Widerstandsbeiwert des einzelnen Zylinderelements benötigt.

Gegeben:

- L; B; L_Z; d; ρ; ν; c_∞

Gesucht:

1. $F_{W_{ges}}$
2. $F_{W_{ges}}$, wenn $L = 1{,}0$ m; $B = 1{,}0$ m; $L_Z = 20{,}0$ mm; $d = 1{,}0$ mm; $c_\infty = 3{,}5$ m/s; $\rho = 998$ kg/m^3; $\nu = 1{,}0 \cdot 10^{-6}$ m^2/s

---

Anmerkung

- Das Netz besteht aus einer Summe $\sum n$ quer angeströmter Zylinderelemente mit dem Durchmesser d und der Länge L_Z.

Lösungsschritte – Fall 1

Gesucht ist die **Gesamtwiderstandskraft** $F_{W_{ges}} = \sum n \cdot F_W$. Zunächst muss dazu die Gesamtzahl der Zylinderelemente $\sum n$ ermittelt werden. Dies lässt sich mit den gegebenen Größen wie folgt bewerkstelligen. Auf einer Reihe befinden sich $\frac{L}{L_Z} = n_L$ Zylinderelemente und auf einer Spalte $\frac{B}{L_Z} = n_B$ Zylinderelemente. Auf allen ($n_B + 1$) Reihen befinden sich $(n_B + 1) \cdot n_L$ Zylinderelemente. Auf allen $(n_L + 1)$ Spalten befinden sich $(n_L + 1) \cdot n_B$ Zylinderelemente. Die Gesamtsumme $\sum n$ aller Zylinderelemente lautet somit

$$\sum n = (n_B + 1) \cdot n_L + (n_L + 1) \cdot n_B = \left(\frac{B}{L_Z} + 1\right) \cdot \frac{L}{L_Z} + \left(\frac{L}{L_Z} + 1\right) \cdot \frac{B}{L_Z}$$

und nach Ausmultiplizieren

$$\sum n = 2 \cdot \frac{B \cdot L}{L_Z^2} + \frac{1}{L_Z} \cdot (L + B).$$

Die **Widerstandskraft** F_W an **einem** quer angeströmten Zylinder lautet

$$F_W = c_W \cdot A_{pr} \cdot \frac{\rho}{2} \cdot c_\infty^2,$$

wobei $A_{pr} = d \cdot L_Z$ definiert ist. Es folgt

$$F_W = c_W \cdot d \cdot L_Z \cdot \frac{\rho}{2} \cdot c_\infty^2.$$

Die Gesamtwiderstandskraft lautet somit

$$F_{W_{ges}} = \sum n \cdot c_W \cdot d \cdot L_Z \cdot \frac{\rho}{2} \cdot c_\infty^2.$$

Der c_W-**Zahl** beim quer angeströmten Kreiszylinder hängt von der Re-Zahl ab. Mit $Re = \frac{c_\infty \cdot d}{\nu}$ wird im vorliegenden Fall

$$Re = \frac{3{,}5 \cdot 0{,}001}{1} \cdot 10^6 = 3\,500.$$

Hierfür erhält man

$$c_W = 0{,}9.$$

Lösungsschritte – Fall 2

Für $F_{W_{ges}}$ findet man mit $L = 1,0\,\text{m}$, $B = 1,0\,\text{m}$, $L_Z = 20,0\,\text{mm}$, $d = 1,0\,\text{mm}$, $c_\infty = 3,5\,\text{m/s}$, $\rho = 998\,\text{kg/m}^3$ und $\nu = 1,0 \cdot 10^{-6}\,\text{m}^2/\text{s}$ folgenden Wert:

$$F_{W_{ges}} = \left[2 \cdot \frac{1,0 \cdot 1,0}{0,02^2} + \frac{1}{0,02} \cdot (1 + 1) \right] \cdot 0,9 \cdot 0,001 \cdot 0,020 \cdot \frac{998}{2} \cdot 3,5^2$$

$$F_{W_{ges}} = 561\,\text{N}$$

Aufgabe 4.17 Staubpartikel nach Vulkanausbruch

Bei einem Vulkanausbruch werden gigantische Massen an feinsten Staubpartikeln in die Atmosphäre geschleudert. Geht man von einer maximal erreichten Höhe H und einem mittleren Partikeldurchmesser D aus und setzt auch die Partikeldichte ρ_P als bekannt voraus, so soll die Zeit t ermittelt werden, innerhalb der die Staubteilchen von der Höhe H wieder auf den Boden zurückgesunken sind. Auf die mittleren Werte von Luftdichte ρ_L und kinematischer Viskosität ν_L kann man ebenfalls zurückgreifen.

Lösung zu Aufgabe 4.17

Aufgabenerläuterung
Bei der Lösung vorliegender Aufgabe kommt u. a. das 2. Newton'sche Gesetz zur Anwendung. Da bei der vorausgesetzten konstanten Sinkgeschwindigkeit keine Trägheitskraft am Teilchen wirksam ist, reduziert sich das Gesetz auf die Summe aller äußeren Kräfte gleich null.

Gegeben:

- D; ρ_L; ν_L; ρ_P; H

Gesucht:

1. die Zeit t, bis ein Partikel von H aus den Boden erreicht
2. t, wenn $D = 1 \cdot 10^{-6}\,\text{m}$; $\rho_L = 0,88\,\text{kg/m}^3$; $\nu_L = 19,3 \cdot 10^{-6}\,\text{m}^2/\text{s}$; $\rho_P = 2\,671\,\text{kg/m}^3$; $H = 8\,000\,\text{m}$

Anmerkungen

- Die Staubpartikel werden als kleinste Kügelchen angenommen.
- Der Sinkvorgang wird bei $Re \ll$ als „schleichende Strömung" angenommen.

- Das Stokes'sche Gesetz für diesen Re-Bereich lautet $c_W = 24/Re$.
- Die Sinkgeschwindigkeit c_∞ soll konstant sein.
- Windeinflüsse können nicht berücksichtigt werden, wodurch das Ergebnis eine nur sehr eingeschränkte Aussagekraft hat.

Lösungsschritte – Fall 1

Die konstante Sinkgeschwindigkeit folgt dem Gesetz

$$c_\infty = \frac{H}{t}.$$

Hieraus lässt sich die **gesuchte Zeit** t nach einer Umstellung ermitteln aus

$$t = \frac{H}{c_\infty}.$$

Voraussetzung ist, dass die **Geschwindigkeit** c_∞ aus weiteren geeigneten Gesetzen bestimmt werden kann. Dies geschieht mit dem Kräftegleichgewicht am sinkenden Staubkorn,

$$\sum F_i = 0 = F_G - F_A - F_W,$$

und der Annahme, dass die Auftriebskraft $F_A \ll$ ist:

$$F_W = F_G.$$

Die Widerstandskraft F_W am Staubkorn lautet

$$F_W = c_W \cdot A_{pr} \cdot \frac{\rho_L}{2} \cdot c_\infty^2,$$

wobei die Projektionsfläche der Kugel mit $A_{pr} = \frac{\pi}{4} \cdot D^2$ definiert ist. Die Gewichtskraft F_G des Staubkorns lautet

$$F_G = g \cdot m_P$$

mit $m_P = \rho_P \cdot V_P$ und $V_P = \frac{\pi}{6} \cdot D^3$. Diese Zusammenhänge oben eingesetzt liefert

$$c_W \cdot \frac{\pi}{4} \cdot D^2 \cdot \frac{\rho_L}{2} \cdot c_\infty^2 = g \cdot \rho_P \cdot \frac{\pi}{6} \cdot D^3.$$

Durch Umstellen und Kürzen erhält man

$$c_W \cdot c_\infty^2 = \frac{8}{6} \cdot g \cdot \frac{\rho_P}{\rho_L} \cdot D = \frac{4}{3} \cdot g \cdot \frac{\rho_P}{\rho_L} \cdot D.$$

Mit dem Stokes'schen Gesetz $c_W = 24/Re$, wobei $Re = \frac{c_\infty \cdot D}{\nu_L}$ definiert ist, führt zu

$$\frac{24 \cdot \nu_L}{c_\infty \cdot D} \cdot c_\infty^2 = \frac{4}{3} \cdot g \cdot \frac{\rho_P}{\rho_L} \cdot D$$

oder

$$c_\infty = \frac{4}{3} \cdot \frac{1}{24} \cdot \frac{D}{\nu_L} \cdot g \cdot \frac{\rho_P}{\rho_L} \cdot D = \frac{1}{18} \cdot \frac{g}{\nu_L} \cdot \frac{\rho_P}{\rho_L} \cdot D^2.$$

Oben in $t = \frac{H}{c_\infty}$ eingesetzt erhält man das Resultat

$$t = 18 \cdot \frac{H}{g} \cdot \frac{\nu_L}{D^2} \frac{\rho_L}{\rho_P}.$$

Lösungsschritte – Fall 2

t ergibt sich, wenn $D = 1 \cdot 10^{-6}$ m, $\rho_L = 0{,}88$ kg/m^3, $\nu_L = 19{,}3 \cdot 10^{-6}$ m^2/s, $\rho_P = 2\,671$ kg/m^3 und $H = 8\,000$ m gegeben sind, zu

$$t = 18 \cdot \frac{8\,000}{9{,}81} \cdot \frac{19{,}3}{10^6} \cdot \frac{10^{12}}{1^2} \cdot \frac{0{,}88}{2\,671}$$

$$t = 9{,}334 \cdot 10^7 \text{s} \quad \text{oder} \quad 2{,}96 \text{ Jahre}$$

Aufgabe 4.18 Radarstation

Eine Radarstation besteht gemäß Abb. 4.21 aus einem zylinderförmigen Fundament mit dem Durchmesser D_Z und der Höhe H_Z sowie einer auf dem Fundament aufgesetzten halbkugelförmigen Radarkuppel, die einen Radius R_K aufweist. Wie groß wird das in der Verankerung des Fundaments wirksame Moment, wenn die Luftgeschwindigkeit c_∞, Luftdichte ρ_L und Viskosität ν_L bekannt sind. Hierzu muss zunächst der Kraftangriffspunkt ΔZ_{HK} der Widerstandskraft $F_{W_{HK}}$ an der Radarkuppel ermittelt werden.

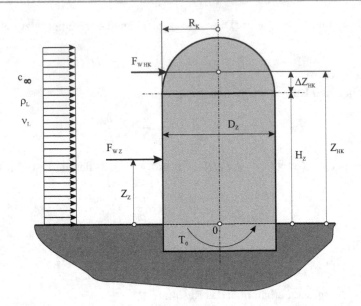

Abb. 4.21 Radarstation

Lösung zu Aufgabe 4.18

Aufgabenerläuterung
Die Aufgabe beschäftigt sich mit Widerstandskräften an umströmten Körpern und hiermit erzeugten Momenten um eine definierte Achse. Bei den umströmten Körpern handelt es sich im vorliegenden Fall um eine Halbkugel und einen Zylinder.

Gegeben:

- R_K; D_Z; H_Z; c_∞; ρ_L; ν_L

Gesucht:

1. ΔZ_{HK}: Kraftangriffspunkt an der Radarkuppel
2. T_0: Moment in der Fundamentverankerung
3. T_0, wenn $R_K = 8\,\mathrm{m}$; $D_Z = 16\,\mathrm{m}$; $H_Z = 20\,\mathrm{m}$; $c_\infty = 45\,\mathrm{m/s}$; $\rho_L = 1{,}225\,\mathrm{kg/m^3}$; $\nu_L = 14{,}6 \cdot 10^{-6}\,\mathrm{m^2/s}$

Anmerkungen

- Die Bezugsachse der Momente verläuft senkrecht zur Bildebene durch den Punkt 0.
- Annahme: $c_{W_{HK}} \approx c_{W_K}$

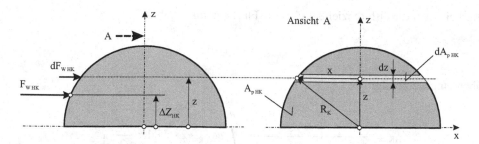

Abb. 4.22 Radarstation; Kraftangriffspunkt

Lösungsschritte – Fall 1

Der **Kraftangriffspunkt** ΔZ_{HK} der Widerstandskraft an der Radarkuppel lässt sich gemäß Abb. 4.22 wie folgt herleiten.

Als Ansatz dient

$$F_{W_{HK}} \cdot \Delta Z_{HK} = \int\limits_0^{R_K} \mathrm{d}F_{W_{HK}} \cdot z$$

oder, nach ΔZ_{HK} umgestellt,

$$\Delta Z_{HK} = \frac{1}{F_{W_{HK}}} \cdot \int\limits_0^{R_K} \mathrm{d}F_{W_{HK}} \cdot z.$$

Ersetzt man gemäß

$$F_{W_{HK}} = c_{W_{HK}} \cdot A_{pr_{HK}} \cdot \frac{\rho_L}{2} \cdot c_\infty^2$$

und benutzt für die projizierte Halbkugelfläche

$$A_{pr_{HK}} = \frac{1}{2} \cdot \pi \cdot R_K^2,$$

so erhält man zunächst

$$\Delta Z_{HK} = \frac{4}{c_{W_{HK}} \cdot \pi \cdot R_K^2 \cdot \rho_L \cdot c_\infty^2} \cdot \int\limits_0^{R_K} \mathrm{d}F_{W_{HK}} \cdot z.$$

Des Weiteren kann $\mathrm{d}F_{W_{HK}}$ folgendermaßen angegeben werden:

$$\mathrm{d}F_{W_{HK}} = c_{W_{HK}} \cdot \mathrm{d}A_{pr_{HK}} \cdot \frac{\rho_L}{2} \cdot c_\infty^2.$$

Hierbei lautet die differenzielle projizierte Fläche gemäß Abb. 4.22

$$dA_{\text{pr}_{\text{HK}}} = 2 \cdot x \cdot dz.$$

Oben eingesetzt folgt

$$\Delta Z_{\text{HK}} = \frac{4}{c_{\text{W}_{\text{HK}}} \cdot \pi \cdot R_{\text{K}}^2 \cdot \rho_{\text{L}} \cdot c_{\infty}^2} \cdot \int_{0}^{R_{\text{K}}} c_{\text{W}_{\text{HK}}} \cdot 2 \cdot x \cdot dz \cdot \frac{\rho_{\text{L}}}{2} \cdot c_{\infty}^2 \cdot z.$$

Durch Herauskürzen gleicher Größen erhält man dann

$$\Delta Z_{\text{HK}} = \frac{4}{\pi \cdot R_{\text{K}}^2} \cdot \int_{0}^{R_{\text{K}}} x \cdot dz \cdot z.$$

Jetzt muss noch x ersetzt werden. Aus Abb. 4.22 geht hervor, dass

$$R_{\text{K}}^2 = x^2 + z^2 \quad \text{bzw.} \quad x = \sqrt{R_{\text{K}}^2 - z^2}.$$

Es folgt

$$\Delta Z_{\text{HK}} = \frac{4}{\pi \cdot R_{\text{K}}^2} \cdot \int_{0}^{R_{\text{K}}} \sqrt{R_{\text{K}}^2 - z^2} \cdot z \cdot dz.$$

Weiterhin vereinfacht heißt das

$$\Delta Z_{\text{HK}} = \frac{4}{\pi \cdot R_{\text{K}}} \cdot \int_{0}^{R_{\text{K}}} \sqrt{1 - \frac{z^2}{R_{\text{K}}^2}} \cdot z \cdot dz$$

und die Substitution

$$m = 1 - \frac{z^2}{R_{\text{K}}^2}$$

verwendet liefert nach Ermittlung des Differenzialquotienten,

$$\frac{dm}{dz} = -\frac{2}{R_{\text{K}}^2} \cdot z \quad \text{bzw.} \quad dz = -dm \cdot \frac{1}{2} \cdot \frac{R_{\text{K}}^2}{z},$$

folgenden Ausdruck:

$$\Delta Z_{\text{HK}} = -\frac{4}{\pi \cdot R_{\text{K}}} \cdot \int_{m_0}^{m_{\text{K}}} \sqrt{m} \cdot z \cdot dm \cdot \frac{1}{2} \cdot \frac{R_{\text{K}}^2}{z}.$$

Durch Kürzen erhält man

$$\Delta Z_{HK} = -\frac{2}{\pi} \cdot R_K \cdot \int\limits_{m_0}^{m_K} \sqrt{m} \cdot dm.$$

Die Integration liefert dann

$$\Delta Z_{HK} = -\frac{2}{\pi} \cdot R_K \cdot \frac{1}{3/2} \cdot m^{3/2} \Big|_{m_0}^{m_K} = -\frac{2}{\pi} \cdot R_K \cdot \frac{1}{3/2} \cdot \left[m_K^{3/2} - m_0^{3/2} \right].$$

Mit

$$m_K = 1 - \frac{R_K^2}{R_K^2} = 0 \quad \text{und} \quad m_0 = 1 - \frac{0}{R_K^2} = 1$$

wird daraus schließlich

$$\Delta Z_{HK} - \frac{2}{\pi} \cdot R_K \cdot \frac{2}{3} \cdot [0 - 1]$$

und somit

$$\Delta Z_{HK} = \frac{4}{3} \cdot \frac{R_K}{\pi}.$$

Lösungsschritte – Fall 2

Zur Ermittlung des **Moments T_0** muss gemäß Abb. 4.21 die Momentensumme um die Bezugsachse

$$\sum_0 T = 0 = F_{W_{HK}} \cdot Z_{HK} + F_{W_Z} \cdot Z_Z - T_0$$

angesetzt werden; dies im vorliegenden Fall im Uhrzeigersinn. Hieraus folgt für

$$T_0 = F_{W_{HK}} \cdot Z_{HK} + F_{W_Z} \cdot Z_Z,$$

wobei $Z_{HK} = H_Z + \Delta Z_{HK}$ und $Z_Z = H_Z/2$ sind. Zunächst zur Bestimmung von $F_{W_{HK}}$ und F_{W_Z}.

Die **Widerstandskraft** $F_{W_{HK}}$ an der umströmten Halbkugel lautet

$$F_{W_{HK}} = c_{W_K} \cdot A_{p_{HK}} \cdot \frac{\rho_L}{2} \cdot c_\infty^2 \quad \text{mit} \quad A_{p_{HK}} = \frac{1}{2} \cdot \pi \cdot R_K^2$$

und die **Widerstandskraft** F_{W_Z} am umströmten Zylinder ist

$$F_{W_Z} = c_{W_Z} \cdot A_{pr_Z} \cdot \frac{\rho_L}{2} \cdot c_\infty^2 \quad \text{mit} \quad A_{pr_Z} = D_Z \cdot H_Z.$$

Oben eingesetzt führt dies nach Ausklammern von $\left(\rho_L \cdot \frac{c_\infty^2}{2}\right)$ zu

$$T_0 = \rho_L \cdot \frac{c_\infty^2}{2} \cdot \left(c_{W_{HK}} \cdot A_{pr_{HK}} \cdot Z_{HK} + c_{W_Z} \cdot A_{pr_Z} \cdot Z_Z\right)$$

$$= \rho_L \cdot \frac{c_\infty^2}{2} \cdot \left[c_{W_{HK}} \cdot \frac{\pi}{2} \cdot R_K^2 \cdot (H_Z + \Delta Z_{HK}) + c_{W_Z} \cdot D_Z \cdot H_Z \cdot \frac{H_Z}{2}\right].$$

Da $\Delta Z_{HK} = \frac{4}{3} \cdot \frac{R_K}{\pi}$ ist, bekommen wir

$$T_0 = \rho_L \cdot \frac{c_\infty^2}{2} \cdot \left[c_{W_{HK}} \cdot \frac{\pi}{2} \cdot R_K^2 \cdot \left(H_Z + \frac{4}{3} \cdot \frac{R_K}{\pi}\right) + c_{W_Z} \cdot D_Z \cdot H_Z \cdot \frac{H_Z}{2}\right]$$

und letztlich

$$T_0 = \rho_L \cdot \frac{c_\infty^2}{4} \cdot \left[c_{W_{HK}} \cdot \pi \cdot R_K^2 \cdot \left(H_Z + \frac{4}{3} \cdot \frac{R_K}{\pi}\right) + c_{W_Z} \cdot D_Z \cdot H_2^2\right]$$

Lösungsschritte – Fall 3

Wir berechnen T_0, wenn $R_K = 8\,\text{m}$, $D_Z = 16\,\text{m}$, $H_Z = 20\,\text{m}$, $c_\infty = 45\,\text{m/s}$, $\rho_L = 1{,}225\,\text{kg/m}^3$ und $\nu_L = 14{,}6 \cdot 10^{-6}\,\text{m}^2/\text{s}$ vorgegeben sind. Für $c_{W_K} = f\,(Re_K)$ ermitteln wir zunächst

$$Re_K = \frac{c_\infty \cdot D_K}{\nu_L} = \frac{45 \cdot 16}{14{,}6} \cdot 10^6 = 4{,}93 \cdot 10^7.$$

Es ist $Re_K > 10^7$ und wir bekommen

$$c_{W_K} = 0{,}20.$$

Für $c_{W_Z} = f\,(Re_Z; L/D)$ ergibt sich ebenfalls

$$Re_Z = \frac{c_\infty \cdot D_Z}{\nu_L} = \frac{45 \cdot 16}{14{,}6} \cdot 10^6 = 4{,}93 \cdot 10^7.$$

Also ist ebenso $Re_Z > 10^7$ und wir haben

$$c_{W_Z} = 0{,}65.$$

Das gesuchte Moment lässt sich nun wie folgt zahlenmäßig bestimmen:

$$T_0 = 1{,}225 \cdot \frac{45^2}{4} \cdot \left[0{,}20 \cdot \pi \cdot 8^2 \cdot \left(20 + \frac{4}{3} \cdot \frac{8}{\pi} \right) + 0{,}65 \cdot 16 \cdot 20^2 \right]$$

und damit

$$T_0 = 3\,163 \, \text{kN} \cdot \text{m}.$$

Aufgabe 4.19 Kugel im freien Fall bei Schallgeschwindigkeit

Eine Kugel soll in der Atmosphäre mit Schallgeschwindigkeit abwärts fallen (Abb. 4.23). Von der Luft sind alle erforderlichen Größen bekannt. Ebenso ist die Dichte der Kugel gegeben. Mit welchem Durchmesser D_K muss die Kugel ausgestattet sein, um das Herabfallen mit Schallgeschwindigkeit zu erreichen und beizubehalten.

Lösung zu Aufgabe 4.19

Aufgabenerläuterung

Bei der vorliegenden Frage wird das 2. Newton'sche Gesetz anzuwenden sein. Nach Zurücklegen einer Anlaufstrecke vom Startpunkt aus soll eine quasi-stationäre Abwärtsbewegung vorliegen, wo die Beschleunigung der Kugel von untergeordneter Größe ist. Für diesen Zustand soll die Fragestellung verstanden werden.

Abb. 4.23 Kugel im freien
Fall bei Schallgeschwindigkeit

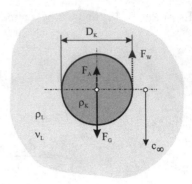

Gegeben:

- ρ_K; T_L; κ; R_i; ρ_L; ν_L

Gesucht:

1. D_K, wenn $c_\infty = a$, d. h. $Ma = 1$
2. D_K, wenn $\rho_K = 2\,500\,\text{kg/m}^3$; $T_L = 288{,}7\,\text{K}$; $\kappa = 1{,}4$; $R_i = 287{,}2\,\text{N\,m/(kg\,K)}$; $\rho_L = 1{,}225\,\text{kg/m}^3$; $\nu_L = 15{,}5 \cdot 10^{-6}\,\text{m}^2/\text{s}$

Anmerkungen

- $a_b \ll$, d. h. quasi-stationäre Fallgeschwindigkeit
- $F_A \ll$ (Auftriebskraft in Luft)

Lösungsschritte – Fall 1

Für den **Kugeldurchmesser D_K** betrachten wir das 2. Newton'sche Gesetz an der Kugel:

$$\sum F_i = F_G - F_W - F_A = m \cdot a_b.$$

Dies führt bei vernachlässigbarer Beschleunigung a_b zu

$$\sum F_i = 0 = F_G - F_W - F_A$$

und weiterhin mit der Annahme, dass auch die Auftriebskraft $F_A \ll$ ist, auf

$$F_W = F_G.$$

Mit

$$F_{\mathrm{G}} = g \cdot m_{\mathrm{K}} \quad \left(m_{\mathrm{K}} = \rho_{\mathrm{K}} \cdot V_{\mathrm{K}} \quad \text{und} \quad V_{\mathrm{K}} = \frac{\pi}{6} \cdot D_{\mathrm{K}}^{3} \right)$$

und

$$F_{\mathrm{W}} = c_{\mathrm{W}_{\mathrm{K}}} \cdot A_{\mathrm{pr}_{\mathrm{K}}} \cdot \frac{\rho_{\mathrm{L}}}{2} \cdot c_{\infty}^{2} \left(A_{\mathrm{pr}_{\mathrm{K}}} = \frac{\pi}{4} \cdot D_{\mathrm{K}}^{2} \right)$$

folgt

$$g \cdot \rho_{\mathrm{K}} \cdot \frac{\pi}{6} \cdot D_{\mathrm{K}}^{3} = c_{\mathrm{W}_{\mathrm{K}}} \cdot \frac{\pi}{4} \cdot D_{\mathrm{K}}^{2} \cdot \frac{\rho_{\mathrm{L}}}{2} \cdot c_{\infty}^{2}.$$

Somit wird nach Kürzen gleicher Größen und Umstellen

$$D_{\mathrm{K}} = \frac{3}{4} \cdot c_{\mathrm{W}_{\mathrm{K}}} \cdot \frac{1}{g} \cdot \frac{\rho_{\mathrm{L}}}{\rho_{\mathrm{K}}} \cdot c_{\infty}^{2} \quad \text{mit} \quad c_{\infty} = a.$$

Dies führt auf

$$D_{\mathrm{K}} = \frac{3}{4} \cdot c_{\mathrm{W}_{\mathrm{K}}} \cdot \frac{1}{g} \cdot \frac{\rho_{\mathrm{L}}}{\rho_{\mathrm{K}}} \cdot a^{2}.$$

Die noch unbekannte **Schallgeschwindigkeit** a lautet

$$a = \sqrt{\kappa \cdot R_{i} \cdot T_{\mathrm{L}}} \quad \text{oder} \quad a^{2} = \kappa \cdot R_{i} \cdot T_{\mathrm{L}}$$

Oben eingesetzt folgt als Ergebnis

$$D_{\mathrm{K}} = \frac{3}{4} \cdot c_{\mathrm{W}_{\mathrm{K}}} \cdot \frac{\kappa \cdot R_{i}}{g} \cdot T_{\mathrm{L}} \cdot \frac{\rho_{\mathrm{L}}}{\rho_{\mathrm{K}}}.$$

Der **Widerstandsbeiwert** $c_{\mathrm{W}_{\mathrm{K}}}$ der Kugel kann sowohl von der Re_{K}-Zahl als auch von der Ma-Zahl abhängen, d. h. $c_{\mathrm{W}_{\mathrm{K}}} = f(Re_{\mathrm{K}}; Ma)$. Ab $Ma > 0{,}8$ ist

$$c_{\mathrm{W}_{\mathrm{K}}} = f(Ma) \quad \text{und} \quad c_{\mathrm{W}_{\mathrm{K}}} \neq f(Re_{\mathrm{K}}).$$

Dies trifft auf den vorliegenden Fall zu.

Lösungsschritte – Fall 2

Der Wert von D_K im Fall von $\rho_K = 2\,500\,\text{kg/m}^3$, $T_L = 288,7\,\text{K}$, $\kappa = 1,4$, $R_i = 287,2\,\text{N m/(kg K)}$, $\rho_L = 1,225\,\text{kg/m}^3$ und $\nu_L = 15,5 \cdot 10^{-6}\,\text{m}^2/\text{s}$ ergibt sich zu

$$D_K = \frac{3}{4} \cdot \frac{1,4 \cdot 287,2}{9,81} \cdot 288,7 \cdot \frac{1,225}{2\,500} \cdot c_{W_K} = 4,349 \cdot c_{W_K}.$$

Da $Ma = 1 > 0,8$ ist, kann man der Literatur ([21, S. 269]) $c_{W_K} = 0,75$ entnehmen. Somit erhält man als gesuchten Durchmesser

$$D_K = 4,349 \cdot 0,75\,\text{m} = 3,263\,\text{m}.$$

Messtechnische Anwendungen

5

Die vielfältigen und oft komplexen strömungsmechanischen Fragestellungen lassen sich häufig nur mittels geeigneter messtechnischer Anwendungen zufriedenstellend beantworten. Hierzu steht heute eine Vielzahl von Geräten zur Verfügung, mit denen aufgrund unterschiedlicher physikalischer Prinzipien die jeweiligen gesuchten Größen ermittelt werden können. Im folgenden Kapitel sollen ausschließlich solche Messgeräte behandelt werden, deren Wirkung auf strömungsmechanischen Ursachen beruht. Hierbei stehen die Bestimmung von Volumen- und Massenströmen im Vordergrund. Den klassischen diesbezüglichen Messgeräten liegt die Drosselwirkung der Fluidströmung aufgrund einer Querschnittsverkleinerung zugrunde. Hierdurch wird eine Geschwindigkeitsvergrößerung mit einer gleichzeitigen Druckverkleinerung (Bernoulli'sches Prinzip) hervorgerufen. Zu den Hauptvertretern dieser Geräte zählen:

- Normblende,
- Normdüse,
- Venturi-Meter.

Diese Geräte sind genormt (EN ISO 5167), um reproduzierbare Ergebnisse mit hohen Genauigkeitsansprüchen zu erzielen. Bei der Massen- bzw. Volumenstrombestimmung stehen folgende Gleichungen zur Verfügung:

$\dot{m} = \alpha \cdot \varepsilon \cdot \frac{\pi}{4} \cdot d^2 \cdot \sqrt{2 \cdot \Delta p \cdot \rho}$ Massenstrom

$\dot{V} = \alpha \cdot \frac{\pi}{4} \cdot d^2 \cdot \sqrt{2 \cdot \frac{\Delta p}{\rho}}$ Volumenstrom

$\alpha = f\left(\frac{d}{D}; Re_D\right)$ Durchflusszahl

$Re_D = \frac{c_D \cdot D}{\nu}$ Reynolds-Zahl (bezogen auf Rohrdurchmesser D)

$c_D = \frac{\dot{V}}{A_D}$ mittlere Strömungsgeschwindigkeit im Rohr (bezogen auf Rohrdurchmesser D)

$\varepsilon = f\left(\kappa; \frac{p_2}{p_1}; \frac{d}{D}\right)$ Expansionszahl

Δp Wirkdruck am Messgerät

© Springer-Verlag GmbH Deutschland, ein Teil von Springer Nature 2019
V. Schröder, *Übungsaufgaben zur Strömungsmechanik 2*,
https://doi.org/10.1007/978-3-662-56056-3_5

Im folgenden Kapitel werden auch solche Fälle behandelt, wo Strömungen durch „scharfkantige" Querschnittsänderungen erfolgen. Hier steht ebenso die Volumenstrombestimmung oder daraus ableitbare Größen im Vordergrund. Neben Messungen von Massen-
und Volumenströmen werden im Folgenden auch örtliche Geschwindigkeitsermittlungen
mittels Sonden, wie z. B. Pitot-Rohr, vorgestellt.

Aufgabe 5.1 Flugzeuggeschwindigkeit mittels Pitot-Sonde

Bei Flugzeuggeschwindigkeitsmessungen kommen sogenannte „Pitot-Sonden" zum Einsatz. Ihre Funktion beruht auf der gleichzeitigen Messung des Gesamtdrucks an der Sondenspitze und des statischen Drucks an einer ungestörten Stelle der Flugzeugwand oder
an der Sondenwand (Prandtl-Rohr). Die beiden Drücke werden u. a. in einem aus der Euler'schen Bewegungsgleichung entwickelten Zusammenhang isentroper Gasströmungen
zur Geschwindigkeitsermittlung benötigt. Dieser soll für den Fall des bekannten Gesamtdrucks p_2, des statischen Drucks p_1, der Temperatur an der Sondenspitze T_2 und der
Luftdaten κ und R_i angewendet werden.

Lösung zu Aufgabe 5.1

Aufgabenerläuterung

Die Lösung der Aufgabe lässt sich auch unter der Vorstellung herleiten, dass das Flugzeug
einschließlich der Sonde ruht und mit der zu bestimmenden Geschwindigkeit angeströmt
wird. Dann werden alle Größen der ungestörten Zuströmung mit dem Index „1" belegt
und diejenigen an der Sondenspitze mit dem Index „2".

Gegeben:

p_1 Statischer Druck der ungestörten Zuströmung
p_2 Gesamtdruck an der Sondenspitze
T_2 Absoluttemperatur an der Sondenspitze
κ Isentropenexponent der Luft
R_i spez. Gaskonstante der Luft

Gesucht:

1. c_1
2. c_1, wenn $p_1 = 43\,201\,\text{Pa}$; $p_2 = 67\,526\,\text{Pa}$; $T_2 = 333\,\text{K}$; $\kappa = 1{,}40$; $R_i = 287\,\text{N m/(kg K)}$

Anmerkungen

- Annahme: isentrope Strömung
- Stelle 1: ungestörte Zuströmung mit c_1; p_1; ρ_1; T_1
- Stelle 2: Staupunkt der Pitot-Sonde mit c_2; p_2; ρ_2; T_2

Lösungsschritte – Fall 1

Für die **Geschwindigkeit** c_1 lässt sich bei isentroper Gasströmung der folgende Zusammenhang herleiten:

$$c_2 = \sqrt{c_1^2 + 2 \cdot \frac{\kappa}{\kappa - 1} \cdot \frac{p_1}{\rho_1} \cdot \left[1 - \left(\frac{p_2}{p_1}\right)^{\frac{\kappa - 1}{\kappa}}\right]}.$$

Da für vorliegenden Fall im Staupunkt der Sonde $c_2 = 0$ ist, kann man wie folgt nach c_1 umformen

$$0 = \sqrt{c_1^2 + 2 \cdot \frac{\kappa}{\kappa - 1} \cdot \frac{p_1}{\rho_1} \cdot \left[1 - \left(\frac{p_2}{p_1}\right)^{\frac{\kappa - 1}{\kappa}}\right]}.$$

Dann wird quadriert

$$0 = c_1^2 + 2 \cdot \frac{\kappa}{\kappa - 1} \cdot \frac{p_1}{\rho_1} \cdot \left[1 - \left(\frac{p_2}{p_1}\right)^{\frac{\kappa - 1}{\kappa}}\right],$$

nach c_1 aufgelöst sowie die Wurzel gezogen

$$c_1 = \sqrt{2 \cdot \frac{\kappa}{\kappa - 1} \cdot \frac{p_1}{\rho_1} \cdot \left[\left(\frac{p_2}{p_1}\right)^{\frac{\kappa - 1}{\kappa}} - 1\right]}.$$

Hierin fehlt noch die **Dichte** ρ_1. Die isentrope Gasströmung liefert dazu $\frac{p}{\rho^\kappa} = \text{konstant}$ und folglich auch

$$\frac{p_1}{\rho_1^\kappa} = \frac{p_2}{\rho_2^\kappa}.$$

Aufgelöst nach ρ_1 erhält man dann zunächst

$$\rho_1 = \rho_2 \cdot \left(\frac{p_1}{p_2}\right)^{1/\kappa}.$$

Jetzt muss noch die **Dichte** ρ_2 wie folgt ersetzt werden: Mit der thermischen Zustands-gleichung $p \cdot v = R_i \cdot T$ sowie $v = \frac{1}{\rho}$ bekommen wir $\rho = \frac{p}{R_i \cdot T}$ und somit

$$\rho_2 = \frac{p_2}{R_i \cdot T_2}.$$

Oben eingesetzt führt das zum Resultat

$$\rho_1 = \frac{p_2}{R_i \cdot T_2} \cdot \left(\frac{p_1}{p_2}\right)^{1/\kappa}.$$

Aus Gründen einer besseren Übersicht wird die Gleichung für ρ_1 nicht in diejenige für c_1 eingesetzt.

Lösungsschritte – Fall 2

Um c_1 zu berechnen, wenn $p_1 = 43\,201\,\text{Pa}$, $p_2 = 67\,526\,\text{Pa}$, $T_2 = 333\,\text{K}$, $\kappa = 1{,}40$ und $R_i = 287\,\text{N\,m/(kg\,K)}$ gegeben sind, brauchen wir zunächst ρ_1:

$$\rho_1 = \frac{67\,526}{287 \cdot 333} \cdot \left(\frac{43\,201}{67\,526}\right)^{\frac{1}{1{,}4}} = 0{,}5136\,\text{kg/m}^3$$

Damit ergibt sich dann

$$c_1 = \sqrt{2 \cdot \frac{1{,}4}{1{,}4-1} \cdot \frac{43\,201}{0{,}5136} \cdot \left[\left(\frac{67\,526}{43\,201}\right)^{\frac{1{,}4-1}{1{,}4}} - 1\right]},$$

also

$$c_1 = 283{,}1\,\text{m/s} \equiv 1\,019\,\text{km/h}.$$

Aufgabe 5.2 Wasserströmung in vertikaler Rohrleitung

Gemäß Abb. 5.1 strömt Wasser in einer vertikalen Rohrleitung abwärts. Zur Bestimmung der Strömungsgeschwindigkeit ist eine entgegen Geschwindigkeitsrichtung angeordnete, vorne offene Sonde in der Weise installiert, dass die Stromlinien parallel zur Sonde verlau-

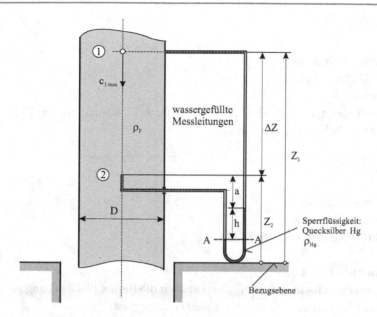

Abb. 5.1 Wasserströmung in vertikaler Rohrleitung

fen. Die Sonde ist des Weiteren mit einem Schenkel eines U-Rohr-Manometers verbunden während der andere Schenkel von einer weiter oben gelegenen Druckentnahmestelle beaufschlagt wird. Das U-Rohr-Manometer ist mit der Sperrflüssigkeit Quecksilber befüllt. Die Rohrleitung weist einen Innendurchmesser D auf. Weiterhin liegt turbulente Strömung vor. Wenn die unten genannten Größen als bekannt vorausgesetzt werden, sollen die Maximalgeschwindigkeit in Rohrmitte, die mittlere Geschwindigkeit und der Volumenstrom ermittelt werden.

Lösung zu Aufgabe 5.2

Aufgabenerläuterung

Die Aufgabenstellung ist in erster Linie ein klassisches Anwendungsbeispiel der Bernoulli'schen Energiegleichung der inkompressiblen, verlustfreien, stationären Strömung. Weiterhin sind am U-Rohr-Manometer die hydrostatischen Grundlagen zu berücksichtigen. Die Verknüpfung zwischen Maximalgeschwindigkeit in Rohrmitte und der mittleren Geschwindigkeit wird mit einer aus dem Potenzgesetz der Geschwindigkeitsverteilung turbulenter Strömungen hergeleiteten Gleichung hergestellt.

Gegeben:

- D; ΔZ; h; ρ_{Hg}; ρ_F; ν

Gesucht:

1. Maximalgeschwindigkeit $c_{1_{max}}$
2. mittlere Geschwindigkeit $\overline{c}$
3. Volumenstrom $\dot{V}$
4. Fall 1 bis 3, wenn $D = 0,20\,\text{m}$; $\Delta Z = 0,15\,\text{m}$; $h = 80\,\text{mm}$; $\rho_{Hg} = 13\,560\,\text{kg/m}^3$; $\rho_F = 1\,000\,\text{kg/m}^3$; $\nu = 1 \cdot 10^{-6}\,\text{m}^2/\text{s}$

Anmerkungen

- turbulente Strömung
- glatte Rohrinnenwand
- Die Strömung soll verlustfrei verlaufen.

Lösungsschritte – Fall 1

Für die **Maximalgeschwindigkeit $c_{1_{max}}$** notieren wir die Bernoulli-Gleichung an den Stellen 1 und 2 der Stromlinie in Rohrmitte, wobei $c_1 \equiv c_{1_{max}}$ ist:

$$\frac{p_1}{\rho_F} + \frac{c_1^2}{2} + g \cdot Z_1 = \frac{p_2}{\rho_F} + \frac{c_2^2}{2} + g \cdot Z_2.$$

Im Staupunkt an der Stelle 2 ist $c_2 = 0$. Somit folgt nach Umstellen

$$\frac{c_1^2}{2} = \frac{p_2 - p_1}{\rho_F} - g \cdot (Z_1 - Z_2)$$

also (mit $\Delta Z = Z_1 - Z_2$)

$$c_1 \equiv c_{1_{max}} = \sqrt{2 \cdot \left(\frac{p_2 - p_1}{\rho_F} - g \cdot \Delta Z \right)}.$$

Es fehlt jetzt noch der **Term** $\frac{p_2 - p_1}{\rho_F}$. Gemäß Abb. 5.1 entsteht am Manometer an der Schnittstelle A–A wegen Druckgleichheit

$$p_2 + \rho_F \cdot g \cdot (a + h) = p_1 + \rho_F \cdot g \cdot (\Delta Z + a) + \rho_{Hg} \cdot g \cdot h.$$

Nach $(p_2 - p_1)$ umgestellt bedeutet das

$$p_2 - p_1 = \rho_{Hg} \cdot g \cdot h - \rho_F \cdot g \cdot h + \rho_F \cdot g \cdot \Delta Z$$

und nach Division durch ρ_F haben wir dann

$$\frac{p_2 - p_1}{\rho_F} = \frac{\rho_{Hg}}{\rho_F} \cdot g \cdot h - g \cdot h + g \cdot \Delta Z = g \cdot h \cdot \left(\frac{\rho_{Hg}}{\rho_F} - 1 \right) + g \cdot \Delta Z.$$

In o. g. Gleichung eingesetzt führt zunächst zu

$$c_1 \equiv c_{1_{max}} = \sqrt{2 \cdot \left(g \cdot h \cdot \left(\frac{\rho_{Hg}}{\rho_F} - 1 \right) + g \cdot \Delta Z - g \cdot \Delta Z \right)}.$$

Als Ergebnis erhält man schließlich

$$c_1 \equiv c_{1_{max}} = \sqrt{2 \cdot g \cdot h \cdot \left(\frac{\rho_{Hg}}{\rho_F} - 1 \right)}.$$

Lösungsschritte – Fall 2

Für die **Durchschnittsgeschwindigkeit** $\overline{c}$ leiten wir aus dem Potenzgesetz der c-Verteilung bei turbulenter Rohrströmung die Gleichung

$$\frac{\overline{c}}{c_{max}} = \frac{2 \cdot n^2}{(n+1) \cdot (2 \cdot n + 1)}$$

her. Umgestellt nach $\overline{c}$ folgt

$$\overline{c} = c_{1_{max}} = \frac{2 \cdot n^2}{(n+1) \cdot (2 \cdot n + 1)}$$

Hierbei hängt n von der Re-Zahl ab. Es ist z. B. bei $Re = 1{,}1 \cdot 10^5$: $n = 7{,}0$ und bei $Re = 1{,}1 \cdot 10^6$: $n = 8{,}8$.

Lösungsschritte – Fall 3

Den **Volumenstrom** $\dot{V}$ erhält man mit der Durchflussgleichung $\dot{V} = \overline{c} \cdot A$ und mit $A = \frac{\pi}{4} \cdot D^2$:

$$\dot{V} = A = \frac{\pi}{4} \cdot D^2 \cdot c_{1_{max}} \cdot \frac{2 \cdot n^2}{(n+1) \cdot (2 \cdot n + 1)}.$$

Lösungsschritte – Fall 4

Von den gesuchten Größen können wir, wenn $D = 0{,}20\,\text{m}$, $\Delta Z = 0{,}15\,\text{m}$, $h = 80\,\text{mm}$, $\rho_{\text{Hg}} = 13\,550\,\text{kg/m}^3$, $\rho_{\text{F}} = 1\,000\,\text{kg/m}^3$ und $\nu = 1 \cdot 10^{-6}\,\text{m}^2/\text{s}$ vorgegeben sind, zunächst die **Maximalgeschwindigkeit** $c_{1_{\max}}$ bestimmen:

$$c_{1_{\max}} = \sqrt{2 \cdot g \cdot h \cdot \left(\frac{\rho_{\text{Hg}}}{\rho_{\text{F}}} - 1 \right)} = \sqrt{2 \cdot 9{,}81 \cdot 0{,}08 \cdot \left(\frac{13\,550}{1\,000} - 1 \right)}.$$

Dies führt zu

$$c_{1_{\max}} = 4{,}438\,\text{m/s}$$

Die Berechnung der **Durchschnittsgeschwindigkeit** $\overline{c}$ ist wegen $Re = f(\overline{c})$ nur mittels einer Iteration möglich.

1. Iterationsschritt Annahme:

$$Re_1 = 5 \cdot 10^5$$

Hieraus folgt für n_1, wenn man linear interpoliert zwischen $Re = 1{,}1 \cdot 10^5$ mit $n = 7{,}0$ und $Re = 1{,}1 \cdot 10^6$ mit $n = 8{,}8$

$$n_1 = 7{,}71.$$

Damit ermittelt man $\overline{c}_1$ zu

$$\overline{c}_1 = 4{,}438 \cdot \frac{2 \cdot 7{,}71^2}{(7{,}71 + 1) \cdot (2 \cdot 7{,}71 + 1)} = 3{,}689\,\text{m/s}.$$

Dies führt wiederum zu einer neuen Re-Zahl Re_2:

$$Re_2 = \frac{\overline{c}_1 \cdot D}{\nu} = \frac{3{,}689 \cdot 0{,}20}{1} \cdot 10^6 = 737\,844.$$

2. Iterationsschritt

$$Re_2 = 737\,844$$

im oben genannten Interpolationsbereich liefert

$$n_2 = 8{,}14.$$

Dann wird

$$\overline{c}_2 = 4{,}438 \cdot \frac{2 \cdot 8{,}14^2}{(8{,}14 + 1) \cdot (2 \cdot 8{,}14 + 1)} = 3{,}724\,\text{m/s}.$$

Mit $\frac{\overline{c}_2 - \overline{c}_1}{\overline{c}_2} = 0{,}01 \equiv 1\%$ ist $\overline{c}_2$ genügend genau bestimmt. Man erhält

$$\overline{c}_2 = 3{,}724\,\mathrm{m/s}$$

$$Re = \frac{3{,}724 \cdot 0{,}2}{1} \cdot 10^6 = 745\,000$$

Den **Volumenstrom** $\dot{V} = \overline{c} \cdot \frac{\pi}{4} \cdot D^2$ erhält man aufgrund der jetzt bekannten Geschwindigkeit $\overline{c}$ zu

$$\dot{V} = 3{,}724 \cdot \frac{\pi}{4} \cdot 0{,}2^2 = 0{,}117\,\mathrm{m^3/s}.$$

Aufgabe 5.3 Wasserströmung durch Normdüse (EN ISO 5167)

Volumen- oder Massenströme lassen sich mit verschiedenen physikalischen Verfahren messen. Eine häufig verwendete Variante stellt die Wirkdruckmessung an sogenannten Drosselgeräten wie Messblende, Messdüse oder Venturi-Meter dar. Je nach Anforderungen an die Messgenauigkeit, die entstehenden Druckverluste und den benötigten Bauraum entscheidet man sich für eine der drei Varianten. Allen drei gemeinsam ist der entstehende Wirkdruck als Druckunterschied am Drosselgerät (Bernoulli'sche Energiegleichung). Unter Beachtung der Angaben in der jeweiligen Norm lässt sich der gesuchte Volumenstrom (Massenstrom) aufgrund des gemessenen Wirkdrucks ermitteln. Im vorliegenden Fall kommt eine Normdüse (EN ISO 5167) zum Einsatz, deren Rohrdurchmesser D und Düsenaustrittsdurchmesser d bekannt sind (Abb. 5.2). Der Wirkdruck $\Delta p = p_1 - p_2$ wird auf ein U-Rohr-Manometer geschaltet, an welchem sich eine durch Δp hervorgerufene Messflüssigkeitshöhe h einstellt. Gesucht wird der Massen- und Volumenstrom.

Lösung zu Aufgabe 5.3

Aufgabenerläuterung

Hintergrund der Aufgabe ist die Anwendung der in der Norm angegebenen Gleichung zur Bestimmung des Massen- bzw. Volumenstroms mit einer Normdüse. Diese muss in allen Details den Normvorgaben entsprechen. Dann lassen sich die Korrekturfaktoren wie

Abb. 5.2 Wasserströmung
durch Normdüse

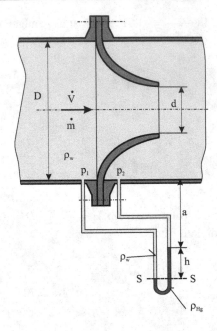

Durchflusszahl α und bei kompressiblen Fluiden die Expansionszahl ε den Normblättern entnehmen und der z. B. Massenstrom bei gemessenem Wirkdruck Δp, Düsenaustritts- durchmesser d und Fluiddichte ρ_W bestimmen. Da die Durchflusszahl α vom Durchmes- serverhältnis d/D aber auch von Re_D abhängt, die Reynolds-Zahl Re_D wiederum von der Geschwindigkeit c_D und folglich vom Volumenstrom $\dot{V}$ abhängt, wird bei der Anwendung ein Iterationsverfahren erforderlich.

Gegeben:

- ρ_W; ν_W; ρ_{Hg}; D; d; h

Gesucht:

1. $\dot{m}$
2. $\dot{V}$
3. $\dot{m}$ und $\dot{V}$, wenn $\rho_W = 999\,\mathrm{kg/m^3}$; $\nu_W = 1{,}12 \cdot 10^{-6}\,\mathrm{m^2/s}$; $\rho_{Hg} = 13\,550\,\mathrm{kg/m^3}$; $D = 100\,\mathrm{mm}$; $d = 60\,\mathrm{mm}$; $h = 140\,\mathrm{mm}$

Anmerkungen

- Massenstrom: $\dot{m} = \alpha \cdot \varepsilon \cdot \frac{\pi}{4} \cdot d^2 \cdot \sqrt{2 \cdot \Delta p \cdot \rho_W}$
- Durchflusszahl: $\alpha = f\left(\frac{d}{D}; Re_D\right)$
- Expansionszahl $\varepsilon = 1$ bedeutet inkompressibel

Lösungsschritte – Fall 1

Der **Massenstrom** $\dot{m}$ eines Fluids in einem Drosselgerät lässt sich gemäß o. g. Gleichung ermitteln zu

$$\dot{m} = \alpha \cdot \varepsilon \cdot \frac{\pi}{4} \cdot d^2 \cdot \sqrt{2 \cdot \Delta p \cdot \rho_{\mathrm{W}}}.$$

Bei $\varepsilon = 1$ (Wasser) führt dies zu

$$\dot{m} = \alpha \cdot \frac{\pi}{4} \cdot d^2 \cdot \sqrt{2 \cdot \Delta p \cdot \rho_{\mathrm{W}}},$$

dabei sind

$$\alpha = f\left(\frac{d}{D}; Re_{\mathrm{D}}\right); \quad Re_{\mathrm{D}} = \frac{c_{\mathrm{D}} \cdot D}{\nu_{\mathrm{W}}}; \quad c_{\mathrm{D}} = \frac{\dot{V}}{A_{\mathrm{D}}}.$$

Für den **Wirkdruck** $\Delta p = p_1 - p_2$ erhält man am U-Rohr-Manometer gemäß Abb. 5.2 im Schnitt S–S bei Druckgleichheit

$$p_1 + \rho_{\mathrm{W}} \cdot g \cdot (a + h) = p_2 + \rho_{\mathrm{W}} \cdot g \cdot a + \rho_{\mathrm{Hg}} \cdot g \cdot h$$

oder

$$\Delta p = p_1 - p_2 = g \cdot h \cdot (\rho_{\mathrm{Hg}} - \rho_{\mathrm{W}}).$$

Oben eingesetzt führt das zum Resultat

$$\dot{m} = \alpha \cdot \frac{\pi}{4} \cdot d^2 \cdot \sqrt{2 \cdot g \cdot h \cdot (\rho_{\mathrm{Hg}} - \rho_{\mathrm{W}}) \cdot \rho_{\mathrm{W}}}.$$

Lösungsschritte – Fall 2

Mit $\dot{m} = \rho \cdot \dot{V}$ erhält man

$$\dot{V} = \frac{\dot{m}}{\rho_{\mathrm{W}}} = \frac{1}{\rho_{\mathrm{W}}} \cdot \alpha \cdot \frac{\pi}{4} \cdot d^2 \cdot \sqrt{2 \cdot g \cdot h \cdot (\rho_{\mathrm{Hg}} - \rho_W) \cdot \rho_{\mathrm{W}}}.$$

Der **Volumenstrom** $\dot{V}$ lautet somit

$$\dot{V} = \alpha \cdot \frac{\pi}{4} \cdot d^2 \cdot \sqrt{2 \cdot g \cdot h \cdot \left(\frac{\rho_{Hg}}{\rho_W} - 1 \right)}.$$

Lösungsschritte – Fall 3

Zu berechnen sind $\dot{m}$ und $\dot{V}$, wenn $\rho_W = 999\,\text{kg/m}^3$, $\nu_W = 1{,}12 \cdot 10^{-6}\,\text{m}^2/\text{s}$, $\rho_{Hg} = 13\,550\,\text{kg/m}^3$, $D = 100\,\text{mm}$, $d = 60\,\text{mm}$ und $h = 140\,\text{mm}$ gegeben sind.

Beim **Massenstrom** $\dot{m}$ ist ein Iterationsverfahren für die folgende Gleichung erforderlich:

$$\dot{m} = \alpha \cdot \frac{\pi}{4} \cdot 0{,}060^2 \cdot \sqrt{2 \cdot 9{,}81 \cdot 0{,}14 \cdot (13\,550 - 999) \cdot 999} = \alpha \cdot 16{,}593.$$

1. Iterationsschritt Annahme:

$$Re_{D_1} = 1 \cdot 10^5$$

Mit $d/D = 0{,}6$ und $Re_{D_1} = 1 \cdot 10^5$ wird gemäß (EN ISO 5167)

$$\alpha_1 = 1{,}0277.$$

Es resultieren

$$\dot{m}_1 = 1{,}0277 \cdot 16{,}593 = 17{,}0527\,\text{kg/s}$$

und

$$\dot{V}_1 = \frac{\dot{m}_1}{\rho_W} = \frac{17{,}0527}{999} = 0{,}01707\,\text{m}^3/\text{s}.$$

Somit sind

$$c_{D_1} = \frac{4 \cdot \dot{V}_1}{\pi \cdot D^2} = \frac{4 \cdot 0{,}01707}{\pi \cdot 0{,}1^2} = 2{,}173\,\text{m/s}$$

und

$$Re_{D_2} = \frac{c_{D_1} \cdot D}{\nu_W} = \frac{2{,}173 \cdot 0{,}10}{1{,}12} \cdot 10^6 = 194\,053.$$

2. Iterationsschritt Mit $d/D = 0{,}6$ und $Re_{D_2} \approx 2 \cdot 10^5$ wird gemäß (EN ISO 5167)

$$\alpha_2 = 1{,}0294.$$

Es resultieren

$$\dot{m}_2 = 1{,}0294 \cdot 16{,}593 = 17{,}081\,\text{kg/s}$$

und

$$\dot{V}_2 = \frac{\dot{m}_2}{\rho_W} = \frac{17{,}081}{999} = 0{,}0171 \, \text{m}^3/\text{s}.$$

Wegen

$$\frac{\Delta \dot{m}}{\dot{m}_2} \equiv \frac{\dot{m}_2 - \dot{m}_1}{\dot{m}_2} = \frac{(17{,}081 - 17{,}0527)}{17{,}081} = 0{,}00168 \equiv 0{,}17\%$$

kann die Iteration hier abgebrochen werden. Das Ergebnis lautet

$$\dot{m} = 17{,}081 \, \text{kg/s}.$$

Mit $\dot{V} = \frac{\dot{m}}{\rho_W}$ lässt sich der **Volumenstrom** $\dot{V}$ wie folgt berechnen:

$$\dot{V} = \frac{17{,}081}{999} = 0{,}0171 \, \text{m}^3/\text{s}.$$

Aufgabe 5.4 Normdüse, kompressible Luftströmung (EN ISO 5167)

Volumen- oder Massenströme lassen sich mit verschiedenen physikalischen Verfahren messen. Eine häufig verwendete Variante stellt die Wirkdruckmessung an sogenannten Drosselgeräten wie Messblende, Messdüse oder Venturi-Meter dar. Je nach Anforderungen an die Messgenauigkeit, die entstehenden Druckverluste und den benötigten Bauraum entscheidet man sich für eine der drei Varianten. Allen drei gemeinsam ist der entstehende Wirkdruck als Druckunterschied am Drosselgerät (Bernoulli'sche Energiegleichung). Unter Beachtung der Angaben in der jeweiligen Norm lässt sich der gesuchte Volumenstrom (Massenstrom) aufgrund des gemessenen Wirkdrucks ermitteln. Im vorliegenden Fall kommt eine Normdüse (EN ISO 5167) zum Einsatz, deren Rohrdurchmesser D und Düsenaustrittsdurchmesser d gegeben sind (Abb. 5.3). Druck p_1 und Temperatur T_1 vor der Düse sind neben den Luftgrößen κ, R_i und ν_L ebenfalls bekannt. Der Wirkdruck $\Delta p = p_1 - p_2$ wird auf ein U-Rohr-Manometer geschaltet, an welchem sich eine durch Δp hervorgerufene Messflüssigkeitshöhe h einstellt. Die Dichte der Messflüssigkeit lautet ρ_M. Gesucht wird der Massenstrom $\dot{m}$.

Abb. 5.3 Normdüse, kompressible Luftströmung

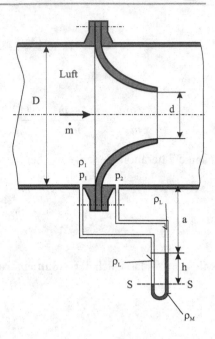

Lösung zu Aufgabe 5.4

Aufgabenerläuterung

Hintergrund der Aufgabe ist die Anwendung der in der Norm angegebenen Gleichung zur Bestimmung des Massenstroms mit einer Normdüse. Diese muss in allen Details den Normvorgaben entsprechen. Dann lassen sich die Korrekturfaktoren wie Durchflusszahl α und bei kompressiblen Fluiden die Expansionszahl ε den Normblättern entnehmen und der Massenstrom bei den gegebenen Größen bestimmen. Da die Durchflusszahl α vom Durchmesserverhältnis d/D aber auch von Re_D abhängt, die Reynolds-Zahl Re_D wiederum von der Geschwindigkeit c_D und folglich vom Volumenstrom $\dot{V}$, wird bei der Anwendung ein Iterationsverfahren erforderlich.

Gegeben:

- D; d; p_1; T_1; κ; R_i; ν_L; h; ρ_M

Gesucht:

1. $\dot{m}$
2. $\dot{m}$, wenn $D = 150\,\text{mm}$; $d = 100\,\text{mm}$; $p_1 = 140\,000\,\text{Pa}$; $T_1 = 10\,°\text{C}$; $\kappa = 1{,}40$; $R_i = 287{,}2\,\text{N}\,\text{m}/(\text{kg}\,\text{K})$; $\nu_L = 15{,}1 \cdot 10^{-6}\,\text{m}^2/\text{s}$; $h = 900\,\text{mm}$; $\rho_M = 2\,800\,\text{kg/m}^3$

Anmerkungen

- Massenstrom: $\dot{m} = \alpha \cdot \varepsilon \cdot \frac{\pi}{4} \cdot d^2 \cdot \sqrt{2 \cdot \Delta p \cdot \rho_1}$
- Durchflusszahl: $\alpha = f\left(\frac{d}{D}; Re_D\right)$
- Reynolds-Zahl: $Re_D = \frac{c_D \cdot D}{\nu_L}$
- Expansionszahl: $\varepsilon = f\left(\kappa; \frac{p_2}{p_1}; \frac{d}{D}\right)$

Lösungsschritte – Fall 1

Der **Massenstrom** $\dot{m}$ eines Fluids in einem Drosselgerät lässt sich gemäß EN ISO 5167 bestimmen aus (s. o.)

$$\dot{m} = \alpha \cdot \varepsilon \cdot \frac{\pi}{4} \cdot d^2 \cdot \sqrt{2 \cdot \Delta p \cdot \rho},$$

wobei

$$\alpha = f\left(\frac{d}{D}; Re_D\right); \quad Re_D = \frac{c_D \cdot D}{\nu_L}; \quad \varepsilon = f\left(\kappa; \frac{p_2}{p_1}; \frac{d}{D}\right)$$

Zur Ermittlung der **Durchflusszahl** $\alpha = f(Re_D, \beta)$ wird bei bekanntem Verhältnis d/D noch die Reynolds-Zahl $Re_D = \frac{c_D \cdot D}{\nu_L}$ benötigt. Da c_D von $\dot{V}$ und folglich vom gesuchten Massenstrom $\dot{m}$ abhängt, wird eine Iteration erforderlich (s. u.).

Bei der Bestimmung der **Expansionszahl** $\varepsilon = f\left(\kappa; \frac{p_2}{p_1}; \frac{d}{D}\right)$ wird u. a. das Druckverhältnis p_2/p_1 benötigt. Wird $p_1 - p_2 = \Delta p$ durch p_1 dividiert, erhält man

$$1 - \frac{p_2}{p_1} = \frac{\Delta p}{p_1}.$$

Nach (p_2/p_1) umgestellt wird daraus

$$\frac{p_2}{p_1} = 1 - \frac{\Delta p}{p_1}.$$

Hier fehlt noch die **Druckdifferenz** Δp: Am U-Rohr-Manometer erhält man gemäß Abb. 5.3 bei Druckgleichheit im Schnitt S–S

$$p_1 + \rho_L \cdot g \cdot (a + h) = p_2 + \rho_M \cdot g \cdot h + \rho_L \cdot g \cdot a$$

oder, mit $\rho_L \ll \rho_M$,

$$p_1 - p_2 = \Delta p = g \cdot \rho_M \cdot h.$$

Somit ist dann auch

$$\frac{p_2}{p_1} = 1 - \frac{g \cdot \rho_M \cdot h}{p_1}$$

bekannt und mit gegebenem κ und d/D liegt ε fest.

Als Letztes leiten wir die **Dichte** ρ_L aus der thermischen Zustandsgleichung idealer Gase her: $p \cdot v = R_i \cdot T$ wird mit $v = \frac{1}{\rho}$ zu

$$\rho_L = \frac{p_1}{R_i \cdot T_1}.$$

Lösungsschritte – Fall 2

Gesucht ist jetzt $\dot{m}$, wenn $D = 150\,\text{mm}$, $d = 100\,\text{mm}$, $p_1 = 140\,000\,\text{Pa}$, $T_1 = 10\,°\text{C}$, $\kappa = 1{,}40$, $R_i = 287{,}2\,\text{N}\,\text{m}/(\text{kg}\,\text{K})$, $\nu_L = 15{,}1 \cdot 10^{-6}\,\text{m}^2/\text{s}$, $h = 900\,\text{mm}$, $\rho_M = 2\,800\,\text{kg}/\text{m}^3$ gegeben sind. Zuerst werden die benötigten Größen berechnet:

$$\frac{d}{D} = \frac{100}{150} = 0{,}667$$

$$\frac{p_2}{p_1} = 1 - \frac{9{,}81 \cdot 2\,800 \cdot 0{,}90}{140\,000} = 0{,}823$$

$$\Delta p = g \cdot \rho_M \cdot h = 24\,721\,\text{Pa}$$

$$\rho_L = \frac{140\,000}{287{,}2 \cdot (273{,}1 + 10)} = 1{,}722\,\text{kg}/\text{m}^3$$

Somit wird

$$\dot{m} = \alpha \cdot \varepsilon \cdot \frac{\pi}{4} \cdot 0{,}10^2 \cdot \sqrt{2 \cdot 24\,721 \cdot 1{,}722}$$

$$\dot{m} = 2{,}2917 \cdot \alpha \cdot \varepsilon \ [\mathrm{kg/s}] .$$

1. Iterationsschritt Annahme:

$$Re_{D_1} = 1 \cdot 10^5$$

Mit $Re_{D_1} = 1 \cdot 10^5$ und $d/D = 0{,}667$ wird

$$\alpha_1 = 1{,}0566.$$

Mit $(d/D)^2 = 0{,}445$, $\kappa = 1{,}4$ und $p_2/\rho_1 = 0{,}823$ wird

$$\varepsilon_1 = 0{,}875.$$

Hieraus folgt

$$\dot{m}_1 = 2{,}2917 \cdot 1{,}0566 \cdot 0{,}875 = 2{,}119\,\mathrm{kg/s}$$

und somit auch mit $\dot{V}_1 = \frac{\dot{m}_1}{\rho_1}$

$$\dot{V}_1 = \frac{2{,}119}{1{,}722} = 1{,}230\,\mathrm{m^3/s}.$$

Mit $c_{D_1} = \frac{\dot{V}_1}{A_D} = \frac{4}{\pi} \cdot \frac{\dot{V}_1}{D^2}$ berechnet man c_{D_1} zu

$$c_{D_1} = \frac{4}{\pi} \cdot \frac{1{,}230}{0{,}15^2} = 69{,}60\,\mathrm{m/s}.$$

Die neue Reynolds-Zahl ist damit

$$Re_{D_2} = \frac{c_D \cdot D}{\nu_L} = \frac{69{,}60 \cdot 0{,}15}{15{,}1} \cdot 10^6 = 691\,428$$

2. Iterationsschritt

$$Re_{D_2} = 691\,428$$

Mit $Re_{D_2} = 691\,428$ und $\beta = 0{,}667$ wird

$$\alpha_2 = 1{,}0586.$$

Mit $(d/D)^2 = 0{,}445$, $\kappa = 1{,}4$ und $p_2/\rho_1 = 0{,}823$ wird

$$\varepsilon_2 = 0{,}875.$$

Hieraus folgt

$$\dot{m}_2 = 2{,}2917 \cdot 1{,}0586 \cdot 0{,}875 = 2{,}123\,\mathrm{kg/s}.$$

Mit

$$\frac{\Delta\dot{m}}{\dot{m}_2} = \frac{\dot{m}_2 - \dot{m}_1}{\dot{m}_2} = \frac{2{,}123 - 2{,}119}{2{,}123}$$

folgt

$$\frac{\Delta\dot{m}}{\dot{m}_2} = 0{,}0019 \equiv 0{,}19\% \ll$$

d. h., die verbleibende Differenz ist vernachlässigbarer. Das Ergebnis lautet

$$\dot{m} \equiv \dot{m}_2 = 2{,}123\,\mathrm{kg/s}.$$

Aufgabe 5.5 Horizontaler Ausfluss aus scharfkantiger Öffnung

Aus einem horizontalen, zylindrischen Behälter strömt Öl durch eine scharfkantige, kreisförmige Öffnung ins Freie (Abb. 5.4). Der Behälter weist den Durchmesser D und die Öffnung den (geometrischen) Durchmesser d auf. Der Druckunterschied zwischen der Stelle 1 (p_1) und der äußeren Umgebung (p_B) erzeugt an einem beaufschlagten U-Rohr-Manometer die Messflüssigkeitshöhe h. Beim Ausströmen ins Freie findet zum einen eine Kontraktion des Flüssigkeitsstrahls vom Querschnitt A_2 auf den Querschnitt A_3 statt. Aufgrund der Strahleinschnürung werden weiterhin zwischen den Stellen 2 und 3 vermehrt Reibungsverluste wirksam. Diese führen zu einer Verkleinerung der Geschwindigkeit von c_2 auf c_3. Die Strahleinschnürung wird mit der Kontraktionszahl α_K und die Geschwindigkeitsverkleinerung mit der Geschwindigkeitszahl φ erfasst. Welcher Volumenstrom stellt sich ein, wenn die unten angegebenen Größen gegeben sind?

Lösung zu Aufgabe 5.5

Aufgabenerläuterung

Der gesuchte tatsächliche Volumenstrom $\dot{V}$ im Querschnitt A_3 lässt sich mit der dort vorliegenden Durchflussgleichung beschreiben. Die Verknüpfung zwischen den bei 3 und 2 vorhandenen Geschwindigkeiten wird mit φ hergestellt und die zu berücksichtigenden Flächen A_2 und A_3 mittels α_K. Den Zusammenhang zwischen den Stellen 2 und 1 erhält man mit der Bernoulli'schen Energiegleichung, wobei der Unterschied der statischen Drücke mit dem Messwert am U-Rohr-Manometer verbunden werden muss.

Abb. 5.4 Horizontaler
Ausfluss aus scharfkantiger
Öffnung

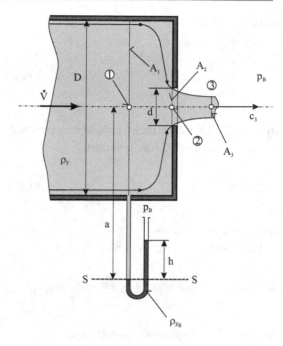

Gegeben:

- ρ_F; ρ_{Hg}; a; D; d; h; α_K; φ

Gesucht:

1. $\dot{V}$
2. $\dot{V}$, wenn $\rho_F = 840\,\text{kg/m}^3$; $\rho_{Hg} = 13\,550\,\text{kg/m}^3$; $D = 0{,}30\,\text{m}$; $d = 0{,}075\,\text{m}$; $h = 0{,}20\,\text{m}$; $a = 0{,}80\,\text{m}$; $\alpha_K = 0{,}62$; $\varphi = 0{,}98$

Anmerkung

- Die Verluste von 1 bis 2 sind vernachlässigbar.

Lösungsschritte – Fall 1

Mit dem tatsächlichen **Volumenstrom** $\dot{V}$ im eingeschnürten Querschnitt $\dot{V} = c_3 \cdot A_3$, der Kontraktionszahl $\alpha_K = \frac{A_3}{A_2}$ sowie der Geschwindigkeitszahl $\varphi = \frac{c_3}{c_2}$ erhält man durch Umformungen

$$A_3 = \alpha_K \cdot A_2 \quad \text{und} \quad c_3 = \varphi \cdot c_2$$

und daraus dann

$$\dot{V} = \alpha_K \cdot \varphi \cdot c_2 \cdot A_2.$$

Hierin muss noch die **Geschwindigkeit c_2** ermittelt werden: Die Bernoulli'sche Gleichung an den Stellen 1 und 2 (ohne Verluste),

$$\frac{p_1}{\rho_F} + \frac{c_1^2}{2} = \frac{p_2}{\rho_F} + \frac{c_2^2}{2},$$

liefert, mit $p_2 = p_B$, c_2.

Und zwar folgt umgestellt nach $\left(c_2^2/2\right)$

$$\frac{c_2^2}{2} = \frac{p_1}{\rho_F} - \frac{p_B}{\rho_F} + \frac{c_1^2}{2} \quad \text{oder} \quad \frac{c_2^2}{2} - \frac{c_1^2}{2} = \frac{p_1 - p_B}{\rho_F}.$$

Wird jetzt $\left(c_2^2/2\right)$ ausgeklammert, ergibt sich

$$\frac{c_2^2}{2} \cdot \left(1 - \frac{c_1^2}{c_2^2}\right) = \frac{p_1 - p_B}{\rho_F}.$$

Die Kontinuität $c_1 \cdot A_1 = c_2 \cdot A_2$ führt zu

$$\frac{c_1}{c_2} = \frac{A_2}{A_1},$$

wobei $A_2 = \frac{\pi}{4} \cdot d^2$ und $A_1 = \frac{\pi}{4} \cdot D^2$ lauten. Damit erhält man

$$\frac{c_1}{c_2} = \frac{d^2}{D^2} \quad \text{oder} \quad \frac{c_1^2}{c_2^2} = \frac{d^4}{D^4}.$$

Oben eingesetzt liefert das zunächst

$$\frac{c_2^2}{2} \cdot \left(1 - \frac{d^4}{D^4}\right) = \frac{p_1 - p_B}{\rho_F}.$$

Durch $\left(1 - \frac{d^4}{D^4}\right)$ dividiert wird das zu

$$\frac{c_2^2}{2} = \frac{1}{\left(1 - \frac{d^4}{D^4}\right)} \cdot \frac{p_1 - p_B}{\rho_F}$$

und mit 2 multipliziert zu

$$c_2^2 = \frac{1}{\left(1 - \frac{d^4}{D^4}\right)} \cdot 2 \cdot \frac{p_1 - p_B}{\rho_F}.$$

Wurzelziehen ergibt als vorläufiges Ergebnis

$$c_2 = \frac{1}{\sqrt{1 - \frac{d^4}{D^4}}} \cdot \sqrt{2 \cdot \frac{p_1 - p_B}{\rho_F}}.$$

Nun muss noch die **Druckdifferenz** $(p_1 - p_B)$ mit der Anzeige der Druckmesseinrichtung verknüpft werden: Am U-Rohr-Manometer erhält man gemäß Abb. 5.4 im Schnitt S–S bei Druckgleichheit

$$p_1 + \rho_F \cdot g \cdot a = p_B + \rho_{Hg} \cdot g \cdot h$$

oder, nach p_1 aufgelöst,

$$p_1 = p_B + \rho_{Hg} \cdot g \cdot h - \rho_F \cdot g \cdot a \quad \text{bzw.} \quad p_1 - p_B = \rho_{Hg} \cdot g \cdot h - \rho_F \cdot g \cdot a.$$

Oben eingesetzt folgt daraus

$$\dot{V} = \alpha_K \cdot \varphi \cdot A_2 \cdot \frac{1}{\sqrt{1 - \frac{d^4}{D^4}}} \cdot \sqrt{\frac{2}{\rho_F} \cdot \left(\rho_{Hg} \cdot g \cdot h - \rho_F \cdot g \cdot a\right)}$$

und als Ergebnis

$$\dot{V} = \frac{\alpha_K \cdot \varphi}{\sqrt{1 - \frac{d^4}{D^4}}} \cdot \frac{\pi}{4} \cdot d^2 \cdot \sqrt{2 \cdot g \cdot \left(\frac{\rho_{Hg}}{\rho_F} \cdot h - a\right)}.$$

Lösungsschritte – Fall 2

Für $\dot{V}$ bekommen wir, wenn $\rho_F = 840\,\text{kg/m}^3$, $\rho_{Hg} = 13\,550\,\text{kg/m}^3$, $D = 0,30\,\text{m}$, $d = 0,075\,\text{m}$, $h = 0,20\,\text{m}$, $a = 0,80\,\text{m}$, $\alpha_K = 0,62$ und $\varphi = 0,98$ gegeben sind,

$$\dot{V} = \frac{0,62 \cdot 0,98}{\sqrt{\left(1 - \frac{0,075^4}{0,30^4}\right)}} \cdot \frac{\pi}{4} \cdot 0,075^2 \cdot \sqrt{2 \cdot 9,81 \cdot \left(\frac{13\,550}{840} \cdot 0,20 - 0,80\right)}$$

$$\dot{V} = 0{,}01856\,\text{m}^3/\text{s}.$$

Aufgabe 5.6 Wasserströmung durch Messblende (EN ISO 5167)

Volumen- oder Massenströme lassen sich mit verschiedenen physikalischen Verfahren messen. Eine häufig verwendete Variante stellt die Wirkdruckmessung an sogenannten Drosselgeräten wie Messblende, Messdüse oder Venturi-Meter dar. Je nach Anforderungen an die Messgenauigkeit, die entstehenden Druckverluste und den benötigten Bauraum entscheidet man sich für eine der drei Varianten. Allen drei gemeinsam ist der entstehende Wirkdruck als Druckunterschied am Drosselgerät (Bernoulli'sche Energiegleichung). Unter Beachtung der Angaben in der jeweiligen Norm lässt sich der gesuchte Volumenstrom (Massenstrom) aufgrund des gemessenen Wirkdrucks ermitteln. Im vorliegenden Fall kommt eine genormte Messblende (EN ISO 5167) zum Einsatz, deren Rohrdurchmesser D und Öffnungsdurchmesser d bekannt sind (Abb. 5.5). Der Wirkdruck $\Delta p = p_1 - p_2$ wird auf ein U-Rohr-Manometer geschaltet, an welchem sich eine durch Δp hervorgerufene Messflüssigkeitshöhe h einstellt. Gesucht werden der Massen- und der Volumenstrom.

Abb. 5.5 Wasserströmung durch Messblende

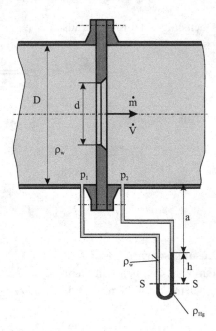

Lösung zu Aufgabe 5.6

Aufgabenerläuterung

Hintergrund der Aufgabe ist die Anwendung der in der Norm angegebenen Gleichung zur Bestimmung des Massen- bzw. Volumenstroms mit einer Messblende. Diese muss in allen Details den Normvorgaben entsprechen. Dann lassen sich die Korrekturfaktoren wie Durchflusszahl α und bei kompressiblen Fluiden die Expansionszahl ε den Normblättern entnehmen und der z. B. Massenstrom bei gemessenem Wirkdruck Δp, Öffnungsdurchmesser d und Fluiddichte ρ_W bestimmen. Da die Durchflusszahl α vom Durchmesserverhältnis d/D, aber auch von Re_D abhängt und die Reynolds-Zahl Re_D wiederum von der Geschwindigkeit c_D und folglich vom Volumenstrom $\dot{V}$ abhängig ist, wird bei der Anwendung ein Iterationsverfahren erforderlich.

Gegeben:

- ρ_W; ν_W; ρ_{Hg}; D; d; h

Gesucht:

1. $\dot{m}$
2. $\dot{V}$
3. $\dot{m}$ und $\dot{V}$, wenn $\rho_W = 998\,\text{kg/m}^3$; $\nu_W = 1,0 \cdot 10^{-6}\,\text{m}^2/\text{s}$; $\rho_{Hg} = 13\,550\,\text{kg/m}^3$; $D = 200\,\text{mm}$; $d = 100\,\text{mm}$; $h = 900\,\text{mm}$

Anmerkungen

- Massenstrom: $\dot{m} = \alpha \cdot \varepsilon \cdot \frac{\pi}{4} \cdot d^2 \cdot \sqrt{2 \cdot \Delta p \cdot \rho_W}$
- Durchflusszahl: $\alpha = f\left(\frac{d}{D}; Re_D\right)$
- Expansionszahl $\varepsilon = 1$ bedeutet inkompressibel

Lösungsschritte – Fall 1

Der **Massenstrom** $\dot{m}$ eines Fluids in einem Drosselgerät lässt sich gemäß o. g. Gleichung ermitteln

$$\dot{m} = \alpha \cdot \varepsilon \cdot \frac{\pi}{4} \cdot d^2 \cdot \sqrt{2 \cdot \Delta p \cdot \rho_W}.$$

Bei $\varepsilon = 1$ (Wasser) führt dies zu

$$\dot{m} = \alpha \cdot \frac{\pi}{4} \cdot d^2 \cdot \sqrt{2 \cdot \Delta p \cdot \rho_W},$$

hierbei sind

$$\alpha = f\left(\frac{d}{D}; Re_D\right); \quad Re_D = \frac{c_D \cdot D}{\nu_W}; \quad c_D = \frac{\dot{V}}{A_D}.$$

lauten.

Für den **Wirkdruck $\Delta p = p_1 - p_2$** erhält man am U-Rohr-Manometer gemäß Abb. 5.5 im Schnitt S–S bei Druckgleichheit

$$p_1 + \rho_W \cdot g \cdot (a + h) = p_2 + \rho_W \cdot g \cdot a + \rho_{Hg} \cdot g \cdot h$$

oder

$$\Delta p = p_1 - p_2 = g \cdot h \cdot \left(\rho_{Hg} - \rho_W\right).$$

Oben eingesetzt führt zunächst zu

$$\dot{m} = \alpha \cdot \frac{\pi}{4} \cdot d^2 \cdot \sqrt{2 \cdot g \cdot h \cdot \left(\rho_{Hg} - \rho_W\right) \cdot \rho_W}.$$

Wir bringen zum Schluss noch ρ_W vor die Wurzel:

$$\dot{m} = \alpha \cdot \frac{\pi}{4} \cdot d^2 \cdot \rho_W \cdot \sqrt{2 \cdot g \cdot h \cdot \left(\frac{\rho_{Hg}}{\rho_W} - 1\right)}.$$

Lösungsschritte – Fall 2

Mit $\dot{m} = \rho \cdot \dot{V}$ erhält man den **Volumenstrom** $\dot{V} = \frac{\dot{m}}{\rho_W}$ und somit als Resultat

$$\dot{V} = \alpha \cdot \frac{\pi}{4} \cdot d^2 \cdot \sqrt{2 \cdot g \cdot h \cdot \left(\frac{\rho_{Hg}}{\rho_W} - 1\right)}.$$

Lösungsschritte – Fall 3

Gesucht sind $\dot{m}$ und $\dot{V}$, wenn $\rho_W = 998\,\text{kg/m}^3$, $\nu_W = 1{,}0 \cdot 10^{-6}\,\text{m}^2/\text{s}$, $\rho_{Hg} = 13\,550\,\text{kg/m}^3$, $D = 200\,\text{mm}$, $d = 100\,\text{mm}$ und $h = 900\,\text{mm}$ vorgegeben sind.

Für den **Massenstrom** $\dot{m}$ müssen wir die o. g. Gleichung

$$\dot{m} = \alpha \cdot \frac{\pi}{4} \cdot 0{,}10^2 \cdot 998 \cdot \sqrt{2 \cdot 9{,}81 \cdot 0{,}90 \cdot \left(\frac{13\,550}{998} - 1\right)} = \alpha \cdot 116{,}81$$

iterieren.

1. Iterationsschritt Annahme:

$$Re_{D_1} = 1 \cdot 10^6$$

Mit $d/D = 0{,}50$ und $Re_{D_1} = 1 \cdot 10^6$ wird gemäß (EN ISO 5167)

$$\alpha_1 = 0{,}6227.$$

Es resultieren

$$\dot{m}_1 = 0{,}6227 \cdot 116{,}81 = 72{,}738\,\text{kg/s}$$

und

$$\dot{V}_1 = \frac{\dot{m}_1}{\rho_\text{w}} = \frac{72{,}738}{998} = 0{,}07288\,\text{m}^3/\text{s}.$$

Somit sind

$$c_{D_1} = \frac{4 \cdot \dot{V}_1}{\pi \cdot D^2} = \frac{4 \cdot 0{,}07288}{\pi \cdot 0{,}2^2} = 2{,}320\,\text{m/s}$$

und

$$Re_{D_2} = \frac{c_{D_1} \cdot D}{\nu_\text{w}} = \frac{2{,}320 \cdot 0{,}20}{1{,}0} \cdot 10^6 = 464\,000.$$

2. Iterationsschritt

$$Re_{D_2} = 464\,000$$

Mit $d/D = 0{,}50$ und $Re_{D_2} = 464\,000$ wird gemäß (EN ISO 5167)

$$\alpha_2 = 0{,}6233.$$

Es resultieren

$$\dot{m}_2 = 0{,}6233 \cdot 116{,}81 = 72{,}808\,\text{kg/s}$$

und

$$\dot{V}_2 = \frac{\dot{m}_2}{\rho_\text{w}} = \frac{72{,}808}{998} = 0{,}07295\,\text{m}^3/\text{s}.$$

Wegen

$$\frac{\Delta \dot{m}}{\dot{m}_2} = \frac{\dot{m}_2 - \dot{m}_1}{\dot{m}_2} = \frac{72{,}808 - 72{,}738}{72{,}808} = 0{,}00096 \equiv 0{,}10\,\%$$

kann die Iteration hier abgebrochen werden. Das Ergebnis lautet

$$\dot{m}_2 = 72{,}808 \, \text{kg/s}.$$

Mit $\dot{V} = \frac{\dot{m}}{\rho_\text{W}}$ lässt sich der **Volumenstrom** $\dot{V}$ wie folgt berechnen:

$$\dot{V} = \frac{72{,}808}{998} = 0{,}07295 \, \text{m}^3/\text{s}.$$

Aufgabe 5.7 Strömung aus scharfkantigem Loch im Boden eines Kegelstumpfes

Im Boden eines kegelstumpfförmigen offenen Behälters ist gemäß Abb. 5.6 ein scharf-kantiges, kreisförmiges Loch zu erkennen, durch welches Wasser ins Freie fließt. Zur Zeit $t = 0$ ist die Wasserhöhe H über dem Boden ebenso bekannt wie der Durchmesser D des betreffenden Wasserspiegels. Gleichfalls gegeben ist der Durchmesser d des Bodens. Ermittelt werden soll der Durchmesser d_2 des Lochs, wenn das Wasser von H aus in der Zeit $t = T_0$ vollständig aus dem Behälter abfließt. Hierbei wird von einer bekannten Aus-flusszahl α ausgegangen.

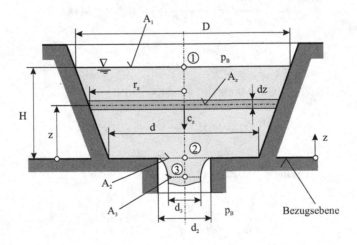

Abb. 5.6 Strömung aus scharfkantigem Loch im Boden eines Kegelstumpfes

Lösung zu Aufgabe 5.7

Aufgabenerläuterung

Ausgangspunkt des Lösungswegs ist der Austrittsquerschnitt A_2, der in Verbindung mit dem gesuchten Durchmesser d_2 steht. In Verbindung mit der Kontraktionszahl α_K und der Geschwindigkeitszahl φ kommen der Volumenstrom $\dot{V}(t)$ und die Geschwindigkeit $c_2(t)$ zur Anwendung. Hierbei wird die Integration des infinitesimalen Volumenstroms $d\dot{V}(t)$ erforderlich ebenso wie die Torricelli'sche Ausflussgleichung für $c_2(t)$.

Gegeben:

- D; d; H; T_0; α

Gesucht:

1. d_2, wenn der Kegelstumpf von H aus in der Zeit $t = T_0$ entleert sein soll
2. d_2, wenn $D = 3{,}0\,\text{m}$; $d = 1{,}5\,\text{m}$; $H = 3{,}5\,\text{m}$; $T_0 = 480\,\text{s}$; $\alpha = 0{,}62$

Anmerkungen

- $\int \frac{\partial c}{\partial t} \cdot ds \ll$, d. h. quasi-stationäre Strömung
- $\alpha = \alpha_K \cdot \varphi$: Ausflusszahl
- Alle zeitabhängigen Größen werden ohne „(t)" angeschrieben.

Lösungsschritte – Fall 1

Für den **Durchmesser d_2** finden wir mit $A_2 = \frac{\pi}{4} \cdot d_2^2$ durch Umformung

$$d_2^2 = \frac{4}{\pi} \cdot A_2.$$

A_2 lässt sich mit der Kontraktionszahl $\alpha_K = \frac{A_3}{A_2}$, der Durchflussgleichung $\dot{V} = A_3 \cdot c_3$ sowie der Geschwindigkeitszahl $\varphi = \frac{c_3}{c_2}$ ersetzen gemäß

$$A_2 = \frac{\dot{V}}{\alpha_K \cdot \varphi \cdot c_2}$$

oder, da $\alpha = \alpha_K \cdot \varphi$, vereinfacht auch

$$A_2 = \frac{\dot{V}}{\alpha \cdot c_2}.$$

Oben eingesetzt liefert dies zunächst

$$d_2^2 = \frac{4}{\pi} \cdot \frac{\dot{V}}{\alpha \cdot c_2}.$$

Hierin müssen $\dot{V}$ und c_2 mittels gegebener Größen in Abb. 5.6 ersetzt werden.

Für den **Volumenstrom** $\dot{V}$ haben wir an der Stelle z die Durchflussgleichung $\dot{V} = c_z \cdot A_z$. Gemäß Abb. 5.6 ist $c_z = -\frac{dz}{dt}$. Das negative Vorzeichen erscheint deshalb, weil c_z entgegen der z-Richtung gerichtet ist. Weiterhin ist $A_z = \pi \cdot r_z^2$. Man erhält dann

$$\dot{V} = -\frac{dz}{dt} \cdot \pi \cdot r_z^2.$$

Der Radius r_z muss noch in Abhängigkeit von der Koordinate z gebracht werden. Nach Abb. 5.6 folgt

$$\frac{\left(r_z - \frac{d}{2}\right)}{z} = \frac{\left(\frac{D}{2} - \frac{d}{2}\right)}{H}.$$

Hieraus wird nach Multiplikation mit z

$$r_z - \frac{d}{2} = \frac{D - d}{2 \cdot H} \cdot z$$

oder umgeformt

$$r_z = \frac{d}{2} + \frac{D - d}{2 \cdot H} \cdot z = \frac{1}{2} \cdot \left(d + \frac{D - d}{H} \cdot z\right).$$

Quadrieren führt zu

$$r_z^2 = \frac{1}{4} \cdot \left(d + \frac{D - d}{H} \cdot z\right)^2.$$

Oben eingesetzt liefert dies

$$\dot{V} = -\frac{dz}{dt} \cdot \frac{\pi}{4} \cdot \left(d + \frac{D - d}{H} \cdot z\right)^2.$$

Zur **Geschwindigkeit** c_2 führt uns die Torricelli'sche Ausflussgleichung, wenn $c_z \ll c_2$ angenommen wird und sich der Flüssigkeitsspiegel an der Stelle z befindet,

$$c_2 = \sqrt{2 \cdot g \cdot z}.$$

Werden $\dot{V}$ und c_2 in die Ausgangsgleichung eingesetzt, erhält man zunächst

$$d_2^2 = \frac{4}{\pi} \cdot \frac{\left(-\frac{dz}{dt}\right) \cdot \frac{\pi}{4} \cdot \left(d + \frac{D-d}{H} \cdot z\right)^2}{\alpha \cdot \sqrt{2 \cdot g \cdot z}}$$

oder, umgeformt,

$$d_2^2 = \frac{1}{\alpha \cdot \sqrt{2 \cdot g}} \cdot \frac{\left(-\frac{dz}{dt}\right) \cdot \left(d + \frac{D-d}{H} \cdot z\right)^2}{\sqrt{z}}.$$

Wir multiplizieren mit $\left(\alpha \cdot \sqrt{2 \cdot g}\right)$,

$$d_2^2 \cdot \alpha \cdot \sqrt{2 \cdot g} = \left(-\frac{dz}{dt}\right) \cdot \frac{\left(d + \frac{D-d}{H} \cdot z\right)^2}{\sqrt{z}},$$

und dann mit $\left[(-dt) \cdot \frac{1}{d_2^2 \cdot \alpha \cdot \sqrt{2 \cdot g}}\right]$:

$$-dt = \frac{1}{d_2^2 \cdot \alpha \cdot \sqrt{2 \cdot g}} \cdot \frac{\left(d + \frac{D-d}{H} \cdot z\right)^2}{\sqrt{z}} \cdot dz.$$

Nun wird die Klammer ausmultipliziert:

$$-dt = \frac{1}{d_2^2 \cdot \alpha \cdot \sqrt{2 \cdot g}} \cdot \frac{d^2 + 2 \cdot d \cdot \frac{D-d}{H} \cdot z + \frac{(D-d)^2}{H^2} \cdot z^2}{\sqrt{z}} \cdot dz$$

$$= \frac{1}{d_2^2 \cdot \alpha \cdot \sqrt{2 \cdot g}} \cdot \left[\frac{d^2}{\sqrt{z}} + 2 \cdot d \cdot \frac{D-d}{H} \cdot \frac{z}{\sqrt{z}} + \frac{(D-d)^2}{H^2} \cdot \frac{z^2}{\sqrt{z}}\right] \cdot dz$$

$$= \frac{1}{d_2^2 \cdot \alpha \cdot \sqrt{2 \cdot g}}$$

$$\cdot \left[d^2 \cdot z^{-1/2} \cdot dz + 2 \cdot d \cdot \frac{D-d}{H} \cdot z^{1/2} \cdot dz + \frac{(D-d)^2}{H^2} \cdot z^{3/2} \cdot dz\right].$$

Substituiert man zur Vereinfachung

$$K \equiv d_2^2 \cdot \alpha \cdot \sqrt{2 \cdot g}; \quad a \equiv d^2; \quad b = 2 \cdot d \cdot \frac{D-d}{H}; \quad c \equiv \frac{(D-d)^2}{H^2},$$

so erhält man

$$-\mathrm{d}t = \frac{1}{K} \cdot \left(a \cdot z^{-1/2} \cdot \mathrm{d}z + b \cdot z^{1/2} \cdot \mathrm{d}z + c \cdot z^{3/2} \cdot \mathrm{d}z\right).$$

Die Integration führt auf

$$-\int\limits_{0}^{T_0} \mathrm{d}t = \frac{1}{K} \cdot \left(a \cdot \int\limits_{H}^{0} z^{-1/2} \cdot \mathrm{d}z + b \cdot \int\limits_{H}^{0} z^{1/2} \cdot \mathrm{d}z + c \cdot \int\limits_{H}^{0} z^{3/2} \cdot \mathrm{d}z\right)$$

und folglich

$$-T_0 = \frac{1}{K} \cdot \left[a \cdot \frac{1}{-\frac{1}{2}+1} \cdot z^{-\frac{1}{2}+1}\Big|_{H}^{0} + b \cdot \frac{1}{\frac{1}{2}+1} \cdot z^{\frac{1}{2}+1}\Big|_{H}^{0} + c \cdot \frac{1}{\frac{3}{2}+1} \cdot z^{\frac{3}{2}+1}\Big|_{H}^{0}\right]$$

bzw., nach Vertauschen der Grenzen und Zusammenfassen,

$$T_0 = \frac{1}{K} \cdot \left(2 \cdot a \cdot z^{1/2}\Big|_{0}^{H} + \frac{2}{3} \cdot b \cdot z^{3/2}\Big|_{0}^{H} + \frac{2}{5} \cdot c \cdot z^{5/2}\Big|_{0}^{H}\right).$$

Wir setzen die Grenzen ein,

$$T_0 = \frac{1}{K} \cdot \left(2 \cdot a \cdot H^{1/2} + \frac{2}{3} \cdot b \cdot H \cdot H^{1/2} + \frac{2}{5} \cdot c \cdot H^2 \cdot H^{1/2}\right),$$

und klammern $(2 \cdot H^{1/2})$ aus, das ergibt

$$T_0 = \frac{2 \cdot H^{1/2}}{K} \cdot \left(a + \frac{1}{3} \cdot b \cdot H + \frac{1}{5} \cdot c \cdot H^2\right).$$

Nach Einsetzen der substituierten Größen erhält man

$$T_0 = \frac{2 \cdot H^{1/2}}{d_2^2 \cdot \alpha \cdot \sqrt{2 \cdot g}} \cdot \left[d^2 + \frac{1}{3} \cdot 2 \cdot d \cdot \frac{D-d}{H} \cdot H + \frac{1}{5} \cdot \frac{(D-d)^2}{H^2} \cdot H^2\right]$$

oder, zusammengefasst und gekürzt,

$$T_0 = \frac{\sqrt{2 \cdot g \cdot H}}{d_2^2 \cdot \alpha \cdot g} \cdot \left[d^2 + \frac{2}{3} \cdot d \cdot (D-d) + \frac{1}{5} \cdot (D-d)^2\right].$$

Multiplizieren mit $\left(\frac{d_2^2}{T_0}\right)$ ergibt zunächst

$$d_2^2 = \frac{\sqrt{2 \cdot g \cdot H}}{T_0 \cdot \alpha \cdot g} \cdot \left[d^2 + \frac{2}{3} \cdot d \cdot (D-d) + \frac{1}{5} \cdot (D-d)^2\right],$$

woraus wir durch Wurzelziehen zum Ergebnis gelangen:

$$d_2 = \sqrt{\frac{\sqrt{2 \cdot g \cdot H}}{T_0 \cdot \alpha \cdot g} \cdot \left[d^2 + \frac{2}{3} \cdot d \cdot (D - d) + \frac{1}{5} \cdot (D - d)^2\right]}.$$

Lösungsschritte – Fall 2

Wir berechnen d_2, wenn $D = 3,0\,\text{m}$, $d = 1,5\,\text{m}$, $H = 3,5\,\text{m}$, $T_0 = 480\,\text{s}$ und $\alpha = 0,62$ gegeben sind, zu

$$d_2 = \sqrt{\frac{\sqrt{2 \cdot 9,81 \cdot 3,5}}{480 \cdot 0,62 \cdot 9,81} \cdot \left[1,5^2 + \frac{2}{3} \cdot 1,5 \cdot (3 - 1,5) + \frac{1}{5} \cdot (3 - 1,5)^2\right]},$$

mithin

$$d_2 = 0,109\,\text{m}.$$

Aufgabe 5.8 Tauchstrahl zwischen zwei Kammern

In Abb. 5.7 sind zwei zum Zeitpunkt t unterschiedlich hoch befüllte Wasserbehälter $Z_1(t)$ sowie $Z_2(t)$ zu erkennen, die durch eine Wand voneinander getrennt sind. Die Behälter weisen verschiedene Wasserspiegeloberflächen A_1 und A_2 auf. In der Wand befindet sich in der Höhe Z_M ein scharfkantiges Loch mit der Querschnittsfläche A_M. Das Loch sei zu der Zeit $t = 0$ noch verschlossen, wobei der Wasserhöhenunterschied mit $h(t = 0)$ bekannt ist. Nach dem plötzlichen Öffnen des Lochs strömt Wasser aus Kammer 1 in Kammer 2. Beim Durchströmen schnürt sich der Strahl zwischen „M" und „K" ein und verliert aufgrund der Verluste noch an Geschwindigkeit von c_M auf c. Diese Vorgänge werden in der Kontraktionszahl α_K und der Geschwindigkeitszahl φ berücksichtigt. Gesucht wird die Zeit $t = T$, bei der kein Höhenunterschied der Wasserspiegel mehr vorliegt. Hierbei wird von bekannten Flächen A_1, A_2 und A_M, gegebener Ausflusszahl α sowie dem Anfangswert $h(t = 0)$ ausgegangen.

Lösung zu Aufgabe 5.8

Aufgabenerläuterung

Mit der Definition des Volumenstroms als zeitliche Volumenänderung lässt sich die gesuchte Zeit durch einfaches Umstellen dieser Gleichung ermitteln. Hierbei müssen die

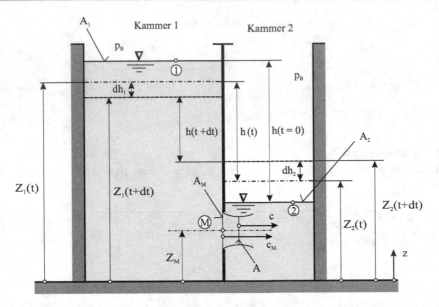

Abb. 5.7 Tauchstrahl zwischen zwei Kammern

benötigten Volumina und der Volumenstrom mit den gegebenen Größen ersetzt werden. Eine einfache Integration liefert unter Berücksichtigung der Randbedingungen (Grenzen) das Ergebnis.

Gegeben:

- A_1; A_2; A_M; α; $h(t = 0)$

Gesucht:

1. die Zeit T, bis Gleichstand der Wasserspiegel vorliegt, also $h(T) = 0$ ist.
2. T, wenn: $A_1 = 15\,\mathrm{m}^2$; $A_2 = 6\,\mathrm{m}^2$; $A_M = 0{,}017\,67\,\mathrm{m}^2$; $\alpha = 0{,}62$; $h(t = 0) = 2{,}5\,\mathrm{m}$

Anmerkungen

- $\int \frac{\partial c}{\partial t} \cdot \mathrm{d}s \ll$, d. h. quasi-stationäre Strömung
- $\alpha = \alpha_K \cdot \varphi$: Ausflusszahl
- Alle zeitabhängigen Größen werden (bis auf eine Ausnahme**) ohne „(t)" angeschrieben.

Lösungsschritte – Fall 1

Zur Ermittlung der **Zeit** T bietet sich der Volumenstrom $\dot{V}$ an, der als zeitliche Volumenänderung $\dot{V} = \frac{dV}{dt}$ definiert ist. Eine einfache Umstellung liefert

$$dV = \dot{V} \cdot dt.$$

Der benötigte tatsächliche Volumenstrom $\dot{V}$ im engsten Querschnitt A mit Strahlkontraktion und Verlusten lautet

$$\dot{V} = c \cdot A.$$

Mit der Kontraktionszahl $\alpha_K = \frac{A}{A_M}$ und der Geschwindigkeitszahl $\varphi = \frac{c}{c_M}$ erhält man dann zunächst

$$\dot{V} = \alpha_K \cdot \varphi \cdot A_M \cdot c_M.$$

Verwendet man noch die Ausflusszahl $\alpha = \alpha_K \cdot \varphi$, so entsteht

$$\dot{V} = \alpha \cdot A_M \cdot c_M.$$

Im Fall des „Tauchstrahls" kann mit der Annahme $c_1 \ll c_M$ der Zusammenhang

$$c_M = \sqrt{2 \cdot g \cdot h}$$

hergeleitet werden. Oben eingesetzt führt dies zu

$$\dot{V} = \alpha \cdot A_M \cdot \sqrt{2 \cdot g \cdot h}.$$

Somit wird

$$dV = \alpha \cdot A_M \cdot \sqrt{2 \cdot g \cdot h} \cdot dt.$$

Das hierin benötigte **Volumenelement dV** lässt sich gemäß Abb. 5.7 weiterhin wie folgt angeben: Das absinkende Volumen dV_1 in Kammer 1 ist gleich dem ansteigenden Volumen dV_2 in Kammer 2. Gemäß Abb. 5.7 sind $dV_1 = dh_1 \cdot A_1$ und $dV_2 = dh_2 \cdot A_2$. Beide

Volumina sind gleich, also ist

$$dV_1 = dV_2 = dV.$$

Hieraus folgt $dh_1 \cdot A_1 = dh_2 \cdot A_2$ oder

$$dh_2 = dh_1 \cdot \frac{A_1}{A_2}.$$

Des Weiteren ist gemäß $y(x + dx) - y(x) = dy$ im vorliegenden Fall

$$h(t) - h(t + dt) = -dh **$$

und gemäß Abb. 5.7 auch

$$h(t) - h(t + dt) = dh_1 + dh_2 = -dh.$$

Somit folgt

$$-dh = dh_1 + dh_1 \cdot \frac{A_1}{A_2} = dh_1 \cdot \left(1 + \frac{A_1}{A_2}\right) \quad \text{oder} \quad dh_1 = -\frac{dh}{\left(1 + \frac{A_1}{A_2}\right)}.$$

Gleichfalls ist $dV (= dV_1) = dh_1 \cdot A_1$ und folglich

$$dV = -\frac{A_1}{\left(1 + \frac{A_1}{A_2}\right)} \cdot dh.$$

Verknüpft man dV aus dieser und der oben ermittelten Gleichung, so folgt

$$\alpha \cdot A_M \cdot \sqrt{2 \cdot g \cdot h} \cdot dt = -\frac{A_1}{\left(1 + \frac{A_1}{A_2}\right)} \cdot dh.$$

Umgeformt nach dt wird daraus

$$dt = -\frac{A_1}{\left(1 + \frac{A_1}{A_2}\right) \cdot \alpha \cdot A_M \cdot \sqrt{2 \cdot g}} \cdot \frac{dh}{\sqrt{h}},$$

wonach wir noch A_1 im Nenner ausklammern und kürzen:

$$\mathrm{d}t = -\frac{1}{\left(\frac{1}{A_1} + \frac{1}{A_2}\right) \cdot \alpha \cdot A_{\mathrm{M}} \cdot \sqrt{2 \cdot g}} \cdot \frac{\mathrm{d}h}{\sqrt{h}}.$$

Mit der Substitution

$$K \equiv \frac{1}{\left(\frac{1}{A_1} + \frac{1}{A_2}\right) \cdot \alpha \cdot A_{\mathrm{M}} \cdot \sqrt{2 \cdot g}}$$

erhält man das Grundintegral

$$\mathrm{d}t = -K \cdot \frac{\mathrm{d}h}{\sqrt{h}}.$$

Die Integration

$$\int_{t=0}^{t=T} \mathrm{d}t = -K \cdot \int_{h(t=0)}^{h(T)=0} \frac{\mathrm{d}h}{\sqrt{h}} = K \cdot \int_{h(T)=0}^{h(t=0)} \frac{\mathrm{d}h}{\sqrt{h}}$$

liefert

$$T = K \cdot \left.\frac{h^{1/2}}{\left(-\frac{1}{2}+1\right)}\right|_{h(T)=0}^{h(t=0)} = 2 \cdot K \cdot \sqrt{h(t=0)}.$$

Mit K von oben wird daraus

$$T = \frac{2}{\left(\frac{1}{A_1} + \frac{1}{A_2}\right) \cdot \alpha \cdot A_{\mathrm{M}} \cdot \sqrt{2 \cdot g}} \cdot \sqrt{h(t=0)}.$$

Lösungsschritte – Fall 2

Wenn die Zahlenwerte $A_1 = 15\,\text{m}^2$, $A_2 = 6\,\text{m}^2$, $A_M = 0{,}01767\,\text{m}^2$, $\alpha = 0{,}62$ und $h(t = 0) = 2{,}5\,\text{m}$ gegeben sind, berechnet sich die gesuchte Zeit zu

$$T = \frac{2}{\left(\frac{1}{15} + \frac{1}{6}\right) \cdot 0{,}62 \cdot 0{,}01767 \cdot \sqrt{2 \cdot 9{,}81}} \cdot \sqrt{2{,}5}$$

$$T = 279\,\text{s}.$$

Aufgabe 5.9 Konischer Wassertank mit Blendenöffnung ins Freie

Aus einem offenen konischen Behälter strömt Wasser durch eine am Fuß installierte scharfkantige Blendenöffnung ins Freie. Die Breite B des Behälters in Abb. 5.8 ist konstant. Ab der Blendenöffnung „M" schnürt sich der Wasserstrahl von A_M auf A zusammen. Des Weiteren verringert sich aufgrund der Reibungsverluste in diesem Kontraktionsbereich die Mündungsgeschwindigkeit von c_M auf die im engsten Querschnitt A vorliegende Geschwindigkeit c. Beide Vorgänge finden ihren Niederschlag in der Ausflusszahl α. Wenn in der Bezugsebene des Behälters (Stelle 1) die Fläche A_1 bekannt ist ebenso wie die in der Höhe Z_2 vorliegende Fläche A_2 und auch die Mündungsfläche A_M, soll die Zeit ermittelt werden, die der Flüssigkeitsspiegel benötigt, um von der Höhe Z_3 auf die Höhe Z_4 abzusinken. Hierbei wird von einer bekannten Ausflusszahl α ausgegangen.

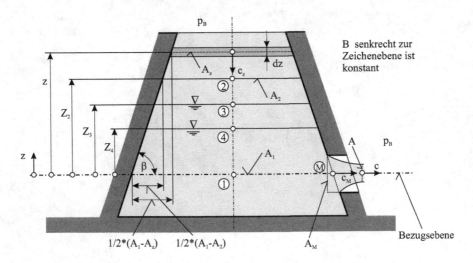

Abb. 5.8 Konischer Wassertank mit Blendenöffnung ins Freie

Lösung zu Aufgabe 5.9

Aufgabenerläuterung

Benötigt wird zunächst die Durchflussgleichung des tatsächlichen Volumenstroms im engsten Querschnitt A. Dieser Volumenstrom ist an jeder beliebigen Stelle z im Behälter zu einer jeweils festen Zeit konstant (quasi-stationär). Mit der Formulierung dieses Volumenstroms im Behälter an der Stelle z kommt die dort vorhandene Absinkgeschwindigkeit als zeitliche Höhenänderung und die bei z vorliegende Querschnittsfläche zur Anwendung. Unter Berücksichtigung der gegebenen Größen gemäß Abb. 5.8 liefert nach Umstellungen eine Integration das gesuchte Ergebnis.

Gegeben:

- A_1; A_2; A_M; $\alpha = \alpha_K \cdot \varphi$; Z_2; Z_3; Z_4

Gesucht:

1. $T_{3;4}$ zum Absenken des Wasserspiegels von Z_3 nach Z_4.
2. $T_{3;4}$, wenn $A_1 = 2\,\text{m}^2$; $A_2 = 1\,\text{m}^2$; $A_M = 0{,}007854\,\text{m}^2$; $\alpha = 0{,}65$; $Z_2 = 3\,\text{m}$; $Z_3 = 2{,}5\,\text{m}$; $Z_4 = 1\,\text{m}$

Anmerkungen

- $\int \frac{\partial c}{\partial t} \cdot \mathrm{d}s \ll$, d. h. quasi-stationäre Strömung
- $\alpha = \alpha_K \cdot \varphi$: Ausflusszahl
- Alle zeitabhängigen Größen werden ohne „(t)" angeschrieben.

Lösungsschritte – Fall 1

Zur Ermittlung der **Zeit $T_{3;4}$** bietet sich der tatsächliche Volumenstrom $\dot{V} = c \cdot A$ an, der zwar von der Zeit t abhängt, aber im Strahl und im Behälter zu jeweils gleichen Zeiten t gleich groß ist. Mit der Strahlkontraktion $\alpha_K = \frac{A}{A_M}$ und der Geschwindigkeitszahl $\varphi = \frac{c}{c_M}$ erhält man

$$\dot{V} = \alpha_K \cdot \varphi \cdot A_M \cdot c_M.$$

Wegen $\alpha = \alpha_K \cdot \varphi$ wird daraus

$$\dot{V} = \alpha \cdot A_M \cdot c_M.$$

Hierin fehlt noch die **Mündungsgeschwindigkeit c_M**. Die Bernoulli-Gleichung ohne Verluste bei z und „M" liefert unter der Voraussetzung, dass $c_z \ll c_M$,

$$c_M = \sqrt{2 \cdot g \cdot z}.$$

Oben eingesetzt führt dies zu

$$\dot{V} = \alpha \cdot A_\text{M} \cdot \sqrt{2 \cdot g \cdot z}.$$

Dieser Volumenstrom muss nun noch mit der Spiegelabsinkgeschwindigkeit c_z verknüpft werden. Mit der diesbezüglichen zeitlichen Höhenänderung kann nach Umformung die gesuchte Zeit mittels Integration gefunden werden. Der Volumenstrom bei z lautet wie folgt

$$\dot{V} = c_z \cdot A_z.$$

Hierin wird $c_z = -\frac{dz}{dt}$ gesetzt. Das negative Vorzeichen muss verwendet werden, um die von z verschiedene Strömungsrichtung zu berücksichtigen. Somit erhält man zunächst

$$\dot{V} = A_z \cdot \left(-\frac{dz}{dt}\right)$$

und unter Verwendung der o. g. Gleichung dann

$$A_z \cdot \left(-\frac{dz}{dt}\right) = \alpha \cdot A_\text{M} \cdot \sqrt{2 \cdot g \cdot z}.$$

Bei der nun erforderlichen Ermittlung der **Fläche A_z** muss A_z in Verbindung mit gegebenen Größen und der Koordinate z gebracht werden. Gemäß Abb. 5.8 ist

$$\tan \beta = \frac{z}{\frac{1}{2} \cdot (A_1 - A_z)} = \frac{Z_2}{\frac{1}{2} \cdot (A_1 - A_2)}.$$

Mit $\Delta A = A_1 - A_2$ erhält man dann

$$A_1 - A_z = \Delta A \cdot \frac{z}{Z_2}$$

oder hieraus

$$A_z = A_1 - \Delta A \cdot \frac{z}{Z_2}.$$

Oben eingesetzt folgt damit

$$\left(A_1 - \Delta A \cdot \frac{z}{Z_2} \right) \cdot \left(-\frac{dz}{dt} \right) = \alpha \cdot A_M \cdot \sqrt{2 \cdot g} \cdot \sqrt{z}.$$

Mit der Substitution

$$K \equiv \alpha \cdot A_M \cdot \sqrt{2 \cdot g}$$

erhält man zunächst

$$\left(A_1 - \Delta A \cdot \frac{z}{Z_2} \right) \cdot \left(-\frac{dz}{dt} \right) = K \cdot \sqrt{z}$$

und nach einer Umformung

$$\Delta A \cdot \frac{z}{Z_2} \cdot \frac{dz}{dt} - A_1 \cdot \frac{dz}{dt} = K \cdot \sqrt{z}.$$

Mit dt multipliziert führt dies zu

$$\Delta A \cdot \frac{z}{Z_2} \cdot dz - A_1 \cdot dz = K \cdot \sqrt{z} \cdot dt.$$

Division durch $\sqrt{z}$ ergibt

$$\frac{\Delta A}{Z_2} \cdot \frac{z}{\sqrt{z}} \cdot dz - A_1 \cdot \frac{1}{\sqrt{z}} \cdot dz = K \cdot dt$$

und Division durch K liefert dann

$$dt = \frac{\Delta A}{Z_2} \cdot \frac{1}{K} \cdot z^{1/2} \cdot dz - \frac{A_1}{K} \cdot z^{-1/2} \cdot dz.$$

Substituiert man zur besseren Übersicht weiterhin

$$K_1 \equiv \frac{\Delta A}{Z_2} \cdot \frac{1}{K} \quad \text{und} \quad K_2 \equiv \frac{A_1}{K},$$

so folgt

$$dt = K_1 \cdot z^{1/2} \cdot dz - K_2 \cdot z^{-1/2} \cdot dz.$$

Die Integration zwischen $t = 0$ und $t = T_{3;4}$ bzw. $z = Z_3$ und $z = Z_4$ lautet

$$\int_0^{T_{3;4}} \mathrm{d}t = K_1 \cdot \int_{Z_3}^{Z_4} z^{1/2} \cdot \mathrm{d}z - K_2 \cdot \int_{Z_3}^{Z_4} z^{-1/2} \cdot \mathrm{d}z,$$

sie ergibt

$$t\big|_0^{T_{3;4}} = K_1 \cdot \frac{1}{\frac{1}{2}+1} \cdot z^{\frac{1}{2}+1}\bigg|_{Z_3}^{Z_4} - K_2 \cdot \frac{1}{-\frac{1}{2}+1} \cdot z^{-\frac{1}{2}+1}\bigg|_{Z_3}^{Z_4}$$

oder

$$T_{3;4} = \frac{2}{3} \cdot K_1 \cdot z^{3/2}\big|_{Z_3}^{Z_4} - 2 \cdot K_2 \cdot z^{1/2}\big|_{Z_3}^{Z_4}.$$

Mit eingesetzten Grenzen entsteht

$$T_{3;4} = \frac{2}{3} \cdot K_1 \cdot \left(Z_4^{3/2} - Z_3^{3/2}\right) - 2 \cdot K_2 \cdot \left(Z_4^{1/2} - Z_3^{1/2}\right).$$

Die Rücksubstitutionen,

$$T_{3;4} = \frac{2}{3} \cdot \frac{\Delta A}{Z_2} \cdot \frac{1}{\alpha \cdot A_\mathrm{M} \cdot \sqrt{2 \cdot g}} \cdot \left(Z_4^{3/2} - Z_3^{3/2}\right) - 2 \cdot \frac{A_1}{\alpha \cdot A_\mathrm{M} \cdot \sqrt{2 \cdot g}} \cdot \left(Z_4^{1/2} - Z_3^{1/2}\right),$$

führen dann zum gesuchten Resultat

$$T_{3;4} = \frac{2}{\alpha \cdot A_\mathrm{M} \cdot \sqrt{2 \cdot g}}$$
$$\cdot \left[\frac{1}{3} \cdot \frac{\Delta A}{Z_2} \cdot \left(Z_4^{3/2} - Z_3^{3/2}\right) - A_1 \cdot \left(Z_4^{1/2} - Z_3^{1/2}\right) \text{ wobei } \Delta A = A_1 - A_2\right]$$

Lösungsschritte – Fall 2

Die Zeit $T_{3;4}$ berechnet sich, wenn $A_1 = 2\,\mathrm{m}^2$, $A_2 = 1\,\mathrm{m}^2$, $A_\mathrm{M} = 0{,}007854\,\mathrm{m}^2$, $\alpha = 0{,}65$, $Z_2 = 3\,\mathrm{m}$, $Z_3 = 2{,}5\,\mathrm{m}$ und $Z_4 = 1\,\mathrm{m}$ vorgegeben sind, zu

$$T_{3;4} = \frac{2}{0{,}65 \cdot 0{,}007854 \cdot \sqrt{2 \cdot 9{,}81}} \cdot \left[\frac{1}{3} \cdot \frac{1}{3} \cdot \left(1^{3/2} - 2{,}5^{3/2}\right) - 2 \cdot \left(1^{1/2} - 2{,}5^{1/2}\right)\right]$$

$$T_{3;4} = 73{,}8\,\mathrm{s}.$$

Aufgabe 5.10 Gefäßkontur bei Wasserstrahl ins Freie

Aus einem offenen, becherförmigen Behälter strömt Wasser durch eine am Fuß installierte scharfkantige Blendenöffnung ins Freie (Abb. 5.9). Ab der Blendenöffnung „M" schnürt sich der Wasserstrahl von A_M auf A zusammen. Des Weiteren verringert sich aufgrund der Reibungsverluste in diesem Kontraktionsbereich die Mündungsgeschwindigkeit von c_M auf die im engsten Querschnitt A vorliegende Geschwindigkeit c. Beide Vorgänge finden ihren Niederschlag in der Ausflusszahl α. Unter der Voraussetzung, dass die Spiegelabsinkgeschwindigkeit c_z in jeder Höhe z **gleich groß** sein soll, wird die Abhängigkeit des Becherdurchmessers von z gesucht, also $d = d(z)$. Hierbei wird von einer bekannten Ausflusszahl α ausgegangen.

Lösung zu Aufgabe 5.10

Aufgabenerläuterung
Benötigt wird zunächst die Durchflussgleichung des tatsächlichen Volumenstroms im engsten Querschnitt A. Dieser zeitabhängige Volumenstrom ist jedoch an jeder beliebigen Stelle z im Becher zu einer jeweils festen Zeit gleich groß (quasi-stationär). Mit der Formulierung dieses Volumenstroms im Behälter an der Stelle z kommt die dort vorhandene, konstant vorgegebene Absinkgeschwindigkeit c_z und die Querschnittsfläche A_z zur Anwendung. Unter weiterer Berücksichtigung der gegebenen Größen gemäß Abb. 5.9 und der Ausflusszahl α erhält man den gesuchten Becherdurchmesser $d = d(z)$.

Gegeben:

* $c_z = $ konstant; D_M; α; g

Abb. 5.9 Gefäßkontur bei
Wasserstrahl ins Freie

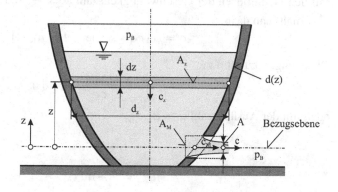

Gesucht:

1. $d(z)$
2. $d(z)$, wenn $c_z = 0{,}01833\,\text{m/s}$; $D_M = 90\,\text{mm}$; $\alpha = 0{,}75$; $g = 9{,}81\,\text{m/s}^2$

Anmerkungen

- $\int \frac{\partial c}{\partial t} \cdot \mathrm{d}s \ll$, d. h. quasi-stationäre Strömung
- $\alpha = \alpha_K \cdot \varphi$: Ausflusszahl
- Alle zeitabhängigen Größen werden ohne „(t)" angeschrieben.

Lösungsschritte – Fall 1

Für die **Durchmesserfunktion** $d(z) \equiv d_z$ an der Stelle z erhalten wir mit der bei z vorliegenden Kreisfläche $A_z = \frac{\pi}{4} \cdot d_z^2$ erhält man durch Umstellen und der Wurzel

$$d_z = \sqrt{\frac{4}{\pi} \cdot A_z}\,.$$

Hierin muss **Fläche A_z** mit den gegebenen Größen verknüpft werden. Mit der Gleichheit des Volumenstroms im engsten Strahlquerschnitt $\dot{V} = c \cdot A$ und dem im Becher an der Stelle z $\dot{V} = c_z \cdot A_z$ folgt

$$\dot{V} = c \cdot A = c_z \cdot A_z\,.$$

Umgestellt nach A_z folgt

$$A_z = \frac{c}{c_z} \cdot A\,.$$

Mit den Definitionen der Geschwindigkeitszahl $\varphi = \frac{c}{c_M}$ und der Kontraktionszahl $\alpha_K = \frac{A}{A_M}$ erhält man dann

$$c = \varphi \cdot c_M \quad \text{sowie} \quad A = \alpha_K \cdot A_M\,.$$

Oben eingesetzt führt zu

$$A_z = \frac{\varphi \cdot c_M}{c_z} \cdot \alpha_K \cdot A_M$$

oder, mit der Ausflusszahl $\alpha = \varphi \cdot \alpha_K$,

$$A_z = \frac{1}{c_z} \cdot \alpha \cdot c_M \cdot A_M\,.$$

Weiterhin liefert die Torricelli'sche Gleichung unter Beachtung der Annahme $c_z \ll c_M$ den Zusammenhang

$$c_M = \sqrt{2 \cdot g \cdot z}.$$

Setzt man noch $A_M = \frac{\pi}{4} \cdot D_M^2$ ein, so führt dies zunächst zu

$$A_z = \frac{1}{c_z} \cdot \alpha \cdot \sqrt{2 \cdot g \cdot z} \cdot \frac{\pi}{4} \cdot D_M^2.$$

Oben eingesetzt ergibt das

$$d_z = \sqrt{\frac{4}{\pi} \cdot \frac{1}{c_z} \cdot \alpha \cdot \sqrt{2 \cdot g \cdot z} \cdot \frac{\pi}{4} \cdot D_M^2}$$

und damit

$$d_z \equiv d(z) = D_M \cdot \sqrt{\alpha} \cdot \sqrt[4]{\frac{2 \cdot g \cdot z}{c_z^2}}.$$

Lösungsschritte – Fall 2

Für d_z finden wir mit den Zahlenwerten $c_z = 0,018\,33\,\text{m/s}$, $D_M = 90\,\text{mm}$, $\alpha = 0,75$ und $g = 9,81\,\text{m/s}^2$

$$d_z = 0,090 \cdot 0,75^{1/2} \cdot \left(\frac{2 \cdot 9,81}{0,01833^2} \cdot z \right)^{1/4}$$

$$d_z = 1,212 \cdot z^{1/4}\,[\text{m}]$$

Aufgabe 5.11 Vertikales Venturi-Meter (inkompressible Flüssigkeit)

Volumen- oder Massenströme lassen sich mit verschiedenen physikalischen Verfahren messen. Eine häufig verwendete Variante stellt die Wirkdruckmessung an sogenannten Drosselgeräten wie Messblende, Messdüse oder Venturi-Meter dar. Je nach Anforderungen an die Messgenauigkeit, die entstehenden Druckverluste und den benötigten Bauraum

Abb. 5.10 Vertikales Venturi-Meter

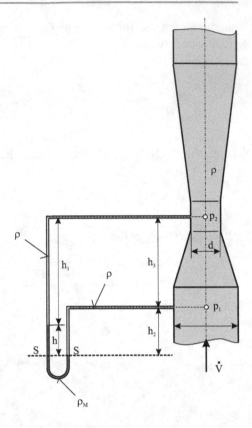

entscheidet man sich für eine der drei Varianten. Allen drei gemeinsam ist der entstehende Wirkdruck als Druckunterschied am Drosselgerät (Bernoulli'sche Energiegleichung). Unter Beachtung der Angaben in der jeweiligen Norm lässt sich der gesuchte Volumenstrom (Massenstrom) aufgrund des gemessenen Wirkdrucks ermitteln. Im vorliegenden Fall kommt ein vertikal angeordnetes Venturi-Meter (EN ISO 5167) zum Einsatz, dessen Einlaufzylinderdurchmesser D und Halsteildurchmesser d bekannt sind (Abb. 5.10). Der Wirkdruck $\Delta p = p_1 - p_2$ wird auf ein U-Rohr-Manometer geschaltet, an welchem sich eine durch Δp hervorgerufene Messflüssigkeitshöhe h einstellt. Gesucht wird der Volumenstrom.

Lösung zu Aufgabe 5.11

Aufgabenerläuterung

Hintergrund der Aufgabe ist die Anwendung der in der Norm angegebenen Gleichung zur Bestimmung des Massen- bzw. Volumenstroms mit einem Venturi-Meter. Dieses muss in allen Details den Normvorgaben entsprechen. Dann lassen sich die Korrekturfaktoren wie

Durchflusszahl α und bei kompressiblen Fluiden die Expansionszahl ε den Normblättern (EN ISO 5167) entnehmen. Der Volumenstrom kann bei bekannten Flüssigkeitshöhen im U-Rohr-Manometer sowie den Dichten des Fluids ρ und der Messflüssigkeit ρ_M ermittelt werden. Hierbei ist die Kenntnis der Durchflusszahl α unerlässlich.

Gegeben:

- h; h_3; d; D; ρ; ρ_M; α

Gesucht:

1. $\dot{V}$
2. $\dot{V}$, wenn $h = 1{,}5\,\text{m}$; $h_3 = 0{,}5\,\text{m}$; $d = 200\,\text{mm}$; $D = 500\,\text{mm}$; $\rho = 820\,\text{kg/m}^3$; $\rho_M = 1\,260\,\text{kg/m}^3$; $\alpha = 0{,}996$

Anmerkung

- Annahme einer inkompressiblen Strömung

Lösungsschritte – Fall 1

Gemäß EN ISO 5167 wird der **Volumenstrom** $\dot{V}$ bei inkompressiblen Fluiden mit

$$\dot{V} = \alpha \cdot \frac{\pi}{4} \cdot d^2 \cdot \sqrt{2 \cdot \frac{p_1 - p_2}{\rho}}$$

bestimmt. Darin sind $(p_1 - p_2)$ der Druckunterschied am Venturi-Meter und α die den Normblättern entnommene Durchflusszahl. Diese sei im vorliegenden Fall bekannt.

Der **bezogene Druckunterschied** $(p_1 - p_2)/\rho$ lässt sich am U-Rohr-Manometer wie folgt ermitteln. Aufgrund von Druckgleichheit in der Schnittebene S–S am U-Rohr-Manometer (Abb. 5.10)

$$p_1 + \rho \cdot g \cdot h_2 = p_2 + \rho \cdot g \cdot h_1 + \rho_M \cdot g \cdot h$$

erhält man nach Division durch ρ

$$\frac{p_1 - p_2}{\rho} = g \cdot h_1 - g \cdot h_2 + \frac{\rho_M}{\rho} \cdot g \cdot h$$

$$= g \cdot (h_1 - h_2) + \frac{\rho_M}{\rho} \cdot g \cdot h.$$

Die Höhendifferenz $(h_1 - h_2)$ lässt sich mit den geometrischen Größen am U-Rohr-Manometer ersetzen durch $h + h_1 = h_2 + h_3$. Umgeformt wird daraus

$$h_1 - h_2 = h_3 - h.$$

Wird dies oben eingesetzt, folgt

$$\frac{p_1 - p_2}{\rho} = g \cdot (h_3 - h) + \frac{\rho_M}{\rho} \cdot g \cdot h = g \cdot h_3 + g \cdot h \cdot \left(\frac{\rho_M}{\rho} - 1 \right).$$

Das Ergebnis lautet dann

$$\dot{V} = \alpha \cdot \frac{\pi}{4} \cdot d^2 \cdot \sqrt{2 \cdot \left[g \cdot h_3 + g \cdot h \cdot \left(\frac{\rho_M}{\rho} - 1 \right) \right]}.$$

Lösungsschritte – Fall 2

Mit den Werten $h = 1{,}5\,\text{m}$, $h_3 = 0{,}5\,\text{m}$, $d = 200\,\text{mm}$, $D = 500\,\text{mm}$, $\rho = 820\,\text{kg/m}^3$, $\rho_M = 1\,260\,\text{kg/m}^3$ und $\alpha = 0{,}996$ finden wir

$$\dot{V} = 0{,}996 \cdot \frac{\pi}{4} \cdot 0{,}2^2 \cdot \sqrt{2 \cdot \left[9{,}81 \cdot 0{,}5 + 9{,}81 \cdot 1{,}5 \cdot \left(\frac{1\,260}{820} - 1 \right) \right]}$$

$$\dot{V} = 0{,}1582\,\text{m}^3/\text{s}$$

Aufgabe 5.12 Horizontales Venturi-Meter (inkompressible Flüssigkeit)

Volumen- oder Massenströme lassen sich mit verschiedenen physikalischen Verfahren messen. Eine häufig verwendete Variante stellt die Wirkdruckmessung an sogenannten Drosselgeräten wie Messblende, Messdüse oder Venturi-Meter dar. Je nach Anforderungen an die Messgenauigkeit, die entstehenden Druckverluste und den benötigten Bauraum entscheidet man sich für eine der drei Varianten. Allen drei gemeinsam ist der entstehende Wirkdruck als Druckunterschied am Drosselgerät (Bernoulli'sche Energiegleichung). Im vorliegenden Fall kommt ein horizontal angeordnetes Venturi-Meter (EN ISO 5167) zum Einsatz, dessen Einlaufzylinderdurchmesser D und Halsteildurchmesser d bekannt sind (Abb. 5.11). Durch dieses Venturi-Meter fließt ein Wasservolumenstrom $\dot{V}$, der einen Wirkdruck $p_1 - p_2$ hervorruft. Dieser Wirkdruck $\Delta p = p_1 - p_2$ wird auf ein U-Rohr-Manometer geschaltet, an welchem sich eine Messflüssigkeitshöhe h einstellt. Diese wird

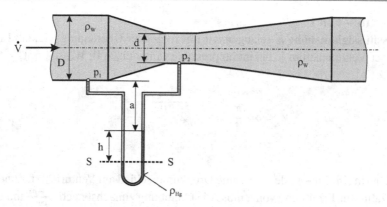

Abb. 5.11 Horizontales Venturi-Meter

gesucht, wenn von einem bekannten Volumenstrom $\dot{V}$ und Durchflusszahl α des Venturi-Meters ausgegangen werden kann. Ebenso kennt man die benötigten Flüssigkeitsgrößen ρ_W und ρ_{Hg}.

Lösung zu Aufgabe 5.12

Aufgabenerläuterung

Hintergrund der Aufgabe ist die Anwendung der in der Norm angegebenen Gleichung zur Bestimmung des Massen- bzw. Volumenstroms mit einem Venturi-Meter. Dieses muss in allen Details den Normvorgaben entsprechen. Dann lassen sich die Korrekturfaktoren wie Durchflusszahl α und bei kompressiblen Fluiden die Expansionszahl ε den Normblättern entnehmen. Die Messflüssigkeitshöhe h kann bei bekanntem Volumenstrom und Höhenkonstellationen am U-Rohr-Manometer bestimmt werden. Hierbei ist die Kenntnis der Durchflusszahl α unerlässlich.

Gegeben:

- ρ_W; ρ_{Hg}; D; d; $\dot{V}$; g; α

Gesucht:

1. h
2. h, wenn $\rho_W = 1\,000\,\mathrm{kg/m^3}$; $\rho_{Hg} = 13\,560\,\mathrm{kg/m^3}$; $D = 300\,\mathrm{mm}$; $d = 150\,\mathrm{mm}$; $\dot{V} = 0{,}142\,\mathrm{m^3/s}$; $g = 9{,}807\,\mathrm{m/s^2}$; $\alpha = 1{,}0092$

Anmerkung

- Annahme einer inkompressiblen Strömung

Lösungsschritte – Fall 1

An die **Messflüssigkeitshöhe** h gelangen wir mit folgender Überlegung: Gemäß EN ISO 5167 wird der Volumenstrom $\dot{V}$ bei inkompressiblen Fluiden, z. B. Wasser, mit

$$\dot{V} = \alpha \cdot \frac{\pi}{4} \cdot d^2 \cdot \sqrt{2 \cdot \frac{p_1 - p_2}{\rho_W}}$$

bestimmt. Hierin sind $p_1 - p_2$ der wirksame Druckunterschied am Venturi-Meter und α die Durchflusszahl. Zur Ermittlung von h muss die Gleichung zunächst nach $\frac{p_1 - p_2}{\rho_W}$ umgestellt werden. Quadrieren führt zu

$$\frac{\dot{V}^2}{\alpha^2} \cdot \frac{16}{\pi^2} \cdot \frac{1}{d^4} = 2 \cdot \frac{p_1 - p_2}{\rho_W}$$

oder umgeformt

$$\frac{p_1 - p_2}{\rho_W} = \frac{8}{\pi^2} \cdot \frac{1}{\alpha^2} \cdot \frac{\dot{V}^2}{d^4}.$$

Der bezogene Druckunterschied $(p_1 - p_2)/\rho_W$ lässt sich aus der Druckgleichheit im Schnitt S–S des U-Rohr-Manometers in Abb. 5.11 ermitteln:

$$p_1 + \rho_W \cdot g \cdot (a + h) = p_2 + \rho_W \cdot g \cdot [a + (R - r)] + \rho_{Hg} \cdot g \cdot h.$$

Dividiert man durch ρ_W, folgt

$$\frac{p_1 - p_2}{\rho_W} = g \cdot [a + (R - r)] - g \cdot (a + h) + \frac{\rho_{Hg}}{\rho_W} \cdot g \cdot h$$

$$= \left(\frac{\rho_{Hg}}{\rho_W} - 1\right) \cdot g \cdot h + g \cdot (R - r).$$

Somit ergibt sich durch das Zusammenführen beider Gleichungen,

$$\left(\frac{\rho_{Hg}}{\rho_W} - 1\right) \cdot g \cdot h + g \cdot (R - r) = \frac{8}{\pi^2} \cdot \frac{1}{\alpha^2} \cdot \frac{\dot{V}^2}{d^4},$$

dann das Zwischenergebnis

$$\left(\frac{\rho_{Hg}}{\rho_W} - 1\right) \cdot g \cdot h = \frac{8}{\pi^2} \cdot \frac{1}{\alpha^2} \cdot \frac{\dot{V}^2}{d^4} - g \cdot (R - r).$$

Multiplizieren mit $\left[\dfrac{1}{g \cdot \left(\frac{\rho_{Hg}}{\rho_W} - 1\right)}\right]$ liefert das Resultat

$$h = \frac{1}{g} \cdot \frac{8}{\pi^2} \cdot \frac{1}{\alpha^2} \cdot \frac{\dot{V}^2}{d^4} \cdot \frac{1}{\frac{\rho_{Hg}}{\rho_W} - 1} - \frac{R - r}{\frac{\rho_{Hg}}{\rho_W} - 1}.$$

Lösungsschritte – Fall 2

Wenn $\rho_W = 1\,000\,\text{kg/m}^3$, $\rho_{Hg} = 13\,560\,\text{kg/m}^3$, $D = 300\,\text{mm}$, $d = 150\,\text{mm}$, $\dot{V} = 0{,}142\,\text{m}^3/\text{s}$, $g = 9{,}807\,\text{m/s}^2$ und $\alpha = 1{,}0092$ gegeben sind, erhalten wir

$$h = \frac{1}{9{,}807} \cdot \frac{8}{\pi^2} \cdot \frac{1}{1{,}0092^2} \cdot \frac{0{,}142^2}{0{,}15^4} \cdot \frac{1}{\frac{13\,560}{1\,000} - 1} - \frac{0{,}15 - 0{,}075}{\frac{13\,560}{1\,000} - 1}$$

$$h = 0{,}2514\,\text{m}$$

Aufgabe 5.13 Venturi-Meter bei Luftströmung

Diese Aufgabe wird analog zu Aufgabe 5.12 zu lösen sein, jedoch mit dem Unterschied, dass im vorliegenden Fall der Luftmassenstrom $\dot{m}$ ermittelt werden muss. Hierbei ist es erforderlich, die Kompressibilität des Fluids zusätzlich zu berücksichtigen. Neben den geometrischen, normgerechten Abmessungen des Venturi-Meters sind die Drücke im Einlaufzylinder p_1 und im Halsteil p_2 bekannt ebenso wie die Temperatur T_1 im Einlaufzylinder. Mit den weiterhin vorliegenden luftspezifischen Größen κ und R_i kann der Massenstrom bestimmt werden.

Lösung zu Aufgabe 5.13

Gegeben:

- κ; R_i; T_1; p_1; p_2; D; d

Gesucht:

1. $\dot{m}$
2. $\dot{m}$, wenn $\kappa = 1{,}4$; $R_i = 287{,}2\,\text{N m/(kg K)}$; $T_1 = 313\,\text{K}$; $p_1 = 755\,000\,\text{Pa}$; $p_2 = 455\,000\,\text{Pa}$; $D = 350\,\text{mm}$; $d = 175\,\text{mm}$

Lösungsschritte – Fall 1

Gemäß EN ISO 5167 wird der **Massenstrom** $\dot{m}$ eines kompressiblen Fluids bestimmt mit

$$\dot{m} = \alpha \cdot \varepsilon \cdot \frac{\pi}{4} \cdot d^2 \cdot \sqrt{2 \cdot (p_1 - p_2) \cdot \rho_1}.$$

Dabei sind

$\alpha = f\left(\frac{d}{D}\right)$ Durchflusszahl

$\varepsilon = f\left(\kappa; \frac{p_2}{p_1}; \frac{d}{D}\right)$ Expansionszahl

$p_1 - p_2$ gemessener Druckunterschied am Venturi-Meter

ρ_1 Fluiddichte an der Stelle 1 im Einlaufzylinder

Die Dichte ρ_1 erhalten wir mit der thermischen Zustandsgleichung $p \cdot v = R_i \cdot T$ und $v = \frac{1}{\rho}$ über

$$\frac{p_1}{\rho_1} = R_i \cdot T_1 \quad \text{zu} \quad \rho_1 = \frac{p_1}{R_i \cdot T_1}.$$

Somit lautet das vorläufige Ergebnis

$$\dot{m} = \alpha \cdot \varepsilon \cdot \frac{\pi}{4} \cdot d^2 \cdot \sqrt{2 \cdot (p_1 - p_2) \cdot \frac{p_1}{R_i \cdot T_1}}.$$

Hierin fehlen noch die Durchflusszahl α und die Expansionszahl ε.

Die **Durchflusszahl** α lässt sich für normgerechte Venturi-Meter in Abhängigkeit vom Durchmesserverhältnis d/D den Angaben in EN ISO 5167 entnehmen.

Bei der Ermittlung der **Expansionszahl** ε findet nachstehende Gleichung Verwendung:

$$\varepsilon = \sqrt{\frac{\kappa \cdot \left(\frac{p_2}{p_1}\right)^{2/\kappa}}{\kappa - 1} \cdot \frac{1 - \left(\frac{d}{D}\right)^4}{1 - \left(\frac{d}{D}\right)^4 \cdot \left(\frac{p_2}{p_1}\right)^{2/\kappa}} \cdot \frac{1 - \left(\frac{p_2}{p_1}\right)^{\frac{\kappa-1}{\kappa}}}{1 - \frac{p_2}{p_1}}}.$$

Lösungsschritte – Fall 2

Um den Massenstrom $\dot{m}$ bei den gegebenen Werten $\kappa = 1{,}4$, $R_i = 287{,}2\,\text{N}\,\text{m}/(\text{kg}\,\text{K})$, $T_1 = 313\,\text{K}$, $p_1 = 755\,000\,\text{Pa}$, $p_2 = 455\,000\,\text{Pa}$, $D = 350\,\text{mm}$ und $d = 175\,\text{mm}$ zu ermitteln, berechnen wir zuerst α und ε:

$$\alpha = f\left(\frac{175}{350} = 0{,}5\right) = 1{,}0092$$

$$\varepsilon = \sqrt{\frac{1{,}4 \cdot \left(\frac{455\,000}{755\,000}\right)^{2/1{,}4}}{1{,}4 - 1} \cdot \frac{1 - \left(\frac{175}{350}\right)^4}{1 - \left(\frac{175}{350}\right)^4 \cdot \left(\frac{455\,000}{755\,000}\right)^{2/1{,}4}} \cdot \frac{1 - \left(\frac{455\,000}{755\,000}\right)^{\frac{1{,}4-1}{1{,}4}}}{1 - \frac{455\,000}{755\,000}}}$$

$$\varepsilon = 0{,}7460$$

Dann erhält man den gesuchten Luftmassenstrom zu

$$\dot{m} = 1{,}0092 \cdot 0{,}746 \cdot \frac{\pi}{4} \cdot 0{,}175^2 \cdot \sqrt{2 \cdot (755\,000 - 455\,000) \cdot \frac{755\,000}{287 \cdot 313}}$$

$$\dot{m} = 40{,}66 \, \text{kg/s}.$$

Aufgabe 5.14 Dreieckswehr

Das in Abb. 5.12 dargestellte Dreieckswehr dient zur Ermittlung von Volumenströmen in offenen Kanälen. Mittels einer senkrecht zur Strömung installierten Wand, in der sich ein dreieckiger Ausschnitt befindet, fließt das Wasser durch diesen Ausschnitt in den Ablaufkanal. Die Größe des Volumenstroms hängt u. a. von der Ausschnittsgeometrie (Winkel φ) und der Wasserhöhe H über der Dreiecksspitze ab. Weitere Einflussgrößen sollen zunächst unberücksichtigt bleiben. Gesucht wird eine Gleichung, mit der es möglich ist, den theoretischen Volumenstrom aufgrund der gemessenen Wasserhöhe H zu bestimmen.

Lösung zu Aufgabe 5.14

Aufgabenerläuterung

Die vorliegende Aufgabenstellung befasst sich mit der Anwendung der differenziellen Durchflussgleichung $d\dot{V}_{th}$ in Verbindung mit den geometrischen Zusammenhängen des Wehrs und der Bernoulli'schen Energiegleichung. Die Integration über die Wasserhöhe führt zum gesuchten Ergebnis.

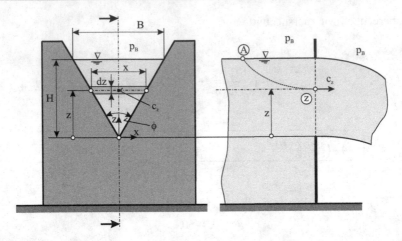

Abb. 5.12 Dreieckswehr

Gegeben:

- H; φ

Gesucht:
$\dot{V}_{th}$

Anmerkungen

- Die Geschwindigkeit bei „A" ist vernachlässigbar: $c_A \ll$
- verlustfreie Strömung
- keine Einflüsse durch Zulaufströmung, Kantengeometrie, …

Lösungsschritte

Mit $\dot{V}_{th} = \int d\dot{V}_{th}$ und dem differenziellen Durchfluss gemäß Abb. 5.12, $d\dot{V}_{th} = c_z(z) \cdot dA$, wobei $dA = x(z) \cdot dz$ ist, wird

$$d\dot{V}_{th} = c_z(z) \cdot x(z) \cdot dz.$$

Hierin muss die **Funktion** $x = x(z)$ eingeführt werden. Dies ist mit folgender Überlegung möglich: Mit

$$\tan\left(\frac{\varphi}{2}\right) = \frac{x(z)/2}{z} = \frac{B/2}{H}$$

wird daraus

$$x(z) = \frac{B}{H} \cdot z.$$

Somit erhält man

$$\mathrm{d}\dot{V}_{\mathrm{th}} = c_z(z) \cdot \frac{B}{H} \cdot z \cdot \mathrm{d}z.$$

Jetzt muss noch die **Geschwindigkeitsfunktion $c_z(z)$** ersetzt werden: Die Bernoulli'sche Gleichung (ohne Verluste) an den Stellen A und z lautet

$$\frac{p_{\mathrm{A}}}{\rho} + \frac{c_{\mathrm{A}}^2}{2} + g \cdot Z_{\mathrm{A}} = \frac{p_z}{\rho} + \frac{c_z(z)^2}{2} + g \cdot z.$$

Wegen $c_{\mathrm{A}} \ll$, $p_{\mathrm{A}} = p_z = p_{\mathrm{B}}$ und $Z_{\mathrm{A}} = H$ folgt

$$g \cdot H = \frac{c_z(z)^2}{2} + g \cdot z \quad \text{oder} \quad \frac{c_z(z)^2}{2} = g \cdot (H - z).$$

Wir multiplizieren mit 2 und ziehen die Wurzel:

$$c_z(z) = \sqrt{2 \cdot g \cdot (H - z)}.$$

Somit ergibt sich

$$\mathrm{d}\dot{V}_{\mathrm{th}} = \frac{B}{H} \cdot \sqrt{2 \cdot g \cdot (H - z)} \cdot z \cdot \mathrm{d}z$$

$$= \frac{B}{H} \cdot \sqrt{2 \cdot g} \cdot \sqrt{H - z} \cdot z \cdot \mathrm{d}z.$$

Substituieren wir jetzt

$$K \equiv \frac{B}{H} \cdot \sqrt{2 \cdot g},$$

so folgt

$$\mathrm{d}\dot{V}_{\mathrm{th}} = K \cdot \sqrt{H - z} \cdot z \cdot \mathrm{d}z$$

und somit

$$\dot{V}_{\mathrm{th}} = \int \mathrm{d}\dot{V}_{\mathrm{th}} = K \cdot \int \sqrt{H - z} \cdot z \cdot \mathrm{d}z.$$

Die Lösung des Integrals lässt sich mit der Produktregel nach dem Schema

$$\int u' \cdot v \cdot \mathrm{d}z = u \cdot v - \int u \cdot v' \cdot \mathrm{d}z$$

herleiten. Hierin bedeuten in unserem Fall

$$u' \equiv (H - z)^{1/2} \quad \text{und} \quad v \equiv z.$$

Aus u' und v müssen jetzt u und v' abgeleitet werden, wir beginnen mit u:

Aus $u' = \frac{du}{dz}$ erhält man $du = u' \cdot dz$ und dann $u = \int u' \cdot dz$, im vorliegenden Fall also

$$u = \int (H - z)^{1/2} \cdot dz.$$

Substituiert man jetzt

$$m = H - z,$$

so folgt

$$u = \int m^{1/2} \cdot dz.$$

Das Differenzial dz muss noch durch dm ersetzt werden. Man erhält

$$\frac{dm}{dz} = -1 \quad \text{oder} \quad dz = -dm.$$

Damit entsteht

$$u = (-1) \cdot \int m^{1/2} \cdot dm$$

und ausintegriert

$$u = -\frac{2}{3} \cdot m^{3/2}.$$

Nun wird $m = H - z$ rücksubstituiert, das führt schließlich zu

$$u = -\frac{2}{3} \cdot (H - z)^{3/2}.$$

Jetzt ist v' dran: Mit $v = z$ und dem Differenzialquotienten $v' = \frac{dv}{dz}$ erhält man das einfache Resultat

$$v' = 1.$$

Als Zwischenergebnis lässt sich zunächst folgender Zusammenhang anschreiben:

$$\dot{V}_{th} = K \cdot \int (H - z)^{1/2} \cdot z \cdot dz = K \cdot \left(-\frac{2}{3} \cdot (H - z)^{3/2} \cdot z - \int -\frac{2}{3} \cdot (H - z)^{3/2} \cdot 1 \cdot dz \right)$$

$$= K \cdot \left(-\frac{2}{3} \cdot (H - z)^{3/2} \cdot z + \frac{2}{3} \cdot \int (H - z)^{3/2} \cdot dz \right).$$

Es fehlt noch das Integral $\int (H - z)^{3/2} \cdot dz$: Die Substitution $n = H - z$ und folglich $\frac{dn}{dz} = -1$ oder $dz = -dn$ liefert zunächst

$$\int (H - z)^{3/2} \cdot dz = - \int n^{3/2} \cdot dn = -\frac{2}{5} \cdot n^{5/2}.$$

Die Rücksubstitution $n = H - z$ führt zu

$$\int (H - z)^{3/2} \cdot \mathrm{d}z = -\frac{2}{5} \cdot (H - z)^{5/2}.$$

In der Ausgangsgleichung unter Verwendung der Integrationsgrenzen $z = 0$ und $z = H$ führt zu

$$\dot{V}_{\mathrm{th}} = K \cdot \int (H - z)^{1/2} \cdot z \cdot \mathrm{d}z = K \cdot \left(-\frac{2}{3} \cdot (H - z)^{3/2} \cdot z \Big|_0^H - \frac{4}{15} \cdot (H - z)^{5/2} \Big|_0^H \right).$$

Werden die Integrationsgrenzen eingesetzt, folgt nachstehendes Ergebnis,

$$\dot{V}_{\mathrm{th}} = K \cdot \left\langle \underbrace{\left[-\frac{2}{3} \cdot (H - H)^{3/2} \cdot H \right]}_{=0} - \underbrace{\left[-\frac{2}{3} \cdot (H - 0)^{3/2} \cdot 0 \right]}_{=0} \right.$$

$$\left. - \left\{ \underbrace{\left[\frac{4}{15} \cdot (H - H)^{5/2} \right]}_{=0} - \left[\frac{4}{15} \cdot (H - 0)^{5/2} \right] \right\} \right\rangle,$$

und schließlich

$$\dot{V}_{\mathrm{th}} = K \cdot \left(\frac{4}{15} \cdot H^{5/2} \right)$$

oder, mit $K \equiv \frac{B}{H} \cdot \sqrt{2 \cdot g}$ rücksubstituiert,

$$\dot{V}_{\mathrm{th}} = \frac{B}{H} \cdot \sqrt{2 \cdot g} \cdot \frac{4}{15} \cdot H^{5/2}.$$

Führt man noch gemäß Abb. 5.12

$$\tan \left(\frac{\varphi}{2} \right) = \frac{B}{2} \cdot \frac{1}{H}$$

ein, so wird

$$\frac{B}{H} = 2 \cdot \tan \left(\frac{\varphi}{2} \right)$$

und folglich

$$\dot{V}_{\mathrm{th}} = \frac{8}{15} \cdot \sqrt{2 \cdot g} \cdot \tan \left(\frac{\varphi}{2} \right) \cdot H^{5/2}.$$

Die Berücksichtigung der realen Strömung erfolgt mit dem Überfallbeiwert μ:

$$\dot{V} = \mu \cdot \dot{V}_{\text{th}} = \mu \cdot \frac{8}{15} \cdot \sqrt{2 \cdot g} \cdot \tan\left(\frac{\varphi}{2}\right) \cdot H^{5/2}.$$

6

Strömungsmaschinen

Die Berechnungen wesentlicher Komponenten von Strömungsmaschinen und den Anlagen, in denen sie betrieben werden, beruhen u. a. auf den Grundlagen der Strömungsmechanik und Thermodynamik. Die Anwendung der in den vorangegangenen Kapiteln vorgestellten Grundkenntnisse soll hier an Hand einiger weniger Aufgaben demonstriert werden. Neben den schon benutzen Gesetzmäßigkeiten der Vorkapitel kommt des Weiteren zur Ermittlung des Energiebedarfs in einer Anlage dem 1. Hauptsatz der Thermodynamik besondere Bedeutung zu. Im Fall einer flüssigkeitsbetriebenen **Pumpenanlage** lässt sich folgender Zusammenhang herleiten:

$$Y_{\text{Anl}} = \frac{p_{\text{OW}} - p_{\text{UW}}}{\rho} + \frac{c_{\text{OW}}^2 - c_{\text{UW}}^2}{2} + g \cdot (Z_{\text{OW}} - Z_{\text{UW}}) + Y_{\text{VR}_{\text{OW;UW}}}.$$

Dabei bedeuten

Y_{Anl} Gesamtenergiebedarf in der Anlage

p_{OW} Druck auf dem **o**berwasserseitigen Flüssigkeitsspiegel

P_{UW} Druck auf dem **u**nterwasserseitigen Flüssigkeitsspiegel

c_{OW} Geschwindigkeit des **o**berwasserseitigen Flüssigkeitsspiegels (meist $\ll$)

c_{UW} Geschwindigkeit des **u**nterwasserseitigen Flüssigkeitsspiegels (meist $\ll$)

Z_{OW} Höhenkote des **o**berwasserseitigen Flüssigkeitsspiegels

Z_{UW} Höhenkote des **u**nterwasserseitigen Flüssigkeitsspiegels

$Y_{\text{VR}_{\text{OW;UW}}}$ Rohrleitungsverluste zwischen Unter- und Oberwasserspiegel

ρ Flüssigkeitsdichte

Y_{Anl} muss von der installierten Pumpe in jedem Betriebspunkt ($\equiv$ Volumenstrom) bereitgestellt werden, wozu sie bei korrekter Auslegung auch in der Lage ist. Zwischen dem

© Springer-Verlag GmbH Deutschland, ein Teil von Springer Nature 2019
V. Schröder, *Übungsaufgaben zur Strömungsmechanik 2*,
https://doi.org/10.1007/978-3-662-56056-3_6

Anlagebedarf Y_{Anl} und der von der Pumpe an die Flüssigkeit übertragenen Energie Y besteht immer Gleichgewicht, also

$$Y_{Anl} = Y.$$

Diese Pumpenförderenergie Y lässt sich experimentell aus der Differenz der Energiezustände im **D**ruckstutzen und **S**augstutzen wie folgt bestimmen:

$$Y = \frac{p_D - p_S}{\rho} + \frac{c_D^2 - c_S^2}{2} + g \cdot (Z_D - Z_S).$$

Hierbei sind

p_D Druck im Druckstutzen
p_S Druck im Saugstutzen
c_D Geschwindigkeit im Druckstutzen
c_S Geschwindigkeit im Saugstutzen
Z_D Höhenkote des Druckstutzens
Z_S Höhenkote des Saugstutzens

Aufgabe 6.1 Wasserförderung in einen Druckbehälter

Eine U-Pumpe fördert aus einem See Wasser in einen geschlossenen Hochbehälter, in welchem der Systemdruck p_{Sys} herrscht. Von diesem Hochbehälter wird der hinauf transportierte Massenstrom $\dot{m}$ zu den Verbrauchern weitergeleitet. Somit bleibt der Flüssigkeitsspiegel auch im Behälter konstant. Die Rohrleitungsführung und -abmessungen sind Abb. 6.1 zu entnehmen. Welche spezifische Förderarbeit/-energie Y muss bei gegebenem Massenstrom $\dot{m}$ von der Pumpe zur Bewältigung des Wassertransports zur Verfügung gestellt werden? Wie groß wird des Weiteren der Druckunterschied $p_D - p_S$ zwischen Saug- und Druckstutzen der Pumpe? Zum Schluss soll festgestellt werden, welchen maximalen Massenstrom $\dot{m}_{max}$ die Pumpe gerade noch fördern darf, ohne dass die Strömung an der gefährdeten Stelle (hier S) abreißt.

Abb. 6.1 Wasserförderung in einen Druckbehälter

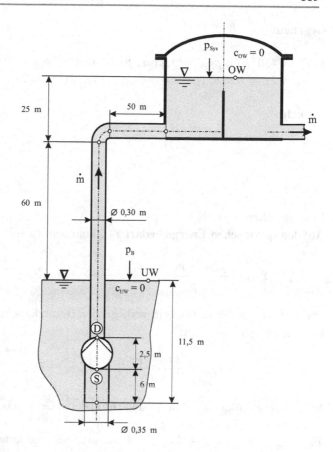

Lösung zu Aufgabe 6.1

Aufgabenerläuterung

Bei der Lösung des ersten Teils dieser Aufgabe muss auf den spezifischen Energiebedarf Y_{Anl} der Anlage zurückgegriffen werden. Hierin sind u. a. die Rohrleitungsverluste mittels strömungsmechanischer Grundlagen zu ermitteln. Der zweite Aufgabenteil lässt sich dann unter Verwendung der spezifischen Pumpenstutzenenergie Y bearbeiten. Diese erhält man als Energiedifferenz zwischen Druckstutzen D und Saugstutzen S, wobei hier nach dem Druckanteil gefragt wird. Beide spezifischen Energien Y_{Anl} und Y sind in jedem Betriebspunkt gleich. Die Gefahr, dass die Strömung abreißt, liegt dann vor, wenn an der gefährdeten Stelle der örtliche Druck den Dampfdruck der Flüssigkeit unterschreitet, und ein schlagartiger Phasenwechsel von Flüssigkeit zu Dampf stattfindet (Kavitation).

Gegeben:

- $\dot{m} = 450\,\text{kg/s}$; $p_{\text{Sys}} = 3{,}5\,\text{bar}$; $p_{\text{B}} = 1{,}0\,\text{bar}$; $p_{\text{Da}} = 0{,}0234\,\text{bar}$; $\rho = 1\,000\,\text{kg/m}^3$;
  $\lambda_{\text{S}} = \lambda_{\text{D}} = 0{,}028$; $\zeta_{\text{Ein}} = 0{,}50$; $\zeta_{\text{Aus}} = 1{,}0$; $\zeta_{\text{Kr}} = 0{,}25$

Gesucht:

1. Y_{Anl}
2. $p_{\text{D}} - p_{\text{S}}$
3. $\dot{m}_{\text{max}}$

Lösungsschritte – Fall 1

Auf den **spezifischen Energiebedarf Y_{Anl}** kommen wir folgendermaßen. Gemäß

$$Y_{\text{Anl}} = \frac{p_{\text{OW}} - p_{\text{UW}}}{\rho} + \frac{c_{\text{OW}}^2 - c_{\text{UW}}^2}{2} + g \cdot (Z_{\text{OW}} - Z_{\text{UW}}) + Y_{\text{VR}_{\text{OW;UW}}}$$

und den an den Wasserspiegeln vorliegenden Besonderheiten $p_{\text{OW}} = p_{\text{Sys}}$, $p_{\text{UW}} = p_{\text{B}}$ und $c_{\text{OW}} = c_{\text{UW}} = 0$ folgt:

$$Y_{\text{Anl}} = \frac{p_{\text{Sys}} - p_{\text{B}}}{\rho} + g \cdot (Z_{\text{OW}} - Z_{\text{UW}}) + Y_{\text{VR}_{\text{OW;UW}}}.$$

Bis auf die Rohrleitungsverluste sind alle anderen Größen bekannt. Die Verluste lauten

$Y_{\text{V,Rohr}_{\text{OW;UW}}} = Y_{\text{V,Rohr}_{\text{S}}} + Y_{\text{V,Rohr}_{\text{D}}}$	Gesamtrohrleitungsverluste
$Y_{\text{V,Rohr}_{\text{S}}} = Y_{\text{V}_{\text{Ein}}} + Y_{\text{V,Reib}_{\text{S}}}$	saugseitige Rohrleitungsverluste
$Y_{\text{V,Rohr}_{\text{D}}} = Y_{\text{V,Reib}_{\text{D}}} + Y_{\text{V}_{\text{Kr}}} + Y_{\text{V}_{\text{Aus}}}$	druckseitige Rohrleitungsverluste
$Y_{\text{V}_{\text{Ein}}} = \zeta_{\text{Ein}} \cdot \frac{c_{\text{S}}^2}{2}$	Eintrittsverluste
$Y_{\text{V,Reib}_{\text{S}}} = \lambda_{\text{S}} \cdot \frac{L_{\text{S}}}{D_{\text{S}}} \cdot \frac{c_{\text{S}}^2}{2}$	Reibungsverluste saugseitig
$Y_{\text{V,Reib}_{\text{D}}} = \lambda_{\text{D}} \cdot \frac{L_{\text{D}}}{D_{\text{D}}} \cdot \frac{c_{\text{D}}^2}{2}$	Reibungsverluste druckseitig
$Y_{\text{V}_{\text{Kr}}} = \zeta_{\text{Kr}} \cdot \frac{c_{\text{D}}^2}{2}$	Krümmerverluste
$Y_{\text{V}_{\text{Aus}}} = \zeta_{\text{Aus}} \cdot \frac{c_{\text{D}}^2}{2}$	Austrittsverluste

Zusammengestellt erhält man für die Gesamtrohrleitungsverluste

$$Y_{\text{VR}_{\text{OW;UW}}} = \zeta_{\text{Ein}} \cdot \frac{c_{\text{S}}^2}{2} + \lambda_{\text{S}} \cdot \frac{L_{\text{S}}}{D_{\text{S}}} \cdot \frac{c_{\text{S}}^2}{2} + \lambda_{\text{D}} \cdot \frac{L_{\text{D}}}{D_{\text{D}}} \cdot \frac{c_{\text{D}}^2}{2} + \zeta_{\text{Kr}} \cdot \frac{c_{\text{D}}^2}{2} + \zeta_{\text{Aus}} \cdot \frac{c_{\text{D}}^2}{2}$$

oder, nach Ausklammern der Geschwindigkeitsenergien,

$$Y_{\text{VR}_{\text{OW;UW}}} = \frac{c_{\text{S}}^2}{2} \cdot \left(\zeta_{\text{Ein}} + \lambda_{\text{S}} \cdot \frac{L_{\text{S}}}{D_{\text{S}}} \right) + \frac{c_{\text{D}}^2}{2} \cdot \left(\lambda_{\text{D}} \cdot \frac{L_{\text{D}}}{D_{\text{D}}} \cdot + \zeta_{\text{Kr}} + \zeta_{\text{Aus}} \right).$$

Die umgeformte Durchflussgleichung $c = \frac{\dot{V}}{A}$ sowie $\dot{V} = \frac{\dot{m}}{\rho}$ und $A = \frac{\pi}{4} \cdot D^2$ liefern saugseitig

$$c_S = \frac{\dot{m} \cdot 4}{\rho \cdot \pi \cdot D_S^2}$$

bzw. druckseitig

$$c_D = \frac{\dot{m} \cdot 4}{\rho \cdot \pi \cdot D_D^2}.$$

Werden die Zahlenwerte dimensionsgerecht eingesetzt, ergibt sich dann

$$c_S = \frac{450 \cdot 4}{1\,000 \cdot \pi \cdot 0{,}35^2} = 4{,}68\,\text{m/s} \quad \text{bzw.} \quad c_D = \frac{450 \cdot 4}{1\,000 \cdot \pi \cdot 0{,}30^2} = 6{,}37\,\text{m/s}.$$

Wertet man jetzt oben stehende Verlustgleichung aus,

$$Y_{\text{VR}_{\text{OW;UW}}} = \frac{4{,}68^2}{2} \cdot \left(0{,}5 + 0{,}028 \cdot \frac{6}{0{,}35}\right) + \frac{6{,}37^2}{2} \cdot \left(0{,}028 \cdot \frac{113}{0{,}3} + 0{,}25 + 1{,}0\right),$$

so führt dies zu

$$Y_{\text{VR}_{\text{OW;UW}}} = 250{,}0\,\text{N\,m/kg}.$$

Aus Abb. 6.1 lässt sich $Z_{\text{OW}} \quad Z_{\text{UW}} = 85\,\text{m}$ ablesen. Den Anlagenenergiebedarf

$$Y_{\text{Anl}} = \frac{350\,000 - 100\,000}{1\,000} + 9{,}81 \cdot 85 + 250{,}0$$

berechnet man folglich zu

$$Y_{\text{Anl}} = 1\,334\,\text{N} \cdot \text{m/kg}$$

Lösungsschritte – Fall 2

Der **Druckunterschied** $p_D - p_S$ ist enthalten in der spezifischen Pumpenstutzenenergie

$$Y = \frac{p_D - p_S}{\rho} + \frac{c_D^2 - c_S^2}{2} + g \cdot (Z_D - Z_S).$$

Wegen der Gleichheit $Y_{\text{Anl}} = Y$ und nach Umformung zu $p_D - p_S$ liefert dies mit jetzt vollständig bekannten Größen

$$p_D - p_S = \rho \cdot Y_{\text{Anl}} - \frac{\rho}{2} \cdot \left(c_D^2 - c_S^2\right) - \rho \cdot g \cdot (Z_D - Z_S).$$

Da gemäß Abb. 6.1 $Z_D - Z_S = 2,5\,\text{m}$ ist, lautet das Ergebnis unter Beachtung dimensionsgerechter Verwendung der anderen Zahlenwerte

$$p_D - p_S = 1\,000 \cdot 1\,334 - \frac{1\,000}{2} \cdot \left(6,37^2 - 4,68^2\right) - 1\,000 \cdot 9,81 \cdot 2,5$$

bzw.

$$p_D - p_S = 1\,300\,038\,\text{Pa} \equiv 13,0\,\text{bar}.$$

Lösungsschritte – Fall 3

Die Bestimmung des **maximalen Massenstroms** $\dot{m}_{max}$ (ohne Gefahr des Strömungsabrisses) muss unter der Voraussetzung erfolgen, dass der statische Druck im Saugstutzen gerade noch größer als der Dampfdruck des Wassers ist, also $p_{S_{min}} > p_{Da}$.

$$\dot{m}_{max} = \rho \cdot \dot{V}_{max}$$

lässt sich an der Stelle S mittels Durchflussgleichung $\dot{V}_{max} = c_{S_{max}} \cdot A_S$ durch

$$\dot{m}_{max} = \rho \cdot c_{S_{max}} \cdot A_S$$

darstellen. Zur erforderlichen Geschwindigkeit $c_{S_{max}}$ gelangt man mittels der Bernoulli'schen Gleichung an den Stellen UW und S wie folgt:

$$\frac{p_{UW}}{\rho} + \frac{c_{UW}^2}{2} + g \cdot Z_{UW} = \frac{p_S}{\rho} + \frac{c_S^2}{2} + g \cdot Z_S + Y_{V,Rohr_S}.$$

Hierin korrespondiert $p_{S_{min}}$ mit $c_{S_{max}}$, sodass man auch schreiben kann

$$\frac{p_{UW}}{\rho} + \frac{c_{UW}^2}{2} + g \cdot Z_{UW} = \frac{p_{S_{min}}}{\rho} + \frac{c_{S_{max}}^2}{2} + g \cdot Z_S + Y_{V,Rohr_S}.$$

Mit $c_{UW} = 0$ und $p_{UW} = p_B$ folgt

$$\frac{p_B}{\rho} + g \cdot Z_{UW} = \frac{p_{S_{min}}}{\rho} + \frac{c_{S_{max}}^2}{2} + g \cdot Z_S + Y_{V,Rohr_S}.$$

Die Gleichung wird jetzt nach $\frac{p_{S_{min}}}{\rho}$ aufgelöst,

$$\frac{p_{S_{min}}}{\rho} = \frac{p_B}{\rho} + g \cdot (Z_{UW} - Z_S) - \frac{c_{S_{max}}^2}{2} - Y_{V,Rohr_S},$$

und die Verluste $Y_{V_{Rohr_S}}$ werden wie oben eingeführt,

$$Y_{V,Rohr_S} = Y_{V_{Ein}} + Y_{V,Reib_S}$$

jetzt jedoch mit $c_{S_{max}}$ als Bezugsgeschwindigkeit, eingesetzt, was

$$Y_{V,Rohr_S} = \frac{c_{S_{max}}}{2} \cdot \left(\zeta_{Ein} + \lambda_S \cdot \frac{L_S}{D_S} \right)$$

liefert. Somit bekommen wir

$$\frac{p_{S_{min}}}{\rho} = \frac{p_B}{\rho} + g \cdot (Z_{UW} - Z_S) - \frac{c_{S_{max}}^2}{2} - \frac{c_{S_{max}}}{2} \cdot \left(\zeta_{Ein} + \lambda_S \cdot \frac{L_S}{D_S} \right)$$

oder auch

$$p_{S_{min}} = p_B + g \cdot \rho \cdot (Z_{UW} - Z_S) - \frac{\rho}{2} \cdot c_{S_{max}}^2 \cdot \left(1 + \zeta_{Ein} + \lambda_S \cdot \frac{L_S}{D_S} \right).$$

Führen wir nun die Bedingung $p_{S_{min}} > p_{Da}$ ein, so gelangen wir zu

$$p_B + g \cdot \rho \cdot (Z_{UW} - Z_S) - \frac{\rho}{2} \cdot c_{S_{max}}^2 \cdot \left(1 + \zeta_{Ein} + \lambda_S \cdot \frac{L_S}{D_S} \right) > p_{Da}.$$

Da nach $c_{S_{max}}$ gefragt ist, erfolgt die Umformung

$$\frac{\rho}{2} \cdot c_{S_{max}}^2 \cdot \left(1 + \zeta_{Ein} + \lambda_S \cdot \frac{L_S}{D_S} \right) < (p_B - p_{Da}) + g \cdot \rho \cdot (Z_{UW} - Z_S).$$

Multiplikation mit $\left[\dfrac{2}{\rho \cdot \left(1 + \zeta_{Ein} + \lambda_S \cdot \frac{L_S}{D_S} \right)} \right]$ führt zu

$$c_{S_{max}}^2 < 2 \cdot \frac{(p_B - p_{Da}) + g \cdot \rho \cdot (Z_{UW} - Z_S)}{\rho \cdot \left(1 + \zeta_{Ein} + \lambda_S \cdot \frac{L_S}{D_S} \right)}$$

oder, nach Ziehen der Wurzel,

$$c_{S_{max}} < \sqrt{2 \cdot \frac{\frac{p_B - p_{Da}}{\rho} + g \cdot (Z_{UW} - Z_S)}{1 + \zeta_{Ein} + \lambda_S \cdot \frac{L_S}{D_S}}}.$$

$\dot{m}_{\text{max}} < \rho \cdot c_{\text{S}_{\text{max}}} \cdot A_{\text{S}}$ lautet dann

$$\dot{m}_{\text{max}} < \rho \cdot A_{\text{S}} \cdot \sqrt{2 \cdot \dfrac{\frac{p_{\text{B}} - p_{\text{Da}}}{\rho} + g \cdot (Z_{\text{UW}} - Z_{\text{S}})}{1 + \zeta_{\text{Ein}} + \lambda_{\text{S}} \cdot \frac{L_{\text{S}}}{D_{\text{S}}}}},$$

und mit $A_{\text{S}} = \frac{\pi}{4} \cdot D_{\text{S}}^2$ erhält man

$$\dot{m}_{\text{max}} < \rho \cdot \frac{\pi}{4} \cdot D_{\text{S}}^2 \cdot \sqrt{2 \cdot \dfrac{\frac{p_{\text{B}} - p_{\text{Da}}}{\rho} + g \cdot (Z_{\text{UW}} - Z_{\text{S}})}{1 + \zeta_{\text{Ein}} + \lambda_{\text{S}} \cdot \frac{L_{\text{S}}}{D_{\text{S}}}}}.$$

Unter Beachtung dimensionsgerechter Zahlenwerte führt dies zu dem maximal zulässigen Massenstrom

$$\dot{m}_{\text{max}} < 1\,000 \cdot \frac{\pi}{4} \cdot 0{,}35^2 \cdot \sqrt{2 \cdot \dfrac{\frac{100\,000 - 2\,340}{1\,000} + 9{,}81 \cdot 5{,}5}{1 + 0{,}5 + 0{,}028 \cdot \frac{6}{0{,}35}}}$$

oder

$$\dot{m}_{\text{max}} < 1\,191\,\text{kg/s}.$$

Aufgabe 6.2 Pumpe zwischen Druckkesseln

Häufig werden Kreiselpumpen in Anlagen der chemischen Industrie, Kraftwerkstechnik, Verfahrenstechnik, etc. benötigt, um dort zwischen Kesseln oder Druckbehältern mit unterschiedlichen Systemdrücken Flüssigkeiten verschiedenartiger Eigenschaften zu fördern. Oftmals verbinden lange Rohrleitungen mit diversen Einbauelementen die Behälter, die auch noch in voneinander abweichenden Höhen aufgestellt sein können. Beim Transport der Flüssigkeiten muss die jeweilige Pumpe den Gesamtenergiebedarf der Anlage, der sich aus mehreren Anteilen zusammensetzt, bereitstellen. Dieser Energiebedarf ist für das in Abb. 6.2 erkennbare System zu ermitteln, wobei von bekannten Anlage- und Flüssigkeitsgrößen sowie gegebenem Massenstrom ausgegangen werden kann.

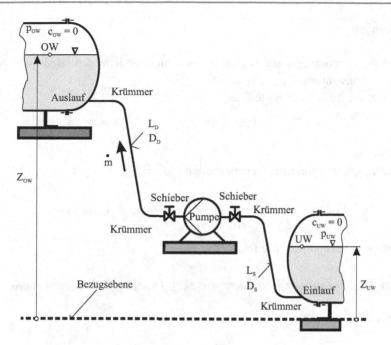

Abb. 6.2 Pumpe zwischen Druckkesseln

Lösung zu Aufgabe 6.2

Aufgabenerläuterung

Der Berechnungsschwerpunkt dieser Aufgabe liegt in der Ermittlung sämtlicher Strömungsverluste der saugseitigen (Index S) und druckseitigen (Index D) Rohrleitung, die als Bestandteile des Gesamtenergiebedarfs zu berücksichtigen sind. Die Indizes OW und UW stehen für die Stellen „Oberwasser" bzw. „Unterwasser" der Flüssigkeitsspiegel und die hier vorliegenden Größen.

Gegeben:

- $\dot{m} = 125\,\text{kg/s}$; $\rho = 998\,\text{kg/m}^3$; $p_{UW} = 1{,}5\,\text{bar}$; $p_{OW} = 8{,}0\,\text{bar}$
- $Z_{UW} = 2{,}5\,\text{m}$; $Z_{OW} = 7{,}5\,\text{m}$; $L_S = 20\,\text{m}$; $L_D = 40\,\text{m}$; $D_S = 0{,}2\,\text{m}$; $D_D = 0{,}15\,\text{m}$
- $\lambda_S = 0{,}025$; $\lambda_D = 0{,}025$
- $\zeta_{Kr} = 0{,}3$; $\zeta_{Sch} = 0{,}3$; $\zeta_{Ein} = 0{,}50$; $\zeta_{Aus} = 1{,}0$

Gesucht:

- Y_{Anl}

- Die Flüssigkeitsspiegel sollen sich zeitlich nicht ändern, d. h. Z_{OW} = konstant, Z_{UW} = konstant und $c_{OW} = c_{UW} = 0$.
- Die von der Anlage benötigte Energie lautet

$$Y_{Anl} = \frac{p_{OW} - p_{UW}}{\rho} + \frac{c_{OW}^2 - c_{UW}^2}{2} + g \cdot (Z_{OW} - Z_{UW}) + Y_{VR_{OW;UW}}.$$

Lösungsschritte

Unter Beachtung der besonderen Gegebenheiten $c_{OW} = c_{UW} = 0$ gilt

$$Y_{Anl} = \frac{p_{OW} - p_{UW}}{\rho} + g \cdot (Z_{OW} - Z_{UW}) + Y_{VR_{OW;UW}}.$$

Zu den Verlusten gelangt man wie folgt:

$$Y_{VR_{OW;UW}} = Y_{V_{Ein}} + Y_{VReib_S} + 2 \cdot Y_{VKr_S} + Y_{VSch_S} + Y_{VSch_D} + 2 \cdot Y_{VKr_D} + Y_{VReib_D} + Y_{V_{Aus}}$$

Hierbei bedeuten

$Y_{V_{Ein}} = \zeta_{Ein} \cdot \frac{c_S^2}{2}$ Eintrittsverluste in die saugseitige Rohrleitung

$Y_{VReib_S} = \lambda_S \cdot \frac{L_S}{D_S} \cdot \frac{c_S^2}{2}$ Reibungsverluste in der saugseitigen Rohrleitung

$Y_{VKr_S} = \zeta_{Kr} \cdot \frac{c_S^2}{2}$ Krümmerverluste in der saugseitigen Rohrleitung

$Y_{VSch_S} = \zeta_{Sch} \cdot \frac{c_S^2}{2}$ Schieberverluste in der saugseitigen Rohrleitung

$Y_{VSch_D} = \zeta_{Sch} \cdot \frac{c_D^2}{2}$ Schieberverluste in der druckseitigen Rohrleitung

$Y_{VKr_D} = \zeta_{Kr} \cdot \frac{c_D^2}{2}$ Krümmerverluste in der druckseitigen Rohrleitung

$Y_{VReib_D} = \lambda_D \cdot \frac{L_D}{D_D} \cdot \frac{c_D^2}{2}$ Reibungsverluste in der druckseitigen Rohrleitung

$Y_{V_{Aus}} = \zeta_{Aus} \cdot \frac{c_D^2}{2}$ Austrittsverluste aus der druckseitigen Rohrleitung

Alle genannten Einzelverluste oben eingesetzt und nach saugseitigen und druckseitigen Anteilen zusammengefasst liefern

$$Y_{VR_{OW;UW}} = \frac{c_S^2}{2} \cdot \left(\zeta_{Ein} + 2 \cdot \zeta_{Kr} + \zeta_{Sch} + \lambda_S \cdot \frac{L_S}{D_S} \right)$$
$$+ \frac{c_D^2}{2} \cdot \left(\zeta_{Aus} + 2 \cdot \zeta_{Kr} + \zeta_{Sch} + \lambda_D \cdot \frac{L_D}{D_D} \right).$$

Damit stellt sich der Gesamtenergiebedarf dieser Anlage wie folgt dar

$$Y_{\mathrm{Anl}} = \frac{p_{\mathrm{OW}} - p_{\mathrm{UW}}}{\rho} + g \cdot (Z_{\mathrm{OW}} - Z_{\mathrm{UW}})$$

$$+ \frac{c_{\mathrm{S}}^2}{2} \cdot \left(\zeta_{\mathrm{Ein}} + 2 \cdot \zeta_{\mathrm{Kr}} + \zeta_{\mathrm{Sch}} + \lambda_{\mathrm{S}} \cdot \frac{L_{\mathrm{S}}}{D_{\mathrm{S}}} \right)$$

$$+ \frac{c_{\mathrm{D}}^2}{2} \cdot \left(\zeta_{\mathrm{Aus}} + 2 \cdot \zeta_{\mathrm{Kr}} + \zeta_{\mathrm{Sch}} + \lambda_{\mathrm{D}} \cdot \frac{L_{\mathrm{D}}}{D_{\mathrm{D}}} \right).$$

Zur konkreten Auswertung müssen zunächst die Strömungsgeschwindigkeiten c_{S} und c_{D} bekannt sein. Dies gelingt mit dem Massenstrom $\dot{m} = \rho \cdot \dot{V}$, der Durchflussgleichung $\dot{V} = c \cdot A$ und den Kreisquerschnittsflächen $A = \frac{\pi}{4} \cdot D^2$ an den Stellen S und D:

$$c_{\mathrm{S}} = \frac{\dot{V}}{A_{\mathrm{S}}} = \frac{4}{\pi} \cdot \frac{\dot{V}}{D_{\mathrm{S}}^2} = \frac{4 \cdot \dot{m}}{\pi \cdot \rho \cdot D_{\mathrm{S}}^2}.$$

Daraus wird mit den Daten

$$c_{\mathrm{S}} = \frac{4 \cdot 125}{\pi \cdot 998 \cdot 0{,}2^2} = 3{,}99\,\mathrm{m/s};$$

analog erhalten wir aus

$$c_{\mathrm{D}} = \frac{\dot{V}}{A_{\mathrm{D}}} = \frac{4}{\pi} \cdot \frac{\dot{V}}{D_{\mathrm{D}}^2} = \frac{4 \cdot \dot{m}}{\pi \cdot \rho \cdot D_{\mathrm{D}}^2}$$

mit den Daten

$$c_{\mathrm{D}} = \frac{4 \cdot 125}{\pi \cdot 998 \cdot 0{,}15^2} = 7{,}09\,\mathrm{m/s}.$$

Mit diesen Geschwindigkeiten und den gegebenen Verlustziffern gelangt man zu

$$Y_{\mathrm{VR_{OW;UW}}} = \frac{3{,}99^2}{2} \cdot \left(0{,}5 + 2 \cdot 0{,}3 + 0{,}3 + 0{,}025 \cdot \frac{20}{0{,}2} \right)$$

$$+ \frac{7{,}09^2}{2} \cdot \left(1{,}0 + 2 \cdot 0{,}3 + 0{,}3 + 0{,}025 \cdot \frac{40}{0{,}15} \right)$$

oder

$$Y_{\mathrm{VR_{OW;UW}}} = 246{,}2\,\mathrm{N} \cdot \mathrm{m/kg}.$$

Werden die Drücke und Höhenkoten noch eingesetzt, ergibt sich

$$Y_{\mathrm{Anl}} = \frac{(8{,}0 - 1{,}5) \cdot 10^5}{998} + 9{,}81 \cdot (7{,}5 - 2{,}5) + 246{,}2$$

und schließlich das gesuchte Ergebnis

$$Y_{\text{Anl}} = 946{,}6\,\text{Nm/kg}.$$

Aufgabe 6.3 Axialventilator

In Abb. 6.3 ist ein horizontaler Axialventilator zu erkennen, wie er z. B. in Tunnelbelüftungssystemen zum Einsatz kommt. Die Durchmesser des Gehäuses D_{Geh} und des Stators D_{N} (Index N $\equiv$ Nabe) sind bekannt, ebenso wie die statischen Drücke in den Querschnitten 1 und D. Aufgrund der nur geringen Druckänderungen kann von einem inkompressiblen Fluid (Luft) mit der Dichte ρ ausgegangen werden. Welcher Volumenstrom $\dot{V}$ wird vom Ventilator gefördert?

Lösung zu Aufgabe 6.3

Aufgabenerläuterung
Die Frage nach dem transportierten Volumenstrom lässt sich aufgrund der bekannten Größen mittels Bernoulli'scher Gleichung, dem Kontinuitätsgesetz und der Durchflussgleichung beantworten.

Gegeben:

- p_{D}; p_1; ρ; D_{Geh}; D_{N}

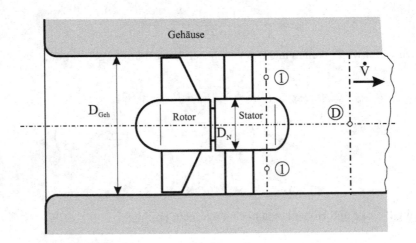

Abb. 6.3 Axialventilator

Gesucht:

1. $\dot{V}$
2. $\dot{V}$, wenn $p_D = 100\,815\,\text{Pa}$; $p_1 = 100\,712\,\text{Pa}$; $\rho = 1{,}25\,\text{kg/m}^3$; $D_{\text{Geh}} = 0{,}85\,\text{m}$; $D_N = 0{,}425\,\text{m}$

- horizontale Anordnung
- Annahme einer verlustfreien Strömung von 1 nach D
- inkompressible Strömung

Lösungsschritte – Fall 1

Den **Volumenstrom** $\dot{V}$ finden wir mit der Durchflussgleichung $\dot{V} = c \cdot A$, angewendet an der Stelle 1: $\dot{V} = c_1 \cdot A_1$. Hierin lautet der freie Kreisringquerschnitt

$$A_1 = A_{\text{Geh}} - A_N$$

mit

$A_{\text{Geh}} = \frac{\pi}{4} \cdot D_{\text{Geh}}^2$ Kreisquerschnitt des Gehäuses
$A_N = \frac{\pi}{4} \cdot D_N^2$ Kreisquerschnitt des Stators

Den Volumenstrom $\dot{V}$ kann man somit zunächst wie folgt formulieren:

$$\dot{V} = c_1 \cdot \frac{\pi}{4} \cdot \left(D_{\text{Geh}}^2 - D_N^2 \right).$$

Die noch fehlende **Geschwindigkeit** c_1 bestimmt man aus der Bernoulli'schen Gleichung an den Stellen 1 und D ohne Verluste (s. o.):

$$\frac{p_1}{\rho} + \frac{c_1^2}{2} + g \cdot Z_1 = \frac{p_D}{\rho} + \frac{c_D^2}{2} + g \cdot Z_D.$$

Berücksichtigt man die horizontale Lage, $Z_1 = Z_D$, und stellt nach Geschwindigkeits- und Druckgrößen um, so führt dies zu

$$\frac{c_1^2}{2} - \frac{c_D^2}{2} = \frac{p_D - p_1}{\rho},$$

oder, nach Ausklammern von $\left(\frac{c_1^2}{2} \right)$ auf der linken Seite,

$$\frac{c_1^2}{2} \cdot \left(1 - \frac{c_D^2}{c_1^2} \right) = \frac{p_D - p_1}{\rho}.$$

Wird die Kontinuitätsgleichung bei inkompressiblen Fluiden $\dot{V} = c_1 \cdot A_1 = c_D \cdot A_D$ angewendet und dann nach c_D/c_1 umgeformt, ergibt sich zunächst

$$\frac{c_D}{c_1} = \frac{A_1}{A_D},$$

und mit $A_1 = A_{Geh} - A_N$ folgt

$$\frac{c_D}{c_1} = \frac{A_{Geh} - A_N}{A_{Geh}} = 1 - \frac{A_N}{A_{Geh}}.$$

Werden dann noch die Kreisquerschnitte $A_{Geh} = \frac{\pi}{4} \cdot D_{Geh}^2$ und $A_N = \frac{\pi}{4} \cdot D_N^2$ eingesetzt, so folgt

$$\frac{c_D}{c_1} = 1 - \left(\frac{D_N}{D_{Geh}}\right)^2.$$

In oben stehender Gleichung eingesetzt, führt das auf

$$\frac{c_1^2}{2} \cdot \left[1 - \left(1 - \frac{D_N^2}{D_{Geh}^2}\right)^2\right] = \frac{p_D - p_1}{\rho}$$

oder, nach Division durch $\left[1 - \left(1 - \frac{D_N^2}{D_{Geh}^2}\right)^2\right]$, auf

$$\frac{c_1^2}{2} = \frac{p_D - p_1}{\rho \cdot \left[1 - \left(1 - \frac{D_N^2}{D_{Geh}^2}\right)^2\right]}.$$

Nach Multiplikation mit 2 und Wurzelziehen lautet die in der Durchflussgleichung noch benötigte Geschwindigkeit

$$c_1 = \sqrt{2 \cdot \frac{p_D - p_1}{\rho} \cdot \frac{1}{\sqrt{1 - \left(1 - \frac{D_N^2}{D_{Geh}^2}\right)^2}}}.$$

Als Ergebnis für den Volumenstrom erhält man schließlich

$$\dot{V} = \frac{\pi}{4} \cdot \left(D_{Geh}^2 - D_N^2\right) \cdot \sqrt{2 \cdot \frac{p_D - p_1}{\rho}} \cdot \frac{1}{\sqrt{1 - \left(1 - \frac{D_N^2}{D_{Geh}^2}\right)^2}}.$$

Lösungsschritte – Fall 2

Für $\dot{V}$ bekommen wir, wenn $p_D = 100\,815\,\text{Pa}$, $p_1 = 100\,712\,\text{Pa}$, $\rho = 1,25\,\text{kg/m}^3$, $D_{\text{Geh}} = 0,85\,\text{m}$ und $D_N = 0,425\,\text{m}$ vorgegeben sind und wir gut auf dimensionsgerechte Größen achten,

$$\dot{V} = \frac{\pi}{4} \cdot (0,85^2 - 0,425^2) \cdot \sqrt{2 \cdot \frac{(100\,815 - 100\,712)}{1,25} \cdot \frac{1}{\sqrt{1 - \left(1 - \frac{0,425^2}{0,85^2}\right)^2}}}$$

oder

$$\dot{V} = 8,26\,\text{m}^3/\text{s}$$

Aufgabe 6.4 Pelton-Turbine

In Abb. 6.4 ist die schematische Darstellung eines vom Massenstrom $\dot{m}$ beaufschlagten Bechers einer Pelton-Turbine im Horizontal- und Vertikalschnitt erkennbar. Der Wasserstrahl trifft dabei horizontal auf den Becher auf. Der Strahldurchmesser am Düsenaustritt soll sich bis zur Stelle 1 an der Becherschneide nicht ändern. Dort teilt sich der Massenstrom in zwei gleich große Teilströme auf, die den Becher an der Stelle 2 verlassen. Ermitteln Sie zunächst den Massenstrom $\dot{m}$, wenn von gegebenen Abmessungen D_0 und $D_{\text{Dü}}$, bekannten Drücken p_0 und p_B sowie der Wasserdichte ρ auszugehen ist. Wie lautet die Gleichung für T_{max}, wenn das Turbinenrad festgebremst wird, d. h. $\omega = 0$ (ruhendes System!), und die Abströmung an den Stellen 2 unter dem Winkel β_2 erfolgt?

Lösung zu Aufgabe 6.4

Aufgabenerläuterung

Die Massenstromermittlung erfolgt mittels Bernoulli'scher Gleichung sowie der Kontinuitäts- und Durchflussgleichung. Die Bestimmung des Moments um den Radmittelpunkt macht die Anwendung der Impulskräfte an einem geeigneten Kontrollraum am Becher erforderlich. Im Anfahrpunkt der Turbine, wenn also gerade noch $\omega = 0$ ist, muss der überströmte Becher als ruhendes System betrachtet werden. Die Absolutgeschwindigkeit folgt in diesem Fall an jeder Stelle der Becherkontur. Es entsteht die maximale Strömungsumlenkung und folglich auch das größtmögliche Moment.

Gegeben:

- p_0; p_B; D_0; $D_{\text{Dü}}$; ρ; β_2

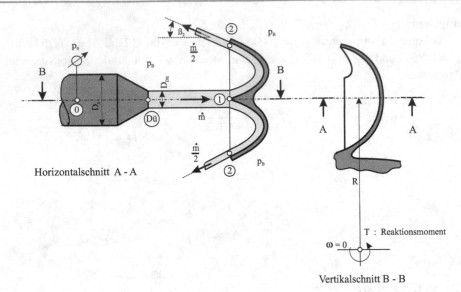

Abb. 6.4 Ausschnitt aus einer Pelton-Turbinenbeschaufelung

Gesucht:

1. $\dot{m}$
2. T_{max}, wenn $\omega = 0$. Tragen Sie hierzu die an den Stellen a, b, c, d des Kontrollraums in Abb. 6.5 wirksamen Kräfte ein und ergänzen Sie die im Punkt c des Bechervertikalschnitts gemäß Abb. 6.5 angreifende resultierende Kraft.

Anmerkungen

- horizontale Düsenanordnung
- verlustfreie Strömung in der Düse
- $D_1 = D_{Dü}$

Lösungsschritte – Fall 1

Den gesuchten **Massenstrom** $\dot{m}$ erhält man mit den folgenden Gleichungen und Größen:

$\dot{m} = \rho \cdot \dot{V}$ Massenstrom
$\dot{V} = c_{Dü} \cdot A_{Dü}$ Volumenstrom im Düsenaustrittsquerschnitt
$A_{Dü} = \frac{\pi}{4} \cdot D_{Dü}^2$ Düsenaustrittsquerschnitt
$c_{Dü}$ Düsenaustrittsgeschwindigkeit

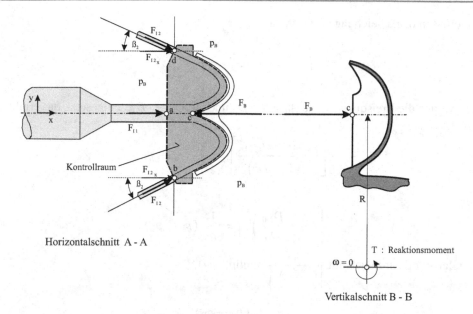

Abb. 6.5 Pelton-Turbinenschaufel; Kräfte

Zur Düsenaustrittsgeschwindigkeit gelangt man mittels der Bernoulli'schen Gleichung an den Stellen 0 und Dü:

$$\frac{p_0}{\rho} + \frac{c_0^{\prime}}{2} + g \cdot Z_0 = \frac{p_{\text{Dü}}}{\rho} + \frac{c_{\text{Dü}}^2}{2} + g \cdot Z_{\text{Dü}}.$$

Bei horizontaler Lage ist $Z_0 = Z_{\text{Dü}}$. Des Weiteren ist der statische Druck am Düsenaustritt der barometrische Druck $p_{\text{Dü}} = p_{\text{B}}$.

Geschwindigkeitsenergiegrößen und Druckenergiegrößen jeweils auf eine Seite gestellt

$$\frac{c_{\text{Dü}}^2}{2} - \frac{c_0^2}{2} = \frac{p_0}{\rho} - \frac{p_{\text{B}}}{\rho},$$

und dann auf der linken Seite $\left(c_{\text{Dü}}^2/2 \right)$ und rechts $(1/\rho)$ ausgeklammert liefert zunächst

$$\frac{c_{\text{Dü}}^2}{2} \cdot \left(1 - \frac{c_0^2}{c_{\text{Dü}}^2} \right) = \frac{1}{\rho} \cdot (p_0 - p_{\text{B}}).$$

Im Klammerausdruck links muss nun noch das Geschwindigkeitsverhältnis $\left(c_0^2/c_{\text{Dü}}^2 \right)$ ersetzt werden. Dies gelingt mit dem Kontinuitätsgesetz $\dot{V}_0 = \dot{V}_{\text{Dü}} = c_0 \cdot A_0 = c_{\text{Dü}} \cdot A_{\text{Dü}}$ oder umgeformt

$$\frac{c_0}{c_{\text{Dü}}} = \frac{A_{\text{Dü}}}{A_0}.$$

Eingefügt in o. g. Gleichung liest sich das

$$\frac{c_{\text{Dü}}^2}{2} \cdot \left(1 - \frac{A_{\text{Dü}}^2}{A_0^2}\right) = \frac{1}{\rho} \cdot (p_0 - p_{\text{B}}) \,.$$

Jetzt werden die Kreisquerschnitte $A_0 = \frac{\pi}{4} \cdot D_0^2$ und $A_{\text{Dü}} = \frac{\pi}{4} \cdot D_{\text{Dü}}^2$ eingesetzt, das ergibt

$$\frac{c_{\text{Dü}}^2}{2} \cdot \left[1 - \frac{\left(\frac{\pi}{4} \cdot D_{\text{Dü}}^2\right)^2}{\left(\frac{\pi}{4} \cdot D_0^2\right)^2}\right] = \frac{1}{\rho} \cdot (p_0 - p_{\text{B}})$$

oder

$$\frac{c_{\text{Dü}}^2}{2} \cdot \left[1 - \left(\frac{D_{\text{Dü}}}{D_0}\right)^4\right] = \frac{1}{\rho} \cdot (p_0 - p_{\text{B}}) \,.$$

Die Gleichung wird noch mit $\frac{2}{\left[1 - \left(\frac{D_{\text{Dü}}}{D_0}\right)^4\right]}$ multipliziert,

$$c_{\text{Dü}}^2 = \frac{2 \cdot (p_0 - p_{\text{B}})}{\rho \cdot \left[1 - \left(\frac{D_{\text{Dü}}}{D_0}\right)^4\right]} \,,$$

und nach Wurzelziehen erhält man

$$c_{\text{Dü}} = c_1 = \sqrt{2 \cdot \frac{p_0 - p_{\text{B}}}{\rho}} \cdot \frac{1}{\sqrt{1 - \left(\frac{D_{\text{Dü}}}{D_0}\right)^4}} \,.$$

Der Massenstrom $\dot{m}$ ergibt sich daraus zu

$$\dot{m} = \rho \cdot \frac{\pi}{4} \cdot D_{\text{Dü}}^2 \cdot \sqrt{2 \cdot \frac{p_0 - p_{\text{B}}}{\rho}} \cdot \frac{1}{\sqrt{1 - \left(\frac{D_{\text{Dü}}}{D_0}\right)^4}} \,.$$

Lösungsschritte – Fall 2

Die bei der Momentenermittlung am Becher ausgeübte Kraft F_{B} ist als Aktionskraft auf die Becherwand zu verstehen. Dem entsprechend wirkt F_{B} in umgekehrter Richtung als Reaktionskraft am Kontrollvolumen. Man erhält gemäß Abb. 6.5 das **Anfahrmoment** T_{max} zu: $T_{\text{max}} = F_{\text{B}} \cdot R$. Bei der Ermittlung der Becherkraft F_{B} benutzt man sinnvoller

Weise die Kräftebilanz am Kontrollvolumen. Aufgrund des allseitig gleichen Umgebungsdrucks p_B heben sich die Druckkräfte an der Kontrollraumoberfläche auf. Neben der gesuchten Becherkraft sind dann lediglich die an den Stellen 1 und 2 wirksamen Impulskräfte zu berücksichtigen, die **auf** die Kontrollfläche gerichtet sind.

Die Kräftebilanz am Kontrollvolumen in x-Richtung führt zu

$$\sum F_{i,x} = 0 = F_{I_1} + 2 \cdot F_{I_{2,x}} - F_B.$$

Nach F_B umgeformt liefert dies

$$F_B = F_{I_1} + 2 \cdot F_{I_{2,x}}.$$

Mit $F_I = \dot{m} \cdot c$ als Impulskraft in allgemeiner Form wird

$$F_{I_1} = \dot{m} \cdot c_1$$

die Impulskraft an der Stelle a. Die Impulskräfte an den Stellen b und d sind

$$F_{I_2} = \frac{\dot{m}}{2} \cdot c_2,$$

wobei $F_{I_{2,x}} = F_{I_2} \cdot \cos \beta_2$ die x-Komponenten von F_{I_2} darstellt. $c_1 = c_{Dü}$ ist die Geschwindigkeit an den Stellen 1 und auch a (siehe Fall 1) und c_2 ist die Geschwindigkeit an den Stellen 2 und auch b bzw. d.

Die noch unbekannte **Geschwindigkeit** c_2 lässt sich mittels der Bernoulli'schen Gleichung an den Stellen 1 und 2 wie folgt feststellen:

$$\frac{p_1}{\rho} + \frac{c_1^2}{2} + g \cdot Z_1 = \frac{p_2}{\rho} + \frac{c_2^2}{2} + g \cdot Z_2.$$

Die horizontale Strahllage $Z_1 = Z_2$ sowie die Druckgleichheit am Becher $p_1 = p_2 = p_B$ vereinfacht die Gleichung zu

$$\frac{c_1^2}{2} = \frac{c_2^2}{2} \quad \text{oder} \quad c_1 = c_2.$$

Setzen wir zunächst die so gefundenen Größen in die Becherkraft ein,

$$F_B = \dot{m} \cdot c_1 + 2 \cdot \frac{\dot{m}}{2} \cdot c_1 \cdot \cos \beta_2,$$

und klammern dann noch ($\dot{m} \cdot c_1$) aus, so entsteht

$$F_B = \dot{m} \cdot c_1 \cdot (1 + \cos\beta_2).$$

Für das gesuchte Moment folgt des Weiteren

$$T_{max} = \dot{m} \cdot c_1 \cdot (1 + \cos\beta_2) \cdot R.$$

Mit

$$\dot{m} = \rho \cdot c_1 \cdot A_{Dü} = \rho \cdot c_1 \cdot \frac{\pi}{4} \cdot D_{Dü}^2$$

erhält man

$$T_{max} = \rho \cdot c_1^2 \cdot \frac{\pi}{4} \cdot D_{Dü}^2 \cdot (1 + \cos\beta_2) \cdot R.$$

Einsetzen von $c_1^2 = c_{Dü}^2$ liefert

$$T_{max} = \rho \cdot \frac{2 \cdot (p_0 - p_B)}{\rho \cdot \left[1 - \left(\frac{D_{Dü}}{D_0}\right)^4\right]} \cdot \frac{\pi}{4} \cdot D_{Dü}^2 \cdot (1 + \cos\beta_2) \cdot R$$

oder, nach Kürzen und Umstellen,

$$T_{max} = \frac{\pi}{2} \cdot D_{Dü}^2 \cdot R \cdot (p_0 - p_B) \cdot \frac{1 + \cos\beta_2}{1 - \left(\frac{D_{Dü}}{D_0}\right)^4}.$$

Aufgabe 6.5 Horizontaler Axialspalt

In Strömungsmaschinen werden häufig so genannte berührungsfreie Spaltdichtungen zwischen Räumen unterschiedlichen Druckes eingesetzt. Dies ist in den meisten Fällen zwischen dem rotierenden Laufrad und dem umgebenden ruhenden Gehäuse erforderlich. Aufgrund des, wenn auch sehr geringen, offenen Spaltquerschnitts sowie des wirksamen Druckunterschieds Δp_{Sp} am Spalt lässt sich ein resultierender Spaltvolumenstrom $\dot{V}_{Sp}$ nicht vermeiden. Dieser ist immer als Verlust zu verzeichnen und sollte folglich möglichst geringe Werte aufweisen. In Abb. 6.6 ist als „Variante 1" der einfachste Fall eines axialen Ringspalts zu erkennen. Ermitteln Sie hierfür eine Gleichung zur Berechnung des Spaltstroms $\dot{V}_{Sp.1}$. In den Referenzpunkten „Sp.v" und „Sp.n" können hierbei die Geschwindigkeiten vernachlässigt werden. Mit welcher der beiden Varianten 2 oder 3 gemäß Abb. 6.6 ist des Weiteren eine wirksamere Verkleinerung des Spaltvolumenstroms $\dot{V}_{Sp.1}$ auf $\dot{V}_{Sp.2}$ bzw. auf $\dot{V}_{Sp.3}$ zu erzielen, d. h., wie groß wird das jeweilige Verhältnis $\dot{V}_{Sp.2}/\dot{V}_{Sp.1}$ bzw. $\dot{V}_{Sp.3}/\dot{V}_{Sp.1}$?

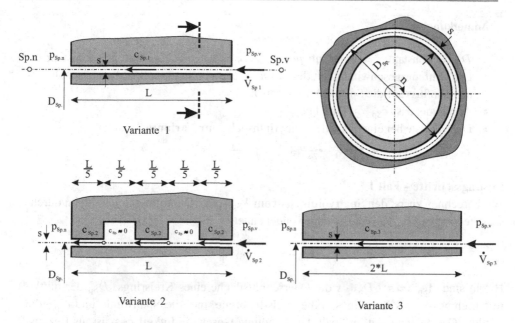

Abb. 6.6 Horizontaler Axialspalt in drei Varianten

Lösung zu Aufgabe 6.5

Aufgabenerläuterung

Mittels Durchflussgleichung lässt sich der gesuchte Spaltstrom aus Geschwindigkeit im Spalt und Spaltquerschnittsfläche angeben. Die Spaltgeschwindigkeit ist dabei Bezugsgeschwindigkeit aller am Spalt auftretenden Verluste. Diese wiederum können mittels der erweiterten Bernoulli'schen Gleichung an den Stellen „Sp.v" und „Sp.n" hergeleitet werden. Die weitere Frage nach der besseren Wirksamkeit von Variante 2 oder Variante 3 bezüglich einer Spaltstromreduzierung wird durch die hier veränderten Verluste beantwortet.

Gegeben:

- Δp_{Sp}; ρ; D_{Sp}; s; L; z; λ; ζ_{Ein}; ζ_{Aus}

Gesucht:

1. $\dot{V}_{Sp.1}$
2. $\dot{V}_{Sp.2}/\dot{V}_{Sp.1}$
3. $\dot{V}_{Sp.3}/\dot{V}_{Sp.1}$
4. Die Fälle 2 und 3, wenn $L = 30\,\text{mm}$; $s = 0,15\,\text{mm}$; $\lambda = 0,025$; $\zeta_{Ein} = 0,5$; $\zeta_{Aus} = 1,0$

Anmerkungen

- D_{Sp} = konstant; s = konstant; $p_{Sp.v} - p_{Sp.n} = \Delta p_{Sp}$ = konstant; ρ = konstant
- Die Umfangsgeschwindigkeit des mit n rotierenden inneren Spaltbereichs soll keinen Einfluss auf die Spaltströmung haben.
- Annahme, dass $c_{Sp.v} \approx 0$ und $c_{Sp.n} \approx 0$
- Die Verluste bei einem axialen Labyrinthspalt (**nur Variante 2**) lauten

$$Y_{V_{Sp.v;Sp.n}} = \left(\zeta_{Ein} + z + \lambda \cdot \frac{\sum L_i}{2 \cdot s} + \zeta_{Aus} \right) \cdot \frac{c_{Sp}^2}{2}.$$

Lösungsschritte – Fall 1

Wir berechnen zuerst den **Spaltvolumenstrom** $\dot{V}_{Sp.1}$. Die Durchflussgleichung im durchströmten Ringspalt „Variante 1" angewendet lautet

$$\dot{V}_{Sp.1} = c_{Sp.1} \cdot A_{Sp}.$$

Hierin sind $A_{Sp} = \pi \cdot D_{Sp} \cdot s$ die Querschnittsfläche eines Kreisrings, D_{Sp} der mittlere Durchmesser des Kreisrings, s die Kreisringbreite, hier die Spaltweite, und $c_{Sp.1}$ die mittlere Geschwindigkeit im Spalt. Die benötigte **Geschwindigkeit** $c_{Sp.1}$ ist als Bezugsgeschwindigkeit aller wirksamen Verluste des Spalts definiert. Hierbei handelt es sich um

$Y_{V_{Ein}} = \zeta_{Ein} \cdot \frac{c_{Sp.1}^2}{2}$ Eintrittsverluste

$Y_{V_R} = \lambda \cdot \frac{L}{d_{hydr}} \cdot \frac{c_{Sp.1}^2}{2}$ Reibungsverluste

$Y_{V_{Aus}} = \zeta_{Aus} \cdot \frac{c_{Sp.1}^2}{2}$ Austrittsverluste

ζ_{Ein} Verlustziffer am Spalteintritt

λ Reibungszahl

ζ_{Aus} Verlustziffer am Spaltaustritt

$d_{hydr} = 2 \cdot s$ hydraulischer Durchmesser des Ringspalts

Die Gesamtsumme aller Verluste zwischen den Stellen „Sp.v" und „Sp.n" lautet

$$Y_{V_{Sp.v;Sp.n}} = Y_{V_{Ein}} + Y_{V_R} + Y_{V_{Aus}}$$

oder, bei Verwendung der o. g. Verlustgleichungen,

$$Y_{V_{Sp.v;Sp.n}} = \zeta_{Ein} \cdot \frac{c_{Sp.1}^2}{2} + \lambda \cdot \frac{L}{d_{hydr}} \cdot \frac{c_{Sp.1}^2}{2} + \zeta_{Aus} \cdot \frac{c_{Sp.1}^2}{2}.$$

Klammert man $\left(c_{Sp.1}^2 / 2 \right)$ aus und setzt wieder $d_{hydr} = 2 \cdot s$ ein, so folgt

$$Y_{V_{Sp.v;Sp.n}} = \left(\zeta_{Ein} + \lambda \cdot \frac{L}{2 \cdot s} + \zeta_{Aus} \right) \cdot \frac{c_{Sp.1}^2}{2}.$$

Wird jetzt mit $\left(\frac{2}{\zeta_{Ein} + \lambda \cdot \frac{L}{2 \cdot s} + \zeta_{Aus}} \right)$ multipliziert,

$$c_{Sp.1}^2 = \frac{2 \cdot Y_{V_{Sp.v;Sp.n}}}{\zeta_{Ein} + \lambda \cdot \frac{L}{2 \cdot s} + \zeta_{Aus}},$$

und danach die Wurzel gezogen, führt das zu

$$c_{Sp.1} = \sqrt{\frac{2 \cdot Y_{V_{Sp.v;Sp.n}}}{\zeta_{Ein} + \lambda \cdot \frac{L}{2 \cdot s} + \zeta_{Aus}}}.$$

Hierin müssen nun noch die Verluste $Y_{V_{Sp.v;Sp.n}}$ mittels der Bernoulli'schen Gleichung an den Stellen „Sp.v" und „Sp.n" ersetzt werden:

$$\frac{p_{Sp.v}}{\rho} + \frac{c_{Sp.v}^2}{2} + g \cdot Z_{Sp.v} = \frac{p_{Sp.n}}{\rho} + \frac{c_{Sp.n}^2}{2} + g \cdot Z_{Sp.n} + Y_{V_{Sp.v;Sp.n}}.$$

Mit $c_{Sp.v} \approx 0$ und $c_{Sp.n} \approx 0$ sowie im Fall des horizontalen Spalts auch mit $Z_{Sp.v} = Z_{Sp.n}$ erhält man für dir gesuchten Verluste

$$Y_{V_{Sp.v;Sp.n}} = \frac{p_{Sp.v} - p_{Sp.n}}{\rho} = \frac{\Delta p_{Sp}}{\rho}.$$

Somit lautet die Geschwindigkeit

$$c_{Sp.1} = \sqrt{2 \cdot \frac{\Delta p_{Sp}}{\rho}} \cdot \frac{1}{\sqrt{\zeta_{Ein} + \lambda \cdot \frac{L}{2 \cdot s} + \zeta_{Aus}}}.$$

Damit kann dann der gesuchte Volumenstrom mit

$$\dot{V}_{Sp.1} = \pi \cdot D_{Sp} \cdot s \cdot \sqrt{2 \cdot \frac{\Delta p_{Sp}}{\rho}} \cdot \frac{1}{\sqrt{\zeta_{Ein} + \lambda \cdot \frac{L}{2 \cdot s} + \zeta_{Aus}}}$$

angegeben werden.

Lösungsschritte – Fall 2

Für das **Volumenstromverhältnis** $\dot{V}_{Sp.2}/\dot{V}_{Sp.1}$ leiten wir den Spaltstrom $\dot{V}_{Sp.2}$ analog zu Fall 1 her:

$$\dot{V}_{Sp.2} = \pi \cdot D_{Sp} \cdot s \cdot \sqrt{2 \cdot \frac{\Delta p_{Sp}}{\rho}} \cdot \frac{1}{\sqrt{\zeta_{Ein} + z + \lambda \cdot \frac{\sum L_i}{2 \cdot s} + \zeta_{Aus}}}.$$

Die Vergrößerung der Verluste und damit die Verkleinerung von $\dot{V}_{Sp}$ kommt in diesem Fall durch die eingestochenen Nuten zu Stande und wird durch deren **Zahl z** berücksichtigt. Die wirksame Reibungslänge $\sum L_i$ des Spalts von „Variante 2" reduziert sich dagegen im Vergleich zu der von „Variante 1", was der gewünschten Verringerung des Spaltstroms entgegen wirkt. Bildet man nun den Quotienten aus den beiden Gleichungen für $\dot{V}_{Sp.1}$ und $\dot{V}_{Sp.2}$ und kürzt gleiche Größen heraus,

$$\frac{\dot{V}_{Sp.2}}{\dot{V}_{Sp.1}} = \frac{\pi \cdot D_{Sp} \cdot s \cdot \sqrt{2 \cdot \frac{\Delta p_{Sp}}{\rho}} \cdot \frac{1}{\sqrt{\zeta_{Ein} + z + \lambda \cdot \frac{\sum L_i}{2 \cdot s} + \zeta_{Aus}}}}{\pi \cdot D_{Sp} \cdot s \cdot \sqrt{2 \cdot \frac{\Delta p_{Sp}}{\rho}} \cdot \frac{1}{\sqrt{\zeta_{Ein} + \lambda \cdot \frac{L}{2 \cdot s} + \zeta_{Aus}}}},$$

so führt dies zum Ergebnis

$$\frac{\dot{V}_{Sp.2}}{\dot{V}_{Sp.1}} = \frac{\sqrt{\zeta_{Ein} + \lambda \cdot \frac{L}{2 \cdot s} + \zeta_{Aus}}}{\sqrt{\zeta_{Ein} + z + \lambda \cdot \frac{\sum L_i}{2 \cdot s} + \zeta_{Aus}}}.$$

Lösungsschritte – Fall 3

Für das **Volumenstromverhältnis** $\dot{V}_{Sp.3}/\dot{V}_{Sp.1}$ beachten wir, dass bei „Variante 3" zur Vergrößerung der Verluste am Spalt dessen Länge gegenüber der von „Variante 1" verdoppelt wird. Dies hat dann nachstehenden Spaltstrom zur Folge:

$$\dot{V}_{Sp.3} = \pi \cdot D_{Sp} \cdot s \cdot \sqrt{2 \cdot \frac{\Delta p_{Sp}}{\rho}} \cdot \frac{1}{\sqrt{\zeta_{Ein} + \lambda \cdot \frac{2 \cdot L}{2 \cdot s} + \zeta_{Aus}}},$$

nach Kürzen bleibt

$$\dot{V}_{Sp.3} = \pi \cdot D_{Sp} \cdot s \cdot \sqrt{2 \cdot \frac{\Delta p_{Sp}}{\rho}} \cdot \frac{1}{\sqrt{\zeta_{Ein} + \lambda \cdot \frac{L}{s} + \zeta_{Aus}}}.$$

Nun wird entsprechend der Quotient aus den Gleichungen für $\dot{V}_{Sp.1}$ und $\dot{V}_{Sp.3}$ gebildet,

$$\frac{\dot{V}_{Sp.3}}{\dot{V}_{Sp.1}} = \frac{\pi \cdot D_{Sp} \cdot s \cdot \sqrt{2 \cdot \frac{\Delta p_{Sp}}{\rho}} \cdot \frac{1}{\sqrt{\zeta_{Ein} + \lambda \cdot \frac{L}{s} + \zeta_{Aus}}}}{\pi \cdot D_{Sp} \cdot s \cdot \sqrt{2 \cdot \frac{\Delta p_{Sp}}{\rho}} \cdot \frac{1}{\sqrt{\zeta_{Ein} + \lambda \cdot \frac{L}{2 \cdot s} + \zeta_{Aus}}}},$$

und dann gekürzt:

$$\frac{\dot{V}_{Sp.3}}{\dot{V}_{Sp.1}} = \frac{\sqrt{\zeta_{Ein} + \lambda \cdot \frac{L}{2 \cdot s} + \zeta_{Aus}}}{\sqrt{\zeta_{Ein} + \lambda \cdot \frac{L}{s} + \zeta_{Aus}}}.$$

Lösungsschritte – Fall 4

Mit den Zahlenwerten $L = 30\,\text{mm}$, $s = 0{,}15\,\text{mm}$, $\lambda = 0{,}025$, $\zeta_{Ein} = 0{,}5$ und ermitteln wir unter Beachtung dimensionsgerechter Größen gemäß Abb. 6.6 und mit $\sum L_i = 3 \cdot \frac{L}{5}$ sowie $z = 2$ die folgenden Werte für die Volumenstromverhältnisse:

$$\frac{\dot{V}_{Sp.2}}{\dot{V}_{Sp.1}} = \sqrt{\frac{1{,}5 + 0{,}025 \cdot \frac{30}{2 \cdot 0{,}15}}{1{,}5 + 2 + 0{,}025 \cdot \frac{3 \cdot 30}{5 \cdot 2 \cdot 0{,}15}}} = 0{,}894$$

$$\frac{\dot{V}_{Sp.3}}{\dot{V}_{Sp.1}} = \sqrt{\frac{1{,}5 + 0{,}025 \cdot \frac{30}{2 \cdot 0{,}15}}{1{,}5 + 0{,}025 \cdot \frac{30}{0{,}15}}} = 0{,}784$$

Das heißt, für die im vorliegenden Fall zu Grunde gelegten Verhältnisse bewirkt die Verdoppelung der Spaltlänge eine wirksamere ($\approx 22\,\%$) Reduzierung der Spaltverluste als die mittels zweier Nuten erzeugte ($\approx 10\,\%$).

Aufgabe 6.6 Leitring

In nachstehender Abb. 6.7 ist der Grundriss und der Meridianschnitt eines schaufellosen Leitrings dargestellt, der bevorzugt in Strömungsmaschinen Verwendung findet. Seine Aufgabe besteht darin, die Eintrittsgeschwindigkeit c_1 auf eine deutlich kleinere Austritts-

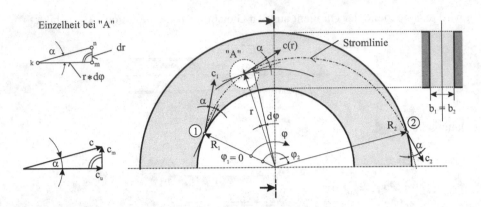

Abb. 6.7 Leitring

geschwindigkeit c_2 zu verzögern, was mit einem gleichzeitigen Druckanstieg von p_1 auf p_2 einhergeht. Unter Voraussetzung des Potenzialwirbels $r \cdot c_u =$ konstant bleibt auch im Fall paralleler Wände ($b_1 = b_2 = b =$ konstant) $r \cdot c_m =$ konstant. Dies führt dazu, dass $r \cdot c$ und auch der Winkel α an jeder Stelle der Stromlinie sich nicht ändern. Bei bekannten geometrischen Abmessungen R_1, R_2, $b_1 = b_2$, sowie Eintrittsgeschwindigkeit c_1, Fluiddichte ρ und dem Winkel α wird zunächst nach dem Volumenstrom $\dot{V}$ gefragt. Des Weiteren soll die Gleichung der Stromlinienfunktion $r = f(\varphi)$ und der Grundrisswinkel φ_2 ermittelt werden wie auch die Druckänderung $p_2 - p_1$.

Lösung zu Aufgabe 6.6

Aufgabenerläuterung
Die Grundlagen zur Lösungsfindung der anstehenden Fragen 1. und 4. stellen die Durchflussgleichung und die Bernoulli'sche Gleichung dar, wobei, wo erforderlich, von o. g. Potenzialwirbel Gebrauch gemacht werden muss. Die Stromlinienfunktion gemäß Fall 2 ist aus den Größen von Einzelheit „A" in Abb. 6.7 unter Verwendung der gegebenen Werte an der Stelle 1 herzuleiten.

Gegeben:

- R_1; R_2; c_1; $b_1 = b_2$; α; ρ

Gesucht:

1. $\dot{V}$
2. $r = f(\varphi)$
3. φ_2

4. $p_2 - p_1$

5. Die Fälle 1, 3 und 4, wenn $R_1 = 175\,\text{mm}$; $R_2 = 300\,\text{mm}$; $b_1 = b_2 = 25\,\text{mm}$; $c_1 = 25\,\text{m/s}$; $\alpha = 15°$; $\rho = 1\,000\,\text{kg/m}^3$

Anmerkungen

- Der Leitring befindet sich in horizontaler Lage.
- Es wird verlustfreie Strömung angenommen.

Lösungsschritte – Fall 1

Die Frage nach dem **Volumenstrom** $\dot{V}$ lässt sich mittels Durchflussgleichung $\dot{V} = c \cdot A$ lösen. Da im vorliegenden Fall die orthogonale Zuordnung von c und A nicht erfüllt ist, muss folglich die auf φ_2 senkrecht stehende Komponente c_m von c verwendet werden. Im Fall des Eintrittsquerschnitts A_1 sind alle benötigten Größen bekannt, sodass $\dot{V}$ wie folgt angegeben werden kann:

$\dot{V} = c_{m_1} \cdot A_1$ Volumenstrom durch Eintrittsfläche

$c_{m_1} = c_1 \cdot \sin\alpha$ Radialkomponente von c_1

$A_1 = (2 \cdot \pi \cdot R_1) \cdot b_1$ zylindrische Eintrittsfläche (Umfang × Breite)

$$\dot{V} = 2 \cdot \pi \cdot R_1 \cdot b_1 \cdot c_1 \cdot \sin\alpha$$

Lösungsschritte – Fall 2

Bei der Herleitung der **Stromlinienfunktion** $r = f(\varphi)$ macht man sich das in Abb. 6.7 dargestellte infinitesimale Dreieck gemäß Einzelheit „A" zunutze. Hierin stellt man fest

$$\tan\alpha = \frac{\mathrm{d}r}{r \cdot \mathrm{d}\varphi}.$$

α Winkel zwischen Kreistangente und Stromlinientangente

$\mathrm{d}r$ infinitesimales Radiuselement

$r \cdot \mathrm{d}\varphi$ infinitesimales Umfangselement.

Nach der Umformung

$$\frac{\mathrm{d}r}{r} = \tan\alpha \cdot \mathrm{d}\varphi$$

lässt sich die Lösung der gesuchten Funktion mittels Integration

$$\int\limits_{r=R_1}^{r} \frac{1}{r} \cdot \mathrm{d}r = \tan\alpha \cdot \int\limits_{\varphi_1=0}^{\varphi} \mathrm{d}\varphi$$

zwischen Eintritt (R_1; $\varphi_1 = 0$) und einer beliebigen Stelle der Stromlinie (r; φ) in nachstehenden Schritten herleiten: Mit dem Grundintegral

$$\int\limits_{a}^{b} \frac{1}{x} \cdot \mathrm{d}x = \ln x \big|_{a}^{b} \quad \text{sowie} \quad \ln a - \ln b = \ln\left(\frac{a}{b}\right)$$

erhält man im vorliegenden Fall

$$\ln r \big|_{R_1}^{r} = \ln r - \ln R_1 = \ln\left(\frac{r}{R_1}\right).$$

Weiterhin ist

$$\tan\alpha \cdot \int\limits_{\varphi_1=0}^{\varphi} \mathrm{d}\varphi = \tan\alpha \cdot \varphi\big|_0^{\varphi} = \varphi \cdot \tan\alpha.$$

Das vorläufige Ergebnis lautet damit

$$\ln\left(\frac{r}{R_1}\right) = \varphi \cdot \tan\alpha.$$

Wendet man weiterhin noch $e^{\ln a} = a$ an, so entsteht daraus

$$e^{\ln\left(\frac{r}{R_1}\right)} = e^{\varphi \cdot \tan\alpha} \quad \text{oder} \quad \frac{r}{R_1} = e^{\varphi \cdot \tan\alpha}.$$

Abschließend umgeformt führt dies zu

$$r = R_1 \cdot e^{\varphi \cdot \tan\alpha}.$$

Lösungsschritte – Fall 3

Der gesamte **Grundrisswinkel** φ_2 dieser Stromlinie lässt sich aus

$$\ln\left(\frac{r}{R_1}\right) = \varphi \cdot \tan\alpha$$

(s. o.) mit den Größen am Leitringaustritt ermitteln. Verwendet man $R = R_2$ und $\varphi = \varphi_2$, so liefert dies

$$\ln\left(\frac{R_2}{R_1}\right) = \varphi_2 \cdot \tan\alpha$$

oder nach Umformung

$$\varphi_2 = \frac{1}{\tan\alpha} \cdot \ln\left(\frac{R_2}{R_1}\right).$$

Lösungsschritte – Fall 4

Bei der Bestimmung der **Druckänderung** $p_2 - p_1$ zwischen Leitringeintritt und -austritt wird von der Bernoulli'schen Energiegleichung Gebrauch gemacht:

$$\frac{p_1}{\rho} + \frac{c_1^2}{2} + g \cdot Z_1 = \frac{p_2}{\rho} + \frac{c_2^2}{2} + g \cdot Z_2.$$

Die horizontalen Leitringanordnung $Z_1 = Z_2$ liefert nach Umstellung

$$\frac{p_2 - p_1}{\rho} = \frac{c_1^2 - c_2^2}{2}.$$

Die noch benötigt **Austrittsgeschwindigkeit** c_2 lässt sich aus der Anwendung des Potenzialwirbels $r \cdot c =$ konstant oder hier $R_1 \cdot c_1 = R_2 \cdot c_2 =$ konstant ableiten zu

$$c_2 = c_1 \cdot \frac{R_1}{R_2}.$$

Oben eingesetzt ergibt das

$$\frac{p_2 - p_1}{\rho} = \frac{c_1^2 - \left(c_1 \cdot \frac{R_1}{R_2}\right)^2}{2}$$

und nach Ausklammern von $\left(c_1^2\right)$ und Multiplikation mit ρ dann

$$p_2 - p_1 = \frac{\rho}{2} \cdot c_1^2 \cdot \left[1 - \left(\frac{R_1}{R_2}\right)^2 \right].$$

Lösungsschritte – Fall 5

Für die gesuchten Größen erhalten wir, wenn $R_1 = 175\,\text{mm}$, $R_2 = 300\,\text{mm}$, $b_1 = b_2 = 25\,\text{mm}$, $c_1 = 25\,\text{m/s}$, $\alpha = 15°$ und $\rho = 1\,000\,\text{kg/m}^3$ gegeben sind, unter Beachtung dimensionsgerechter Anwendung die nachstehenden Resultate:

$$\dot{V} = 2 \cdot \pi \cdot 0{,}175 \cdot 0{,}025 \cdot 25 \cdot \sin 15° = 0{,}1779\,\text{m}^3/\text{s}$$

Im Bogenmaß ist

$$\widehat{\varphi}_2 = \frac{1}{\tan 15°} \cdot \ln\left(\frac{300}{175}\right) = 2{,}01$$

in Grad entsprechend

$$\varphi_2 = \frac{360°}{2 \cdot \pi} \cdot 2{,}01 = 115°$$

$$p_2 - p_1 = \frac{1\,000}{2} \cdot 25^2 \cdot \left[1 - \left(\frac{175}{300}\right)^2 \right]$$

$$p_2 - p_1 = 206\,000\,\text{Pa} = 2{,}06\,\text{bar}.$$

Aufgabe 6.7 Radialpumpenverluste

Die wichtigsten Betriebsdaten einer Kreiselpumpe (Abb. 6.8) sind Volumenstrom $\dot{V}$, spezifische Förderenergie $Y\,(= g \cdot H)$, Drehzahl n und Antriebsleistung P. Über die Qualität der Energieumwandlung gibt der Gesamtwirkungsgrad η Auskunft. Wenn man die me-

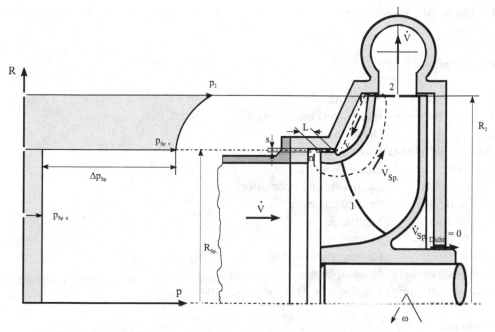

Druckverteilung an der vorderen Deckscheibe   Meridianschnitt des Pumpenlaufrads
und im Pumpensaugmund.

Abb. 6.8 Radialpumpenlaufrad mit Druckverteilung

chanische Verlustleistung P_{mech} (Lager, Stopfbuchsdichtung o. Ä.) ausklammert, so tritt
an die Stelle der Antriebsleistung P die innere Leistung $P_i = P - P_{mech}$ und an die Stelle des Gesamtwirkungsgrades η der innere Wirkungsgrad η_i (s. u.). Als die den inneren
Wirkungsgrad beeinflussenden Verluste sind die Spaltverluste $\dot{V}_{Sp}$, die Radseitenreibungsverluste P_R und die hydraulischen Verluste $\sum Y_V$ zu nennen. Mit den unten aufgelisteten
Größen sollen diese Verluste ermittelt werden. Weiterhin ist der hydraulische Wirkungsgrad η_{hydr} zu bestimmen.

Lösung zu Aufgabe 6.7

Aufgabenerläuterung

Bei der Herleitung der Spaltverluste $\dot{V}_{Sp}$ soll die Druckverteilung gemäß Abb. 6.8 zugrunde gelegt werden ebenso wie die Kontinuitätsgleichung im horizontalen, axialen Ringspalt
sowie die Bernoulli'sche Energiegleichung mit Verlusten vor und nach dem Spalt. Die Ermittlung der Radseitenreibungsverluste P_R erfolgt mit einer häufig benutzten Gleichung,
die sich aus dem auf rotierende Scheiben übertragenen Plattenreibungsgesetz herleitet.
Zur Bestimmung der hydraulischen Verluste $\sum Y_V$ muss mit den gegebenen und ermittel-

ten Größen die Gleichung des inneren Wirkungsgrads η_i in geeigneter Weise umgestellt werden.

Gegeben:

$\dot{V} = 1,55\,\text{m}^3/\text{s}$ Volumenstrom
$Y = 491\,\text{N} \cdot \text{m/kg}$ spezifische Förderenergie
$n = 725\frac{1}{\text{min}}$ Drehzahl
$\Delta p_{\text{Sp}} = 380\,000\,\text{Pa}$ Druckunterschied am Spalt
$\eta_i = 0,91$ innerer Wirkungsgrad
$D_2 = 0,85\,\text{m}$ Laufradaußendurchmesser
$D_{\text{Sp}} = 0,59\,\text{m}$ Spaltdurchmesser
$L = 50\,\text{mm}$ Spaltlänge
$s = 0,50\,\text{mm}$ Spaltweite
$\lambda = 0,02$ Reibungszahl im Spalt
$\rho = 1\,000\,\text{kg/m}^3$ Wasserdichte
$\nu = 1,0 \cdot 10^{-6}\,\text{m}^2/\text{s}$ kinematische Zähigkeit des Wassers

Gesucht:

1. Spaltverlust $\dot{V}_{\text{Sp}}$
2. Radseitenreibungsverluste P_{R}
3. hydraulische Verluste $\sum Y_{\text{V}}$
4. hydraulischer Wirkungsgrad η_{hydr}
5. die Fälle 1 bis 4 mit den gegebenen Zahlenwerten

Anmerkungen

- innerer Wirkungsgrad: $\eta_i = \dfrac{\rho \cdot \dot{V} \cdot Y}{\rho \cdot (\dot{V} + \dot{V}_{\text{Sp}}) \cdot (Y + \sum Y_{\text{V}}) + P_{\text{R}}}$
- horizontaler, axialer Ringspalt

Lösungsschritte – Fall 1

Zur Bestimmung der der **Spaltverluste** $\dot{V}_{\text{Sp}}$ erhalten wir mittels der Bernoulli'schen Gleichung an den Stellen unmittelbar vor „v" und nach „n" dem Spalt zunächst

$$\frac{p_{\text{v}}}{\rho} + \frac{c_{\text{Sp.v}}^2}{2} + g \cdot Z_{\text{v}} = \frac{p_{\text{n}}}{\rho} + \frac{c_{\text{Sp.n}}^2}{2} + g \cdot Z_{\text{n}} + Y_{\text{V}_{\text{Sp}}}.$$

Bei horizontalem Spalt ist $Z_v = Z_n$. Weiterhin kann davon ausgegangen werden, dass $c_{Sp.v} = c_{Sp.n}$ ist. Oben eingesetzt hat das

$$Y_{V_{Sp}} = \frac{\Delta p_{Sp}}{\rho}$$

zur Folge, wobei $\Delta p_{Sp} = p_{Sp.v} - p_{Sp.n}$ ist. Die Spaltverluste sind definiert mit

$$Y_{V_{Sp}} = \zeta_{Sp} \cdot \frac{c_{Sp}^2}{2},$$

wobei im Fall des glatten Axialspalts

$$\zeta_{Sp} = \left(1,5 + \lambda \cdot \frac{L}{d_{hydr}} \right)$$

gilt. Hierin sind der Eintrittsverlust mit $\zeta_{Ein} = 0,5$, der Reibungsverlust mit $\zeta_R = \lambda \cdot \frac{L}{d_{hydr}}$ und der Austrittsverlust mit $\zeta_{Aus} = 1,0$ enthalten. Man kann jetzt formulieren:

$$Y_{V_{Sp}} = \zeta_{Sp} \cdot \frac{c_{Sp}^2}{2} = \frac{\Delta p_{Sp}}{\rho}.$$

Es wird nach c_{Sp}^2 umgeformt,

$$c_{Sp}^2 = \frac{2}{\zeta_{Sp}} \cdot \frac{\Delta p_{Sp}}{\rho},$$

und dann die Wurzel gezogen:

$$c_{Sp} = \sqrt{\frac{1}{\zeta_{Sp}}} \cdot \sqrt{2 \cdot \frac{\Delta p_{Sp}}{\rho}} = \sqrt{\frac{1}{1,5 + \lambda \cdot \frac{L}{d_{hydr}}}} \cdot \sqrt{2 \cdot \frac{\Delta p_{Sp}}{\rho}}.$$

Bei kreisringförmigen Spaltquerschnitten lässt sich der hydraulische Durchmesser herleiten zu

$$d_{hydr} = 2 \cdot s.$$

Mit dem Spaltstrom $\dot{V}_{Sp} = c_{Sp} \cdot A_{Sp}$ und dem Querschnitt $A_{Sp} = \pi \cdot D_{Sp} \cdot s$ lautet dann
das Ergebnis

$$\dot{V}_{Sp} = \pi \cdot D_{Sp} \cdot s \cdot \sqrt{\frac{1}{1{,}5 + \lambda \cdot \frac{L}{2 \cdot s}}} \cdot \sqrt{2 \cdot \frac{\Delta p_{Sp}}{\rho}}.$$

Lösungsschritte – Fall 2

Die **Radseitenreibungsverluste** P_R als Leistungsverluste können nach Petermann [22]
unter Beachtung der zugrunde liegenden Randbedingungen wie folgt ermittelt werden:

$$P_R = K \cdot \rho \cdot u_2^3 \cdot D_2^2$$

mit $u_2 = \pi \cdot D_2 \cdot n$ sowie

$$K = 8 \cdot 10^{-4} \cdot \left(\frac{2 \cdot 10^6}{Re_2}\right)^{1/6} \quad \text{und} \quad Re_2 = \frac{u_2 \cdot D_2}{v}.$$

Lösungsschritte – Fall 3

Bei nun bekannten $\dot{V}_{Sp}$ und P_R können die **hydraulischen Verluste** $\sum Y_V$ durch Umformen von η_i wie folgt ermittelt werden. Zunächst lautet der innere Wirkungsgrad wie oben angegeben

$$\eta_i = \frac{\rho \cdot \dot{V} \cdot Y}{\rho \cdot (\dot{V} + \dot{V}_{Sp}) \cdot (Y + \sum Y_V) + P_R}.$$

Wird mit dem Nenner $\left[\rho \cdot (\dot{V} + \dot{V}_{Sp}) \cdot (Y + \sum Y_V) + P_R\right]$ multipliziert,

$$\eta_i \cdot \left[\rho \cdot (\dot{V} + \dot{V}_{Sp}) \cdot \left(Y + \sum Y_V\right) + P_R\right] = \rho \cdot \dot{V} \cdot Y,$$

und dann durch η_i dividiert, führt dies auf

$$\rho \cdot (\dot{V} + \dot{V}_{Sp}) \cdot \left(Y + \sum Y_V\right) + P_R = \frac{\rho \cdot \dot{V} \cdot Y}{\eta_i}.$$

Subtrahiert man dann noch P_R, so folgt

$$\rho \cdot (\dot{V} + \dot{V}_{Sp}) \cdot \left(Y + \sum Y_V\right) = \frac{\rho \cdot \dot{V} \cdot Y}{\eta_i} - P_R.$$

Jetzt wird durch $\left[\rho \cdot \left(\dot{V} + \dot{V}_{\text{Sp}}\right)\right]$ dividiert:

$$Y + \sum Y_{\text{V}} = \frac{\rho \cdot \dot{V} \cdot Y}{\eta_{\text{i}} \cdot \rho \cdot \left(\dot{V} + \dot{V}_{\text{Sp}}\right)} - \frac{P_{\text{R}}}{\rho \cdot \left(\dot{V} + \dot{V}_{\text{Sp}}\right)}.$$

Wenn man dann noch Y subtrahiert, entsteht

$$\sum Y_{\text{V}} = \frac{\rho \cdot \dot{V} \cdot Y}{\eta_{\text{i}} \cdot \rho \cdot \left(\dot{V} + \dot{V}_{\text{Sp}}\right)} - \frac{P_{\text{R}}}{\rho \cdot \left(\dot{V} + \dot{V}_{\text{Sp}}\right)} - Y$$

oder

$$\sum Y_{\text{V}} = \frac{1}{\dot{V} + \dot{V}_{\text{Sp}}} \cdot \left(\frac{\dot{V} \cdot Y}{\eta_{\text{i}}} - \frac{P_{\text{R}}}{\rho}\right) - Y.$$

Lösungsschritte – Fall 4

Mit den jetzt bekannten hydraulischen Verlusten $\sum Y_{\text{V}}$ lässt sich der **hydraulische Wirkungsgrad** η_{hydr} über die Definition

$$\eta_{\text{hydr}} = \frac{Y}{Y + \sum Y_{\text{V}}}$$

bestimmen.

Lösungsschritte – Fall 5

Mit den gegebenen Zahlenwerten erhält man für die gesuchten Größen die folgenden Werte:

$$\dot{V}_{\text{Sp}} = \pi \cdot 0{,}59 \cdot 0{,}0005 \cdot \sqrt{\frac{1}{1{,}5 + 0{,}02 \cdot \frac{0{,}05}{2 \cdot 0{,}0005}}} \cdot \sqrt{2 \cdot \frac{380\,000}{1\,000}}$$

$$\dot{V}_{\text{Sp}} = 0{,}0162\,\text{m}^3/\text{s} \equiv 16{,}2\,\text{L/s}$$

Für die **Radseitenreibungsverluste** P_R brauchen wir noch Inputwerte:

$$u_2 = \pi \cdot 0{,}85 \cdot \frac{725}{60} = 32{,}27 \, \text{m/s}$$

$$Re_2 = \frac{32{,}27 \cdot 0{,}85}{1} \cdot 10^6 = 2{,}74 \cdot 10^7$$

$$K = 8 \cdot 10^{-4} \cdot \left(\frac{2 \cdot 10^6}{2{,}74 \cdot 10^7} \right)^{1/6} = 5{,}17 \cdot 10^{-4}$$

Wir erhalten damit

$$P_R = 5{,}17 \cdot 10^{-4} \cdot 1\,000 \cdot 32{,}27^3 \cdot 0{,}85^2$$

$$P_R = 12\,552\,\text{W} \equiv 12{,}552\,\text{kW}$$

$$\sum Y_V = \frac{1}{1{,}55 + 0{,}0162} \cdot \left(\frac{1{,}55 \cdot 491}{0{,}91} - \frac{12\,552}{1\,000} \right) - 491$$

$$\sum Y_V = 34{,}97\,\text{N} \cdot \text{m/kg}$$

$$\eta_{\text{hydr}} = \frac{491}{491 + 34{,}97} = 0{,}933$$

Aufgabe 6.8 Axialpumpe

Im Unterschied zu Radialpumpen, die relativ kleine Volumenströme $\dot{V}$ bei vergleichsweise großen spezifischen Förderenergien Y fördern müssen, werden an Axialpumpen (Abb. 6.9) die gegenteiligen Anforderungen gestellt. Dies hat zur Folge, dass zur optimalen Erfüllung der geforderten Betriebsdaten die sogenannten „Laufräder" als diejenigen Bauelemente, in denen die wesentliche Energieübertragung auf die Flüssigkeit erfolgt, bei den beiden Pumpentypen völlig verschieden konzipiert sind. Werden die Laufräder der Radialpumpen durch gekrümmte, vom Fluid durchströmte Kanäle gebildet, so bestehen die Laufräder der Axialpumpen aus wenigen einzelnen Schaufeln, die radial an der rotierenden Welle installiert sind. Die Energieübertragung auf die Flüssigkeit wird nach modifizierten Gesetzen umströmter Tragflügel hergestellt. Hierbei spielen die Geschwindigkeiten respektive die Geschwindigkeitsdreiecke an den Stellen 1 und 2 des Tragflügelprofils eine entscheidende Rolle (Abb. 6.10).

Abb. 6.9 Längsschnitt einer
Axialpumpe

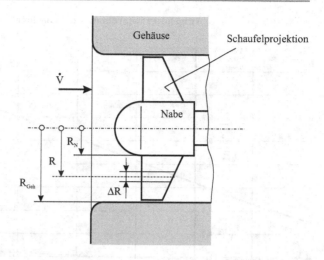

Lösung zu Aufgabe 6.8

Aufgabenerläuterung

Die Berechnung der Geschwindigkeitsdreiecke steht im Vordergrund dieser Aufgabe. Dies soll exemplarisch für das Profil eines Zylinderschnitts am Radius R erfolgen, welches eine Dicke ΔR (Abb. 6.9) aufweist. Außerdem sollen die an dem Profil wirksamen Auftriebs-

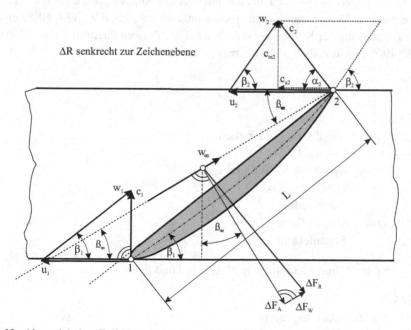

Abb. 6.10 Abgewickelter Zylinderschnitt eines Axialpumpenlaufrads am Radius R

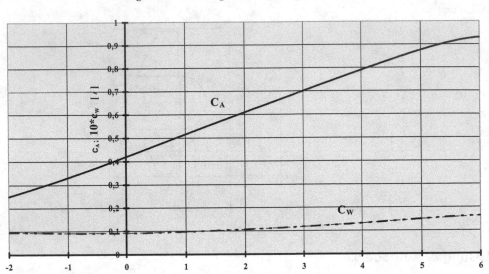

Abb. 6.11 Aufgelöstes Polardiagramm

und Widerstandskräfte und die resultierende Profilkraft ermittelt werden. Bei der Berechnung sind die angegebenen Größen und die unter „Anmerkungen" aufgelisteten Gleichungen zu verwenden. Die geometrischen Abmessungen sind Abb. 6.9 und 6.10 zu entnehmen. Der Berechnung der Kräfte liegt das „Aufgelöste Polarendiagramm" des „Göttinger Profils Gö 490" gemäß Abb. 6.11 (s. u.) zugrunde.

Gegeben:

$\dot{V} = 3{,}50\,\text{m}^3/\text{s}$ Volumenstrom
$Y = 73{,}5\,\text{N}\cdot\text{m}/\text{kg}$ spezifische Förderarbeit
$n = 600\frac{1}{\text{min}}$ Drehzahl
$\eta_{\text{hydr}} = 0{,}91 \equiv \eta_{\text{U}}$ hydraulischer Wirkungsgrad
$R_{\text{Geh}} = 0{,}415\,\text{m}$ Gehäuseradius
$R_{\text{Na}} = 0{,}17\,\text{m}$ Nabenradius
$\rho = 1\,000\,\text{kg}/\text{m}^3$ Wasserdichte
$z = 4$ Schaufelzahl

Abmessungen des Zylinderschnitts gemäß Abb. 6.9 und 6.10:

$R = 0{,}245\,\text{m}$ Gewählter Radius
$\Delta R = 0{,}035\,\text{m}$ Zylinderschnittdicke
$L/t = 0{,}78$ Längen-Teilungsverhältnis

Gesucht:

1. Geschwindigkeiten und Winkel am Zylinderschnitt bei R gemäß Abb. 6.10

$u_1(R)$	Umfangsgeschwindigkeit bei „1"
$c_1(R) = c_{m,1}$	Absolutgeschwindigkeit bei „1"
$w_1(R)$	Relativgeschwindigkeit bei „1"
$\beta_1(R)$	Winkel zwischen w_1 und u_1 bei „1"
$\alpha_1(R)$	Winkel zwischen c_1 und u_1 bei „1"
$u_2(R)$	Umfangsgeschwindigkeit bei „2"
$c_{m,2}(R)$	Meridiankomponente von $c_2(R)$ bei „2"
$c_{u,2}(R)$	Umfangskomponente von $c_2(R)$ bei „2"
$c_2(R)$	Absolutgeschwindigkeit bei „2"
$w_2(R)$	Relativgeschwindigkeit bei „2"
$\beta_2(R)$	Winkel zwischen w_2 und u_2 bei „2"
$\alpha_2(R)$	Absolutwinkel bei „2"
$w_\infty(R)$	mittlere relative Anströmgeschwindigkeit
$\beta_\infty(R)$	mittlerer relativer Anströmwinkel

2. Kräfte am Zylinderschnitt R gemäß Abb. 6.9 und 6.10

$\Delta F_A(R)$ Auftriebskraft am Profil

$\Delta F_W(R)$ Widerstandskraft am Profil

$\Delta F_R(R)$ Resultierende Kraft am Profil

Anmerkungen

- Auftriebskraft am Profil: $F_A = c_A \cdot A \cdot \frac{\rho}{2} \cdot w_\infty^2$
- Widerstandskraft am Profil: $F_W = c_W \cdot A \cdot \frac{\rho}{2} \cdot w_\infty^2$
- Bezugsfläche: $A = \Delta R \cdot L$
- Belastungsgrad: $c_A \cdot \frac{L}{t} \approx 2 \cdot \frac{c_{u,2}}{w_\infty}$
- Euler'sche Hauptgleichung bei Pumpen: $Y_{Sch} = u_2 \cdot c_{u,2}$
- hydraulischer Wirkungsgrad: $\eta_{hydr} = \frac{Y}{Y_{Sch}}$
- mittlerer relativer Anströmwinkel: $\beta_\infty = \arctan\left(\frac{c_{m,2}}{u_2 - \frac{1}{2} \cdot c_{u,2}}\right)$
- mittlere relative Anströmgeschwindigkeit: $w_\infty = \sqrt{c_{m,2}^2 + \left(u_2 - \frac{1}{2} \cdot c_{u,2}\right)^2}$

Lösungsschritte – Fall 1

Wir beginnen mit den **Geschwindigkeiten und Winkel am Zylinderschnitt bei R** gemäß Abb. 6.10:

Stelle 1

$$u_1(R) = R \cdot \omega = R \cdot 2 \cdot \pi \cdot n = 0{,}245 \cdot 2 \cdot \pi \cdot \frac{600}{60} = 15{,}39\,\mathrm{m/s}$$

$$c_1(R) = \frac{\dot{V}}{A} = \frac{\dot{V}}{\pi \cdot \left(R_{\mathrm{Geh}}^2 - R_{\mathrm{Na}}^2 \right)} = \frac{3{,}5}{\pi \cdot (0{,}415^2 - 0{,}17^2)} = 7{,}77\,\mathrm{m/s}$$

Die Berechnung der weiteren Geschwindigkeiten und Winkel erfolgt mittels einfacher trigonometrischer Zusammenhänge am Dreieck bei der Stelle 1:

$$w_1(R) = \sqrt{u_1^2(R) + c_1^2(R)} = \sqrt{15{,}39^2 + 7{,}77^2} = 17{,}24\,\mathrm{m/s}$$

$$\beta_1(R) = \arctan\left(\frac{c_1(R)}{u_1(R)} \right) = \arctan\left(\frac{7{,}77}{17{,}24} \right) = 26{,}79°$$

$$\alpha_1(R) = 90°$$

Dies bedeutet eine **drallfreie Zuströmung** bei „1".

Stelle 2

$$u_2(R) = u_1(R) = 15{,}39\,\mathrm{m/s}$$

$$c_{\mathrm{m,2}}(R) = c_1(R) = 7{,}77\,\mathrm{m/s}$$

Die Umfangskomponente $c_{\mathrm{u,2}}(R)$ der Absolutgeschwindigkeit $c_2(R)$ lässt sich aus der Euler'schen Strömungsmaschinenhauptgleichung bei drallfreier Zuströmung $Y_{\mathrm{Sch}} = u_2 \cdot c_{\mathrm{u,2}}$ durch Umstellen und unter Verwendung des hydraulischen Wirkungsgrads $\eta_{\mathrm{hydr}} =$

Y/Y_{Sch} wie folgt ermitteln:

$$c_{u,2}(R) = \frac{Y_{Sch}}{u_2(R)} = \frac{Y}{\eta_{hydr} \cdot u_2(R)} = \frac{73,5}{0,91 \cdot 15,39} = 5,25\,\text{m/s}$$

Die Berechnung der weiteren Geschwindigkeiten und Winkel erfolgt mittels einfacher trigonometrischer Zusammenhänge am Dreieck bei der Stelle 2:

$$c_2(R) = \sqrt{c_{m,2}^2(R) + c_{u,2}^2(R)} = \sqrt{7,77^2 + 5,25^2} = 9,38\,\text{m/s}$$

$$w_2(R) = \sqrt{c_{m,2}^2(R) + [u_2(R) - c_{u,2}(R)]^2} = \sqrt{7,77^2 + (15,39 - 5,25)^2}$$
$$= 12,77\,\text{m/s}$$

$$\beta_2(R) = \arctan\left(\frac{c_{m,2}(R)}{u_2(R) - c_{u,2}(R)}\right) = \arctan\left(\frac{7,77}{15,39 - 5,25}\right) = 37,46°$$

$$\alpha_2(R) = \arctan\left[\frac{c_{m,2}(R)}{c_{u,2}(R)}\right] = \arctan\left(\frac{7,77}{5,25}\right) = 56°$$

Die Zuströmung zur Schaufel an der Stelle 1 erfolgt unter dem Winkel $\beta_1(R)$ bei der Geschwindigkeit $w_1(R)$ und die Abströmung an der Stelle 2 unter dem Winkel $\beta_2(R)$ bei der Geschwindigkeit $w_2(R)$. Zur Übertragung dieser Größen auf die der Tragflügel-umströmung zugrunde liegenden Gesetzmäßigkeiten wird eine geometrische Mittelung der beiden Relativgeschwindigkeiten $w_1(R)$ und $w_2(R)$ benutzt. Als Ergebnis erhält man dann die mittlere relative Anströmgeschwindigkeit w_∞ mit dem mittleren relativen Anströmwinkel β_∞. Diese Größen liegen der Berechnung der Kräfte und geometrischen

Abmessungen zugrunde.

$$w_\infty(R) = \sqrt{c_{m,2}^2(R) + \left[u_2(R) - \frac{1}{2} \cdot c_{u,2}(R)\right]^2} = \sqrt{7{,}77^2 + \left(15{,}39 - \frac{1}{2} \cdot 5{,}25\right)^2}$$

$$= 14{,}94\,\text{m/s}$$

$$\beta_\infty(R) = \arctan\left(\frac{c_{m,2}(R)}{u_2(R) - \frac{1}{2} \cdot c_{u,2}(R)}\right) = \arctan\left(\frac{7{,}77}{15{,}39 - \frac{1}{2} \cdot 5{,}25}\right) = 31{,}23°$$

Lösungsschritte – Fall 2

Nun bestimmen wir die **Kräfte am Zylinderschnitt bei R** gemäß Abb. 6.10 und 6.11.

$\Delta F_A(R)$

$$\Delta F_A(R) = c_A \cdot A(R) \cdot \frac{\rho}{2} \cdot w_\infty^2(R)$$

mit $A(R) = B \cdot L(R)$ und $B \equiv \Delta R$.

$$\Delta F_A(R) = c_A \cdot \Delta R \cdot L(R) \cdot \frac{\rho}{2} \cdot w_\infty^2(R).$$

Somit fehlen zur Ermittlung von $\Delta F_A(R)$ noch der Auftriebsbeiwert c_A und die Länge $L(R)$.

c_A Wird der gegebene Belastungsgrad

$$c_A \cdot \frac{L(R)}{t(R)} \approx 2 \cdot \frac{c_{u,2}(R)}{w_\infty(R)}$$

nach c_A umgestellt, so folgt

$$c_A \approx 2 \cdot \frac{c_{u,2}(R)}{w_\infty(R) \cdot \frac{L(R)}{t(R)}} = 2 \cdot \frac{5{,}25}{14{,}94 \cdot 0{,}78} = 0{,}90$$

$L(R)$ Mit

$$L(R) = \frac{L(R)}{t(R)} \cdot t(R)$$

und

$$t(R) \cdot z = 2 \cdot \pi \cdot R \quad \text{bzw.} \quad t(R) = \frac{2 \cdot \pi \cdot R}{z}$$

folgt

$$L(R) = \frac{L(R)}{t(R)} \cdot \frac{2 \cdot \pi \cdot R}{z} = 0{,}78 \cdot \frac{2 \cdot \pi \cdot 0{,}245}{4} = 0{,}300\,\text{m}.$$

Die Auftriebskraft erhält man folglich zu

$$\Delta F_\text{A}(R) = 0{,}90 \cdot 0{,}035 \cdot 0{,}300 \cdot \frac{1\,000}{2} \cdot 14{,}94^2 = 1\,054{,}6\,\text{N}.$$

$\Delta F_\text{W}(R)$ Es ist

$$\Delta F_\text{W}(R) = c_\text{W} \cdot A(R) \cdot \frac{\rho}{2} \cdot w_\infty^2(R)$$

mit $A(R) = B \cdot L(R)$ und $B \equiv \Delta R$. Also bekommen wir zunächst

$$\Delta F_\text{W}(R) = c_\text{W} \cdot \Delta R \cdot L(R) \cdot \frac{\rho}{2} \cdot w_\infty^2(R)$$

Den **Beiwert** c_W lesen wir mit $c_\text{A} = 0{,}90$ aus Abb. 6.11 ab:

$$c_W = 0{,}016.$$

Dies führt zu

$$\Delta F_\text{W}(R) = 0{,}016 \cdot 0{,}035 \cdot 0{,}300 \cdot \frac{1\,000}{2} \cdot 14{,}94^2 = 18{,}75\,\text{N}.$$

$\Delta F_{\mathrm{R}}(R)$　Gemäß Abb. 6.10 wird nach Pythagoras

$$\Delta F_{\mathrm{R}}(R) = \sqrt{\Delta F_{\mathrm{A}}^2(R) + \Delta F_{\mathrm{W}}^2(R)}$$

und daraus

$$\Delta F_{\mathrm{R}}(R) = \sqrt{1\,054{,}6^2 + 18{,}75^2} = 1\,054{,}8\,\mathrm{N}.$$

Aufgabe 6.9 Pumpe mit Rückschlagklappe

Bei flüssigkeitsfördernden Pumpen besteht die Gefahr, dass im Fall unsachgemäßen Betriebs der Flüssigkeitsdampfdruck örtlich unterschritten wird. Die daraus resultierende Dampfblasenbildung, die i. A. am Laufradeintritt stattfindet, und die anschließende Kondensation der Dampfblasen im Bereich wieder ansteigenden Drucks im Laufrad verursachen dort verschiedene, oft gravierende Betriebsbeeinträchtigungen. Diese Gesamtthematik ist unter dem Begriff „Kavitation" bekannt. Man muss dafür Sorge tragen, dass seitens der Pumpe als auch seitens der Anlage die Dampfblasenentstehung vermieden wird. Dies ist gewährleistet, wenn die spezifische Anlagehalteenergie immer größer ist als die spezifische Maschinen-(Pumpen-)Halteenergie, also $Y_{\mathrm{H_A}} > Y_{\mathrm{H_M}}$. Für die in Abb. 6.12 dargestellte Pumpanlagekonstellation ist es zwingend erforderlich, im Fall des Pumpenausfalls das Zurücklaufen der Flüssigkeit in das saugseitige Becken zu vermeiden. Dies lässt sich einfach mit einer Rückschlagklappe am Rohrleitungseintritt regeln. Der Nachteil der Rückschlagklappe ist aber, dass die durch sie verursachten Druckverluste beträchtlich sind und somit die Dampfblasenentstehung begünstigen. Für die unten angegebenen Größen ist eine Gleichung herzuleiten, mit der eine Aussage über die Kavitationsgefahr der Pumpe möglich wird. Dies soll zunächst **mit** einer Rückschlagklappe erfolgen. Dann stellt sich die Frage nach der Zulaufhöhe Z_{UW} (siehe Abb. 6.12), wenn **keine** Rückschlagklappe vorliegt. Des Weiteren soll die Drehzahl der Pumpe ermittelt werden, bei der gerade keine Kavitation vorliegt und gleichzeitig $Z_{\mathrm{UW}} = 0$ ist. Den Berechnungen liegt die Saugzahl S_{Y} nach Pfleiderer zugrunde.

Lösung zu Aufgabe 6.9

Aufgabenerläuterung

Bei der Lösung der drei Teilaufgaben ist jeweils von der Forderung für kavitationsfreien Betrieb $Y_{\mathrm{H_A}} > Y_{\mathrm{H_M}}$ Gebrauch zu machen und diese an die einzelnen Vorgaben anzupassen.

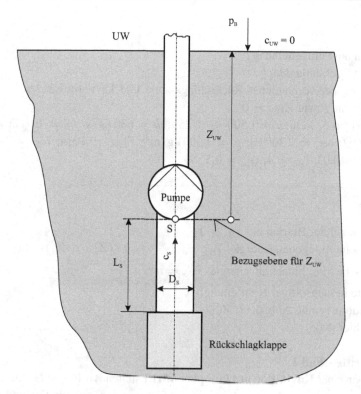

Abb. 6.12 Pumpe mit Rückschlagklappe

Gegeben:

$\dot{m}$ Massenstrom

n Drehzahl

ρ Flüssigkeitsdichte

p_{Da} Dampfdruck

p_{B} Luftdruck

Z_{UW} Zulaufhöhe der Pumpe

L_{S} Saugrohrlänge

D_{S} Saugrohrdurchmesser

λ Rohrreibungszahl

ζ_{Ein} Eintrittsverlustziffer (Pkt. 2)

$Z_{Rü}$ Verlustziffer der Rückschlagklappe

S_{Y} Saugzahl nach Pfleiderer

Gesucht:

1. Kavitation am Pumpeneintritt?
2. Z_{UW} ohne Rückschlagklappe
3. Drehzahl n_2 bei vorhandener Rückschlagklappe und kavitationsfreiem Betrieb mit $S_Y =$ konstant sowie $Z_{UW} = 0$
4. Die Fälle 1 bis 3, wenn $n = 1\,500\frac{1}{\text{min}} \equiv 25\frac{1}{\text{s}}$; $\dot{m} = 630\,\text{kg/s}$; $p_B = 1,0\,\text{bar} = 10^5\,\text{Pa}$; $p_{Da} = 0,023\,\text{bar} = 2\,300\,\text{Pa}$; $\rho = 1\,000\,\text{kg/m}^3$; $Z_{UW} = 10\,\text{m}$; $L_S = 2\,\text{m}$; $D_S = 0,40\,\text{m}$; $\lambda = 0,03$; $\zeta_{Rü} = 4$; $\zeta_{Ein} = 0,5$; $S_Y = 0,5$

Anmerkungen

- kavitationsfreier Betrieb bei $Y_{H_A} > Y_{H_M}$
- spezifische Anlagehalteenergie: $Y_{H_A} = \frac{p_B - p_{Da}}{\rho} + g \cdot (Z_{UW} - Z_1) - Y_{V_{UW;S}}$
- spezifische Maschinenhalteenergie: $Y_{H_M} = n^{4/3} \cdot \frac{\dot{V}^{2/3}}{S_Y^{4/3}}$
- Verluste in saugseitiger Rohrleitung: $Y_{V_{UW;S}}$
- Zulaufhöhe gemäß Abb. 6.12: Z_{UW}
- Z_1 ist hier ≈ 0.

Lösungsschritte – Fall 1

Zur Frage nach einer **Kavitation am Pumpeneintritt** stellen wir folgende Überlegung an:
Mit $Y_{H_A} > Y_{H_M}$ wird unter Verwendung der o. g. Zusammenhänge für Y_{H_A} und Y_{H_M}

$$\frac{p_B - p_{Da}}{\rho} + g \cdot Z_{UW} - Y_{V_{UW;S}} > n^{4/3} \cdot \frac{\dot{V}^{2/3}}{S_Y^{4/3}}.$$

Hierin lauten die Verluste

$$Y_{V_{UW;S}} = Y_{V_{Rü}} + Y_{V_R}$$

mit

$Y_{V_{Rü}} = \zeta_{Rü} \cdot \frac{c_S^2}{2}$ Verluste der Rückschlagklappe

$Y_{V_R} = \lambda \cdot \frac{L_S}{D_S} \cdot \frac{c_S^2}{2}$ Reibungsverluste im Saugrohr

Somit folgt

$$Y_{V_{UW;S}} = \left(\zeta_{Rü} + \lambda \cdot \frac{L_S}{D_S} \right) \cdot \frac{c_S^2}{2}.$$

Die Geschwindigkeit c_S erhält man aus $c_S = \frac{\dot{V}}{A_S}$ mit $A_S = \frac{\pi}{4} \cdot D_S^2$ sowie $\dot{V} = \frac{\dot{m}}{\rho}$. Dies führt zu

$$c_S = \frac{4}{\pi} \cdot \frac{\dot{m}}{\rho} \cdot \frac{1}{D_S^2}.$$

Als Ergebnis erhält man

$$\frac{p_B - p_{Da}}{\rho} + g \cdot Z_{UW} - \left(\zeta_{Rü} + \lambda \cdot \frac{L_S}{D_S} \right) \cdot \frac{8}{\pi^2} \cdot \left(\frac{\dot{m}}{\rho} \cdot \frac{1}{D_S^2} \right)^2 > n^{4/3} \cdot \frac{\dot{V}^{2/3}}{S_Y^{4/3}}.$$

Lösungsschritte – Fall 2

Um Z_{UW} **ohne Rückschlagklappe** zu bestimmen, muss die ursprüngliche Ungleichung nach Z_{UW} umgeformt werden. Dies führt zunächst zu

$$Z_{UW} > \frac{1}{g} \cdot n^{4/3} \cdot \frac{\dot{V}^{2/3}}{S_Y^{4/3}} + \frac{1}{g} \cdot Y_{V_{UW;S}} - \frac{p_B - p_{Da}}{\rho \cdot g},$$

wobei jetzt die Verluste der Rückschlagklappe entfallen aber dafür die Eintrittsverluste $Y_{V_{Ein}}$ berücksichtigt werden müssen. Folglich wird

$$Y_{V_{UW;S}} - Y_{V_{Ein}} + Y_{V_R},$$

Mit

$$Y_{V_{Ein}} = \zeta_{Ein} \cdot \frac{c_S^2}{2}$$

als Eintrittsverlusten und weiterhin

$$Y_{V_R} = \lambda \cdot \frac{L_S}{D_S} \cdot \frac{c_S^2}{2}$$

als den Reibungsverlusten lautet das Resultat für die Zulaufhöhe

$$Z_{UW} > \frac{1}{g} \cdot n^{4/3} \cdot \frac{\dot{V}^{2/3}}{S_Y^{4/3}} + \frac{1}{g} \cdot \left(\zeta_{Ein} + \lambda \cdot \frac{L_S}{D_S} \right) \cdot \frac{8}{\pi^2} \cdot \left(\frac{\dot{m}}{\rho} \cdot \frac{1}{D_S^2} \right)^2 - \frac{p_B - p_{Da}}{g \cdot \rho}.$$

Lösungsschritte – Fall 3

Gesucht ist jetzt die **Drehzahl** n_2 bei vorhandener Rückschlagklappe und kavitationsfreiem Betrieb mit (S_Y = konstant) sowie $Z_{UW} = 0$. Benutzt man die in Fall 1 gefundene Ausgangsgleichung mit $Z_{UW} = 0$, so folgt zunächst

$$\frac{p_B - p_{Da}}{\rho} - \left(\zeta_{Rü} + \lambda \cdot \frac{L_S}{D_S}\right) \cdot \frac{8}{\pi^2} \cdot \left(\dot{V}_2 \cdot \frac{1}{D_S^2}\right)^2 > n_2^{4/3} \cdot \frac{\dot{V}_2^{2/3}}{S_Y^{4/3}}.$$

Der Index 2 weist auf die neuen Betriebsdaten bei der veränderten Drehzahl n_2 hin. Um den neuen Volumenstrom $\dot{V}_2$ in Verbindung mit der neuen Drehzahl n_2 und den ursprünglich gegebenen Größen n und $\dot{V}$ zu bringen, wird das aus den Ähnlichkeitsgesetzen herleitbare Modellgesetz

$$\frac{\dot{V}_2}{\dot{V}} = \frac{n_2}{n}$$

angewendet. Dies liefert

$$\dot{V}_2 = n_2 \cdot \frac{\dot{V}}{n}.$$

Oben eingesetzt folgt zunächst

$$\frac{p_B - p_{Da}}{\rho} - \left(\zeta_{Rü} + \lambda \cdot \frac{L_S}{D_S}\right) \cdot \frac{8}{\pi^2} \cdot n_2^2 \cdot \left(\frac{\dot{V}}{n} \cdot \frac{1}{D_S^2}\right)^2 > n_2^{4/3} \cdot n_2^{2/3} \cdot \frac{\left(\frac{\dot{V}}{n}\right)^{2/3}}{S_Y^{4/3}}.$$

Diese Gleichung muss nach n_2 aufgelöst werden. Substituiert man zur Vereinfachung

$$K = \left(\zeta_{Rü} + \lambda \cdot \frac{L_S}{D_S}\right) \cdot \frac{8}{\pi^2} \cdot \left(\frac{\dot{V}}{n} \cdot \frac{1}{D_S^2}\right)^2,$$

so erhält man

$$n_2^2 \cdot \frac{\left(\frac{\dot{V}}{n}\right)^{2/3}}{S_Y^{4/3}} + K \cdot n_2^2 < \frac{p_B - p_{Da}}{\rho}.$$

Dann wird $\left(n_2^2\right)$ ausgeklammert,

$$n_2^2 \cdot \left[\frac{1}{S_Y^{4/3}} \cdot \left(\frac{\dot{V}}{n}\right)^{2/3} + K\right] < \frac{p_B - p_{Da}}{\rho},$$

und durch $\left[\frac{1}{S_Y^{4/3}} \cdot \left(\frac{\dot{V}}{n}\right)^{2/3} + K\right]$ dividiert:

$$n_2^2 < \frac{1}{\rho} \cdot \frac{p_B - p_{Da}}{\frac{1}{S_Y^{4/3}} \cdot \left(\frac{\dot{V}}{n}\right)^{2/3} + K}.$$

Wurzelziehen liefert schließlich

$$n_2 < \sqrt{\frac{1}{\rho} \cdot \frac{(p_B - p_{Da})}{\left(\frac{1}{S_Y^{4/3}} \cdot \left(\frac{\dot{V}}{n}\right)^{2/3} + K\right)}} \quad \text{mit}$$

$$K = \left(\zeta_{Rü} + \lambda \cdot \frac{L_S}{D_S}\right) \cdot \frac{8}{\pi^2} \cdot \left(\frac{\dot{V}}{n} \cdot \frac{1}{D_S^2}\right)^2.$$

Lösungsschritte – Fall 4

Für die gesuchten Größen berechnen wir dimensionsgerecht mit den gegebenen Zahlen-werten $n = 1\,500\frac{1}{\text{min}} \equiv 25\frac{1}{s}$, $\dot{m} = 630\,\text{kg/s}$, $p_B = 1{,}0\,\text{bar} = 10^5\,\text{Pa}$, $p_{Da} = 0{,}023\,\text{bar} = 2\,300\,\text{Pa}$, $\rho = 1\,000\,\text{kg/m}^3$, $Z_{UW} = 10\,\text{m}$, $L_S = 2\,\text{m}$, $D_S = 0{,}40\,\text{m}$, $\lambda = 0{,}03$, $\zeta_{Rü} = 4$, $\zeta_{Ein} = 0{,}5$ und $S_Y = 0{,}5$ die folgenden Ergebnisse:

Kavitation

$$\frac{100\,000 - 2\,300}{1\,000} + 9{,}81\cdot 10 - \left(4 + 0{,}03 \cdot \frac{2}{0{,}40}\right) \cdot \frac{8}{\pi^2} \cdot \left(\frac{630}{1\,000} \cdot \frac{1}{0{,}40^2}\right)^2 > 25^{4/3} \cdot \frac{\left(\frac{630}{1\,000}\right)^{2/3}}{0{,}5^{4/3}}$$

$$143{,}65\,\text{N} \cdot \text{m/kg} > 135{,}4\,\text{N} \cdot \text{m/kg}$$

Somit **keine** Kavitation!!!

Zulaufhöhe

$$Z_{UW} > \frac{1}{9{,}81} \cdot 25^{4/3} \cdot \frac{\left(\frac{630}{1\,000}\right)^{2/3}}{0{,}5^{4/3}} + \frac{1}{9{,}81} \cdot \left(0{,}5 + 0{,}03 \cdot \frac{2}{0{,}4}\right) \cdot \frac{8}{\pi^2} \cdot \left(\frac{630}{1\,000} \cdot \frac{1}{0{,}40^2}\right)^2$$

$$- \frac{100\,000 - 2\,300}{9{,}81 \cdot 1\,000}$$

$$Z_{UW} > 4{,}66\,\text{m}$$

Drehzahl

$$K = \left(4 + 0{,}03 \cdot \frac{2}{0{,}4} \right) \cdot \frac{8}{\pi^2} \cdot \left(\frac{0{,}630}{25} \cdot \frac{1}{0{,}4^2} \right)^2 = 0{,}08344$$

$$n_2 < \sqrt{ \frac{1}{1\,000} \cdot \frac{100\,000 - 2\,300}{\left(\frac{1}{0{,}5^{4/3}} \cdot \left(\frac{0{,}63}{25} \right)^{2/3} + 0{,}08344 \right)} }$$

$$n_2 < 18{,}05 \, \frac{1}{\text{s}} = 1\,083 \, \frac{1}{\text{min}}.$$

Aufgabe 6.10 Ventilatoranlage

In einem Anlagesystem gemäß Abb. 6.13 fördert ein Ventilator Stickstoff aus einem Behälter „E" durch eine Rohrleitung in einen anderen Behälter „A". In beiden Behältern liegt gleicher Druck $p_E = p_A$ vor, und die Geschwindigkeiten in ihnen sind gleich null. Die beiden Stellen „E" und „A" liegen des Weiteren auf demselben Höhenniveau, d. h. $Z_E = Z_A$. Bei bekannten geometrischen Abmessungen der saugseitigen (Index „S") und druckseitigen (Index „D") Rohrleitungen sowie den betreffenden Verlustziffern soll die spezifische Förderenergie Y des Ventilators ermittelt werden, die zum Transport des Massenstroms $\dot{m}$ benötigt wird. Die spezifische Gaskonstante R_i von Stickstoff ist ebenso bekannt wie die Temperatur T_E im Behälter „E".

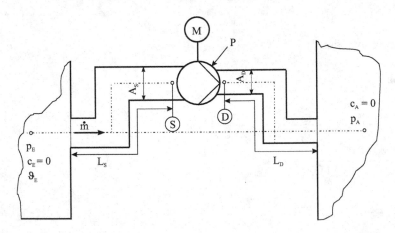

Abb. 6.13 Ventilatoranlage

Lösung zu Aufgabe 6.10

Aufgabenerläuterung

Im vorliegenden Fall wird von der Gleichheit des Energiebedarfs der Anlage Y_{Anl} mit der vom Ventilator an das Gas effektiv abgegebenen Förderenergie Y, also $Y = Y_{Anl}$, Gebrauch gemacht.

Gegeben:

$\dot{m}$	Massenstrom
R_i	spezifische Gaskonstante
T_E	Temperatur im Behälter „E"
$A_D = B_D \cdot H_D$	Druckseitige Querschnittsfläche (Rechteck)
$A_S = B_S \cdot H_S$	Saugseitige Querschnittsfläche (Rechteck)
L_D	Druckseitige Rohrleitungslänge
L_S	Saugseitige Rohrleitungslänge
λ_D	Druckseitiger Rohrreibungsbeiwert
λ_S	Saugseitiger Rohrreibungsbeiwert
ζ_{Kn}	Verlustziffer der Kniestücke
ζ_{Ein}	Eintrittsverlustziffer
ζ_{Aus}	Austrittsverlustziffer

Gesucht:

1. spezifische Förderenergie Y des Ventilators
2. Y, wenn $\dot{m} = 2{,}67\,\text{kg/s}$; $R_i = 298\,\text{N m/(kg K)}$; $p_E = p_A = 1{,}50\,\text{bar}$; $T_E = 10\,°\text{C}$; $A_D = B_D \cdot H_D = 0{,}40\,\text{m} \times 0{,}20\,\text{m}$; $A_S = B_S \cdot H_S = 0{,}60\,\text{m} \times 0{,}30\,\text{m}$; $L_S = 10\,\text{m}$; $L_D = 35\,\text{m}$; $\lambda_D = 0{,}030$; $\lambda_S = 0{,}028$; $\zeta_{Kn} = 1{,}27$; $\zeta_{Ein} = 0{,}5$; $\zeta_{Aus} = 1{,}0$

Anmerkungen

- Fluid: Stickstoff
- inkompressible Strömung
- $p_E = p_A$, $c_E = c_A = 0$, $Z_E = Z_A$

Lösungsschritte – Fall 1

Die von der Arbeitsmaschine Ventilator bereitgestellte **spezifische Förderenergie Y** ist gleich dem Anlagebedarf Y_{Anl} gemäß

$$Y = Y_{Anl}.$$

Der Anlagebedarf lautet hierbei

$$Y_{\text{Anl}} = \frac{p_{\text{A}} - p_{\text{E}}}{\rho} + \frac{c_{\text{A}}^2 - c_{\text{E}}^2}{2} + g \cdot (Z_{\text{A}} - Z_{\text{E}}) + Y_{V_{\text{Rohr,E;A}}}.$$

Im vorliegenden Fall sind $p_{\text{E}} = p_{\text{A}}$, $c_{\text{E}} = c_{\text{A}} = 0$ sowie $Z_{\text{E}} = Z_{\text{A}}$. Dies führt zu

$$Y = Y_{V_{\text{Rohr,E;A}}},$$

d. h., die vom Ventilator zur Verfügung gestellte spezifische Förderenergie Y dient ausschließlich zur Abdeckung der Strömungsverluste in den Rohrleitungen. Mit $Y_{V_{\text{Rohr,E;A}}} = Y_{V_{\text{Rohr,S}}} + Y_{V_{\text{Rohr,D}}}$ erhält man dann vorläufig

$$Y = Y_{V_{\text{Rohr,S}}} + Y_{V_{\text{Rohr,D}}}.$$

Im Einzelnen sind die **saugseitigen Verluste**

$$Y_{V_{\text{Rohr,S}}} = Y_{V_{\text{Ein}}} + 2 \cdot Y_{V_{\text{Kn,S}}} + Y_{V_{\text{Reib,S}}}$$

mit

$Y_{V_{\text{Ein}}} = \zeta_{\text{Ein}} \cdot \frac{c_{\text{S}}^2}{2}$ \qquad Eintrittsverluste

$Y_{V_{\text{Kn,S}}} = \zeta_{\text{Kn}} \cdot \frac{c_{\text{S}}^2}{2}$ \qquad Verluste durch Kniestücke

$Y_{V_{\text{Reib,S}}} = \lambda_{\text{S}} \cdot \frac{L_{\text{S}}}{d_{\text{hydr}_{\text{S}}}} \cdot \frac{c_{\text{S}}^2}{2}$ \quad Reibungsverluste im Rechteckkanal „S"

und die **druckseitigen Verluste**

$$Y_{V_{\text{Rohr,D}}} = Y_{V_{\text{Aus}}} + 2 \cdot Y_{V_{\text{Kn,D}}} + Y_{V_{\text{Reib,D}}}.$$

mit

$Y_{V_{\text{Aus}}} = \zeta_{\text{Aus}} \cdot \frac{c_{\text{D}}^2}{2}$ \qquad Austrittsverluste

$Y_{V_{\text{Kn,D}}} = \zeta_{\text{Kn}} \cdot \frac{c_{\text{D}}^2}{2}$ \qquad Verluste durch Kniestücke

$Y_{V_{\text{Reib,D}}} = \lambda_{\text{D}} \cdot \frac{L_{\text{D}}}{d_{\text{hydr}_{\text{D}}}} \cdot \frac{c_{\text{D}}^2}{2}$ \quad Reibungsverluste im Rechteckkanal „D".

Werden die Größen in die Ausgangsgleichung eingesetzt, folgt zunächst

$$Y = \frac{c_S^2}{2} \cdot \left(\zeta_{\text{Ein}} + 2 \cdot \zeta_{\text{Kn}} + \lambda_S \cdot \frac{L_S}{d_{\text{hydr}_S}} \right) + \frac{c_D^2}{2} \cdot \left(\zeta_{\text{Aus}} + 2 \cdot \zeta_{\text{Kn}} + \lambda_D \cdot \frac{L_D}{d_{\text{hydr}_D}} \right).$$

Unbekannt sind jetzt noch c_S, c_D, d_{hydr_S} und d_{hydr_D}. Diese bestimmen wir folgendermaßen.

Für die **Geschwindigkeiten c_S und c_D** firmen wir die Durchflussgleichung $\dot{V} = c \cdot A$ um und erhalten $c = \frac{\dot{V}}{A}$ bzw. im vorliegenden Fall

$$c_S = \frac{\dot{V}}{A_S} \quad \text{bzw.} \quad c_D = \frac{\dot{V}}{A_D}.$$

Hierin sind $A_D = B_D \cdot H_D$ und $A_S = B_S \cdot H_S$. Dies liefert

$$c_S = \frac{\dot{V}}{B_S \cdot H_S} \quad \text{und} \quad c_D = \frac{\dot{V}}{B_D \cdot H_D}.$$

Der Volumenstrom lässt sich wie folgt bestimmen:

$$\dot{V} = \frac{\dot{m}}{\rho}.$$

Hierin erhält man die Dichte ρ (inkompressibel) im Behälter „E" aus der thermischen Zustandsgleichung $p \cdot v = R_i \cdot T$ mit $v = \frac{1}{\rho}$ zu

$$\rho = \rho_E = \rho_A = \frac{p_E}{R_i \cdot T_E}$$

Dies hat dann letztlich

$$\dot{V} = \frac{\dot{m} \cdot R_i \cdot T_E}{p_E}$$

zur Folge, wobei $T_E = 273{,}15 + \vartheta_E$ einzusetzen ist.

$$d_{hyd_D}, \quad d_{hyd_S}$$

Der **hydraulische Durchmesser** oder besser „Äquivalenzdurchmesser" lautet allgemein

$$d_{\text{hydr}} = 4 \cdot \frac{A}{U}.$$

Hierin sind A der tatsächliche durchströmte Querschnitt und U der vom Fluid benetzte Umfang. Im Fall der Rechteckkanäle bei „D" und „S" erhält man

$$d_{\text{hydr}_S} = 4 \cdot \frac{A_S}{U_S} \quad \text{und} \quad d_{\text{hydr}_D} = 4 \cdot \frac{A_D}{U_D}$$

mit $A_S = B_S \cdot H_S$ und $A_D = B_D \cdot H_D$ sowie $U_S = 2 \cdot (B_S + H_S)$ und $U_D = 2 \cdot (B_D + H_D)$. Oben eingesetzt führt das zu

$$d_{\text{hydr}_S} = 2 \cdot \frac{B_S \cdot H_S}{B_S + H_S} \quad \text{bzw.} \quad d_{\text{hydr}_D} = 2 \cdot \frac{B_D \cdot H_D}{B_D + H_D}.$$

Zur besseren Übersicht setzen wir die so gefundenen Gleichungen für c_S, c_D, d_{hydr_S} und d_{hydr_D} nicht in die Funktion für Y (s. o.) ein, sondern werten sie im Anwendungsfall getrennt aus.

Lösungsschritte – Fall 2
Um Y bei den Zahlenwerten $\dot{m} = 2{,}67\,\text{kg/s}$, $R_i = 298\,\text{N m/(kg K)}$, $p_E = p_A = 1{,}50\,\text{bar}$, $T_E = 10\,°\text{C}$, $A_D = B_D \cdot H_D = 0{,}40\,\text{m} \times 0{,}20\,\text{m}$, $A_S = B_S \cdot H_S = 0{,}60\,\text{m} \times 0{,}30\,\text{m}$, $L_S = 10\,\text{m}$, $L_D = 35\,\text{m}$, $\lambda_D = 0{,}030$, $\lambda_S = 0{,}028$; $\zeta_{\text{Kn}} = 1{,}27$; $\zeta_{\text{Ein}} = 0{,}5$ und $\zeta_{\text{Aus}} = 1{,}0$ zu berechnen, brauchen wir die folgenden Zwischenergebnisse:

$$\dot{V} = \frac{2{,}67 \cdot 298 \cdot (273{,}15 + 10)}{150\,000} = 150\,\text{m}^3/\text{s}$$

$$c_S = \frac{1{,}50}{0{,}60 \cdot 0{,}30} = 8{,}33\,\text{m/s}$$

$$c_D = \frac{1{,}50}{0{,}40 \cdot 0{,}20} = 18{,}75\,\text{m/s}$$

$$d_{\text{hydr}_S} = 2 \cdot \frac{0{,}60 \cdot 0{,}30}{0{,}60 + 0{,}30} = 0{,}40\,\text{m}$$

$$d_{\text{hydr}_D} = 2 \cdot \frac{0{,}40 \cdot 0{,}20}{0{,}40 + 0{,}20} = 0{,}267\,\text{m}$$

Damit lässt sich dann die gesuchte spezifische Förderenergie Y berechnen zu

$$Y = \frac{8{,}33^2}{2} \cdot \left(0{,}5 + 2 \cdot 1{,}27 + 0{,}028 \cdot \frac{10}{0{,}40} \right) + \frac{18{,}75^2}{2} \cdot \left(1{,}0 + 2 \cdot 1{,}27 + 0{,}03 \cdot \frac{35}{0{,}267} \right)$$

$$Y = 1\,443\,\mathrm{N} \cdot \mathrm{m/kg}.$$

Aufgabe 6.11 Radialventilator in einer Rohrleitung

Der in Abb. 6.14 dargestellte Radialventilator dient zum Transport eines gasförmigen Fluids durch eine Rohrleitung, in diesem Fall gleichen Durchmessers. Hierzu muss vom Ventilator die spezifische Förderenergie Y an das Fluid übertragen werden, um den Energiebedarf der Anlage abzudecken. Das sogenannte Laufrad des Ventilators als wichtigstes Element bei der Energiebereitstellung weist einen Außendurchmesser D_2 auf. Dieser Durchmesser soll im vorliegenden Fall ermittelt werden, wenn die Drehzahl n, der Druck am Saugstutzen p_S, die Druckziffer ψ und das Druckverhältnis Π bekannt sind.

Lösung zu Aufgabe 6.11

Aufgabenerläuterung
Bei der Ermittlung des Laufradaußendurchmessers muss eine Geschwindigkeit herangezogen werden, in welcher der gesuchte Durchmesser enthalten ist und des Weiteren in Verbindung mit den gegebenen Größen steht. Dies ist die Umfangsgeschwindigkeit u_2, die wiederum mit der spezifische Förderenergie Y und der Druckziffer ψ verknüpft ist. Da die spezifische Förderenergie Y explizit nicht vorliegt, muss sie aus den vorliegenden Daten ersetzt werden.

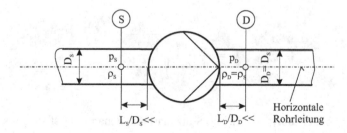

Abb. 6.14 Radialventilator in einer Rohrleitung

Gegeben:

- n; p_S; $\rho_S = \rho_D$; ψ, Π

Gesucht:

1. D_2
2. D_2, wenn $n = 48{,}33\frac{1}{s}$; $\rho_S = \rho_D = 1{,}2\,\text{kg/m}^3$; $p_S = 100\,000$; $\psi = 1{,}1$; $\Pi = 1{,}3$

Anmerkungen

- spezifische Förderenergie: $Y = \psi \cdot \frac{u_2^2}{2}$
- Druckziffer: ψ
- Umfangsgeschwindigkeit am Laufradaußendurchmesser D_2: u_2
- Druckverhältnis: $\Pi = \frac{p_D}{p_S}$

Lösungsschritte – Fall 1

Für den **Außendurchmesser D_2** ziehen wir die Definition der spezifischen Förderenergie

$$Y = \psi \cdot \frac{u_2^2}{2}$$

hinzu und verwenden die Umfangsgeschwindigkeit $u_2 = \pi \cdot D_2 \cdot n$,

$$Y = \psi \cdot \frac{(\pi \cdot D_2 \cdot n)^2}{2},$$

oder umgeformt

$$D_2^2 = \frac{1}{(\pi \cdot n)^2} \cdot \frac{2 \cdot Y}{\psi}$$

bzw. nach Wurzelziehen

$$D_2 = \frac{1}{\pi \cdot n} \cdot \sqrt{\frac{2 \cdot Y}{\psi}}.$$

Die spezifische **Förderenergie Y**, auch „Stutzenarbeit" genannt, lässt sich aus der Differenz zwischen Energie am Austritt „D",

$$E_D = \frac{p_D}{\rho} + \frac{c_D^2}{2} + g \cdot Z_D,$$

und Eintritt „S",

$$E_S = \frac{p_S}{\rho} + \frac{c_S^2}{2} + g \cdot Z_S,$$

herleiten zu

$$Y = \frac{p_D - p_S}{\rho} + \frac{c_D^2 - c_S^2}{2} + (Z_D - Z_S).$$

Wegen $c_D = c_S$ bei gleichen Durchmessern $D_D = D_S$ und gleicher Dichte $\rho_D = \rho_S$ sowie $Z_D = Z_S$ aufgrund der horizontalen Anordnung folgt

$$Y = \frac{p_D - p_S}{\rho}.$$

Wird das Druckverhältnis $\Pi = \frac{p_D}{p_S}$ umgeformt zu $p_D = \Pi \cdot p_S$, so ergibt sich

$$Y = \frac{p_D - p_S}{\rho} = \frac{\Pi \cdot p_S - p_S}{\rho} = \frac{p_S \cdot (\Pi - 1)}{\rho}.$$

Oben eingesetzt heißt das

$$D_2 = \frac{1}{\pi \cdot n} \cdot \sqrt{\frac{2 \cdot p_S \cdot (\Pi - 1)}{\psi \cdot \rho}}.$$

Lösungsschritte – Fall 2

Für D_2 finden wir, wenn $n = 48{,}33\frac{1}{s}$, $\rho_S = \rho_D = 1{,}2\,\mathrm{kg/m^3}$, $p_S = 100\,000$, $\psi = 1{,}1$ und $\Pi = 1{,}3$ gegeben sind,

$$D_2 = \frac{1}{\pi \cdot 48{,}33} \cdot \sqrt{\frac{2 \cdot 100\,000 \cdot (\Pi - 1)}{1{,}1 \cdot 1{,}2}} = 1{,}404\,\mathrm{m}.$$

Navier-Stokes-Gleichungen

7

Mitte des 19. Jahrhunderts wurden von Navier und Stokes erstmals Strömungsvorgänge in allgemeiner Darstellung, d. h. für die dreidimensionale, instationäre Bewegung reibungsbehafteter Fluide, formuliert. Dieses Gleichungssystem in Verbindung mit der differenziellen Form der Kontinuitätsgleichung steht unter Verwendung der jeweiligen Randbedingungen zur Bestimmung der Geschwindigkeit $\vec{c}$ und des Drucks p im Strömungsraum zur Verfügung. Dies ist jedoch aufgrund der mathematischen Schwierigkeiten nur in einzelnen Sonderfällen exakt möglich und zwar bei Fragen zur laminaren Strömung. Mit den mittlerweile zur Verfügung stehenden vielfältigen numerischen Näherungsverfahren lassen sich aber auch heute Lösungen im Fall turbulenter Strömungen erarbeiten.

Beschränkt man nun die Navier-Stokes-Gleichungen (NSG) auf die **stationäre** Strömung **inkompressibler** Fluide, und verwendet das kartesische Koordinatensystem, so stehen mit der differenziellen Kontinuitätsgleichung vier Differenzialgleichung zur Verfügung, konkrete Lösungen der **laminaren** Fluidströmung zu ermitteln:

x-Richtung

$$f_x - \frac{1}{\rho} \cdot \frac{\partial p}{\partial x} + \nu \cdot \left(\frac{\partial^2 c_x}{\partial x^2} + \frac{\partial^2 c_x}{\partial y^2} + \frac{\partial^2 c_x}{\partial z^2} \right) = c_x \cdot \frac{\partial c_x}{\partial x} + c_y \cdot \frac{\partial c_x}{\partial y} + c_z \cdot \frac{\partial c_x}{\partial z},$$

y-Richtung

$$f_y - \frac{1}{\rho} \cdot \frac{\partial p}{\partial y} + \nu \cdot \left(\frac{\partial^2 c_y}{\partial x^2} + \frac{\partial^2 c_y}{\partial y^2} + \frac{\partial^2 c_y}{\partial z^2} \right) = c_x \cdot \frac{\partial c_y}{\partial x} + c_y \cdot \frac{\partial c_y}{\partial y} + c_z \cdot \frac{\partial c_y}{\partial z},$$

© Springer-Verlag GmbH Deutschland, ein Teil von Springer Nature 2019
V. Schröder, *Übungsaufgaben zur Strömungsmechanik 2*,
https://doi.org/10.1007/978-3-662-56056-3_7

z-Richtung

$$f_z - \frac{1}{\rho} \cdot \frac{\partial p}{\partial z} + v \cdot \left(\frac{\partial^2 c_z}{\partial x^2} + \frac{\partial^2 c_z}{\partial y^2} + \frac{\partial^2 c_z}{\partial z^2} \right) = c_x \cdot \frac{\partial c_z}{\partial x} + c_y \cdot \frac{\partial c_z}{\partial y} + c_z \cdot \frac{\partial c_z}{\partial z},$$

Kontinuitätsgleichung

$$\frac{\partial c_x}{\partial x} + \frac{\partial c_y}{\partial y} + \frac{\partial c_z}{\partial z} = 0.$$

c_x, c_y, c_z Komponenten der Geschwindigkeit $\vec{c}$
f_x, f_y, f_z Komponenten der bezogenen Massenkraft $f = \Delta F / \Delta m$ (oft Gewichtskraft)
v kinematische Zähigkeit des Fluids
p örtlicher Druck
ρ Fluiddichte

Aufgabe 7.1 Strömung entlang geneigter Wand

Entlang einer um den Winkel α zur Horizontalebene geneigten Wand strömt eine Flüssigkeit in Folge der Schwerkraft abwärts (Abb. 7.1). Die Flüssigkeitshöhe h über der Wand ist konstant und die Wandbreite wird gegenüber h sehr groß angenommen ($B \gg h$). Die Strömung erfolgt laminar und sei zeitlich unveränderlich (stationär). Von der Flüssigkeit sind die Dichte ρ und die kinematische Zähigkeit v bekannt. Ermitteln Sie die Geschwindigkeitsverteilung $c_x(z)$ und Druckverteilung $p(z)$.

Lösung zu Aufgabe 7.1

Aufgabenerläuterung

Der Strömungsvorgang wird im aktuellen Fall durch die Wirkung der Schwerkraft hervorgerufen. Die Aufgabe befasst sich mit der Anwendung der Navier-Stokes'schenGleichung, des Kontinuitätsgesetzes und des Newton'schen Reibungsgesetzes unter den hier vorliegenden Bedingungen. In Folge der Annahme sehr großer Wandbreite entfallen Veränderungen der Strömungsgrößen in y-Richtung.

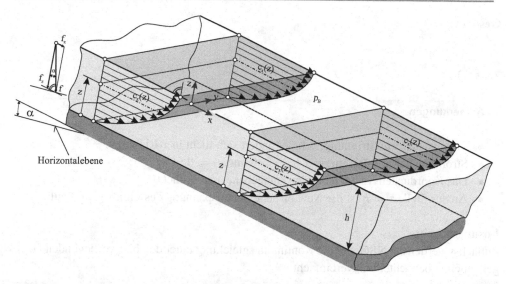

Abb. 7.1 Strömung entlang geneigter Wand

Gegeben:

- Navier-Stokes-Gleichungen (NSG) der stationären, inkompressiblen Strömung
- x-Richtung:

$$f_x - \frac{1}{\rho} \cdot \frac{\partial p}{\partial x} + \nu \cdot \left(\frac{\partial^2 c_x}{\partial x^2} + \frac{\partial^2 c_x}{\partial y^2} + \frac{\partial^2 c_x}{\partial z^2} \right) = c_x \cdot \frac{\partial c_x}{\partial x} + c_y \cdot \frac{\partial c_x}{\partial y} + c_z \cdot \frac{\partial c_x}{\partial z}$$

- y-Richtung:

$$f_y - \frac{1}{\rho} \cdot \frac{\partial p}{\partial y} + \nu \cdot \left(\frac{\partial^2 c_y}{\partial x^2} + \frac{\partial^2 c_y}{\partial y^2} + \frac{\partial^2 c_y}{\partial z^2} \right) = c_x \cdot \frac{\partial c_x}{\partial x} + c_y \cdot \frac{\partial c_x}{\partial y} + c_z \cdot \frac{\partial c_x}{\partial z}$$

- z-Richtung:

$$f_z - \frac{1}{\rho} \cdot \frac{\partial p}{\partial z} + \nu \cdot \left(\frac{\partial^2 c_z}{\partial x^2} + \frac{\partial^2 c_z}{\partial y^2} + \frac{\partial^2 c_z}{\partial z^2} \right) = c_x \cdot \frac{\partial c_z}{\partial x} + c_y \cdot \frac{\partial c_z}{\partial y} + c_z \cdot \frac{\partial c_z}{\partial z}$$

- Kontinuitätsgleichung der stationären, inkompressiblen Strömung:

$$\frac{\partial c_x}{\partial x} + \frac{\partial c_y}{\partial y} + \frac{\partial c_z}{\partial z} = 0$$

Gesucht:

1. $c_x(z)$
2. $p(z)$

- Vollausgebildete Strömung, d. h., c_x ändert sich nicht in x-Richtung.
- Strömung nur in x-Richtung, d. h. $c_y = 0$ und $c_z = 0$.
- Das Koordinatensystem ist in der Wandebene angeordnet.
- An der Stelle $z = h$ ist die Newton'sche Schubspannung des Fluids gleich null.

Lösungsschritte

Zunächst werden die NSG und die Kontinuitätsgleichung unter den hier vorliegenden Gegebenheiten betrachtet und vereinfacht.

Feststellungen zu den Kräften Gemäß Abb. 7.1 erkennt man, dass bei der Neigung der Wand um den Winkel α gegenüber der Horizontalebene folgende Zusammenhänge bestehen, wobei f die auf die Masse bezogene Schwerkraft ist, also $f = g$:

$$f_x = f \cdot \sin\alpha; \quad f_y = 0; \quad f_z = -f \cdot \cos\alpha$$

oder

$$f_x = g \cdot \sin\alpha; \quad f_z = -g \cdot \cos\alpha.$$

Feststellungen zu den Geschwindigkeiten c_x ändert sich nur in z-Richtung, also sind $c_x = c_x(z)$ und $c_y = 0$ sowie $c_z = 0$.

Damit wird

$$\frac{\partial c_y}{\partial y} = 0; \frac{\partial c_z}{\partial z} = 0,$$

und somit gemäß der Kontinuitätsgleichung auch

$$\frac{\partial c_x}{\partial x} = 0.$$

Hieraus lässt sich wiederum ableiten, dass

$$\frac{\partial^2 c_x}{\partial x^2} \equiv \frac{\partial \overbrace{\left(\frac{\partial c_x}{\partial x}\right)}^{=0}}{\partial x} = 0.$$

Wegen $c_x = c_x(z)$ folgt auch, dass

$$\frac{\partial c_x}{\partial y} = 0$$

sein muss ebenso wie

$$\frac{\partial^2 c_x}{\partial y^2} \equiv \frac{\partial \left(\overbrace{\frac{\partial c_x}{\partial y}}^{=0} \right)}{\partial y} = 0.$$

Alle weiteren Ableitungen von c_y und c_z werden zu null, da $c_y = 0$ und $c_z = 0$. Wegen $c_x = c_x(z)$ kann man auch $\frac{\partial c_x}{\partial z}$ durch $\frac{dc_x}{dz}$ ersetzen.

Feststellungen zum Druck In vorliegendem System ist der Druck p weder von der x- noch von der y-Richtung abhängig, also

$$p \neq p(x) \quad \text{sowie} \quad p \neq p(y).$$

Allein in z-Richtung ist von einer Veränderung auszugehen. Damit werden die Glieder

$$\frac{\partial p}{\partial x} = 0 \quad \text{und} \quad \frac{\partial p}{\partial y} = 0.$$

Der partielle Differenzialquotient $\frac{\partial p}{\partial z}$ kann dann durch $\frac{dp}{dz}$ ersetzt werden. Berücksichtigt man alle so gewonnenen Ergebnisse in den NSG (entfernt also durchgestrichenen Terme), so resultiert

x-**Richtung**	y-**Richtung**	z-**Richtung**
$f_x + \nu \cdot \frac{d^2 c_x}{dz^2} = 0$	$0 = 0$	$f_z - \frac{1}{\rho} \cdot \frac{dp}{dz} = 0$
oder		
$g \cdot \sin \alpha + \nu \cdot \frac{d^2 c_x}{dz^2} = 0$	$0 = 0$	$-g \cdot \cos \alpha - \frac{1}{\rho} \cdot \frac{dp}{dz} = 0$

Fall 1

Da die gesuchte **Geschwindigkeit** $c_x(z)$ im Ergebnis nur in der x-Richtung – wenn auch in differenzierter Form – vorliegt, wird dieser Zusammenhang wie folgt weiter behandelt. Zunächst umgestellt und durch ν dividiert führt dies zu

$$\frac{d^2 c_x}{dz^2} = \frac{d \left(\frac{dc_x}{dz} \right)}{dz} = -\frac{g}{\nu} \cdot \sin \alpha.$$

Mit dz multipliziert erhält man

$$d \left(\frac{dc_x}{dz} \right) = -\frac{g}{\nu} \cdot \sin \alpha \cdot dz.$$

Die Integration

$$\int d\left(\frac{dc_x}{dz}\right) = -\frac{g}{\nu} \cdot \sin \alpha \cdot \int dz$$

liefert

$$\frac{dc_x}{dz} = -\frac{g}{\nu} \cdot \sin \alpha \cdot z + C_1.$$

Die nochmalige Multiplikation mit dz ergibt

$$dc_x = \left(-\frac{g}{\nu} \cdot \sin \alpha \cdot z + C_1\right) \cdot dz$$

und die zweite Integration

$$\int dc_x = -\frac{g}{\nu} \cdot \sin \alpha \cdot \int z \cdot dz + C_1 \cdot \int dz$$

führt auf

$$c_x = -\frac{g}{\nu} \cdot \sin \alpha \cdot \frac{z^2}{2} + C_1 \cdot z + C_2.$$

Hierin müssen jetzt noch die beiden Integrationskonstanten C_1 und C_2 festgestellt werden. Dies wird mit den Randbedingungen der Geschwindigkeitsverteilung wie folgt möglich.

Zuerst die **Integrationskonstante C_2**: An der Stelle $z = 0$ ist $c_x = 0$. Einsetzen führt auf

$$0 = -\frac{g}{\nu} \cdot \sin \alpha \cdot 0 + C_1 \cdot 0 + C_2,$$

also

$$C_2 = 0.$$

Dann die **Integrationskonstante C_1**: Wegen der bei $z = h$ verschwindenden Newton'schen Flüssigkeitsschubspannung

$$\tau(z = h) = \eta \cdot \frac{dc_x}{dz} = 0$$

wird $\frac{dc_x}{dz} = 0$. Eingesetzt in

$$\frac{dc_x}{dz} = -\frac{g}{\nu} \cdot \sin \alpha \cdot z + C_1$$

ergibt das

$$0 = -\frac{g}{\nu} \cdot \sin \alpha \cdot h + C_1 \quad \text{oder} \quad C_1 = +\frac{g}{\nu} \cdot \sin \alpha \cdot h.$$

Das Ergebnis der gesuchten Geschwindigkeitsverteilung $c_x(z)$ ermittelt man dann zu

$$c_x(z) = -\frac{g}{\nu} \cdot \sin \alpha \cdot \frac{z^2}{2} + \frac{g}{\nu} \cdot \sin \alpha \cdot h \cdot z$$

oder

$$c_x(z) = \frac{g}{\nu} \cdot \sin\alpha \cdot z \cdot \left(h - \frac{z}{2}\right).$$

Fall 2

Für die **Druckfunktion** $p(z)$ stellen wir das in z-Richtung festgestellte Ergebnis der NSG nach dem Druckgradient um:

$$\frac{1}{\rho} \cdot \frac{\mathrm{d}p}{\mathrm{d}z} = -g \cdot \cos\alpha.$$

Nach Multiplikation mit ρ und $\mathrm{d}z$,

$$\mathrm{d}p = -g \cdot \rho \cdot \cos\alpha \cdot \mathrm{d}z,$$

und der Integration

$$\int \mathrm{d}p = -g \cdot \rho \cdot \cos\alpha \cdot \int \mathrm{d}z$$

erhält man zunächst

$$p(z) = -g \cdot \rho \cdot \cos\alpha \cdot z + C.$$

Hierin lässt sich die Integrationskonstante C aus der Randbedingung an der Stelle $z = h$ mit $p(z = h) = p_B$ wie folgt bestimmen:

$$p_B = -g \cdot \rho \cdot \cos\alpha \cdot h + C$$

wird nach C aufgelöst:

$$C = p_B + g \cdot \rho \cdot \cos\alpha \cdot h.$$

Die Lösung der Frage nach der Druckverteilung $p(z)$ ermittelt man zu

$$p(z) = p_B + g \cdot \rho \cdot \cos\alpha \cdot (h - z).$$

Aufgabe 7.2 Ebener Spalt

Aufgrund der Wirkung von Druckkräften durchströmt ein Flüssigkeitsvolumenstrom $\dot{V}$ den in Abb. 7.2 erkennbaren horizontalen Spalt, wobei die Geschwindigkeitsverteilung vollkommen ausgebildet ist. Die Spaltbreite B soll gegenüber der Höhe h sehr groß be-

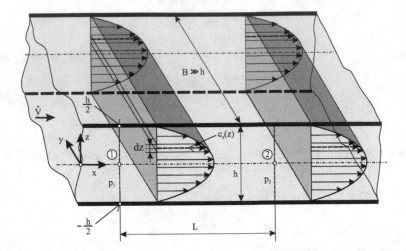

Abb. 7.2 Ebener Spalt

messen sein, sodass seitliche Randeinflüsse ohne Bedeutung sind und von einer ebenen Strömung auszugehen ist. Diese ist laminar ausgebildet und ändert sich zeitlich nicht. An den markierten Stellen 1 und 2 sind die statischen Drücke p_1 und p_2 bekannt sowie der Abstand L zwischen ihnen. Von der inkompressiblen Flüssigkeit sind weiterhin die Dichte ρ und die Viskosität ν gegeben. Zunächst soll die Gleichung der axialen Geschwindigkeitsverteilung $c_x(z)$ hergeleitet und der Maximalwert $c_{x_{max}}$ in Spaltmitte angegeben werden. Die Ermittlung des Volumenstroms $\dot{V}$ ist ebenfalls Teil der Aufgabe.

Lösung zu Aufgabe 7.2

Aufgabenerläuterung

Im Vordergrund des Lösungsweges steht die Anwendung der Navier-Stokes-Gleichungen und des Kontinuitätsgesetzes, die mit den betreffenden Gegebenheiten und Annahmen des vorliegenden Falls zu bearbeiten sind.

Gegeben:

- h; B; L; p_1; p_2; ρ; ν
- Navier-Stokes-Gleichungen (NSG) der stationären, inkompressiblen Strömung
  x-Richtung

$$\cancel{f_x} - \frac{1}{\rho} \cdot \frac{\partial p}{\partial x} + \nu \cdot \left(\cancel{\frac{\partial^2 c_x}{\partial x^2}} + \cancel{\frac{\partial^2 c_x}{\partial y^2}} + \frac{\partial^2 c_x}{\partial z^2} \right) = \cancel{c_x \cdot \frac{\partial c_x}{\partial x}} + \cancel{c_y \cdot \frac{\partial c_x}{\partial y}} + \cancel{c_z \cdot \frac{\partial c_x}{\partial z}},$$

y-Richtung

$$\cancel{f_y} - \frac{1}{\rho} \cdot \frac{\partial p}{\partial y} + v \cdot \left(\cancel{\frac{\partial^2 c_y}{\partial x^2}} + \cancel{\frac{\partial^2 c_y}{\partial y^2}} + \cancel{\frac{\partial^2 c_y}{\partial z^2}} \right) = c_x \cdot \cancel{\frac{\partial c_y}{\partial x}} + c_y \cdot \cancel{\frac{\partial c_y}{\partial y}} + c_z \cdot \cancel{\frac{\partial c_y}{\partial z}},$$

z-Richtung

$$\cancel{f_z} - \frac{1}{\rho} \cdot \frac{\partial p}{\partial z} + v \cdot \left(\cancel{\frac{\partial^2 c_z}{\partial x^2}} + \cancel{\frac{\partial^2 c_z}{\partial y^2}} + \cancel{\frac{\partial^2 c_z}{\partial z^2}} \right) = c_x \cdot \cancel{\frac{\partial c_z}{\partial x}} + c_y \cdot \cancel{\frac{\partial c_z}{\partial y}} + c_z \cdot \cancel{\frac{\partial c_z}{\partial z}},$$

Kontinuitätsgleichung

$$\cancel{\frac{\partial c_x}{\partial x}} + \cancel{\frac{\partial c_y}{\partial y}} + \cancel{\frac{\partial c_z}{\partial z}} = 0.$$

Gesucht:

1. $c_x(z)$
2. $c_{x_{max}}$
3. $\dot{V}$

Anmerkungen

- Die Gewichtskraft wird vernachlässigt.
- stationäre, laminare, inkompressible Strömung
- ausgebildete Strömung in x-Richtung
- kein seitlicher Abfluss

Lösungsschritte

Zunächst werden die NSG und die Kontinuitätsgleichung unter den hier vorliegenden Gegebenheiten betrachtet und vereinfacht.

Feststellungen zu den Kräften $f_x = 0$; $f_y = 0$; Annahme, dass bei engen Spalten auch die Schwerkraft $f = f_z$ vernachlässigt werden kann.

Feststellungen zu den Geschwindigkeiten Axiale Strömung nur in x-Richtung heißt, es existieren keine Komponenten c_y und c_z, d. h. $c_y = 0$ und $c_z = 0$. Somit lauten die Ableitungen

$$\frac{\partial c_y}{\partial y} = 0; \qquad \frac{\partial c_z}{\partial z} = 0$$

und gemäß Kontinuitätsgleichung ist auch

$$\frac{\partial c_x}{\partial x} = 0.$$

Dies hat zur Folge, dass auch

$$\frac{\partial \left(\frac{\partial c_x}{\partial x}\right)}{\partial x} = \frac{\partial^2 c_x}{\partial x^2} = 0$$

ist. Wenn $c_x = c_x(z)$, dann ist $\frac{\partial c_x}{\partial y} = 0$ und folglich wird auch

$$\frac{\partial \left(\frac{\partial c_x}{\partial y}\right)}{\partial y} = \frac{\partial^2 c_x}{\partial y^2} = 0.$$

Des Weiteren entfallen wegen $c_y = 0$ und $c_z = 0$ auch alle Ableitungen von c_y und c_z.
   Als Ergebnis der NSG erhält man dann

$$-\frac{1}{\rho} \cdot \frac{\partial p}{\partial x} + \nu \cdot \frac{\partial^2 c_x}{\partial z^2} = 0 \Rightarrow \nu \cdot \frac{\partial^2 c_x}{\partial z^2} = \frac{1}{\rho} \cdot \frac{\partial p}{\partial x}$$

$$-\frac{1}{\rho} \cdot \frac{\partial p}{\partial y} = 0 \Rightarrow \frac{\partial p}{\partial y} = 0 \Rightarrow p \neq p(y)$$

$$-\frac{1}{\rho} \cdot \frac{\partial p}{\partial z} = 0 \Rightarrow \frac{\partial p}{\partial z} = 0 \Rightarrow p \neq p(z)$$

Fall 1
Die weiteren Betrachtungen bei der Frage nach **Geschwindigkeit** $c_x(z)$ erfolgen logischerweise mit

$$\nu \cdot \frac{\partial^2 c_x}{\partial z^2} = \frac{1}{\rho} \cdot \frac{\partial p}{\partial x}.$$

Wegen $c_x = c_x(z)$ kann der partielle Differenzialquotient $\frac{\partial c_x}{\partial z}$ durch $\frac{dc_x}{dz}$ ersetzt werden und es ist

$$\frac{\partial^2 c_x}{\partial z^2} = \frac{\partial \left(\frac{\partial c_x}{\partial z}\right)}{\partial z} = \frac{d \left(\frac{dc_x}{dz}\right)}{dz}.$$

Wenn $p \neq p(y)$ und $p \neq p(z)$, dann hängt p nur von x ab, also $p = p(x)$. Folglich kann auch der partielle Differenzialquotient $\frac{\partial p}{\partial x}$ durch $\frac{dp}{dx}$ ersetzt werden. Hieraus folgt nun in o. g. Gleichung

$$\nu \cdot \frac{d \left(\frac{dc_x}{dz}\right)}{dz} = \frac{1}{\rho} \cdot \frac{dp}{dx}.$$

Nach Division durch ν und mit $\eta = \nu \cdot \rho$ ergibt sich

$$\frac{\mathrm{d}\left(\frac{\mathrm{d}c_x}{\mathrm{d}z}\right)}{\mathrm{d}z} = \frac{1}{\eta} \cdot \frac{\mathrm{d}p}{\mathrm{d}x}.$$

Wird mit $\mathrm{d}z$ multipliziert,

$$\mathrm{d}\left(\frac{\mathrm{d}c_x}{\mathrm{d}z}\right) = \frac{1}{\eta} \cdot \frac{\mathrm{d}p}{\mathrm{d}x} \cdot \mathrm{d}z,$$

und dann integriert,

$$\int \mathrm{d}\left(\frac{\mathrm{d}c_x}{\mathrm{d}z}\right) = \frac{1}{\eta} \cdot \frac{\mathrm{d}p}{\mathrm{d}x} \cdot \int \mathrm{d}z,$$

so ergibt sich

$$\frac{\mathrm{d}c_x}{\mathrm{d}z} = \frac{1}{\eta} \cdot \frac{\mathrm{d}p}{\mathrm{d}x} \cdot z + C_1.$$

Wiederum mit $\mathrm{d}z$ multipliziert,

$$\mathrm{d}c_x = \frac{1}{\eta} \cdot \frac{\mathrm{d}p}{\mathrm{d}x} \cdot z \cdot \mathrm{d}z + C_1 \cdot \mathrm{d}z,$$

und dann zum zweiten Mal integriert,

$$\int \mathrm{d}c_x = \frac{1}{\eta} \cdot \frac{\mathrm{d}p}{\mathrm{d}x} \cdot \int z \cdot \mathrm{d}z + C_1 \cdot \int \mathrm{d}z,$$

wird daraus

$$c_x(z) = \frac{1}{\eta} \cdot \frac{\mathrm{d}p}{\mathrm{d}x} \cdot \frac{z^2}{2} + C_1 \cdot z + C_2.$$

Es wurde festgestellt, dass $p = p(x)$. Folglich kann auch die Ableitung $\frac{\mathrm{d}p}{\mathrm{d}x}$ selbst wieder von x abhängen. Da aber im vorliegenden Fall $c_x = c_x(z)$ nur eine Funktion von z ist und daher nicht auch von x abhängt, kann $\frac{\mathrm{d}p}{\mathrm{d}x}$ als Teil der Gleichung ebenfalls nicht von x abhängen. Dies heißt, dass $\frac{\mathrm{d}p}{\mathrm{d}x}$ eine Konstante ist.

Die noch unbekannten **Integrationskonstanten C_1 und C_2** lassen sich mittels nachfolgender Randbedingungen feststellen:

- In Kanalmitte $z = 0$ ist $\frac{\mathrm{d}c_x}{\mathrm{d}z} = 0$, also senkrechte Tangente an $c_x = c_x(z)$. Damit erhält man

$$\frac{\mathrm{d}c_x}{\mathrm{d}z} = 0 = \frac{1}{\rho} \cdot \frac{\mathrm{d}p}{\mathrm{d}x} \cdot 0 + C_1 \Rightarrow C_1 = 0.$$

- An der Kanalwand $z = \pm\frac{h}{2}$ ist $c_x = 0$ (Haftbedingung). Oben eingesetzt führt das zu

$$0 = \frac{1}{\eta} \cdot \frac{\mathrm{d}p}{\mathrm{d}x} \cdot \frac{1}{2}\left(\frac{h}{2}\right)^2 + 0 + C_2 \Rightarrow C_2 = -\frac{1}{8} \cdot \frac{1}{\eta} \cdot \frac{\mathrm{d}p}{\mathrm{d}x} \cdot h^2.$$

Die gesuchte Geschwindigkeitsverteilung lautet mit C_1 und C_2 zunächst:

$$c_x(z) = \frac{1}{\eta} \cdot \frac{\mathrm{d}p}{\mathrm{d}x} \cdot \frac{z^2}{2} - \frac{1}{8} \cdot \frac{1}{\eta} \cdot \frac{\mathrm{d}p}{\mathrm{d}x} \cdot h^2.$$

Wird $\left(-\frac{1}{8} \cdot \frac{1}{\eta} \cdot \frac{\mathrm{d}p}{\mathrm{d}x} \cdot h^2\right)$ ausgeklammert, so folgt

$$c_x(z) = -\frac{h^2}{8 \cdot \eta} \cdot \frac{\mathrm{d}p}{\mathrm{d}x} \cdot \left(1 - 4 \cdot \frac{z^2}{h^2}\right).$$

Hierin muss nun noch $\frac{\mathrm{d}p}{\mathrm{d}x}$ genauer betrachtet werden. Mit p_1 und p_2 als gegebene Drücke an den Stellen x_1 und x_2 lässt sich $\frac{\mathrm{d}p}{\mathrm{d}x}$ auch wie folgt darstellen:

$$\frac{\mathrm{d}p}{\mathrm{d}x} = \frac{\Delta p}{\Delta x} = \frac{p_2 - p_1}{x_2 - x_1},$$

wobei $p_1 > p_2$ und $x_2 - x_1 = L$. Dies liefert den Druckgradienten

$$\frac{\mathrm{d}p}{\mathrm{d}x} = -\frac{p_1 - p_2}{L}.$$

Somit lautet das Ergebnis

$$c_x(z) = \left(-\frac{h^2}{8 \cdot \eta}\right) \cdot \left(-\frac{p_1 - p_2}{L}\right) \cdot \left(1 - 4 \cdot \frac{z^2}{h^2}\right)$$

oder schließlich

$$c_x(z) = \frac{h^2}{8 \cdot \eta} \cdot \frac{p_1 - p_2}{L} \cdot \left[1 - 4 \cdot \left(\frac{z}{h}\right)^2\right].$$

Fall 2

Die **maximale Geschwindigkeit** $c_{x_{\max}}$ wird in der Kanalmitte erreicht, also bei $z = 0$ mit $c_x(z = 0) = c_{x_{\max}}$. Wird dies oben eingesetzt, gelangt man zu

$$c_{x_{\max}} = \frac{h^2}{8 \cdot \eta} \cdot \frac{p_1 - p_2}{L}.$$

Fall 3

Der gesuchte **Volumenstrom** $\dot{V}$ lässt sich aus der Integration des infinitesimalen Volumenstroms $\mathrm{d}\dot{V}$ zwischen Kanalmitte und Wand bestimmen. Hierbei erhält man jedoch nur den halben Wert, sodass eine Verdoppelung erforderlich wird:

$$\dot{V} = 2 \cdot \int_{0}^{h/2} \mathrm{d}\dot{V}.$$

$\mathrm{d}\dot{V} = c_x(z) \cdot \mathrm{d}A$ infinitesimaler Volumenstrom durch $\mathrm{d}A$

$c_x(z)$ \qquad Geschwindigkeit an der Stelle z normal zu $\mathrm{d}A$

$\mathrm{d}A = B \cdot \mathrm{d}z$ \quad infinitesimaler Querschnitt

$$\dot{V} = 2 \cdot B \cdot \int_{0}^{h/2} c_x(z) \cdot \mathrm{d}z.$$

Wird $c_x(z)$ mit o. g. Ergebnis eingesetzt, liefert das

$$\dot{V} = \frac{2 \cdot B \cdot h^2}{8 \cdot \eta} \cdot \frac{p_1 - p_2}{L} \cdot \int_{0}^{h/2} \left[1 - 4 \cdot \left(\frac{z}{h} \right)^2 \right] \cdot \mathrm{d}z$$

$$= \frac{B \cdot h^2}{4 \cdot \eta} \cdot \frac{p_1 - p_2}{L} \cdot \left(\int_{0}^{h/2} \mathrm{d}z - \frac{4}{h^2} \cdot \int_{0}^{h/2} z^2 \cdot \mathrm{d}z \right).$$

Die Integration führt zunächst zu

$$\dot{V} = \frac{B \cdot h^2}{4 \cdot \eta} \cdot \frac{p_1 - p_2}{L} \cdot \left(z \Big|_{0}^{h/2} - \frac{4}{h^2} \cdot \frac{z^3}{3} \Big|_{0}^{h/2} \right).$$

Unter Verwendung der genannten Grenzen,

$$\dot{V} = \frac{B \cdot h^2}{4 \cdot \eta} \cdot \frac{p_1 - p_2}{L} \cdot \left(\frac{h}{2} - \frac{4}{h^2} \cdot \frac{h^3}{8 \cdot 3} \right),$$

und nach Zusammenfassen der Klammer,

$$\dot{V} = \frac{B \cdot h^2}{4 \cdot \eta} \cdot \frac{p_1 - p_2}{L} \cdot \frac{h}{3},$$

gelangt man zum Ergebnis

$$\dot{V} = \frac{B \cdot h^3}{12 \cdot \eta} \cdot \frac{p_1 - p_2}{L}.$$

Aufgabe 7.3 Senkrechter Kanal

Durch den in Abb. 7.3 erkennbaren vertikalen Rechteckkanal fließt aufgrund der Schwerkraft ein Flüssigkeitsmassenstrom $\dot{m}$ abwärts und verlässt den Kanal an der Stelle 2 in
atmosphärische Umgebung. Die stationäre Strömung durch den Kanal erfolgt laminar und
ist inkompressibel. Vom Fluid sind die Dichte ρ und die Zähigkeit ν bekannt ebenso wie
vom Kanal die Abmessungen B und h. Die Stelle 1 im Kanal, wo der Druck p_1 gemessen
werden kann, befindet sich im Abstand L über dem Kanalaustritt (Stelle 2). Gesucht wird
die Geschwindigkeitsänderung in z-Richtung, wobei der Druckgradient in x-Richtung als

Abb. 7.3 Senkrechter Kanal

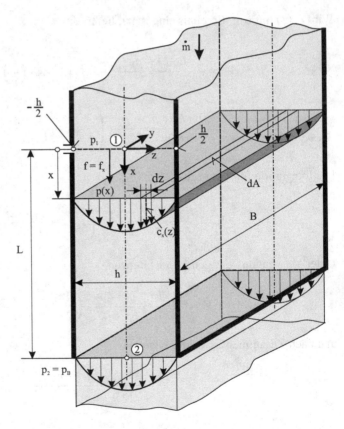

Einflussgröße zu berücksichtigen ist. Mit dieser Geschwindigkeitsverteilung sollen danach die Drücke an den Stellen x und 1 ermittelt werden.

Lösung zu Aufgabe 7.3

Aufgabenerläuterung

Unter Beachtung der vorliegenden Gegebenheiten ist zunächst mit den Navier-Stokes-Gleichungen und dem Kontinuitätsgesetz das Geschwindigkeitsverteilungsgesetz herzuleiten. Dieses wird in Verbindung mit dem Massenstrom und einer geeigneten Integration benötigt, um den gesuchten Druck an der Stelle x und den an der Stelle 1 zu bestimmen.

Gegeben:

- $\dot{m}$; p_B; L; h, B; ν; ρ
- Navier-Stokes-Gleichungen (NSG) der stationären, inkompressiblen Strömung

x-Richtung

$$f_x - \frac{1}{\rho} \cdot \frac{\partial p}{\partial x} + \nu \cdot \left(\frac{\partial^2 \cancel{c_x}}{\cancel{\partial x^2}} + \frac{\partial^2 \cancel{c_x}}{\cancel{\partial y^2}} + \frac{\partial^2 c_x}{\partial z^2} \right) = \cancel{c_x \cdot \frac{\partial c_x}{\partial x}} + \cancel{c_y \cdot \frac{\partial c_x}{\partial y}} + \cancel{c_z \cdot \frac{\partial c_x}{\partial z}}$$

y-Richtung

$$\cancel{f_y} - \frac{1}{\rho} \cdot \frac{\partial p}{\partial y} + \nu \cdot \left(\frac{\partial^2 \cancel{c_y}}{\cancel{\partial x^2}} + \frac{\partial^2 \cancel{c_y}}{\cancel{\partial y^2}} + \frac{\partial^2 \cancel{c_y}}{\cancel{\partial z^2}} \right) = \cancel{c_x \cdot \frac{\partial c_y}{\partial x}} + \cancel{c_y \cdot \frac{\partial c_y}{\partial y}} + \cancel{c_z \cdot \frac{\partial c_y}{\partial z}},$$

z-Richtung

$$\cancel{f_z} - \frac{1}{\rho} \cdot \frac{\partial p}{\partial z} + \nu \cdot \left(\frac{\partial^2 \cancel{c_z}}{\cancel{\partial x^2}} + \frac{\partial^2 \cancel{c_z}}{\cancel{\partial y^2}} + \frac{\partial^2 \cancel{c_z}}{\cancel{\partial z^2}} \right) = \cancel{c_x \cdot \frac{\partial c_z}{\partial x}} + \cancel{c_y \cdot \frac{\partial c_z}{\partial y}} + \cancel{c_z \cdot \frac{\partial c_z}{\partial z}},$$

Kontinuitätsgleichung

$$\frac{\partial \cancel{c_x}}{\cancel{\partial x}} + \frac{\partial \cancel{c_y}}{\cancel{\partial y}} + \frac{\partial \cancel{c_z}}{\cancel{\partial z}} = 0.$$

Gesucht:

1. $c_x(z)$
2. $p(x)$
3. p_1

Anmerkungen

- Vollausgebildete Strömung, d. h., c_x ändert sich nicht in x-Richtung.
- Strömung nur in x-Richtung, d. h. $c_y = 0$ und $c_z = 0$.
- stationäre, inkompressible, laminare Strömung
- Zu beachten ist die veränderte Wahl des Koordinatensystems.
- Die Breite B ist groß gegenüber h, d. h. keine Beeinflussungen durch die seitlichen Kanalflächen.

Lösungsschritte

Zunächst werden die NSG und die Kontinuitätsgleichung unter den hier vorliegenden Gegebenheiten betrachtet und vereinfacht.

Feststellungen zu den Kräften $f_x = f = g$, $f_y = 0$, $f_z = 0$, wobei f die auf die Masse bezogene Gewichtskraft ist.

Feststellungen zu den Geschwindigkeiten Axiale Strömung nur in x-Richtung heißt, es existieren keine Komponenten c_y und c_z, d. h. $c_y = 0$ und $c_z = 0$. Somit lauten die Ableitungen

$$\frac{\partial c_y}{\partial y} = 0 \quad \text{und} \quad \frac{\partial c_z}{\partial z} = 0$$

sowie gemäß Kontinuitätsgleichung auch

$$\frac{\partial c_x}{\partial x} = 0.$$

Dies hat zur Folge, dass auch

$$\frac{\partial \left(\frac{\partial c_x}{\partial x} \right)}{\partial x} = \frac{\partial^2 c_x}{\partial x^2} = 0$$

ist. Da $c_x = c_x(z)$, ist $\frac{\partial c_x}{\partial y} = 0$ und folglich wird auch

$$\frac{\partial \left(\frac{\partial c_x}{\partial y} \right)}{\partial y} = \frac{\partial^2 c_x}{\partial y^2} = 0.$$

Des Weiteren entfallen wegen $c_y = 0$ und $c_z = 0$ auch alle Ableitungen von c_y und c_z. Als Ergebnis der NSG erhält man dann

$$f_x - \frac{1}{\rho} \cdot \frac{\partial p}{\partial x} + \nu \cdot \frac{\partial^2 c_x}{\partial z^2} = 0 \Rightarrow \nu \cdot \frac{\mathrm{d}^2 c_x}{\mathrm{d} z^2} = \frac{1}{\rho} \cdot \frac{\partial p}{\partial x} - g$$

$$-\frac{1}{\rho} \cdot \frac{\partial p}{\partial y} = 0 \Rightarrow \frac{\partial p}{\partial y} = 0 \Rightarrow p \neq p(y)$$

$$-\frac{1}{\rho} \cdot \frac{\partial p}{\partial z} = 0 \Rightarrow \frac{\partial p}{\partial z} = 0 \Rightarrow p \neq p(z)$$

Fall 1

Die weiteren Betrachtungen bei der Frage nach der **Geschwindigkeit** $c_x(z)$ erfolgen logischerweise mit

$$\nu \cdot \frac{\mathrm{d}^2 c_x}{\mathrm{d} z^2} = \frac{1}{\rho} \cdot \frac{\partial p}{\partial x} - g.$$

Wegen $c_x = c_x(z)$ kann der partielle Differenzialquotient $\frac{\partial c_x}{\partial z}$ ersetzt werden mit $\frac{\mathrm{d} c_x}{\mathrm{d} z}$ und auch

$$\frac{\partial^2 c_x}{\partial z^2} = \frac{\partial \left(\frac{\partial c_x}{\partial z} \right)}{\partial z} = \frac{\mathrm{d} \left(\frac{\mathrm{d} c_x}{\mathrm{d} z} \right)}{\mathrm{d} z}.$$

Wenn $p \neq p(y)$ und $p \neq p(z)$, dann hängt p nur von x ab, also $p = p(x)$. Folglich kann auch der partielle Differenzialquotient $\frac{\partial p}{\partial x}$ durch $\frac{\mathrm{d} p}{\mathrm{d} x}$ ersetzt werden. Hieraus folgt nun in o. g. Gleichung

$$\nu \cdot \frac{\mathrm{d} \left(\frac{\mathrm{d} c_x}{\mathrm{d} z} \right)}{\mathrm{d} z} = \frac{1}{\rho} \cdot \frac{\mathrm{d} p}{\mathrm{d} x} - g.$$

Nach Division durch ν und mit $\eta = \nu \cdot \rho$ ergibt sich

$$\frac{\mathrm{d} \left(\frac{\mathrm{d} c_x}{\mathrm{d} z} \right)}{\mathrm{d} z} = \frac{1}{\eta} \cdot \left(\frac{\mathrm{d} p}{\mathrm{d} x} - \rho \cdot g \right).$$

Mit $\mathrm{d} z$ multipliziert,

$$\mathrm{d} \left(\frac{\mathrm{d} c_x}{\mathrm{d} z} \right) = \frac{1}{\eta} \cdot \left(\frac{\mathrm{d} p}{\mathrm{d} x} - \rho \cdot g \right) \cdot \mathrm{d} z,$$

und dann integriert,

$$\int d\left(\frac{dc_x}{dz}\right) = \frac{1}{\eta} \cdot \left(\frac{dp}{dx} - \rho \cdot g\right) \cdot \int dz,$$

ergibt das dann

$$\frac{dc_x}{dz} = \frac{1}{\eta} \cdot \left(\frac{dp}{dx} - \rho \cdot g\right) \cdot z + C_1.$$

Wiederum mit dz multipliziert,

$$dc_x = \frac{1}{\eta} \cdot \left(\frac{dp}{dx} - \rho \cdot g\right) \cdot z \cdot dz + C_1 \cdot dz,$$

und dann zum zweiten Mal integriert,

$$\int dc_x = \frac{1}{\eta} \cdot \left(\frac{dp}{dx} - \rho \cdot g\right) \cdot \int z \cdot dz + C_1 \cdot \int dz,$$

wird dies zu

$$c_x(z) = \frac{1}{\eta} \cdot \left(\frac{dp}{dx} - \rho \cdot g\right) \cdot \frac{z^2}{2} + C_1 \cdot z + C_2.$$

Es wurde festgestellt, dass $p = p(x)$. Folglich kann auch die Ableitung $\frac{dp}{dx}$ selbst wieder von x abhängen. Da aber im vorliegenden Fall $c_x(z)$ nur eine Funktion von z ist und daher nicht auch von x abhängt, kann $\frac{dp}{dx}$ als Teil der Gleichung ebenfalls nicht von x abhängen. Dies heißt, dass $\frac{dp}{dx}$ eine Konstante ist.

Die noch unbekannten **Integrationskonstanten C_1 und C_2** lassen sich mittels nachfolgender Randbedingungen feststellen:

Bei Stelle $z = +\frac{h}{2}$ ist $c_x = 0$. Somit gilt

$$0 = \frac{1}{\eta} \cdot \left(\frac{dp}{dx} - \rho \cdot g\right) \cdot \frac{h^2}{8} + C_1 \cdot \frac{h}{2} + C_2.$$

Auch bei Stelle $z = -\frac{h}{2}$ ist $c_x = 0$. Somit gilt auch

$$0 = \frac{1}{\eta} \cdot \left(\frac{dp}{dx} - \rho \cdot g\right) \cdot \frac{h^2}{8} - C_1 \cdot \frac{h}{2} + C_2.$$

Gleichsetzen führt nun zu

$$\frac{1}{\eta} \cdot \left(\frac{dp}{dx} - \rho \cdot g\right) \cdot \frac{h^2}{8} + C_1 \cdot \frac{h}{2} + C_2 = \frac{1}{\eta} \cdot \left(\frac{dp}{dx} - \rho \cdot g\right) \cdot \frac{h^2}{8} - C_1 \cdot \frac{h}{2} + C_2$$

oder

$$2 \cdot \frac{h}{2} \cdot C_1 = 0 \Rightarrow C_1 = 0.$$

Dies ergibt, oben eingesetzt,

$$0 = \frac{1}{\eta} \cdot \left(\frac{dp}{dx} - \rho \cdot g \right) \cdot \frac{h^2}{8} + C_2$$

und nach C_2 umgestellt wird daraus

$$C_2 = -\frac{1}{\eta} \cdot \left(\frac{dp}{dx} - \rho \cdot g \right) \cdot \frac{h^2}{8}.$$

Die gesuchte Geschwindigkeitsverteilung lautet somit

$$c_x(z) = \frac{1}{\eta} \cdot \left(\frac{dp}{dx} - \rho \cdot g \right) \cdot \frac{z^2}{2} - \frac{1}{\eta} \cdot \left(\frac{dp}{dx} - \rho \cdot g \right) \cdot \frac{h^2}{8}.$$

Nach Ausklammern von $\left[\frac{h^2}{8 \cdot \eta} \cdot \left(\frac{dp}{dx} - \rho \cdot g \right) \right]$ gelangt man zum Ergebnis

$$c_x(z) = \frac{h^2}{8 \cdot \eta} \cdot \left(\frac{dp}{dx} - \rho \cdot g \right) \cdot \left(4 \cdot \frac{z^2}{h^2} - 1 \right)$$

oder auch

$$c_x(z) = \frac{h^2}{8 \cdot \eta} \cdot \left(\rho \cdot g - \frac{dp}{dx} \right) \cdot \left(1 - 4 \cdot \frac{z^2}{h^2} \right).$$

Fall 2

Um die **Druckfunktion $p(x)$** bestimmen zu können, muss der Druckgradient $\frac{dp}{dx}$ aus der bekannten Geschwindigkeitsverteilung $c_x(z)$ herausgelöst werden und mittels gegebenem Massenstrom $\dot{m}$ einer geeigneten Integration zugeführt werden.

$\dot{m} = \rho \cdot \dot{V}$ mit $\dot{V} = \int d\dot{V}$ Massenstrom

$d\dot{V} = c_x(z) \cdot dA$ Infinitesimaler Volumenstrom durch dA

$dA = dz \cdot B$ Infinitesimale Fläche

Bei der Integration von 0 bis $h/2$ erfasst man nur den halben Volumenstrom, also wird

$$\dot{V} = 2 \cdot B \cdot \int_0^{h/2} c_x(z) \cdot dz.$$

Mit ρ multipliziert lautet dann der Massenstrom

$$\dot{m} = \rho \cdot \dot{V} = 2 \cdot \rho \cdot B \cdot \int_0^{h/2} c_x(z) \cdot \mathrm{d}z.$$

Setzt man nun $c_x(z)$ von oben ein,

$$\dot{m} = \rho \cdot \dot{V} = 2 \cdot \rho \cdot B \cdot \int_0^{h/2} \frac{h^2}{8 \cdot \eta} \cdot \left(\frac{\mathrm{d}p}{\mathrm{d}x} - \rho \cdot g \right) \cdot \left(4 \cdot \frac{z^2}{h^2} - 1 \right) \cdot \mathrm{d}z,$$

und beachtet, dass $\frac{\mathrm{d}p}{\mathrm{d}x}$ eine Konstante ist, dann kann $\left[\frac{h^2}{8 \cdot \eta} \cdot \left(\frac{\mathrm{d}p}{\mathrm{d}x} - \rho \cdot g \right) \right]$ vor das Integral gezogen werden:

$$\dot{m} = 2 \cdot \rho \cdot B \cdot \frac{h^2}{8 \cdot \eta} \cdot \left(\frac{\mathrm{d}p}{\mathrm{d}x} - \rho \cdot g \right) \cdot \int_0^{h/2} \left(4 \cdot \frac{z^2}{h^2} - 1 \right) \cdot \mathrm{d}z$$

oder nach Kürzen

$$\dot{m} = \rho \cdot B \cdot \frac{h^2}{4 \cdot \eta} \cdot \left(\frac{\mathrm{d}p}{\mathrm{d}x} - \rho \cdot g \right) \cdot \int_0^{h/2} \left(4 \cdot \frac{z^2}{h^2} - 1 \right) \cdot \mathrm{d}z.$$

Substituieren wir

$$K = \rho \cdot B \cdot \frac{h^2}{4 \cdot \eta} \cdot \left(\frac{\mathrm{d}p}{\mathrm{d}x} - \rho \cdot g \right),$$

so entsteht

$$\dot{m} = K \cdot \int_0^{h/2} \left(4 \cdot \frac{z^2}{h^2} - 1 \right) \cdot \mathrm{d}z.$$

Das Integral alleine führt zu

$$\int_0^{h/2} \left(4 \cdot \frac{z^2}{h^2} - 1 \right) \cdot \mathrm{d}z = \int_0^{h/2} 4 \cdot \frac{z^2}{h^2} \cdot \mathrm{d}z - \int_0^{h/2} \mathrm{d}z = \frac{4}{3} \cdot \frac{z^3}{h^2} \Big|_0^{h/2} - z \Big|_0^{h/2}$$

$$= \frac{4}{3 \cdot 8} \cdot \frac{h^3}{h^2} - \frac{h}{2} = \frac{1}{6} \cdot h - \frac{h}{2} = -\frac{1}{3} \cdot h.$$

Der Massenstrom lautet damit

$$\dot{m} = -\frac{1}{3} \cdot h \cdot K.$$

Nun wird K zurücksubstituiert,

$$\dot{m} = -\frac{1}{3} \cdot h \cdot \rho \cdot B \cdot \frac{h^2}{4 \cdot \eta} \cdot \left(\frac{dp}{dx} - \rho \cdot g \right),$$

und das negative Vorzeichen in den Klammerausdruck gebracht:

$$\dot{m} = \frac{\rho \cdot B \cdot h^3}{12 \cdot \eta} \cdot \left(\rho \cdot g - \frac{dp}{dx} \right).$$

Multipliziert mit $\left(\frac{12 \cdot \eta}{\rho \cdot B \cdot h^3} \right)$ wird daraus

$$\rho \cdot g - \frac{dp}{dx} = \frac{12 \cdot \eta \cdot \dot{m}}{\rho \cdot B \cdot h^3}$$

oder, da $\frac{dp}{dx}$ gesucht wird,

$$\frac{dp}{dx} = \rho \cdot g - \frac{12 \cdot \eta \cdot \dot{m}}{\rho \cdot B \cdot h^3}.$$

Multiplikation mit dx liefert die integrierbare Form

$$dp = \left(\rho \cdot g - \frac{12 \cdot \eta \cdot \dot{m}}{\rho \cdot B \cdot h^3} \right) \cdot dx.$$

Die Integration zwischen den Stellen x mit $p = p(x)$ und L mit $p = p_B$ lautet

$$\int_{p(x)}^{p_B} dp = \left(\rho \cdot g - \frac{12 \cdot \eta \cdot \dot{m}}{\rho \cdot B \cdot h^3} \right) \cdot \int_{x}^{L} dx.$$

Man erhält zunächst

$$p_B - p(x) = \left(\rho \cdot g - \frac{12 \cdot \eta \cdot \dot{m}}{\rho \cdot B \cdot h^3} \right) \cdot (L - x).$$

Aufgelöst nach dem gesuchten Druck $p(x)$ (und mit dem negativen Vorzeichen vor der Klammer) folgt

$$p(x) = p_B + \left(\frac{12 \cdot \eta \cdot \dot{m}}{\rho \cdot B \cdot h^3} - \rho \cdot g \right) \cdot (L - x).$$

Fall 3

Der **Druck** p_1 an der Stelle $x = 0$ lässt sich jetzt mit o. g. Gleichung leicht ermitteln zu

$$p_1 = p(x = 0) = p_B + \left(\frac{12 \cdot \eta \cdot \dot{m}}{\rho \cdot B \cdot h^3} - \rho \cdot g \right) \cdot L.$$

Aufgabe 7.4 Bewegte Platte über ruhender Wand

Über die in Abb. 7.4 erkennbare horizontale Wand strömt eine Flüssigkeit aufgrund eines von außen aufgeprägten Druckgefälles. Die Flüssigkeitsoberfläche wird von einer Platte begrenzt, die im Gegensatz zur Wand nicht ruht, sondern mit der Geschwindigkeit c_P bewegt wird. Die Breite B soll gegenüber der Höhe h sehr groß bemessen sein, sodass seitliche Randeinflüsse ohne Bedeutung sind und von einer ebenen Strömung auszugehen ist. Diese ist laminar ausgebildet und ändert sich zeitlich nicht. An den markierten Stellen 1 und 2 seien die statischen Drücke p_1 und p_2 bekannt sowie der Abstand L zwischen ihnen. Von der inkompressiblen Flüssigkeit sind weiterhin die Dichte ρ und die Viskosität ν gegeben. Zunächst soll die Gleichung der axialen Geschwindigkeitsverteilung $c_x(z)$ unter Verwendung des Druckgradienten dp/dx hergeleitet werden. Danach ist $c_x(z)$ bei drei Sonderfällen des genannten Druckgradienten anzugeben.

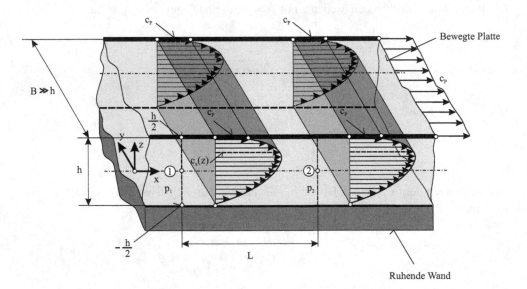

Abb. 7.4 Bewegte Platte über ruhender Wand

Lösung zu Aufgabe 7.4

Aufgabenerläuterung

Im Vordergrund des Lösungsweges steht die Anwendung der Navier-Stokes-Gleichungen und des Kontinuitätsgesetzes, die mit den betreffenden Gegebenheiten und Annahmen des vorliegenden Falls zu bearbeiten sind. Die aufgrund von Druckkräften und der Schleppwirkung der Platte entstehenden Geschwindigkeitsverteilungen werden in besonderem Maß von der Richtung des Druckgefälles beeinflusst.

Gegeben:

- h; L; p_1; p_2; c_P; ρ; ν
- Navier-Stokes-Gleichungen (NSG) der stationären, inkompressiblen Strömung

x-Richtung

$$\cancel{f_x} - \frac{1}{\rho} \cdot \frac{\partial p}{\partial x} + \nu \cdot \left(\cancel{\frac{\partial^2 c_x}{\partial x^2}} + \cancel{\frac{\partial^2 c_x}{\partial y^2}} + \frac{\partial^2 c_x}{\partial z^2} \right) = \cancel{c_x \cdot \frac{\partial c_x}{\partial x}} + \cancel{c_y \cdot \frac{\partial c_x}{\partial y}} + \cancel{c_z \cdot \frac{\partial c_x}{\partial z}},$$

y-Richtung

$$\cancel{f_y} - \frac{1}{\rho} \cdot \frac{\partial p}{\partial y} + \nu \cdot \left(\cancel{\frac{\partial^2 c_y}{\partial x^2}} + \cancel{\frac{\partial^2 c_y}{\partial y^2}} + \cancel{\frac{\partial^2 c_y}{\partial z^2}} \right) = \cancel{c_x \cdot \frac{\partial c_y}{\partial x}} + \cancel{c_y \cdot \frac{\partial c_y}{\partial y}} + \cancel{c_z \cdot \frac{\partial c_y}{\partial z}}$$

z-Richtung

$$\cancel{f_z} - \frac{1}{\rho} \cdot \frac{\partial p}{\partial z} + \nu \cdot \left(\cancel{\frac{\partial^2 c_z}{\partial x^2}} + \cancel{\frac{\partial^2 c_z}{\partial y^2}} + \cancel{\frac{\partial^2 c_z}{\partial z^2}} \right) = \cancel{c_x \cdot \frac{\partial c_z}{\partial x}} + \cancel{c_y \cdot \frac{\partial c_z}{\partial y}} + \cancel{c_z \cdot \frac{\partial c_z}{\partial z}}$$

Kontinuitätsgleichung

$$\cancel{\frac{\partial c_x}{\partial x}} + \cancel{\frac{\partial c_y}{\partial y}} + \cancel{\frac{\partial c_z}{\partial z}} = 0.$$

Gesucht:

1. $c_x(z)$ bei $\mathrm{d}p/\mathrm{d}x$
2. $c_x(z)$ in den Fällen $p_1 > p_2$, $p_1 = p_2$ und $p_1 < p_2$

Anmerkungen

- Die Schwerkraft wird vernachlässigt.
- stationäre, laminare, inkompressible Strömung
- ausgebildete Strömung in x-Richtung
- kein seitlicher Abfluss

Lösungsschritte

Zunächst werden die NSG und die Kontinuitätsgleichung unter den hier vorliegenden Gegebenheiten betrachtet und vereinfacht.

Feststellungen zu den Kräften $f_x = 0$; $f_y = 0$; Annahme, dass bei kleinen Höhen h die Schwerkraft $f = f_z = 0$ ist.

Feststellungen zu den Geschwindigkeiten Axiale Strömung nur in x-Richtung heißt, es existieren keine Komponenten c_y und c_z, d.h. $c_y = 0$ und $c_z = 0$. Somit lauten die Ableitungen

$$\frac{\partial c_y}{\partial z} = 0 \quad \text{und} \quad \frac{\partial c_z}{\partial y} = 0$$

und gemäß Kontinuitätsgleichung auch

$$\frac{\partial c_x}{\partial x} = 0.$$

Dies hat zur Folge, dass auch

$$\frac{\partial \left(\frac{\partial c_x}{\partial x} \right)}{\partial x} = \frac{\partial^2 c_x}{\partial x^2} = 0$$

ist. Wegen $c_x = c_x(z)$ ist zudem $\frac{\partial c_x}{\partial y} = 0$ und folglich wird

$$\frac{\partial \left(\frac{\partial c_x}{\partial y} \right)}{\partial y} = \frac{\partial^2 c_x}{\partial y^2} = 0.$$

Des Weiteren entfallen wegen $c_y = 0$ und $c_z = 0$ auch sämtliche Ableitungen von c_y und c_z. Als Ergebnis der NSG erhält man dann

$$-\frac{1}{\rho} \cdot \frac{\partial p}{\partial x} + \nu \cdot \frac{\partial^2 c_x}{\partial z^2} = 0 \Rightarrow \nu \cdot \frac{\partial^2 c_x}{\partial z^2} = \frac{1}{\rho} \cdot \frac{\partial p}{\partial x}$$

$$-\frac{1}{\rho} \cdot \frac{\partial p}{\partial y} = 0 \Rightarrow \frac{\partial p}{\partial y} = 0 \Rightarrow p \neq p(y)$$

$$-\frac{1}{\rho} \cdot \frac{\partial p}{\partial z} = 0 \Rightarrow \frac{\partial p}{\partial z} = 0 \Rightarrow p \neq p(z)$$

Fall 1

Die weiteren Betrachtungen bei der Frage nach der **Geschwindigkeit $c_x(z)$ mit dp/dx** erfolgen logischerweise mit

$$\nu \cdot \frac{\partial^2 c_x}{\partial z^2} = \frac{1}{\rho} \cdot \frac{\partial p}{\partial x}.$$

Wegen $c_x = c_x(z)$ kann der partielle Differenzialquotient $\frac{\partial c_x}{\partial z}$ ersetzt werden durch $\frac{dc_x}{dz}$ und auch

$$\frac{\partial^2 c_x}{\partial z^2} = \frac{\partial \left(\frac{\partial c_x}{\partial z} \right)}{\partial z} = \frac{d \left(\frac{dc_x}{dz} \right)}{dz}.$$

Wenn $p \neq p(y)$ und $p \neq p(z)$, dann hängt p nur von x ab, also $p = p(x)$. Folglich kann auch der partielle Differenzialquotient $\frac{\partial p}{\partial x}$ durch $\frac{dp}{dx}$ ersetzt werden. Die o. g. Gleichung lautet somit:

$$\nu \cdot \frac{d \left(\frac{dc_x}{dz} \right)}{dz} = \frac{1}{\rho} \cdot \frac{dp}{dx}.$$

Nach Division durch ν und mit $\eta = \nu \cdot \rho$ ergibt sich

$$\frac{d \left(\frac{dc_x}{dz} \right)}{dz} = \frac{1}{\eta} \cdot \frac{dp}{dx}.$$

Wird mit dz multipliziert,

$$d \left(\frac{dc_x}{dz} \right) = \frac{1}{\eta} \cdot \frac{dp}{dx} \cdot dz,$$

und dann integriert,

$$\int d \left(\frac{dc_x}{dz} \right) = \frac{1}{\eta} \cdot \frac{dp}{dx} \cdot \int dz,$$

so ergibt sich

$$\frac{dc_x}{dz} = \frac{1}{\eta} \cdot \frac{dp}{dx} \cdot z + C_1.$$

Wiederum mit dz multipliziert,

$$dc_x = \frac{1}{\eta} \cdot \frac{dp}{dx} \cdot z \cdot dz + C_1 \cdot dz,$$

und dann zum zweiten Mal integriert,

$$\int dc_x = \frac{1}{\eta} \cdot \frac{dp}{dx} \cdot \int z \cdot dz + C_1 \cdot \int dz,$$

wird daraus

$$c_x(z) = \frac{1}{\eta} \cdot \frac{dp}{dx} \cdot \frac{z^2}{2} + C_1 \cdot z + C_2.$$

Da festgestellt wurde, dass $p = p(x)$, kann auch die Ableitung $\frac{dp}{dx}$ selbst wieder von x abhängen. Da aber im vorliegenden Fall $c_x = c_x(z)$ nur eine Funktion von z ist und daher nicht auch von x abhängt, kann $\frac{dp}{dx}$ als Teil der Gleichung ebenfalls nicht von x abhängen. Dies heißt, dass $\frac{dp}{dx}$ eine Konstante ist.

Die noch unbekannten **Integrationskonstanten C_1 und C_2** erhält man aus nachfolgenden Randbedingungen:

- An der Stelle $z = -\frac{h}{2}$ ist $c_x = 0$ (Haftbedingung an der ruhenden Wand)
- An der Stelle $z = +\frac{h}{2}$ ist $c_x = c_P$ (Haftbedingung an der bewegten Platte)

Diese Randbedingungen werden jeweils in $c_x(z)$ eingesetzt:

$$0 = \frac{1}{\eta} \cdot \frac{dp}{dx} \cdot \frac{\left(-\frac{h}{2}\right)^2}{2} + C_1 \cdot \left(-\frac{h}{2}\right) + C_2$$

und

$$c_P = \frac{1}{\eta} \cdot \frac{dp}{dx} \cdot \frac{\left(+\frac{h}{2}\right)^2}{2} + C_1 \cdot \left(+\frac{h}{2}\right) + C_2$$

Wenn beide Gleichungen nach C_2 aufgelöst,

$$C_2 = C_1 \cdot \frac{h}{2} - \frac{1}{\eta} \cdot \frac{dp}{dx} \cdot \frac{h^2}{8} \quad \text{bzw.} \quad C_2 = c_P - \frac{1}{\eta} \cdot \frac{dp}{dx} \cdot \frac{h^2}{8} - C_1 \cdot \frac{h}{2},$$

und dann gleichgesetzt werden, ergibt sich

$$C_1 \cdot \frac{h}{2} - \frac{1}{\eta} \cdot \frac{dp}{dx} \cdot \frac{h^2}{8} = c_P - \frac{1}{\eta} \cdot \frac{dp}{dx} \cdot \frac{h^2}{8} - C_1 \cdot \frac{h}{2}$$

und man gelangt man zu $2 \cdot C_1 \cdot \frac{h}{2} = c_P$ oder schließlich

$$C_1 = \frac{1}{h} \cdot c_P.$$

Mit diesem Ergebnis in einer der Gleichungen für C_2,

$$C_2 = \frac{1}{h} \cdot c_P \cdot \frac{h}{2} - \frac{1}{\eta} \cdot \frac{dp}{dx} \cdot \frac{h^2}{8},$$

und nach Kürzen von h ermittelt man

$$C_2 = \frac{1}{2} \cdot c_\text{P} - \frac{1}{\eta} \cdot \frac{\mathrm{d}p}{\mathrm{d}x} \cdot \frac{h^2}{8}.$$

Jetzt werden beide Integrationskonstanten C_1 und C_2 in $c_x(z)$ eingesetzt:

$$c_x(z) = \frac{1}{\eta} \cdot \frac{\mathrm{d}p}{\mathrm{d}x} \cdot \frac{z^2}{2} + \frac{1}{h} \cdot c_\text{P} \cdot z + \frac{1}{2} \cdot c_\text{P} - \frac{1}{\eta} \cdot \frac{\mathrm{d}p}{\mathrm{d}x} \cdot \frac{h^2}{8}.$$

Nach Zusammenfassen der Glieder mit c_P bzw. $\mathrm{d}p/\mathrm{d}x$ lautet die gesuchte Geschwindigkeitsverteilung

$$c_x(z) = c_\text{P} \cdot \left(\frac{z}{h} + \frac{1}{2}\right) - \frac{h^2}{8 \cdot \eta} \cdot \left[1 - 4 \cdot \left(\frac{z}{h}\right)^2\right] \cdot \frac{\mathrm{d}p}{\mathrm{d}x}.$$

Fall 2

Jetzt suchen wir $c_x(z)$ in den Fällen $p_1 > p_2$, $p_1 = p_2$ und $p_1 < p_2$:

$p_1 > p_2$ Mit p_1 und p_2 als gegebene Drücke an den Stellen x_1 und x_2 lässt sich $\mathrm{d}p/\mathrm{d}x =$ konstant auch wie folgt darstellen:

$$\frac{dp}{dx} = \frac{\Delta p}{\Delta x} = \frac{p_2 - p_1}{x_2 - x_1}.$$

Mit $p_1 > p_2$ und $x_2 - x_1 = L$ gelangt man zu

$$\frac{dp}{dx} = -\frac{p_1 - p_2}{L}.$$

Oben eingesetzt führt das zu

$$c_x(z) = c_\text{P} \cdot \left(\frac{z}{h} + \frac{1}{2}\right) - \frac{h^2}{8 \cdot \eta} \cdot \left[1 - 4 \cdot \left(\frac{z}{h}\right)^2\right] \cdot \left(-\frac{p_1 - p_2}{L}\right)$$

oder

$$c_x(z) = c_\text{P} \cdot \left(\frac{z}{h} + \frac{1}{2}\right) + \frac{h^2}{8 \cdot \eta} \cdot \frac{p_1 - p_2}{L} \cdot \left[1 - 4 \cdot \left(\frac{z}{h}\right)^2\right].$$

$p_1 = p_2$

$$c_x(z) = c_{\mathrm{P}} \cdot \left(\frac{z}{h} + \frac{1}{2} \right) + \frac{h^2}{8 \cdot \eta} \cdot \frac{p_1 - p_2}{L} \cdot \left[1 - 4 \cdot \left(\frac{z}{h} \right)^2 \right]$$

$$c_x(z) = c_{\mathrm{P}} \cdot \left(\frac{z}{h} + \frac{1}{2} \right)$$

$p_1 < p_2$ Wenn $p_2 > p_1$, erhält man

$$\frac{dp}{dx} = \frac{\Delta p}{\Delta x} = \frac{p_2 - p_1}{x_2 - x_1} = \frac{p_1 - p_2}{L}$$

und somit

$$c_x(z) = c_{\mathrm{P}} \cdot \left(\frac{z}{h} + \frac{1}{2} \right) - \frac{h^2}{8 \cdot \eta} \cdot \frac{p_2 - p_1}{L} \cdot \left[1 - 4 \cdot \left(\frac{z}{h} \right)^2 \right].$$

Aufgabe 7.5 Zwei geneigte, entgegen gesetzt bewegte Platten

In Abb. 7.5 sind zwei um den Winkel α gegenüber der Horizontalebene geneigte Platten zu erkennen, zwischen denen eine Flüssigkeit aufgrund eines von außen aufgeprägten Druckgefälles hindurch strömt. Beide Platten werden mit unterschiedlichen Geschwindigkeiten $c_{\mathrm{P_o}}$ und $c_{\mathrm{P_u}}$ in entgegen gesetzten Richtungen bewegt. Die Breite B des Systems soll gegenüber der Höhe h sehr groß bemessen sein, sodass seitliche Randeinflüsse ohne Bedeutung sind und von einer ebenen Strömung auszugehen ist. Diese ist laminar ausgebildet und ändert sich zeitlich nicht. Von der inkompressiblen Flüssigkeit sind weiterhin die Dichte ρ und die Viskosität ν gegeben. Zunächst soll die Gleichung der Geschwindigkeitsverteilung $c_x(z)$ unter Verwendung des Druckgradienten $\mathrm{d}p/\mathrm{d}x$ hergeleitet werden. Danach wird nach dem Druckunterschied $p_1 - p_2$ zwischen den Stellen 1 und 2 gefragt, wenn der Abstand L zwischen ihnen bekannt ist und keine Schubspannung an der oberen Platte wirksam ist.

Lösung zu Aufgabe 7.5

Aufgabenerläuterung
Im Vordergrund des Lösungsweges steht die Anwendung der Navier-Stokes-Gleichungen und des Kontinuitätsgesetzes. Diese sind mit den betreffenden Gegebenheiten und An-

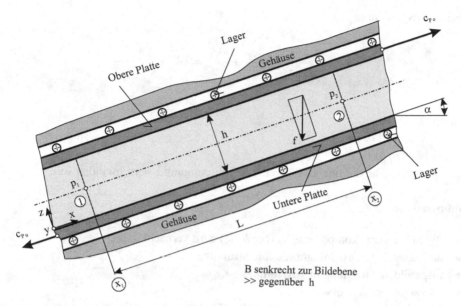

Abb. 7.5 Zwei geneigte, entgegen gesetzt bewegte Platten

nahmen des vorliegenden Falls zu bearbeiten und das aufgrund von Druckkräften, Platten-schleppwirkung sowie Schwerkraft entstehende Geschwindigkeitsverteilungsgesetz abzu-leiten. Hieraus ist danach der gesuchte Druckunterschied zu bestimmen.

Gegeben:

- α; c_{P_o}; c_{P_u}; ρ; ν; h; L
- Navier-Stokes-Gleichungen (NSG) der stationären, inkompressiblen Strömung

x-Richtung

$$f_x - \frac{1}{\rho} \cdot \frac{\partial p}{\partial x} + \nu \cdot \left(\frac{\partial^2 c_x}{\partial x^2} + \frac{\partial^2 c_x}{\partial y^2} + \frac{\partial^2 c_x}{\partial z^2} \right) = c_x \cdot \frac{\partial c_x}{\partial x} + c_y \cdot \frac{\partial c_x}{\partial y} + c_z \cdot \frac{\partial c_x}{\partial z}$$

y-Richtung

$$f_y - \frac{1}{\rho} \cdot \frac{\partial p}{\partial y} + \nu \cdot \left(\frac{\partial^2 c_y}{\partial x^2} + \frac{\partial^2 c_y}{\partial y^2} + \frac{\partial^2 c_y}{\partial z^2} \right) = c_x \cdot \frac{\partial c_y}{\partial x} + c_y \cdot \frac{\partial c_y}{\partial y} + c_z \cdot \frac{\partial c_y}{\partial z}$$

z-Richtung

$$f_z - \frac{1}{\rho} \cdot \frac{\partial p}{\partial z} + \nu \cdot \left(\frac{\partial^2 c_z}{\partial x^2} + \frac{\partial^2 c_z}{\partial y^2} + \frac{\partial^2 c_z}{\partial z^2} \right) = c_x \cdot \frac{\partial c_z}{\partial x} + c_y \cdot \frac{\partial c_z}{\partial y} + c_z \cdot \frac{\partial c_z}{\partial z}$$

Kontinuitätsgleichung

$$\frac{\partial c_x}{\partial x} + \frac{\partial c_y}{\partial y} + \frac{\partial c_z}{\partial z} = 0.$$

Gesucht:

1. $c_x(z)$ bei $\mathrm{d}p/\mathrm{d}x$
2. $p_1 - p_2$, wenn an der oberen Platte die Schubspannung τ verschwinden soll

Anmerkungen

- Die Schwerkraftkomponente f_z (bei $h \ll$) wird vernachlässigt.
- stationäre, laminare, inkompressible Strömung
- ausgebildete Strömung in x-Richtung
- kein seitlicher Abfluss
- ruhendes Koordinatensystem unmittelbar über der unteren Platte

Lösungsschritte
Zunächst werden die NSG und die Kontinuitätsgleichung unter den hier vorliegenden Gegebenheiten betrachtet und vereinfacht.

Feststellungen zu den Kräften

$$f_x = -f \cdot \sin\alpha; \quad f_y = 0; \quad f_z = -f \cdot \cos\alpha,$$

mit $f = g$ gilt auch (s. o.)

$$f_x = -g \cdot \sin\alpha; \quad f_z = -g \cdot \cos\alpha \approx 0.$$

Feststellungen zu den Geschwindigkeiten Axiale Strömung nur in x-Richtung heißt, es existieren keine Komponenten c_y und c_z, d. h. $c_y = 0$ und $c_z = 0$. Somit lauten die Ableitungen

$$\frac{\partial c_y}{\partial y} = 0 \quad \text{und} \quad \frac{\partial c_z}{\partial z} = 0,$$

und gemäß Kontinuitätsgleichung auch

$$\frac{\partial c_x}{\partial x} = 0.$$

Demzufolge ist auch

$$\frac{\partial \left(\frac{\partial c_x}{\partial x} \right)}{\partial x} = \frac{\partial^2 c_x}{\partial x^2} = 0.$$

Wenn $c_x = c_x(z)$, dann ist $\frac{\partial c_x}{\partial y} = 0$ und folglich wird auch

$$\frac{\partial \left(\frac{\partial c_x}{\partial y} \right)}{\partial y} = \frac{\partial^2 c_x}{\partial y^2} = 0.$$

Des Weiteren entfallen wegen $c_y = 0$ und $c_z = 0$ auch sämtliche Ableitungen von c_y und c_z. Als Ergebnis der NSG erhält man zunächst:

$$-f \cdot \sin \alpha - \frac{1}{\rho} \cdot \frac{\partial p}{\partial x} + \nu \cdot \frac{\partial^2 c_x}{\partial z^2} = 0 \Rightarrow \nu \cdot \frac{\partial^2 c_x}{\partial z^2} = \frac{1}{\rho} \cdot \frac{\partial p}{\partial x} + g \cdot \sin \alpha$$

$$-\frac{1}{\rho} \cdot \frac{\partial p}{\partial y} = 0 \Rightarrow \frac{\partial p}{\partial y} = 0 \Rightarrow p \neq p(y)$$

$$-\frac{1}{\rho} \cdot \frac{\partial p}{\partial z} = 0 \Rightarrow \frac{\partial p}{\partial z} = 0 \Rightarrow p \neq p(z)$$

Fall 1

Die weiteren Betrachtungen bei der Frage nach der **Geschwindigkeit $c_x(z)$ bei $\mathrm{d}p/\mathrm{d}x$** erfolgen logischerweise mit

$$\nu \cdot \frac{\partial^2 c_x}{\partial z^2} = \frac{1}{\rho} \cdot \frac{\partial p}{\partial x} + g \cdot \sin \alpha.$$

Wegen $c_x = c_x(z)$ kann der partielle Differenzialquotient $\frac{\partial c_x}{\partial z}$ ersetzt werden mit $\frac{\mathrm{d} c_x}{\mathrm{d} z}$ und auch

$$\frac{\partial^2 c_x}{\partial z^2} = \frac{\partial \left(\frac{\partial c_x}{\partial z} \right)}{\partial z} \quad \text{mit} \quad \frac{\mathrm{d} \left(\frac{\mathrm{d} c_x}{\mathrm{d} z} \right)}{\mathrm{d} z}.$$

Wenn $p \neq p(y)$ und $p \neq p(z)$, dann hängt p nur von x ab, also $p = p(x)$. Folglich kann auch der partielle Differenzialquotient $\frac{\partial p}{\partial x}$ durch $\frac{\mathrm{d} p}{\mathrm{d} x}$ ersetzt werden. Hieraus folgt nun in o. g. Gleichung

$$\nu \cdot \frac{\mathrm{d} \left(\frac{\mathrm{d} c_x}{\mathrm{d} z} \right)}{\mathrm{d} z} = \frac{1}{\rho} \cdot \frac{\partial p}{\partial x} + g \cdot \sin \alpha.$$

Nach Division durch ν und mit $\eta = \nu \cdot \rho$ ergibt sich

$$\frac{\mathrm{d} \left(\frac{\mathrm{d} c_x}{\mathrm{d} z} \right)}{\mathrm{d} z} = \frac{1}{\eta} \cdot \left(\frac{\mathrm{d} p}{\mathrm{d} x} + \rho \cdot g \cdot \sin \alpha \right).$$

Wird mit dz multipliziert,

$$d\left(\frac{dc_x}{dz}\right) = \frac{1}{\eta} \cdot \left(\frac{dp}{dx} + \rho \cdot g \cdot \sin\alpha\right) \cdot dz,$$

und dann integriert,

$$\int d\left(\frac{dc_x}{dz}\right) = \frac{1}{\eta} \cdot \left(\frac{dp}{dx} + \rho \cdot g \cdot \sin\alpha\right) \cdot \int dz,$$

so ergibt sich

$$\frac{dc_x}{dz} = \frac{1}{\eta} \cdot \left(\frac{dp}{dx} + \rho \cdot g \cdot \sin\alpha\right) \cdot z + C_1.$$

Wiederum mit dz multipliziert,

$$dc_x = \frac{1}{\eta} \cdot \left(\frac{dp}{dx} + \rho \cdot g \cdot \sin\alpha\right) \cdot z \cdot dz + C_1 \cdot dz,$$

und dann zum zweiten Mal integriert,

$$\int dc_x = \frac{1}{\eta} \cdot \left(\frac{dp}{dx} + \rho \cdot g \cdot \sin\alpha\right) \cdot \int z \cdot dz + C_1 \cdot \int dz,$$

wird daraus

$$c_x(z) = \frac{1}{2 \cdot \eta} \cdot \left(\frac{dp}{dx} + \rho \cdot g \cdot \sin\alpha\right) \cdot z^2 + C_1 \cdot z + C_2.$$

Es wurde festgestellt, dass $p = p(x)$. Folglich kann auch die Ableitung $\frac{dp}{dx}$ selbst wieder von x abhängen. Da aber im vorliegenden Fall $c_x(z)$ nur eine Funktion von z ist und daher nicht auch von x abhängt, kann $\frac{dp}{dx}$ als Teil der Gleichung ebenfalls nicht von x abhängen. Dies heißt, dass $\frac{dp}{dx}$ eine Konstante ist.

Die noch unbekannten **Integrationskonstanten C_1 und C_2** lassen sich mittels nachfolgender Randbedingungen feststellen:

- An der Stelle $z = 0$ ist $c_x\,(z = 0) = -c_{P_u}$ (Haftbedingung an unterer bewegter Platte)
- An der Stelle $z = h$ ist $c_x\,(z = h) = +c_{P_o}$ (Haftbedingung an oberer bewegter Platte)

Mit der ersten Randbedingung gelangt man zu

$$-c_{P_u} = \frac{1}{2 \cdot \eta} \cdot \left(\frac{dp}{dx} + \rho \cdot g \cdot \sin\alpha\right) \cdot 0 + C_1 \cdot 0 + C_2 \Rightarrow C_2 = -c_{P_u}.$$

Mit der zweiten Randbedingung folgt

$$+c_{P_o} = \frac{1}{2 \cdot \eta} \cdot \left(\frac{dp}{dx} + \rho \cdot g \cdot \sin\alpha\right) \cdot h^2 + C_1 \cdot h - c_{P_u}$$

oder, nach C_1 umgeformt,

$$C_1 \cdot h = (c_{P_o} + c_{P_u}) - \frac{1}{2 \cdot \eta} \cdot \left(\frac{\mathrm{d}p}{\mathrm{d}x} + \rho \cdot g \cdot \sin\alpha\right) \cdot h^2,$$

und durch h geteilt, liefert das

$$C_1 = \frac{c_{P_o} + c_{P_u}}{h} - \frac{1}{2 \cdot \eta} \cdot \left(\frac{\mathrm{d}p}{\mathrm{d}x} + \rho \cdot g \cdot \sin\alpha\right) \cdot h.$$

Die Geschwindigkeitsverteilung lautet dann mit diesen Integrationskonstanten zunächst

$$c_x(z) = \frac{1}{2 \cdot \eta} \cdot \left(\frac{\mathrm{d}p}{\mathrm{d}x} + \rho \cdot g \cdot \sin\alpha\right) \cdot z^2$$
$$+ \left[\frac{c_{P_o} + c_{P_u}}{h} - \frac{1}{2 \cdot \eta} \cdot \left(\frac{\mathrm{d}p}{\mathrm{d}x} + \rho \cdot g \cdot \sin\alpha\right) \cdot h\right] \cdot z - c_{P_u}$$

oder, nach Ausklammern von $\left[\frac{1}{2 \cdot \eta} \cdot \left(\frac{\mathrm{d}p}{\mathrm{d}x} + \rho \cdot g \cdot \sin\alpha\right)\right]$,

$$c_x(z) = \frac{1}{2 \cdot \eta} \cdot \left(\frac{\mathrm{d}p}{\mathrm{d}x} + \rho \cdot g \cdot \sin\alpha\right) \cdot (z^2 - h \cdot z) + (c_{P_o} + c_{P_u}) \cdot \frac{z}{h} - c_{P_u}.$$

Fall 2

Unter der Maßgabe, dass der **Druckunterschied $p_1 - p_2$** für den Fall nicht mehr vorhandener Schubspannung an der oberen Platte gesucht wird, geht man von der Gleichung für $\frac{\mathrm{d}c_x}{\mathrm{d}z}$ (s. o.) aus und setzt hierin die gefundene Integrationskonstante C_1 ein:

$$\frac{\mathrm{d}c_x}{\mathrm{d}z} = \frac{1}{\eta} \cdot \left(\frac{\mathrm{d}p}{\mathrm{d}x} + \rho \cdot g \cdot \sin\alpha\right) \cdot z + \frac{c_{P_o} + c_{P_u}}{h} - \frac{1}{2 \cdot \eta} \cdot \left(\frac{\mathrm{d}p}{\mathrm{d}x} + \rho \cdot g \cdot \sin\alpha\right) \cdot h.$$

Nach Ausklammern von $\left[\frac{1}{\eta} \cdot \left(\frac{\mathrm{d}p}{\mathrm{d}x} + \rho \cdot g \cdot \sin\alpha\right)\right]$ ist

$$\frac{\mathrm{d}c_x}{\mathrm{d}z} = \frac{1}{\eta} \cdot \left(\frac{\mathrm{d}p}{\mathrm{d}x} + \rho \cdot g \cdot \sin\alpha\right) \cdot \left(z - \frac{h}{2}\right) + \frac{c_{P_o} + c_{P_u}}{h}.$$

Die Bedingung, dass die Schubspannung an der oberen Platte gerade verschwindet bedeutet: An der Stelle $z = h$ wird

$$\tau\,(z = h) = \eta \cdot \frac{\mathrm{d}c_x}{\mathrm{d}z} = 0.$$

Da η nicht null sein kann, kann nur $\frac{dc_x}{dz} = 0$ werden. Mit diesem Ergebnis folgt aus oben stehender Gleichung

$$0 = \frac{1}{\eta} \cdot \left(\frac{\mathrm{d}p}{\mathrm{d}x} + \rho \cdot g \cdot \sin\alpha \right) \cdot \left(z - \frac{h}{2} \right) + \frac{c_{P_o} + c_{P_u}}{h}.$$

Umgeformt entsteht daraus

$$0 = \frac{h}{2 \cdot \eta} \cdot \left(\frac{\mathrm{d}p}{\mathrm{d}x} + \rho \cdot g \cdot \sin\alpha \right) + \frac{c_{P_o} + c_{P_u}}{h}.$$

Weiter umgestellt erhält man

$$\frac{h}{2 \cdot \eta} \cdot \left(\frac{\mathrm{d}p}{\mathrm{d}x} + \rho \cdot g \cdot \sin\alpha \right) = -\frac{c_{P_o} + c_{P_u}}{h}$$

und mit $\left(\frac{2 \cdot \eta}{h} \right)$ multipliziert wird daraus

$$\frac{\mathrm{d}p}{\mathrm{d}x} + \rho \cdot g \cdot \sin\alpha = -\frac{2 \cdot \eta}{h^2} \cdot (c_{P_o} + c_{P_u})$$

oder

$$\frac{\mathrm{d}p}{\mathrm{d}x} = -\left[\frac{2 \cdot \eta}{h^2} \cdot (c_{P_o} + c_{P_u}) + \rho \cdot g \cdot \sin\alpha \right],$$

Mit p_1 und p_2 als Drücke an den Stellen x_1 und x_2 lässt sich $\mathrm{d}p/\mathrm{d}x$ auch wie folgt darstellen:

$$\frac{\mathrm{d}p}{\mathrm{d}x} = \frac{\Delta p}{\Delta x} = \frac{p_2 - p_1}{x_2 - x_1},$$

wobei $p_1 > p_2$ und $x_2 - x_1 = L$. Dies liefert den Druckgradienten

$$\frac{\mathrm{d}p}{\mathrm{d}x} = -\frac{p_1 - p_2}{L}.$$

Als Resultat für die Druckdifferenz $p_1 - p_2$ erhält man schließlich durch Gleichsetzen und Umformen

$$p_1 - p_2 = L \cdot \left[\frac{2 \cdot \eta}{h^2} \cdot (c_{P_o} + c_{P_u}) + \rho \cdot g \cdot \sin\alpha \right].$$

Potenzialströmungen

8

Die Theorie der Potenzialströmungen erlaubt es, mit mathematischen Mitteln Geschwindigkeitsfelder zu beschreiben, wie sie sich z. B. im Umströmungsbereich von Körpern einstellen. In Verbindung mit der Bernoulli'schen Energiegleichung lassen sich dann auch die Druckverteilungen ermitteln. Zur Vereinfachung wird im vorliegenden Kapitel von **stationären, inkompressiblen** und **ebenen** Potenzialströmungen ausgegangen. In unmittelbarer Wandnähe versagt bei realen Fluiden die Theorie jedoch. Aus diesem Grund wird vorausgesetzt, dass das Fluid **reibungsfrei** und auch gleichzeitig **drehungsfrei** ist. Zur Berechnung komplexerer Potenzialströmungen werden zunächst einfache Strömungskonfigurationen wie folgt definiert:

- Translationsströmung,
- Quellen-, Senkenströmung,
- Dipolströmung,
- Potenzialwirbelströmung,
- Staupunktströmung.

Die Stromfunktionen Ψ und Potenzialfunktionen Φ dieser Elementarströmungen sind bei jeweils zugrunde liegenden charakteristischen Größen bekannt. Die lineare Überlagerung von Ψ und Φ (der Elementarströmungen) gestattet es, verwickeltere Strömungen zu beschreiben. Bei bekannten Stromfunktionen Ψ oder Potenzialfunktionen Φ (gegeben oder ermittelt) lassen sich die Geschwindigkeitskomponenten und somit das Geschwindigkeitsfeld in Form der Stromlinien feststellen ebenso wie dies für die Potenziallinien möglich ist. Diese Auswertungen werden bei den betreffenden Aufgaben mit einem geeigneten Tabellenkalkulationsprogramm durchgeführt. Folgende Zusammenhänge und Größen kommen im Fall der anschließenden Aufgaben zur Anwendung.

© Springer-Verlag GmbH Deutschland, ein Teil von Springer Nature 2019
V. Schröder, *Übungsaufgaben zur Strömungsmechanik 2*,
https://doi.org/10.1007/978-3-662-56056-3_8

$c_x = +\frac{\partial \Phi(x;y)}{\partial x}$; $c_x = +\frac{\partial \Psi(x;y)}{\partial y}$ Geschwindigkeitskomponenten in x-Richtung

$c_y = +\frac{\partial \Phi(x;y)}{\partial y}$; $c_y = -\frac{\partial \Psi(x;y)}{\partial x}$ Geschwindigkeitskomponenten in y-Richtung

$\frac{\partial c_x}{\partial x} + \frac{\partial c_y}{\partial y} = 0$ Kontinuität

$\frac{\partial c_y}{\partial x} - \frac{\partial c_x}{\partial y} = 0$ Wirbelfreiheit

c_∞ Translationsgeschwindigkeit

E Ergiebigkeit der Quellen-/Senkenströmung

M Dipolmoment der Dipolströmung

Γ Zirkulation der Potenzialwirbelströmung

$\Phi_{\text{ges}}(x;y) = a_1 \cdot \Phi_1(x;y) + a_2 \cdot \Phi_2(x;y) + \ldots$ Überlagerung der Potenzialfunktionen

$\Psi_{\text{ges}}(x;y) = b_1 \cdot \Psi_1(x;y) + b_2 \cdot \Psi_2(x;y) + \ldots$ Überlagerung der Stromfunktionen

Aufgabe 8.1 Ebene Potenzialströmung 1

Von einer ebenen, inkompressiblen, stationären Strömung ist die Stromfunktion $\Psi(x;y)$ bekannt. Zunächst werden die Geschwindigkeitskomponenten c_x und c_y des Vektors $\vec{c}(x;y)$ gesucht. Des Weiteren soll die Potenzialfunktion $\Phi(x;y)$ dieser Strömung ermittelt werden. Ebenfalls nachzuweisen ist, ob eine Potenzialströmung vorliegt oder nicht. Außerdem werden die Strom- und Potenziallinien bei festen Zahlenwerten der Strom- und Potenzialfunktion gesucht und in einem Diagramm dargestellt.

Lösung zu Aufgabe 8.1

Aufgabenerläuterung

Die Ermittlung der Geschwindigkeitskomponenten erfolgt aufgrund der betreffenden Definitionsgleichungen und der gegebenen Stromfunktion. Die Potenzialfunktion lässt sich bei jetzt bekannten Geschwindigkeitskomponenten und der Definitionsgleichung bestimmen. Für den Nachweis einer Potenzialströmung müssen Kontinuität und Wirbelfreiheit mit den genannten Geschwindigkeitskomponenten festgestellt werden. Zur Bestimmung der Strom- und Potenziallinien ist es sinnvoll, die Strom- und Potenzialfunktion derart umzuformen, dass explizite Gleichungen $y(x)$ entstehen mit jeweils Stromfunktionswert und Potenzialfunktionswert als Parameter. Die Auswertung mit dem oben erwähnten Tabellenkalkulationsprogramm liefert dann die entsprechenden Kurvenverläufe.

Gegeben:

- $\Psi(x;y) = 3 \cdot x - 2 \cdot y$

Gesucht:

1. c_x: Geschwindigkeitskomponente in x-Richtung
2. c_y: Geschwindigkeitskomponente in y-Richtung
3. $\Phi(x; y)$: Potenzialfunktion
4. Potenzialströmungsnachweis
5. Stromlinien bei $\Psi = 0; \pm 5; \pm 10; \pm 15$ und Potenziallinien bei $\Phi = 0; \pm 5; \pm 10; \pm 15$

> **Anmerkung**
>
> - $c_x = +\frac{\partial \Psi(x;y)}{\partial y}$; $\quad c_y = -\frac{\partial \Psi(x;y)}{\partial x}$; $\quad c_x = +\frac{\partial \Phi(x;y)}{\partial x}$; $\quad c_y = +\frac{\partial \Phi(x;y)}{\partial y}$

Lösungsschritte – Fall 1

Für die **Geschwindigkeitskomponente** c_x finden wir mit $c_x = \frac{\partial \Psi}{\partial y}$ sowie $\Psi = 3 \cdot x - 2 \cdot y$

$$c_x = \frac{\partial \left(3 \cdot x - 2 \cdot y\right)}{\partial y}$$

bei partieller Differenziation

$$c_x = -2.$$

Lösungsschritte – Fall 2

Für die **Geschwindigkeitskomponente** c_y gilt $c_y = -\frac{\partial \Psi}{\partial x}$ sowie $\Psi = 3 \cdot x - 2 \cdot y$ und somit

$$c_y = -\frac{\partial \left(3 \cdot x - 2 \cdot y\right)}{\partial x}.$$

Man erhält bei partieller Differentiation

$$c_y = -3.$$

Lösungsschritte – Fall 3

Für die **Potenzialfunktion** $\Phi(x; y)$ beachten wir, dass mit $c_x = \frac{\partial \Phi}{\partial x}$ bzw. umgeformt zu $\partial \Phi = c_x \cdot \partial x$ und wegen $c_x = -2$

$$\partial \Phi = -2 \cdot \partial x$$

gilt. Integriert bei $y =$ konstant hat dies als Ergebnis

$$\Phi = -2 \cdot x + C_1(y),$$

mit der Integrationskonstanten $C_1(y)$.

Die **Integrationskonstante** $C_1(y)$ kann nicht von x abhängen (es wird ja über x integriert) wohl aber von y als die bei der Integration festgehaltene Größe. Φ liefert, partiell nach y differenziert (bei $x = $ konstant),

$$\frac{\partial \Phi}{\partial y} = c_y = -3$$

sowie mit $\Phi = -2 \cdot x + C_1(y)$ dann

$$\frac{\partial \left[-2 \cdot x + C_1(y)\right]}{\partial y} = -3 = \frac{\partial(-2 \cdot x)}{\partial y} + \frac{\partial C_1(y)}{\partial y} = 0 + \frac{\partial C_1(y)}{\partial y}.$$

Somit erhält man

$$\frac{\partial C_1(y)}{\partial y} = -3.$$

Multiplikation mit ∂y führt zu

$$\partial C_1(y) = -3 \cdot \partial y.$$

Das Integral

$$\int \partial C_1(y) = -3 \cdot \int \partial y$$

hat als Lösung

$$C_1(y) = -3 \cdot y + C$$

Eingesetzt in Φ (s. o.) ergibt das die gesuchte Potenzialfunktion

$$\Phi(x; y) = -2x - 3 \cdot y + C.$$

Lösungsschritte – Fall 4

Eine **Potenzialströmung** liegt dann vor, wenn zum einen die Kontinuitätsbedingung

$$\frac{\partial c_x}{\partial x} + \frac{\partial c_y}{\partial y} = 0$$

erfüllt ist und zum anderen Wirbelfreiheit vorliegt, d. h.

$$\frac{\partial c_y}{\partial x} - \frac{\partial c_x}{\partial y} = 0.$$

Kontinuität: Mit

$$\frac{\partial c_x}{\partial x} = \frac{\partial (-2)}{\partial x} = 0 \quad \text{sowie} \quad \frac{\partial c_y}{\partial y} = \frac{\partial (-3)}{\partial y} = 0$$

folgt

$$0 - 0 = 0,$$

damit ist **Kontinuität** gegeben.

Wirbelfreiheit: Mit

$$\frac{\partial c_y}{\partial x} = \frac{\partial (-3)}{\partial x} = 0 \quad \text{und} \quad \frac{\partial c_x}{\partial y} = \frac{\partial (-2)}{\partial y} = 0$$

haben wir

$$0 - 0 = 0,$$

Also ist auch die **Wirbelfreiheit** gegeben und eine Potenzialströmung vorhanden.

Lösungsschritte – Fall 5

Gesucht sind die Stromlinien bei $\Psi = 0; \pm5; \pm10; \pm15$ und die Potenziallinien bei $\Phi = 0; \pm5; \pm10; \pm15$.

Für die **Stromlinien $y = f(x; \Psi_i = \text{konstant})$** bekommen wir mit

$$\Psi_i(x; y) = 3 \cdot x - 2 \cdot y$$

umgeformt zu

$$2 \cdot y = 3 \cdot x - \Psi_i$$

und durch 2 dividiert

$$y = \frac{3}{2} \cdot x - \frac{1}{2} \cdot \Psi_i.$$

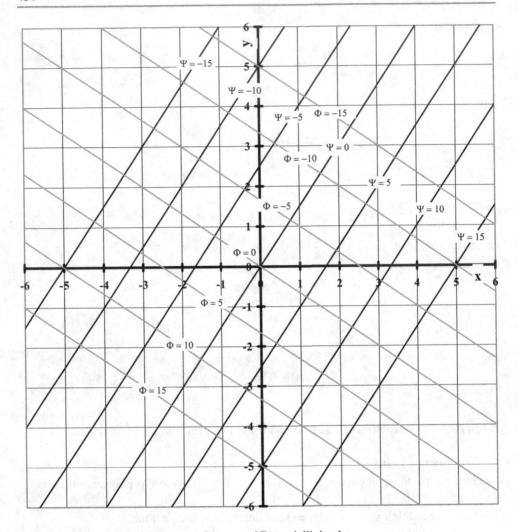

Abb. 8.1 Ebene Potenzialströmung; Strom- und Potenziallinien 1

Für die **Potenziallinien** $y = f(x; \Phi_i = \text{konstant})$ liefert

$$\Phi_i(x; y) = -2 \cdot x - 3 \cdot y + C$$

unter der Annahme $C = 0$ und umgeformt zu $3 \cdot y = -2 \cdot x - \Phi_i$ sowie durch 2 dividiert

$$y = \frac{2}{3} \cdot x - \frac{1}{3} \cdot \Phi_i.$$

Die Auswertung der Gleichungen für die Strom- und Potenziallinien erfolgt mit dem o. g. Tabellenkalkulationsprogramm. Die Ergebnisse sind in Abb. 8.1 dargestellt.

Aufgabe 8.2 Ebene Potenzialströmung 2

Von einer ebenen, inkompressiblen, stationären Strömung sind die Geschwindigkeitskomponenten $c_x(x; y)$ und $c_y(x; y)$ bekannt. Zunächst soll nachgewiesen werden, ob eine Potenzialströmung vorliegt oder nicht. Des Weiteren sind die Stromfunktion und die Potenzialfunktion dieser Strömung zu ermitteln. Außerdem werden die Strom- und Potenziallinien bei festen Zahlenwerten der Strom- und Potenzialfunktion gesucht anschließend und in einem Diagramm dargestellt.

Lösung zu Aufgabe 8.2

Aufgabenerläuterung

Für den Nachweis einer Potenzialströmung müssen Kontinuität und Wirbelfreiheit mit den genannten Geschwindigkeitskomponenten festgestellt werden. Die Ermittlung der Strom- und Potenzialfunktion erfolgt aufgrund der betreffenden Definitionsgleichungen und der bekannten Geschwindigkeitskomponenten $c_x(x; y)$ und $c_y(x; y)$. Zur Bestimmung der Strom- und Potenziallinien ist es sinnvoll, die Strom- und Potenzialfunktion derart umzuformen, dass explizite Gleichungen $y(x)$ entstehen mit jeweils Stromfunktionswert und Potenzialfunktionswert als Parameter. Die Auswertung mit einem geeigneten Tabellenkalkulationsprogramm liefert dann die entsprechenden Kurvenverläufe.

Gegeben:

- $c_x = x^2 - y^2$; $c_y = -2 \cdot x \cdot y$

Gesucht:

1. Potenzialströmungsnachweis
2. Stromfunktion Ψ und Potenzialfunktion Φ
3. Stromlinien bei $\Psi = \pm 10; \pm 50; \pm 100$ und Potenziallinien bei $\Phi = \pm 10; \pm 50; \pm 100$

Anmerkung

- $c_x = +\frac{\partial \Psi(x;y)}{\partial y}$; $c_y = -\frac{\partial \Psi(x;y)}{\partial x}$; $c_x = +\frac{\partial \Phi(x;y)}{\partial x}$; $c_y = +\frac{\partial \Phi(x;y)}{\partial y}$

Lösungsschritte – Fall 1

Für den **Potenzialströmungsnachweis** muss zum einen Wirbelfreiheit mit $\omega = 0$ gewährleistet sein. Dies bedeutet, dass

$$\omega = \frac{\partial c_y}{\partial x} - \frac{\partial c_x}{\partial y} = 0$$

sein muss. Mit $c_y = -2 \cdot x \cdot y$ wird

$$\frac{\partial c_y}{\partial x} = -2 \cdot y.$$

Des Weiteren ist

$$c_x = x^2 - y^2 \quad \text{und somit} \quad \frac{\partial c_x}{\partial y} = -2 \cdot y.$$

Mit diesen beiden partiellen Differenzialquotienten folgt $-2 \cdot y - (-2 \cdot y) = 0$ und somit

$$0 = 0,$$

also ist die **Wirbelfreiheit** gegeben. Zum anderen muss das Kontinuitätsgesetz erfüllt sein. Dies ist gegeben, wenn

$$\frac{\partial c_x}{\partial x} + \frac{\partial c_y}{\partial y} = 0$$

gilt. Mit $c_x = x^2 - y^2$ wird

$$\frac{\partial c_x}{\partial x} = 2 \cdot x$$

und mit $c_y = -2 \cdot x \cdot y$ wird

$$\frac{\partial c_y}{\partial y} = -2 \cdot x.$$

Mit diesen beiden partiellen Differenzialen folgt $2 \cdot x + (-2 \cdot x) = 0$ und somit auch hier

$$0 = 0$$

und die Kontinuitätsgleichung ist ebenfalls erfüllt. Hiermit liegt eine **Potenzialströmung** vor.

Lösungsschritte – Fall 2

Für die **Stromfunktion** Ψ lässt sich mit $c_x = \frac{\partial \Psi}{\partial y}$ und $c_x = x^2 - y^2$

$$\partial \Psi = x^2 \cdot \partial y - y^2 \cdot \partial y$$

herleiten. Die Integration

$$\int \partial \Psi = x^2 \cdot \int \partial y - \int y^2 \cdot \partial y$$

(mit $x = $ konstant) führt zu

$$\Psi = x^2 \cdot y - \frac{1}{3} \cdot y^3 + C_2(x),$$

wobei $C_2(x)$ die Integrationskonstante ist.

Die **Integrationskonstante $C_2(x)$** lässt sich wie folgt bestimmen: Sie kann nicht von y abhängen (es wird ja über y integriert) wohl aber von x als die bei der Integration festgehaltene Größe. Partielles Differenzieren nach x (bei $y = $ konstant) liefert:

$$\frac{\partial \Psi}{\partial x} = \frac{\partial \left(x^2 \cdot y\right)}{\partial x} - \frac{\partial \left(\frac{1}{3} \cdot y^3\right)}{\partial x} + \frac{\partial C_2(x)}{\partial x}$$

$$= 2 \cdot x \cdot y + \frac{\partial C_2(x)}{\partial x},$$

Verwendet man noch $\frac{\partial \Psi}{\partial x} = -c_y$ und $-c_y = 2 \cdot x \cdot y$, so folgt

$$2 \cdot x \cdot y = 2 \cdot x \cdot y + \frac{\partial C_2(x)}{\partial x}$$

und damit

$$\frac{\partial C_2(x)}{\partial x} = 0.$$

Mit

$$\int \partial C_2(x) = \int 0 \cdot \partial x$$

erhält man $C_2(x) = C$. Das endgültige Ergebnis für Ψ lautet schließlich

$$\Psi(x; y) = x^2 \cdot y - \frac{1}{3} \cdot y^3 + C.$$

Für die **Potenzialfunktion** Φ lässt sich mit $c_x = \frac{\partial \Phi}{\partial x}$ und $c_x = x^2 - y^2$

$$\partial \Phi = x^2 \cdot \partial x - y^2 \cdot \partial x$$

herleiten. Die Integration

$$\int \partial \Phi = \int x^2 \cdot \partial x - y^2 \cdot \int \partial x$$

mit y = konstant führt zu

$$\Phi = \frac{1}{3} \cdot x^3 - y^2 \cdot x + C_1(y),$$

wobei $C_1(y)$ die Integrationskonstante ist.

Die **Integrationskonstante $C_1(y)$** kann nicht von x abhängen (es wird ja über x integriert) wohl aber von y als die bei der Integration festgehaltene Größe. Partielles Differenzieren nach y (bei x = konstant) liefert

$$\frac{\partial \Phi}{\partial y} = \frac{\partial \left(\frac{1}{3} \cdot x^3 \right)}{\partial y} - \frac{\partial \left(y^2 \cdot x \right)}{\partial y} + \frac{\partial C_1(y)}{\partial y}$$

$$= -2 \cdot y \cdot x + \frac{\partial C_1(y)}{\partial y}.$$

Verwendet man noch $\frac{\partial \Phi}{\partial y} = c_y$ und $c_y = -2 \cdot x \cdot y$, so folgt

$$-2 \cdot x \cdot y = -2 \cdot x \cdot y + \frac{\partial C_1(y)}{\partial y}$$

und damit

$$\frac{\partial C_1(y)}{\partial y} = 0.$$

Mit $\int \partial C_1(y) = \int 0 \cdot \partial y$ erhält man

$$C_1(y) = C.$$

Das endgültige Ergebnis für Φ lautet schließlich

$$\Phi(x; y) = \frac{1}{3} \cdot x^3 - x \cdot y^2 + C.$$

Lösungsschritte – Fall 3

Gesucht sind jetzt die **Stromlinien und Potenziallinien**.

Stromlinien: Wir suchen $y = f(x; \Psi_i = \text{konstant})$ bei $\Psi_i = \pm 10; \pm 50; \pm 100$; Mit

$$\Psi = x^2 \cdot y - \frac{1}{3} \cdot y^3 + C$$

unter der Annahme $C = 0$ umgeformt erhält man

$$\frac{1}{3} \cdot y^3 - x^2 \cdot y = -\Psi$$

oder mit 3 multipliziert

$$y^3 - 3 \cdot x^2 \cdot y = -3 \cdot \Psi.$$

Diese Funktion lässt sich mittels Polarkoordinaten in einer einfacher auswertbaren Gleichung wie folgt darstellen. Mit $x = r \cdot \cos \varphi$ und $y = r \cdot \sin \varphi$ ergibt dies

$$-3 \cdot \Psi = r^3 \cdot \sin^3 \varphi - 3 \cdot r^2 \cdot \cos^2 \varphi \cdot r \cdot \sin \varphi.$$

Wenn wir jetzt (r^3) ausklammern und $\cos^2 \varphi = 1 - \sin^2 \varphi$ einsetzen, führt das zu

$$\begin{aligned}
-3 \cdot \Psi &= r^3 \cdot \left\lceil \sin^3 \varphi - 3 \cdot \left(1 - \sin^2 \varphi\right) \cdot \sin \varphi \right\rceil \\
&= r^3 \cdot \left(\sin^3 \varphi - 3 \cdot \sin \varphi + 3 \cdot \sin^3 \varphi\right) \\
&= r^3 \cdot \left(4 \cdot \sin^3 \varphi - 3 \cdot \sin \varphi\right).
\end{aligned}$$

Durch 3 dividiert ergibt dies

$$r^3 \cdot \left[\sin \varphi \cdot \left(\frac{4}{3} \cdot \sin^2 \varphi - 1 \right) \right] = -\Psi.$$

Nun wird durch den Klammerausdruck dividiert,

$$r^3 = -\frac{\Psi}{\sin \varphi \cdot \left(\frac{4}{3} \cdot \sin^2 \varphi - 1 \right)},$$

und die dritte Wurzel führt dann zum Ergebnis

$$r = \sqrt[3]{-\frac{\Psi}{\sin \varphi \cdot \left(\frac{4}{3} \cdot \sin^2 \varphi - 1 \right)}}.$$

Potenziallinien: Wir suchen $y = f(x; \Phi_i = \text{konstant})$ bei $\Phi_i = \pm 10; \pm 50; \pm 100;$ Mit

$$\Phi = \frac{1}{3} \cdot x^3 - x \cdot y^2 + C$$

unter der Annahme $C = 0$ umgeformt erhält man

$$\frac{1}{3} \cdot x^3 - x \cdot y^2 = \Phi$$

oder, mit 3 multipliziert,

$$x^3 - 3 \cdot x \cdot y^2 = 3 \cdot \Phi.$$

Diese implizite Funktion lässt sich mittels Polarkoordinaten wie folgt in einer expliziten Funktion darstellen. Mit $x = r \cdot \cos\varphi$ und $y = r \cdot \sin\varphi$ ergibt sich

$$r^3 \cdot \cos^3\varphi - 3 \cdot r \cdot \cos\varphi \cdot r^2 \cdot \sin^2\varphi = 3 \cdot \Phi.$$

Wenn wir jetzt (r^3) ausklammern und $\cos^2\varphi = 1 - \sin^2\varphi$ einsetzen, führt das zu

$$\begin{aligned} 3 \cdot \Phi &= r^3 \cdot \left[\cos^3\varphi - 3 \cdot \cos\varphi \cdot \left(1 - \cos^2\varphi\right)\right] \\ &= r^3 \cdot \left(\cos^3\varphi - 3 \cdot \cos\varphi + 3 \cdot \cos^3\varphi\right) \\ &= r^3 \cdot \left(4 \cdot \cos^3\varphi - 3 \cdot \cos\varphi\right). \end{aligned}$$

Division durch 3 liefert zunächst

$$r^3 \cdot \left[\cos\varphi \cdot \left(\frac{4}{3} \cdot \cos^2\varphi - 1\right)\right] = \Phi.$$

Dann wird durch den Klammerausdruck dividiert,

$$r^3 = \frac{\Phi}{\cos\varphi \cdot \left(\frac{4}{3} \cdot \cos^2\varphi - 1\right)},$$

und die dritte Wurzel führt auch hier zum Ergebnis:

$$r = \sqrt[3]{\frac{\Phi}{\cos\varphi \cdot \left(\frac{4}{3} \cdot \cos^2\varphi - 1\right)}}.$$

Vorgehensweise bei der Auswertung mit einem Tabellenkalkulationsprogramm:

1. Ψ bzw. Φ als Parameter vorgeben
2. φ als Variable einsetzen
3. Mit 1. und 2. folgt mit o. g. Gleichungen jeweils r.
4. Mit 2. und 3. erhält man gemäß $x = r \cdot \cos\varphi$ jeweils die x-Koordinaten.
5. Mit 2. und 3. erhält man gemäß $y = r \cdot \sin\varphi$ jeweils die y-Koordinaten.
6. Somit kennt man die Stromlinien $y = f(x; \Psi_i = \text{konstant})$ bzw. die Potenziallinien $y = f(x; \Phi_i = \text{konstant})$.

Die Ergebnisse der Auswertungen sind für $\Psi_i = \pm 10; \pm 50; \pm 100$ bzw. $\Phi_i = \pm 10; \pm 50; \pm 100$ sind in Abb. 8.2 dargestellt.

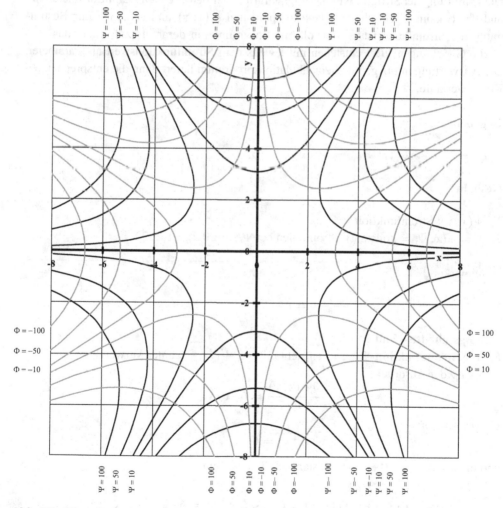

Abb. 8.2 Ebene Potenzialströmung, Strom- und Potenziallinien 2

Aufgabe 8.3 Ebene Potenzialströmung 3

Von einer ebenen, inkompressiblen, stationären Strömung sind die Geschwindigkeitskomponenten $c_x(x; y)$ und $c_y(x; y)$ bekannt. Zunächst ist die Stromfunktion dieser Strömung zu bestimmen. Dann werden die Stromlinien bei festen Zahlenwerten der Stromfunktion gesucht. Die so ermittelten Stromlinien sind anschließend mit einem geeigneten Tabellenkalkulationsprogramm in einem Diagramm darzustellen.

Lösung zu Aufgabe 8.3

Aufgabenerläuterung

Die Ermittlung der Stromfunktion erfolgt aufgrund der betreffenden Definitionsgleichung und der bekannten Geschwindigkeitskomponenten $c_x(x; y)$ und $c_y(x; y)$. Zur Bestimmung der Stromlinien ist es sinnvoll, die Stromfunktion derart umzuformen, dass explizite Gleichungen $y(x)$ entstehen mit jeweils dem Stromfunktionswert als Parameter. Die Auswertung mit o. g. Tabellenkalkulationsprogramm liefert dann die entsprechenden Kurvenverläufe.

Gegeben:

- $c_x = 3 \cdot x^2 - 2 \cdot y^2; \quad c_y = -6 \cdot x \cdot y$

Gesucht:

1. $\Psi(x; y)$: Stromfunktion
2. $y = f(x; \Psi_i = \text{konstant})$: Stromlinien bei $\Psi_i = \pm 0{,}2; \pm 1; \pm 2$

Anmerkung

- $\frac{\partial \Psi(x;y)}{\partial x} = -c_y$ und $\frac{\partial \Psi(x;y)}{\partial y} = c_x$

Lösungsschritte – Fall 1

Für die **Stromfunktion** $\Psi(x; y)$ entsteht mit $\frac{\partial \Psi(x;y)}{\partial x} = -c_y$ unter Verwendung von $c_y = -6 \cdot x \cdot y$ der Ausdruck

$$\frac{\partial \Psi(x; y)}{\partial x} = 6 \cdot x \cdot y.$$

Umgeformt zu

$$\partial \Psi(x; y) = 6 \cdot x \cdot y \cdot \partial x$$

und integriert über x (bei $y = \text{konstant}$) ergibt das dann

$$\int \partial \Psi(x; y) = \Psi(x; y) = 6 \cdot y \cdot \int x \cdot \partial x = 6 \cdot y \cdot \frac{x^2}{2} + C(y),$$

also

$$\Psi(x; y) = 3 \cdot x^2 \cdot y + C(y).$$

Fehlt noch die **Integrationskonstante** $C(y)$. Diese lässt sich wie folgt bestimmen: $C(y)$ kann nicht von x abhängen (es wird ja über x integriert) wohl aber von y als die bei der Integration festgehaltene Größe. Partielles Differenzieren nach y (bei $x = $ konstant) liefert nach Umstellung der Gleichung zu

$$C(y) = \Psi(x; y) - 3 \cdot x^2 \cdot y$$

den Ausdruck

$$\frac{\partial C(y)}{\partial y} = \frac{\partial \Psi(x; y)}{\partial y} - \frac{\partial \left(3 \cdot x^2 \cdot y\right)}{\partial y}.$$

Mit $\frac{\partial \Psi(x;y)}{\partial y} = c_x$ (s. o.) und $c_x = 3 \cdot x^2 - 2 \cdot y^2$ haben wir

$$\frac{\partial \Psi(x; y)}{\partial y} = 3 \cdot x^2 - 2 \cdot y^2$$

und außerdem

$$\frac{\partial \left(3 \cdot x^2 \cdot y\right)}{\partial y} = 3 \cdot x^2.$$

Oben eingesetzt, bedeutet das

$$\frac{\partial C(y)}{\partial y} = \left(3 \cdot x^2 - 2 \cdot y^2\right) - 3 \cdot x^2.$$

Hieraus folgt

$$\frac{\partial C(y)}{\partial y} = -2 \cdot y^2.$$

Mit ∂y multipliziert, führt das zu

$$\partial C(y) = -2 \cdot y^2 \cdot \partial y$$

und über y integriert,

$$\int \partial C(y) = C(y) = -2 \cdot \int y^2 \cdot \partial y$$

zu

$$C(y) = -\frac{2}{3} \cdot y^3 + C.$$

Als Ergebnis entsteht schließlich

$$\Psi(x;y) = 3 \cdot x^2 \cdot y - \frac{2}{3} \cdot y^3 + C.$$

Lösungsschritte – Fall 2

Gefragt sind nun die Linien mit $y = f(x; \Psi_i = \text{konstant})$ bzw. die **Stromlinien** bei $\Psi_i = \pm 0{,}2; \pm 1; \pm 2$. Mit

$$\Psi = 3 \cdot x^2 \cdot y - \frac{2}{3} \cdot y^3 + C$$

führt das unter der Annahme $C = 0$ auf

$$\frac{2}{3} \cdot y^3 - 3 \cdot x^2 \cdot y = -\Psi.$$

Diese Funktion lässt sich mittels Polarkoordinaten in einer einfacher auswertbaren Gleichung wie folgt darstellen. Mit $x = r \cdot \cos\varphi$ und $y = r \cdot \sin\varphi$ ergibt dies

$$\frac{2}{3} \cdot r^3 \cdot \sin^3\varphi - 3 \cdot r^2 \cdot \cos^2\varphi \cdot r \cdot \sin\varphi = -\Psi$$

oder, mit $(3/2)$ multipliziert,

$$r^3 \cdot \sin^3\varphi - \frac{9}{2} \cdot r^2 \cdot \cos^2\varphi \cdot r \cdot \sin\varphi = -\frac{3}{2} \cdot \Psi.$$

Mit $\cos^2\varphi = 1 - \sin^2\varphi$, folgt zunächst

$$r^3 \cdot \sin^3\varphi - \frac{9}{2} \cdot r^2 \cdot \left(1 - \sin^2\varphi\right) \cdot r \cdot \sin\varphi = -\frac{3}{2} \cdot \Psi$$

oder ausmultipliziert dann

$$r^3 \cdot \sin^3\varphi - \frac{9}{2} \cdot r^3 \cdot \sin\varphi + \frac{9}{2} \cdot r^3 \cdot \sin^3\varphi = -\frac{3}{2} \cdot \Psi$$

und weiter zusammengefasst

$$\frac{11}{2} \cdot r^3 \cdot \sin^3\varphi - \frac{9}{2} \cdot r^3 \cdot \sin\varphi = -\frac{3}{2} \cdot \Psi$$

Multiplikation mit 2 führt im nächsten Schritt zu

$$11 \cdot r^3 \cdot \sin^3\varphi - 9 \cdot r^3 \cdot \sin\varphi = -3 \cdot \Psi.$$

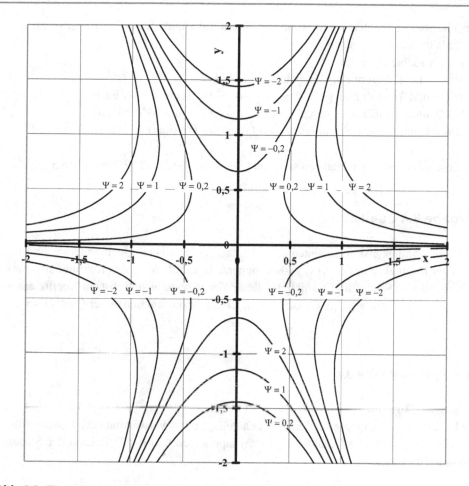

Abb. 8.3 Ebene Potenzialströmung; Stromlinien 3

Wird dann (r^3) ausgeklammert,

$$r^3 \cdot \left(11 \cdot \sin^3 \varphi - 9 \cdot \sin \varphi\right) = -3 \cdot \Psi,$$

und dann durch den Klammerausdruck dividiert, entsteht

$$r^3 = -\frac{3 \cdot \Psi}{11 \cdot \sin^3 \varphi - 9 \cdot \sin \varphi}.$$

Mit der dritten Wurzel lässt sich das Ergebnis wie folgt angeben:

$$r = \sqrt[3]{-\frac{3 \cdot \Psi}{11 \cdot \sin^3 \varphi - 9 \cdot \sin \varphi}}.$$

Vorgehensweise bei der Auswertung mit einem Tabellenkalkulationsprogramm:

1. Ψ als Parameter vorgeben
2. φ als Variable einsetzen
3. Mit 1. und 2. folgt mit o. g. Gleichungen jeweils r.
4. Mit 2. und 3. erhält man gemäß $x = r \cdot \cos\varphi$ jeweils die x-Koordinaten.
5. Mit 2. und 3. erhält man gemäß $y = r \cdot \sin\varphi$ jeweils die y-Koordinaten.
6. Somit kennt man die Stromlinien $y = f(x; \Psi_i = \text{konstant})$.

Die Ergebnisse der Auswertungen sieht man für $\Psi_i = \pm 0{,}2; \pm 1; \pm 2$ in Abb. 8.3.

Aufgabe 8.4 Quellströmung

Die Geschwindigkeitskomponenten $c_x(x; y)$ und $c_y(x; y)$ einer Quellströmung sind bis auf einen Koeffizienten der $c_y(x; y)$-Komponente bekannt. Wenn das Kontinuitätsgesetz im vorliegenden Fall erfüllt ist, soll unter dieser Voraussetzung zunächst der Koeffizient A von $c_y(x; y)$ ermittelt werden. Danach wird noch die Stromfunktion dieser Quellströmung gesucht.

Lösung zu Aufgabe 8.4

Aufgabenerläuterung
Die Lösung der gestellten zwei Teilaufgaben gelingt unter Verwendung des Kontinuitätsgesetzes, der gegebenen Geschwindigkeitskomponenten und der Definition der Stromfunktion.

Gegeben:

- $c_x = \frac{E}{2 \cdot \pi} \cdot \frac{x}{x^2 + y^2}; \quad c_y = A \cdot \frac{y}{x^2 + y^2}$

Gesucht:

1. Koeffizient A
2. $\Psi(x; y)$

Anmerkungen

- $\frac{\partial \Psi(x;y)}{\partial x} = -c_y$ und $\frac{\partial \Psi(x;y)}{\partial y} = c_x$
- Die Kontinuitätsgleichung $\frac{\partial c_x}{\partial x} + \frac{\partial c_y}{\partial y} = 0$ soll erfüllt sein.

Lösungsschritte – Fall 1

An den **Koeffizienten A** kommen wir mit folgender Überlegung. Mit dem Kontinuitätsgesetz

$$\frac{\partial c_x}{\partial x} + \frac{\partial c_y}{\partial y} = 0$$

lassen sich unter Verwendung der gegebenen Geschwindigkeitskomponenten

$$c_x = \frac{E}{2 \cdot \pi} \cdot \frac{x}{x^2 + y^2} \quad \text{und} \quad c_y = A \cdot \frac{y}{x^2 + y^2}$$

die partiellen Differenzialquotienten $\frac{\partial c_x}{\partial x}$ und $\frac{\partial c_y}{\partial y}$ wie folgt herleiten.

Differenzialquotient $\frac{\partial c_x}{\partial x}$: Aus

$$c_x = \frac{E}{2 \cdot \pi} \cdot \frac{x}{x^2 + y^2}$$

entsteht mit den Substitutionen

$$K \equiv \frac{E}{2 \cdot \pi}, \quad u = x \quad \text{und} \quad v = x^2 + y^2$$

der neue einfache Ausdruck

$$c_x = K \cdot \frac{u}{v}.$$

Die Ableitung $\frac{\partial c_x}{\partial x}$ (bei $y = $ konstant) lautet

$$\frac{\partial c_x}{\partial x} = K \cdot \frac{u' \cdot v - v' \cdot u}{v^2}$$

(Quotientenregel), wobei dann aus den Substitutionen für u und v

$$u' = \frac{\partial u}{\partial x} = 1 \quad \text{und} \quad v' = \frac{\partial v}{\partial x} = 2 \cdot x$$

folgt. Oben eingesetzt ergibt das dann

$$\frac{\partial c_x}{\partial x} = K \cdot \frac{1 \cdot \left(x^2 + y^2\right) - 2 \cdot x \cdot x}{\left(x^2 + y^2\right)^2}$$

oder

$$\frac{\partial c_x}{\partial x} = K \cdot \frac{y^2 - x^2}{\left(x^2 + y^2\right)^2}.$$

Differenzialquotient $\frac{c_y}{c_y \partial y}$: Aus

$$c_y = A \cdot \frac{y}{x^2 + y^2}$$

entsteht mit den Substitutionen

$$u = y \quad \text{und} \quad v = x^2 + y^2$$

der Ausdruck

$$c_y = A \cdot \frac{u}{v}.$$

Die Ableitung $\frac{\partial c_y}{\partial y}$ (bei $x =$ konstant) lautet

$$\frac{\partial c_y}{\partial y} = A \cdot \frac{u' \cdot v - v' \cdot u}{v^2}$$

(Quotientenregel), wobei dann aus den Substitutionen für u und v

$$u' = \frac{\partial u}{\partial y} = 1 \quad \text{und} \quad v' = \frac{\partial v}{\partial y} = 2 \cdot y$$

folgt. Oben eingesetzt heißt dies

$$\frac{\partial c_y}{\partial y} = A \cdot \frac{1 \cdot \left(x^2 + y^2\right) - 2 \cdot y \cdot y}{\left(x^2 + y^2\right)^2}$$

und somit

$$\frac{\partial c_y}{\partial y} = A \cdot \frac{x^2 - y^2}{\left(x^2 + y^2\right)^2}.$$

Unter der Voraussetzung der Kontinuität, $\frac{\partial c_x}{\partial x} + \frac{\partial c_y}{\partial y} = 0$, und unter Verwendung der oben gefundenen Ergebnisse erhält man

$$K \cdot \frac{y^2 - x^2}{(x^2 + y^2)^2} + A \cdot \frac{x^2 - y^2}{(x^2 + y^2)^2} = 0 \quad \text{bzw.} \quad K \cdot \frac{y^2 - x^2}{(x^2 + y^2)^2} = A \cdot \frac{y^2 - x^2}{(x^2 + y^2)^2}.$$

Hieraus wird

$$A = K = \frac{E}{2 \cdot \pi}.$$

Lösungsschritte – Fall 2

Jetzt geht es um die **Stromfunktion $\Psi(x; y)$**: Mit den nun bekannten Geschwindigkeitskomponenten

$$c_x = \frac{E}{2 \cdot \pi} \cdot \frac{x}{x^2 + y^2}$$

und $c_y = \frac{E}{2 \cdot \pi} \cdot \frac{y}{x^2 + y^2}$ sowie $\frac{\partial \Psi(x;y)}{\partial y} = c_x$ und zur Vereinfachung $\frac{E}{2 \cdot \pi} = K$ gesetzt entsteht

$$(c_x =) \frac{\partial \Psi(x; y)}{\partial y} = K \cdot \frac{x}{x^2 + y^2}$$

oder

$$\partial \Psi(x; y) = K \cdot \frac{x}{x^2 + y^2} \cdot \partial y.$$

Die Integration (bei $x = $ konstant) führt zunächst zu

$$\int \partial \Psi(x = \text{konstant}; y) = K \cdot \int \frac{x}{x^2 + y^2} \cdot \partial y.$$

Wird (x^2) im Nenner ausgeklammert, liefert dies

$$\int \partial \Psi(x = \text{konstant}; y) = K \cdot \int \frac{x}{x^2 \cdot \left(1 + \frac{y^2}{x^2}\right)} \cdot \partial y$$

$$= K \cdot \frac{1}{x} \cdot \int \frac{1}{1 + \frac{y^2}{x^2}} \cdot \partial y.$$

Mit der Substitution $z = \frac{y}{x}$ sowie $\frac{\partial z}{\partial y} = \frac{1}{x}$ oder $\partial y = x \cdot \partial z$ bekommen wir

$$\int \partial \Psi(x = \text{konstant}; z) = K \cdot \frac{1}{x} \cdot x \cdot \int \frac{1}{1 + z^2} \cdot \partial z$$

$$= K \cdot \int \frac{1}{1 + z^2} \cdot \partial z.$$

Damit ist die Integration jetzt auf ein Grundintegral zurückgeführt. Das Ergebnis lautet zunächst

$$\Psi\left(x = \text{konstant}; z\right) = K \cdot \arctan z + C(z).$$

Wird $z = \frac{y}{x}$ zurücksubstituiert, liefert dies dann

$$\Psi\left(x; y\right) = K \cdot \arctan\left(\frac{y}{x}\right) + C(x).$$

Die **Integrationskonstante** $C(x)$ kann nicht von y abhängen (es wurde ja über y integriert) wohl aber von x als die bei der Integration festgehaltene Größe. Nach $C(x)$ umgestellt erhält man

$$C(x) = \Psi\left(x; y\right) - K \cdot \arctan\left(\frac{y}{x}\right).$$

Als Nächstes wird die Gleichung nach x differenziert:

$$\frac{\partial C(x)}{\partial x} = \frac{\partial \Psi\left(x; y\right)}{\partial x} - K \cdot \frac{\partial\left[\arctan\left(\frac{y}{x}\right)\right]}{\partial x}.$$

Die beiden Summanden werden separat betrachtet:

1. $\frac{\partial \Psi(x,y)}{\partial x} = c_y = -K \cdot \frac{y}{x^2+y^2}$,

2. $K \cdot \frac{\partial\left[\arctan\left(\frac{y}{x}\right)\right]}{\partial x}$:

Hier ist es sinnvoll ist, vorübergehend $z = \frac{y}{x}$ zu substituieren, also

$$K \cdot \frac{\partial \arctan z}{\partial z} \cdot \frac{\partial z}{\partial x}.$$

Im Einzelnen wird dies wie folgt differenziert:

$$\frac{\partial \arctan z}{\partial z} = \frac{1}{1 + z^2} \quad \text{und} \quad \frac{\partial z}{\partial x} = (-1) \cdot y \cdot \frac{1}{x^2}.$$

Das führt, oben eingesetzt, auf

$$K \cdot \frac{\partial\left[\arctan\left(\frac{y}{x}\right)\right]}{\partial x} = K \cdot \frac{1}{1 + \frac{y^2}{x^2}} \cdot (-1) \cdot y \cdot \frac{1}{x^2}$$

$$= K \cdot \frac{x^2}{x^2 + y^2} \cdot (-1) \cdot y \cdot \frac{1}{x^2}$$

$$= -K \cdot \frac{y}{x^2 + y^2}.$$

In die Ausgangsgleichung $\frac{\partial C(x)}{\partial x}$ übertragen ergibt dies

$$\frac{\partial C(x)}{\partial x} = -K \cdot \frac{y}{x^2 + y^2} - \left(-K \cdot \frac{y}{x^2 + y^2}\right) = 0.$$

Nach Multiplikation mit ∂x und der Integration

$$\int \partial C(x) = \int 0 \cdot \partial x$$

erhält man

$$C(x) = C'.$$

Die gesuchte Stromfunktion der Quellströmung lautet mit $\frac{E}{2 \cdot \pi} = K$

$$\Psi(x; y) = \frac{E}{2 \cdot \pi} \cdot \arctan\left(\frac{y}{x}\right) + C'$$

Aufgabe 8.5 Dipolströmung

Im Fall einer Dipolströmung ist die Stromfunktion bekannt. Für ein Fluidteilchen an einem festen Punkt $P(x; y)$ soll der Strömungswinkel α ermittelt werden.

Lösung zu Aufgabe 8.5

Aufgabenerläuterung

Ausgehend von der bekannten Stromfunktion $\Psi(x; y)$ muss mit der Definition der Stromfunktion in Verbindung mit den Geschwindigkeitskomponenten sowie der Winkeldefinition dieser bestimmt werden.

Gegeben:

- $\Psi(x, y) = -\frac{M}{2 \cdot \pi} \cdot \frac{y}{x^2 + y^2}$ (Stromfunktion)

Gesucht:

- α bei $P(x = 6; y = 9)$ und $M = 10 \, \text{m}^3/\text{s}$

Anmerkung

- $c_x = \frac{\partial \Psi(x; y)}{\partial y}$ und $c_y = -\frac{\partial \Psi(x; y)}{\partial x}$

Lösungsschritte

Mit $\tan \alpha = \left(\frac{c_y}{c_x} \right)$ oder $\alpha = \arctan \left(\frac{c_y}{c_x} \right)$ erhält man zunächst aufgrund von

$$c_x = + \frac{\partial \Psi (x; y)}{\partial y} \quad \text{und} \quad c_y = - \frac{\partial \Psi (x; y)}{\partial x}$$

$$\alpha = \arctan \left[\frac{- \frac{\partial \Psi (x;y)}{\partial x}}{\frac{\partial \Psi (x;y)}{\partial y}} \right] .$$

Hierin müssen $\frac{\partial \Psi (x;y)}{\partial x}$ und $\frac{\partial \Psi (x;y)}{\partial y}$ aus der Stromfunktion abgeleitet werden.

Differenzialquotient $\frac{\partial \Psi (x;y)}{\partial x}$: Mit der Quotientenregel für

$$\Psi (x; y) = - \frac{M}{2 \cdot \pi} \cdot \frac{y}{x^2 + y^2} = - \frac{M}{2 \cdot \pi} \cdot \frac{u}{v}$$

erhält man (wobei

$$u = y \quad \text{und} \quad v = x^2 + y^2$$

substituiert werden)

$$\frac{\partial \Psi (x; y)}{\partial x} = - \frac{M}{2 \cdot \pi} \cdot \frac{u' \cdot v - v' \cdot u}{v^2} .$$

Wegen

$$u' = \frac{\partial u}{\partial x} = 0 \quad \text{und} \quad v' = \frac{\partial v}{\partial x} = 2 \cdot x$$

wird daraus

$$\frac{\partial \Psi (x; y)}{\partial x} = - \frac{M}{2 \cdot \pi} \cdot \frac{0 \cdot \left(x^2 + y^2\right) - 2 \cdot x \cdot y}{\left(x^2 + y^2\right)^2}$$

und somit

$$\frac{\partial \Psi (x; y)}{\partial x} = \frac{M}{2 \cdot \pi} \cdot \frac{2 \cdot x \cdot y}{\left(x^2 + y^2\right)^2} .$$

Differenzialquotient $\frac{\partial \Psi (x;y)}{\partial y}$: Mit der Quotientenregel für

$$\Psi (x; y) = - \frac{M}{2 \cdot \pi} \cdot \frac{y}{x^2 + y^2} = - \frac{M}{2 \cdot \pi} \cdot \frac{u}{v} ,$$

erhält man (wobei

$$u = y \quad \text{und} \quad v = x^2 + y^2$$

substituiert werden)

$$\frac{\partial \Psi (x; y)}{\partial y} = -\frac{M}{2 \cdot \pi} \cdot \frac{u' \cdot v - v' \cdot u}{v^2}.$$

Wegen

$$u' = \frac{\partial u}{\partial y} = 1 \quad \text{und} \quad v' = \frac{\partial v}{\partial y} = 2 \cdot y$$

wird daraus

$$\frac{\partial \Psi (x; y)}{\partial y} = -\frac{M}{2 \cdot \pi} \cdot \frac{1 \cdot \left(x^2 + y^2\right) - 2 \cdot y^2}{(x^2 + y^2)^2}$$

und somit

$$\frac{\partial \Psi (x; y)}{\partial y} = -\frac{M}{2 \cdot \pi} \cdot \frac{x^2 - y^2}{(x^2 + y^2)^2}.$$

Oben eingesetzt führt das zu

$$\alpha = \arctan \left[\frac{2 \cdot x \cdot y \cdot \left(x^2 + y^2\right)^2}{(x^2 - y^2) \cdot (x^2 + y^2)^2} \right]$$

bzw. als Endergebnis

$$\alpha = \arctan \left(\frac{2 \cdot x \cdot y}{x^2 - y^2} \right).$$

Im **Punkt** $P(x = 6; y = 9)$ auf der Stromlinie $\Psi = 0{,}123 = $ konstant erhält man dann den Winkel

$$\alpha = \arctan \left(\frac{2 \cdot 6 \cdot 9}{6^2 - 9^2} \right)$$

und somit

$$\alpha = \arctan (-2{,}4) = -67{,}4°.$$

Aufgabe 8.6 Ebene Potenzialströmung 4

Von einer ebenen, inkompressiblen, stationären Strömung sind die Geschwindigkeitskomponenten $c_x(x)$ und $c_y(y)$ bekannt. Zunächst soll nachgewiesen werden, ob eine Potenzialströmung vorliegt oder nicht. Des Weiteren sind die Stromfunktion und die Potenzialfunktion dieser Strömung zu ermitteln. Außerdem werden die Strom- und Potenziallinien bei festen Zahlenwerten der Strom- und Potenzialfunktion gesucht anschließend und in einem Diagramm dargestellt.

Lösung zu Aufgabe 8.6

Aufgabenerläuterung

Für den Nachweis einer Potenzialströmung müssen Kontinuität und Wirbelfreiheit mit den genannten Geschwindigkeitskomponenten festgestellt werden. Die Ermittlung der Strom- und Potenzialfunktion erfolgt aufgrund der betreffenden Definitionsgleichungen und der bekannten Geschwindigkeitskomponenten $c_x(x)$ und $c_y(y)$. Die Bestimmung der Strom- und Potenziallinien wird mit den expliziten Gleichungen $y(x)$ und den jeweiligen Stromfunktionswerten und Potenzialfunktionswerten als Parameter durchgeführt. Die Auswertung mit einem geeigneten Tabellenkalkulationsprogramm liefert dann die entsprechenden Kurvenverläufe.

Gegeben:

- $c_x = 2 \cdot x; \quad c_y = -2 \cdot y$

Gesucht:

1. Potenzialströmungsnachweis
2. Stromfunktion Ψ und Potenzialfunktion Φ
3. Diagramm der Stromlinien bei $\Psi_i = \pm 10; \pm 30; \pm 50$ und der Potenziallinien bei $\Phi_i = \pm 10; \pm 30; \pm 50$

Anmerkungen

- $c_x = +\frac{\partial \Psi(x;y)}{\partial y}; \quad c_y = -\frac{\partial \Psi(x;y)}{\partial x}; \quad c_x = +\frac{\partial \Phi(x;y)}{\partial x}; \quad c_y = +\frac{\partial \Phi(x;y)}{\partial y}$
- $\frac{\partial c_x}{\partial x} + \frac{\partial c_y}{\partial y} = 0$: Kontinuität
- $\frac{\partial c_y}{\partial x} - \frac{\partial c_x}{\partial y} = 0$: Wirbelfreiheit

Lösungsschritte – Fall 1

Potenzialströmung liegt vor, wenn gleichzeitig das Kontinuitätsgesetz und Wirbelfreiheit erfüllt sind.

Kontinuität: Das Kontinuitätsgesetz lautet

$$\frac{\partial c_x}{\partial x} + \frac{\partial c_y}{\partial y} = 0.$$

Die beiden im vorliegenden Fall zu bestimmenden partiellen Differenzialquotienten erhält man aus

$$c_x = 2 \cdot x \quad \text{und} \quad c_y = -2 \cdot y$$

zu

$$\frac{\partial c_x}{\partial x} = 2 \quad \text{und} \quad \frac{\partial c_y}{\partial y} = -2.$$

Somit ist wegen

$$2 - 2 = 0$$

die Kontinuität erfüllt.

Wirbelfreiheit: Wirbelfreiheit ist gegeben, wenn

$$\frac{\partial c_y}{\partial x} - \frac{\partial c_x}{\partial y} = 0$$

vorliegt. Aus

$$c_x = 2 \cdot x \quad \text{und} \quad c_y = -2 \cdot y$$

folgt

$$\frac{\partial c_y}{\partial x} = 0 \quad \text{und} \quad \frac{\partial c_x}{\partial y} = 0.$$

Daher ist aufgrund von

$$0 - 0 = 0$$

auch die Wirbelfreiheit erfüllt.

Die vorliegende Strömung genügt damit den Kriterien der **Potenzialströmung.**

Lösungsschritte – Fall 2

An die **Stromfunktion** Ψ gelangen wir folgendermaßen: Aus $c_x = \frac{\partial \Psi(x;y)}{\partial y}$ entsteht durch Multiplikation mit ∂y

$$\partial \Psi(x;y) = c_x \cdot \partial y,$$

wobei $c_x = 2 \cdot x$ eingesetzt werden muss, also

$$\partial \Psi(x;y) = 2 \cdot x \cdot \partial y.$$

Integriert man (bei $x =$ konstant) über y,

$$\int \partial \Psi(x;y) = 2 \cdot x \cdot \int \partial y,$$

so führt zu

$$\Psi(x;y) = 2 \cdot x \cdot y + C(x).$$

Die **Integrationskonstante $C(x)$** kann nicht von y abhängen (es wird ja über y integriert) wohl aber von x als die bei der Integration festgehaltene Größe. Nach $C(x)$ umgestellt erhält man:

$$C(x) = \Psi(x;y) - 2 \cdot x \cdot y.$$

Partielles Differenzieren nach x (bei $y =$ konstant) liefert

$$\frac{\partial C(x)}{\partial x} = \frac{\partial \Psi(x;y)}{\partial x} - \frac{\partial (2 \cdot x \cdot y)}{\partial x}.$$

Mit

$$\frac{\partial \Psi(x;y)}{\partial x} = -c_y; \quad c_y = -2 \cdot y \quad \text{und} \quad \frac{\partial (2 \cdot x \cdot y)}{\partial x} = 2 \cdot y$$

(s. o.) erhält man

$$\frac{\partial C(x)}{\partial x} = (-2 \cdot y) - 2 \cdot y = 0.$$

Mit ∂x multipliziert ergibt das

$$\partial C(x) = 0 \cdot \partial x$$

und integriert

$$\int \partial C(x) = \int 0 \cdot \partial x$$

oder

$$C(x) = C'.$$

Die Stromfunktion lautet somit

$$\Psi(x; y) = 2 \cdot x \cdot y + C'.$$

Zur **Potenzialfunktion $\Phi(x; y)$** gelangen wir mit diesen Überlegungen: Aus $c_x = \frac{\partial \Phi(x;y)}{\partial x}$ entsteht durch Multiplikation mit ∂x

$$\partial \Phi(x; y) = c_x \cdot \partial x,$$

wobei $c_x = 2 \cdot x$ eingesetzt werden muss, also

$$\partial \Phi(x; y) = 2 \cdot x \cdot \partial x.$$

Nun wird über x integriert (bei y — konstant),

$$\int \partial \Phi(x; y) = 2 \cdot \int x \cdot \partial x,$$

das führt zu

$$\Phi(x; y) = x^2 + C(y).$$

Die **Integrationskonstante $C(y)$** kann nicht von x abhängen (es wird ja über x integriert) wohl aber von y als die bei der Integration festgehaltene Größe. Nach $C(y)$ umgestellt erhält man

$$C(y) = \Phi(x; y) - x^2.$$

Partielles Differenzieren nach y (bei $x = $ konstant) liefert

$$\frac{\partial C(y)}{\partial y} = \frac{\partial \Phi(x; y)}{\partial y} - \frac{\partial (x^2)}{\partial y}.$$

$$\frac{\partial \Phi(x; y)}{\partial y} = c_y; \quad c_y = -2 \cdot y \quad \text{und} \quad \frac{\partial (x^2)}{\partial y} = 0$$

(s. o.) erhält man

$$\frac{\partial C(y)}{\partial y} = -2 \cdot y.$$

Mit ∂y multipliziert liefert das

$$\partial C(y) = -2 \cdot y \cdot \partial y$$

und integriert ergibt sich

$$\int \partial C(y) = -2 \cdot \int y \cdot \partial y$$

oder

$$C(y) = -2 \cdot \frac{y^2}{2} + C = -y^2 + C.$$

Somit lautet die Potenzialfunktion

$$\Phi(x; y) = x^2 - y^2 + C.$$

Lösungsschritte – Fall 3

Jetzt brauchen wir noch das Diagramm der Stromlinien bei $\Psi_i = \pm 10; \pm 30; \pm 50$ und der Potenziallinien bei $\Phi_i = \pm 10; \pm 30; \pm 50$.

Stromlinien $y = f(x; \Psi_i = \text{konstant})$: Benutzt man $\Psi = 2 \cdot x \cdot y$ mit $C' = 0$ gesetzt und durch $2 \cdot x$ dividiert, so resultiert

$$y = \frac{1}{2} \cdot \frac{\Psi}{x}.$$

Potenziallinien $y = f(x; \Phi_i = \text{konstant})$: Benutzt man $\Phi = x^2 - y^2$ mit $C = 0$, stellt zu $y^2 = x^2 - \Phi$ um und zieht dann die Wurzel, so erhält man

$$y = \pm\sqrt{x^2 - \Phi}.$$

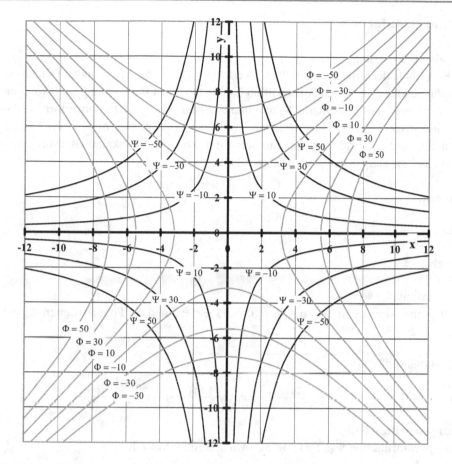

Abb. 8.4 Ebene Potenzialströmung; Strom- und Potenziallinien 4

Hiermit lassen sich die Stromlinien $y(x)$ bei $\Psi_i = \pm10; \pm30; \pm50$ und die Potenziallinien $y(x)$ bei $\Phi_i = \pm10; \pm30; \pm50$ mit o. g. Tabellenkalkulationsprogramm berechnen
(vgl. Aufgabe 8.2), das Ergebnis ist in Abb. 8.4 dargestellt.

Aufgabe 8.7 Ebene Potenzialströmung 5

Von einer ebenen, inkompressiblen, stationären Strömung ist die Potenzialfunktion
$\Phi(x; y)$ bekannt. Zunächst soll die Stromfunktion $\Psi(x; y)$ dieser Strömung ermittelt
werden. Dann werden die Stromlinien und Potenziallinien bei festen Zahlenwerten der
Strom- und Potenzialfunktion gesucht. Anschließend sind diese in einem Diagramm mit
einem geeigneten Tabellenkalkulationsprogramm darzustellen.

Lösung zu Aufgabe 8.7

Aufgabenerläuterung

Die Ermittlung der Stromfunktion $\Psi(x; y)$ erfolgt aufgrund der betreffenden Definitionsgleichung und der bekannten Potenzialfunktion $\Phi(x; y)$. Zur Bestimmung der Strom- und Potenziallinien ist es sinnvoll, die Strom- und Potenzialfunktion derart umzuformen, dass explizite Gleichungen $y(x)$ entstehen mit jeweils dem Stromfunktionswert bzw. Potenzialfunktionswert als Parameter. Die Auswertung mit o. g. Tabellenkalkulationsprogramm liefert dann die entsprechenden Kurvenverläufe.

Gegeben:

- $\Phi(x, y) = x^2 - y^2 + x \cdot y$

Gesucht:

1. Stromfunktion $\Psi(x; y)$
2. Diagramm der Stromlinien bei $\Psi_i = 0$; ± 1; ± 2; ± 5 und der Potenziallinien $\Phi_i = 0$; ± 1; ± 2; ± 5

Anmerkung

- $c_x = +\frac{\partial \Psi(x;y)}{\partial y}$; $c_y = -\frac{\partial \Psi(x;y)}{\partial x}$; $c_x = +\frac{\partial \Phi(x;y)}{\partial x}$; $c_y = +\frac{\partial \Phi(x;y)}{\partial y}$

Lösungsschritte – Fall 1

An die **Stromfunktion $\Psi(x; y)$** kommen wir wie folgt: Mit z. B.

$$c_x = \frac{\partial \Phi(x; y)}{\partial x} \quad \text{und} \quad \Phi(x; y) = x^2 - y^2 + x \cdot y$$

wird

$$\frac{\partial \left(x^2 - y^2 + x \cdot y \right)}{\partial x} = 2 \cdot x + y,$$

also

$$c_x = \frac{\partial \Phi(x; y)}{\partial x} = 2 \cdot x + y.$$

Weiterhin lautet auch $c_x = \frac{\partial \Psi(x;y)}{\partial y}$ und folglich

$$\frac{\partial \Psi(x; y)}{\partial y} = 2 \cdot x + y.$$

Multipliziert mit ∂y liefert das dann

$$\partial \Psi(x; y) = (2 \cdot x + y) \cdot \partial y.$$

Wird dies integriert (bei $x = $ konstant),

$$\int \Psi(x; y) = \int (2 \cdot x + y) \cdot \partial y,$$

so bekommen wir

$$\Psi(x; y) = \frac{y^2}{2} + 2 \cdot x \cdot y + C(x).$$

Hierin fehlt noch die **Integrationskonstante $C(x)$**. Diese kann nicht von y abhängen (es wurde ja über y integriert) wohl aber von x als die bei der Integration festgehaltene Größe. Nach $C(x)$ umgestellt erhält man

$$C(x) = \Psi(x; y) - \frac{y^2}{2} + 2 \cdot x \cdot y.$$

Wenn man jetzt nach x differenziert,

$$\frac{\partial C(x)}{\partial x} = \frac{\partial \Psi(x; y)}{\partial x} - \frac{\partial \left(\frac{y^2}{2}\right)}{\partial x} - \frac{\partial (2 \cdot x \cdot y)}{\partial x},$$

und weiterhin

$$\frac{\partial \Psi(x; y)}{\partial x} = -c_y \quad \text{und} \quad \frac{\partial \left(\frac{y^2}{2}\right)}{\partial x} = 0$$

verwendet, erhält man zunächst

$$\frac{\partial C(x)}{\partial x} = -c_y - 0 - \frac{\partial (2 \cdot x \cdot y)}{\partial x}.$$

Wegen $\frac{\partial (2 \cdot x \cdot y)}{\partial x} = 2 \cdot y$ folgt nun

$$\frac{\partial C(x)}{\partial x} = -c_y - 2 \cdot y.$$

Weiterhin lautet

$$c_y = \frac{\partial \Phi(x; y)}{\partial y} \quad \text{mit} \quad \Phi(x; y) = x^2 - y^2 + x \cdot y$$

(s. o.), d. h.

$$c_y = \frac{\partial \left(x^2 - y^2 + x \cdot y\right)}{\partial y} = -2 \cdot y + x.$$

Oben eingesetzt liefert das

$$\frac{\partial C(x)}{\partial x} = -(-2 \cdot y + x) - 2 \cdot y$$

und folglich

$$\frac{\partial C(x)}{\partial x} = -x.$$

Dies wird jetzt mit ∂x multipliziert,

$$\partial C(x) = -x \cdot \partial x,$$

und dann integriert,

$$\int \partial C(x) = -\int x \cdot \partial x,$$

das führt zu

$$C(x) = -\frac{x^2}{2} + C.$$

C ist jetzt weder von x noch von y abhängig. Damit lautet das Ergebnis

$$\Psi(x; y) = \frac{y^2}{2} - \frac{x^2}{2} + 2 \cdot x \cdot y + C.$$

Lösungsschritte – Fall 2

Jetzt brauchen wir noch das Diagramm der Stromlinien bei $\Psi_i = 0; \pm1; \pm2; \pm5$ und der Potenziallinien bei $\Phi_i = 0; \pm1; \pm2; \pm5$. Es soll ein kartesisches Koordinatensystem verwendet werden. Folglich müssen die Gleichungen von $\Psi(x; y)$ und $\Phi(x; y)$ in die Form $y = f(x; \Psi = \text{konstant})$ bzw. $y = f(x; \Phi = \text{konstant})$ gebracht werden.

Stromlinien $y = f(x; \Psi = \text{konstant})$: Die Stromfunktion $\Psi(x; y)$ umgestellt führt zunächst zu

$$\frac{y^2}{2} = \Psi + \frac{x^2}{2} - 2 \cdot x \cdot y.$$

Nach Multiplikation mit 2,

$$y^2 = 2 \cdot \Psi + x^2 - 4 \cdot x \cdot y,$$

und Addition von $4 \cdot x \cdot y$ haben wir zunächst

$$y^2 + 4 \cdot x \cdot y = 2 \cdot \Psi + x^2.$$

Dann wird $4 \cdot x^2$ addiert,

$$y^2 + 4 \cdot x \cdot y + 4 \cdot x^2 = 2 \cdot \Psi + 5 \cdot x^2,$$

und die linke Seite wegen $a^2 + 2 \cdot a \cdot b + b^2 = (a+b)^2$ in die folgende Form gebracht:

$$(y + 2 \cdot x)^2 = 5 \cdot x^2 + 2 \cdot \Psi.$$

Nun liefert Wurzelziehen

$$y + 2 \cdot x = \pm \sqrt{5 \cdot x^2 + 2 \cdot \Psi}$$

und Umstellen das Ergebnis

$$y = -2 \cdot x \pm \sqrt{5 \cdot x^2 + 2 \cdot \Psi_i}.$$

Potenziallinien $y = f(x; \Phi = \text{konstant})$: Die Potenzialfunktion Φ umgestellt führt zunächst zu

$$y^2 = x^2 + x \cdot y - \Phi.$$

Wird dann $x \cdot y$ subtrahiert, entsteht

$$y^2 - x \cdot y = x^2 - \Phi.$$

Addition von $x^2/4$ ergibt danach

$$y^2 - x \cdot y + \frac{x^2}{4} = \frac{x^2}{4} + x^2 - \Phi$$

oder gemäß $a^2 - 2 \cdot a \cdot b + b^2 = (a-b)^2$ weiter

$$\left(y - \frac{1}{2} \cdot x\right)^2 = \frac{5}{4} \cdot x^2 - \Phi.$$

Mit der Wurzel folgt

$$y - \frac{1}{2} \cdot x = \pm \sqrt{\frac{5}{4} \cdot x^2 - \Phi}$$

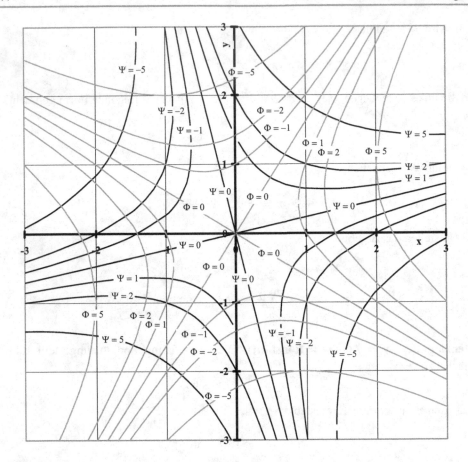

Abb. 8.5 Ebene Potenzialströmung; Strom- und Potenziallinien 5

und schließlich das Ergebnis

$$y = -\frac{1}{2} \cdot x \pm \sqrt{\frac{5}{4} \cdot x^2 - \Phi_i}.$$

Hiermit lassen sich die Stromlinien $y = f(x; \Psi_i = \text{konstant})$ und die Potenziallinien $y = f(x; \Phi_i = \text{konstant})$ mit dem genannten Tabellenkalkulationsprogramm (vgl. Aufgabe 8.2) berechnen; das Ergebnis ist in Abb. 8.5 zu sehen.

Aufgabe 8.8 Zylinderumströmung

In Abb. 8.6 sind die Stromlinien zweier Elementarströmungen zu erkennen. Hierbei handelt es sich um eine Parallelströmung und um eine Dipolströmung. Die Überlagerung (Superposition) dieser beiden Elementarströmungen führt zu der Potenzialströmung um einen Kreiszylinder. Von der Parallelströmung ist die Geschwindigkeit bekannt und von der Dipolströmung das Dipolmoment. Ebenso ist die Fluiddichte gegeben. Neben Strom- und Potenzialfunktion der Zylinderumströmung $\Psi_{ges}(x; y)$ und $\Phi_{ges}(x; y)$ wird die resultierende Geschwindigkeit $c(x; y)$ einschließlich ihrer x- und y-Komponenten gesucht. Die Bestimmung des Zylinderradius R und der Lage des Staupunktes x_S ist ebenfalls Gegenstand der Aufgabe. Weiterhin soll die Druckverteilung allgemein und speziell an der Zylinderkontur ermittelt werden. Dann werden noch die Stromlinien und Potenziallinien bei festen Zahlenwerten der Strom- und Potenzialfunktion gesucht. Anschließend sind diese in einem Diagramm mit Hilfe eines geeigneten Tabellenkalkulationsprogramms darzustellen.

Lösung zu Aufgabe 8.8

Aufgabenerläuterung

Bei der Lösung dieser Aufgabe ist von den bekannten Strom- und Potenzialfunktionen der zugrunde liegenden überlagerten Elementarströmungen Gebrauch zu machen. Die hieraus resultierenden Ergebnisse $\Psi_{ges}(x; y)$ und $\Phi_{ges}(x; y)$ sind dann Grundlage bei den Geschwindigkeitsermittlungen und der Bestimmung der gesuchten geometrischen Größen. Mit der nun bekannten Geschwindigkeit lässt sich die Druckverteilung allgemein

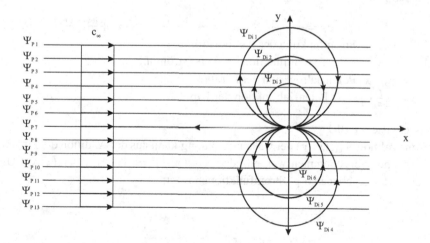

Abb. 8.6 Parallel- und Dipolströmung

und speziell am Zylinderumfang mittels Bernoulli'scher Energiegleichung feststellen. Zur Bestimmung der Strom- und Potenziallinien ist es sinnvoll, die Strom- und Potenzialfunktion derart umzuformen, dass explizite Gleichungen $y(x)$ entstehen mit jeweils dem Stromfunktionswert $\Psi_{ges}(x; y)$ bzw. Potenzialfunktionswert $\Phi_{ges}(x; y)$ als Parameter. Die Auswertung mit o. g. Tabellenkalkulationsprogramm liefert dann die entsprechenden Kurvenverläufe.

Gegeben:

- M: Dipolmoment
- c_∞: Geschwindigkeit der Parallelströmung
- ρ: Fluiddichte

Gesucht:

1. $\Psi_{ges}(x; y)$: Gemeinsame Stromfunktion mit kartesischen Koordinaten
2. $\Phi_{ges}(x; y)$: Gemeinsame Potenzialfunktion mit kartesischen Koordinaten
3. $c_x, c_y, c(x; y)$: Geschwindigkeit und Geschwindigkeitskomponenten mit kartesischen Koordinaten
4. x_S: Staupunktlage auf der x-Achse
5. R: Körperkontur bei $\Psi_{ges} = 0$
6. $p(x; y)$: Druckverteilung mit kartesischen Koordinaten
7. $p(r; \varphi)$: Druckverteilung mit Polarkoordinaten
8. Diagramm der Stromlinien bei $\Psi_{ges} = 0; \pm 1; \pm 2; \pm 4; \pm 8$ und der Potenziallinien bei $\Phi_{ges} = \pm 4; \pm 6; \pm 8; \pm 10$

Anmerkungen

- $c_x = +\frac{\partial \Psi(x;y)}{\partial y}$; $c_y = -\frac{\partial \Psi(x;y)}{\partial x}$; $c_x = +\frac{\partial \Phi(x;y)}{\partial x}$; $c_y = +\frac{\partial \Phi(x;y)}{\partial y}$
- $\Psi_P = c_\infty \cdot y$: Stromfunktion der Parallelströmung
- $\Psi_{Di} = -\frac{M}{2 \cdot \pi} \cdot \frac{y}{x^2 + y^2}$: Stromfunktion der Dipolströmung
- $\Phi_P = c_\infty \cdot x$: Potenzialfunktion der Parallelströmung
- $\Phi_{Di} = \frac{M}{2 \cdot \pi} \cdot \frac{x}{x^2 + y^2}$: Potenzialfunktion der Dipolströmung

Lösungsschritte – Fall 1

Die **Stromfunktion $\Psi_{ges}(x; y)$** der Gesamtströmung kann aus der Addition der einzelnen Stromfunktionen vorgenommen werden, also $\Psi_{ges}(x; y) = \Psi_P(y) + \Psi_{Di}(x; y)$. Unter Verwendung der gegebenen o. g. Stromfunktionen folgt:

$$\Psi_{ges}(x; y) = c_\infty \cdot y - \frac{M}{2 \cdot \pi} \cdot \frac{y}{x^2 + y^2}.$$

Lösungsschritte – Fall 2

Die **Potenzialfunktion** $\Phi_{ges}(x; y)$ der Gesamtströmung kann aus der Addition der einzelnen Potenzialfunktionen vorgenommen werden, also $\Phi_{ges}(x; y) = \Phi_P(y) + \Phi_{Di}(x; y)$. Unter Verwendung der gegebenen o. g. Potenzialfunktionen folgt:

$$\Phi_{ges}(x; y) = c_\infty \cdot x - \frac{M}{2 \cdot \pi} \cdot \frac{x}{x^2 + y^2}.$$

Lösungsschritte – Fall 3

Die **Geschwindigkeitskomponenten** c_x, c_y und die **Geschwindigkeit** c lassen sich bei bekannten Strom- und Potenzialfunktionen wie folgt herleiten. Hierbei muss zunächst mit $c_x(x; y)$ und $c_y(x; y)$ begonnen werden.

Komponente $c_x(x; y)$: Mit z. B. $c_x = \frac{\partial \Phi(x;y)}{\partial x}$ und unter Verwendung von

$$\Phi_{ges}(x; y) = c_\infty \cdot x - \frac{M}{2 \cdot \pi} \cdot \frac{x}{x^2 + y^2}$$

erhält man zunächst

$$c_x = \frac{\partial \left(c_\infty \cdot x + \frac{M}{2 \cdot \pi} \cdot \frac{x}{x^2 + y^2} \right)}{\partial x}$$

$$= \frac{\partial \left(c_\infty \cdot x \right)}{\partial x} + \frac{\partial \left(\frac{M}{2 \cdot \pi} \cdot \frac{x}{x^2 + y^2} \right)}{\partial x}$$

bzw., mit den konstanten Größen c_∞ und $M/(2 \cdot \pi)$ vor den Differenzialquotienten,

$$c_x = c_\infty \cdot \frac{\partial x}{\partial x} + \frac{M}{2 \cdot \pi} \cdot \frac{\partial \left(\frac{x}{x^2 + y^2} \right)}{\partial x}.$$

Trivialerweise ist

$$c_\infty \cdot \frac{\partial x}{\partial x} = c_\infty.$$

Mit den Substitutionen

$$u = x \quad \text{und} \quad v = x^2 + y^2$$

bekommen wir für den zweiten Term

$$\frac{M}{2 \cdot \pi} \cdot \frac{\partial \left(\frac{x}{x^2 + y^2} \right)}{\partial x} = \frac{M}{2 \cdot \pi} \cdot \frac{\partial \left(\frac{u}{v} \right)}{\partial x}.$$

Bekanntermaßen lautet die Quotientenregel

$$\frac{\partial \left(\frac{u}{v}\right)}{\partial x} = \frac{u' \cdot v - v' \cdot u}{v^2}.$$

Mit den o. g. Substitutionen wird

$$u' = \frac{\partial u}{\partial x} = 1 \quad \text{und} \quad v' = \frac{\partial v}{\partial x} = 2 \cdot x,$$

hier also

$$\frac{\partial \left(\frac{u}{v}\right)}{\partial x} = \frac{1 \cdot \left(x^2 + y^2\right) - 2 \cdot x \cdot x}{\left(x^2 + y^2\right)^2} = \frac{y^2 - x^2}{\left(x^2 + y^2\right)^2}.$$

Als Ergebnis folgt

$$c_x\left(x; y\right) = c_\infty + \frac{M}{2 \cdot \pi} \cdot \frac{y^2 - x^2}{\left(x^2 + y^2\right)^2}.$$

Komponente $c_y(x; y)$: Mit z. B. $c_y = \frac{\partial \Phi(x;y)}{\partial y}$ und unter Verwendung von

$$\Phi_{\text{ges}}\left(x; y\right) = c_\infty \cdot x + \frac{M}{2 \cdot \pi} \cdot \frac{x}{x^2 + y^2}$$

erhält man zunächst

$$c_y = \frac{\partial \left(c_\infty \cdot x + \frac{M}{2\cdot\pi} \cdot \frac{x}{x^2+y^2}\right)}{\partial y}$$

$$= \frac{\partial \left(c_\infty \cdot x\right)}{\partial y} + \frac{\partial \left(\frac{M}{2\cdot\pi} \cdot \frac{x}{x^2+y^2}\right)}{\partial y}$$

bzw. mit den konstanten Größen c_∞ und $M/(2 \cdot \pi)$ vor den Differenzialquotienten

$$c_y = c_\infty \cdot \frac{\partial x}{\partial y} + \frac{M}{2 \cdot \pi} \cdot \frac{\partial \left(\frac{x}{x^2+y^2}\right)}{\partial y}.$$

Man sieht sofort, dass

$$\frac{\partial \left(c_\infty \cdot x\right)}{\partial y} = 0.$$

Des Weiteren folgt mit den Substitutionen

$$u = x \quad \text{und} \quad v = x^2 + y^2$$

für den zweiten Term

$$\frac{M}{2 \cdot \pi} \cdot \frac{\partial \left(\frac{x}{x^2 + y^2} \right)}{\partial y} = \frac{M}{2 \cdot \pi} \cdot \frac{\partial \left(\frac{u}{v} \right)}{\partial y}.$$

Mit der genannten Quotientenregel (s. o.),

$$\frac{\partial \left(\frac{u}{v} \right)}{\partial x} = \frac{u' \cdot v - v' \cdot u}{v^2},$$

führen die o. g. Substitutionen zu

$$u' = \frac{\partial u}{\partial y} = 0 \quad \text{und} \quad v' = \frac{\partial v}{\partial y} = 2 \cdot y,$$

was dann oben eingesetzt das Ergebnis

$$\frac{\partial \left(\frac{u}{v} \right)}{\partial y} = \frac{0 \cdot \left(x^2 + y^2 \right) - 2 \cdot x \cdot y}{\left(x^2 + y^2 \right)^2} = \frac{2 \cdot x \cdot y}{\left(x^2 + y^2 \right)^2}$$

zur Folge hat. Damit lautet

$$c_y (x; y) = \frac{M}{2 \cdot \pi} \frac{2 \cdot x \cdot y}{\left(x^2 + y^2 \right)^2}$$

Geschwindigkeit $c(x; y)$: Mit $c = \sqrt{c_x^2 + c_y^2}$ wird bei Verwendung der o. g. Ergebnisse

$$c (x; y) = \sqrt{\left[c_\infty + \frac{M}{2 \cdot \pi} \cdot \frac{y^2 - x^2}{\left(x^2 + y^2 \right)^2} \right]^2 + \left[\frac{M}{2 \cdot \pi} \cdot \frac{2 \cdot x \cdot y}{\left(x^2 + y^2 \right)^2} \right]^2}.$$

Lösungsschritte – Fall 4

Die Kennzeichen des **Staupunkts** x_S sind $c_x = 0$ an der Stelle x_S und bei zur x-Achse symmetrischen Strömungsverläufen $y_S = 0$.

Mit

$$c_x (x_S; y_S) = c_\infty + \frac{M}{2 \cdot \pi} \cdot \frac{y_S^2 - x_S^2}{\left(x_S^2 + y_S^2 \right)^2} = 0$$

erhält man zunächst

$$c_\infty = - \frac{M}{2 \cdot \pi} \cdot \frac{y_S^2 - x_S^2}{\left(x_S^2 + y_S^2 \right)^2}.$$

Setzt man jetzt noch $y_S = 0$ ein, so führt dies zu

$$c_\infty = -\frac{M}{2 \cdot \pi} \cdot \frac{x_S^2}{x_S^4}$$

oder, gekürzt und umgeformt,

$$x_S^2 = -\frac{M}{2 \cdot \pi \cdot c_\infty}.$$

Die Wurzel hieraus liefert

$$x_S = \pm \sqrt{\frac{M}{2 \cdot \pi \cdot c_\infty}}.$$

Lösungsschritte – Fall 5

Die **Körperkontur R** bei der Staupunktstromlinie $\Psi_{Ges} = 0$ lässt sich wie folgt herleiten. Mit

$$\Psi_{ges}(x; y) = c_\infty \cdot y - \frac{M}{2 \cdot \pi} \cdot \frac{y}{x^2 + y^2} = 0$$

erhält man

$$c_\infty \cdot y = \frac{M}{2 \cdot \pi} \cdot \frac{y}{x^2 + y^2}.$$

Verwendet man jetzt an Stelle der kartesischen Koordinaten sinnvollerweise die Polarkoordinaten $x = r \cdot \cos\varphi$ und $y = r \cdot \sin\varphi$, so entsteht

$$c_\infty \cdot r \cdot \sin\varphi = \frac{M}{2 \cdot \pi} \cdot \frac{r \cdot \sin\varphi}{r^2 \cdot \cos^2\varphi + r^2 \cdot \sin^2\varphi} = \frac{M}{2 \cdot \pi} \cdot \frac{r \cdot \sin\varphi}{r^2 \cdot (\cos^2\varphi + \sin^2\varphi)}.$$

Mit $\cos^2\varphi + \sin^2\varphi = 1$ und Kürzen führt das zu

$$c_\infty = \frac{M}{2 \cdot \pi} \cdot \frac{1}{r^2}.$$

Aufgelöst nach r^2 ergibt sich

$$r^2 = \frac{M}{2 \cdot \pi} \cdot \frac{1}{c_\infty}$$

und nach Wurzelziehen haben wir das Ergebnis

$$r = R = \sqrt{\frac{M}{2 \cdot \pi} \cdot \frac{1}{c_\infty}}.$$

Dies ist der Radius eines als festen Körper sich vorzustellenden Zylinders. Mit dem Ergebnis gemäß Fall 4 liegt damit auch der Staupunkt x_S auf der Zylinderkontur.

Lösungsschritte – Fall 6

Für die **Druckverteilung** $p(x; y)$ in **kartesischen Koordinaten** wenden wir die Bernoulli'sche Gleichung an den Stellen P_∞ und $P(x; y)$ an, das liefert zunächst

$$\frac{p_\infty}{\rho} + \frac{c_\infty^2}{2} = \frac{p(x, y)}{\rho} + \frac{c^2(x, y)}{2}$$

bei vernachlässigten Höhengliedern. Multiplikation mit ρ und Auflösen nach $p(x; y)$ ergeben

$$p(x; y) = p_\infty + \frac{\rho}{2} \cdot c_\infty^2 - \frac{\rho}{2} \cdot c^2(x; y).$$

Das oben ermittelte Ergebnis für $c(x; y)$ eingesetzt führt zum gesuchten Druck

$$p(x; y) = p_\infty + \frac{\rho}{2} \cdot c_\infty^2$$
$$- \frac{\rho}{2} \cdot \left\{ \left[c_\infty + \frac{M}{2 \cdot \pi} \cdot \frac{y^2 - x^2}{(x^2 + y^2)^2} \right]^2 + \left[\frac{M}{2 \cdot \pi} \cdot \frac{2 \cdot x \cdot y}{(x^2 + y^2)^2} \right]^2 \right\}.$$

Lösungsschritte – Fall 7

Etwas einfacher in der Anwendung der **Druckverteilung** gestaltet sich die Variante mit **Polarkoordinaten** $p(r; \varphi)$. Hierzu wird die eben erhaltene Gleichung für den Druck unter Verwendung folgender Zusammenhänge umgeformt:

$$R^2 \cdot c_\infty = \frac{M}{2 \cdot \pi}; \quad x = r \cdot \cos\varphi; \quad y = r \cdot \sin\varphi; \quad \sin^2\varphi + \cos^2\varphi = 1$$

Es ergibt sich

$$p(r; \varphi) = p_\infty + \frac{\rho}{2} \cdot c_\infty^2 - \frac{\rho}{2} \cdot \left\{ \left[c_\infty + R^2 \cdot c_\infty \cdot \frac{r^2 \cdot \sin^2\varphi - r^2 \cdot \cos^2\varphi}{\left(r^2 \cdot \cos^2\varphi + r^2 \cdot \sin^2\varphi \right)^2} \right]^2 \right.$$
$$\left. + \left[R^2 \cdot c_\infty \cdot \frac{2 \cdot r \cdot \cos\varphi \cdot r \cdot \sin\varphi}{\left(r^2 \cdot \cos^2\varphi + r^2 \cdot \sin^2\varphi \right)^2} \right]^2 \right\}$$
$$= p_\infty + \frac{\rho}{2} \cdot c_\infty^2 - \frac{\rho}{2} \cdot \left\{ \left[c_\infty + \frac{R^2}{r^2} \cdot c_\infty \cdot \frac{\sin^2\varphi - \cos^2\varphi}{\left(\cos^2\varphi + \sin^2\varphi \right)^2} \right]^2 \right.$$
$$\left. + \left[\frac{R^2}{r^2} \cdot c_\infty \cdot \frac{2 \cdot \cos\varphi \cdot \sin\varphi}{\left(\cos^2\varphi + \sin^2\varphi \right)^2} \right]^2 \right\}.$$

Mit

$$\sin^2 \varphi + \cos^2 \varphi = 1 \quad \text{bzw.} \quad \cos^2 \varphi = 1 - \sin^2 \varphi$$

folgt

$$p(r;\varphi) = p_\infty + \frac{\rho}{2} \cdot c_\infty^2 - \frac{\rho}{2} \cdot \left\{ \left[c_\infty + \frac{R^2}{r^2} \cdot c_\infty \cdot \left(\sin^2 \varphi - \left(1 - \sin^2 \varphi \right) \right) \right]^2 \right.$$

$$\left. + \left[\frac{R^2}{r^2} \cdot c_\infty \cdot 2 \cdot \cos \varphi \cdot \sin \varphi \right]^2 \right\}$$

$$= p_\infty + \frac{\rho}{2} \cdot c_\infty^2 - \frac{\rho}{2} \cdot \left\{ \left[c_\infty + \frac{R^2}{r^2} \cdot c_\infty \cdot \left(2 \cdot \sin^2 \varphi - 1 \right) \right]^2 \right.$$

$$\left. + \left[\frac{R^2}{r^2} \cdot c_\infty \cdot 2 \cdot \cos \varphi \cdot \sin \varphi \right]^2 \right\}.$$

Jetzt wird im Klammerausdruck c_∞ ausgeklammert:

$$p(r;\varphi) = p_\infty + \frac{\rho}{2} \cdot c_\infty^2$$

$$- \frac{\rho}{2} \cdot c_\infty^2 \cdot \left\{ \left[1 + \frac{R^2}{r^2} \cdot \left(2 \cdot \sin^2 \varphi - 1 \right) \right]^2 + \left[\frac{R^2}{r^2} \cdot 2 \cdot \cos \varphi \cdot \sin \varphi \right]^2 \right\}$$

$$= p_\infty + \frac{\rho}{2} \cdot c_\infty^2$$

$$- \frac{\rho}{2} \cdot c_\infty^2 \cdot \left\{ \left(1 - \frac{R^2}{r^2} + 2 \cdot \frac{R^2}{r^2} \cdot \sin^2 \varphi \right)^2 + \left(\frac{R^2}{r^2} \cdot 2 \cdot \cos \varphi \cdot \sin \varphi \right)^2 \right\}.$$

Werden dann die Klammerausdrücke ausquadriert, so erhält man

$$p(r;\varphi) = p_\infty + \frac{\rho}{2} \cdot c_\infty^2$$

$$- \frac{\rho}{2} \cdot c_\infty^2 \cdot \left\{ \left[\left(1 - \frac{R^2}{r^2} \right)^2 + 4 \cdot \left(1 - \frac{R^2}{r^2} \right) \cdot \frac{R^2}{r^2} \cdot \sin^2 \varphi + 4 \cdot \frac{R^4}{r^4} \cdot \sin^4 \varphi \right] \right.$$

$$\left. + \left(4 \cdot \frac{R^4}{r^4} \cdot \cos^2 \varphi \cdot \sin^2 \varphi \right) \right\}$$

$$= p_\infty + \frac{\rho}{2} \cdot c_\infty^2$$

$$- \frac{\rho}{2} \cdot c_\infty^2 \cdot \left\{ \left[\left(1 - \frac{R^2}{r^2} \right)^2 + 4 \cdot \left(1 - \frac{R^2}{r^2} \right) \cdot \frac{R^2}{r^2} \cdot \sin^2 \varphi + 4 \cdot \frac{R^4}{r^4} \cdot \sin^4 \varphi \right] \right.$$

$$\left. + \left[4 \cdot \frac{R^4}{r^4} \cdot \left(1 - \sin^2 \varphi \right) \cdot \sin^2 \varphi \right] \right\}$$

$$= p_\infty + \frac{\rho}{2} \cdot c_\infty^2$$

$$- \frac{\rho}{2} \cdot c_\infty^2 \cdot \left[\left(1 - \frac{R^2}{r^2} \right)^2 + 4 \cdot \left(1 - \frac{R^2}{r^2} \right) \cdot \frac{R^2}{r^2} \cdot \sin^2 \varphi + 4 \cdot \frac{R^4}{r^4} \cdot \sin^4 \varphi \right.$$

$$\left. + 4 \cdot \frac{R^4}{r^4} \cdot \sin^2 \varphi - 4 \cdot \frac{R^4}{r^4} \cdot \sin^4 \varphi \right]$$

und dann schließlich

$$p(r; \varphi) = p_\infty + \frac{\rho}{2} \cdot c_\infty^2 - \frac{\rho}{2} \cdot c_\infty^2 \cdot \left[\left(1 - \frac{R^2}{r^2} \right)^2 + 4 \cdot \frac{R^2}{r^2} \cdot \sin^2 \varphi \right]$$

$$= p_\infty - \frac{\rho}{2} \cdot c_\infty^2 \cdot \left[\left(1 - \frac{R^2}{r^2} \right)^2 + 4 \cdot \frac{R^2}{r^2} \cdot \sin^2 \varphi - 1 \right],$$

und das Endergebnis hat dann die Form

$$p(r; \varphi) = p_\infty - \frac{\rho}{2} \cdot c_\infty^2 \cdot \left[\left(\frac{R^2}{r^2} - 1 \right)^2 - \left(1 - 4 \cdot \frac{R^2}{r^2} \cdot \sin^2 \varphi \right) \right]$$

$$R^2 = \frac{M}{2 \cdot \pi} \cdot \frac{1}{c_\infty}.$$

Hiernach kann an jeder Stelle des Strömungsfeldes mittels der Polarkoordinaten r und φ der jeweilige Druck ermittelt werden.

Die **Druckverteilung unmittelbar am Zylinder** erhält man wie folgt: Mit $r = R$ in der gerade erhaltenen Gleichung bekommen wir

$$p(\varphi) = p_\infty - \frac{\rho}{2} \cdot c_\infty^2 \cdot \left[\left(\frac{R^2}{R^2} - 1 \right)^2 - \left(1 - 4 \cdot \frac{R^2}{R^2} \cdot \sin^2 \varphi \right) \right]$$

$$= p_\infty - \frac{\rho}{2} \cdot c_\infty^2 \cdot \left[(1 - 1)^2 - (1 - 4 \cdot 1 \cdot \sin^2 \varphi) \right]$$

oder

$$p(\varphi) = p_\infty + \frac{\rho}{2} \cdot c_\infty^2 \cdot (1 - 4 \cdot \sin^2 \varphi).$$

Mit der Druckdifferenz $\Delta p = p(\varphi) - p_\infty$ und der Definition des Druckbeiwerts,

$$c_p = \frac{\Delta p}{c_\infty^2 / 2},$$

wird im Übrigen

$$c_p = 1 - 4 \cdot \sin^2 \varphi.$$

Lösungsschritte – Fall 8

Zum Schluss die Diagramme der Stromlinien bei $\Psi_{\text{ges}} = 0; \pm 1; \pm 2; \pm 4; \pm 8$ bzw. der Potenziallinien bei $\Phi_{\text{ges}} = \pm 4; \pm 6; \pm 8; \pm 10$. Die Berechnung wird mit dem oben erwähnten Tabellenkalkulationsprogramm durchgeführt.

Bei der Herleitung der **Stromlinien $y = f(x; \Psi_{\text{ges}} = \text{konstant})$** wird von der Gleichung

$$\Psi_{\text{ges}}(x; y) = c_\infty \cdot y - \frac{M}{2 \cdot \pi} \cdot \frac{y}{x^2 + y^2}$$

ausgegangen. Führt man noch

$$R^2 = \frac{M}{2 \cdot \pi \cdot c_\infty}$$

ein und verwendet gleichzeitig noch den Zusammenhang $r^2 = x^2 + y^2$, so folgt

$$\Psi_{\text{ges}} = c_\infty \cdot y - y \cdot \frac{R^2}{r^2} \cdot c_\infty = c_\infty \cdot y \cdot \left(1 - \frac{R^2}{r^2}\right).$$

Aufgelöst nach y führt das zu

$$y = \frac{\Psi_{\text{ges}}}{c_\infty \cdot \left(1 - \frac{R^2}{r^2}\right)}.$$

Die Anwendung des Tabellenkalkulationsprogramm bei der Ermittlung der Stromlinien $y = f(x; \Psi_{\text{ges}} = \text{konstant})$ läuft nach folgendem Schema ab:

1. M, c_∞ und somit R sind gegeben
2. Ψ_{ges} als Parameter vorgeben

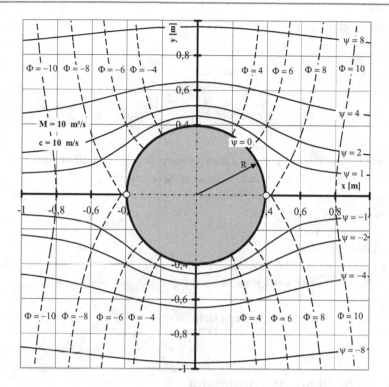

Abb. 8.7 Zylinderumströmung; Strom- und Potenziallinien

3. r als Variable einsetzen
4. Mit o. g. Gleichung erhält man dann y.
5. Mit $x = \pm\sqrt{r^2 - y^2}$ ist x bekannt

Damit hat man die Stromlinien in der Darstellung $y = f(x; \Psi_{ges} = \text{konstant})$, vgl. Abb. 8.7.

Bei der Herleitung der **Potenziallinien $y = f(x; \Phi_{ges} = \text{konstant})$** wird von der Gleichung

$$\Phi_{ges}(x; y) = c_\infty \cdot x - \frac{M}{2 \cdot \pi} \cdot \frac{x}{x^2 + y^2}$$

ausgegangen. Führt man noch

$$R^2 = \frac{M}{2 \cdot \pi \cdot c_\infty}$$

ein und verwendet gleichzeitig noch den Zusammenhang $r^2 = x^2 + y^2$, so folgt

$$\Phi_{ges} = c_\infty \cdot x + c_\infty \cdot x \cdot \frac{R^2}{r^2} = c_\infty \cdot x \cdot \left(1 + \frac{R^2}{r^2}\right).$$

Aufgelöst nach x ergibt das

$$x = \frac{\Phi_{\text{ges}}}{c_\infty \cdot \left(1 + \frac{R^2}{r^2}\right)}.$$

Die Anwendung des Tabellenkalkulationsprogramm bei der Ermittlung der Stromlinien $y = f(x; \Phi_{\text{ges}} = \text{konstant})$ läuft nach folgendem Schema ab:

1. M, c_∞ und somit R sind gegeben
2. Φ_{ges} als Parameter vorgeben
3. r als Variable einsetzen
4. Mit o. g. Gleichung erhält man dann x.
5. Mit $y = \pm\sqrt{r^2 - x^2}$ ist y bekannt

Damit hat man die Stromlinien in der Darstellung $y = f(x; \Phi_{\text{ges}} = \text{konstant})$, vgl. Abb. 8.7.

Aufgabe 8.9 Halbkörperumströmung

In Abb. 8.8 sind die Stromlinien zweier Elementarströmungen zu erkennen. Hierbei handelt es sich um eine Parallelströmung und um eine Quellströmung. Die Überlagerung (Superposition) dieser beiden Elementarströmungen führt zu der Potenzialströmung um einen Halbkörper. Von der Parallelströmung ist die Geschwindigkeit bekannt und von der Quellströmung die Ergiebigkeit. Ebenso ist die Fluiddichte gegeben. Neben Strom- und Potenzialfunktion der Zylinderumströmung $\psi_{\text{ges}}(x; y)$ und $\Phi_{\text{ges}}(x; y)$ wird die resultierende Geschwindigkeit $c(x; y)$ einschließlich ihrer x- und y-Komponenten gesucht. Weiterhin soll die Druckverteilung allgemein und der Druckunterschied zwischen zwei Punkten des Strömungsfelds ermittelt werden. Dann werden noch die Stromlinien und Potenziallinien bei festen Zahlenwerten der Strom- und Potenzialfunktion gesucht. Anschließend sollen die Strom- und Potenziallinien in einem Diagramm mit einem geeigneten Tabellenkalkulationsprogramm dargestellt werden..

Lösung zu Aufgabe 8.9

Aufgabenerläuterung

Bei der Lösung dieser Aufgabe ist von den bekannten Strom- und Potenzialfunktionen der zugrunde liegenden überlagerten Elementarströmungen Gebrauch zu machen. Die

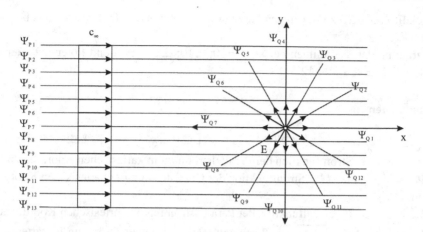

Abb. 8.8 Parallel- und Quellströmung

hieraus resultierenden Ergebnisse $\psi_{ges}(x; y)$ und $\Phi_{ges}(x; y)$ sind dann Grundlage bei den Geschwindigkeitsermittlungen. Mit der nun bekannten Geschwindigkeit lässt sich die Druckverteilung allgemein und speziell der Druckunterschied zwischen zwei Punkten des Strömungsfelds mittels Bernoulli'scher Energiegleichung feststellen. Zur Bestimmung der Strom- und Potenziallinien ist es sinnvoll, die Strom- und Potenzialfunktion derart umzuformen, dass explizite Gleichungen $y(x)$ entstehen mit jeweils dem Stromfunktionswert $\Psi_{ges}(x; y)$ bzw. Potenzialfunktionswert $\Phi_{ges}(x; y)$ als Parameter. Die Auswertung mit o. g. Tabellenkalkulationsprogramm liefert dann die entsprechenden Kurvenverläufe.

Gegeben:

- $E = \frac{\dot{V}}{b}$: Ergiebigkeit der Quellströmung
- c_∞: Geschwindigkeit der Parallelströmung
- ρ: Fluiddichte

Gesucht:

1. $\Psi_{ges}(x; y)$: gemeinsame Stromfunktion in kartesischen Koordinaten
2. $\Psi_{ges}(r; \varphi)$: gemeinsame Stromfunktion in Polarkoordinaten
3. $\Phi_{ges}(x; y)$: gemeinsame Potenzialfunktion in kartesischen Koordinaten
4. $\Phi_{ges}(r; \varphi)$: gemeinsame Potenzialfunktion in Polarkoordinaten
5. $c_x(x; y)$, $c_y(x; y)$, $c(x; y)$: Geschwindigkeit und Geschwindigkeitskomponenten in kartesischen Koordinaten
6. $c_x(r; \varphi)$, $c_y(r; \varphi)$, $c(r; \varphi)$: Geschwindigkeit und Geschwindigkeitskomponenten in Polarkoordinaten
7. $p(x; y)$: Druckverteilung in kartesischen Koordinaten

8. Druckdifferenz Δp zwischen den Punkten $p_1(x_1; y_1)$ und $p_2(x_2; y_2)$ bei gegebenen ρ, E und c_∞.

9. Diagramme der Stromlinien bei $\Psi_{ges} = 0; \pm 10; \pm 12; \pm 15$ und Potenziallinien bei $\Phi_{ges} = \pm 2; \pm 4; \pm 8; +12$

Anmerkungen

- $c_x = +\frac{\partial \Psi(x;y)}{\partial y};\quad c_y = -\frac{\partial \Psi(x;y)}{\partial x};\quad c_x = +\frac{\partial \Phi(x;y)}{\partial x};\quad c_y = +\frac{\partial \Phi(x;y)}{\partial y}$
- $\Psi_P = c_\infty \cdot y$: Stromfunktion der Parallelströmung in kartesischen Koordinaten
- $\Psi_Q = \frac{E}{2\cdot\pi} \cdot \arctan\left(\frac{y}{x}\right)$: Stromfunktion der Quellströmung in kartesischen Koordinaten
- $\Phi_P = c_\infty \cdot x$: Potenzialfunktion der Parallelströmung in kartesischen Koordinaten
- $\Phi_Q = \frac{E}{2\cdot\pi} \cdot \ln\left(\sqrt{x^2 + y^2}\right)$: Potenzialfunktion der Quellströmung in kartesischen Koordinaten

Lösungsschritte – Fall 1

Die **Stromfunktion** $\Psi_{ges}(x;y)$ **(in kartesischen Koordinaten)** der Gesamtströmung kann aus der Addition der einzelnen Stromfunktionen vorgenommen werden, also

$$\Psi_{ges}(x;y) = \Psi_P(y) + \Psi_Q(x;y).$$

Unter Verwendung der gegebenen o. g. Stromfunktionen folgt

$$\Psi_{ges}(x;y) = c_\infty \cdot y + \frac{E}{2\cdot\pi} \cdot \arctan\left(\frac{y}{x}\right).$$

Lösungsschritte – Fall 2

In **Polarkoordinaten** gilt für $\Psi_{ges}(r;\varphi)$ gemäß Abb. 8.11

$$y = r \cdot \sin\varphi \quad \text{und} \quad \arctan\left(\frac{y}{x}\right) = \widehat{\varphi}.$$

In obige Gleichung eingesetzt liefert

$$\Psi_{ges}(r;\varphi) = c_\infty \cdot r \cdot \sin\varphi + \frac{E}{2\cdot\pi} \cdot \widehat{\varphi}.$$

Lösungsschritte – Fall 3

Die **Potenzialfunktion $\Phi_{\text{ges}}(x; y)$ (in kartesischen Koordinaten)** der Gesamtströmung kann aus der Addition der einzelnen Potenzialfunktionen vorgenommen werden, also

$$\Phi_{\text{ges}}(x; y) = \Phi_{\text{P}}(y) + \Phi_{\text{Q}}(x; y).$$

Unter Verwendung der gegebenen o. g. Potenzialfunktionen folgt

$$\Phi_{\text{ges}}(x; y) = c_\infty \cdot x + \frac{E}{2 \cdot \pi} \cdot \ln\left(\sqrt{x^2 + y^2}\right).$$

Lösungsschritte – Fall 4

In **Polarkoordinaten** gilt für $\Phi_{\text{ges}}(r; \varphi)$ gemäß Abb. 8.11 $x = r \cdot \cos\varphi$ und $y = r \cdot \sin\varphi$. In obige Gleichung eingesetzt liefert

$$\begin{aligned}
\Phi_{\text{ges}}(r; \varphi) &= c_\infty \cdot r \cdot \cos\varphi + \frac{E}{2 \cdot \pi} \cdot \ln\left(\sqrt{r^2 \cdot \cos^2\varphi + r^2 \cdot \sin^2\varphi}\right) \\
&= c_\infty \cdot r \cdot \cos\varphi + \frac{E}{2 \cdot \pi} \cdot \ln\left[\sqrt{r^2 \cdot \left(\cos^2\varphi + \sin^2\varphi\right)}\right] \\
&= c_\infty \cdot r \cdot \cos\varphi + \frac{E}{2 \cdot \pi} \cdot \ln\left(r \cdot \sqrt{\cos^2\varphi + \sin^2\varphi}\right).
\end{aligned}$$

Wegen $\cos^2\varphi + \sin^2\varphi = 1$ erhält man schließlich

$$\Phi_{\text{ges}}(r; \varphi) = c_\infty \cdot r \cdot \cos\varphi + \frac{E}{2 \cdot \pi} \cdot \ln r.$$

Lösungsschritte – Fall 5

Die **Geschwindigkeitskomponenten $c_{\text{x}}, c_{\text{y}}$** und die Geschwindigkeit c lassen sich bei bekannten Strom- und Potenzialfunktionen wie folgt herleiten. Hierbei muss zunächst mit $c_{\text{x}}(x; y)$ und $c_{\text{y}}(x; y)$ begonnen werden.

Geschwindigkeitskomponente $c_{\text{x}}(x; y)$: Unter Verwendung von $c_x(x; y) = \frac{\partial \Psi(x; y)}{\partial y}$ und

$$\Psi_{\text{ges}}(x; y) = c_\infty \cdot y + \frac{E}{2 \cdot \pi} \cdot \arctan\left(\frac{y}{x}\right)$$

wird

$$c_x(x, y) = \frac{\partial \left[c_\infty \cdot y + \frac{E}{2 \cdot \pi} \cdot \arctan\left(\frac{y}{x}\right) \right]}{\partial y}$$

$$= \frac{\partial \left(c_\infty \cdot y \right)}{\partial y} + \frac{\partial \left[\frac{E}{2 \cdot \pi} \cdot \arctan\left(\frac{y}{x}\right) \right]}{\partial y}.$$

Werden die Glieder einzeln bei $x =$ konstant partiell differenziert, liefert dies für den ersten Term

$$\frac{\partial \left(c_\infty \cdot y \right)}{\partial y} = c_\infty.$$

Für den zweiten Term,

$$\frac{\partial \left[\frac{E}{2 \cdot \pi} \cdot \arctan\left(\frac{y}{x}\right) \right]}{\partial y},$$

substituieren wir $z = \frac{y}{x}$ und erhalten

$$\frac{\partial \left(\frac{E}{2 \cdot \pi} \cdot \arctan z \right)}{\partial z} \cdot \frac{\partial z}{\partial y} = \frac{E}{2 \cdot \pi} \cdot \frac{\partial \left(\arctan z \right)}{\partial z} \cdot \frac{\partial z}{\partial y}.$$

Mit den partiellen Differenzialquotienten

$$\frac{\partial \left(\arctan z \right)}{\partial z} = \frac{1}{1 + z^2} \quad \text{und} \quad \frac{\partial z}{\partial y} = \frac{1}{x}$$

entsteht der Ausdruck

$$\frac{\partial \left[\frac{E}{2 \cdot \pi} \cdot \arctan\left(\frac{y}{x}\right) \right]}{\partial y} = \frac{E}{2 \cdot \pi} \cdot \frac{1}{1 + z^2} \cdot \frac{1}{x} = \frac{E}{2 \cdot \pi} \cdot \frac{1}{1 + \left(\frac{y}{x}\right)^2} \cdot \frac{1}{x} = \frac{E}{2 \cdot \pi} \cdot \frac{x^2}{x^2 + y^2} \cdot \frac{1}{x}$$

und nach Kürzen

$$\frac{\partial \left[\frac{E}{2 \cdot \pi} \cdot \arctan\left(\frac{y}{x}\right) \right]}{\partial y} = \frac{E}{2 \cdot \pi} \cdot \frac{x}{x^2 + y^2}.$$

Das Resultat für c_x lautet mithin

$$c_x(x, y) = c_\infty + \frac{E}{2 \cdot \pi} \cdot \frac{x}{x^2 + y^2}.$$

Geschwindigkeitskomponente $c_y(x;y)$: Unter Verwendung von $c_y(x;y) = \frac{\partial \Phi(x;y)}{\partial y}$ und

$$\Phi_{ges}(x;y) = c_\infty \cdot x + \frac{E}{2 \cdot \pi} \cdot \ln\left(\sqrt{x^2 + y^2}\right)$$

wird

$$c_y(x;y) = \frac{\partial \left[c_\infty \cdot x + \frac{E}{2 \cdot \pi} \cdot \ln\left(\sqrt{x^2 + y^2}\right) \right]}{\partial y}$$

$$= \frac{\partial (c_\infty \cdot x)}{\partial y} + \frac{\partial \left[\frac{E}{2 \cdot \pi} \cdot \ln\left(\sqrt{x^2 + y^2}\right) \right]}{\partial y}.$$

Die Glieder werden einzeln bei $x =$ konstant partiell differenziert, das liefert für den ersten Term

$$\frac{\partial (c_\infty \cdot x)}{\partial y} = 0.$$

Für den zweiten Term,

$$\frac{\partial \left[\frac{E}{2 \cdot \pi} \cdot \ln\left(\sqrt{x^2 + y^2}\right) \right]}{\partial y} = \frac{E}{2 \cdot \pi} \cdot \frac{\partial \left[\ln\left(\sqrt{x^2 + y^2}\right) \right]}{\partial y},$$

substituieren wir $z = x^2 + y^2$ und erhalten

$$\frac{E}{2 \cdot \pi} \cdot \frac{\partial \left[\ln\left(\sqrt{z}\right) \right]}{\partial z} \cdot \frac{\partial z}{\partial y}.$$

Des Weiteren substituieren wir $m = \sqrt{z}$:

$$\frac{E}{2 \cdot \pi} \cdot \frac{\partial (\ln m)}{\partial m} \cdot \frac{\partial m}{\partial z} \cdot \frac{\partial z}{\partial y}.$$

Mit

$$\frac{\partial (\ln m)}{\partial m} = \frac{1}{m}; \quad \frac{\partial m}{\partial z} = \frac{1}{2} \cdot \frac{1}{\sqrt{z}} \quad \text{und} \quad \frac{\partial z}{\partial y} = 2 \cdot y$$

folgt

$$\frac{E}{2 \cdot \pi} \cdot \frac{\partial (\ln m)}{\partial m} \cdot \frac{\partial m}{\partial z} \cdot \frac{\partial z}{\partial y} = \frac{1}{m} \cdot \frac{1}{2} \cdot \frac{1}{\sqrt{z}} \cdot 2 \cdot y$$

$$= \frac{1}{\sqrt{x^2 + y^2}} \cdot \frac{1}{2} \cdot \frac{1}{\sqrt{x^2 + y^2}} \cdot 2 \cdot y.$$

Somit wird

$$\frac{E}{2 \cdot \pi} \cdot \frac{\partial \left[\ln\left(\sqrt{x^2 + y^2}\right) \right]}{\partial y} = \frac{E}{2 \cdot \pi} \cdot \frac{y}{(x^2 + y^2)}.$$

Das Resultat für c_y lautet folglich

$$c_y(x; y) = \frac{E}{2 \cdot \pi} \cdot \frac{y}{(x^2 + y^2)}.$$

Geschwindigkeit $c(x; y)$: Die resultierende Geschwindigkeit c im rechtwinkligen Dreieck setzt sich wie folgt zusammen:

$$c(x; y) = \sqrt{c_x^2(x; y) + c_y^2(x; y)}.$$

Die beiden Geschwindigkeitskomponenten von oben werden nun eingesetzt:

$$c(x; y) = \sqrt{\left(c_\infty + \frac{E}{2 \cdot \pi} \cdot \frac{x}{(x^2 + y^2)}\right)^2 + \left(\frac{E}{2 \cdot \pi} \cdot \frac{y}{(x^2 + y^2)}\right)^2}$$

Ausmultipliziert und vereinfacht führt das zum Resultat

$$c(x; y) = \sqrt{c_\infty^2 + \frac{E}{2 \cdot \pi} \cdot \frac{1}{x^2 + y^2} \cdot \left(2 \cdot c_\infty \cdot x + \frac{E}{2 \cdot \pi}\right)}.$$

Lösungsschritte – Fall 6

Die Transformation der **Geschwindigkeiten** $c_x(x; y)$, $c_y(x; y)$ und $c(x; y)$ von kartesischen Koordinaten **in Polarkoordinaten** lässt sich wie folgt durchführen.

Geschwindigkeitskomponente $c_x(r; \varphi)$: Aus

$$c_x(x, y) = c_\infty + \frac{E}{2 \cdot \pi} \cdot \frac{x}{x^2 + y^2}$$

sowie $x = r \cdot \cos \varphi$ und $y = r \cdot \sin \varphi$ erhält man

$$c_x(r; \varphi) = c_\infty + \frac{E}{2 \cdot \pi} \cdot \frac{r \cdot \cos \varphi}{r^2 \cdot \cos^2 \varphi + r^2 \cdot \sin^2 \varphi} = c_\infty + \frac{E}{2 \cdot \pi} \cdot \frac{1}{r} \cdot \frac{\cos \varphi}{\cos^2 \varphi + \sin^2 \varphi}$$

Mit $\cos^2\varphi + \sin^2\varphi = 1$ wird dann

$$c_x(r;\varphi) = c_\infty + \frac{E}{2\cdot\pi}\cdot\frac{\cos\varphi}{r}.$$

Geschwindigkeitskomponente $c_y(r;\varphi)$: Aus

$$c_y(x;y) = \frac{E}{2\cdot\pi}\cdot\frac{y}{x^2+y^2}$$

sowie $x = r\cdot\cos\varphi$ und $y = r\cdot\sin\varphi$ erhält man

$$c_y(r;\varphi) = \frac{E}{2\cdot\pi}\cdot\frac{r\cdot\sin\varphi}{r^2\cdot\cos^2\varphi + r^2\cdot\sin^2\varphi} = \frac{E}{2\cdot\pi}\cdot\frac{1}{r}\cdot\frac{\sin\varphi}{\cos^2\varphi + \sin^2\varphi}.$$

Mit $\cos^2\varphi + \sin^2\varphi = 1$ wird dann

$$c_y(r;\varphi) = \frac{E}{2\cdot\pi}\cdot\frac{\sin\varphi}{r}.$$

Geschwindigkeit $c(r;\varphi)$: Es ist

$$c(r;\varphi) = \sqrt{c_x^2 + c_y^2}.$$

Werden hier die Geschwindigkeitskomponenten $c_x(r;\varphi)$ und $c_y(r;\varphi)$ eingesetzt, ergibt sich

$$c(r;\varphi) = \sqrt{\left(c_\infty + \frac{E}{2\cdot\pi}\cdot\frac{\cos\varphi}{r}\right)^2 + \left(\frac{E}{2\cdot\pi}\cdot\frac{\sin\varphi}{r}\right)^2}.$$

Ausmultipliziert und vereinfacht führt zum Resultat

$$c(r;\varphi) = \sqrt{c_\infty^2 + \frac{E}{2\cdot\pi}\cdot\frac{1}{r}\cdot\left(2\cdot c_\infty\cdot\cos\varphi + \frac{E}{2\cdot\pi}\cdot\frac{1}{r}\right)}.$$

Lösungsschritte – Fall 7

Für die **Druckverteilung** $p(x;y)$ in **kartesischen Koordinaten** wenden wir die Bernoulli'sche Gleichung an den Stellen p_∞ und $p(x;y)$ an, das liefert zunächst

$$\frac{p_\infty}{\rho} + \frac{c_\infty^2}{2} = \frac{p(x;y)}{\rho} + \frac{c^2(x;y)}{2}$$

bei vernachlässigten Höhengliedern. Multipliziert mit ρ und nach $p(x;y)$ aufgelöst ergibt

$$p(x;y) = p_\infty + \frac{\rho}{2} \cdot c_\infty^2 - \frac{\rho}{2} \cdot c^2(x;y).$$

Die Verwendung des oben ermittelten Ergebnisses

$$c^2(x;y) = c_\infty^2 + \frac{E}{2 \cdot \pi} \cdot \frac{1}{x^2 + y^2} \cdot \left(2 \cdot c_\infty \cdot x + \frac{E}{2 \cdot \pi}\right)$$

liefert

$$p(x;y) = p_\infty + \frac{\rho}{2} \cdot c_\infty^2 - \frac{\rho}{2} \cdot \left[c_\infty^2 + \frac{E}{2 \cdot \pi} \cdot \frac{1}{x^2 + y^2} \cdot \left(2 \cdot c_\infty \cdot x + \frac{E}{2 \cdot \pi}\right)\right]$$

oder vereinfacht

$$p(x;y) = p_\infty - \rho \cdot \frac{E}{2 \cdot \pi} \cdot \frac{1}{x^2 + y^2} \cdot \left(c_\infty \cdot x + \frac{E}{4 \cdot \pi}\right).$$

Lösungsschritte – Fall 8

Die **Druckdifferenz** Δp zwischen den Punkten $p_1(x_1;y_1)$ und $p_2(x_2;y_2)$ ergibt sich folgendermaßen: Wir formen

$$p(x;y) = p_\infty - \rho \cdot \frac{E}{2 \cdot \pi} \cdot \frac{1}{x^2 + y^2} \cdot \left(c_\infty \cdot x + \frac{E}{4 \cdot \pi}\right)$$

um in die Form

$$p_\infty = p(x;y) + \rho \cdot \frac{E}{2 \cdot \pi} \cdot \frac{1}{x^2 + y^2} \cdot \left(c_\infty \cdot x + \frac{E}{4 \cdot \pi}\right)$$

und wenden dies dann auf die beiden Punkte $P_1(x_1;y_1)$ und $P_2(x_2;y_2)$ an. Das führt zunächst zu dem resultierenden Zusammenhang

$$p_\infty = p(x_1;y_1) + \rho \cdot \frac{E}{2 \cdot \pi} \cdot \frac{1}{x_1^2 + y_1^2} \cdot \left(c_\infty \cdot x_1 + \frac{E}{4 \cdot \pi}\right)$$

$$= p(x_2;y_2) + \rho \cdot \frac{E}{2 \cdot \pi} \cdot \frac{1}{x_2^2 + y_2^2} \cdot \left(c_\infty \cdot x_2 + \frac{E}{4 \cdot \pi}\right).$$

Dass allgemeine Ergebnis ist dann die Differenz $\Delta p = p(x_2; y_2) - p(x_1; y_1)$:

$$\Delta p = \rho \cdot \frac{E}{2 \cdot \pi} \cdot \left[\frac{1}{x_2^2 + y_2^2} \cdot \left(c_\infty \cdot x_2 + \frac{E}{4 \cdot \pi} \right) - \frac{1}{x_1^2 + y_1^2} \cdot \left(c_\infty \cdot x_1 + \frac{E}{4 \cdot \pi} \right) \right].$$

Mit folgenden Zahlenwerten $x_1 = -8{,}58\,\text{m}$; $y_1 = 0{,}60\,\text{m}$; $x_2 = 4{,}97\,\text{m}$; $y_2 = 4{,}025\,\text{m}$; $E = 18\,\text{m}^2/\text{s}$; $c_\infty = 2\,\text{m/s}$; $\rho = 1\,000\,\text{kg/m}^3$ erhält man dann

$$\Delta p = 1\,000 \cdot \frac{18}{2 \cdot \pi} \cdot \left[\frac{1}{4{,}97^2 + 4{,}025^2} \cdot \left(2 \cdot 4{,}97 + \frac{18}{4 \cdot \pi} \right) \right.$$
$$\left. - \frac{1}{(-8{,}58)^2 + 0{,}60^2} \cdot \left(2 \cdot (-8{,}58) + \frac{18}{4 \cdot \pi} \right) \right]$$

$$\Delta p = 1\,406\,\text{Pa}.$$

Lösungsschritte – Fall 9

Zum Schluss noch die Diagramme der Stromlinien bei $\Psi_\text{ges} = 0$; ± 10; ± 12; ± 15 und Potenziallinien bei $\Phi_\text{ges} = \pm 2$; ± 4; ± 8; $+12$:

Bei der Herleitung der **Stromlinien** $y = f(x; \Psi_\text{ges} = \textbf{konstant})$ wird von der Gleichung

$$\Psi_\text{ges} = c_\infty \cdot y + \frac{E}{2 \cdot \pi} \cdot \arctan \left(\frac{y}{x} \right)$$

Gebrauch gemacht. Mit $\arctan \left(\frac{y}{x} \right) = \widehat{\varphi}$ folgt

$$\Psi_\text{ges} = c_\infty \cdot y + \frac{E}{2 \cdot \pi} \cdot \widehat{\varphi}.$$

Umgeformt erhält man

$$c_\infty \cdot y = \Psi_\text{ges} - \frac{E}{2 \cdot \pi} \cdot \widehat{\varphi}$$

oder

$$y = \frac{1}{c_\infty} \cdot \left(\Psi_\text{ges} - \frac{E}{2 \cdot \pi} \cdot \widehat{\varphi} \right).$$

Die Anwendung o. g. Tabellenkalkulationsprogramms bei der Ermittlung der Stromlinien $y = f(x; \Psi_\text{ges} = \text{konstant})$ läuft nach folgendem Schema ab:

1. E und c_∞ sind gegeben.
2. Ψ_{ges} ist als Parameter vorgeben.
3. $\widehat{\varphi}$ und damit φ° als Variable einsetzen
4. Mit 1. bis 3. erhält man y
5. Mit $x = y/\tan\varphi$ erhält man x und somit die gesuchte Funktion

$$y = f\left(x; \Psi_{\text{ges}} = \text{konstant}\right).$$

Durch Umformen der Potenzialfunktion $\Phi_{\text{ges}}(x; y)$ lassen sich die **Potenziallinien** $y = f(x; \Phi_{\text{ges}} = \text{konstant})$ wie folgt bestimmen: Mit

$$\Phi_{\text{ges}} = c_\infty \cdot x + \frac{E}{2 \cdot \pi} \cdot \ln\left(\sqrt{x^2 + y^2}\right)$$

erhält man durch Einsetzen von $r = \sqrt{x^2 + y^2}$

$$\Phi_{\text{ges}} = c_\infty \cdot x + \frac{E}{2 \cdot \pi} \cdot \ln r$$

und durch Umstellen

$$c_\infty \cdot x = \Phi_{\text{ges}} - \frac{E}{2 \cdot \pi} \cdot \ln r.$$

Hieraus folgt die x-Koordinate

$$x = \frac{1}{c_\infty} \cdot \left(\Phi_{\text{ges}} - \frac{E}{2 \cdot \pi} \cdot \ln r\right).$$

Die Anwendung o. g. Tabellenkalkulationsprogramms bei der Ermittlung der Potenziallinien $y = f(x; \Phi_{\text{ges}} = \text{konstant})$ läuft nach folgendem Schema ab:

1. E und c_∞ sind gegeben.
2. Φ_{ges} ist als Parameter vorgeben.
3. r als Variable einsetzen
4. Mit 1. bis 3. erhält man x.
5. Mit 3. und 4. erhält man $\widehat{\varphi} = \arccos\left(x/r\right)$.
6. Mit 3. und 5. erhält man $y = r \cdot \sin\varphi^\circ$. Somit kennt man die gesuchte Funktion

$$y = f\left(x; \Phi_{\text{ges}} = \text{konstant}\right).$$

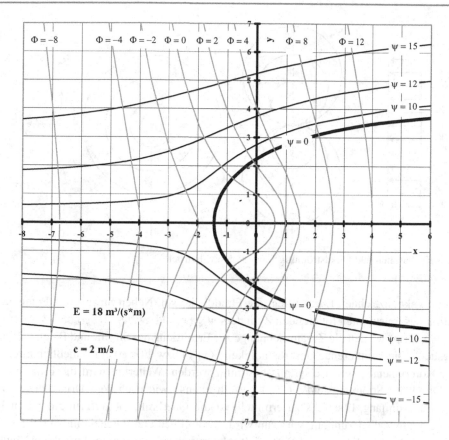

Abb. 8.9 Halbkörperumströmung; Strom- und Potenziallinien

Die Auswertungen der Strom- und Potenziallinien bei $E = 18\,\mathrm{m^2/s}$ und $c_\infty = 2\,\mathrm{m/s}$ erfolgen mit dem genannten Tabellenkalkulationsprogramm für $\Psi_{\mathrm{ges}} = 0;\ \pm 10;\ \pm 12;$ ± 15 sowie $\Phi_{\mathrm{ges}} = \pm 2;\ \pm 4;\ \pm 8;\ +12$. Die Kurvenverläufe sind in Abb. 8.9 dargestellt. Die für $\Psi = 0$ zu erkennende „Staupunktstromlinie" kann als Kontur eines umströmten starren „Halbkörpers" verstanden werden.

Aufgabe 8.10 Umströmter rotierender Zylinder

In Abb. 8.10 sind die Stromlinien dreier Elementarströmungen zu erkennen. Hierbei handelt es sich um eine Parallelströmung, eine Dipolströmung und einen Potenzialwirbel. Die Überlagerung (Superposition) dieser drei Elementarströmungen führt zu der Potenzialströmung um einen rotierenden Zylinder (Flettner-Rotor!!). Bei der Parallelströmung liegen die Geschwindigkeit und der Druck sehr weit vor dem Zylinder vor. Von der Dipolströmung kennt man das Dipolmoment. Der Potenzialwirbel wird durch die gegebene Zir-

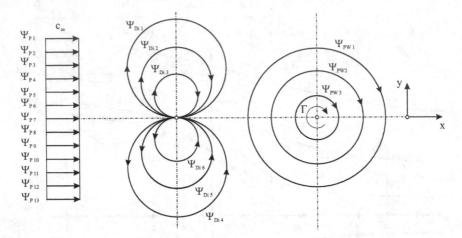

Abb. 8.10 Parallel- und Dipolströmung sowie Potenzialwirbel

kulation gekennzeichnet. Ebenso liegt die Fluiddichte vor. Neben Strom- und Potenzialfunktion des umströmten rotierenden Zylinders $\Psi_{ges}(x;y)$ bzw. $\Psi_{ges}(r;\varphi)$ und $\Phi_{ges}(x;y)$
bzw. $\Phi_{ges}(r;\varphi)$ werden die Zusammenhänge zur Ermittlung der Strom- und Potenziallini-
en gesucht. Die resultierende Geschwindigkeit $c(x;y)$ bzw. $c(r;\varphi)$ einschließlich ihrer x-
und y-Komponenten sollen ebenfalls bestimmt werden. Weiterhin wird die Frage nach
dem Druck im Strömungsfeld $p(r;\varphi)$ gestellt ebenso wie nach dem Druckbeiwert c_p
am Zylinderumfang. Ebenfalls zu ermitteln ist die Querkraft, die aufgrund der Druckverteilung am Zylinderumfang wirksam wird. Stromlinien und Potenziallinien bei festen
Zahlenvorgaben der Strom- und Potenzialfunktion gehören auch zum Aufgabenumfang.
Das gleiche gilt für die aufgrund der Datenvorgabe am Zylinderumfang sich einstellende
Geschwindigkeits- und Druckverteilung nebst Druckbeiwert. Die Darstellung in Diagrammen mit Hilfe eines Tabellenkalkulationsprogramms bildet den Abschluss dieser Aufgabe.

Lösung zu Aufgabe 8.10

Aufgabenerläuterung
Bei der Lösung dieser Aufgabe ist von den bekannten Strom- und Potenzialfunktionen
der zugrunde liegenden überlagerten Elementarströmungen Gebrauch zu machen. Die
hieraus resultierenden Ergebnisse Ψ_{ges} und Φ_{ges} sind dann Grundlage der Strom- und Po-
tenziallinienbestimmung ebenso wie bei den Geschwindigkeitsermittlungen. Mit der nun
bekannten Geschwindigkeit lässt sich die allgemeine Druckverteilung im Strömungsfeld
mittels Bernoulli'scher Energiegleichung feststellen. Die Druckverteilung am Zylinderumfang erfolgt bei $r = R$. Zur Bestimmung der Strom- und Potenziallinien $y(x;\Psi_{ges} =$
konstant) sowie $y(x;\Phi_{ges} =$ konstant) ist es sinnvoll, die Polarkoordinaten r und φ einzu-
führen. Aus diesem Grund werden die meisten gesuchten Größen dieser Aufgabe sowohl

in kartesischen als auch Polarkoordinaten zu ermitteln sein. Die Auswertung mit o. g. Tabellenkalkulationsprogramm liefert dann die entsprechenden Kurvenverläufe.

Gegeben:

- c_∞: Geschwindigkeit der Parallelanströmung
- p_∞: Druck in der Parallelanströmung
- M: Dipolmoment
- $\frac{\Gamma}{2 \cdot \pi} = c_\infty \cdot R$: Zirkulation
- ρ: Fluiddichte

Gesucht:

1. $\Psi_{\text{ges}}(x; y)$: gemeinsame Stromfunktion (kartesische Koordinaten)
2. $\Psi_{\text{ges}}(r; \varphi)$: gemeinsame Stromfunktion (Polarkoordinaten)
3. $\Phi_{\text{ges}}(x; y)$: gemeinsame Potenzialfunktion (kartesische Koordinaten)
4. $\Phi_{\text{ges}}(r; \varphi)$: gemeinsame Potenzialfunktion (Polarkoordinaten)
5. $y(x; \Psi_{\text{ges}} = \text{konstant})$: Stromlinien
6. $y(x; \Phi_{\text{ges}} = \text{konstant})$: Potenziallinien
7. $c_x(x; y)$, $c_y(x; y)$, $c(x; y)$: Geschwindigkeitskomponenten und Geschwindigkeit (kartesische Koordinaten)
8. $c_x(r; \varphi)$, $c_y(r; \varphi)$, $c(r; \varphi)$: Geschwindigkeitskomponenten und Geschwindigkeit (Polarkoordinaten)
9. $p(r; \varphi)$: Druck im Strömungsfeld
10. c_p: Druckbeiwert bei $r = R$
11. F_y: Querkraft
12. Diagramme bei: $M = 10\,\text{m}^3/\text{s}$; $c_\infty = 10\,\text{m/s}$; $p_\infty = 5 \cdot 10^5\,\text{Pa}$; $\rho = 1\,000\,\text{kg/m}^3$
    - Strom- und Potenziallinien: $\Psi_{\text{ges}} = 0; \pm1; \pm2; \pm4; \pm8; \pm16$ sowie $\Phi_{\text{ges}} = +0;$ $+5; +8{,}75; +12{,}5; +15; +17{,}5$ und $-10; -15; -21{,}5; -25; -27{,}5; -30$
    - Geschwindigkeit $c(\varphi)$ am Umfang $r = R$
    - Druck $p(\varphi)$ am Umfang $r = R$
    - Druckbeiwert $c_p(\varphi)$ am Umfang $r = R$

Anmerkungen

- $c_x = +\frac{\partial \Psi(x;y)}{\partial y}$; $c_y = -\frac{\partial \Psi(x;y)}{\partial x}$; $c_x = +\frac{\partial \Phi(x;y)}{\partial x}$; $c_y = +\frac{\partial \Phi(x;y)}{\partial y}$
- $\Psi_P = c_\infty \cdot y$: Stromfunktion der Parallelströmung
- $\Psi_{Di} = -\frac{M}{2 \cdot \pi} \cdot \frac{y}{x^2+y^2}$: Stromfunktion der Dipolströmung
- $\Psi_{PW} = \frac{\vec{\Gamma}}{2 \cdot \pi} \cdot \ln\left(\frac{\sqrt{x^2+y^2}}{R}\right)$ Stromfunktion des Potenzialwirbels zwischen R und r
- $\Phi_P = c_\infty \cdot x$: Potenzialfunktion der Parallelströmung

- $\Phi_{Di} = \frac{M}{2 \cdot \pi} \cdot \frac{x}{x^2 + y^2}$: Potenzialfunktion der Dipolströmung
- $\Phi_{PW} = -\frac{\Gamma}{2 \cdot \pi} \cdot \arctan\left(\frac{y}{x}\right)$: Potenzialfunktion des Potenzialwirbels
- $R = \sqrt{\frac{M}{2 \cdot \pi} \cdot \frac{1}{c_\infty}}$: Radius des rotierenden Zylinders

Lösungsschritte – Fall 1

Die **Stromfunktion** $\Psi_{ges}(x; y)$ **(in kartesischen Koordinaten)** der Gesamtströmung kann aus der Addition der einzelnen Stromfunktionen vorgenommen werden, also

$$\Psi_{ges}(x; y) = \Psi_P(y) + \Psi_{Di}(x; y) + \Psi_{PW}(x; y).$$

Unter Verwendung der gegebenen o. g. Stromfunktionen folgt:

$$\Psi_{ges}(x; y) = c_\infty \cdot y - \frac{M}{2 \cdot \pi} \cdot \frac{y}{x^2 + y^2} + \frac{\Gamma}{2 \cdot \pi} \cdot \ln\left(\frac{\sqrt{x^2 + y^2}}{R}\right).$$

Lösungsschritte – Fall 2

In **Polarkoordinaten** gilt für $\Psi_{ges}(r; \varphi)$ mit den Zusammenhängen gemäß Abb. 8.11 $y = r \cdot \sin\varphi$, $x = r \cdot \cos\varphi$ und $r^2 = x^2 + y^2$ folgt zunächst

$$\Psi_{ges}(r; \varphi) = c_\infty \cdot r \cdot \sin\varphi - \frac{M}{2 \cdot \pi} \cdot \frac{r \cdot \sin\varphi}{r^2} + \frac{\Gamma}{2 \cdot \pi} \cdot \ln\left(\frac{r}{R}\right)$$

oder

$$\Psi_{ges}(r; \varphi) = c_\infty \cdot r \cdot \sin\varphi - \frac{M}{2 \cdot \pi} \cdot \frac{\sin\varphi}{r} + \frac{\Gamma}{2 \cdot \pi} \cdot \ln\left(\frac{r}{R}\right).$$

Lösungsschritte – Fall 3

Die **Potenzialfunktion** $\Phi_{ges}(x; y)$ **(in kartesischen Koordinaten)** der Gesamtströmung kann aus der Addition der einzelnen Potenzialfunktionen vorgenommen werden

$$\Phi_{ges}(x; y) = \Phi_P(y) + \Phi_{Di}(x; y) + \Phi_{PW}(x; y).$$

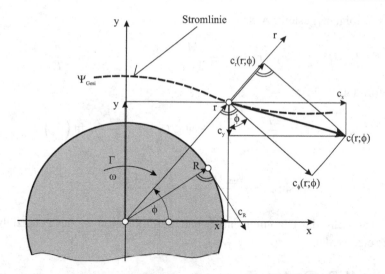

Abb. 8.11 Umströmter rotierender Zylinder; Stromlinie mit Geschwindigkeit

Unter Verwendung der gegebenen o. g. Potenzialfunktionen folgt

$$\Phi_{ges}(x;y) = c_\infty \cdot x + \frac{M}{2 \cdot \pi} \cdot \frac{x}{x^2 + y^2} - \frac{\Gamma}{2 \cdot \pi} \cdot \arctan\left(\frac{y}{x}\right).$$

Lösungsschritte – Fall 4

In **Polarkoordinaten** gilt für $\Phi_{ges}(r;\varphi)$ wegen der o. g. Zusammenhängen sowie gemäß Abb. 8.11

$$\tan(\varphi) = \frac{y}{x} \quad \text{und folglich} \quad \widehat{\varphi} = \arctan\left(\frac{y}{x}\right),$$

also

$$\Phi_{ges}(r;\varphi) = c_\infty \cdot r \cdot \cos\varphi + \frac{M}{2 \cdot \pi} \cdot \frac{r \cdot \cos\varphi}{r^2} - \frac{\Gamma}{2 \cdot \pi} \cdot \widehat{\varphi}$$

bzw.

$$\Phi_{ges}(r;\varphi) = c_\infty \cdot r \cdot \cos\varphi + \frac{M}{2 \cdot \pi} \cdot \frac{\cos\varphi}{r} - \frac{\Gamma}{2 \cdot \pi} \cdot \widehat{\varphi}.$$

Lösungsschritte – Fall 5

Da die Stromfunktion Ψ_{ges} in kartesischen Koordinaten implizit vorliegt, wird für die **Stromlinien** über den Umweg mit Polarkoordinaten der Zusammenhang $y(x;\Psi_{ges} =$

konstant) wie folgt hergestellt: Ausgehend von

$$\Psi_{ges}(r;\varphi) = c_\infty \cdot r \cdot \sin\varphi - \frac{M}{2\cdot\pi} \cdot \frac{\sin\varphi}{r} + \frac{\Gamma}{2\cdot\pi} \cdot \ln\left(\frac{r}{R}\right)$$

folgt umgeformt nach $\sin\varphi$

$$c_\infty \cdot r \cdot \sin\varphi - \frac{M}{2\cdot\pi} \cdot \frac{\sin\varphi}{r} = \Psi_{ges}(x;y) - \frac{\Gamma}{2\cdot\pi} \cdot \ln\left(\frac{r}{R}\right)$$

oder

$$\sin\varphi = \frac{\Psi_{ges}(r;\varphi) - \frac{\Gamma}{2\cdot\pi}\cdot\ln\left(\frac{r}{R}\right)}{c_\infty \cdot r - \frac{M}{2\cdot\pi}\cdot\frac{1}{r}}.$$

Hierin sollen zunächst das Dipolmoment $\frac{M}{2\cdot\pi}$ und die Zirkulation $\frac{\Gamma}{2\cdot\pi}$ des Potenzialwirbels wie folgt ersetzt werden.

Dipolmoment $M/(2\cdot\pi)$: Aus

$$R^2 = \frac{M}{2\cdot\pi} \cdot \frac{1}{c_\infty}$$

wird durch Umformung

$$\frac{M}{2\cdot\pi} = R^2 \cdot c_\infty.$$

Zirkulation $\vec{\Gamma}/2\cdot\pi$: Weiterhin lauten $\Gamma = 2\cdot\pi\cdot c(r)\cdot r$ sowie bei Potenzialwirbeln $c(r)\cdot r = c_R \cdot R$. Hierbei ist c_R die Umfangsgeschwindigkeit an der Zylinderkontur. Setzt man noch $c_R = R\cdot\omega$, so liefert dies

$$\Gamma = 2\cdot\pi\cdot R\cdot R\cdot\omega$$

oder

$$\frac{\Gamma}{2\cdot\pi} = c_R \cdot R = R^2 \cdot \omega.$$

Hierin ist $\frac{\Gamma}{2\cdot\pi}$ wegen der frei wählbare Winkelgeschwindigkeit nur von dieser abhängig. Es hat sich als sinnvoll erwiesen, c_R als ganzzahliges Vielfaches von c_∞ zu wählen, also

$$c_R = 1\cdot c_\infty, 2\cdot c_\infty, 3\cdot c_\infty, \ldots$$

Dann wird

$$\frac{\Gamma}{2 \cdot \pi} = c_\infty \cdot R; \frac{\Gamma}{4 \cdot \pi} = c_\infty \cdot R; \frac{\Gamma}{6 \cdot \pi} = c_\infty \cdot R.$$

Benutzt man z. B. $c_R = 1 \cdot c_\infty$, so ist

$$\frac{\Gamma}{2 \cdot \pi} = c_\infty \cdot R.$$

Die so gefundenen Ausdrücke für $\frac{M}{2 \cdot \pi}$ und $\frac{\Gamma}{2 \cdot \pi}$ führen, in o. g. Gleichung für $\sin \varphi$ eingesetzt, zu

$$\sin \varphi = \frac{\Psi_{\text{ges}} - c_\infty \cdot R \cdot \ln\left(\frac{r}{R}\right)}{c_\infty \cdot r \cdot \left(1 - \frac{R^2}{r^2}\right)}.$$

Vorgehensweise bei der Ermittlung der Stromlinien $y(x; \Psi_{\text{ges}} = \text{konstant})$:

1. M, c_∞ und folglich R sind gegeben.
2. Ψ_{ges} ist als Parameter vorgeben.
3. r als Variable einsetzen
4. Mit o. g. Gleichung erhält man $\sin \varphi$.
5. Mit $y = r \cdot \sin \varphi$ ist y bekannt.
6. $\cos \varphi = \pm \sqrt{1 - \sin^2 \varphi}$ bekannt
7. Mit $x = r \cdot \cos \varphi$ ist x bekannt.

Damit erhält man die Stromlinien $y(x; \Psi_{\text{ges}} = \text{konstant})$, das Ergebnis ist in Abb. 8.14 gezeigt.

Lösungsschritte – Fall 6

Da auch die Potenzialfunktion Φ_{ges} in kartesischen Koordinaten implizit vorliegt, wird für die **Potenziallinien** über den Umweg mit Polarkoordinaten der Zusammenhang $y(x; \Phi_{\text{ges}} = \text{konstant})$ wie folgt hergestellt. Ausgangspunkt ist die in Polarkoordinaten hergeleitete Gleichung

$$\Phi_{\text{ges}}(r; \varphi) = c_\infty \cdot r \cdot \cos \varphi + \frac{M}{2 \cdot \pi} \cdot \frac{\cos \varphi}{r} - \frac{\Gamma}{2 \cdot \pi} \cdot \widehat{\varphi}.$$

Es empfiehlt sich, die Abhängigkeit des Radius r vom Winkel φ herzuleiten, um daraus $y(x; \Phi_{\text{ges}} = \text{konstant})$ zu erhalten.

In o. g. Gleichung sollen wiederum das Dipolmoment M und die Zirkulation Γ des Potenzialwirbels wie oben ersetzt werden:

$$\frac{M}{2 \cdot \pi} = c_\infty \cdot R^2 \quad \text{und} \quad \frac{\Gamma}{2 \cdot \pi} = c_\infty \cdot R.$$

Es folgt

$$\Phi_{\text{ges}}(r;\varphi) = c_\infty \cdot r \cdot \cos\varphi + c_\infty \cdot R^2 \cdot \frac{\cos\varphi}{r} - c_\infty \cdot R \cdot \widehat{\varphi}$$

oder umgeformt

$$c_\infty \cdot r \cdot \cos\varphi \cdot \left(1 + \frac{R^2}{r^2}\right) = \Phi_{\text{ges}}(r;\varphi) + c_\infty \cdot R \cdot \widehat{\varphi}.$$

Durch $(c_\infty \cdot \cos\varphi)$ dividiert wird daraus

$$\frac{1}{c_\infty} \cdot \frac{\Phi_{\text{ges}}(r;\varphi) + c_\infty \cdot R \cdot \widehat{\varphi}}{\cos\varphi} = r \cdot \left(1 + \frac{R^2}{r^2}\right) = r \cdot \left(\frac{r^2}{r^2} + \frac{R^2}{r^2}\right) = \frac{r}{r^2} \cdot \left(r^2 + R^2\right).$$

Kürzen und Multiplikation mit r liefern

$$r^2 + R^2 = r \cdot \frac{1}{c_\infty} \cdot \frac{\Phi_{\text{ges}}(r;\varphi) + c_\infty \cdot R \cdot \widehat{\varphi}}{\cos\varphi}$$

Mit der Substitution

$$\frac{1}{c_\infty} \cdot \frac{\Phi_{\text{ges}}(r;\varphi) + c_\infty \cdot R \cdot \widehat{\varphi}}{\cos\varphi} \equiv K$$

und einer Umstellung ergibt sich

$$r^2 - r \cdot K = -R^2.$$

Fügt man $+ \left(\frac{1}{2} \cdot K\right)^2$ hinzu,

$$r^2 - r \cdot K + \left(\frac{1}{2} \cdot K\right)^2 = \left(\frac{1}{2} \cdot K\right)^2 - R^2,$$

und formt um, so erhält man zunächst

$$\left(r - \frac{1}{2} \cdot K\right)^2 = \frac{1}{4} \cdot K^2 - R^2.$$

Jetzt wird die Wurzel daraus gezogen,

$$r - \frac{1}{2} \cdot K = \pm \sqrt{\frac{1}{4} \cdot K^2 - R^2}$$

und die Substitution zurückgeführt. Das liefert das gesuchte Ergebnis:

$$r = \frac{1}{2} \cdot \frac{1}{c_\infty} \cdot \frac{\Phi_{ges}(r;\varphi) + c_\infty \cdot R \cdot \widehat{\varphi}}{\cos\varphi} \pm \sqrt{\frac{1}{4} \cdot \left(\frac{1}{c_\infty} \cdot \frac{\Phi_{ges}(r;\varphi) + c_\infty \cdot R \cdot \widehat{\varphi}}{\cos\varphi}\right)^2 - R^2}.$$

Vorgehensweise bei der Ermittlung der Potenziallinien $y(x; \Phi_{ges} = $ konstant):

1. M, c_∞ und folglich R sind gegeben.
2. $\Phi_{ges}(r;\varphi)$ ist als Parameter vorgeben.
3. φ als Variable einsetzen
4. Mit o. g. Gleichung erhält man r.
5. Mit $y = r \cdot \sin\varphi$ ist y bekannt.
6. $\cos\varphi = \pm\sqrt{1 - \sin^2\varphi}$ bekannt
7. Mit $x = r \cdot \cos\varphi$ ist x bekannt.

Damit erhält man die Potenziallinien $y(x; \Phi_{ges} = $ konstant); das Ergebnis ist in Abb. 8.14 gezeigt.

Lösungsschritte – Fall 7

Die **Geschwindigkeitskomponenten** $c_x(x;y), c_y(x;y)$ und die **Geschwindigkeit** $c(x;y)$ lassen sich bei bekannten Strom- und Potenzialfunktionen wie folgt herleiten. Hierzu müssen zunächst die x- und y-Komponenten betrachtet werden.

Geschwindigkeitskomponente $c_x(x;y)$: Die Definition $c_x(x;y) = \frac{\partial\Phi(x;y)}{\partial x}$ (s. o.) und die Verwendung des Ergebnisses von $\Phi_{ges}(x;y)$,

$$\Phi_{ges}(x;y) = c_\infty \cdot x + \frac{M}{2 \cdot \pi} \cdot \frac{x}{x^2 + y^2} - \frac{\Gamma}{2 \cdot \pi} \cdot \arctan\left(\frac{y}{x}\right),$$

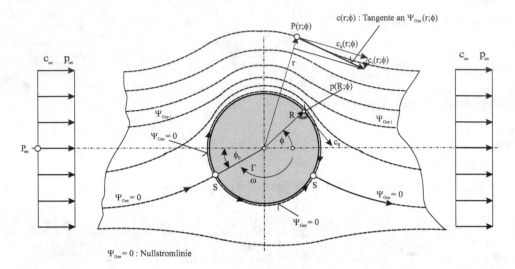

Abb. 8.12 Umströmter rotierender Zylinder; wichtige Größen

liefern zunächst

$$c_x(x;y) = \frac{\partial \left[c_\infty \cdot x + \frac{M}{2 \cdot \pi} \cdot \frac{x}{x^2 + y^2} - \frac{\Gamma}{2 \cdot \pi} \cdot \arctan\left(\frac{y}{x}\right) \right]}{\partial x}$$

$$= \frac{\partial \left(c_\infty \cdot x \right)}{\partial x} + \frac{\partial \left(\frac{M}{2 \cdot \pi} \cdot \frac{x}{x^2 + y^2} \right)}{\partial x} - \frac{\partial \left[\frac{\Gamma}{2 \cdot \pi} \cdot \arctan\left(\frac{y}{x}\right) \right]}{\partial x}.$$

Bei Verwendung der konstanten Größen c_∞, $\frac{M}{2 \cdot \pi}$ und $\frac{\Gamma}{2 \cdot \pi}$ lässt sich auch formulieren

$$c_x(x;y) = c_\infty \cdot \frac{\partial x}{\partial x} + \frac{M}{2 \cdot \pi} \cdot \frac{\partial \left(\frac{x}{x^2 + y^2} \right)}{\partial x} - \frac{\Gamma}{2 \cdot \pi} \cdot \frac{\partial \left[\arctan\left(\frac{y}{x}\right) \right]}{\partial x}.$$

Wir betrachten die drei Summanden einzeln:

1. Summand

$$c_\infty \cdot \frac{\partial x}{\partial x} = c_\infty.$$

2. *Summand* $\frac{M}{2\cdot\pi}\cdot\frac{\partial\left(\frac{x}{x^2+y^2}\right)}{\partial x}$: Mit den Substitutionen

$$u = x \quad \text{und} \quad v = x^2 + y^2$$

erhält man den Ausdruck

$$\frac{M}{2\cdot\pi}\cdot\frac{\partial\left(\frac{x}{x^2+y^2}\right)}{\partial x} = \frac{M}{2\cdot\pi}\cdot\frac{\partial\left(\frac{u}{v}\right)}{\partial x}.$$

Bekanntermaßen lautet die Quotientenregel

$$\frac{\partial\left(\frac{u}{v}\right)}{\partial x} = \frac{u'\cdot v - v'\cdot u}{v^2},$$

Mit den o. g. Substitutionen und somit

$$u' = \frac{\partial u}{\partial x} = 1 \quad \text{und} \quad v' = \frac{\partial v}{\partial x} = 2\cdot x$$

führt das zu

$$\frac{\partial\left(\frac{u}{v}\right)}{\partial x} = \frac{1\cdot\left(x^2+y^2\right) - 2\cdot x\cdot x}{\left(x^2+y^2\right)^2} = \frac{y^2 - x^2}{\left(x^2+y^2\right)^2}.$$

Das Ergebnis lautet

$$\frac{M}{2\cdot\pi}\cdot\frac{\partial\left(\frac{x}{x^2+y^2}\right)}{\partial x} = \frac{M}{2\cdot\pi}\cdot\frac{y^2 - x^2}{\left(x^2+y^2\right)^2}.$$

3. *Summand* $\frac{\Gamma}{2\cdot\pi}\cdot\frac{\partial\left[\arctan\left(\frac{y}{x}\right)\right]}{\partial x}$: Die Substitution $z = \frac{y}{x}$ führt zu

$$\frac{\Gamma}{2\cdot\pi}\cdot\frac{\partial\left(\arctan z\right)}{\partial z}\cdot\frac{\partial z}{\partial x}.$$

Hierin lauten

$$\frac{\partial\left(\arctan z\right)}{\partial z} = \frac{1}{1+z^2} \quad \text{sowie} \quad \frac{\partial z}{\partial x} = -\frac{y}{x^2}.$$

Dies wird oben eingesetzt, es ergibt sich nach Resubstitution

$$\frac{\Gamma}{2\cdot\pi}\cdot\frac{\partial\left[\arctan\left(\frac{y}{x}\right)\right]}{\partial x} = \frac{\Gamma}{2\cdot\pi}\cdot\frac{1}{1+\frac{y^2}{x^2}}\cdot\left(-\frac{y}{x^2}\right).$$

Weiter umgeformt folgt

$$\frac{\Gamma}{2 \cdot \pi} \cdot \frac{\partial \left[\arctan \left(\frac{y}{x}\right)\right]}{\partial x} = -\frac{\Gamma}{2 \cdot \pi} \cdot \frac{x^2}{x^2 + y^2} \cdot \frac{y}{x^2}$$

und schließlich

$$\frac{\Gamma}{2 \cdot \pi} \cdot \frac{\partial \left[\arctan \left(\frac{y}{x}\right)\right]}{\partial x} = -\frac{\Gamma}{2 \cdot \pi} \cdot \frac{y}{x^2 + y^2}.$$

Die Geschwindigkeitskomponente $c_x(x; y)$ lautet dann zunächst

$$c_x(x; y) = c_\infty + \frac{M}{2 \cdot \pi} \cdot \frac{y^2 - x^2}{(x^2 + y^2)^2} - \left(-\frac{\Gamma}{2 \cdot \pi} \cdot \frac{y}{x^2 + y^2}\right).$$

Unter Verwendung von

$$\frac{M}{2 \cdot \pi} = c_\infty \cdot R^2 \quad \text{und} \quad \frac{\Gamma}{2 \cdot \pi} = c_\infty \cdot R$$

entsteht schließlich

$$c_x(x; y) = c_\infty + c_\infty \cdot R^2 \cdot \frac{y^2 - x^2}{(x^2 + y^2)^2} + c_\infty \cdot R \cdot \frac{y}{x^2 + y^2}$$

und, wenn noch c_∞ ausgeklammert wird,

$$c_x(x; y) = c_\infty \cdot \left[1 + R^2 \cdot \frac{y^2 - x^2}{(x^2 + y^2)^2} + R \cdot \frac{y}{x^2 + y^2}\right].$$

Geschwindigkeitskomponente $c_y(x; y)$: Die Definition $c_y(x; y) = \frac{\partial \Phi(x;y)}{\partial y}$ (s. o.) und das Ergebnis von oben,

$$\Phi_{\text{ges}}(x; y) = c_\infty \cdot x + \frac{M}{2 \cdot \pi} \cdot \frac{x}{x^2 + y^2} - \frac{\Gamma}{2 \cdot \pi} \cdot \arctan \left(\frac{y}{x}\right),$$

liefern zunächst

$$c_y(x; y) = \frac{\partial \left[c_\infty \cdot x + \frac{M}{2 \cdot \pi} \cdot \frac{x}{x^2 + y^2} - \frac{\Gamma}{2 \cdot \pi} \cdot \arctan \left(\frac{y}{x}\right)\right]}{\partial y}$$

$$= c_\infty \cdot \frac{\partial x}{\partial y} + \frac{M}{2 \cdot \pi} \cdot \frac{\partial \left(\frac{x}{x^2 + y^2}\right)}{\partial y} - \frac{\Gamma}{2 \cdot \pi} \cdot \frac{\partial \left[\arctan \left(\frac{y}{x}\right)\right]}{\partial y}.$$

Wir betrachten die drei Summanden einzeln:

1. Summand

$$c_\infty \cdot \frac{\partial(x)}{\partial y} = 0.$$

2. Summand $\frac{M}{2 \cdot \pi} \cdot \frac{\partial\left(\frac{x}{x^2+y^2}\right)}{\partial y}$: Mit den Substitutionen

$$u = x \quad \text{und} \quad v = x^2 + y^2$$

erhält man den Ausdruck

$$\frac{M}{2 \cdot \pi} \cdot \frac{\partial\left(\frac{x}{x^2+y^2}\right)}{\partial y} = \frac{M}{2 \cdot \pi} \cdot \frac{\partial\left(\frac{u}{v}\right)}{\partial y}.$$

Bekanntermaßen lautet die Quotientenregel

$$\frac{\partial\left(\frac{u}{v}\right)}{\partial x} = \frac{u' \cdot v - v' \cdot u}{v^2},$$

Mit den o. g. Substitutionen und somit

$$u' = \frac{\partial u}{\partial y} = 0 \quad \text{und} \quad v' = \frac{\partial v}{\partial y} = 2 \cdot y$$

führt das zu

$$\frac{\partial\left(\frac{u}{v}\right)}{\partial y} = \frac{0 \cdot \left(x^2 + y^2\right) - 2 \cdot x \cdot y}{\left(x^2 + y^2\right)^2} = -\frac{2 \cdot x \cdot y}{\left(x^2 + y^2\right)^2}.$$

Das Ergebnis lautet

$$\frac{M}{2 \cdot \pi} \cdot \frac{\partial\left(\frac{x}{x^2+y^2}\right)}{\partial y} = -\frac{M}{2 \cdot \pi} \cdot \frac{2 \cdot x \cdot y}{\left(x^2 + y^2\right)^2}.$$

3. Summand $\frac{\Gamma}{2 \cdot \pi} \cdot \frac{\partial\left[\arctan\left(\frac{y}{x}\right)\right]}{\partial y}$: Die Substitution $z = \frac{y}{x}$ führt zu

$$\frac{\Gamma}{2 \cdot \pi} \cdot \frac{\partial\left(\arctan z\right)}{\partial z} \cdot \frac{\partial z}{\partial y}.$$

Hierin lauten

$$\frac{\partial \left(\arctan z\right)}{\partial z} = \frac{1}{1 + z^2} \quad \text{sowie} \quad \frac{\partial z}{\partial y} = \frac{1}{x}.$$

Dies wird oben eingesetzt, es ergibt sich nach Resubstitution

$$\frac{\Gamma}{2 \cdot \pi} \cdot \frac{\partial \left[\arctan \left(\frac{y}{x}\right)\right]}{\partial y} = \frac{\Gamma}{2 \cdot \pi} \cdot \frac{1}{1 + \frac{y^2}{x^2}} \cdot \frac{1}{x}.$$

Weiter umgeformt wird daraus

$$\frac{\Gamma}{2 \cdot \pi} \cdot \frac{\partial \left[\arctan \left(\frac{y}{x}\right)\right]}{\partial y} = \frac{\Gamma}{2 \cdot \pi} \cdot \frac{x^2}{x^2 + y^2} \cdot \frac{1}{x}$$

und schließlich

$$\frac{\Gamma}{2 \cdot \pi} \cdot \frac{\partial \left[\arctan \left(\frac{y}{x}\right)\right]}{\partial y} = \frac{\Gamma}{2 \cdot \pi} \cdot \frac{x}{x^2 + y^2}.$$

Die Geschwindigkeitskomponente $c_y(x; y)$ lautet dann zunächst

$$c_y(x; y) = 0 - \frac{M}{2 \cdot \pi} \cdot \frac{2 \cdot x \cdot y}{\left(x^2 + y^2\right)^2} - \frac{\Gamma}{2 \cdot \pi} \cdot \frac{x}{x^2 + y^2}.$$

Unter Verwendung von

$$\frac{M}{2 \cdot \pi} = c_\infty \cdot R^2 \quad \text{und} \quad \frac{\Gamma}{2 \cdot \pi} = c_\infty \cdot R$$

entsteht schließlich

$$c_y(x; y) = -c_\infty \cdot R^2 \cdot \frac{2 \cdot x \cdot y}{\left(x^2 + y^2\right)^2} - c_\infty \cdot R \cdot \frac{x}{x^2 + y^2}$$

und nach Ausklammern von $(-c_\infty \cdot R)$

$$c_y(x; y) = -c_\infty \cdot R \cdot \left[R \cdot \frac{2 \cdot x \cdot y}{\left(x^2 + y^2\right)^2} + \frac{x}{x^2 + y^2}\right].$$

Geschwindigkeit $c(x; y)$: Mit

$$c(x; y) = \sqrt{c_x^2(x; y) + c_y^2(x; y)}$$

wird bei Verwendung der o. g. Ergebnisse

$$c(x; y) = \sqrt{\begin{array}{l} c_\infty^2 \cdot \left[1 + R^2 \cdot \dfrac{y^2 - x^2}{(x^2 + y^2)^2} + R \cdot \dfrac{y}{x^2 + y^2}\right]^2 \\[4mm] + c_\infty^2 \cdot R^2 \cdot \left[R \cdot \dfrac{2 \cdot x \cdot y}{(x^2 + y^2)^2} + \dfrac{x}{x^2 + y^2}\right]^2 \end{array}}$$

bzw.

$$c(x; y) =$$
$$c_\infty \cdot \sqrt{\left[1 + R^2 \cdot \frac{y^2 - x^2}{(x^2 + y^2)^2} + R \cdot \frac{y}{x^2 + y^2}\right]^2 + R^2 \cdot \left[R \cdot \frac{2 \cdot x \cdot y}{(x^2 + y^2)^2} + \frac{x}{x^2 + y^2}\right]^2}.$$

Hiermit kann an jeder Stelle $P(x; y)$ des Strömungsfelds die dort vorliegende Geschwindigkeit $c(x; y)$ ermittelt werden.

Lösungsschritte – Fall 8
Die Transformation der **Geschwindigkeiten** $c_x(x; y)$, $c_y(x; y)$ und $c(x; y)$ von kartesischen Koordinaten **in Polarkoordinaten** lässt sich wie folgt durchführen.

Geschwindigkeitskomponente $c_x(r; \varphi)$: Mit der o. g. Gleichung für $c_x(x; y)$ erhält man gemäß Abb. 8.11 und unter Verwendung von $x = r \cdot \cos \varphi$, $y = r \cdot \sin \varphi$ sowie $r^2 = x^2 + y^2$ und $\sin^2 \varphi + \cos^2 \varphi = 1$ zunächst

$$c_x(r; \varphi) = c_\infty \cdot \left[1 + R^2 \cdot \frac{r^2 \cdot \sin^2 \varphi - r^2 \cdot \cos^2 \varphi}{(r^2 \cdot \cos^2 \varphi + r^2 \cdot \sin^2 \varphi)^2} + R \cdot \frac{r \cdot \sin \varphi}{r^2 \cdot \cos^2 \varphi + r^2 \cdot \sin^2 \varphi}\right].$$

Ausklammern und Kürzen führt weiterhin zu

$$c_x(r; \varphi) = c_\infty \cdot \left[1 + \frac{R^2}{r^2} \cdot \frac{\sin^2 \varphi - \cos^2 \varphi}{(\cos^2 \varphi + \sin^2 \varphi)^2} + \frac{R}{r} \cdot \frac{\sin \varphi}{\cos^2 \varphi + \sin^2 \varphi}\right]$$

$$= c_\infty \cdot \left[1 + \frac{R^2}{r^2} \cdot (\sin^2 \varphi - \cos^2 \varphi) + \frac{R}{r} \cdot \sin \varphi\right].$$

Des Weiteren kann man

$$\sin^2 \varphi - \cos^2 \varphi = 1 - 2 \cdot \cos^2 \varphi$$

ersetzen. Hiermit erhält man dann

$$c_x\,(r\,;\varphi) = c_\infty \cdot \left[1 + \frac{R^2}{r^2} \cdot \left(1 - 2 \cdot \cos^2 \varphi\right) + \frac{R}{r} \cdot \sin \varphi \right].$$

Geschwindigkeitskomponente $c_y(r\,;\varphi)$: Mit der o. g. Gleichung für $c_y(x\,;y)$ erhält man gemäß Abb. 8.11 und 8.12 und unter Verwendung von $x = r \cdot \cos \varphi$, $y = r \cdot \sin \varphi$ sowie $r^2 = x^2 + y^2$ und $\sin^2 \varphi + \cos^2 \varphi = 1$ zunächst

$$
\begin{aligned}
c_y(r\,;\varphi) &= -c_\infty \cdot R \cdot \left[R \cdot \frac{2 \cdot r \cdot \cos \varphi \cdot r \cdot \sin \varphi}{\left(r^2 \cdot \sin^2 \varphi + r^2 \cdot \cos^2 \varphi\right)^2} + \frac{r \cdot \cos \varphi}{r^2 \cdot \sin^2 \varphi + r^2 \cdot \cos^2 \varphi} \right] \\
&= -c_\infty \cdot R \cdot \left[R \cdot \frac{2 \cdot \cos \varphi \cdot \sin \varphi}{r^2 \cdot \left(\sin^2 \varphi + \cos^2 \varphi\right)^2} + \frac{\cos \varphi}{r \cdot \left(\sin^2 \varphi + \cos^2 \varphi\right)} \right] \\
&= -c_\infty \cdot R \cdot \left(\frac{R}{r^2} \cdot 2 \cdot \cos \varphi \cdot \sin \varphi + \frac{1}{r} \cdot \cos \varphi \right).
\end{aligned}
$$

Nun wird noch $(\cos \varphi / r)$ ausgeklammert, das liefert das Ergebnis

$$c_y(r\,;\varphi) = -c_\infty \cdot \frac{R}{r} \cdot \cos \varphi \cdot \left(2 \cdot \frac{R}{r} \cdot \sin \varphi + 1 \right).$$

Geschwindigkeit $c(r\,;\varphi)$: Mit

$$c\,(r\,;\varphi) = \sqrt{c_x^2\,(r\,;\varphi) + c_y^2\,(r\,;\varphi)}$$

erhält man bei Verwendung o. g. Ergebnisse zunächst

$$c\,(r\,;\varphi) = \sqrt{\left\{ c_\infty \cdot \left[1 + \frac{R^2}{r^2} \cdot \left(1 - 2 \cdot \cos^2 \varphi\right) + \frac{R}{r} \cdot \sin \varphi \right] \right\}^2 + \left[-c_\infty \cdot \frac{R}{r} \cdot \cos \varphi \cdot \left(2 \cdot \frac{R}{r} \cdot \sin \varphi + 1 \right) \right]^2}$$

und dann das Resultat

$$c\left(r;\varphi\right)=$$

$$c_{\infty}\cdot\sqrt{\left[1+\frac{R^2}{r^2}\cdot\left(1-2\cdot\cos^2\varphi\right)+\frac{R}{r}\cdot\sin\varphi\right]^2+\left[\frac{R}{r}\cdot\cos\varphi\cdot\left(2\cdot\frac{R}{r}\cdot\sin\varphi+1\right)\right]^2}.$$

Hiermit kann an jeder Stelle $P\left(r;\varphi\right)$ des Strömungsfelds die dort vorliegende Geschwindigkeit $c\left(r;\varphi\right)$ ermittelt werden.

Geschwindigkeit $c\left(r;\varphi\right)$ am Zylinderumfang: Am Zylinderumfang ist $r=R$. Einsetzen der Ergebnisse in $c\left(r;\varphi\right)$ ergibt

$$\begin{aligned} c(\varphi) &= c_{\infty}\cdot\sqrt{\left[1+\frac{R^2}{R^2}\cdot\left(1-2\cdot\cos^2\varphi\right)+\frac{R}{R}\cdot\sin\varphi\right]^2+\left[\frac{R}{R}\cdot\cos\varphi\cdot\left(2\cdot\frac{R}{R}\cdot\sin\varphi+1\right)\right]^2} \\ &= c_{\infty}\cdot\sqrt{\left[1+\left(1-2\cdot\cos^2\varphi\right)+\sin\varphi\right]^2+\left[\cos\varphi\cdot\left(2\cdot\sin\varphi+1\right)\right]^2} \\ &= c_{\infty}\cdot\sqrt{\left[2\cdot\left(1-\cos^2\varphi\right)+\sin\varphi\right]^2+\left[2\cdot\sin\varphi\cdot\cos\varphi+\cos\varphi\right]^2} \\ &= c_{\infty}\cdot\sqrt{\left(2\cdot\sin^2\varphi+\sin\varphi\right)^2+\left(2\cdot\sin\varphi\cdot\cos\varphi+\cos\varphi\right)^2}. \end{aligned}$$

Ausquadriert haben wir dann

$$\begin{aligned} c(\varphi) &= c_{\infty}\cdot\sqrt{\left(2\cdot\sin^2\varphi+\sin\varphi\right)^2+\left(2\cdot\sin\varphi\cdot\cos\varphi+\cos\varphi\right)^2} \\ &= c_{\infty}\cdot\sqrt{4\cdot\sin^4\varphi+4\cdot\sin^3\varphi+\sin^2\varphi+4\cdot\sin^2\varphi\cdot\cos^2\varphi+4\cdot\sin\varphi\cdot\cos^2\varphi+\cos^2\varphi} \\ &= c_{\infty}\cdot\sqrt{4\cdot\sin^4\varphi+4\cdot\sin^2\varphi\cdot\cos^2\varphi+4\cdot\sin^3\varphi+4\cdot\sin\varphi\cdot\cos^2\varphi+\left(\sin^2\varphi+\cos^2\varphi\right)}. \end{aligned}$$

Vereinfachend Größen in Verbindung mit $\left(\sin^2\phi+\cos^2\phi\right)=1$ zusammengefasst

$$\begin{aligned} c(\varphi) &= c_{\infty}\cdot\sqrt{4\cdot\sin^4\varphi+4\cdot\sin^2\varphi\cdot\cos^2\varphi+4\cdot\sin^3\varphi+4\cdot\sin\varphi\cdot\cos^2\varphi+\left(\sin^2\varphi+\cos^2\varphi\right)} \\ &= c_{\infty}\cdot\sqrt{4\cdot\sin^2\varphi\cdot\left(\sin^2\varphi+\cos^2\varphi\right)+4\cdot\sin\varphi\cdot\left(\sin^2\varphi+\cos^2\varphi\right)+\left(\sin^2\varphi+\cos^2\varphi\right)} \\ &= c_{\infty}\cdot\sqrt{4\cdot\sin^2\varphi+4\cdot\sin\varphi+1}. \end{aligned}$$

Das Ergebnis lautet dann

$$c\left(\varphi\right) = 2 \cdot c_\infty \cdot \sqrt{\sin^2 \varphi + \sin \varphi + \frac{1}{4}}.$$

Hiermit lässt sich die Geschwindigkeit an jeder Stelle des Zylinderumfangs ermitteln. Der Geschwindigkeitsverlauf im Fall des gegebenen Zahlenmaterials ist in Abb. 8.15 zu erkennen.

Lösungsschritte – Fall 9

Für die **Druckverteilung** $p(r;\varphi)$ in **Polarkoordinaten** wenden wir die Bernoulli'sche Gleichung an den Stellen P_∞ und $P(r;\varphi)$ an, das liefert zunächst

$$\frac{p_\infty}{\rho} + \frac{c_\infty^2}{2} = \frac{p\left(r;\varphi\right)}{\rho} + \frac{c^2\left(r;\varphi\right)}{2}$$

bei vernachlässigten Höhengliedern. Multipliziert mit ρ und nach $p(r;\varphi)$ aufgelöst ergibt dies

$$p\left(r;\varphi\right) = p_\infty + \frac{\rho}{2} \cdot c_\infty^2 - \frac{\rho}{2} \cdot c^2\left(r;\varphi\right).$$

Bei Verwendung des oben ermittelten Ergebnisses für $c(r;\varphi)$ bekommen wir jetzt als Resultat der Druckverteilungsberechnung im Strömungsfeld

$$p\left(r;\varphi\right) = p_\infty + \frac{\rho}{2} \cdot c_\infty^2 - \frac{\rho}{2} \cdot c_\infty^2 \cdot \left\{ \left[1 + \frac{R^2}{r^2} \cdot \left(1 - 2 \cdot \cos^2 \varphi \right) + \frac{R}{r} \cdot \sin \varphi \right]^2 \right.$$

$$\left. + \left[\frac{R}{r} \cdot \cos \varphi \cdot \left(2 \cdot \frac{R}{r} \cdot \sin \varphi + 1 \right) \right]^2 \right\}$$

oder auch

$$p\left(r;\varphi\right) = p_\infty + \frac{\rho}{2} \cdot c_\infty^2 \cdot \left\{ 1 - \left[1 + \frac{R^2}{r^2} \cdot \left(1 - 2 \cdot \cos^2 \varphi \right) + \frac{R}{r} \cdot \sin \varphi \right]^2 \right.$$

$$\left. - \left[\frac{R}{r} \cdot \cos \varphi \cdot \left(2 \cdot \frac{R}{r} \cdot \sin \varphi + 1 \right) \right]^2 \right\}.$$

Hiermit kann an jeder Stelle $P(r;\varphi)$ des Strömungsfelds der dort vorliegende Druck $p(r;\varphi)$ ermittelt werden.

Am Zylinderumfang ist $r = R$. Dies setzten wir in die Gleichung für $p(r; \varphi)$ ein:

$$p(\varphi) = p_\infty + \frac{\rho}{2} \cdot c_\infty^2 \cdot \left\{ 1 - \left[1 + \frac{R^2}{R^2} \cdot (1 - 2 \cdot \cos^2 \varphi) + \frac{R}{R} \cdot \sin \varphi \right]^2 \right.$$

$$\left. - \left[\frac{R}{R} \cdot \cos \varphi \cdot \left(2 \cdot \frac{R}{R} \cdot \sin \varphi + 1 \right) \right]^2 \right\}$$

$$= p_\infty + \frac{\rho}{2} \cdot c_\infty^2 \cdot \left\{ 1 - \left[1 + (1 - 2 \cdot \cos^2 \varphi) + \sin \varphi \right]^2 - \left[2 \cdot \sin \varphi \cdot \cos \varphi + \cos \varphi \right]^2 \right\}$$

$$= p_\infty + \frac{\rho}{2} \cdot c_\infty^2 \cdot \left[1 - (2 \cdot \sin^2 \varphi + \sin \varphi)^2 - (2 \cdot \sin \varphi \cdot \cos \varphi + \cos \varphi)^2 \right].$$

Jetzt werden die Klammern ausmultipliziert,

$$p(\varphi) = p_\infty + \frac{\rho}{2} \cdot c_\infty^2 \cdot [1 - (4 \cdot \sin^4 \varphi + 4 \cdot \sin^3 \varphi + \sin^2 \varphi)$$

$$- (4 \cdot \sin^2 \varphi \cdot \cos^2 \varphi + 4 \cdot \sin \varphi \cdot \cos^2 \varphi + \cos^2 \varphi)]$$

$$= p_\infty + \frac{\rho}{2} \cdot c_\infty^2 \cdot [1 - 4 \cdot \sin^4 \varphi - 4 \cdot \sin^3 \varphi - \sin^2 \varphi$$

$$- 4 \cdot \sin^2 \varphi \cdot (1 - \sin^2 \varphi) - 4 \cdot \sin \varphi \cdot (1 - \sin^2 \varphi) - (1 - \sin^2 \varphi)],$$

es wird zusammengefasst,

$$p(\varphi) = p_\infty + \frac{\rho}{2} \cdot c_\infty^2 \cdot (1 - 4 \cdot \sin^4 \varphi - 4 \cdot \sin^3 \varphi - \sin^2 \varphi - 4 \cdot \sin^2 \varphi$$

$$+ 4 \cdot \sin^4 \varphi - 4 \cdot \sin \varphi + 4 \cdot \sin^3 \varphi - 1 + \sin^2 \varphi)$$

$$= p_\infty + \frac{\rho}{2} \cdot c_\infty^2 \cdot (-4 \cdot \sin^2 \varphi - 4 \cdot \sin \varphi),$$

und wir erhalten schließlich

$$p(\varphi) = p_\infty - 4 \cdot \frac{\rho}{2} \cdot c_\infty^2 \cdot (\sin^2 \varphi + \sin \varphi).$$

Hiermit lässt sich der Druck an jeder Stelle des Zylinderumfangs ermitteln. Druckverlauf im Fall des gegebenen Zahlenmaterials ist in Abb. 8.16 zu erkennen.

Lösungsschritte – Fall 10

Der **Druckbeiwert** $c_p(\varphi)$ am Umfang $r = R$ des Zylinders ist wie folgt definiert:

$$c_p(\varphi) = \frac{p(\varphi) - p_\infty}{\frac{\rho}{2} \cdot c_\infty^2}.$$

Man erhält zunächst mit $p(\varphi)$ am Umfang $r = R$ (s. o.)

$$c_p(\varphi) = \frac{p(\varphi) - p_\infty}{\frac{\rho}{2} \cdot c_\infty^2} = \frac{p_\infty - 4 \cdot \frac{\rho}{2} \cdot c_\infty^2 \cdot \left(\sin^2 \varphi + \sin \varphi\right) - p_\infty}{\frac{\rho}{2} \cdot c_\infty^2}.$$

Vereinfacht und gekürzt entsteht daraus das Resultat für den Druckbeiwert

$$c_p(\varphi) = -4 \cdot \left(\sin^2 \varphi + \sin \varphi\right).$$

Der Verlauf des Druckbeiwertes c_p in Abhängigkeit vom Winkel φ ist Abb. 8.17 zu entnehmen.

Lösungsschritte – Fall 11

Die **Querkraft F_y** am rotierenden Zylinder senkrecht zu c_∞ lautet gemäß Abb. 8.13

$$F_y = \int_0^{2\cdot\pi} \mathrm{d}F_y.$$

Hierin ist $\mathrm{d}F_y = \mathrm{d}F \cdot \sin \varphi$. $\mathrm{d}F$ wiederum lässt sich mit $\mathrm{d}F = p(\varphi) \cdot \mathrm{d}A$, wobei $\mathrm{d}A = B \cdot R \cdot \mathrm{d}\varphi$ ist, angeben. Somit erhält man

$$F_y = \int_0^{2\cdot\pi} p(\varphi) \cdot B \cdot R \cdot \sin \varphi \cdot \mathrm{d}\varphi.$$

Wird $p(\varphi)$ nach dem o. g. Ergebnis eingesetzt, ergibt sich

$$F_y = \int_0^{2\cdot\pi} \left[p_\infty - 4 \cdot \frac{\rho}{2} \cdot c_\infty^2 \cdot \left(\sin^2 \varphi + \sin \varphi\right) \right] \cdot B \cdot R \cdot \sin \varphi \cdot \mathrm{d}\varphi.$$

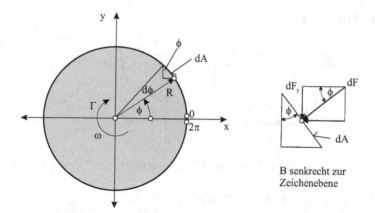

Abb. 8.13 Umströmter rotierender Zylinder; Kraft dF am Oberflächenelement dA

Umgeformt führt das zu

$$F_y = B \cdot R \cdot \int\limits_0^{2 \cdot \pi} \left[p_\infty - 4 \cdot \frac{\rho}{2} \cdot c_\infty^2 \cdot (\sin^2 \varphi + \sin \varphi) \right] \cdot \sin \varphi \cdot d\varphi$$

oder

$$F_y = B \cdot R \cdot \left[\int\limits_0^{2 \cdot \pi} p_\infty \cdot \sin \varphi \cdot d\varphi - 2 \cdot \rho \cdot c_\infty^2 \cdot \left(\int\limits_0^{2 \cdot \pi} \sin^2 \varphi \cdot d\varphi + \int\limits_0^{2 \cdot \pi} \sin^3 \varphi \cdot d\varphi \right) \right].$$

Die drei Integrale werden jetzt nacheinander gelöst:

1. Integral: $\int_0^{2 \cdot \pi} p_\infty \cdot \sin \varphi \cdot d\varphi$: Wir finden

$$\int\limits_0^{2 \cdot \pi} p_\infty \cdot \sin \varphi \cdot d\varphi = p_\infty \cdot (-\cos \varphi)|_0^{2 \cdot \pi} = -p_\infty \cdot (1 - 1) = 0$$

2. Integral: $\int_0^{2 \cdot \pi} \sin^2 \varphi \cdot d\varphi$: Hier muss man die folgende allgemeine Lösung ansetzen:

$$\int\limits_0^{2 \cdot \pi} \sin^n \varphi \cdot d\varphi = -\frac{\cos \varphi \cdot \sin^{(n-1)} \varphi}{n} \Bigg|_0^{2 \cdot \pi} + \frac{(n-1)}{n} \cdot \int\limits_0^{2 \cdot \pi} \sin^{(n-2)} \varphi \cdot d\varphi \quad (n = 1; 2; 3; \ldots)$$

In unserem Fall ist $n = 2$:

$$\int\limits_0^{2\cdot\pi} \sin^2\varphi \cdot \mathrm{d}\varphi = -\left.\frac{\cos\varphi \cdot \sin^{(2-1)}\varphi}{2}\right|_0^{2\cdot\pi} + \frac{(2-1)}{2} \cdot \int\limits_0^{2\cdot\pi} \sin^{(2-2)}\varphi \cdot \mathrm{d}\varphi$$

$$= -\frac{1}{2} \cdot \cos\varphi \cdot \sin\varphi\big|_0^{2\cdot\pi} + \frac{1}{2} \cdot \int\limits_0^{2\cdot\pi} 1 \cdot \mathrm{d}\varphi$$

$$= -\frac{1}{2} \cdot [\cos(2\cdot\pi) \cdot \sin(2\cdot\pi) - \cos(0) \cdot \sin(0)] + \frac{1}{2} \cdot [2\cdot\pi - 0]$$

$$= -\frac{1}{2} \cdot (1\cdot 0 - 1\cdot 0) + \pi,$$

mit anderen Worten:

$$\int\limits_0^{2\cdot\pi} \sin^2\varphi \cdot \mathrm{d}\varphi = \pi$$

3. Integral: $\int_0^{2\cdot\pi} \sin^3\varphi \cdot \mathrm{d}\varphi$:

$$\int\limits_0^{2\cdot\pi} \sin^n\varphi \cdot \mathrm{d}\varphi = -\left.\frac{\cos\varphi \cdot \sin^{(n-1)}\varphi}{n}\right|_0^{2\cdot\pi} + \frac{(n-1)}{n} \cdot \int\limits_0^{2\cdot\pi} \sin^{(n-2)}\varphi \cdot \mathrm{d}\varphi \quad (n = 1; 2; 3; \ldots)$$

Jetzt ist $n = 3$:

$$\int\limits_0^{2\cdot\pi} \sin^3\varphi \cdot \mathrm{d}\varphi = -\left.\frac{\cos\varphi \cdot \sin^{(3-1)}\varphi}{3}\right|_0^{2\cdot\pi} + \frac{(3-1)}{3} \cdot \int\limits_0^{2\cdot\pi} \sin^{(3-2)}\varphi \cdot \mathrm{d}\varphi$$

$$= -\frac{1}{3} \cdot \cos\varphi \cdot \sin^2\varphi\big|_0^{2\cdot\pi} + \frac{2}{3} \cdot \int\limits_0^{2\cdot\pi} \sin\varphi \cdot \mathrm{d}\varphi$$

$$= -\frac{1}{3} \cdot \cos\varphi \cdot \sin^2\varphi\big|_0^{2\cdot\pi} - \frac{2}{3} \cdot \cos\varphi\big|_0^{2\cdot\pi}.$$

Einsetzen der Grenzen führt auf

$$\int\limits_{0}^{2\cdot\pi} \sin^3 \varphi \cdot \mathrm{d}\varphi = -\frac{1}{3} \cdot \cos\varphi \cdot \sin^2 \varphi \Big|_0^{2\cdot\pi} - \frac{2}{3} \cdot \cos\varphi \Big|_0^{2\cdot\pi}$$

$$= -\frac{1}{3} \cdot \left[\cos(2\cdot\pi) \cdot \sin^2(2\cdot\pi) - \cos(0) \cdot \sin^2(0) \right]$$

$$- \frac{2}{3} \cdot \left[\cos(2\cdot\pi) - \cos(0) \right]$$

$$= -\frac{1}{3} \cdot (1 \cdot 0 - 1 \cdot 0) - \frac{2}{3} \cdot (1 - 1) ,$$

und es bleibt einfach

$$\int\limits_{0}^{2\cdot\pi} \sin^3 \varphi \cdot \mathrm{d}\varphi = 0.$$

Die gesuchte Kraft am rotierenden Zylinder lautet somit

$$F_y = B \cdot R \cdot \left[0 - 2 \cdot \rho \cdot c_\infty^2 \cdot (\pi + 0) \right]$$

oder

$$F_y = -2 \cdot \pi \cdot B \cdot R \cdot \rho \cdot c_\infty^2 .$$

Führt man noch die eingangs festgelegte Zirkulation $\frac{\Gamma}{2\cdot\pi} = c_\infty \cdot R$ ein, so erhält man auch

$$F_y = -\Gamma \cdot B \cdot \rho \cdot c_\infty$$

(Kutta-Joukowski). Das negative Vorzeichen besagt, dass die Querkraft entgegen der in Abb. 8.13 angenommenen Richtung von $\mathrm{d}F$ bzw. $\mathrm{d}F_y$ wirksam wird.

Lösungsschritte – Fall 12

Zu guter Letzt sind nun die folgenden **Diagramme** für die Zahlenwerte $M = 10\,\mathrm{m}^3/\mathrm{s}$, $c_\infty = 10\,\mathrm{m/s}$, $p_\infty = 5 \cdot 10^5\,\mathrm{Pa}$ und $\rho = 1\,000\,\mathrm{kg/m}^3$ gefragt:

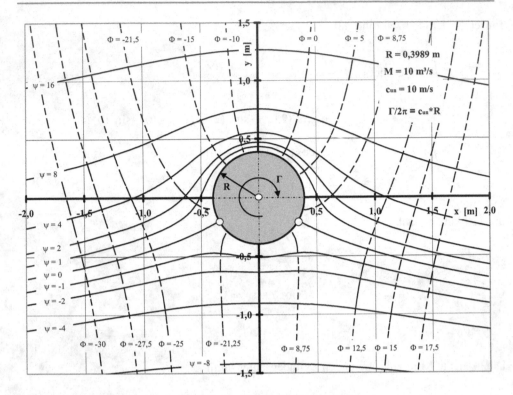

Abb. 8.14 Umströmter rotierender Zylinder; Strom- und Potenziallinien

- Strom- und Potenziallinien: $\Psi_{ges} = 0; \pm 1; \pm 2; \pm 4; \pm 8; \pm 16$ sowie $\Phi_{ges} = +0; +5;$
  $+8{,}75; +12{,}5; +15; +17{,}5$ und $-10; -15; -21{,}5; -25; -27{,}5; -30$: siehe Abb. 8.14
- Geschwindigkeit $c(\varphi)$ am Umfang $r = R$: siehe Abb. 8.15
- Druck $p(\varphi)$ am Umfang $r = R$: siehe Abb. 8.16
- Druckbeiwert $c_p(\varphi)$ am Umfang $r = R$: siehe Abb. 8.17

Die Auswertungen und Diagrammdarstellungen erfolgten mit o. g. Tabellenkalkulations-programm.

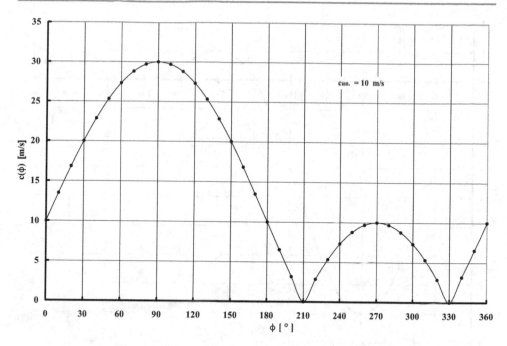

Abb. 8.15 Umströmter rotierender Zylinder; Geschwindigkeitsverteilung am Umfang

Druckverteilung am Zylinderumfang

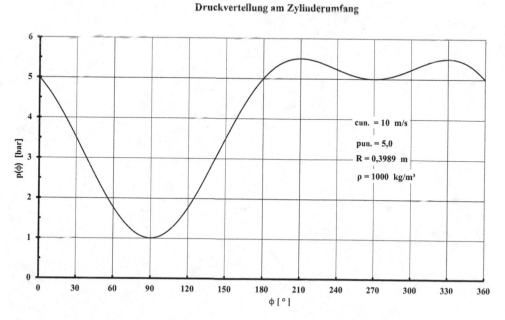

Abb. 8.16 Umströmter rotierender Zylinder; Druckverteilung am Umfang

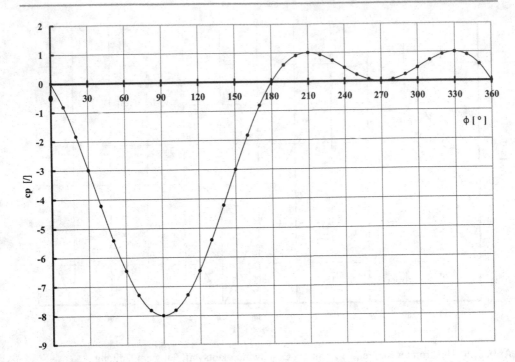

Abb. 8.17 Umströmter rotierender Zylinder; Druckbeiwert am Umfang

Diagramme und Tabellen

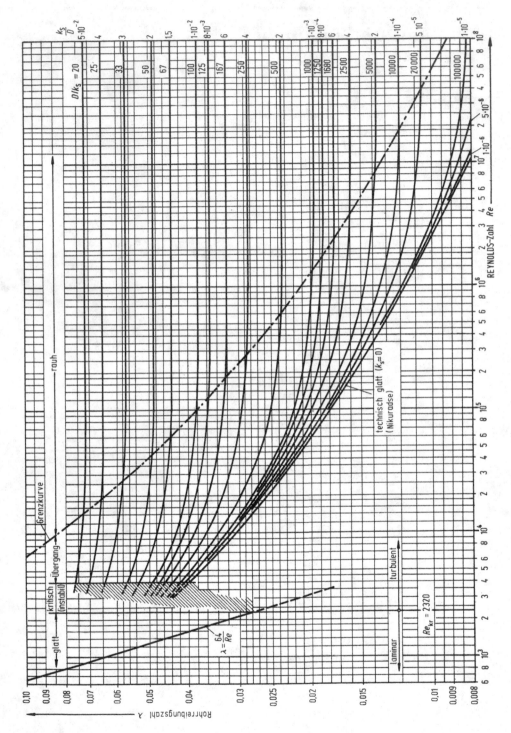

Abb. Z.1 Rohrreibungszahl *nach Moody*

Tab. Z.1 Tatsächliche Rauigkeiten technischer Oberflächen [15]

Rohrart, Werkstoff	Zustand	k in mm
Neue gezogene oder gepresste Rohre aus Nichteisenmetall, Glas, Kunststoff	technisch glatt	0,001 … 0,0015
Neue Gummi-Druckschläuche	technisch glatt	≈ 0,0016
Neue Stahlrohre: nahtlos gewalzt oder gezogen	Walzhaut	0,02 … 0,06
	ungeheizte	0,02 … 0,06
	gebeizt	0,03 … 0,04
	enge Rohre	… 0,01
Neue Stahlrohre: aus Bleich geformt und längsgeschweißt	Walzhaut und Schweißnaht	0,04 … 0,10
Neue Stahlrohre: Mit Überzug	Metallspritzung	0,08 … 0,09
	sauber verzinkt	0,07 … 0,10
	handelsüblich verzinkt	0,1 … 0,16
	bitumiert	≈ 0,05
	zementiert	≈ 0,18
	galvanisiert	≈ 0,008
Gebrauchte Stahlrohre	leicht angerostet	≈ 0,15
	mäßig angerostet	0,15 … 0,4
	leicht verkrustet	0,15 … 0,4
	mäßig verkrustet	≈ 1,5
	stark verkrustet	2 … 4
	gereinigt	0,15 … 0,20
	mehrjähriger Betrieb	≈ 0,5
Neue Gussrohre (Grauguss, Temperguss)	Gusshaut	0,2 … 0,6
	bitumiert	0,1 … 0,13
Gebrauchte Gussrohre	leicht angerostet	0,3 … 0,8
	mäßig angerostet	1,0 … 1,5
	stark angerostet	≈ 4,5
	verkrustet	1,5 … 4
	gereinigt	0,3 … 1,5
Neue Steinzeugrohre (gebrannter Ton)		0,06 … 0,08
Neue Asbestzementrohre (z. B. Eternitrohre)		0,03 … 0,1
Neue Betonrohre und -kanäle	Glattstrich	0,3 … 0,8
	geglättet (mittelrau)	1,0 … 2,0
	ungeglättet (rau)	2,0 … 3,0
	geschleudert (glatt)	0,2 … 0,7
	Rohrstrecken ohne Stöße	≈ 0,2
	Rohrstrecken mit Stößen	≈ 2,0
Gebrauchte Betonrohre und -kanäle (Wasserbetrieb)	mehrjähriger Betrieb	0,2 … 0,3
Holzrohre und -kanäle	glatt (neu)	0,2 … 0,9
	rau (neu)	1,0 … 2,5
	nach langem Betrieb	≈ 0,1
Backsteinkanäle	Mauerwerk gut gefugt	1,2 … 2,5
Bruchstein	unbearbeitet	8 … 15
	Mauerwerk bearbeitet	1,5 … 3,0

Abb. Z.2 Krümmerverlustziffer

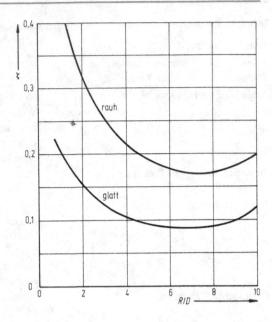

Tab. Z.2 Kontraktionszahl

$\frac{A_2}{A_1}$	0,01	0,1	0,2	0,4	0,6	0,8	1
α_K	0,60	0,61	0,62	0,65	0,7	0,77	1

Abb. Z.3 Verlustziffer einer Armatur

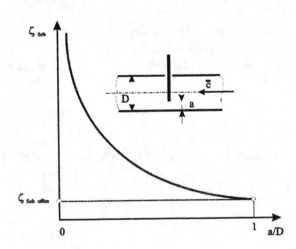

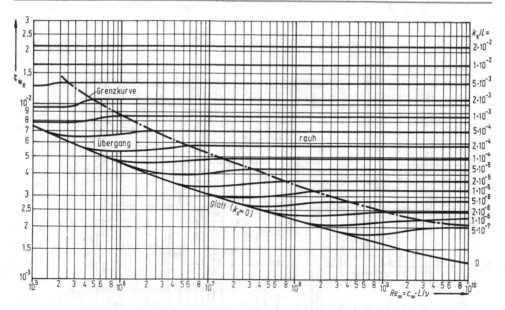

Abb. Z.4 Plattenreibungsbeiwert

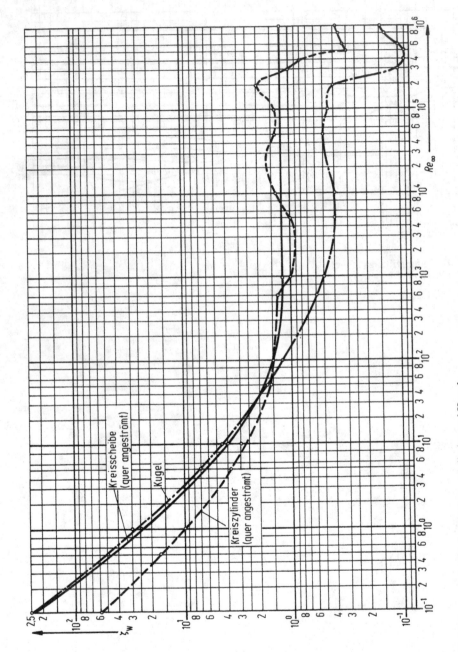

Abb. Z.5 Widerstandsbeiwert umströmter Zylinder und Kugeln

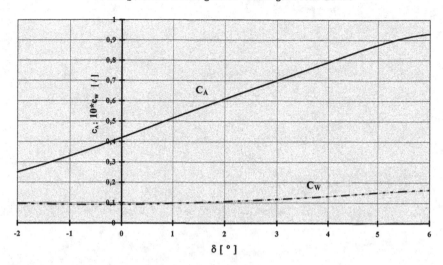

Abb. Z.6 Polardiagramm und aufgelöstes Polardiagramm

Literatur

1. Becker, E.: Technische Strömungslehre. Teubner, Stuttgart (1993)
2. Becker, E., Piltz, E.: Übungen zur Technischen Strömungslehre; B. Teubner, Stuttgart (1991)
3. Böswirth, L.: Technische Strömungslehre. Vieweg & Sohn, Wiesbaden (1993)
4. Cerbe, G., Hoffmann, H.-J.: Einführung in die Wärmelehre. Hanser, München, Wien (1990)
5. Evett, J.B., Liu, C.: 2500 Solved Problems In Fluid Mechanics and Hydraulics. McGraw-Hill (1989)
6. Giles, R.V., Evett, J.B., Liu, C.: Fluid Mechanics and Hydraulics. McGraw-Hill (1994)
7. Iben, H K.: Strömungslehre in Fragen und Aufgaben. Teubner, Stuttgart (1997)
8. Kalide, W.: Einführung in die Technische Strömungslehre. Hanser, München (2015)
9. Käppeli, E.: Aufgabensammlung zur Fluidmechanik Teil 2. Verlag Harry Deutsch, Thun und Frankfurt a.M. (1992)
10. Krause, E.: Strömungslehre, Gasdynamik. B. G. Teubner Verlag, Stuttgart (2003)
11. Kümmel, W.: Technische Strömungsmechanik. Teubner, Wiesbaden (2001)
12. Merker, G.P., Baumgarten, C.: Fluid- und Wärmetransport Strömungslehre. Teubner, Stuttgart (2004)
13. Oertel, H. jr., Böhle, M., Dohrmann, U.: Übungsbuch Strömungsmechanik. Vieweg & Sohn Verlag; Braunschweig (2001)
14. Siekmann, H.E.: Strömungslehre. Springer, Berlin, Heidelberg (2008)
15. Sigloch, H.: Technische Fluidmechanik. Springer, Berlin, Heidelberg (2008)
16. Strybny, J.: Ohne Panik Strömungsmechanik! Vieweg & Sohn Verlag, Braunschweig, Wiesbaden (2003)
17. Surek, D., Stempin, S.: Angewandte Strömungsmechanik. B. G. Teubner Verlag, Wiesbaden (2007)
18. Truckenbrodt, E.: Lehrbuch der angewandten Fluidmechanik. Springer, Berlin, Heidelberg (1988)
19. Turtur, C.W.: Prüfungstrainer Physik. Vieweg + Teubner, Wiesbaden (2007)
20. Zierep, J., Bühler, K.: Grundzüge der Strömungslehre. Vieweg + Teubner, Wiesbaden (2010)
21. Truckenbrodt, E.: Fluidmechanik Bd. 2. Springer, Berlin, Heidelberg (1999)
22. Petermann, H.: Einführung in die Strömungsmaschinen. Springer, Berlin (1988)

Printed in the United States
By Bookmasters